Das Leben im Wassertropfen

KOSMOS
NATUR
FÜHRER

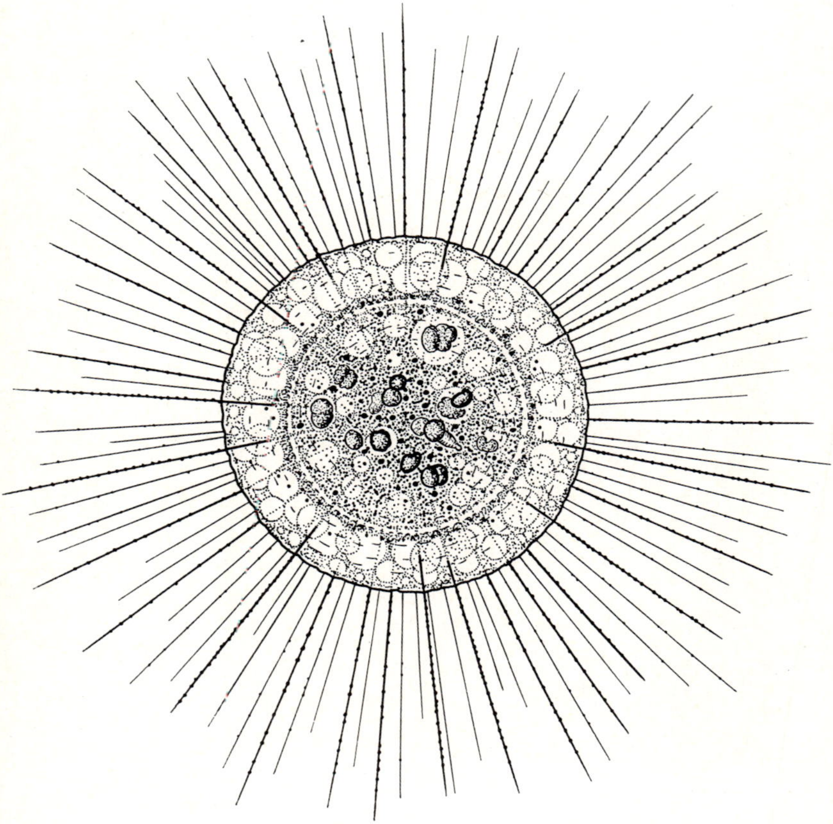

Heinz Streble · Dieter Krauter

Das Leben im Wassertropfen

Mikroflora und Mikrofauna des Süßwassers

Ein Bestimmungsbuch mit
1700 Abbildungen

Kosmos
Gesellschaft der Naturfreunde
Franckh'sche Verlagshandlung
Stuttgart

Mit 1700 Zeichnungen von Heinz Streble und
27 Farbfotos von M. Kaufmann (5), D. Krauter (1) und H. Schneider (21) sowie
25 Schwarzweißfotos von D. Ammermann und C. Bosse (1), F. Bode (1), M. Deckart (2), H. Dräger (1), E. Grave (2), W. Koste (1), R. Lenzenweger (1), K. Löfflath (1), W. Lueken und M. Sieger (1), D. Mollenhauer (1), W. Peters (1), F. Siedel (1), H. Schneider (6), H. Streble (4), J. Wygasch (1)

Umschlag von Edgar Dambacher unter Verwendung einer Aufnahme von Jürgen Fricke
Das Bild zeigt die Zieralge Micrasterias rotata in Teilung

CIP-Kurztitelaufnahme der Deutschen Bibliothek

Streble, Heinz:
Das Leben im Wassertropfen : Mikroflora u. Mikrofauna d. Süsswassers ; e. Bestimmungsbuch / Heinz Streble ; Dieter Krauter. – 7. Aufl. – Stuttgart : Franckh, 1985.
(Kosmos-Naturführer)
ISBN 3-440-05535-3
NE: Krauter, Dieter:

7. Auflage, 41. – 48. Tausend
Franckh'sche Verlagshandlung, W. Keller & Co., Stuttgart / 1985

Printed in Germany / Imprimé en Allemagne / LH 14 Ste / ISBN 3-440-05535-3
Herstellung: Konrad Triltsch, Graphischer Betrieb, Würzburg

Inhalt

Die zweite Zahl weist auf den Bestimmungsteil hin.

Was find' ich unter dem Mikroskop?

Wer ein Mikroskop besitzt – sei es ein einfaches Kursmikroskop oder ein großes Forschungsinstrument – wird unter anderem auch die Kleinlebewelt im Wasser untersuchen. Beeindruckt von der Schönheit und Vielfalt der mikroskopisch kleinen Pflanzen und Tiere fragt der Mikroskopiker nach Namen, Lebensweise und Verwandtschaft – und findet keine Antwort. Warum nicht? Weil die mikroskopisch kleinen Lebewesen nur eines gemein haben: ihre geringe Größe. Ein Wasserfloh und ein Süßwasserpolyp, eine Zieralge und ein Augenflagellat gehören ganz verschiedenen Stämmen des Tier- und Pflanzenreiches an. Über all diese Gruppen gibt es zwar zahlreiche Fachliteratur, aber bisher kein Bestimmungsbuch, das die so verschiedenen Kleinorganismen zusammenfaßt.

Wir haben diesen Mangel oft empfunden: der eine von uns bei Mikroskopierkursen für Amateure, der andere in Praktika für Biologiestudenten. Statt ihn weiter zu beklagen, haben wir das vorliegende Buch geschrieben.

Für die meisten Arten gibt es keine eingebürgerten deutschen Bezeichnungen. Wir haben daher deutsche Namen nach auffallenden Merkmalen, typischen Lebensweisen oder in freier Übersetzung der wissenschaftlichen Art- und Gattungsnamen gebildet. Um Mißverständnisse zu vermeiden: Maßgebend sind allein die wissenschaftlichen (lateinischen oder griechischen) Namen; nur sie können der wissenschaftlichen Verständigung dienen. Die deutschen Bezeichnungen mögen als Hilfsmittel dienen, als „Eselsbrücken" beim Kennenlernen der Arten.

Der Benützer dieses Kosmos-Naturführers wird, so hoffen wir, in Zukunft auf die Frage „Was find' ich unter dem Mikroskop?" Antworten finden.

Heinz Streble
Dieter Krauter

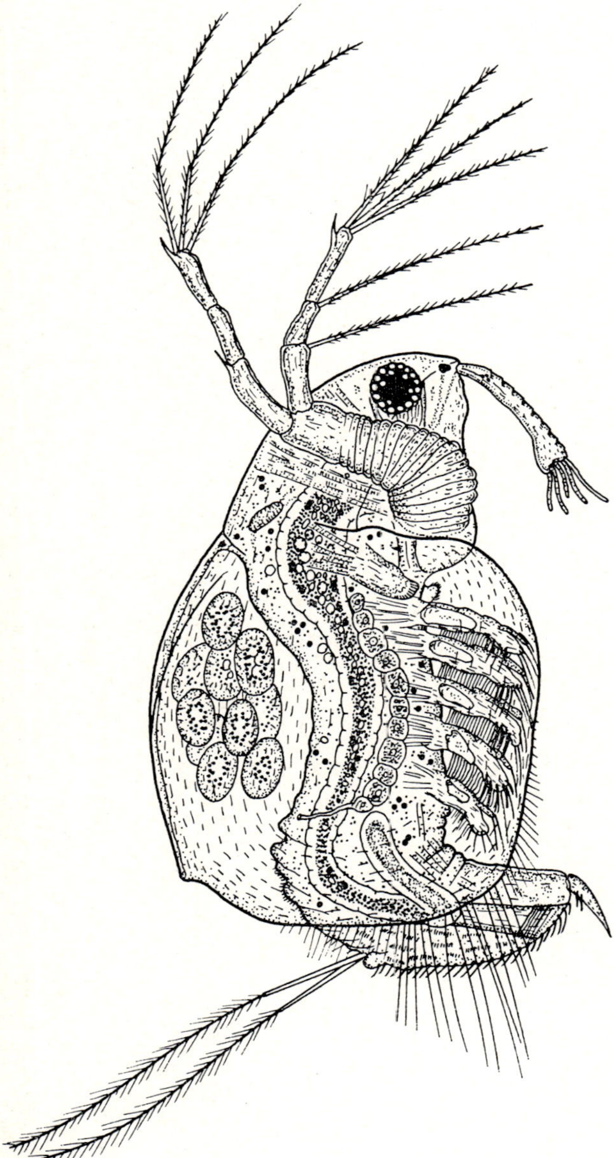

Leben im Wassertropfen

In jeder Regenpfütze, die länger als drei Tage steht, in jedem Jauchegraben, in Brunnenbecken und Feuerlöschteichen finden wir mikroskopisch kleine Lebewesen. Überwältigend sind Zahl und Formenfülle der mit dem bloßen Auge nicht sichtbaren Organismen in verkrauteten Tümpeln, flachen Seen, Altwässern von Flüssen.

Dennoch wurde schon mancher Anfänger auf der Suche nach der Zauberwelt im Wassertropfen bitter enttäuscht: Er vermutete Myriaden kleiner Lebewesen in jedem Tropfen klaren Leitungswassers, er suchte in sauberen, kalten Quellen nach Pantoffeltieren und Zieralgen. Erfolglos, denn das im Wasserwerk filtrierte, oft auch chemisch gereinigte, zuweilen mit Chlor versetzte Leitungswasser darf praktisch keine Organismen enthalten, und reines Quellwasser ist extrem arm an Individuen und Arten.

Wenig Jagdglück wird auch der Mikroskopiker erleben, der mit einem alten Marmeladeglas Wasser von der Oberfläche eines Gewässers schöpft. Zwar leben im freien Wasser die oftmals bizarr gestalteten Schwebeorganismen, das sogenannte Plankton, aber kaum einmal sind sie so dicht gedrängt, daß der aus der Schöpfprobe auf den Objektträger überführte Wassertropfen mehr als höchstens ein oder zwei Individuen enthielte. Zum Planktonfang muß man größere Wassermengen durch ein feines Gazenetz filtrieren, die Organismen also anreichern. Ein einfaches Netz, wie es Aquarianer zum Wasserflohfang benützen, tut für größere Organismen seine Dienste; besser ist ein richtiges Planktonnetz.

Die allermeisten Kleinlebewesen halten sich aber gar nicht im freien Wasser auf. Sie leben im Detritus (der krümeligen, bräunlichen, flockigen Masse aus Resten abgestorbener Pflanzen und Tiere), an abgefallenen Pflanzenblättern, faulenden Ästen, in dem schmierigen Belag auf Steinen, zwischen Algenwatten und höheren Wasserpflanzen. Wer reiche Beute machen will, sammelt daher (zusammen mit wenig Wasser) faulende Blätter, Stückchen von Wasserpflanzen, lockeren Mulm von der Oberfläche (!) des Grundes; er kratzt den Belag von Schilfstengeln, von der Unterseite von Seerosenblättern, von Steinen und Pfählen ab. Schlamm und tiefere Mulmschichten sind meist unergiebig *(auf* dem Schlamm leben oft interessante Wimpertiere!), rasch fließende Bäche beherbergen unter den Steinen zwar ein reiches Leben an größeren Tieren, sind aber arm an Mikroorganismen.

Die eigene Erfahrung – kein Buch kann sie ersetzen – lehrt den Mikroskopiker rasch, an welchen Stellen es sich lohnt, eine Probe mitzunehmen.

Mit etwas Glück finden wir in einem Tropfen Wasser eine Organismenwelt, die unendlich vielfältiger ist als die mit bloßem Auge sichtbare Pflanzen- und Tierwelt etwa eines großen Waldes. In einem einzigen Tropfen Wasser entdecken wir mikroskopische Pflanzen, die sich stärker voneinander unterscheiden als ein Moos von einer Eiche, und Tiere, die stammesgeschichtlich viel weiter voneinander entfernt sind als ein Fisch von einem Säugetier. Anlaß genug, die Kleinlebewelt, den Mikrokosmos, kennenzulernen.

Freilich ist es für den Anfänger zunächst schwierig, sich in der Fülle der Formen zurechtzufinden – viel schwieriger, als etwa eine Blume oder einen Vogel zu bestimmen. Der Naturfreund, der Pflanzen bestimmt und Vögel beobachtet, braucht sich wenigstens nicht zu überlegen, ob er nun eine Pflanze oder ein Tier vor sich habe. Vor diesem Problem aber steht der Mikroskopiker, der ein grünes (weil mit symbiontischen Algen beladenes) Pantoffeltier oder die (aktiv schwimmende) Kugelalge *Volvox* unter dem Objektiv hat. Dabei sind Pantoffeltier und Kugelalge so verschieden wie Eichelhäher und Gänseblümchen!

Das „Leben im Wassertropfen" umfaßt also sehr verschiedene Organismen, die ganz verschiedenen Stämmen und Klassen angehören. Was sie gemein haben, ist allein die geringe Größe. Ein Bestimmungsschlüssel herkömmlicher Art, in dem dichotomisch einzelne Merkmale einander gegenübergestellt werden, würde hier wenig nützen. Statt dessen findet der Leser auf Seite 104 bis Seite 107 einen Schlüssel mit Schemazeichnungen typischer Formen aus allen Stämmen und Klassen. In den meisten Fällen wird diese Übersicht genügen, die Gruppe herauszufinden, in die der gesuchte Organismus gehört. Die angegebenen Seitenzahlen verweisen auf den Tafelteil. Die Bestimmung von Gattung und Art erfolgt dann in erster Linie nach den Abbildungen; daneben geben die Kurzbeschreibungen Hinweise.

Die Übersicht über die Stämme, Klassen und Ordnungen (S. 42) beschreibt Körperbau und System, soweit sie für die Erkennung und Zuordnung der Arten wichtig sind. Auch wer sich nicht ausschließlich der Wassertropfen-Mikroskopie verschrieben hat, wer nur gelegentlich eine Wasserprobe untersucht, sollte wissen, welche Arten zusammengehören (untereinander verwandt sind), und er sollte die Grundbaupläne der großen Gruppen kennen. Allzuoft kommt es vor, daß Amateure alles, was Wimpern trägt, „Pantoffeltier" nennen – handle es sich um ein Rädertier, einen Strudelwurm oder einen Ciliaten. Auch sie können sich an den schönen Formen freuen – dazu braucht man weder den Namen noch die systematische Zuordnung zu kennen; doch ist es keine Frage, daß mehr Wissen die Freude vermehrt.

Seit es Mikroskope gibt, hat die Kleinlebewelt im Wasser viele Menschen entzückt, Wissenschaftler wie Liebhaber. Gerade Liebhaber (heute sagt man Amateure; das bessere und schönere Wort „Dilettant"[1] wird leider fast immer abschätzig verwendet) haben viel zur Kenntnis der Kleinlebewelt beigetragen. Schon der Uraltmeister der Mikroskopie, der holländische Tuchhändler Antony van Leeuwenhoek (1632–1723) beschrieb und zeichnete viele Mikroorganismen erstaunlich genau. Wie er die feinen Strukturen erkannte, die mit den damaligen primitiven Mikroskopen eigentlich kaum aufzulösen waren, ist nicht sicher geklärt. Zweifellos hat ein Faktor mitgespielt, der auch heute selbst bei modernsten Mikroskopen entscheidend ist: die Übung. Der geübte Mikroskopiker, der sein Instrument beherrscht und gewohnt ist, „Zwiesprache mit dem Objekt" zu pflegen, wird mit einem gewöhnlichen Hellfeldmikroskop mehr sehen als der Ungeübte mit kostspieliger Phasenkontrastoptik.

Die Grenzen zwischen „Liebhaber" und „Forscher" sind im Bereich des Mikrokosmos unscharf und fließend. Friedrich Hustedt (gest. 1968), der große Erforscher der Kieselalgen, war ursprünglich Lehrer, ebenso Alfred Kahl (gest. 1956), auf dessen Ciliaten-Monographie fast alle späteren Arbeiten über Wimpertiere fußen. Josef Donner, bedeutender Rädertierspezialist, ist Priester; Bruno M. Klein (gest. 1968), der das Silberliniensystem der Ciliaten entdeckte, war Museumsbeamter.

Umgekehrt können sich auch große Fachgelehrte trotz aller bei wissenschaftlichen Arbeiten gebotenen Sachlichkeit dem Zauber ihrer Objekte nicht ganz entziehen. Wer die Arbeiten etwa des Protozoologen Karl G. Grell (Tübingen) oder des Ciliatenforschers Dieter Matthes (Erlangen) liest, spürt die Begeisterung auch in den nüchternen Texten.

Die Kleinorganismen im Wasser leben keineswegs in friedlicher Harmonie. Die „Lebensgemeinschaften" sind in Wahrheit Freßgesellschaften, in denen einer des anderen Beute ist, in denen aber auch jeder vom anderen abhängt: Die Bakterien zerlegen organismische Reste und stellen so den Algen die notwendigen Nährstoffe zur Verfügung. Wimpertiere fressen Bakterien und Algen und dienen Raubinfusorien, Raubrädertieren und Kleinkrebsen als Nahrung. Kot und Leichen fallen wiederum der bakteriellen Zersetzung anheim. Hans Christian Andersen hat dies als Dichter gesehen, und besser als er kann's niemand sagen:

---

[1] Vom Italienischen dilettare, sich erfreuen.

„Der Wassertropfen"
Von Hans Christian Andersen

Du kennst doch sicher ein Vergrößerungsglas, so ein rundes Brillenglas, das alles hundertmal größer macht, als es ist? Wenn man es nimmt und vor das Auge hält und einen Wassertropfen vom Teich draußen anschaut, dann sieht man über tausend wunderliche Tiere, die man sonst nie im Wasser sieht, aber sie sind da und es ist Wirklichkeit. Es sieht fast so aus, wie ein ganzer Teller voll kleiner Krebse, die durcheinander springen, und sie sind so grimmig, sie reißen einander Arme und Beine, Stücke und Teile ab, und sind doch fröhlich und vergnügt auf ihre Art.
Nun war einmal ein alter Mann, den alle Leute Kribbel-Krabbel nannten, denn so hieß er. Er wollte stets bei einer jeden Sache das Beste herauskriegen, und wenn es gar nicht gelingen wollte, dann nahm er es mit Zauberei.
Nun sitzt er eines Tages und hält das Vergrößerungsglas vor das Auge und schaut einen Wassertropfen an, der draußen von einer Wasserpfütze im Graben genommen war. Nein, wie es da kribbelte und krabbelte! All die tausend Kleintiere hüpften und sprangen, zerrten aneinander und fraßen aneinander.
„Ja, aber das ist ja abscheulich!" sagte Kribbel-Krabbel, „kann man sie nicht dazu bringen, in Frieden und Ruhe zu leben, und daß jeder sich um das Seine kümmert?" Und er dachte und dachte, aber es wollte nicht gelingen, und dann mußte er zaubern. „Ich muß ihnen Farbe geben, damit sie deutlicher werden können", sagte er, und dann goß er etwas wie ein Tröpfchen roten Weines in den Wassertropfen, aber es war Hexenblut, die allerfeinste Sorte zu zwei Schilling; und dann wurden alle die wunderlichen Tiere rosenrot über den ganzen Körper, es sah aus wie eine ganze Stadt voll nackter Wilder.
„Was hast du da?" fragte ein anderer alter Zauberer, der keinen Namen hatte, und das war just das Feine an ihm.
„Ja, kannst du erraten, was es ist", sagte Kribbel-Krabbel, „dann werde ich es dir schenken; aber es ist nicht leicht herauszufinden, wenn man es nicht weiß."
Und der Zauberer, der keinen Namen hatte, schaute durch das Vergrößerungsglas. Es sah wirklich aus wie eine ganze Stadt, in der alle Menschen ohne Kleider herumlaufen! Es war scheußlich, aber noch scheußlicher war es zu sehen, wie der eine den andern puffte und stieß, wie sie sich zwickten und zwackten, einander bissen und einander hervorzerrten. Was zuunterst war, wollte zuoberst sein, und was zuoberst war, wollte zuunterst sein. „Schau, schau! Sein Bein ist länger als meins. Paff, weg damit! Da ist einer, der eine kleine Beule hinter dem Ohr hat, eine kleine, unschuldige Beule, aber sie quält ihn, und so soll sie noch mehr quälen!" — Und sie hackten nach ihm, und sie zerrten an ihm, und sie fraßen ihn um der kleinen Beule willen. Da saß einer so still wie eine kleine Jungfrau und wünschte bloß Frieden und Ruhe; aber dann mußte die Jungfrau hervor, und sie zerrten an ihr, und sie rissen an ihr, und sie fraßen sie!
„Das ist außerordentlich lustig!" sagte der Zauberer.
„Ja, aber was glaubst du, daß es ist?" fragte Kribbel-Krabbel. „Kannst du es herausfinden?"
„Das ist doch leicht zu sehen", sagte der andere, „das ist ja Kopenhagen oder eine andere große Stadt, sie gleichen ja alle einander. Eine große Stadt ist es."
„Es ist Grabenwasser!" sagte Kribbel-Krabbel.

Planktonfischen

Eine kleine Ausrüstung gehört zum Fischen von Boden- und Planktonorganismen: ein Planktonnetz; Plastikbeutel zum Transport naßgewordener Geräte (Planktonnetze!); ein Gummiballon mit Glasrohr; ein Satz sauberer Präparategläser – 20 bis 50 ml Inhalt – mit Schnappdeckeln oder Plastikstopfen; eine dichtschließende kleine Plastikflasche mit 40%igem Formol; Bleistift; Notizpapier.
Sollen die Fänge an Ort und Stelle mikroskopiert werden, erweitert sich die Utensilienliste: Mikroskop mit Spiegel; Objektträger; Deckgläser (zweckmäßig 21×26 mm); einige Pipetten verschiedener Öffnungsweite; Schachtel für ausgebrauchte Präparate; Putzläppchen; Schere; Pinzette; Taschenmesser; Papiertaschentücher. Das Mikroskop wird in seinem Kasten verstaut oder in ein Handtuch eingewickelt, die übrigen Geräte sind am sichersten in einem flachen Plastikeimer aufbewahrt.
Das trichterförmige Fangsieb eines Planktonnetzes besteht aus feinster Gaze, sogenannter Müllergaze. Am Ende des Trichters ist ein Fangbecher angebracht, der mittels Bajonettverschluß angesteckt und abgenommen werden kann. Die Maschenweite der Gaze wird in Nummern angegeben – Nr. 12 hat Maschen von 100×100 µm, Nr. 25 ist die Gaze mit den allerfeinsten Maschen. Sehr gebräuchlich ist die Gaze Nr. 18 mit einer Maschenweite von 40–70×40–100 µm. Diese Rohmaße gelten nur für kurze Zeit; anhaftende Organismen, Schmutz und Detritus verringern die Maschenweite im Gebrauch sehr rasch. Im Extremfall setzt sich dann das Netz zu und filtriert überhaupt nicht mehr. Meist ist es daher zweckmäßig, von vornherein ein Netz mit etwas größerer Maschenweite zu wählen. Das Netz soll an einer Leine so langsam wie möglich durch das Wasser gezogen werden; wird es zu schnell bewegt, bildet sich vor der Netzöffnung ein Stau, die Wirbelbildungen werden erhöht, die Ausbeuten sind minimal. Tiefere Wasserschichten können mit einem ausziehbaren Planktonstock, an den das Netz angeschraubt wird, abgefischt werden; eine Drehung des Stockes um seine Längsachse verschließt das Netz, Tiefenproben lassen sich so zur Oberfläche bringen. In verkrauteten Gewässern wird das Netz ins Wasser geworfen, herausgezogen und nach Abfließen des im Netzbeutel befindlichen Wassers wieder hineingeworfen; dies wird etwa zwanzigmal wiederholt, ehe die Probe aus dem Planktonbecher in ein Präparateglas überführt wird. Wasser aus sehr seichten Gräben und Pfützen wird mit Küvetten oder anderen Gefäßen geschöpft und durch das Netz gegossen.
Boden- und Aufwuchsorganismen sammelt man am besten mit einem „Schlammheber". Unter Schlammheber verstehen wir hier nichts weiter als eine Riesenpipette, ein 30 bis 60 cm langes Glasrohr von 6 bis 7 mm Außendurchmesser mit einem Gummi- oder Klistierballon aus dem Sanitätsgeschäft. Bruchsicherer als ein Glasrohr ist ein Rohr aus Plexiglas. Anstelle des Rohres benützen „Massensammler" eine Meßpipette (Vollpipette von 25 oder 50 ml Inhalt), wobei die Ablauföffnung der Pipette in den Ballon gesteckt wird; angesaugt wird mit der großen Öffnung. Bei Klistierballons wird die größere der beiden Öffnungen mit einem Gummistopfen verschlossen. Der Schlammheber ersetzt weitgehend einen Pfahlkratzer.
Bodenproben aus tieferen Gewässern fördert eine Primitiv-Dredsche, eine leere Konservendose: Am oberen Rand der Dose wird ein Bügel aus Bandeisen oder starkem Eisendraht befestigt. An ihm wird die Leine angebracht. Die Dose wird mit Wasser gefüllt, ausgeworfen, am Grund entlanggeschleppt und rasch wieder hochgezogen.
Organismen, die feste Unterlagen besiedeln, lassen sich leicht rein gewinnen: Mit einer Kunststoffwäscheklammer werden zwei Objektträger Rücken an

Rücken zusammengeklammert und an einer Schnur ins Wasser gehängt. Nach etwa einer Woche ist der Bewuchs genügend dicht und kann dann direkt mikroskopiert werden.
Übrigens: Gut eingelaufene Aquarienfilter sind oft Fundgruben!
Komplizierte Geräte, die der Abwasserbiologe und der Hydrobiologe brauchen, sind bei Liebmann, „Handbuch der Frischwasser- und Abwasserbiologie" Band 1 (Verlag Oldenbourg, München) und bei Schwoerbel, „Methoden der Hydrobiologie" (Gustav Fischer-Verlag, Stuttgart) zusammengestellt.
Organismen einer Faulschlammprobe halten sich im Präparateglas höchstens zwei Stunden ungeschädigt und unverändert. Lebewesen aus reineren Gewässern (α-mesosaprob bis oligosaprob, siehe S. 31) bleiben einen halben bis einen ganzen Tag unverändert.
Alle Organismen untersuchen wir in „ihrem" Wasser; Leitungswasser ist für Planktonorganismen in vielen Fällen Gift. Sammelgläser werden nur zur Hälfte gefüllt, der Rest bleibt Atemluft. Einzeller reagieren sehr empfindlich (meist mit Tod und Auflösung) auf Temperaturstürze sowie starke Erwärmung. Transport daher am besten in Kühltaschen, Thermosflaschen oder Styroporschachteln. Statt Sammelgläsern eignen sich auch Polyäthylenbeutel.

Kulturen

Jeder Mikroskopiker will interessante oder ihm noch unbekannte Arten zur späteren Untersuchung und Beobachtung aufbewahren. Ideal wäre in jedem Fall die unbegrenzte Reinkultur, die nur die gewünschte Art enthält und beliebig lange weitergezüchtet werden kann. Dieses Ideal ist jedoch nur selten ohne großen Aufwand an Zeit und Mühe zu verwirklichen. Reinkulturen sind für viele wissenschaftliche Untersuchungen unerläßlich; im allgemeinen wird sich der Mikroskopiker mit Rohkulturen begnügen, die außer der gewünschten Art mehrere oder viele andere Arten enthalten und die früher oder später zugrunde gehen.

Fundortwasser-Kulturen

Am einfachsten ist die Haltung in Fundortwasser. Man nimmt vom Fundort eine ausreichende Menge Wasser mit, beschickt damit größere Gläser (je nach Menge des Materials 100 ml bis 1 l), setzt kleinere Mengen des gesammelten Materials zu und deckt die Gläser lose ab (Schutz gegen Verstaubung, Sauerstoff muß jedoch zutreten können). Enthält das Material – was meist der Fall sein wird – assimilierende Organismen (Grünalgen, Blaualgen, autotrophe Flagellaten), stellt man die Gläser am Licht auf; Nord- und Ostfenster sind günstig, direkte Sonneneinstrahlung schadet meist. Wichtig ist, daß nicht zu viel Material eingebracht wird; andernfalls setzen sehr rasch Fäulnisvorgänge ein, die die Kultur verderben.
In solchen Fundortwasser-Kulturen kann man nicht allzu empfindliche Organismen über Tage oder sogar Wochen am Leben halten, in glücklichen Fällen sogar vermehren. Meist wird sich schon nach kurzer Zeit das Artenspektrum verschieben; Arten, die zunächst ganz selten waren, können sich stark vermehren, andere – zuvor vielleicht häufigere – gehen zurück oder verschwinden.
Sehr lange halten sich Fundortwasser-Kulturen in kleinen Aquarien. Man füllt ein Vollglasaquarium von 10 bis 20 Liter Inhalt etwa zur Hälfte mit Fundort-

wasser und gibt abgefallene Blätter, faulende Holzstückchen, algenbewachsene Steine vom selben Fundort sowie wenig (!) flockigen Detritus vom Grunde des betreffenden Gewässers dazu. Auch hier ist wichtig: Nicht überbesetzen!
Am meisten Erfolg hat man mit Fundortwasser-Kulturen aus α- und β-mesosaproben, stehenden Gewässern. Echte Planktonorganismen sind meist sehr schwer zu züchten; sie halten sich günstigenfalls wenige Tage.

Erd-Wasser-Kulturen

Sehr viele Algen lassen sich in einer Erd-Wasser-Kultur züchten:
Man füllt in ein Becherglas (oder ein leeres Gurkenglas oder ein anderes geeignetes Gefäß) 1 bis 2 cm hoch gute, nicht frischgedüngte Gartenerde, überschichtet die Erde bis zu $^3/_4$ der Höhe des Glases mit Wasser (Leitungswasser oder – wenn man dem nicht traut – vollentsalztes Wasser), erhitzt das Glas eine Stunde lang im siedenden Wasserbad und läßt erkalten. Durch das Erhitzen werden unerwünschte Algen abgetötet, und zugleich löst das heiße Wasser aus der Erde Pflanzennährstoffe. Nach dem Impfen mit der zu züchtenden Algenart wird das Glas mit einer Cellophanhaut („Einmachcellophan") verschlossen. Das Cellophan ermöglicht noch den Gasaustausch, schützt aber vor Verstaubung, Infektion und übermäßiger Verdunstung. Das Glas wird am Fenster aufgestellt. Je nach Materialmenge wählt man Gläser von 100 ml bis 1 l Inhalt. Anfänger neigen dazu, zuviel Algen einzusetzen, die dann leicht absterben und faulen. Bei fädigen Formen ganz wenige Fäden!
Die Erde verbleibt in diesen Kulturen als Bodensatz; sie liefert verbrauchte Nährstoffe nach, dient als „Chelator", der schwerlösliche Nährstoffe (Eisen) bindet und leicht wieder abgibt; sie übt als Ionenaustauscher eine stabilisierende Funktion aus.
Eine entsprechend angesetzte Torf-Wasser-Kultur kann der Zucht von Hochmoorformen (Zieralgen!) dienen.
Mit Hilfe der Erd-Wasser-Kultur kann man leicht zu Reinkulturen gelangen. Voraussetzung ist, daß das Ausgangsmaterial aus nur einer Art besteht. Einzelne Algenfäden kann man mehrfach in sterilem (ausgekochtem) Wasser waschen, ehe man sie in die Kulturlösung überträgt, einzellige Arten und Kolonien fängt man unter dem Mikroskop oder einer Lupe (am besten einem binokularen Präpariermikroskop) mit Hilfe einer Kapillarpipette aus dem Rohmaterial heraus und wäscht sie auf dem (durch Abflammen sterilisierten) Objektträger, indem man sie mit der Kapillarpipette mehrfach in immer frische Tropfen sterilen Wassers überträgt.
Herstellung der Kapillarpipette: Ein Glasrohr (oder eine gewöhnliche Tropfpipette) wird unter drehenden Bewegungen in die entleuchtete Flamme eines Bunsenbrenners gehalten. Ist das Glas weich geworden, nimmt man das Rohr aus der Flamme heraus und zieht beide Enden auseinander. Es entsteht ein sehr dünnes Röhrchen (Kapillare), das man an passender Stelle abbricht. Auf das unverdünnte Ende wird das Gummihütchen einer gewöhnlichen Pipette aufgesetzt. Zur bequemen Handhabung kann man die Kapillare abwinkeln. Man hält dazu das Röhrchen in eine sehr kleine Flamme, bis es sich unter dem eigenen Gewicht rechtwinkelig abbiegt. Steht ein Bunsenbrenner nicht zur Verfügung, kann man auch die Flamme eines Gasherdes oder eines Campingbrenners verwenden. Nach einiger Übung bereitet das Ausziehen solcher Pipetten keinerlei Schwierigkeiten. Unebene, zackige oder zu scharfe Ränder der Pipettenöffnung kann man in kleiner Flamme rund schmelzen.
In Erd-Wasser-Kulturen entwickeln sich stets auch einige Bakterien. Meist stören sie nicht, ja, sie können sogar als Vitaminlieferanten nützlich sein, da viele Algen „wuchsstoffheterotroph" sind und zum Beispiel B-Vitamine nicht selbst synthetisieren können. Diese Wirkstoffe liefern die Bakterien.
Um absolute (auch bakterienfreie) Reinkulturen zu erzielen, müßte die Erd-Wasser-Lösung viel gründlicher sterilisiert werden (fraktioniert, Autoklav).

Zur Kultur von Algen, die faulendes Wasser bevorzugen, gibt man zu der Erde noch ein zerquetschtes Weizenkorn.

Anorganische Nährlösungen, Erdabkochung

Für bestimmte wissenschaftliche Zwecke (zum Beispiel Stoffwechseluntersuchungen) braucht man Reinkulturen in definierten Medien, das heißt in Nährlösungen genau bekannter Zusammensetzung. Für Algen hat sich das Medium nach Provasoli bewährt:

EDTA (Äthylendiamintetraessigsäure)	50 mg	$ZnCl_2$	20,8 mg
		$MnCl_2 \times 4\ H_2O$	7,2 mg
$NaNO_3$	20 mg	$(NH_4)_6Mo_7O_{24} \times 4\ H_2O$	0,13 mg
KH_2PO_4	14 mg	$Co(NO_3)_2 \times 6\ H_2O$	0,13 mg
$MgSO_4 \times 7\ H_2O$	20 mg	$CuSO_4 \times 5\ H_2O$	0,15 mg
$CaCl_2 \times 2\ H_2O$	48 mg	Na-Glutamat	100 mg
KCl	10 mg	Na-Acetat	40 mg
		H_2O	1 l
$FeCl_3 \times 6\ H_2O$	3,4 mg	pH 5,5	

Futteralgen, meist einzellige Arten vom *Chlorella*-Typ, kann man in den Lösungen züchten, die für erdelose Pflanzenkultur (Hydrokultur) verwendet werden. Man verdünnt sie 5- bis 10mal stärker als für die Hydrokultur gebräuchlich. Oder man züchtet in Erdabkochung: Gleiche Teile Gartenerde und Wasser werden eine Stunde miteinander gekocht. Nach ein bis drei Tagen hebert man die überstehende, trübe Lösung ab, filtriert, sterilisiert[1] und bewahrt im Kühlschrank auf (mehrere Monate haltbar). Zum Gebrauch setzt man 2 (bis 5) ml dieser Lösung zu 100 ml Wasser. Erdabkochung ist auch ein gutes Medium zur Kultur mancher Protozoen *(Amoeba proteus!)*, die aber außerdem mit Futterorganismen versorgt werden müssen.

Aufgüsse

Bakterienfressende Protozoen züchtet man am einfachsten in einer Lösung, die zugleich den als Futterorganismen dienenden Bakterien eine Ernährungsgrundlage bietet. Bekanntestes Beispiel ist der Heuaufguß, in dem sich vorwiegend *Bacillus subtilis* entwickelt, der dann den Wimpertieren als Nahrung dient. Heuaufgüsse und Aufgüsse aus anderem Pflanzenmaterial setzt der Anfänger meist mit viel zuviel Material an. Die Folgen sind Fäulnis und hohe Sauerstoffzehrung. Außerdem ist es ein Aberglaube, in solchen Aufgüssen stellten sich Pantoffeltiere und andere größere Ciliaten stets von selbst ein. Man muß den Aufguß mit Tümpel- oder Aquarienwasser impfen oder ihn von vornherein mit solchem Wasser ansetzen!
Will man in Heuaufgüssen (besser ist oft ein Aufguß aus Salatblättern) nur eine bestimmte Art züchten (zum Beispiel Pantoffeltiere), so muß man den Aufguß zunächst durch Aufkochen sterilisieren (die Bakteriensporen, aus denen die Futterbakterien keimen, überstehen das einmalige Erhitzen). Impft man mit nur wenigen (etwa mit der Kapillarpipette herausgefangenen) Organismen, so darf auch die Menge des Zuchtmediums nur gering sein (Blockschälchen oder Uhr-

---

[1] Durch wiederholtes Aufkochen im Abstand von einem Tag oder im Autoklaven. Günstige Gefäße zum Aufbewahren solcher Lösungen sind Erlenmeyer-Kolben oder Babyflaschen mit engem Hals. Sie werden mit einer dicht zusammengerollten „Wurst" aus Zellstoffwatte verschlossen. Statt des Autoklaven kann man einen Haushaltsdampftopf, in dem das Wasser erst bei Überdruck siedet, verwenden.

gläser). Erst wenn man eine individuenreiche Kultur hat, kann man auch zu größeren Gefäßen übergehen.
Jede Kultur geht zugrunde, wenn man nicht rechtzeitig in neues Medium überimpft. Die Intervalle, in denen überimpft werden muß, sind sehr verschieden: Bei vielen Organismen kann man sie verlängern, wenn man – etwa während des Urlaubes – die Kulturen vorübergehend im Kühlschrank unterbringt.
Je mehr Individuen überimpft werden, um so größer ist die Chance, daß der Ansatz „angeht", um so rascher muß man aber auch einen neuen Ansatz vorbereiten.
Zur Massenkultur von Pantoffeltierchen eignet sich am besten ein Aufguß mit Kohlrübenschnitzeln. Man beschafft sich eine Kohlrübe *(keine* Runkelrübe oder Zuckerrübe; Gattung *Brassica, nicht Beta),* zerschneidet sie in Würfel von ca. 1 cm Kantenlänge und trocknet die Würfel auf Papier an der Sonne oder über der Heizung (nicht mehr als 50° C). Die trockenen Schnitzel bewahrt man in einer gut schließenden Dose auf; sie sind 2–3 Jahre verwendbar.
Zum Ansatz einer „Verdrängungskultur" setzt man zu 200–250 ml Tümpel- oder Aquarienwasser 1 oder 2 Kohlrübenschnitzel. Es entwickeln sich Bakterien, nach etwa 2 Tagen massenhaft kleine Ciliaten, und nach etwa 8–14 Tagen tauchen Paramecien in größeren Mengen auf – sofern im Ausgangswasser einige wenige Exemplare enthalten waren. Durch Nachfütterung mit einem Kohlrübenschnitzel erzielt man dann binnen weniger Tage eine ungeheure Vermehrung der Paramecien, die als dichte, weißliche Wolken schon mit bloßem Auge erkennbar sind. Rechtzeitiges Überimpfen in neue Ansätze mit Kohlrübenschnitzeln (dafür genügt dann Leitungswasser) sichert die Erhaltung der Kultur. Wie viele Schnitzel man für eine bestimmte Wassermenge braucht, lehrt die Erfahrung sehr rasch. Ein Zuviel bedeutet auch hier übermäßige Sauerstoffzehrung; die Paramecien ersticken dann.
Auch andere Bakterienfresser lassen sich im Kohlrübenaufguß züchten (meist mit sehr viel weniger Kohlrübe, als für *Paramecium* zweckmäßig ist!).

Milchkulturen

Bakterienfressende Wimpertiere aus α- und β-mesosaprobem Milieu lassen sich oft in Milchkultur züchten. Man setzt zu 100 bis 250 ml Wasser einen Tropfen Milch, schüttelt um und gibt nach einigen Tagen den nächsten Tropfen zu (erst dann, wenn die Lösung wieder klar geworden ist). Damit kann man mühelos Massenkulturen von *Paramecium caudatum* und dem Blauen Trompetentier, *Stentor coeruleus,* beliebig lange erhalten, sofern man nicht längere Zeit das Füttern oder das Umsetzen in neues Medium vergißt. Wimpertiere aus Milchkulturen sind aber meist sehr undurchsichtig. Vor der Untersuchung überführt man sie daher für einige Tage in reines Wasser, oder man läßt sie hungern, oder man setzt eine Zweigkultur in einem Salat- oder Heuaufguß an. Zum Überimpfen solcher Massenkulturen nimmt man jeweils 5 bis 20 ml der alten Kulturlösung.
Es ist hier nicht der Ort, ausführliche Kulturanweisungen zu vermitteln. Wer sich für Kulturen interessiert, sei auf Max Mayer: Kultur und Präparation der Protozoen, Kosmos-Verlag, Stuttgart, hingewiesen. Für die Anlage von Reinkulturen muß man die Technik des Sterilisierens und der Sterilhaltung beherrschen. Man übt sie am besten mit Bakterienkulturen (Anleitung bei Dittrich, Bakterien, Hefen, Schimmelpilze; Kosmos-Verlag, Stuttgart).

Das Objektträger-Aquarium

Der längeren Beobachtung von Lebensgemeinschaften dient das Objektträger-Aquarium nach William von Bremen (MIKROKOSMOS **60**, 85–89, 1971).
Bei Objektträger-Kulturen – die den Vorzug haben, daß sie direkt unter dem Mikroskop beobachtet werden können – ergeben sich gewöhnlich einige

Schwierigkeiten: Der Tropfen mit dem Kulturmedium fließt leicht aus, er trocknet oft aus, und es ist schwierig, das Kulturwasser zu wechseln, ohne die zu beobachtenden Organismen mit abzuziehen. W. von Bremen umgeht all diese Probleme mit einer genial-einfachen Methode:
Ein etwa 20 cm langes Fadenstück (Nähgarn Nr. 10 bis 12 oder Baumwoll-Stopfgarn) wird gründlich in heißem Wasser ausgewaschen und noch naß kreisförmig im Durchmesser von etwa 1 bis 1,5 cm in mehreren Windungen auf den Objektträger gelegt. So entsteht eine runde kleine Kammer, in die das zu untersuchende Material übertragen wird. Zum Wasserwechsel wird am äußersten Rand der Fadenwand mit einer Kapillarpipette vorsichtig Wasser abgezogen, wobei der Faden als Filter dient, der verhindert, daß die zu untersuchenden Tiere in die Pipette eingesogen werden. Das Frischwasser wird gleichfalls von der Außenwand her zugeführt. Bei Verwendung eines Hohlschliffobjektträgers wird das „Objektträger-Aquarium" etwas tiefer, und für „große" Mikroaquarien verwendet man Uhrgläser, die etwa zur Hälfte gefüllt und gleichfalls mit einer Fadenwand abgesichert werden.
Die Objektträger-Aquarien werden ohne Deckglas mit schwachen bis höchstens mittleren Objektiven untersucht. Zur Aufbewahrung verbringt man die Objektträger-Aquarien in eine feuchte Kammer, das ist ein gut verschließbares Gefäß, auf dessen Boden sich eine dünne Wasserschicht befindet. In einer solchen feuchten Kammer entsteht eine wasserdampfgesättigte Atmosphäre, die ein Verdunsten des Untersuchungstropfens verhindert.
Bei länger dauernden Untersuchungen müssen die Tiere im Objektträger-Aquarium gefüttert werden. Dafür kann man je nach der Tierart Bakterien aus der Kahmhaut eines Heuaufgusses verwenden, eigens gezüchtete Kleinalgen, Detritus aus Tümpeln oder Aquarien. Grundsatz: Eher zuwenig als zuviel füttern. Einige Zeit nach der Fütterung muß das Kulturmedium durch frisches Medium ersetzt werden, damit keine Fäulnisvorgänge eintreten. W. von Bremen empfiehlt außerdem als vielseitig verwendbares Futter abgestorbene, sich im Wasser zersetzende Pflanzenteile – auch bei ihnen muß darauf geachtet werden, daß nicht durch ein Zuviel Fäulnisvorgänge eintreten, die die Kultur verderben.

Unempfindliche Dauerkulturen

Für viele Zwecke ist es günstig, Kleinorganismen aus ganz verschiedenen Gruppen stets vorrätig zu haben. Der Lehrer braucht sie für den Unterricht, der Mikroskopiker braucht Lebendmaterial zum „Vorzeigen", wenn Freunde und Bekannte „mal durchs Mikroskop gucken" wollen, man braucht lebende Organismen, die man genauer kennt, um Fixierungs- und Färbemethoden zu erproben, man braucht Futterorganismen für andere Kulturen. Zum Glück gibt es einige sehr interessante Kleinlebewesen, die sich mühelos kultivieren lassen, die nur in großen Zeitabständen umgesetzt werden müssen, die sehr widerstandsfähig auch gegen ungünstige Veränderungen der Umweltbedingungen sind, und die zum Teil aus noch unbekannten Gründen auch bei völlig unsterilem Arbeiten nicht von anderen Arten überwuchert werden. Hier einige Beispiele für Organismen, die man in „Dauerkultur" halten kann:
Das Augentier *Euglena gracilis.* So schwierig die meisten *Euglena*-Arten zu züchten sind, so einfach ist die Kultur von *Euglena gracilis*.
Nährlösung: In einen Erlenmeyer-Kolben von 100 bis 200 ml Inhalt gibt man 1 bis 2 cm hoch Gartenerde und fügt ein erbsen- bis höchstens kleinfingernagelgroßes Stück Hartkäse hinzu (es muß Hartkäse oder die Rinde von Hartkäse sein; mit Schmelz- oder Weichkäse gelingt die Kultur nicht gut). Der Kolben wird zur Hälfte mit Leitungswasser gefüllt, mit einem zusammengerollten Streifen Zellstoffwatte lose verschlossen und eine halbe bis eine Stunde im siedenden Wasserbad erhitzt. Nach Erkalten impft man mit 5 bis 10 ml einer alten *Euglena*-Kultur. Die Kultur stellt man ans Fenster. Die Euglenen entwik-

keln sich sehr rasch. Meist ist schon nach einer Woche das Wasser grün gefärbt, und nach zwei bis drei Wochen schweben undurchsichtige grüne Wolken aus lauter *Euglena*-Zellen in der Lösung. Eine solche Kultur pflegt mehrere Wochen „in Blüte" zu stehen; danach geht die Zahl der Zellen zurück, doch findet man auch nach Monaten noch reichlich Zellen (neben sogenannten Palmella-Stadien, das sind unbewegliche, aber noch vermehrungsfähige Formen, aus denen auch wieder bewegliche Zellen hervorgehen können). Es genügt, im Abstand von einigen Monaten neue Kulturen anzusetzen; braucht man zu einem bestimmten Zeitpunkt eine Massenkultur, wird man zwei bis drei Wochen vorher eine Zweigkultur anlegen. Sofern eine solche Kultur von *Euglena gracilis* nicht völlig austrocknet, kann man mit einem aufgeschüttelten Rest des Kulturmediums immer noch eine neue, blühende Zucht ansetzen. Es ist kaum möglich, eine Kultur von *Euglena gracilis* durch Unachtsamkeit aussterben zu lassen. Auch bei völlig unsterilem Arbeiten entwickeln sich in der Kultur außer der *Euglena* höchstens noch einige kleine Rädertiere, Ciliaten und winzige, farblose Flagellaten – abgesehen natürlich von zahlreichen Bakterien.

Da *Euglena gracilis* als Testorganismus für Vitaminprüfungen dient (sie kann Vitamin B_{12} nicht selbst synthetisieren), kann man Zuchtansätze von verschiedenen mikrobiologischen Instituten erhalten. Von Zeit zu Zeit gibt auch die Schriftleitung des MIKROKOSMOS Zuchtansätze an die Leser ihrer Zeitschrift ab.

Ähnlich zäh sind Kulturen einer in Meerwasser lebenden Art des Wimpertieres *Euplotes.* Es handelt sich um einen extrem unempfindlichen Stamm (wahrscheinlich *Euplotes vannus),* der ursprünglich von einem genetischen Institut isoliert worden ist und von dem Zweigkulturen heute an Zoologischen Instituten, aber auch an Zoologischen Gärten und von Seeaquarianern (als Futterorganismen) gehalten werden. Das Tier ist sehr ähnlich wie die Süßwasserformen der Gattung *Euplotes* (siehe Seite 258).

Kulturlösung ist künstliches Seewasser, das man aus einer in Zoohandlungen erhältlichen Salzmischung ansetzt (35 g Seesalz auf 1 l Leitungswasser; zweckmäßig mit heißem Wasser ansetzen; im Dunkeln und gut verschlossen jahrelang haltbar). Man füllt in einen Erlenmeyer-Kolben 2 bis 4 cm hoch Seewasser, gibt eine Pinzettenspitze voll Tubifex oder einige Krümel rohes Hackfleisch zu, impft mit einigen ml einer *Euplotes*-Kultur und verschließt die Öffnung mit einem Wattebausch *(Tubifex,* s. S. 300; wird in Zoohandlungen als Fischfutter verkauft; eignet sich besser als Hackfleisch). Die Tubifex- und Fleischreste verursachen eine reiche Bakterienentwicklung und liefern damit die Ernährungsgrundlage für die Wimpertiere. Nach wenigen Tagen kann man in dem Glas ganze Wolken von *Euplotes* erkennen; soll diese Massenentwicklung anhalten, muß man mit Tubifex bzw. Hackfleisch nachfüttern. Füttert man nicht, so geht die Individuenzahl rasch zurück, doch bleiben immer noch so viele Individuen erhalten, daß man durch Zufüttern sehr rasch wieder massenhaft Tiere erzielt. Bei häufigem Nachfüttern sollte die Kultur alle paar Wochen umgesetzt werden, füttert man selten, genügt es, wenn man im Abstand von einigen Monaten neue Kulturen ansetzt. Auch aus einer Kultur, die ein halbes Jahr oder länger unbeachtet stehengeblieben war, kann man noch ohne weiteres neue, lebenskräftige Zweigkulturen ansetzen. Die Untersuchung der Tiere erfolgt in Seewasser; in Süßwasser würden sie platzen. Eine „nützliche" Eigenschaft des Seewasser-*Euplotes:* In stärker konzentriertem Salzwasser werden die Tiere unbeweglich, ohne jedoch zu sterben. Zur gründlichen Untersuchung läßt man daher einen Tropfen Salzwasser mit *Euplotes* langsam eindunsten, bis sich die Tiere nicht mehr bewegen und legt dann ein Deckglas auf. Bei Verdünnung des Salzwassers schwimmen die *Euplotes* sofort wieder weg. Vorsicht! Salzwasser korrodiert alle Metallteile (Objektivfassungen!).

Auch *Euplotes*-Ansätze werden zuweilen von der Schriftleitung des MIKROKOSMOS abgegeben.

Das Wassernetz *Hydrodictyon* ist in der S. 14 beschriebenen Erd-Wasser-Kultur sehr leicht über beliebig viele Generationen zu züchten. Es ist eine kokkale

Alge, eine riesige, bis 30 cm lange, schlauchförmige Kolonie, deren Zellen ein Maschenwerk bilden und die entfernt an einen sehr grobmaschigen Strumpf erinnert. Bei der Vermehrung teilt sich der Protoplast einer jeden Zelle in Hunderte von Tochterzellen, die sich abrunden und zwei Geißeln ausbilden (Zoosporen; Flagellatenstadium!). Noch innerhalb der Membran der Mutterzelle ordnen sich diese Zoosporen unter zitternden Bewegungen zu einem neuen Netz an. Die Membran der Mutterzelle verschleimt dann, und das Tochternetz – zunächst noch winzig klein – wird frei.

Zur Kultur des Wassernetzes zerschneidet man die Maschen eines ausgewachsenen Netzes in kleinere Stücke (die aber noch mehrere vollständig erhaltene, unverletzte Zellen enthalten müssen) und gibt diese Stücke in ein vorbereitetes Becherglas mit Erd-Wasser-Lösung. Verschluß mit Cellophan, Aufstellung an einem hellen Fenster; sogar gelegentliche direkte Sonneneinstrahlung schadet nicht.

Nach unterschiedlicher Zeit (ein bis drei Wochen) haben sich Tochternetze entwickelt, die als kleine, zart gelbgrüne, längliche Flöckchen zu erkennen sind. Die Tochternetze wachsen bei guter Beleuchtung und höheren Temperaturen sehr rasch heran. Sie stocken aber im Wachstum, wenn das Glas überfüllt ist. Man wird daher zweckmäßig je zwei bis drei Tochternetze herausfischen und in neue Kulturen überführen. Dort wachsen sie zu vollständigen, großen Netzen heran. Häufig bilden diese Netze ohne weiteres Zutun ihrerseits Tochternetze; zuweilen muß man die Vermehrung durch Zerschneiden der Netze und Überführen in frische Kulturlösung anregen.

Schlecht betreute Wassernetzkulturen stagnieren zwar im Wachstum, doch kann man aus ihnen stets wieder neue Tochternetze gewinnen, wenn man Teile der alten Netze in neue Kulturlösung überführt. Selbst Zellen aus fast eingetrockneten Kulturen bilden noch Tochternetze!

Das Wassernetz findet man zuweilen – und dann oft in großen Mengen – in β-mesosaproben Gewässern, zum Beispiel Bodensee-Untersee, Ufer des Zürichsees, Oberrhein.

Sehr ausdauernd ist das Blaue Trompetentier *Stentor coeruleus* in Milchkultur (siehe S. 16). Ebenfalls in Milchkultur läßt sich das Pantoffeltier *Paramecium caudatum* züchten, doch müssen Pantoffeltierkulturen gut überwacht und häufiger umgesetzt werden. In älteren, gut gefütterten Milchkulturen von Pantoffeltieren tritt fast regelmäßig ein Rädertier aus der Gattung *Philodina* auf. Bei zu starker Fütterung verschwinden die Pantoffeltiere ganz, und die Philodinen entfalten sich dann massenhaft. Sie hängen in Mengen zwischen den sich dann entwickelnden *Zoogloea-* und *Sphaerotilus*-Flocken. Dieses offenbar polysaprobe Rädertier läßt sich bei guter Milchfütterung beliebig lange halten, ja, es ist sogar schwierig, es aus Paramecien- und Stentorkulturen, die sauber gehalten werden sollen, wieder zu entfernen.

Ein sehr leicht zu züchtendes Fadenwürmchen ist das Älchen *Anguillula silusiae,* ein Verwandter des Essigälchens. *Anguillula silusiae* wird von Aquarianern als „Mikro" gezüchtet; es dient als Aufzuchtfutter für Jungfische. Ein Zuchtansatz kann von Aquarianern besorgt werden. Die Adressen von Firmen, die Zuchtansätze verkaufen, kann man in Zoohandlungen erfragen.

Anguillula silusiae eignet sich sehr gut zur Demonstration der Nematodenanatomie, da es vollkommen durchsichtig ist. Im Uterus der reifen Weibchen finden sich alle Entwicklungsstadien von der befruchteten Eizelle bis zur fertigen Larve nebeneinander, so daß unter Umständen an einem einzigen Würmchen die ganze Embryonalentwicklung studiert werden kann.

Man züchtet die Würmchen in einem halbsteifen Brei aus Milch und Haferflocken (rohe Haferflocken in Milch einrühren). Der Brei wird in verschließbare Gläser zwei bis drei Zentimeter hoch eingefüllt; darauf gibt man etwa einen Kaffeelöffel voll Material aus einer alten Kultur. Der Brei beginnt bald zu stinken, doch stört dies nicht, da man die Kulturen bedenkenlos verschließen kann; die Würmchen leben offenbar anaerob.

Nach fünf bis zehn Tagen haben sich in dem Brei massenhaft Würmchen entwickelt. Die erwachsenen Tiere kriechen an den trockenen Glaswänden empor und können dort mit einem Aquarellpinsel leicht abgestreift und zur Untersuchung in einen Tropfen Wasser überführt werden. Es empfiehlt sich, mindestens monatlich eine neue Kultur anzusetzen.

Narkose, Fixierung, Färbung

Wenn irgend möglich, werden die Organismen lebend untersucht. Fixierung und Färbung sind Notbehelfe, die man anwendet, wenn das Material längere Zeit aufbewahrt werden soll, bzw. wenn Strukturen darzustellen sind, die im lebenden Objekt nicht deutlich zu erkennen sind (Zellkerne!).

Die meisten Wasserbakterien, Blaualgen, Flagellaten, Grünalgen, Protozoen, Strudelwürmer, Rädertiere und Bärtierchen lassen sich nur im lebenden Zustand sicher bestimmen. Fixiert bestimmbar sind unter anderem Diatomeen, Zieralgen, Faden-Jochalgen, Würmer, Krebse, Wassermilben, Insektenlarven. Sehr viele Wasserlebewesen ziehen sich beim Fixieren und Abtöten zusammen, ihr Plasma wird durch die Fällung der Eiweißkörper trübe und undurchsichtig.

Ein Betäubungsmittel für wasserlebende Tiere ist MS 222 (Sandoz, Basel). MS 222 ist ein weißes Pulver, das sich in Wasser leicht löst und in Verdünnungen von 1 : 1000 (Tubifex, Ruderfußkrebse) bis 1 : 10 000 (Fische) angewandt wird. MS 222 eignet sich ausschließlich für Wassertiere, liefert bei ihnen aber zum Teil hervorragende Ergebnisse. Man kann die Tiere längere Zeit (manche sogar tagelang) betäuben, ohne ihnen im geringsten zu schaden; in frisches Wasser umgesetzt, erwachen sie nach einiger Zeit und lassen nicht die geringste Schädigung erkennen. Für die Untersuchung von Kleinlebewesen hat MS 222 den unschätzbaren Vorteil, daß die Organismen – im Gegensatz zu fixierten – vollkommen durchsichtig bleiben. MS 222 wirkt bei Krebstieren, Ringelwürmern, vielen Insektenlarven, nicht oder ungenügend dagegen bei Wimpertieren und Flagellaten. Steht eine empfindliche Waage nicht zur Verfügung, gibt man MS 222 in ganz winzigen Portionen der Probe zu und wartet nach jeder Zugabe einige Minuten, bis die zu untersuchenden Tiere betäubt sind. MS 222 ist z. B. zu beziehen von Xenopus Ltd. Holmesdale Nursery, Mid Street South Nutfield, Redhill, Surrey, RH1 5JY. Zur Untersuchung der sehr lebhaften, nur schwer narkotisierbaren Wimpertiere s. S. 73.

Vitalfärbungen. Bei Wassertieren wird zur Lebendfärbung Neutralrot, ein schwarzgrünes Pulver, in einer Konzentration von etwa 1 : 10 000 dem Wasser zugesetzt. Es färben sich zum Beispiel saure Nahrungsvakuolen von Ciliaten rot, alkalische gelb bis gelbbraun.

Ist eine Fixierung nicht zu umgehen, so ist Formol das geeignetste Fixierungs- und zugleich Konservierungsmittel für Wasserproben. Zu etwa vier Volumenteilen einer Probe gibt man einen Volumenteil der handelsüblichen, 35–40%igen Formalinlösung und schüttelt kurz um. In dieser Lösung können die Objekte beliebig lange aufbewahrt werden.

Empfindliche Organismen werden aus den frischen Proben herauspipettiert, auf einen Objektträger in einen kleinen (!) Tropfen Wasser gebracht und mit Formoldämpfen behandelt: Der Objektträger wird rasch umgedreht, so daß das Tröpfchen nach unten hängt, und über ein offenes Gefäß mit unverdünntem Formol gelegt. Statt der Formoldämpfe können auch Joddämpfe angewandt werden: Man erhitzt einige Jodkriställchen im Reagenzglas, bis sich dichte, violette Dämpfe bilden, die dann, da sie schwerer sind als Luft, über das

Objekt „ausgegossen“ werden können. Es resultiert eine sehr gute Fixierung, doch sind die Joddämpfe sehr aggressiv und greifen zum Beispiel auch Mikroskopteile an! Die beste, aber auch weitaus teuerste „Räucherungsmethode“ ist die mit Osmiumtetroxiddämpfen. Man arbeitet ähnlich wie bei der Formolräucherung, verwendet aber eine 1- bis 2%ige Osmiumtetroxidlösung („Osmiumsäure“). Die Dämpfe sind giftig, greifen die Schleimhäute an; daher Vorsicht. Sollen zugleich mit der „Dampffixierung“ die Zellkerne angefärbt werden, so setzt man dem Tropfen nach der Fixierung ein wenig Methylgrünlösung zu (0,1 g Methylgrün in 100 ml 1%iger Essigsäure). Auf den Tropfen kommt dann ein Deckglas, das mit vier Wachsfüßchen – eines an jeder Ecke – vom Objektträger „distanziert“ wird. Solche Präparate halten in einer feuchten Kammer oder bei Umrandung mit Krönigschem Deckglaskitt einige Tage bis Wochen.
Ungefärbte Dauerpräparate. Fixiertes, ungefärbtes Material kann in das wasser- und alkohollösliche Einschlußmittel Polyvinyllaktophenol eingeschlossen werden (Bezugsquelle Kosmos-Service). Das formolfixierte Material wird kurz in 70%igem Alkohol ausgewaschen und direkt in das Einschlußmittel verbracht. Das Mittel wird nach kurzer Zeit gummiartig fest. Bei dickeren Präparaten ergeben sich häufig „Einzüge“, seitlich offene Blasen an den Deckglasrändern. Man muß an diesen Stellen frisches Einschlußmittel nachfüllen. Präparate etwa zwei Wochen bei Zimmertemperatur trocknen lassen, dann mit Lackring versehen (mit Pinsel aufgetragener, Objektträger und Deckglasrand umgreifender Ring aus Deckglaslack oder Nagellack).
Färbung. Aus der unübersehbaren Vielzahl von Färbemethoden seien hier nur zwei sehr bewährte und haltbare Färbungen herausgegriffen, eine für botanische, eine für zoologische Objekte.
Alizarinviridin-Chromalaun für pflanzliche Objekte. Farblösung: 1,2 g Alizarinviridin werden in 100 ml 5%iger wäßriger Chromalaunlösung fünf Minuten gekocht. Nach Abkühlen wird mehrfach filtriert. (Gebrauchsfertige Lösung bei Kosmos-Service, Stuttgart, Pfizerstr. 5–7). Färbung: Formolmaterial mit Wasser auswaschen. 12 Stunden in der Farblösung belassen (Lösung mit 5 Teilen Wasser verdünnen und filtrieren). Überfärbungen sind nicht zu befürchten. Überschüssige Farbe mit destilliertem Wasser auswaschen; Material in eine Mischung von Glyzerin und Wasser im Verhältnis 1 : 10 bringen; diese Lösung in flachem Gefäß staubgeschützt allmählich eindunsten lassen, bis die Objekte in konzentriertem, dickflüssigem Glyzerin liegen. Objekte anschließend in Glyzeringelatine eindecken (Glyzeringelatine auf dem Objektträger schmelzen, nicht kochen lassen); Präparat nach einiger Zeit mit Lackring umranden.
Alaunkarmin für Protozoen und Totalpräparate „höherer“ Tiere. Farblösung: 5 g Kalialaun in 100 ml destilliertem Wasser lösen. 2 g Karmin zusetzen, 20 Minuten kochen, nach Abkühlen filtrieren. (Lösung kann auch fertig bezogen werden: Alaunkarmin wäßrig nach Grenacher.) Färbung: Formolmaterial mit Wasser auswaschen. 12 bis 24 Stunden in verdünnter Lösung färben (1 Teil Farblösung mit 4 Teilen destilliertem Wasser verdünnen, filtrieren). Überfärbungen sind nicht zu befürchten. Überschüssige Farbe mit destilliertem Wasser auswaschen. Objekte über 70%igen, 90%igen, 96%igen, 100%igen Isopropylalkohol in Xylol überführen. Hieraus in Malinol einschließen. Mit Alaunkarmin gefärbte Objekte müssen in harzartige Medien eingeschlossen werden, zum Beispiel in Malinol. In Glyzeringelatine oder Polyvinyllaktophenol bleichen sie aus.
Steht genügend Material zur Verfügung, kann man es in Spitzgläsern behandeln, in denen es sich immer wieder am Grunde absetzt. Die überstehende Lösung wird dann abgegossen. Dieses Verfahren ist mit ziemlichem Materialverlust verbunden. Schneller arbeitet man mit einer Handzentrifuge (geringe Umdrehungszahl, damit das Material nicht mechanisch beschädigt wird). Steht nur wenig Material zur Verfügung oder hat man gar nur Einzelobjekte, so überträgt man die Objekte mit Pipetten von Stufe zu Stufe; noch besser – jedenfalls sicherer! –: Man beläßt solches „Sparmaterial“ im Formol.

Mikroskop, Mikrofotografie, Messen

Unser Bestimmungsbuch kann kein Lehrbuch der Mikroskopie sein. Der Anfänger findet eine Anleitung zur Benützung des Mikroskops sowie eine Einführung in die grundlegenden Präparationsmethoden bei Stehli/Krauter: Mikroskopie für Jedermann, Kosmos-Verlag, Stuttgart. Über die optischen Grundlagen des Mikroskops, über Objektivtypen, Beleuchtungsverfahren usw. informiert die sehr preiswerte Broschüre von F. K. Möllring: Mikroskopieren von Anfang an (zu beziehen durch Carl Zeiss, 7 Stuttgart 1, Dornhaldenstr. 5). Eine Einführung in die Mikrofotografie anhand konkreter Beispiele bietet das empfehlenswerte Büchlein von Gander: Rezepte zur Mikrophotographie für Mediziner und Biologen, Urban & Schwarzenberg, München.
Hier nur einige Hinweise zum Thema Mikroskop und Mikrofotografie.

Mindestausstattung des Mikroskops

Damit wir von der Kleinlebewelt im Wasser wirklich etwas sehen, muß das Mikroskop mit Grob- und Feintrieb, mit einem in der Höhe verstellbaren Kondensor mit Kondensorblende, mit dreifachem (besser vierfachem) Objektivrevolver, zwei achromatischen Objektiven 10fach und 40fach, mit zwei Okularen (zum Beispiel 5fach und 12fach) sowie mit einem Spiegel ausgerüstet sein. Das Mikroskop sollte mit Normoptik ausgestattet und „ausbaufähig“ sein, das heißt, es sollte die spätere zusätzliche Ausrüstung mit besserer Optik gestatten. Ein Mikroskop, das diesen Anforderungen entspricht, ist zum Beispiel das Kosmos-Mikroskop Humboldt.
Kurs- oder Schülermikroskope besitzen zum Teil einen monokularen Schrägtubus, der nicht abnehmbar und nicht gegen einen geraden Fototubus auswechselbar ist. Solche Mikroskope sind für die Mikrofotografie ungünstig. Nicht ausbaufähige Kleinmikroskope aus dem Kaufhaus sind sehr billig; mehr soll über sie nicht gesagt sein.

Empfehlenswerte Ergänzungen und Ausbaustufen

Sehr nützlich ist oft ein Lupenobjektiv 2,5- bis 3,5fach. Für die Mikrofotografie sind Objektive 25fach und 63fach zweckmäßig. Ölimmersionen 90fach und 100fach werden seltener gebraucht als man zunächst vermuten möchte. Unbedingt zu empfehlen ist eine Ansteckleuchte, die eine besondere Mikroskopierleuchte überflüssig macht und beim Einstellen der Beleuchtung viel Zeit spart.
Zur Einstellung des sogenannten Köhlerschen Beleuchtungsprinzips[1] – der besten, für die Mikrofotografie fast unentbehrlichen Beleuchtungsmethode – braucht man eine Niedervoltmikroskopierleuchte mit Kollektorlinse und Leuchtfeldblende. Zu manchen Mikroskopen werden die Niedervoltleuchten auch als Ansteckleuchten geliefert, doch ist hier meist die Einstellung über den Spiegel bei vom Mikroskop getrennter Leuchte zweckmäßiger (abgesehen von den Einbauleuchten bei größeren Mikroskopen, die mühelos die Realisierung des Köhlerschen Beleuchtungsprinzipes gestatten). Weiteres Zubehör wie binokularer Tubus, Kreuztisch, Großfeldokulare ermöglichen ein bequemes Arbeiten, verbessern aber das mikroskopische Bild – Auflösung! – nicht. Vor allem Anfänger glauben, man könne mit einem binokularen Tubus mehr sehen, weil man ja mit beiden Augen ins Mikroskop blickt. Das ist ein Irrtum; binokulare Schrägtuben sind bei längerem Arbeiten angenehm, weil man nicht so rasch ermüdet; man erkennt aber keineswegs mehr als mit einfachem monokularem Einblick. (Um Verwechslungen zu vermeiden: Dies gilt nicht für binokulare Präpariermikroskope, die nicht nur mit zwei Okularen, sondern auch mit zwei Objektiven

ausgerüstet sind und daher ein echtes plastisches Sehen ermöglichen; wer sich ein binokulares Präpariermikroskop leisten kann, wird in ihm ein hervorragendes Hilfsmittel für Präparationsarbeiten sowie für die Untersuchung größerer Organismen – über 1 mm – finden.)
Viele Hersteller empfehlen in ihren Druckschriften vor allem besser korrigierte Objektive (Planachromate, Fluoritsysteme, Apochromate) und erwähnen die billigeren, jedoch gleichfalls gut korrigierten Achromate nur am Rande. Die hervorragend korrigierten Objektive liefern tatsächlich ein etwas besseres mikroskopisches Bild, was sich aber nur bei der Farbmikrofotografie bemerkbar macht.
Die bessere Leistung gegenüber den preiswerten Achromaten steht jedoch für die allermeisten Zwecke in keinem Verhältnis zu den enormen Preisen. Für die Schwarzweiß-Fotografie genügen Achromate vollkommen, wenn man ein Grün- oder Gelbfilter verwendet, denn Achromate sind für gelbgrünes Licht sehr gut korrigiert.
Sehr zu empfehlen ist Phasenkontrastoptik, die allerdings gleichfalls recht teuer ist. Das Phasenkontrastverfahren verdeutlicht Zellorganellen mit geringem Kontrast und macht manche Struktureinzelheiten überhaupt erst sichtbar. Die zu untersuchenden Objekte müssen möglichst dünn sein.
Dem Phasenkontrast nicht ganz ebenbürtig ist die schiefe Beleuchtung, die man mittels eines Kondensors mit dezentrier- und drehbarer Kondensorblende herstellt (sogenannter großer Abbescher Beleuchtungsapparat). Einfacher, praktischer und billiger ist schiefe Beleuchtung, die man mittels eines Kartonstücks mit zentralem Loch (Durchmesser um 1 cm) herstellt; der Karton, zwischen Lampe und Kondensor hin- und hergeschoben, liefert bei offener Kondensorblende Schieflicht bis Dunkelfeld.

---

[1] Verwirklichung des Köhlerschen Beleuchtungsprinzips: Ein Bild des Leuchtfeldes wird in die Objektebene gelegt. Vereinfacht könnte man sagen: Die Objektebene selbst wird zur stellvertretenden Lichtquelle. Man könnte mit Hilfe des Kondensors ein Bild der Lichtquelle direkt in die Objektebene legen (sog. kritische Beleuchtung), aber das hätte den Nachteil der ungleichmäßigen Ausleuchtung, da kaum eine Lichtquelle zur Verfügung steht, die gleichmäßig über ihre ganze Fläche strahlt. Man hilft sich, indem man vor einer Niedervoltleuchte eine Kollektorlinse mit Irisblende (Leuchtfeldblende) anbringt und deren Bild mit Hilfe des Kondensors in die Objektebene projiziert.
Voraussetzung für das Köhlersche Beleuchtungsverfahren sind eine Niedervoltlampe (hohe Leuchtdichte bei gedrängter Lichtwendel) mit Kollektor und Leuchtfeldblende und ein Kondensor mit Aperturblende (Kondensorblende).
Die Einstellung erfolgt in zwei Abbildungsvorgängen: 1. Abbildung der Lichtquelle (Lampenwendel) mittels der Kollektorlinse auf die zugezogene Kondensorblende. 2. Abbildung der Kollektorblende in der Präparatebene durch Verschieben des Kondensors.
a) Mikroskopierleuchte so aufstellen, daß der von der Mitte des Planspiegels auf die Kondensorblende geworfene Lichtfleck einen Durchmesser von etwa 8 mm aufweist.
b) Präparat scharf einstellen.
c) Durch Verstellen des Kollektors Glühwendel der Lampe auf der Kondensorblende abbilden.
d) Kollektorblende schließen, Kondensorblende öffnen.
e) Durch Höhenverstellung des Kondensors Kollektorblende im Gesichtsfeld abbilden. Durch Zentrieren des Kondensors oder Spiegelverstellung Blendenbild in die Mitte des Gesichtsfeldes bringen.
f) Kollektorblende so weit öffnen, daß ihre Ränder im Gesichtsfeld gerade nicht mehr zu sehen sind. Staub auf Filtern vor der Kollektorblende (Leuchtfeldblende) oder Mattscheibenstrukturen werden dann nicht mehr im Präparat mitabgebildet, wenn man den Kondensor um 1/2 mm – meist bis zum oberen Anschlag – höherstellt.
g) Blendenkorrektur. Kondensorblende soll höchstens ein Drittel der Hinterlinse des Objektivs abdecken (Okular herausnehmen, durch den Tubus schauen).
Die ungewöhnlich helle Beleuchtung, die man mit diesem Verfahren erzielt, stört beim subjektiven Betrachten und vor allem beim Einstellen. Mindestens beim Einstellen der Beleuchtung darf man keine Mattscheiben zur Lichtschwächung in den Strahlengang bringen. Dichte, aber nicht mattierte Lichtfilter oder – besser – Neutralgraufilter schaffen Abhilfe.
Moderne Mikroskope mit eingebauter Niedervoltleuchte gestatten die Einstellung der Köhler-Beleuchtung mit wenigen Handgriffen und in kürzester Zeit.

Mikrofotografie

Zur Aufnahme lebender Mikroorganismen kommt nur die Blitzlichtfotografie in Frage. Aber auch bei fixierten Organismen im Flüssigkeitspräparat ist das Blitzlicht wegen der Brownschen Molekularbewegung zu empfehlen. Am einfachsten und am besten ist es, eine Blitzeinrichtung für Mikrofotografie zu kaufen. Bei diesen Geräten sind Blitzröhre und Pilotlicht in einer Mikroskopierleuchte so angeordnet, daß sich das Köhlersche Beleuchtungsprinzip leicht einstellen läßt. Einziger Nachteil dieser Geräte: Sie sind teuer.

Wer einen Elektronenblitz für die normale Fotografie besitzt, wird an Eigenkonstruktionen denken. Hierzu ein Vorschlag:

Als konstante Lichtquelle – Pilotlicht – wird eine Philips-Kleinsthalogenlampe verwendet (Typ 7388, 6 Volt, 20 Watt; Farbtemperatur bei 3300° Kelvin, Lampe damit gleichzeitig für normale, ungeblitzte Kunstlichtfilm-Farbdias optimal). Als Kollektorlinse dient eine Sammellinse (3 bis 4 cm Durchmesser, 5 bis 7 cm Brennweite). Der Reflektorschirm des Blitzgerätes wird abgenommen, das Gerät so zwischen Linse und Lampe befestigt, daß der zentrale Teil der Blitzröhre 2 bis 3 cm vor die Lampe zu liegen kommt. Die Lampe wird 300° C heiß (nicht kühlen!), dies ist bei Abschirmungen und Gehäusebauten zu bedenken. Das Licht des Pilotlichtes wird über den Spiegel in das Mikroskop gelenkt. Köhlersche Beleuchtung einstellen (anstelle der hier nicht vorhandenen Leuchtfeldblende hält man die Spitze eines Bleistiftes oder die Borsten eines Aquarellpinsels unmittelbar vor die Sammellinse; durch Heben und Senken des Kondensors werden Bleistiftspitze bzw. Borsten im Gesichtsfeld scharf eingestellt). Mit farbneutralen Graufiltern (bei Schwarzweiß-Aufnahmen kann man zwei gegeneinander verdrehbare Polarisationsfilter verwenden) wird die Lichtmenge des Pilotlichtes und damit automatisch des Blitzlichtes reguliert.

Festlegen der Belichtungszeit. Das Blitzlicht hat immer die gleiche Intensität. Bei normalen Fotografien reguliert man die auf den Film gelangende Lichtmenge mittels der Blende. Das ist bei der Mikrofotografie nicht möglich, bzw. wäre – etwa wenn man versuchte, die Lichtmenge mittels der Kondensorblende zu regeln – für die Bildqualität äußerst schädlich. Das Blitzlicht muß daher mit farbneutralen Graufiltern abgestuft geschwächt werden. Welche und wie viele Graufilter man verwendet, ergibt eine Belichtungsmessung [1] mit einem empfindlichen Belichtungsmesser (handelsüblicher CdS-Belichtungsmesser oder Fotoelement mit Meßgerät). Dazu muß der Belichtungsmesser zunächst geeicht werden; die Werte, die er anzeigt, gelten für normale Fotografie und sind für die Mikrofotografie nicht verwendbar. Man blitzt ein beliebiges Präparat bei eingeschaltetem Pilotlicht mit allen Filterkombinationen auf einem Film durch. Die jeweiligen Anzeigen des Belichtungsmessers werden für jede Aufnahme notiert. Die für das beste Dia oder Negativ gefundene Anzeige wird bei allen zukünftigen Aufnahmen durch Graufilter jeweils eingeregelt.

Zur Wahl der Kamera: Für den Amateur ist eine Spiegelreflexkamera mit auswechselbarer Optik meist am günstigsten. Zur Mikrofotografie wird die Kameraoptik entfernt und die Kamera mit einem vom Herstellerwerk gelieferten Ansatzstück am Tubus befestigt.

Das Blitzen lebender Wassertiere ist eine aufregende Sache: Objekt verfolgen, Film weiterdrehen, Kondensorblende richtig einstellen, Anzeige messen, Filter korrigieren, Objekt wiederfinden, vorteilhafte Pose abwarten, mehrmals scharfstellen, auslösen. Nur eine ständig einsatzbereite Einrichtung ermöglicht „Glücksaufnahmen“. Protozoen unterbrechen weder einen Teilungsvorgang noch halten sie im Fressen inne, bis wir einen Film eingelegt haben!

---

[1] Z. B. am Sucherschacht oder am Einblick des Einstellokulars. Neuerdings gibt es Computerblitzgeräte, die auch für die Mikrofotografie verwendbar sind. Eine Anleitung, ein handelsübliches Gerät für die Mikrofotografie einzusetzen, findet sich z. B. in Mikrokosmos **68**, 188–190, Juni 1979.

Messen mit dem Mikroskop

Die Einheit, in der der Mikroskopiker gewöhnlich mißt, ist das Mikrometer (µm; früher µ=Mikron). 1 µm ist ein tausendstel Millimeter. Um mikroskopische Objekte zu messen, benützt man ein Okularmikrometer, ein Glasplättchen mit einer Strichskala (Abstände zwischen den Strichen $^1/_{10}$ mm). Das Okularmikrometer wird – nach Abschrauben der Augenlinse – auf den Blendenring im Okular eingelegt. Bei scharf eingestelltem Objekt sieht man dann die Skala des Okularmikrometers und das Objekt zugleich und kann das Objekt mit der Strichskala des Okularmikrometers vergleichen. Der scheinbare Abstand der Striche des Okularmikrometers ändert sich mit jedem Okular. Die Skala des Okularmikrometers muß für jede verwendete Objektiv-Okular-Kombination geeicht werden. Dazu braucht man ein Objektmikrometer, das ist ein Objektträger, der gleichfalls eine Strichskala trägt, bei der jedoch die Abstände zwischen den einzelnen Strichen viel geringer sind, nämlich $^1/_{100}$ mm. Wir entnehmen das folgende Beispiel für die Eichung (die Ermittlung des Mikrometerwerts) aus Bittner, Blaualgen (Kosmos-Verlag):

Man wählt ein bestimmtes Okular, z. B. ein 10mal vergrößerndes, legt ein käufliches Okularmikrometer auf den Blendenring, prüft die Schärfe und korrigiert gegebenenfalls, indem man die Augenlinse des Okulars etwas herausschraubt. Dann spannt man ein Objektmikrometer an Stelle eines Präparates am Tisch ein und stellt beide Skalen so ein, daß sie aneinanderliegen und die 0-Punkte sich decken. Angenommen, die beiden weitesten Teilstriche, die sich decken, entsprächen beim Objektmikrometer 10 Teilstrichen = $^{10}/_{100}$ mm, beim Okularmikrometer 8 Teilstrichen. Wir wandeln zunächst die $^{10}/_{100}$ mm in µm (Mikrometer = tausendstel Millimeter) um. Es entsprechen also

$^{10}/_{100}$ mm ≙ 8 Teilstrichen des Okularmikrometers
oder 100 µm ($^{100}/_{1000}$ mm) ≙ 8 Teilstrichen des Okularmikrometers.

Den Mikrometerwert erhalten wir durch folgende Rechnung:
100 (Objektmikrometer-Abstand) : 8 (Okularmikrometer-Abstand) = 12,5 (Mikrometerwert)
In Worten: Anzahl der Objektmikrometerabstände × 10, geteilt durch die Anzahl der überdeckenden Okularmikrometerabstände, ergibt den Mikrometerwert.
Ist dieser Wert nun für die einzelnen Kombinationen bekannt, so kann man die wirkliche Größe eines Objektes erfahren, indem man die abgelesenen Teilstriche am Okularmikrometer mit dem Mikrometerwert multipliziert, z. B.
20 Teilstriche Okularmikrometer × 12,5 = 250 µm.

Wir sehen: Das Okularmikrometer braucht man immer, das Objektmikrometer dagegen nur einmal. Da das Objektmikrometer sehr viel teurer ist als das Okularmikrometer, kann es zweckmäßig sein, sich ein Objektmikrometer bei einem Bekannten für wenige Tage auszuleihen und nur das Okularmikrometer zu kaufen.
Hat man kein Objektmikrometer, kann man sich mit einem Stückchen Konstantandraht billig und zuverlässig behelfen. Konstantandraht wird für physikalische Versuche zum Ohmschen Gesetz benötigt und ist daher bei Lehrmittelhandlungen erhältlich. Wir brauchen die 0,1 mm dicke Ausführung (oft ist nur der 0,2 mm dicke Draht vorrätig).
Ein Stückchen Konstantandraht wird zwischen Objektträger und Deckglas in einen Tropfen Wasser eingebettet. Mit ihm können wir das Okularmikrometer eichen; wir brauchen nur zu prüfen, wie viele Striche des Okularmikrometers die scharf sichtbaren Grenzen des Drahtstückes genau überdecken.
Wer ein Stückchen Konstantandraht als Dauerpräparat in Caedax einschließt, hat für alle Zeiten ein billiges und zuverlässiges Objektmikrometer.

Was „bringen“ uns die Kleinlebewesen der Gewässer?

In allen Wasseransammlungen, die nicht vergiftet sind, leben kleine Organismen. Sogar in Pfützen, Trittspuren von Rindern, falsch deponierten Konservendosen, Vogeltränken, Blattachseln entwickelt sich eine den jeweiligen Bedingungen angepaßte Gemeinschaft von Bakterien, Algen und Kleintieren [1].
Der Zauber dieser Lebewelt im „Wassertropfen“ liegt wohl in der Durchsichtigkeit der Organismen; und keine einfachere und billigere Möglichkeit als die „Wassertropfenmikroskopie“ gibt es, etwas vom lebendigen Getriebe von Individuen und Gemeinschaften zu erfahren. So vielfältig die Formen und Lebensweisen dieser Welt des Kleinen sind, so mannigfaltig sind die Aspekte, sich mit ihr auseinanderzusetzen. Man kann, zum Beispiel, mit dem Mikroskop als Hilfsmittel ...

... sich über die Formenfülle wundern und freuen
... die Merkmale der Gruppen studieren und vergleichen
... die Formen klassifizieren, ansprechen, bestimmen
... sich auf eine Gruppe spezialisieren
... alle Gewässer der Umgebung untersuchen; oder – besser – von wenigen Gewässern des öfteren Proben einbringen
... die Jahreszyklen in einem Gewässer beobachten
... die Jahreszyklen einzelner Formen zusammenstellen
... versuchen, Wasserblüten vorauszusagen und ihr Abklingen zu verfolgen
... Bestandsaufnahmen von Gewässern machen und Änderungen im Lauf der Jahre registrieren
... die Güte von Gewässern und Gewässerzonen anhand der Leitorganismen beurteilen – siehe Saprobiensystem Seite 28
... die Selbstreinigung und Verschmutzung eines Flusses verfolgen
... seltenere Formen sammeln und ihre Lebensäußerungen beschreiben
... den Wirkungsgrad von Kläranlagen abschätzen
... Giftwirkungen von Chemikalien beobachten
... Dias blitzen, schöne und interessante Bilder machen, Filme drehen
... das reizvolle und lückenhaft bekannte Problem der Gemeinschaften in Angriff nehmen und den Beziehungen der Individuen zueinander in einem zunächst enger umgrenzten Raum nachgehen. Welche Ansprüche stellen die Arten einer Gemeinschaft (Licht, Raum, Unterlage)? Wer assimiliert? Wer frißt Bakterien? Wer frißt was als Räuber, Vegetarier, Strudler, Wegelagerer?

Vieles kann man selbst sehen; vieles wird man in Fachzeitschriften, Handbüchern, Lehrbüchern, Einführungen, Bestimmungswerken nachschlagen wollen. Einige Literaturhinweise finden sich am Schluß dieses Buches.

---

[1] Die höheren Pflanzen und größeren Tiere der Gewässer beschreibt der KOSMOS-Naturführer von Wolfgang Engelhardt: Was lebt in Tümpel, Bach und Weiher?

Lebendmaterial, Filme

Algenstämme können von der Algensammlung Göttingen bezogen werden. Anschrift: Botanisches Institut der Universität, 34 Göttingen, Nikolaus-Berger-Weg 18.

Kulturansätze für verschiedene Algen und „Kleintiere" liefert zum Beispiel Dr. Werner Hölters, Lebendmaterial für Schule und Forschung, Am Grünen Weg 24, 5024 Dansweiler, Tel. 0 22 34/8 48 18.

Für Freunde der Meeresorganismen: Marine Algen und Tiere, lebend und fixiert, verschickt die Biologische Anstalt Helgoland, Abt. Materialversorgung, 2192 Helgoland, Postfach 148. (Preisverzeichnis für Materialversorgung von Forschungs- und Lehreinrichtungen bei der Zentrale, 2 Hamburg 50, Palmaille 9, anfordern.)

Ein Hinweis für Schulen und Mikroskopische Vereinigungen: Wissenschaftliche Filme verleiht und verkauft das Institut für den Wissenschaftlichen Film, 34 Göttingen, Nonnenstieg 72. Teilverzeichnis B und Nachträge (Zoologie, Mikrobiologie, Botanik, Landwirtschaft, Forstwirtschaft, Jagd, Fischerei) anfordern.

Tricks und Kniffe

- Als Arbeitstische bei Freilanduntersuchungen eignen sich Baumstümpfe, Mikroskopkästen, Sitzbänke, umgedrehte Obstkisten, Autohecks und Kühlerhauben; kleine Campingtische, durch ein Mikroskop beschwert, fallen schneller als vermutet um. Im Freien kann der Wind sehr stören. Oft erscheint auch das mikroskopische Bild viel schlechter als im Arbeitszimmer zu Hause. Der Grund dafür: Das Auge adaptiert, das heißt Pupille und Netzhaut passen sich der Helligkeit der Umgebung an; das mikroskopische Bild erscheint dann sehr dunkel und „flau". Daher nach Möglichkeit zugfreien und schattigen Platz aufsuchen.
- Die Augenwimpern trüben langsam, aber sicher die Augenlinsen der Okulare (Fettschicht); sehr wirkungsvoll hilft beim Putzen der eigene Speichel.
- Frontlinsen der Objektive ab und zu prüfen; Fingerabdrücke und angetrocknete Probenreste verschlechtern das mikroskopische Bild.
- Kondensorblende nur so weit wie unbedingt nötig zuziehen; bei offener Kondensorblende ist die Auflösung besser.
- Helligkeit des mikroskopischen Bildes mittels Lampenspannung (im Freien Spiegelstellung) oder Graufiltern regeln, nie mit der Kondensorblende!
- Salzwasser korrodiert die Metallteile der Objektive; Salzwassertropfen daher sofort abwischen und Objektiv mit Süßwasser reinigen.
- Ansichtssache ist die Wahl der Okulare. Schwache Okulare (5mal, 6mal, 8mal) liefern lichtstärkere, scheinbar konturenschärfere Bilder; mit stärkeren Okularen (10mal, 12mal) erscheinen die Organismen eindrucksvoller.
- Ob man viel oder wenig Material und Wasser unter das Deckglas bringt, hängt von der Dicke der Objekte ab. Ein Zuviel an Wasser kann man seitlich am Deckglasrand absaugen (Zellstoffwatte, Papiertaschentücher, Filtrier-

papier). Zu dichte Präparate, ganze Algenwatten und Detritussümpfe, bringen meist wenig; zum Fotografieren von Einzellern sind sie ungeeignet.

- ○ Ausgediente Präparate im Freien in alte Objektträgerschachteln packen; als Wiesendünger oder im See versenkt nützen sie nichts!
- ○ In der Sonne getrocknete Planktonnetze werden mit der Zeit brüchig. Unausgewaschene Planktonnetze verkrusten. Feucht in Plastikbeutel eingewickelte und vergessene Netze schimmeln; zumindest faulen die Schnüre durch.
- ○ Zum Befestigen des Planktonnetzes, zum Auswerfen und Wiedereinziehen, sind Perlonschnüre gebräuchlich, aber ungeeignet, da schwer zu handhaben. Besser ist Paketschnur, die jedoch mit der Zeit brüchig wird und des öfteren gewechselt werden muß. Vor der Ära der Perlonschnüre gab es gewachste Schnüre, die sehr viel zweckmäßiger, aber auch teurer waren.

Wassergüteklassen, Saprobiensystem, Trophiestufen

Über die zunehmende Gewässerverschmutzung wird viel geklagt. Leider ist es aus finanziellen und wirtschaftlichen Gründen oft nicht möglich, der Verschmutzung Einhalt zu gebieten: Gut arbeitende Kläranlagen sind teuer, und ungeklärte oder schlechtgeklärte Abwässer sind bei weitem nicht die einzige Verschmutzungsquelle. Mineraldünger, die die Landwirtschaft braucht, sickern über das Grundwasser in Seen ein und reichern das Wasser mit Nährstoffen an. Die Folgen sind übermäßiges Algenwachstum im Sommer, Fäulnis und Sauerstoffzehrung in der kalten Jahreszeit, wenn die Algenmassen zugrunde gehen. Die Schiffbarmachung eines Flusses verdirbt ihn auch dann, wenn alle Vorsichtsmaßnahmen gegen Öl- und Chemikalienverschmutzung getroffen sind: Vor den Stauwehren staut sich nicht nur das Wasser, es reichern sich auch die mitgeführten organischen Substanzen an, und so kommt es zu weiträumiger Fäulnis, Sauerstoffzehrung, Geruchsbelästigung, zu Fischsterben und hygienischer Gefährdung.

Neben wirtschaftlich – vielleicht – notwendigen Eingriffen in die Gewässer werden aber auch Maßnahmen ergriffen, die wirtschaftlich wie ökologisch unsinnig sind. Dazu gehören Begradigungen und Kanalisierungen von Fluß- und Bachläufen. Das rascher abfließende Wasser hat nicht genügend Zeit zur Selbstreinigung und liefert seine Schmutzfracht fast unverändert dem größeren Fluß oder See, in den es mündet. Meist wird aber auch der Grundwasserspiegel gesenkt, die angrenzende Flur dörrt aus, und an die Stelle ehemaliger Sumpf- und Sauerwiesen treten nicht etwa fruchtbare Äcker (wie man sich das erhofft hatte), sondern ödes Brachland. Die Zerstörung von Mooren (Urbarmachung oder gar „Kultivierung“ genannt) wird noch immer als Großtat gefeiert, anstatt als Dummheit gebrandmarkt zu werden.

Kurz und schlecht: Wir müssen mit der Gewässerverschmutzung leben. Eine Besserung der Verhältnisse ist zu erhoffen, aber bei weitem noch nicht abzusehen.

Ein kleiner Trost: Unter den „Schmutzfinken“, den Mikroorganismen, die im Dreckwasser leben, gibt es nicht wenige mikroskopisch besonders reizvolle Formen.

So wie der Geologe Leitfossilien kennt, typische Versteinerungen, nach denen vor Jahrmillionen abgelagerte Schichten erkannt und bestimmt werden können, gibt es im Wasser typische Leitorganismen, die dem Biologen bestimmte Verschmutzungsgrade anzeigen. Die biologische Wasseruntersuchung, die auf der Kenntnis dieser Leitorganismen fußt, führt rasch zum Ergebnis, ist sehr

zuverlässig und erfaßt eine Vielzahl von Faktoren, die der chemischen Analyse nur durch viele und zeitraubende Arbeitsgänge zugänglich sind.
Saprobien sind Tiere und Pflanzen, die sehr eng an bestimmte Zonen stärkerer oder geringerer organischer Verunreinigung gebunden sind; sie eignen sich als Anzeiger, als Indikatoren, das heißt als Leitorganismen. Aufgrund dieser Leitorganismen haben Kolkwitz und Marsson zwischen 1902 und 1935 das Saprobiensystem aufgestellt, das von Liebmann 1950 und 1962 revidiert und ergänzt wurde. Mit Hilfe des Saprobiensystems kann man die „Güte" eines Gewässers feststellen, den Wirkungsgrad einer Kläranlage bestimmen, die Schmutzbelastung eines Flusses oder Sees abschätzen, die unerlaubte Einleitung ungeklärter Abwässer nachweisen, prüfen, ob ein Gewässer zum Baden und zur Trinkwasserentnahme geeignet ist, die zunehmende oder abnehmende Schmutzbelastung eines Gewässers im Verlauf von Monaten, Jahren und Jahrzehnten verfolgen. Für die Gewässeruntersuchung ist das Saprobiensystem von unschätzbarem Wert. Nur muß man die Leitorganismen und die Lebensgemeinschaften genau kennen – und das erfordert Übung, Geduld und Zeit.

Die Selbstreinigung

Jedes durch organische Stoffe verunreinigte Gewässer wird nach einiger Zeit wieder sauber, wenn ihm nicht weitere Schmutzstoffe zugeführt werden. Man nennt diesen Prozeß Selbstreinigung. Bewirkt wird er fast ausschließlich durch Bakterien, die die organischen Stoffe aufspalten und sie in H_2O, CO_2 und mineralische Bestandteile zerlegen. Ist die Selbstreinigung abgeschlossen, so sind (theoretisch) alle organischen Stoffe verschwunden, das Wasser ist wieder klar, sauerstoffreich, geruchsfrei. Die anorganischen Verbindungen jedoch sind noch vorhanden (sie sind gewissermaßen die „Asche" dieses biologischen Verbrennungsvorganges); sie dienen grünen Pflanzen (Algen und höheren Pflanzen) als Nährstoffe und können eine Düngung des Wassers bewirken, die sich dann in Massenentfaltungen von Algen (Wasserblüten) oder übermäßiger Verkrautung äußert.
Die Selbstreinigung verläuft gesetzmäßig in bestimmten Phasen ab: Die zugeführte organische Substanz bewirkt zunächst eine Massenentwicklung von Bakterien und damit eine sehr starke Sauerstoffzehrung. Die tieferen Schichten des Wassers sind bald sauerstofffrei und bieten nur den Anaerobiern Lebensmöglichkeiten. Die Zersetzungsprozesse verlaufen weitgehend als Gärungen (s. S. 43), Reduktionen überwiegen, Oxidationen sind kaum möglich. Am Boden setzt sich Faulschlamm ab, Methan wird gebildet (Sumpfgas); aus der Eiweißzersetzung entstehen außerdem Schwefelwasserstoff und Ammoniak. Schwefelbakterien bilden weißliche oder rötliche Überzüge am Boden.
Ist die Hauptmenge an organischer Substanz abgebaut, so wird der aus der Luft aufgenommene Sauerstoff nicht mehr sofort verbraucht; es können sich aerobe Bakterien ansiedeln, die die restlichen Schmutzstoffe oxidativ abbauen. Je geringer der Anteil an organischer Substanz wird, um so mehr nimmt auch die Zahl der Bakterien ab (die auf organisch vorgeformte Nahrung angewiesen sind).
Es gibt keinen organischen Naturstoff, den nicht bestimmte Bakterienarten zersetzen könnten. Die Vielzahl spezialisierter Bakterienarten garantiert, daß jede natürlich vorkommende organische Verbindung zerlegt wird, wobei die entstehenden Spaltprodukte oft von anderen Bakterien verwendet werden; es entsteht so eine ganze Kette von Abbauprozessen, an der immer wieder andere Bakterienarten beteiligt sind und an deren Ende die völlige Mineralisierung der organischen Stoffe steht.
Diese Vorgänge sind, ebenso wie die sie bewirkenden Bakterien, uralt. Längst bevor Menschen lebten und die Wasserläufe massiv verschmutzten, gab es Faulzonen in den Gewässern, beseitigten Bakterien tierische und pflanzliche

Überreste. Die Selbstreinigung kann daher nur dort einsetzen, wo die Verschmutzung aus Stoffen besteht, die von dafür angepaßten Bakterien angegriffen werden können (zum Beispiel häusliche Abwässer, Abwässer aus Zucker- und Zellstoffabriken). Gegen manche vom Menschen künstlich erzeugte organische Verbindungen sind die Bakterien machtlos; sie konnten in der kurzen Zeit keine Anpassung an diese Stoffe entwickeln. Im übrigen ist die chemische Leistungsfähigkeit der Bakterien erstaunlich: Sie greifen auch viele Stoffe an, die es in der Natur nicht gibt, und allgemein ist ihr Stoffumsatz gewaltig.
Die Geschwindigkeit der Selbstreinigung hängt von vielen Faktoren ab: Bewegtes Wasser nimmt mehr Sauerstoff auf als stehendes; rasch strömende, seichte Flüsse mit Stromschnellen sind daher schon wenige Kilometer hinter der Verschmutzungsquelle wieder sauber. In flachem Wasser dringt der an der Oberfläche gelöste Sauerstoff rascher bis zum Grunde als in tieferem; das erleichtert die oxidativen Abbauvorgänge. An rauhen, vom Wasser überrieselten Unterlagen können sich die Bakterien in ganzen Rasen ansiedeln – und allein schon durch ihre riesige Masse die Reinigung beschleunigen.
Biologische Kläranlagen beruhen auf der Selbstreinigung. Auch hier sind es Bakterien, die das Wasser reinigen. Der ganze Ablauf ist jedoch in der Kläranlage durch technische Hilfsmittel (Belebtschlammbecken, Tropfkörper) räumlich so zusammengedrängt, daß ein paar hundert Quadratmeter eine kilometerlange Flußstrecke ersetzen.
Ein einfacher Modellversuch demonstriert die Selbstreinigung: In ein Glas mit 1/4 bis 1/8 l Wasser geben wir einen Tropfen Milch und schütteln um. Das Wasser ist schwach getrübt. Die Trübung bleibt zwei bis drei Tage bestehen und verschwindet dann allmählich. Sowie das Wasser wieder ganz klar ist, setzen wir einen weiteren Tropfen Milch zu und warten, bis die Trübung verschwunden ist; danach wird wieder ein Tropfen Milch eingerührt usw.
Wir werden bemerken, daß die Zeit, die das Wasser braucht, um wieder klar zu werden, immer kürzer wird; nach ein bis zwei Wochen klärt sich das Wasser schon innerhalb eines halben Tages. Zugleich aber bildet sich an der Wand des Gefäßes ein schmieriger Belag, im Wasser schweben weißlich-graue, fädige Flocken: Bakterien. Sie leben von den organischen Stoffen in der Milch (Eiweiß, Zucker, Fett) und zerlegen sie in Kohlendioxid, Wasser und Mineralsalze. Je mehr Bakterien, um so schneller wird das milchgetrübte Wasser wieder klar.
Sind wir aber unvorsichtig und geben statt nur eines Tropfens drei oder noch mehr zu, so entwickeln sich rasch „polysaprobe“ Verhältnisse: Das Wasser stinkt, es bildet sich Schwefelwasserstoff, am Grunde setzt sich übelriechender Schlamm ab.

Organismen zeigen die Wassergüte an

Viele Lebewesen können in Gewässern ganz unterschiedlicher Qualität gedeihen, andere sind eng an spezielle Umweltverhältnisse gebunden; nur die letzteren eignen sich als Zeigerorganismen („Bioindikatoren“). Bei den Saprobien spielen sehr viele Faktoren für die Bindung an einen bestimmten Verschmutzungsgrad eine Rolle:
Die Nahrung: Bakterienfresser bevorzugen bakterienreiche, also stark verschmutzte Lebensräume.
Der Sauerstoff: Das Sauerstoffbedürfnis der verschiedenen Arten ist sehr unterschiedlich. Anaerobier, die keinen Sauerstoff brauchen, stehen extrem sauerstoffbedürftigen Arten gegenüber; dazwischen gibt es alle nur denkbaren Übergänge.
Fäulnisstoffe und Gifte: Viele Lebewesen sind gegen die bei starker Fäulnis auftretenden Gifte wie Schwefelwasserstoff und Ammoniak äußerst empfindlich. Eiweißabbauprodukte wirken auf manche Lebewesen fördernd, auf andere hemmend.

So wie es zwischen extrem verschmutztem und reinstem Wasser alle Übergänge gibt, gibt es auch keine scharfe Grenze zwischen den Lebensgemeinschaften. Heute wird vielfach ein siebenstufiges System verwendet.

Wassergüteklasse IV, polysaprobe Zone

Diese Zone ist am stärksten verschmutzt. Das Wasser ist sauerstofffrei oder äußerst sauerstoffarm, übelriechend, setzt Faulschlamm ab. Es finden sich massenhaft Bakterien, aber nur relativ wenige Arten anderer Lebewesen. Diese wenigen, unempfindlichen oder besonders angepaßten Arten können allerdings in riesiger Individuenzahl auftreten. Kennzeichnend sind bestimmte Bakterien wie *Sphaerotilus natans,* weiße und rote Schwefelbakterien, wenige Blaualgenarten, einige Geißeltierchen, viele, zum Teil bizarr gestaltete Wimpertierchen (Bakterienfresser!). Von den vielzelligen Tieren ist besonders der Schlammröhrenwurm *Tubifex tubifex* charakteristisch.
Polysaprob sind ungeklärte Abwässer, Flüsse und Seen an den Stellen, an denen ungeklärte Abwässer eingeleitet werden, faulendes Wasser in Blumenvasen, Aufgüsse aus Heu oder anderem Pflanzenmaterial, Jauchepfützen, die obere Zone von Tropfkörpern. Polysaprobe Zonen können aber auch „natürlich" entstehen: Tierleichen in Stillwasserbuchten lassen um sich herum ein polysaprobes Milieu entstehen, in Verlandungszonen kann es durch tierische und pflanzliche Überreste zu polysaproben Verhältnissen kommen.

Wassergüteklasse III, α-mesosaprobe Zone

Die Selbstreinigung ist in dieser Zone schon so weit fortgeschritten, daß die Oxidationsprozesse überwiegen. Das Wasser enthält reichlich Sauerstoff, doch ist durch die Tätigkeit der noch immer zahlreichen Bakterien auch die Sauerstoffzehrung sehr groß. Höhere Tiere und Pflanzen sind noch selten, aber viele Kieselalgen, Grünalgen, Geißel- und Wimpertierchen beleben das Wasser.
α-mesosaprobe Tümpel und Teiche sind Fundgruben für den Mikroskopiker.
α-mesosaprobe Gewässer sind zum Baden ungeeignet; Trinkwasser kann ihnen allenfalls bei sorgfältiger chemischer Aufbereitung entnommen werden.

Wassergüteklasse II, β-mesosaprobe Zone

Die Bakterien sind in dieser Zone sehr zurückgegangen, das Wasser ist sauerstoffreich, klar (falls nicht durch Wasserblüten getrübt), in Seen ist das Plankton sehr artenreich (planktische Kieselalgen, Dinoflagellaten, Rädertiere, Kleinkrebschen, Grünalgen), die Ufer sind oft stark verkrautet. Die Leitorganismen dieser Zone sind empfindlich gegen Fäulnisstoffe, zu geringen Sauerstoffgehalt, aber auch gegen Schwankungen des pH-Wertes.
β-mesosaprobe Gewässer eignen sich zum Beispiel als Badeseen, sofern keine ungeklärten Abwässer einfließen. Trinkwasser kann bei entsprechender Aufbereitung (Filtrierung, eventuell geringe Chlorung) entnommen werden. Viele Weiher, mittlere und größere Seen sowie viele Flüsse sind β-mesosaprob. Der oft reiche Pflanzenwuchs, starke Algenbildung, Massenentfaltung von Mikroalgen können bei stehenden β-mesosaproben Gewässern zur Wasserverschlechterung führen, wenn im Herbst die Pflanzen absterben und faulen (Übergang zur α-mesosaproben, ja zur polysaproben Stufe).
β-mesosaprobe Gewässer haben eine vielfältigere Tier- und Pflanzenwelt als alle anderen Saprobiestufen. Mit dieser Güteklasse, die bei Flußsanierungen angestrebt wird, hört der Selbstreinigungsprozeß auf.

Wassergüteklasse I, oligosaprobe Zone, s. S. 40.

Leitorganismen der Wassergüteklasse IV (nach Liebmann)

Polysaprobe Zone
(sehr stark verunreinigte Wasserzone)
Vorgestellte Zahl: Wichtiger Vertreter, auf der gegenüberliegenden Seite abgebildet. Nachgestellte Zahl: Seite, auf der der Organismus beschrieben ist.
(c) in Fließgewässern, (d) in frischen Abwässern, (e) Formen des Faulschlamms
(–) in diesem Buch nicht behandelt

Bakterien

1 Zoogloea ramigera (d) 108
2 Spirillum undulans (d) 108
Sarcina paludosa 108
Streptococcus margaritaceus 108
Peloploca undulata 108
Peloploca taeniata 108
3 Thiopedia rosea (e) 110
4 Thiocystis violacea 110
5 Lamprocystis rosea-persicina (e) 110
Thiospirillum agilis (–)
6 Chromatium okenii (e) 110
7 Chlorobium limicola (e) 112
8 Pelodictyon aggregatum (e) 112
Chlorochromatium aggregatum (e) 112
9 Sphaerotilus natans (c) 112
10 Thiothrix nivea (e) 112
11 Beggiatoa alba (e) 112
Thioploca schmidlei 112
Achromatium oxaliferum 112
Thiovolum majus 112

Blaualgen

12 Anabaena constricta (e) 122
13 Spirulina jenneri (e) 122
14 Oscillatoria chlorina (e) 126
15 Oscillatoria lauterbornii (e) 126
16 Oscillatoria putrida (e) 126

Goldalgen

17 Oikomonas mutabilis (d) 128

Augenflagellaten

18 Euglena viridis (e) 148

Grünalgen

19 Polytoma uvella 156
20 Carteria multifilis 156

Zooflagellaten

Mastigamoeba trichophora 212
21 Bodo putrinus (d) 214
22 Cercomonas longicauda (d) 214
23 Tetramitus pyriformis 214
Trigonomonas compressa 214
24 Hexamita inflata (d) 214
25 Trepomonas rotans 214
26 Trepomonas agilis 214

Amöben

27 Vahlkampfia limax 216
Pelomyxa palustris (e) 218

Wimpertiere

28 Lacrymaria elegans (e) 236
29 Enchelys vermicularis (d) 236
30 Hexotricha caudata (d) 236
31 Trimyema compressum (d) 240
32 Plagiopyla nasuta (e) 240
33 Tetrahymena pyriformis (c) 242
34 Glaucoma scintillans (c) 242
35 Colpidium colpoda (c) (d) 242
36 Urozona bütschlii (d) 242
37 Dexiotrichides centralis (d) 242
Cohnilembus pusillus 242
38 Paramecium putrinum (c) 244
39 Vorticella microstoma (c) 248
40 Metopus es (e) 250
41 Metopus contortus (e) 250
42 Caenomorpha medusula (e) 252
Pelodinium reniforme 258
43 Epalxella striata (e) 258
Saprodinium dentatum 258
Discomorpha pectinata 258

Rädertiere

44 Rotaria neptunia (c) (e) 272

Gliederwürmer

45 Tubifex tubifex (e) 300

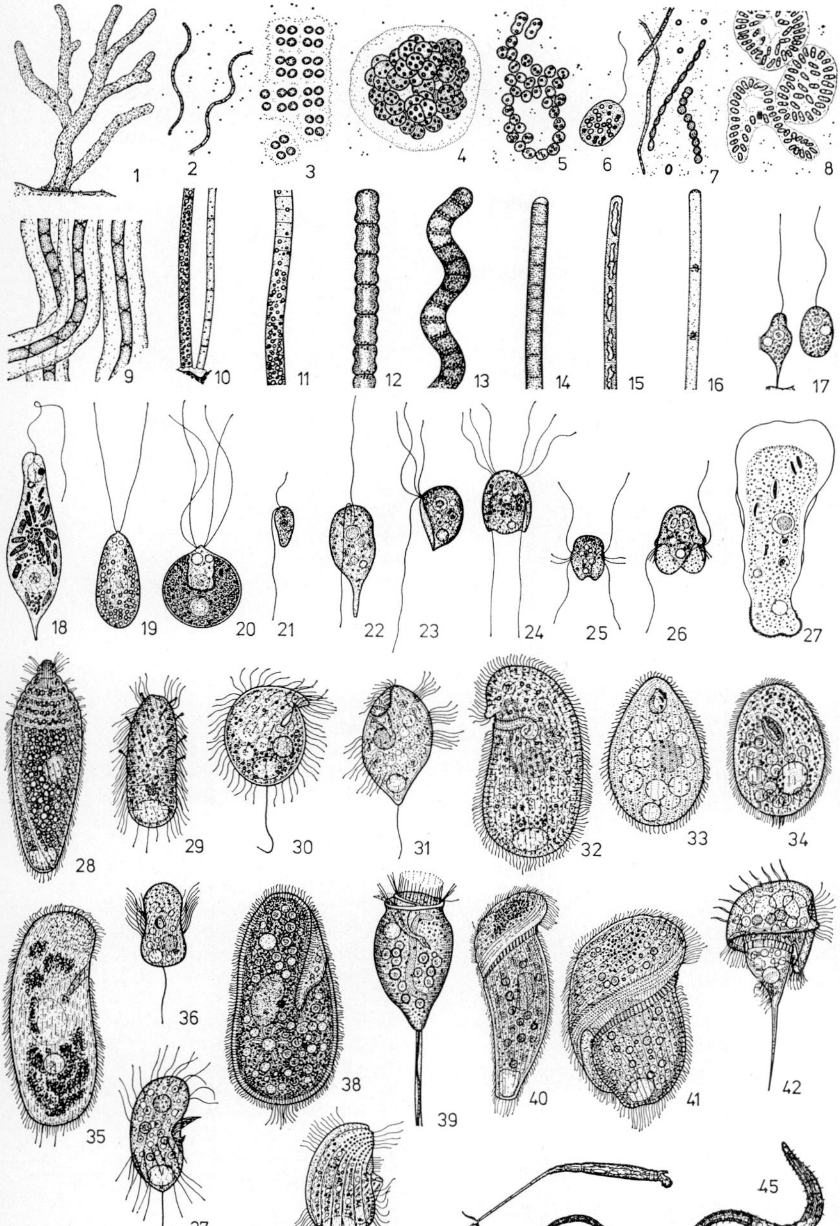
1 2 3 4 5 6 7 8
9 10 11 12 13 14 15 16 17
18 19 20 21 22 23 24 25 26 27
28 29 30 31 32 33 34
35 36 37 38 39 40 41 42
43 44 45

Leitorganismen der Wassergüteklasse III (nach Liebmann)

α-mesosaprobe Zone
(stark verunreinigte Wasserzone)
Vorgestellte Zahl: Wichtiger Vertreter, auf der gegenüberliegenden Seite abgebildet. Nachgestellte Zahl: Seite, auf der der Organismus beschrieben ist.
(a) in stehenden Gewässern, (c) in Fließgewässern
(–) in diesem Buch nicht behandelt

Blaualgen

1 Phormidium foveolarum 124
Phormidium autumnale 124
2 Phormidium uncinatum 124
3 Oscillatoria princeps 126
4 Oscillatoria brevis 126
Oscillatoria chalybea 126
5 Oscillatoria tenuis (a) 126
Oscillatoria formosa (a) 126
6 Oscillatoria splendida 126

Goldalgen

7 Anthophysis vegetans (a) 130

Diatomeen

Cyclotella meneghiniana (–)
8 Stephanodiscus hantzschii (a) 132
9 Navicula cryptocephala (a) 138
Navicula viridula (–)
10 Hantzschia amphioxys (a) 140
11 Nitzschia palea (a, c) 140

Augenflagellaten

12 Astasia klebsi (a) 152

Kryptomonaden

13 Chilomonas paramecium (a) 156

Grünalgen

14 Chlamydomonas ehrenbergi (a) 156
Spondylomorum quarternarium 158
15 Gonium pectorale (a) 158

Jochalgen

Closterium leibleinii (a) 194
16 Closterium acerosum (a) 194
17 Cosmarium botrytis 202

Pilze

18 Mucor racemosus (c) 210
19 Leptomitus lacteus (c) 210
20 Fusarium aquaeductum 210

Zooflagellaten

21 Bodo saltans (a) 214

Wimpertiere

Urotricha farcta 234
Prorodon teres 234
22 Amphileptus claparedei (a, c) 238
23 Lionotus fasciola (c) 238
24 Chilodonella uncinata (a, c) 240
25 Chilodonella cucullulus (c) 240
26 Colpoda cucullus (a, c) 240
27 Uronema marinum (a, c) 242
28 Platynema sociale (c) 242
29 Paramecium caudatum (a, c) 244
30 Urocentrum turbo 244
31 Cyclidium lanuginosum (c) 244
32 Cyclidium citrullus 244
33 Opercularia coarctata (c) 246
34 Carchesium polypinum (c) 246
35 Vorticella convallaria (c) 248
36 Spirostomum ambiguum (a) 262
37 Stentor coeruleus (a, c) 254
38 Urostyla weissei (a) 256
39 Oxytricha fallax 256
Aspidisca lynceus 258

Sauginfusorien

40 Podophrya fixa 260

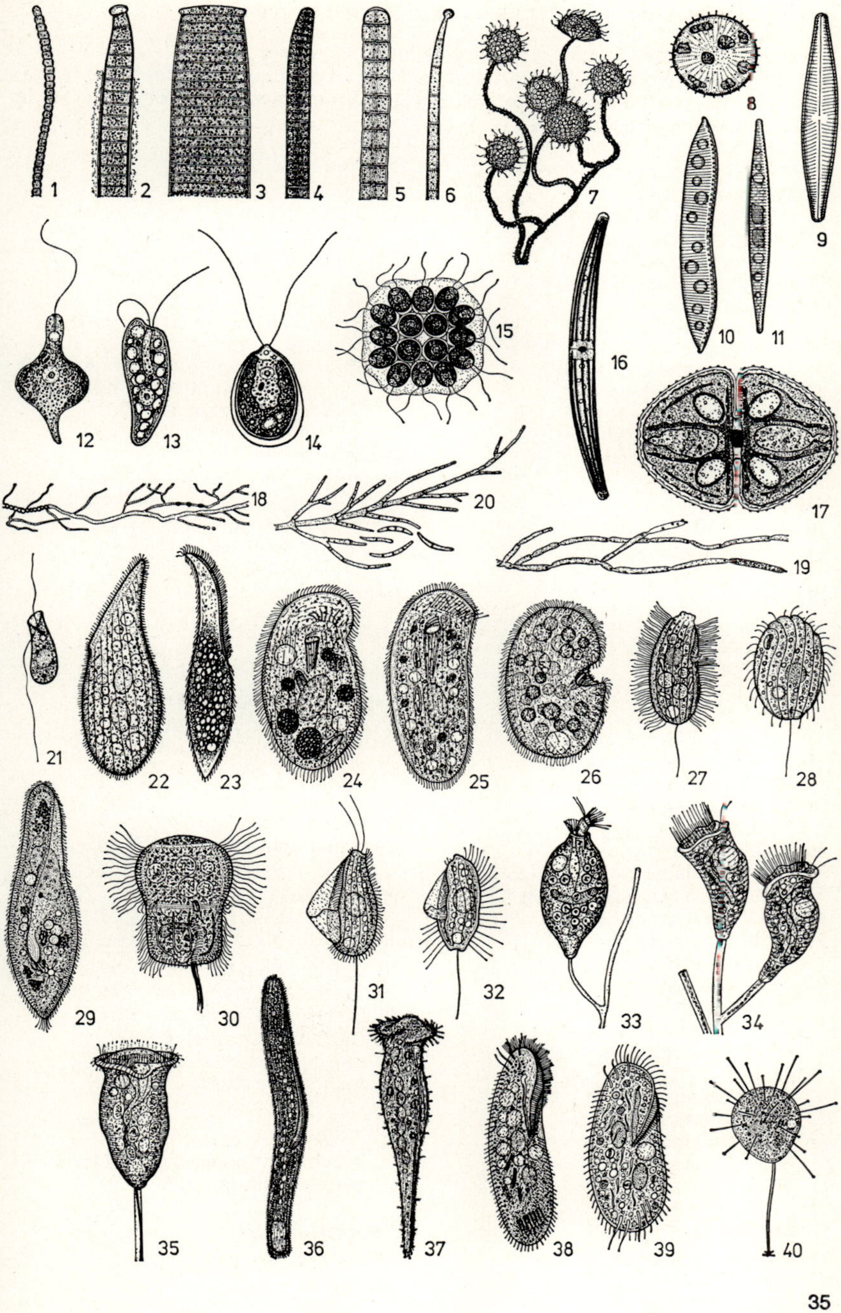
1
2
3
4
5
6
7
8
9
10
11
12
13
14
15
16
17
18
19
20
21
22
23
24
25
26
27
28
29
30
31
32
33
34
35
36
37
38
39
40

Leitorganismen der Wassergüteklasse II (nach Liebmann)

β-mesosaprobe Zone (mäßig verunreinigte Wasserzone)
Vorgestellte Zahl: Wichtiger Vertreter, auf der gegenüberliegenden Seite abgebildet. Nachgestellte Zahl: Seite, auf der der Organismus beschrieben ist. (–) in diesem Buch nicht behandelt.

Blaualgen

1 Microcystis flos-aquae 114
2 Gomphosphaeria naegeliana 114
Gloeotrichia natans 118
3 Gloeotrichia echinulata 118
4 Aphanizomenon flos-aquae 120
5 Nostoc carneum 120
Nostoc linckia 120
6 Anabaena flos-aquae 122
Anabaena spiroides 122
7 Spirulina platensis 122
8 Oscillatoria rubescens 126
Oscillatoria agardhii 126
9 Oscillatoria redeckei 126

Goldalgen

10 Synura uvella 128
11 Uroglena volvox 130

Diatomeen

12 Melosira granulata 132
Melosira varians 132
Melosira italica (–)
13 Tabellaria fenestrata 132
Diatoma vulgare 134
Diatoma elongatum 134
14 Fragilaria crotonensis 134
Fragilaria construens 134
15 Synedra ulna 136
Synedra acus 136
16 Asterionella formosa 136
17 Rhoicosphenia curvata 136
Stauroneis phoenicenteron 138
18 Navicula rhynchocephala 138
19 Pinnularia viridis 138
Pinnularia major 138
20 Cymbella ventricosa 140
21 Gomphonema olivaceum 140
Epithemia turgida (–)
Nitzschia acicularis 142
Nitzschia stagnorum (–)
Cymatopleura solea 142
Cymatopleura elliptica 142
Surirella biseriata 142
Surirella ovata 142
Surirella tenera (–)

Gelbgrünalgen

Vaucheria sessilis 146

Grünalgen

22 Pediastrum boryanum 164
23 Dictyosphaerium pulchellum 170
Selenastrum bibraianum 178
Ankistrodesmus acicularis 178
24 Scenedesmus acuminatus 180
25 Scenedesmus quadricauda 180
Enteromorpha intestinalis 186
26 Chaetophora elegans 186
Microthamnion kützingianum 188
27 Oedogonium capillare 190
28 Cladophora crispata 190

Jochalgen

29 Closterium moniliferum 194
Closterium ehrenbergii 194
Closterium parvulum (–)
Spirogyra crassa (–)

Rotalgen

Audouinella chalybea 208

Amöben

Chaos diffluens 218
30 Astramoeba radiosa 220
31 Thecamoeba verrucosa 220
32 Euglypha alveolata 226

Sonnentierchen

33 Actinosphaerium eichhorni 228

Wimpertiere

34 Didinium nasutum 236
35 Coleps hirtus 236
36 Paramecium bursaria 244
37 Vorticella campanula 248
38 Stentor polymorphus 254
39 Halteria grandinella 254
40 Euplotes charon 258
41 Aspidisca costata 258

Rädertiere

Brachionus urceolaris 274
Lecane lunaris 278

Gliederwürmer

Stylaria lacustris 298

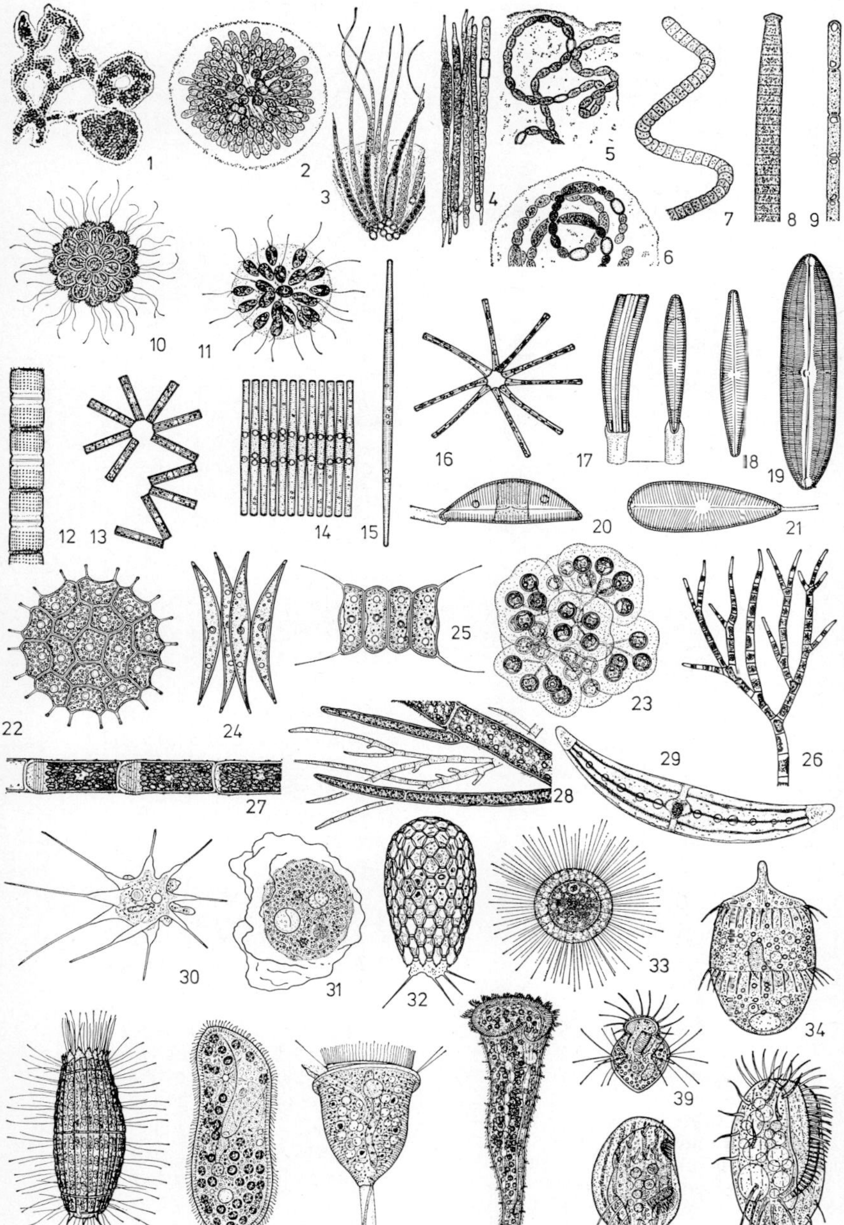
1
2
3
4
5
6
7
8
9
10
11
12
13
14
15
16
17
18
19
20
21
22
23
24
25
26
27
28
29
30
31
32
33
34
35
36
37
38
39
40
41

Leitorganismen der Wassergüteklasse I (nach Liebmann)

Oligosaprobe Zone
(kaum verunreinigte Reinwasserzone)
Vorgestellte Zahl: Wichtiger Vertreter, auf der gegenüberliegenden Seite abgebildet. Nachgestellte Zahl: Seite, auf der der Organismus beschrieben ist.
Mit (a) bezeichnete Organismen bilden in stehenden Gewässern, mit (b) bezeichnete als Planktonten und mit (c) bezeichnete in Fließgewässern eine typische Lebensgemeinschaft.
(–) in diesem Buch nicht behandelt

Blaualgen

Haplosiphon fontinalis 118
1 Calothrix parietina (a) 118
2 Microcoleus subtorulosus (a) 124
3 Phormidium inundatum (a) 124
4 Phormidium papyraceum 124

Goldalgen

5 Chromulina rosanoffi (a) 128
6 Mallomonas caudata (b) 128

Diatomeen

Cyclotella bodanica (b) 132
Cyclotella comensis (–)
7 Tabellaria flocculosa (a) 132
8 Meridion circulare 134
Synedra acus angustissima (b) 136
Pinnularia nobilis (–)
Pinnularia subcapitata (–)
Cymbella cesati (–)
9 Nitzschia linearis (a) 140
Surirella spiralis 142

Gelbgrünalgen

Vaucheria debaryana (–)

Grünalgen

10 Sphaerocystis schroeteri (b) 168
11 Ulothrix zonata (c) 184
12 Microspora amoena (c) 186
13 Draparnaldia glomerata 188
Bulbochaete mirabilis 190
14 Cladophora glomerata (a) 190
Rhizoclonium hieroglyphicum (a) 190
Aegagrophila profunda (–)

Jochalgen

Closterium lunula 194
Closterium dianae (–)
15 Euastrum oblongum (a) 196
16 Micrasterias truncata (a) 198
17 Staurastrum punctulatum (a) 202
Spirogyra fluviatilis (a) 206

Rotalgen

18 Batrachospermum vagum (c) 208
19 Lemanea fluviatilis (c) 208

Zooflagellaten

20 Diplosiga socialis (b) 212

Sonnentierchen

21 Acanthocystis turfacea (a) 230

Wimpertiere

Pseudoprorodon niveus 234
22 Dileptus anser (a) 238
23 Nassula gracilis (a) 240
24 Frontonia acuminata (a) 244
25 Vorticella similis (a) 248
26 Ophridium versatile (a) 248
27 Thuricola folliculata (a) 250
28 Halteria cirrifera (b) 254
29 Strombilidium gyrans (a) 254
30 Strombidinopsis gyrans (a) 254

Rädertiere

31 Kellicottia longispina (b) 276

Blattfußkrebse

32 Holopedium gibberum (b) 302

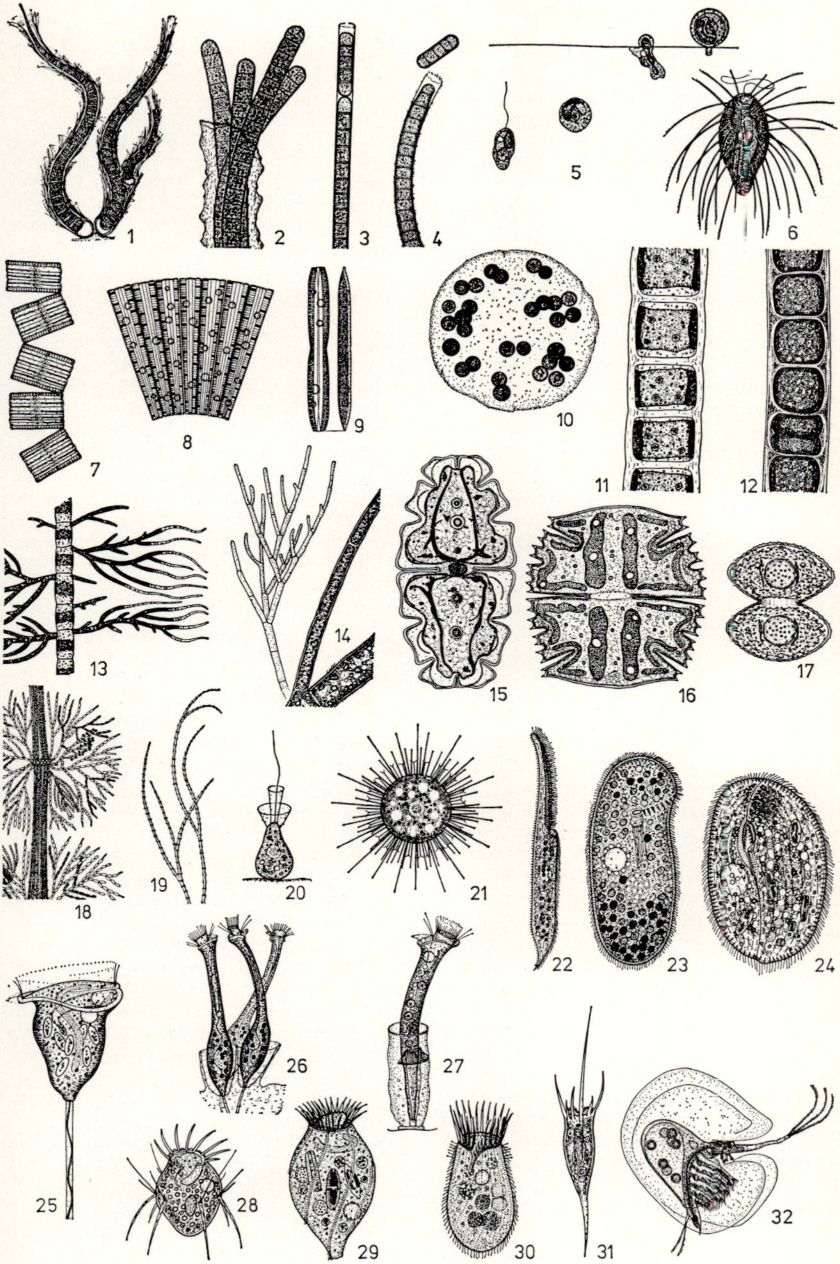
1
2
3
4
5
6
7
8
9
10
11
12
13
14
15
16
17
18
19
20
21
22
23
24
25
26
27
28
29
30
31
32

Wassergüteklasse I, oligosaprobe Zone

Das Wasser ist weitgehend rein, sauerstoffreich, fast frei von toter organischer Substanz. Dementsprechend arm an Arten und Individuen ist das Wasser, das ja nicht nur rein, sondern auch nährstoffarm ist.
Die Güteklasse I kommt Bächen nach dem Quellaustritt, Gebirgsbächen, manchen Alpen- und Voralpenseen zu. Ursprünglich sind alle tiefen Seen oligosaprob (zum Beispiel der Bodensee); die zunehmende Überdüngung dieser Seen teils durch häusliche Abwässer (auch durch biologisch gereinigte Abwässer!) sowie durch einsickernde und eingeschwemmte Mineraldünger aus der Landwirtschaft führt zu einer Massenvermehrung des Pflanzenplanktons, die diese Seen immer mehr in den β-mesosaproben, in Ufernähe sogar α-mesosaproben Bereich bringt.

Saprobiestufen, Trophiestufen, „Selbstverunreinigung“

Das Saprobiensystem ist ursprünglich ein Hilfsmittel der Abwasserbiologen. Da es jedoch kaum ein Gewässer gibt, das völlig frei von organischer Substanz („Verunreinigung“) ist, kann es für biologische Gewässeranalysen auf alle Gewässertypen angewandt werden, sogar auf Aquarien, Regentonnen, Tropfkörper in Kläranlagen. Voraussetzung ist jedoch genaue Kenntnis der Organismen und Lebensgemeinschaften. Die Gefahr von Fehlbeurteilungen aufgrund mangelnder Erfahrung ist groß. So kann eine bestimmte Art ein charakteristischer Leitorganismus sein, eine ihr sehr ähnliche aus derselben Gattung aber ein „Ubiquist“, der in ganz verschiedenen Zonen günstige Lebensbedingungen findet. Wer sich auf Saprobienuntersuchungen spezialisieren will oder wer sie beruflich braucht, dem sei unter anderem das Liebmannsche Standardwerk[1] empfohlen, das auch in diesem Buch für die Aufzählung der Leitorganismen zugrunde gelegt wurde.
Eine einzelne Leitart, die zudem noch in geringer Zahl gefunden wird, sagt wenig oder nichts über die Saprobiestufe aus. Die zuverlässige Analyse setzt das Vorkommen mehrerer oder vieler typischer Leitarten voraus sowie das Auftreten der für die betreffende Zone typischen Lebensgemeinschaften. Einzelne Formen können an die Untersuchungsstelle angeschwemmt sein!
Im Saprobiensystem spielen auch größere Tiere wie Muscheln, Insektenlarven, Egel und Höhere Pflanzen, die in diesem Buch nicht erwähnt sind, eine Rolle. Am wichtigsten sind oft allerdings die Kleinorganismen und unter ihnen Wimpertiere, Kieselalgen und Rädertiere.
Um Mißverständnisse zu vermeiden, sei nochmals betont, daß die Pflanzen und Tiere der verschiedenen Saprobiestufen mit der Selbstreinigung nichts zu tun haben, jedenfalls nicht direkt. Die Selbstreinigung wird fast ausschließlich von Bakterien besorgt. Wimpertiere können eine unterstützende Rolle als Kolloidverzehrer und Flockenbildner im polysaproben und α-mesosaproben Bereich spielen, doch ist diese Frage noch nicht hinreichend untersucht.
Der Nährstoffgehalt eines Gewässers wird durch seine Trophiestufe gekennzeichnet. Nährstoffreiche Gewässer nennt man eutroph, nährstoffarme oligotroph. Ein oligotrophes Gewässer enthält relativ wenig anorganische Nährstoffe für grüne Pflanzen (bzw. es ist ein lebensnotwendiger Nährstoff wie zum Beispiel Phosphat nur in geringer Menge vorhanden). Das begrenzt die Entfaltung des Pflanzenplanktons (Urnahrung) und damit der ganzen übrigen Organismenwelt.
Umgekehrt entwickelt sich in eutrophen Gewässern viel Pflanzenplankton, daher auch reiches tierisches Leben. Fischteiche werden durch Düngung oft künstlich eutrophiert, um den Pflanzenwuchs und damit die Urnahrung für die Fische zu fördern.

---

[1] Hans Liebmann, Handbuch der Frischwasser- und Abwasserbiologie, Verlag Oldenbourg, München, 1962. Für Mikroskopiker ist vor allem Band 1 dieses Werkes wichtig.

Oligotroph sind viele große und tiefe Seen, Quelltümpel, Bergseen. Eutroph sind flache Seen, Tümpel, Teiche, verlandende Gewässer, alle Kleingewässer mit Wasservögeln (organische Düngung!). Die zunehmende Überdüngung durch häusliche Abwässer u. a. führt zur Eutrophierung auch ehedem oligotropher Gewässer. Vor allem der Nährstoff Phosphat spielt dabei eine verhängnisvolle Rolle, da er in Binnengewässern der das Algenwachstum begrenzende Faktor ist.
Die Saprobiestufe „oligosaprob“ entspricht weitgehend der Trophiestufe „oligotroph“, dagegen kann ein eutrophes Gewässer α- oder β-mesosaprob sein. Polysaprobe Faulgewässer haben die Trophiestufe „polytroph“. Um Verwechslungen zu vermeiden, sei betont, daß die Saprobie- und Trophiestufen verschiedene Gewässereigenschaften kennzeichnen und sich nicht unbedingt decken.

Tabelle: Saprobie- und Trophiestufen

Güteklasse / Saprobiestufe	**Trophiestufe**
I; oligosaprob, Sauerstoffreiches Reinwasser. Relativ wenige Arten, Individuenzahl gering	**oligotroph** Wasser klar, nährstoffarm; auch in der Tiefe immer mit über 70% O_2 gesättigt
I/II; oligo-/β-mesosaprob, Sauerstoffzehrung nicht nennenswert. Artenvielfalt groß	**mesotroph** Nährstoffangebot und Planktonproduktion mäßig. In der Tiefe 100–30% O_2
II; β-mesosaprob, Wenig verschmutzt, sauerstoffreich. Sehr viele Tier- und Pflanzenarten	**eutroph** Nährstoffreiches, „produktives“ Wasser: starke Entwicklung von Kleinalgen und von Zooplankton. Sichttiefen meist unter 2 Meter. Oberflächenwasser zeitweise mit Sauerstoff übersättigt, Tiefenwasser periodisch sauerstoffarm
II/III; β-meso-/α-mesosaprob, „Kritisch“ verschmutzt. Artenvielfalt der größeren Formen geht zurück	
III; α-mesosaprob, Organisch verschmutzt. O_2-Gehalt niedrig. Viele Wimpertiere und Bakterien	
III/IV; α-meso-/polysaprob, Sauerstoffzehrung hoch. Lebensmöglichkeiten nurmehr für Spezialisten	**polytroph** Nährstoffangebot sehr hoch und immer verfügbar. Faulgewässer aller Art. Tiefenwasser periodisch sauerstofffrei, zeitweise Schwefelwasserstoffentwicklung
IV; polysaprob, Sauerstoff fehlt über längere Zeit ganz. Massenhaft Bakterien	

Jedes stehende und langsam fließende Gewässer unterliegt auch ohne Zutun des Menschen einer zunehmenden Eutrophierung: Es wird durch Zuflüsse, Auslaugung des Bodengrundes, Verdunstung reicher an Mineralstoffen, die Nährstoffe für pflanzliche Organismen sind. Das bedingt eine Zunahme der Organismen, die, wenn sie absterben, zur Verschmutzung und Sauerstoffzehrung führen. Dieser Prozeß hält sich normalerweise (das heißt ohne zusätzliche Verunreinigung durch den Menschen) in erträglichen Grenzen, und er wird durch die Selbstreinigung teilweise wieder aufgehoben. Aber es wäre eine Illusion, anzunehmen, es hätten sich vor dem Erscheinen des Menschen etwa die großen Ströme in reinstem, oligosaprobem Zustand ins Meer ergossen. Auch die biologische Selbstreinigung kann eben die Mineralstoffe (Pflanzennährstoffe!) nicht beseitigen.

Stämme, Klassen und Ordnungen der Kleinlebewesen

Die grundlegende systematische Einheit ist die Art. Von vielen möglichen Definitionen bevorzugen wir die folgende: Eine Art umfaßt alle Individuen, die untereinander fruchtbar kreuzen können und deren Nachkommen gleichfalls untereinander fruchtbar kreuzbar sind.
Verwandte Arten faßt man zu Gattungen, verwandte Gattungen zu Familien zusammen. Einander nahestehende Familien bilden eine Ordnung, Ordnungen werden je nach dem Verwandtschaftsgrad zu Klassen, Klassen zu Stämmen zusammengefaßt.
Die systematische Einteilung oberhalb der Art (Gattung, Familie usw.) ist zwar nicht willkürlich, aber weitgehend abhängig von der subjektiven Auffassung des Bearbeiters.
Viele Arten sind – oft standortabhängig – in Gruppen aufgespalten, die sich zwar in einigen auffälligen erblichen Merkmalen unterscheiden, aber noch fruchtbar kreuzbar sind. Solche Untereinheiten der Art werden als Unterarten, Variationen (Bezeichnung „var."), Rassen oder Formen bezeichnet.
Bei den wissenschaftlichen Namen kennzeichnet der erste Name die Gattung, der zweite die Art. Wird ein dritter Name verwendet, so kennzeichnet er die Unterart.

Stamm Bacteriophyta (Bakterien)

In jedem Präparat, das wir von einer Gewässerprobe anfertigen, finden sich Bakterien: Sehr viele, wenn das Wasser stark verunreinigt ist, wenige in sauberem Wasser; relativ große in schwefelwasserstoffhaltigen und organisch belasteten Gewässern, meist aber winzige, die unter dem Mikroskop nur dann auffallen, wenn sie in riesiger Anzahl durchs Gesichtsfeld wimmeln und wuseln.
Bakterien sind einzellig. Ihre Zellen unterscheiden sich von den Zellen aller anderen Lebewesen (mit Ausnahme der Blaualgen): Sie besitzen keinen echten Zellkern. Zwar enthalten auch Bakterien- und Blaualgenzellen DNS, die Substanz, die die Erbinformation enthält und weitergibt, aber sie ist nicht von einer Kernhülle umschlossen. Bakterien und Blaualgen nennt man daher auch Prokaryonten (im Gegensatz zu den „Eukaryonten", den Organismen mit echtem Zellkern); sie sind uralt – älter als 1000 Millionen Jahre –, wahrscheinlich die letzten Überreste einer vergangenen Organismenwelt.

Bakterien

Die Bestimmung von Bakterien allein nach der Gestalt der Zellen ist nicht möglich, da nur wenige Formtypen auftreten; viele, ganz verschiedene Arten zeigen dieselben oder sehr ähnliche Formen. Man findet kugelförmige Zellen (Kokken), stäbchenförmige, schraubenförmige (Spirillen). Die kugeligen können lose zu kurzen Ketten verklebt (Streptokokken) oder paketförmig angeordnet sein (Sarcinen). Die stäbchenförmigen Bakterien bilden häufig längere oder kürzere Ketten, in denen die Einzelzellen mit den Polen aneinanderhaften. Solche Ketten sind keinesfalls als mehrzellige Organismen anzusehen. Sie zerfallen sehr leicht (etwa durch Schütteln) in die Einzelzellen, die völlig selbständig leben und sich vermehren können. Viele Bakterien sind beweglich. Sie schwimmen mit Hilfe zarter Plasmageißeln, die jedoch lichtmikroskopisch nur mit Hilfe spezieller Färbeverfahren zu erkennen sind. Die Art der Begeißelung ist ein wichtiges systematisches Unterscheidungsmerkmal; sie kann monotrich sein (eine endständige Einzelgeißel), lophotrich (endständige Büschel von Geißeln) oder peritrich (allseitig begeißelt). Manche Bakterien können sehr lange, u. U. verzweigte Fäden bilden (Strahlenbakterien, die mit Pilzhyphen verwechselt werden können); bei anderen fädigen Bakterien liegen zahlreiche Einzelzellen hintereinander in einer Reihe in einer röhrenförmigen Scheide (Chlamydobakterien).

Bakterien vermehren sich durch Zweiteilung, bei stäbchenförmigen Zellen erfolgt die Durchschnürung quer zur Längsachse. Unter günstigen Bedingungen vermehren sich Bakterien außerordentlich rasch; die Teilungen können in Abständen von 20 bis 30 Minuten aufeinanderfolgen. Das ergibt in kurzer Zeit ungeheure, völlig unvorstellbare Zahlen.

Bei ungünstigen Ernährungsbedingungen und schlechten Umweltverhältnissen können manche Bakterien (Gattungen *Bacillus* und *Clostridium)* Sporen bilden: Dauerformen, aus denen wieder normale, „vegetative" Bakterien auskeimen können. Diese Sporen sind ungemein widerstandsfähig. Sie überstehen völlige Austrocknung, die Hitze siedenden Wassers, den Angriff ätzender und giftiger Chemikalien.

Bakterien sind Wasserbewohner! Auch die scheinbar landbewohnenden – die Bodenbakterien – leben in dem hauchdünnen Wasserfilm, der sich auf und zwischen den Bodenkrümeln bildet.

Die meisten Bakterienarten sind „Saprophyten": Sie leben von toter organischer Substanz, die sie mit Hilfe von Enzymen zerlegen. Darauf beruht ihre unersetzliche Funktion im Haushalt der Natur. Sie zersetzen tote Pflanzen und Tiere sowie deren Ausscheidungsprodukte, zerlegen sie bis zu den mineralischen Grundbestandteilen, die dann von grünen Pflanzen wieder aufgenommen und in organische Verbindungen eingebaut werden können. Die Selbstreinigung der Gewässer, die biologische Reinigung von Abwässern in Kläranlagen sind fast ausschließlich das Werk von Bakterien.

Bakterien sind Stoffwechselkünstler. Manche Arten können chemische Umsetzungen bewirken, die dem Chemiker Schwierigkeiten bereiten, und werden daher von der chemischen Industrie großtechnisch verwertet. Es gibt kaum eine organische Substanz, die nicht von der einen oder anderen Bakterienart angegriffen werden könnte. Vor allem aber setzen Bakterien die Stoffe sehr rasch um: Da sie sehr klein sind, ist ihre Oberfläche im Verhältnis zur Körpermasse sehr groß; dies ermöglicht eine außerordentlich hohe Stoffwechselintensität.

Viele Bakterienarten können ohne Sauerstoff leben (anaerob), für manche ist Sauerstoff sogar giftig. Auch sie atmen (das heißt sie gewinnen chemische Energie durch Umwandlung energiereicher Verbindungen in energieärmere), aber sie können den Energieinhalt der veratmeten organischen Substanz nicht voll nützen; so entstehen als Endprodukte dieser „Gärungen" Verbindungen wie Buttersäure, Alkohol, Methan (neben Kohlendioxid). Die sauerstoffbedürftigen (aeroben) Bakterien veratmen organische Verbindungen wie die höheren Organismen zu Wasser und Kohlendioxid.

Nur sehr wenige Bakterien sind autotroph, das heißt sie können organische Substanz aus anorganischen Verbindungen herstellen. Dazu gehören die Purpurbakterien, die Assimilationspigmente enthalten (Bakteriochlorophyll, Karotinoide) und die ähnlich wie die grünen Pflanzen das Licht als Energiequelle für die Erzeugung organischer Substanz verwenden (Photosynthese). Im Gegensatz zu den grünen Pflanzen wird bei der Photosynthese der (anaeroben!) Purpurbakterien jedoch kein Sauerstoff frei. Anstelle von Sauerstoff (der bei der Photosynthese der grünen Pflanzen aus dem Wasser stammt) bilden Purpurbakterien Schwefel (aus Schwefelwasserstoff, der seinerseits der Eiweißzersetzung entstammt).

Mit diesen Purpurschwefelbakterien dürfen die farblosen Schwefelbakterien nicht verwechselt werden. Auch sie erzeugen Schwefel aus Schwefelwasserstoff, doch dient bei ihnen dieser Prozeß unmittelbar dem Gewinn von Energie, die dann zum Aufbau organischer Stoffe aus Kohlendioxid und Wasser verwendet wird. Diese Bakterien betreiben „Chemosynthese" (im Gegensatz zur Photosynthese), sie sind autotroph, ohne vom Licht abhängig zu sein.

Hier behandelte Ordnungen der Bakterien:

Eubacteriales. S. 108 bis S. 112; *Zoogloea* bis *Chlorochromatium* und *Pseudomonas*

Echte Bakterien. Stets einzellig (Bildung loser Ketten und ähnlich lockerer Verbände möglich). Stäbchen-, kugel- oder schraubenförmig. Stäbchen- und schraubenförmige Arten während gewisser Stadien beweglich (begeißelt).

Actinomycetales. S. 112; *Nocardia*

Strahlenbakterien (fälschlich auch Strahlenpilze genannt). Zarte, meist verzweigte Zellfäden, die sehr leicht in Stäbchen zerfallen und dann echten Bakterien gleichen. Unbeweglich.

Chlamydobacteriales. S. 112; *Sphaerotilus* bis *Thiovolum*

Fadenbakterien. Meist festgewachsene, von dünnen, gallertigen Scheiden umschlossene Fäden. Fäden aus stäbchenförmigen, hintereinanderliegenden Zellen. An den Spitzen der Fäden werden begeißelte Schwärmer oder unbewegliche Zellen frei, die der Vermehrung und der Verbreitung dienen.

Stamm Cyanophyta (Blaualgen)

Blaualgen besitzen – wie die Bakterien – keinen echten Zellkern. Die Blaualgenzelle besteht aus einem inneren, farblosen (oder wenig gefärbten) Teil, dem Zentroplasma, und einem äußeren, gefärbten, das Zentroplasma rindenartig umschließenden Teil, dem Chromatoplasma. Das Zentroplasma enthält die DNS, die jedoch nicht in einem durch eine Membran abgegrenzten Zellkern lokalisiert ist. Im Chromatoplasma liegen die Assimilationsfarbstoffe. Zentroplasma und Chromatoplasma gehen ohne scharfe Grenze ineinander über.
Die Assimilationsfarbstoffe des Chromatoplasmas liegen zwar in ähnlichen Strukturen wie bei höheren Algen und höheren Pflanzen (Thylakoiden; nur elektronenmikroskopisch zu erkennen), doch fehlen die für grüne Pflanzen charakteristischen Farbkörper (Chloroplasten).
Blaualgen sind einzellig oder fädig. Die einzelligen Arten bilden meist Kolonien: Nach der Zellteilung bleiben die Tochterzellen in einer gemeinsamen Gallerte beisammen. Die Zellen sind oft sehr klein (bis hinunter zur Bakteriengröße), bei manchen Arten auch relativ groß. Ein charakteristisches Merkmal sind die Farben der Blaualgen; sie sind zwar von Art zu Art verschieden und schwer zu beschreiben; bei einiger Erfahrung kann man jedoch allein aufgrund der Färbung die Diagnose: „Blaualge" treffen. Der häufigste Farbton ist ein blaustichiges Grün oder ein grünstichiges Blau. Daneben kommen spangrüne, stahlblaue, schwarz-grüne, gelb-braune Färbungen vor.
Diese Färbungen sind durch spezifische Farbstoffe bzw. deren Mengenverhältnisse bestimmt. Außer Chlorophyll a enthalten alle Blaualgen einen charakteristischen blauen Farbstoff, das Phykocyan. Ein roter Farbstoff (Phykoerythrin) kommt nur bei manchen Arten vor. Daneben enthalten die Blaualgen Karotine und Xanthophylle.

Blaualgen sind stets unbegeißelt. Die einzelligen und koloniebildenden Arten sind unbeweglich, viele fädige Formen können kriechende und schwingende Bewegungen ausführen.
Bei fast allen Arten sind die Zellen von Gallerthüllen umgeben, die durch Verschleimung der Zellmembranen entstehen können (chroococcale Blaualgen), oder die von der Zelle selbst ausgeschieden werden (manche fädige Formen). Die Kolonien chroococcaler Blaualgen können bei manchen Arten sehr groß werden; sie sind dann schon mit bloßem Auge erkennbar.
Die fädigen Formen scheiden Gallerthüllen in Form von Röhren (Scheiden) aus. Bei ihnen sind die einzelnen Zellen untereinander durch Plasmabrücken (Plasmodesmen) verbunden. (Die Gallertscheiden sind manchmal mikroskopisch schwer zu erkennen, vor allem wenn sie farblos sind. Man setzt dann dem Präparat etwas Tusche zu, die in die Gallerte nicht eindringen kann und daher die Scheiden hell auf dunklem Grund darstellt.) Die Zellreihe eines Fadens nennt man Trichom, Trichom samt Gallertscheide Filament.

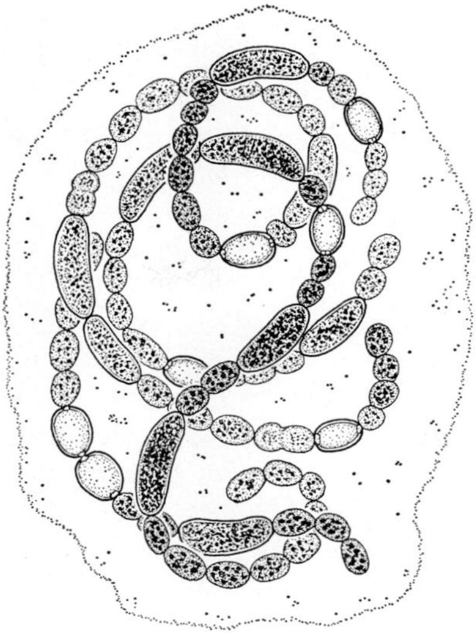

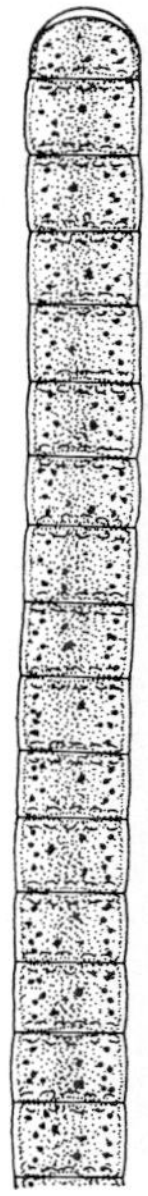

Blaualgen

Blaualgen vermehren sich nur ungeschlechtlich, und zwar durch Teilung der Zellen. Bei allen Formen teilt sich nur die innerste Wandschicht. Die äußeren Schichten bleiben ungeteilt, vergrößern sich noch etwas und bilden dann häufig konzentrische Lager um Zellen und Kolonien.
Sporenbildung: Nannocyten sind winzige Zellen, die aus rasch aufeinanderfolgenden Teilungen einer Mutterzelle hervorgehen. Sie wachsen allmählich bis zur normalen Zellgröße heran. Endosporen entstehen durch mehrfache Teilung einer zuvor vergrößerten Mutterzelle. Exosporen bilden sich an einem Zellende, das sich vergrößert und dann von außen nach innen kleinere Zellen – die Exosporen – abschnürt.
Fadenförmige Blaualgen bilden zur Vermehrung Hormogonien. Das sind kurze Fäden, die sich vom Hauptfaden abtrennen. Trennen sich einzelne Zellen als Vermehrungskörper ab, spricht man von Planokokken.
Heterocysten sind farblose oder gelbliche Zellen ohne Assimilationsfarbstoffe, meist mit verdickter Zellwand. Sie treten bei fädigen Formen zwischen den vegetativen Zellen oder auch endständig auf.
Blaualgen sind wohl die ältesten heute noch lebenden photoautotrophen Pflanzen. Sie sind überaus weit verbreitet und besiedeln auch Räume, die anderen Pflanzen keine Lebensmöglichkeiten bieten, zum Beispiel Thermalquellen, Gletschereis, Fels- und Hauswände.
Die meisten Blaualgen leben im Süßwasser, viele im Plankton. Manche Arten können dichte Wasserblüten bilden, die jeden Tropfen Wasser gelb oder gelbgrün erscheinen lassen. Solche Wasserblüten sind, sofern sie von Reinwasser-Arten erzeugt werden, keinesfalls ein Zeichen für verschmutztes Wasser. Da Blaualgen wichtige Produzenten organischer Stoffe sind, werden in der Teich-

wirtschaft solche Wasserblüten sogar durch Düngung gefördert. Für die Trinkwassergewinnung können Wasserblüten jedoch sehr unangenehm sein.

Ordnungen der Blaualgen:

Chroococcales. S. 114 bis S. 116; *Synechococcus* bis *Tetrapedia*

Zellen einzeln oder in Kolonien. Vermehrung meist durch einfache Zellteilung, seltener durch Nannosporen.

Pleurocapsales. S. 116; *Pleurocapsa*

Wachsen als Krusten. Vermehrung durch Endosporen.

Chamaesiphonales (Dermocarpales). S. 116; *Chamaesiphon*

Zellen einzeln oder in Gruppen, in Basis und Spitze differenziert. Vermehrung durch Endosporen oder Exosporen.

Stigonematales und Nostocales. S. 118 bis 126; *Stigonema – Oscillatoria.*

Fadenförmig, verzweigt oder unverzweigt. Vermehrung durch Hormogonien. Einige Gattungen mit Heterocysten. Oft zu pendelnden und kriechenden Bewegungen befähigt.

Höhere Algen

Die Algen sind photoautotrophe Pflanzen – sie können mit Hilfe der Lichtenergie aus anorganischen Stoffen organische Verbindungen synthetisieren. Die DNS der Algen ist in Chromosomen lokalisiert, die ihrerseits in Zellkernen liegen, die von einer Kernmembran umschlossen sind.

Die Algen sind einfach organisierte Pflanzen, die Einzeller, koloniebildende Arten, aber auch viele vielzellige Formen umfassen. Alle besitzen Plastiden, das sind teilungsfähige Körperchen innerhalb der Zellen, die die Assimilationspigmente enthalten. Je nach Algenart können diese farbstoffführenden Plastiden in Form vieler kleiner Plättchen in der Zelle vorliegen, es kann aber eine Zelle auch nur ein einziges (sehr großes) Plastid enthalten, oder die Plastiden sind bandförmig wie bei der Schraubenalge *Spirogyra,* einer der schönsten und häufigsten Algenformen. Da die farbstoffenthaltenden Plastiden der Algen genau dieselben Aufgaben und denselben Feinbau haben wie die Blattgrünkörner (Chloroplasten) der höheren Pflanzen, verwenden wir hier konsequent den Ausdruck „Chloroplasten“ und vermeiden die allgemeinere, häufig zu lesende Bezeichnung „Chromatophoren“ („Farbstoffträger“).

Die Einteilung der Algen in Klassen erfolgt u. a. nach der Zusammensetzung der Chloroplastenfarbstoffe. Alle Algen enthalten Chlorophyll (Blattgrün), aber es sind nicht alle Chlorophyllarten (a, b, c, d, e) bei den verschiedenen Klassen vertreten. Hinzu kommen weitere Farbstoffe, die den Grundton der Chloroplasten verändern können: Karotine, Xanthophylle, (selten) Phycobiline.

Innerhalb der Klassen teilt man die Algen nach ihrer Organisationshöhe in Ordnungen ein:

Die einfachste Organisationsstufe ist der Flagellat, die Geißelzelle: Eine mit Hilfe von einer oder mehreren (meist zwei) Geißeln schwimmende Zelle, die oft einen roten Augenfleck besitzt. Viele Flagellaten leben als Einzelzellen, andere bilden Kolonien. Auch bei höheren, vielzelligen Arten kommt sehr häufig das Flagellatenstadium noch vor: Ihre Fortpflanzungszellen (Sporen = ungeschlechtliche Vermehrungszellen; Gameten = sexuelle Keimzellen) sind oft typische Flagellaten.

Früher faßte man alle Flagellaten zu einer systematischen Gruppe zusammen. Heute stellt man sie zu jeweils der Klasse, an deren Basis sie entwicklungsgeschichtlich stehen. Alle Algen (und auf Umwegen alle höheren Pflanzen und Tiere) haben sich sehr wahrscheinlich aus Flagellaten entwickelt. Die Flagel-

latenordnungen der Algenklassen stehen daher den Vorfahren der jeweils höheren Ordnungen zumindest sehr nahe.
Den Flagellatentyp nennt man auch monadoide Organisationsstufe. Auf sie folgt die rhizopodiale Stufe, das Amöbenstadium: nackte, mit Scheinfüßchen (Pseudopodien) bewegliche Zellen (Verlust der Geißeln).
Auf der nächstfolgenden Organisationsstufe, der kapsalen, liegen nackte, unbewegliche Zellen in einem Gallertlager.
Die dann anschließende kokkale Organisationsstufe umfaßt Arten, deren Zellen eine Zellwand ausbilden, aber einzellig bleiben (höchstens Koloniebildung) und unbeweglich sind.
Es folgt die trichale (fadenförmige) Organisationsstufe, bei der die Zellen nach der Teilung im festen Verband bleiben; da die Teilungen in einer Richtung des Raumes erfolgen, ergeben sich Zellfäden.
Erfolgen die Teilungen in mehreren Richtungen des Raumes, bilden sich Thalli (Lager): thallöse Organisationsstufe.
Wächst eine Zelle sehr stark ohne Querwandbildung, aber mit vielfacher Kernteilung, ergibt sich die siphonale Organisationsstufe, bei der große, oft riesige Zellen mit vielen – bis zu Hunderten – Zellkernen vorliegen.

Stamm Chrysophyta (Gelbalgen)

Die Chrysophyten bilden als Assimilationsprodukte keine Stärke, sondern Öle und eine stärkeähnliche Verbindung, das Chrysolaminarin. Sie enthalten kein Chlorophyll b; Chlorophyll a (meist auch c und e) ist vorhanden, wird aber durch andere Farbstoffe (Xanthophylle) überdeckt; der Farbton der Chloroplasten ist daher bei den meisten Arten braun, goldgelb, grüngelb, gelb, aber auch rein grün.

Klasse Chrysophyceae (Goldalgen)

Die meisten Arten sind sehr klein. Eine feste Zellwand fehlt häufig; die Zellen sind dann formveränderlich. Manche Arten bauen Gehäuse aus Zellulose und Pektin, in die zusätzlich Kieselplättchen eingelagert sein können. Zellen meist mit einem oder zwei goldbraunen Chloroplasten.
Arten der monadoiden Organisationsstufe (Flagellaten) meist mit zwei ungleich langen Geißeln am Vorderpol, oft mit kleinem Augenfleck. Das Zytoplasma ist auffallend klar, mit pulsierenden Vakuolen (bläschenförmigen, zusammenziehbaren Organellen, die eingedrungenes Wasser und Exkrete aus der Zelle hinauspumpen).
Bei ungünstigen Umweltverhältnissen bilden viele Arten Zysten – Dauerformen, die unter besseren Bedingungen wieder zu vegetativen Zellen auskeimen können. Diese Zysten

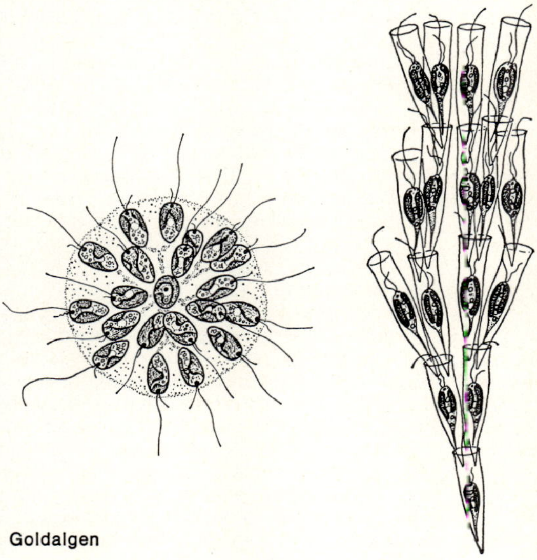

Goldalgen

haben derbe, oft verkieselte Wände und eine mit einem „Stöpsel" versehene Öffnung. Bei der Keimung wird der „Stöpsel" gelöst. Bei manchen Arten hat sich der Zysteninhalt vor der Keimung in „Zoosporen" geteilt, das sind bewegliche, flagellatenartige Zellen, die der Verbreitung der Art dienen.
Bei der Vermehrung gehäusebildender Arten teilt sich nur der Protoplast. Eine oder beide Tochterzellen schwärmen dann als Zoosporen aus und bilden neue Gehäuse. Bei der im Plankton unserer Seen verbreiteten kolonie- und gehäusebildenden Gattung *Dinobryon* setzt sich jeweils die eine der beiden Tochterzellen am Innenrand des Muttergehäuses fest und bildet ein neues Gehäuse; die andere Tochterzelle verbleibt im Muttergehäuse.
Viele Arten können – obwohl Pflanzen und zur Photosynthese befähigt – Pseudopodien (Scheinfüßchen) ausbilden und feste Nahrung aufnehmen. Die Flagellatenformen können die Geißeln abwerfen, Schleimhüllen ausbilden und sich in dieser unbeweglichen „Palmella-Phase" auch durch Teilung vermehren; so können große, schleimige Zellager entstehen.
Im Meer lebende Chrysophyceen sind als Nanno-(Zwerg-)Plankter ökologisch sehr wichtig. Außerdem gehören die marinen Kalk- und Kieselflagellaten in diese Klasse.

Hier behandelte Ordnungen:

Chrysomonadales. Flagellatentypen dieser Algenreihe. S. 128 bis S. 130; *Chromulina* bis *Anthophysis* und *Hyalobryon.*

Rhizochrysidales. Nackte, amöbenähnliche Organismen. S. 130; *Chrysarachnion.*

Chrysocapsales. Unbewegliche Zellen in Gallerten. S. 130; *Hydrurus* und *Chrysocapsa.*

Klasse Bacillariophyceae, Diatomeae (Kieselalgen)

Typisch für die Klasse sind die Kieselwände der Zellen. Opalähnliche Kieselsäure ist in die Zellwände eingelagert, die dadurch glasartig hart und widerstandsfähig sind.

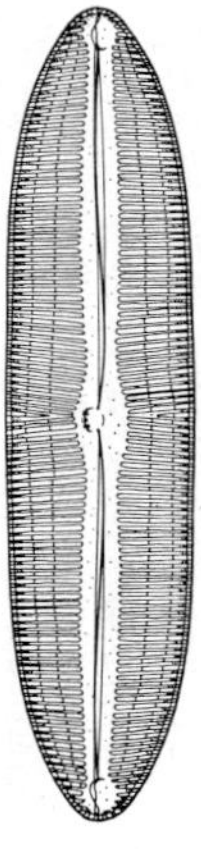
Kieselalge

Diatomeen (der offizielle Name Bacillariophyceen hat sich im Sprachgebrauch nicht eingebürgert) sind stets einzellig; manche Arten bilden Kolonien. Der Bau der Kieselalgenzellwand ist im ganzen Pflanzenreich einmalig:
Die Wand umschließt den Protoplasten wie eine zweiteilige Schachtel, wobei – ähnlich einer Käse- oder Pralinenschachtel – die Seitenränder des Deckels die des Bodens übergreifen. Der „Deckel" ist also stets größer als der „Boden". Man nennt die beiden Hälften Theken; die größere, übergreifende, heißt Epitheka, die kleinere Hypotheka. An jeder Theka unterscheidet man die Schale oder Valva (die Fläche) und das Gürtelband oder Pleura (den seitlichen Rand). Schale und Gürtelband der Epitheka heißen Epivalva bzw. Epipleura, die der Hypotheka Hypovalva und Hypopleura. Zwischen Schale und Gürtelband können noch Zwischenbänder (Copulae) eingeschaltet sein. (Außerdem können – vor allem bei den zentrischen Diatomeen – die Schalenflächen über die Zellkante herabgebogen sein und als „Mantel" die Zelle vergrößern. Der Mantel übernimmt dann die Rolle der Zwischenbänder.) Gemäß dem eigentümlichen Bau der Wand hat jede Diatomeenzelle zwei ganz verschiedene „Gesichter": die Schalenansicht und die Gürtelbandansicht. Die Gürtelbänder sind meist strukturlos, die Schalen jedoch unglaublich mannigfaltig skulp-

turiert: Sie tragen Linien-, Sieb-, Löcher-, Rippen-, Gruben- oder Warzenmuster. Nicht wenige Liebhabermikroskopiker widmen sich dem Studium der Diatomeen allein aus ästhetischen Gründen.
Viele pennate Diatomeen (längliche, schiffchenförmige Arten) können auf einer Unterlage kriechen. Diese Arten besitzen eine Raphe, einen schmalen Spalt entlang der Längsachse der Schale. An beiden Schalenenden endet die Raphe in verdickten „Endknoten", in der Mitte ist sie durch den „Zentralknoten" unterbrochen. Die Raphe durchbricht die Schale bis zum Protoplasten, theoretisch könnte also Zytoplasma aus dem Raphenspalt austreten. Tatsächlich erklärte man früher die langsamen, gleitenden Bewegungen pennater Diatomeen mit einer Art Raupenschlepperprinzip: Am Ende der Raphe sollte Zytoplasma austreten, der Raphe entlanggleiten und am Zentralknoten wieder in die Zelle eintreten. Neue, vor allem elektronenmikroskopische Befunde haben diese Vorstellung ergänzt: Unter jedem Raphenspalt liegt ein bandförmiges, aus Fibrillen aufgebautes Organell, das sich rhythmisch kontrahieren kann. Dieses Organell veranlaßt die Ausscheidung einer klebrigen Substanz aus den Endporen, die sich längs des Raphenspalts bewegt. Eine Sonderform der Raphe, offenbar für besonders rasche Bewegungen geeignet, ist die Kanalraphe: eine durchlöcherte Kieselsäureröhre am Grund einer seichten Rinne der Schale, die über Poren oder Kanäle mit dem Zellinneren zusammenhängt.
Bei manchen Arten der Pennales wird auf einer oder beiden Schalen zwar in der Längsachse ein Raum von den Wandskulpturen freigelassen, der äußerlich einer Raphe ähnelt, aber nicht zum Protoplasten hin durchbrochen ist. Man spricht von einer Pseudoraphe.
Je nach Ausbildung der Raphe unterscheidet man bei den pennaten Diatomeen: Biraphide Arten mit Raphen auf beiden Schalen; monoraphide mit nur einer Raphe auf einer Schale (und einer Pseudoraphe auf der anderen); raphidioide Arten mit rudimentären Raphenresten an den Zellenden; araphide (raphenlose) Arten, die auf beiden Theken nur Pseudoraphen tragen.
Die im Plankton lebenden Kieselalgen besitzen meistens keine Raphe.
Der Protoplast liegt dem ganzen, von der Kieselzellwand umschlossenen Raum an. Der Zellkern liegt zentral, die Chloroplasten sind meist wandständig (ein oder zwei Chloroplasten bei Arten mit Raphe, zahlreiche scheibenförmige bei raphenlosen und den meisten zentrischen Diatomeen). Zu beiden Seiten einer zentralen Plasmabrücke liegen Vakuolen, entweder zwei große oder mehrere kleine. Assimilationsprodukte sind Öle, die als Öltropfen gespeichert werden und den planktischen Diatomeen das Schweben im Wasser trotz des schweren Kieselpanzers ermöglichen. Durch Ab- oder Aufbau der Öltropfen können die Planktondiatomeen überdies bestimmte Wasserschichten „aufsuchen". Größere Mengen schwebender Diatomeen können in stehenden Gewässern schillernde Ölfilme vortäuschen.

Kieselalgen vermehren sich durch Zweiteilung. Der Protoplast teilt sich innerhalb der „Schachtel" der Länge nach parallel zu den Schalenflächen. Die Zellwandhälften weichen etwas auseinander, die Tochterzellen bilden die ihnen jeweils fehlende „Schachtel"-Hälfte neu. Dabei wird die neue Theka stets als (kleinere) Hypotheka ausgebildet, die alte Hypotheka wird also zur neuen Epitheka. Diese Teilungsart bedingt, daß stets eine der Tochterzellen kleiner ist als die andere, so daß von Teilung zu Teilung immer noch kleinere Zellen auftreten, bis eine Grenze erreicht ist, unterhalb derer die kleinsten Zellen nicht mehr lebensfähig sind. Dann tritt in der Regel ein Sexualvorgang ein, die Auxosporenbildung:
Zwei Mutterzellen legen sich zusammen. Jede bildet – nach Reduktionsteilung – zwei Gameten (sexuelle Keimzellen) aus. Die Schalen klappen auf, die Gameten kriechen heraus und kopulieren wechselseitig. Die Zygoten (befruchtete Keimzellen) wachsen und vergrößern sich sehr stark und bilden schließlich neue Theken, die nun wieder die Maximalgröße der Art haben.
Manche Arten haben andere Verfahren entwickelt, um der Verzwergung zu ent-

gehen oder sie hinauszuschieben. So kann die jeweils kleinere von zwei Tochterzellen die jeweils nächste Teilung überspringen; es teilt sich dann nur die größere Tochterzelle. Oder die Elastizität der Gürtelbänder vermindert weitgehend die Größenunterschiede zwischen Epitheka und Hypotheka.
Diatomeen sind seit Beginn der Kreidezeit bekannt (etwa 135 Millionen Jahre). Fossile Ablagerungen von Diatomeenschalen werden als „Kieselgur" abgebaut und als Füllmaterial, Isoliermaterial, Filtermasse usw. verwendet. Heute spielen Diatomeen ökologisch eine große Rolle. Sie sind – vor allem im Meer – ein wesentlicher Bestandteil der Urnahrung in der biologischen Nahrungskette. Manche Arten sind wichtige Indikatoren der Wasserqualität.
Diatomeen leben nicht nur im Wasser; viele Arten besiedeln auch den Erdboden und sind dort ein wichtiges Glied der Bodenmikroflora.
Die Klasse Bacillariophyceae wird in zwei Ordnungen unterteilt, die Centrales und die Pennales:

Ordnung Centrales. S. 132; *Melosira* bis *Attheya.* Zellen in Schalenansicht kreisrund, unbeweglich. Zellen können lange Fäden bilden.

Ordnung Pennales. S. 132 bis S. 142; *Tabellaria* bis *Surirella.* Zellen langgestreckt. Vier Unterordnungen:

Araphidinae (hier: *Tabellaria* bis *Asterionella).* Schalen mit Scheinraphe, Zellen unbeweglich, zahlreiche scheibenförmige Chloroplasten.
Raphidioidineae (hier: *Eunotia).* An den Zellenden rudimentäre Raphen.
Monoraphidineae (hier: *Achnanthes* bis *Rhoicosphenia).* Auf der einen Schale echte Raphe, auf der anderen Pseudoraphe.
Biraphidineae. Beide Schalen mit echter Raphe. Diese wichtige Unterordnung umfaßt vier Familien:

Naviculaceae *(Diploneis* bis *Denticula).* Raphe mitten in der Schale.
Epithemiaceae *(Epithemia* und *Rhopalodia).* Schalen ohne Kiel, mit Kanalraphe.
Nitzschiaceae *(Hantzschia* und *Nitzschia).* Kanalraphe auf der Schale oder gegen den Schalenrand verschoben.
Surirellaceae *(Cymatopleura* bis *Campylodiscus).* Kanalraphe verläuft rings um die Schale.

Die Kieselalgen sind nicht nur sehr artenreich, die Arten können auch ganz beträchtlich variieren. Eine zuverlässige Bestimmung ist daher bei vielen Arten sehr schwierig.

Klasse Xanthophyceae (Gelbgrünalgen)

Die Xanthophyceen oder Heterokonten („Verschiedengeißlige") sind in Färbung und Formen sehr leicht mit Grünalgen zu verwechseln. Der wissenschaftliche Name der Klasse (xanthos = gelb, blond, bräunlich) ist irreführend, die Chloroplasten erscheinen meist grün. Im Gegensatz zu den Grünalgen haben jedoch die beweglichen Stadien (Flagellatenstufe und Zoosporen) zwei ungleich lange Geißeln. Die längere der beiden Geißeln ist dicht mit „Nebenfäden" besetzt, die jedoch nur elektronenmikroskopisch zu erkennen sind. Außerdem treten als Assimilationsprodukt Öle auf, niemals aber Stärke wie bei den Grünalgen. Die Chloroplasten sind linsenförmige Scheibchen, die zu mehreren wandständig in den Zellen liegen. Das Zytoplasma ist glasartig durchsichtig.
Die Zellwände sind bei einigen Arten verkieselt. Vor allem bei den fädigen Arten sind die Zellwände oft aus zwei Hälften zusammengesetzt. Eigenartigerweise hängen dabei die zwei Hälften benachbarter Zellen fester zusammen als die Zellwandhälften der eigenen Zelle. Bei zerstörten Fäden bleiben daher

H-förmige Wandstücke übrig, an denen u. U. die Zugehörigkeit zu den Xanthophyceen zu erkennen ist. Im allgemeinen werden jedoch die beiden Zellwandhälften und ihr geschichteter Aufbau erst nach Quellung in 5–10%iger Kalilauge deutlich.
Die ungeschlechtliche Vermehrung erfolgt durch zweigeißelige Zoosporen, die durch mehrfache Teilung einer Mutterzelle gebildet werden und zunächst nackt sind. Die Zoosporen schwärmen aus und umgeben sich dann mit einer Membran. Außerdem können unbewegliche Sporen (Aplanosporen) gebildet werden. (Nehmen die unbeweglichen Sporen schon innerhalb der Mutterzelle die Gestalt der erwachsenen Zellen an, nennt man sie Autosporen.)

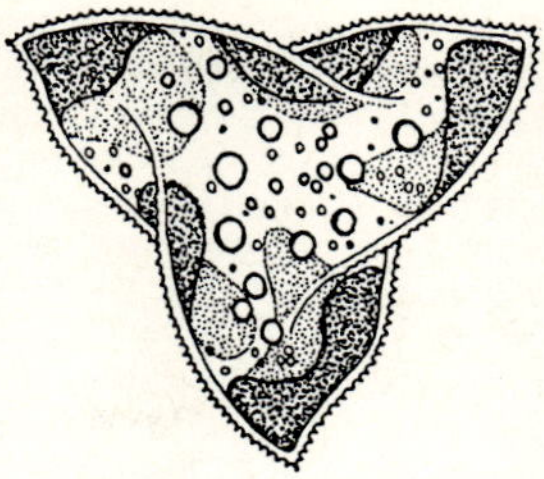

Kokkale Gelbgrünalge

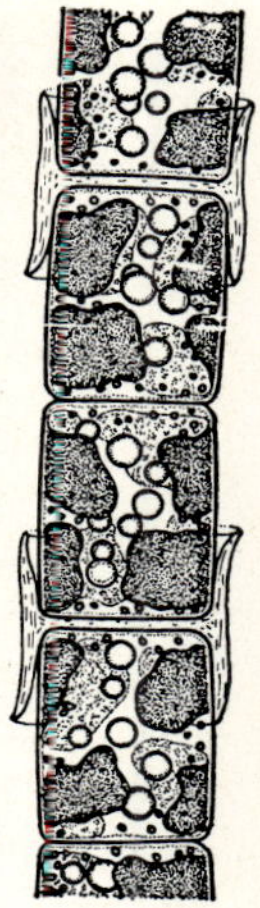

Trichale Gelbgrünalge

Geschlechtliche Fortpflanzung ist nur bei der (früher zu den Grünalgen gezählten) Gattung *Vaucheria* bekannt. Bei ihr liegt ausgeprägte Eibefruchtung (Oogamie) vor.
Xanthophyceen sind weit verbreitet und zahlreich. Dennoch ist über ihre Lebensansprüche, ihre Verbreitung, ihre Ökologie wenig bekannt (mit Ausnahme einiger Gattungen wie *Vaucheria, Tribonema* und *Botrydium).* Viele Arten sind sehr klein und so hinfällig, daß sie weder Transport noch Fixierung gut überstehen. Viele Arten sind auch offenkundig selten und wurden nur wenige Male oder gar nur einmal beobachtet.
Die Klasse der Xanthophyceen enthält alle Organisationsstufen von der monadoiden (Flagellatenstufe) bis zur siphonalen (s. S. 46). Die Formen der Flagellaten- und der Amöbenstufe sind jedoch winzig klein und offenbar selten. Sie werden hier nicht berücksichtigt.

Hier beschriebene Ordnungen:

Heterogloeales (Heterocapsales). S. 144; *Chlorosaccus.* Zellen ohne feste Zellwand, in Gallertkolonien. Kapsale Organisationsstufe dieser Algenreihe.

Heterococcales (Mischococcales). S. 144 bis S. 146; *Botrydiopsis* bis *Sciadium.* Einzellig. Zellen leben einzeln oder in Kolonien. Feste Zellwand, bei manchen Arten verkieselt und zweiteilig, glatt oder skulpturiert. Kokkale Organisationsstufe mit vielen Parallelformen zu den kokkalen Grünalgen.

Heterotrichales. S. 146; *Tribonema* bis *Heterothrix.* Fadenbildend. Zellen einkernig (trichale Organisationsstufe).

Heterosiphonales. S. 146; *Botrydium* und *Vaucheria.* Siphonale Organisationsstufe. der ganze schlauch- oder blasenförmige Algenkörper besteht nur aus einer riesigen Zelle mit zahlreichen Zellkernen (polyenergide Zelle).

Stamm Euglenophyta (Augenflagellaten)

Die Augenflagellaten (Augen-„Tierchen“) sind einzellige, mit Geißeln schwimmende, meist langgestreckte, mehr oder weniger schraubig verdrehte Organismen. Die Körperhülle ist eine Pellikula (Periplast), ein verhärteter Teil des

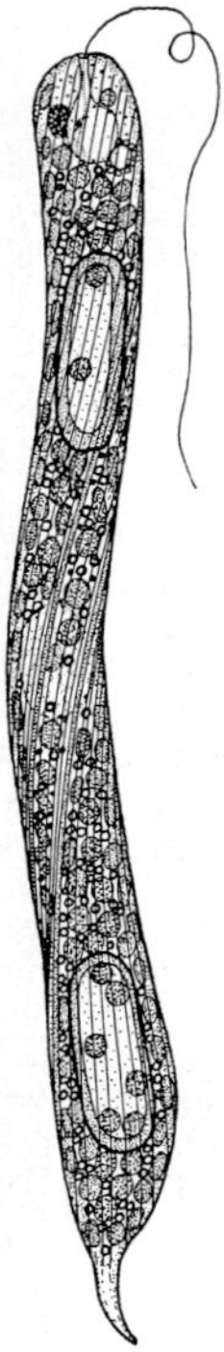

Augen-
flagellat

Protoplasten, keine eigentliche Zellwand (die ein Ausscheidungsprodukt des Protoplasten wäre). Ineinander verschiente und verfalzte Profile der Pellikula, die an den Zellpolen zusammenlaufen, erscheinen als Streifenmuster. Dieser Bau der Pellikula erlaubt oft sehr starke Gestaltsveränderungen der Zellen.

Die Chloroplasten enthalten Chlorophyll a und b, β-Karotin und Xanthophylle. Die Färbung der Augenflagellaten ist meist rein grün.

Charakteristisch gebaut ist der vordere Zellpol. Hier mündet die Ampulle („Geißelsäckchen"), eine flaschenförmige Einstülpung, in die die pulsierenden Vakuolen ihren Inhalt ergießen. Die Ampulle ist kein Zellmund! Am Boden der Ampulle entspringen die beiden Geißeln, von denen die eine meist so kurz ist, da sie noch innerhalb der Ampulle endet (bei manchen Arten sind die Geißeln aber auch in eine nach vorne gestreckte Schwimmgeißel und eine Schleppgeißel differenziert). Oft ist auch die lange Geißel so zart, daß man sie nur bei genauer Beobachtung und nur bei Zellen, die gerade still liegen, erkennt. An der rückwärtigen Seite der Ampulle liegt der rote Augenfleck, ein lichtempfindliches Organell. Es enthält in einer besonderen Plasmapartie Lipoidkörnchen, die durch Karotinoide rot gefärbt sind. Der Augenfleck kann sich bei der Zellteilung selbständig teilen. Die kurze Geißel legt sich innerhalb der Ampulle mit ihrer Spitze der langen Geißel an; an dieser Stelle verbreitern sich die Geißelscheiden zu einer Art Linse. Linse und Augenfleck zusammen fungieren als lichtaufnehmendes Organell.

Augenflagellaten vermehren sich durch Längsteilung. Sobald Kern, Geißelapparat und Augenfleck verdoppelt sind, erfolgt eine Einschnürung am Vorderpol, die dann als Teilungsspalte den Schrauben der Pellikulaprofile folgt. Die Teilung dauert zwei bis vier Stunden und erfolgt bei den grünen Arten nur im Dunkeln.

Die Zellen teilen sich im Flagellatenzustand oder im sogenannten Palmella-Stadium. Beim Übergang in das Palmella-Stadium werfen die Zellen die Geißeln ab, nehmen Kugelform an und scheiden Gallerte aus. So können ausgedehnte Lager mit unbeweglichen, in Gallerte eingebetteten Zellen entstehen. Die „Palmellen" können jederzeit wieder in das Flagellaten-Stadium übergehen.

Reservesubstanzen der Augenflagellaten sind Paramylum, Fette und Öle. Paramylum ist eine stärkeähnliche Substanz, die jedoch mit Jod keine Blaufärbung ergibt. Die Paramylumkörner (Euglenenstärke) sind in der Mitte durchlöchert. Sie werden im Zellplasma (nicht in den Chloroplasten) aufgebaut und gespeichert.

Verschiedene Arten besitzen keine Assimilationspigmente (und keine Augenflecke) mehr. Sie ernähren sich heterotroph, von vorgebildeter organischer Nahrung, die sie in gelöster Form durch die Zelloberfläche aufnehmen. Einige Arten können auch geformte Nahrungspartikel aufnehmen (sie leben „phagotroph"); sie besitzen am Vorderende eine trichterförmige Einstülpung, den Schlundapparat, mit dem sie Algen, Bakterien, Flagellaten usw. fressen.

Auch die grünen, zur Photosynthese befähigten Arten sind nicht voll autotroph. Sie können bestimmte Vitamine (meist B_{12}) nicht selbst synthetisieren und sind darauf angewiesen, daß diese Vitamine im umgebenden Medium vorhanden sind (zum Beispiel aus der Tätigkeit von Bakterien). Außerdem benötigen sie als Stickstoffquelle Ammoniumsalze.

Mit einer Massenkultur von *Euglena gracilis* (S. 17) kann man leicht die Phototaxis demonstrieren: Die Zellen sammeln sich an der hellsten Stelle an, etwa an einem auf die Wand des Kulturgefäßes projizierten Lichtfleck. Mittels einer Schablone aus schwarzem Papier kann man mit *Euglena* sogar „schreiben".

Hier behandelte Ordnungen:

Euglenales. S. 148 bis S. 152; *Euglena* bis *Urceolus, Lepocinclis.* Mit Schwimmgeißel und einer Kurzgeißel innerhalb der Ampulle. Grün oder farblos. Ernährung autotroph oder heterotroph.

Peranematales. S. 152; *Anisonema* bis *Heteronema.* Farblos. Körper starr oder plastisch. Zwei Geißeln. Schlundapparat bei phagotrophen Formen neben der Ampulle.

Stamm Dinophyta (Dinoflagellaten)

Klasse Dinophyceae

Ordnung Peridiniales (Dinoflagellaten, Wirbelflagellaten)

Charakteristisch für die Dinoflagellaten sind eine Quer- und eine Längsfurche, in denen je eine Geißel liegt. Die beiden Geißeln entspringen an der Stelle, an der sich die beiden Furchen treffen oder überschneiden. Die Quergeißel zieht um den Körper herum und endet kurz vor ihrer Basis; sie ist bandartig abgeflacht, wellig und trägt an ihrer Außenkante einen Saum elektronenmikroskopisch feiner Flimmern (Mastigonemata). Die Längsgeißel ragt über die Zelle hinaus und liefert durch schwingende Bewegungen den Vorschub. Die Zusammenarbeit beider Geißeln ergibt die charakteristischen, taumelnden Kreiselbewegungen der Dinoflagellaten. Den Abschluß der Zelle nach außen bildet bei primitiven Formen eine Pellikula (Außenzone des Protoplasten) unterschiedlicher Dicke (Gattungen *Gymnodinium, Hemidinium, Gyrodinium).* Als nackt gelten Arten mit sehr zarter, schmiegsamer Pellikula; höhere Dinoflagellaten bilden Zellwände mit Zelluloseeinlagerungen entweder als lederartige Hüllen oder als regelrechte Panzer *(Glenodinium, Peridinium, Ceratium).* Bei der Teilung teilen sich die nackten Typen schräg zur Längsachse; gepanzerte Formen schieben die beiden Panzerhälften – Trennlinie ist der Gürtel der Querfurche – auseinander, die Tochterprotoplasten bauen dann die fehlende Panzerhälfte neu *(Ceratium),* oder beide Tochterprotoplasten scheiden einen völlig neuen Panzer ab *(Peridinium).* Viele Formen bilden Ruhezysten aus, gepanzerte Arten innerhalb ihrer „Rüstung". (Zysten von *Ceratium* bleiben über sechs Jahre lang am Leben.)
Vom Stamm der Dinoflagellaten werden hier nur Arten aus der Ordnung Peridiniales (sowie eine Art aus der Ordnung Dinococcales) behandelt. Die meisten Arten dieses Stammes sind Meeresbewohner; einige gehören zu den Hauptbestandteilen des marinen Planktons. Die Dinoflagellaten umfassen die monadoide (Flagellaten-)Organisationsstufe, die kokkale und auch die trichale (fadenförmige). Allgemeine Kennzeichen des Stammes: Die Chloroplasten (dünne Plättchen oder Stäbchen) enthalten Chlorophyll a und c sowie einige spezifische Xanthophylle. Verschiedene Kombinationen der Assimilationsfarbstoffe ergeben die Tönungen der Chloroplasten: gelb, gelbbraun, braun, grün, blau. Die Pyrenoide liegen nicht in, sondern neben den Chloroplasten; Assimilationsprodukte sind Stärke und Fette.

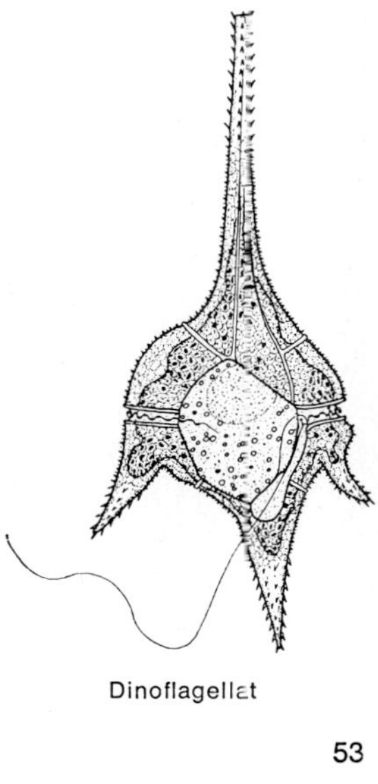

Dinoflagellat

Bei den Dinoflagellaten sind alle bekannten Ernährungstypen verwirklicht: Manche Arten ernähren sich voll autotroph, andere fangen und verzehren ausschließlich andere Organismen, dritte leben mixotroph: Sie können zwar assimilieren, aber auch vorgeformte organische Nahrung mit Hilfe ausgestreckter Pseudopodien aufnehmen (sogar gepanzerte Formen mit Chloroplasten!). Manche Arten können auch gelöste organische Stoffe aufnehmen; sie leben „saprozoisch".
In den Zellkernen der Pyrrophyten liegen die Chromosomen in einem ungewöhnlich hochgeordneten Zustand vor. Sie bilden keine eigentliche Interphase aus, sind also nie völlig entspiralisiert. Man kann daher die Chromosomen auch im „Ruhekern" (= Arbeitskern) erkennen, nicht nur während der Kernteilung.
Viele Dinoflagellaten verfügen über Trichozysten: Zur Verteidigung schleudern sie auf Reize hin Schleimfäden aus.
Hier behandelte Klasse: Dinophyceae. S. 154; *Cystodinium* bis *Ceratium. Cystodinium* gehört zur Ordnung Dinococcales, alle übrigen hier abgebildeten Formen zur Ordnung Peridiniales.

Stamm Cryptophyta

In diesem Stamm treten nur Flagellatenformen auf, und zwar sind die Zellen typisch asymmetrisch, abgeflacht, nackt (ohne Hüllen). Eine zweischichtige, zarte und feste Pellikula bildet die äußerste Schicht und bedingt die Konstanz der Körperform. Zwei geringfügig ungleich lange Geißeln mit unterschiedlichen Schlagformen verursachen die etwas zitternden Zellbewegungen. Schief über die Bauchseite des Körpers verläuft eine seichte Längsfurche, in der der Schlund mündet, der tief in das Zellinnere reicht. Der Umfang des Schlundes wird bei den meisten Arten durch stark lichtbrechende Trichozysten-Körnchen markiert. Die Bedeutung des Schlundorganells ist offen, die Ernährung erfolgt keinesfalls durch Verschlingen fester Nahrung. Mengenverhältnisse der Chlorophylle, Karotinoide und Xanthophylle in den Chloroplasten variieren stark; entsprechend verschieden gefärbt sind die Flagellaten: gelbbraun, braun, rotbraun, rötlich, olivgrün, blaugrün, blau. Einige Arten sind farblos. Reservestoff ist Stärke.
Vermehrung durch Längsteilung der beweglichen Zellen.
Hier behandelte Gattungen *Cryptomonas* bis *Chroomonas* (S. 156).

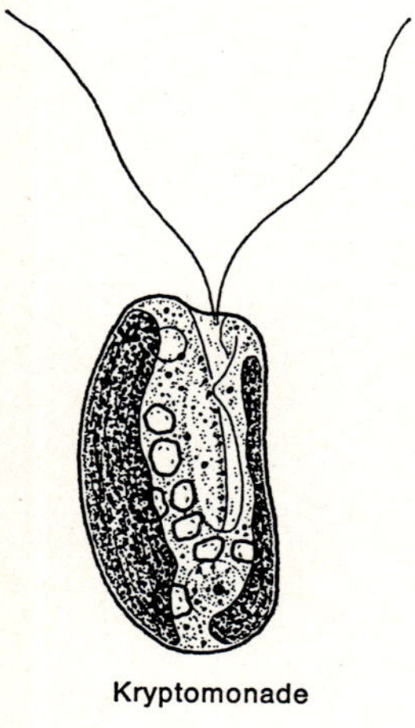

Kryptomonade

Stamm Chlorophyta (Grünalgen)

Die Grünalgen umfassen alle Organisationsstufen vom Flagellatentyp über kokkale und trichale Formen bis zu thallös gebauten Arten. Physiologisch haben die Grünalgen mit den höheren Pflanzen (Moosen, Farnen, Blütenpflanzen) so viel gemein, daß man Formen aus der Gruppe Chaetophorales (Borstenalgen S. 59) als Ausgang für die Entwicklungslinie zu den höheren Pflanzen ansieht. Färbung und Assimilationspigmente der Chloroplasten, Stärke als Produkt der Photosynthese, Zellwände aus Zellulose und Pektin, Zellsaftvakuolen und biochemische Fakten sprechen für den Zusammenhang. Etwa 8000 Grünalgenarten sind bekannt, von denen die meisten kosmopolitisch im Süßwasser leben; nur 10% der Arten leben im Meer. Die meisten Grünalgen bevorzugen mesosaprobe Gewässer.
Bei primitiveren Vertretern füllt das Zellplasma mit einem Chloroplasten die ganze Zelle aus. Voll-

kommenere Typen besitzen große Zentralvakuolen; die Chloroplasten sind dann wandständig. Für alle fadenförmigen Grünalgen sind wandständige Chloroplasten typisch – als offene Ringe bei den Ulotrichales und Chaetophorales oder als netzartig durchbrochene Gebilde bei den Oedogoniophyceen und Cladophorales. Bei den einzelligen Arten hat der Chloroplast die Form eines Bechers mit dickem Boden. Viel seltener sind sternförmige oder axiale Chloroplasten.

Sehr viele Grünalgen sind nicht voll autotroph; sie brauchen mindestens einige organische Wirkstoffe, die sie nicht selbst synthetisieren können und die sie dem umgebenden Medium entnehmen müssen. Diesen Formen muß man daher auch in Kultur organische Nährstoffe bieten.

Abweichend von der Chloroplastenstruktur der höheren Pflanzen finden sich in Chloroplasten der Grünalgen Pyrenoide, Gebilde, die lichtmikroskopisch als kleine Körperchen erscheinen und an deren Oberfläche Stärke in Form kleiner Körnchen entsteht („Stärkeherde").

Die Flagellatentypen sowie die Zoosporen und Gameten tragen häufig Augenflecke (Stigmen), rötliche oder braune Organelle, die die Lichtintensität und Lichtrichtung wahrnehmen können. Diese Organelle liegen bei den Grünalgen immer innerhalb des Chloroplasten.

Die Zellwand – ein Ausscheidungsprodukt des Zellplasmas – ist bei den Grünalgen zweischichtig; sie besteht aus einer äußeren Pektin- und einer inneren Zelluloseschicht. Bei *Cladophora* und *Oedogonium* kommt eine dünne Chitinlage hinzu; diese Algen sind ideale Standorte von Aufwuchsalgen (Epiphyten), wogegen gallertige Außenschichten zum Beispiel bei den Jochalgen derartige Ansiedlungen verhindern.

Zu Gallerte verquellende äußere Wandschichten oder als Ganzes verquellende alte Zellwände der Mutterzellen bilden zum Beispiel bei den tetrasporalen Algen umfangreiche Lager. „Nackt", ohne Zellulosewände und nur von peripheren Zytoplasmaschichten umhüllt (Pellikula, Periplast), sind bei Grünalgen nur die meisten Zoosporen, Gameten und einige wenige Flagellatentypen.

Die beiden Geißeln (selten vier) der aktiv beweglichen Grünalgen sind gleich lang.

Vermehrung der Grünalgen. Bei der ungeschlechtlichen Vermehrung zerfallen bei Fadenalgen die Fäden, Einzelzellen und kurze Fadenbruchstücke wachsen zu langen Fäden aus. Dickwandige vegetative Dauerzellen – Akineten – ertragen Frost und Austrocknung. Der Ausbreitung der Art dienen Zoosporen, die in weiter nicht auffallenden vegetativen Zellen entstehen. Das sind begeißelte, bewegliche, meist kleine Zellen, die in den Mutterzellen zu 1, 2, 4, 8, 16, 32, 64 bis zu einigen Tausend entstehen. Außerdem kommen geißellose, kugelige „Aplanosporen" (Autosporen) vor, die sehr früh eine Zellwand abscheiden (*Microspora, Ulothrix* und die meisten kokkalen Grünalgen). Zoo- und Aplanosporen werden durch eine Öffnung in der Zellwand der Mutterzelle frei

Geschlechtliche Fortpflanzung: Bei allen Organisationsstufen der Grünalgen kommen Isogameten vor, das sind äußerlich völlig gleichartige, sexuell aber differenzierte Keimzellen, die miteinander verschmelzen; sie sind zoosporenähnlich. Die nächsthöhere Stufe ist die Anisogamie; die männlichen Gameten sind deutlich kleiner und beweglicher als die größeren weiblichen, doch sind beide Arten von Gameten begeißelt. Schließlich findet sich Oogamie (Eibefruchtung), bei der die männlichen Gameten klein, begeißelt und beweglich sind, die weiblichen dagegen groß und unbeweglich (Eier).

Das Verschmelzungsprodukt zweier Gameten, die befruchtete Zelle oder Zygote, ist sehr oft ein Ruhestadium, das eine dicke Zellwand abscheidet, Reservestoffe wie Stärke, Öle und Karotinoide anhäuft und lange Trockenzeiten sowie Kälte erträgt. Nach einer Ruhephase entstehen in der Zygote in zwei Teilungsschritten (Reifeteilungen) vier haploide (nur einen Chromosomensatz enthaltende) Kerne.

Klasse Chlorophyceae

Ordnung Volvocales (Grünmonaden)

In dieser Ordnung sind die Flagellatentypen der Grünalgen zusammengefaßt. Sie sind begeißelt und aktiv beweglich, leben einzeln oder als Kolonien. Bei der Gattung *Volvox* ist die Koloniebildung so vollkommen ausgestaltet, daß durch Arbeitsteilung der Zellen sowie durch Polarität in der Verteilung der Fortpflanzungszellen schon fast vielzellige Individuen entstanden sind.
Die beiden Geißeln laufen durch eigenständige Öffnungen in der Zellwand am Vorderpol der Zellen. Ein grüner Becherchloroplast mit Pyrenoid. Zellkern zentral.
Viele Formen bilden geißellose Palmella-Stadien aus, die sich oft durch Speicherung von Haematochrom-Farbstoffen tief dunkelrot färben können. Zellen mit pulsierenden Vakuolen.
Die ungeschlechtliche Vermehrung erfolgt durch Längsteilung in zwei Tochterzellen. Oft schließt sich noch eine Querteilung an, die zu vier Tochterzellen führt, die zunächst einige Zeit in der Muttermembran liegenbleiben. Nachdem die Tochterzellen Zellwände und Geißeln ausgebildet haben, schwärmen sie als Zoosporen aus der verquollenen und zerrissenen Muttermembran aus. Auch aus den Zygoten gehen vier Zoosporen hervor, sofern nicht ihre Zahl durch Degenerationsprozesse auf drei, zwei oder eine vermindert ist.

Unterordnung Chlamydomonadineae: Einzellebende Flagellaten S. 156 und S. 158; *Chlamydomonas* bis *Pteromonas.*

Unterordnung Volvocineae: Flagellaten leben in Kolonien. S. 158; *Volvox* bis *Eudorina.*

Ordnung Tetrasporales (Viersporgrünalgen)

Die tetrasporalen Grünalgen nehmen eine Mittelstellung zwischen den grünen Flagellaten der Volvocales und den kokkalen Grünalgen der Chlorococcales ein. Die Zellen sind unbeweglich, weisen echte Zellwände auf, haben Gallertbildungen als Schutzeinrichtungen, sind ähnlich wie Flagellaten gebaut (pulsierende Vakuolen, rote Augenflecke). Ungeschlechtliche Vermehrung meist durch begeißelte Stadien. Charakteristisches Merkmal: die Gallertgeißeln. Gallertgeißeln entspringen wie die Bewegungsgeißeln am vorderen Zellpol als lange Fäden, sind jedoch unbeweglich und erscheinen völlig funktionslos

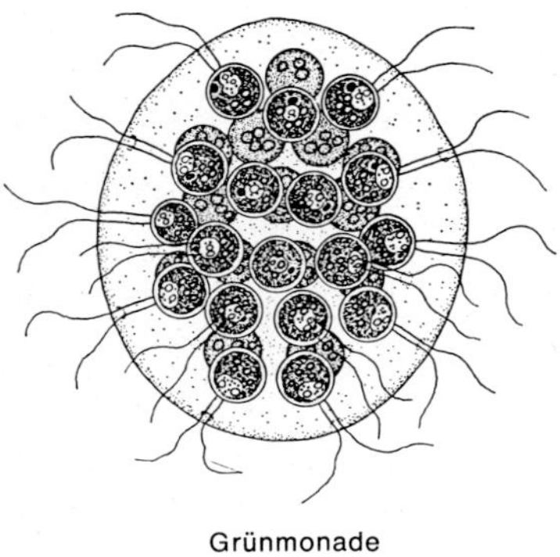

Grünmonade

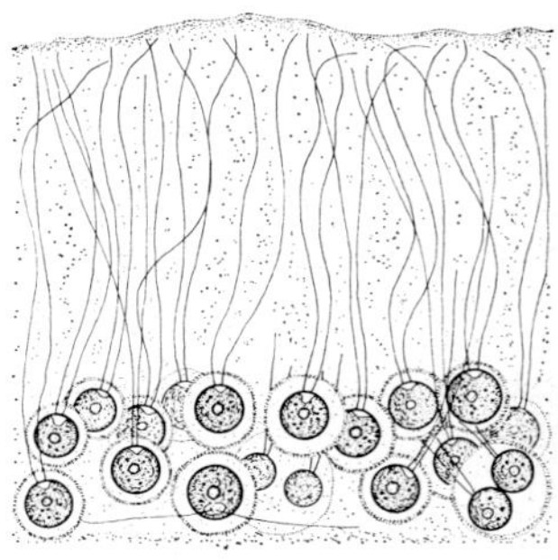

Viersporgrünalge

(elektronenmikroskopische Bilder zeigen, daß die Gallertgeißeln vereinfachte Bewegungsgeißeln sind).
Hier behandelte Gattungen: S. 160; *Nautococcus* bis *Schizochlamys.*

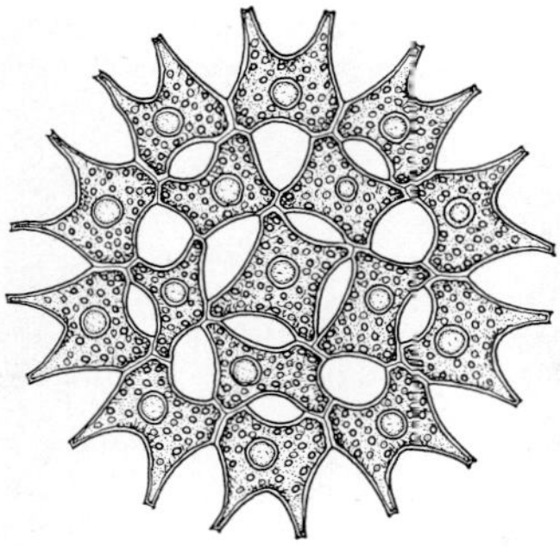

Kokkale Grünalge

Ordnung Chlorococcales (Kokkale Algen)

Die kokkale Organisationsstufe der Grünalgen umfaßt alle unbeweglichen, geißellosen, von einer Zellwand umschlossenen Formen, die als Einzelzellen leben oder Zellkolonien bilden. Zellteilungen erfolgen stets in Schüben, nie als bloße Zweiteilung: In einer Mutterzelle entstehen durch rasch aufeinanderfolgende Teilungen mehrere bis viele Tochterzellen, die sich jeweils mit eigenen, neuen Zellwänden umgeben; die Mutterzellwände verquellen danach und verschwinden.
Chlorokokkale Grünalgen bilden die Hauptmenge des Planktons kleinerer, eutropher Binnengewässer. Viele Arten sind ein wichtiger Bestandteil der Bodenflora, andere bilden Symbiosen mit Pilzen (Flechten), Sonnentierchen, Wimpertierchen, Schwämmen, Süßwasserpolypen, Strudelwürmern, Rädertieren.
Laborversuche haben ergeben, daß manche kokkale Grünalgen gewisse organische Stoffe direkt als Kohlenstoff- und Stickstoffquellen nützen können. Sie könnten daher bei der biologischen Selbstreinigung eine Rolle spielen. Massenkulturen kokkaler Grünalgen *(Chlorella, Scenedesmus)* könnten in Zukunft als Tierfutter und sogar für die menschliche Ernährung eine Rolle spielen.

Hier behandelte Gattungen: S. 162 bis S. 182; *Chlorococcum* bis *Coelastrum.*

Familie Chlorococcaceae. Zellen einzeln oder in unregelmäßigen Gruppen, kugelig. Chloroplasten topfförmig, netzartig, sternförmig oder zentral. Vermehrung durch Zoosporen mit pulsierenden Vakuolen oder durch Aplanosporen. Geschlechtliche Fortpflanzung durch Isogameten (hier: *Chlorococcum* bis *Planktosphaeria).*

Familie Characiaceae: Zellen einzeln, länglich, spindelförmig. Chloroplast manchmal ohne Pyrenoide. Vermehrung fast ausschließlich durch Zoosporen. (Hier: *Characium* bis *Actidesmium.)*

Familie Hydrodictyaceae: Die Zoosporen ordnen sich innerhalb der Mutterzelle oder innerhalb einer Gallertblase, die die Mutterzelle verläßt, zu Kolonien an. Geschlechtliche Fortpflanzung durch Isogameten. (Hier: *Euastropsis* bis *Hydrodictyon.)*

Familie Micractiniaceae: Zellen mit Borsten besetzt oder in dicke Fortsätze ausgezogen. Vermehrung durch Zoosporen und Aplanosporen. Geschlechtliche Fortpflanzung bei *Micractinium* Oogamie. (Hier: *Micractinium* bis *Polyedriopsis.)*

Familie Treubariaceae: Zellen einzeln. Zellwand aus Teilstücken zusammengebaut. Vermehrung durch Zoosporen und Aplanosporen. (Hier: *Treubaria, Desmatractum.)*

Familie Gloeocystidaceae: Zellen in Gallertlagern. Chloroplast sehr groß. Vermehrung durch Zoosporen und Aplanosporen. (Hier: *Gloeocystis* bis *Schizochlamydella.)*

Familie Botryococcaceae: Zellen peripher in zähen Gallertlagern. (Hier: *Botryococcus.)*

Familie Dictyosphaeriaceae: Zellen werden durch die verquellenden Reste der Mutterzellmembran zu Kolonien zusammengehalten. (Hier: *Dictyosphaerium* bis *Quadricoccus.)*

Familie Oocystaceae: Zellen einzeln oder in kleineren Kolonien. Zellwände glatt, warzig oder mit langen Borsten. Vermehrung ausschließlich durch Aplanosporen (Autosporen: Die Aplanosporen nehmen bereits innerhalb der Mutterzelle ihre endgültige Gestalt an). Typisches Merkmal der Familie ist die Bildung von Autosporen. (Hier: *Chlorella* bis *Tetraedron.)*

Familie Eremosphaeraceae: Zellen groß, einzeln. Im peripheren Zellbereich sehr viele kleine Chloroplasten. Vermehrung durch Autosporen. Selten Oogamie. (Hier: *Eremosphaera, Excentrosphaera.)*

Familie Ankistrodesmaceae: Zellen gestreckt, einzeln oder in kleinen Kolonien. Vermehrung ausschließlich durch Autosporen. (Hier: *Selenastrum* bis *Hyaloraphidium.)*

Familie Scenedesmaceae: Zellen zu Kolonien verbunden; Kolonien in Längsreihen, Flächen, Sternen, Hohlkugeln. Vermehrung ausschließlich durch Autosporen. (Hier: *Scenedesmus* bis *Coelastrum.)*

Ordnung Ulotrichales (Zellfadenalgen)

Unverzweigte Zellfäden aus lauter gleichgestalteten Zellen; lediglich die Spitzenzelle und die farblose Basalzelle eines Fadens können etwas verschieden gestaltet sein. Zellwände oft dick, aus vielen Schichten, leicht verschleimend. Die Zellwandschichtungen lassen sich durch die Entstehung der einfachen Fäden erklären: Jede Zelle kann sich teilen, und die beiden Tochterzellen scheiden je ihre eigene Wand ab. Wachsen die Tochterzellen dann zur Größe der ursprünglichen Mutterzelle heran, verlängern und dehnen sie die alte Zellwand und verwenden sie mit zum Aufbau der Tochterwände. Diese Art der Zellteilung zeigt die Ursprünglichkeit der Ulotrichales sowie ihre enge Beziehung zu den kokkalen Grünalgen: Die Fäden lassen sich zwanglos als Ketten von Autosporen (s. S. 55) erklären.

Jede Zelle besitzt nur einen wandständigen, plattenförmigen Chloroplasten.

Die ungeschlechtliche Vermehrung erfolgt durch Zoosporen, die von allen Zellen eines Fadens ausgebildet werden können; außerdem natürlich durch Fadenbruchstücke. Geschlechtliche Fortpflanzung durch Isogameten. Bei einigen Arten entstehen aus den Zygoten (Verschmelzungsprodukten der Gameten) keulenförmige, einzellige Gebilde, die später viergeißelige Zoosporen entlassen.

Hier behandelte Gattungen: *Binuclearia* bis *Ulothrix,* S. 184.

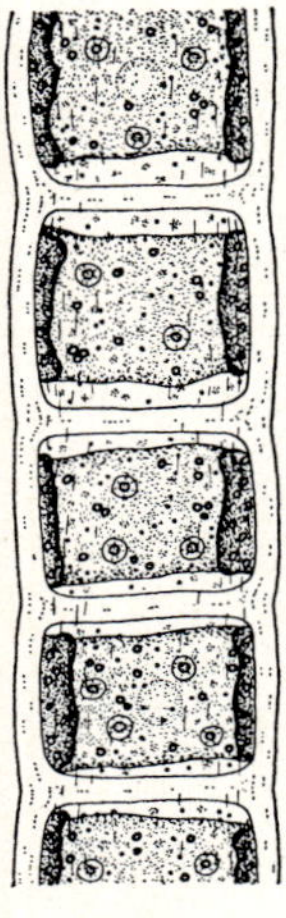

Zellfadenalge

Ordnung Ulvales (Meersalat-Grünalgen)

Bei dieser Ordnung sind Zellteilungen in zwei Ebenen möglich (thallöse Organisationsstufe bzw. Übergang zu dieser Stufe). Zellen im allgemeinen mit einem unterbrochenen Band-Chloroplasten. Bekanntester Vertreter – hier nicht beschrieben und gezeichnet – ist der eßbare Meersalat *(Ulva lactuca)*, eine 10 bis 60 Zentimeter große, hellgrüne, faltige Pflanze. Ungeschlechtliche Vermehrung durch Zoosporen, geschlechtliche Fortpflanzung durch Isogamie oder Oogamie.

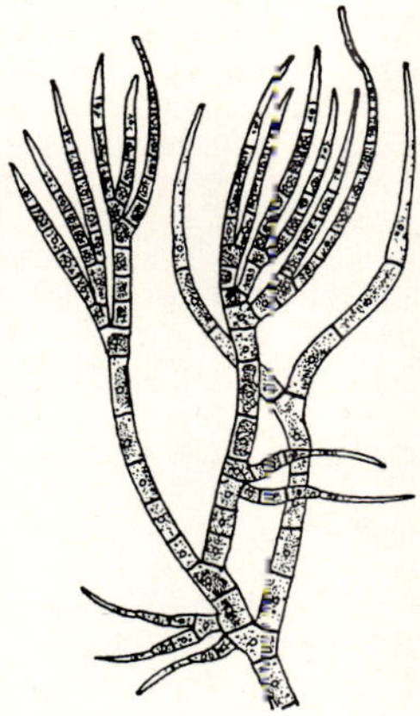

Borstenalge

Hier behandelte Gattungen: *Cylindrocapsa* und *Enteromorpha*, S. 186.

Ordnung Prasiolales (Lauch-Grünalgen)

Nur eine Gattung – *Prasiola* – mit etwa 20 Arten, die an Meeresküsten, in Bächen, auf feuchten Biotopen leben. Einzellreihige Fadengebilde und flächenförmige Lager. Chloroplasten sternförmig mit einem zentralen Pyrenoid. Vermehrung durch Zerfall in Einzelzellen oder Zellkomplexe.
Gattung *Prasiola:* S. 186.

Ordnung Microsporales (Doppelbecher-Grünalgen)

Nur eine Gattung mit etwa 16 bekannten Arten. Wie bei den Ulotrichales werden nach den Zellteilungen die Mutterzellwände gedehnt. Dies führt zu Verschiebungen der Mutterzellwände; jede Zelle wird von zwei ineinandergeschobenen „Doppelbechern" umhüllt.
Der wandständige Protoplast ist netzartig durchbrochen oder in lose zusammenhängende Bänder aufgelöst. Im Protoplasten treten sehr große Zellsaftvakuolen auf. Vermehrung durch zweigeißelige Zoosporen. *Microspora:* S. 186.

Ordnung Chaetophorales (Borstenalgen)

Die terrestrische Lebensweise verschiedener Arten dieser Ordnung, Ähnlichkeiten bei der Vermehrung von *Coleochaete*-Arten und einigen Lebermoosen sowie die teilweise hochdifferenzierten Fadensysteme fortschrittlicher Chaetophorales-Arten sprechen dafür, daß sich aus dieser oder einer nahe verwandten Gruppe die höheren Pflanzen entwickelt haben müssen.
Merkmale der Ordnung: Zellen einkernig, mit je einem Chloroplasten; Lager (Thallus) aus verzweigten Fadensystemen. Der Thallus ist heterotrich: Er wird aus einer Sohle (kriechenden Fäden) und aus aufrechten Fäden aufgebaut. Hier behandelte Gattungen: *Aphanochaete* bis *Trentepohlia*, S. 186 bis S. 188.

Familie Chaetophoraceae: Thallus oft mit Haarbildung; Vermehrung durch Zoosporen; geschlechtliche Fortpflanzung durch Isogameten. (Gattungen: *Aphanochaete, Ectochaete, Chaetophora, Draparnaldia, Microthamnion, Stigeoclonium.)*

Familie Trentepohliaceae: Thallus ohne Haare; Zoosporen entstehen in gestielten „Sporangien"-Zellen, die von den vegetativen Zellen stark abweichen; aufrechte Fäden wachsen nur an ihren Spitzenteilen. (Gattungen: *Trentepohlia, Gongrosira.)*

Familie Coleochaetaceae: Thallus polsterförmig, aufrechte Fadensysteme zu Borsten reduziert. Geschlechtliche Fortpflanzung durch Oogamie; Zygote (befruchtete Eizelle) wird von Zellfäden umhüllt (Zygotenfrucht). (Gattung *Coleochaete.)*

Familie Chaetosphaeridiaceae: Lose zusammengestellte Zellen bilden fädige Thallus-Verbände; Borsten basal mit Scheide. (Gattung *Chaetosphaeridium.)*

Familie Pleurococcaceae: Ausschließlich vegetative Zellteilungen (keine Autosporenbildung); Zellen kugelig. (Gattung *Pleurococcus.)*

Klasse Oedogoniophyceae

Ordnung Oedogoniales (Kappenring-Grünalgen)

Die Oedogoniales unterscheiden sich durch zwei ausgeprägte Besonderheiten von allen übrigen Fadengrünalgen: die eigentümliche, umständlich erscheinende Art der Zellteilung und den Bau der beweglichen Fortpflanzungszellen.
Bei der Zellteilung wird am oberen Pol einer Zelle ein hohler Zellulosereifen angelegt. Nach der Kernteilung entsteht unterhalb dieses Reifens die neue Querwand. Die Mutterzelle reißt anschließend an der Außenkante des Reifens ringsherum auf, und die neue Querwand verschiebt sich bis an den unteren Rand des Risses; der Reifen streckt sich zu einem zylindrischen Wandstück. Der oberhalb des Risses gelegene Teil der Mutterzelle bleibt erhalten und als „Kappe" an der neu entstandenen Zelle dauernd sichtbar. Wiederholen sich die Teilungen, kommen neue Kappen zur ersten hinzu, da die Reifen stets unter der jeweils letzten Kappe angelegt werden.
Die großen, am Vorderende chloroplastenfreien Zoosporen („Schwärmer") besitzen einen Kranz von Geißeln und werden jeweils aus dem ganzen Inhalt einer Fadenzelle gebildet. In den gleichen Fäden, die Zoosporen bilden, entstehen auch die großen „Oogonien", Zellen, in denen jeweils eine Eizelle heranwächst. Am oberen Ende des Oogoniums liegt eine Öffnung in der Membran und ihr benachbart ein farbloser Empfängnisfleck.
Die Spermatozoide (männliche Gameten) sind den Zoosporen ähnlich, jedoch viel kleiner und gelblich gefärbt. Sie entstehen zu je zwei in besonderen Fadenzellen, den „Antheridien", und zwar in denselben Fäden wie die Eizellen (einhäusige Arten) oder in anderen Fäden (zweihäusige Arten).
Die Eizellen wandeln sich nach der Besamung durch ein Spermatozoid in derbwandige Dauerzygoten um. Bei der Keimung teilt sich der Inhalt einer Zygote unter Reduktionsteilung in vier (haploide) Schwärmsporen. Diese setzen sich nach einer kurzen Schwärmzeit fest und entwickeln ein Rhizoid („Wurzelfädchen") oder eine verzweigte Haftscheibe.
Manche Arten liefern aus den Antheridien Schwärmsporen, die sich auf den weiblichen Fadenzellen und Oogonien festsetzen und zu wenigzelligen Pflänzchen, den Zwergmännchen, heranwachsen. Erst die obere Zelle der Zwergmännchen erzeugt dann befruchtungsfähige Spermatozoide.
Die vegetativen Zellen sind bei den Oedogoniales viel länger als breit, die Chloroplasten wandständig und netzartig mit mehreren Pyrenoiden in jeder Zelle, einem Kern und einer großen Zellsaftvakuole je Zelle.

Hier beschriebene Gattungen: *Oedogonium* und *Bulbochaete*; S. 190.

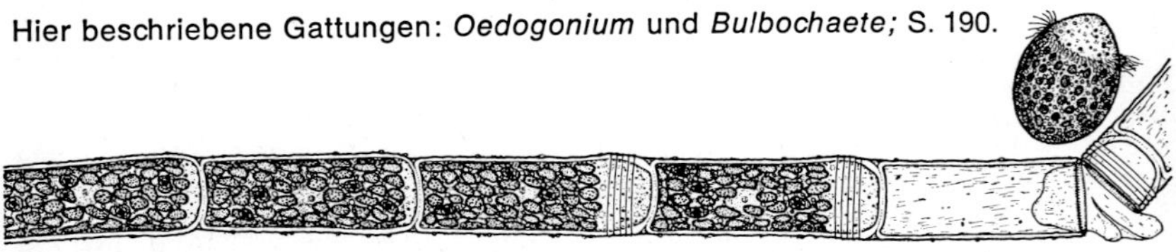

Kappenring-Grünalge

Astalge

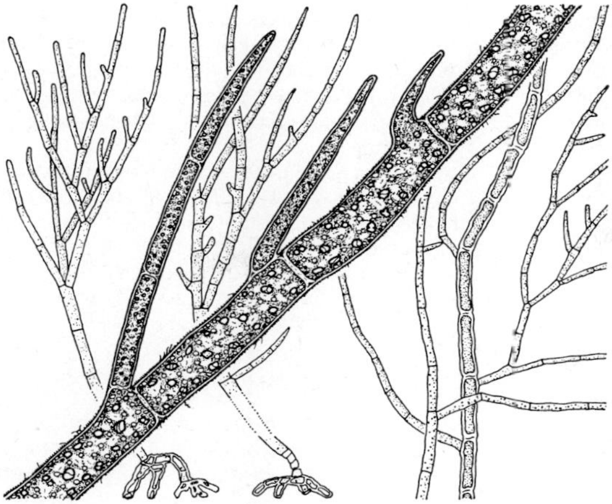

Klasse Bryopsidophyceae (Moosalgen)

Ordnung Cladophorales (Astalgen)

Ordnung Sphaeropleales

Nur die Ordnungen Cladophorales und Sphaeropleales stellen Süßwasserarten, die anderen Ordnungen der Klasse umfassen ausschließlich Meeresalgen, die zum Teil hochdifferenzierte Thalluskörper aufweisen.
Bei den Cladophorales und Sphaeropleales werden die Fäden durch einfaches Hereinwachsen von Ringleisten als Querwände in vielkernige Abschnitte geteilt. Die Zellabschnitte erscheinen fast alle gleichartig; die aus ihnen zusammengesetzten Fadengebilde sind verzweigt oder unverzweigt. Ungeschlechtliche Vermehrung durch zweigeißelige Zoosporen, die in großer Zahl in den oberen Zellen der Fäden entstehen; sie verlassen die Zellen durch seitliche Öffnungen.
Cladophorales: Chloroplasten wandständig, netzartig durchlöchert, mit vielen Pyrenoiden; zentrale Zellsaftvakuole groß, durch dünne Plasmawände gekammert. *(Cladophora* bis *Pithophora,* S. 190.)
Sphaeropleales: Chloroplasten bilden ringförmige Gürtel. Vermehrung durch Fadenzerfall, Fortpflanzung durch Oogamie. *(Sphaeroplea,* S. 190.)

Klasse Conjugatophyceae (Jochalgen)

Die Jochalgen sind ohne Zweifel die schönsten Grünalgen; sie leben nur im Süßwasser, nie im Meer. Man unterscheidet vier Ordnungen: Die einzelligen Zieralgen (Ordnungen Desmidiales, Mesotaeniales, Gonatozygales) und die Faden-Jochalgen (Zygnemales), die aus unverzweigten, von vielen hintereinanderliegenden Zellen gebildeten Fäden bestehen. Auch die fädigen Formen sind keine echten Vielzeller; sie bestehen aus lauter gleichartigen Zellen und zerfallen leicht.
Der Name (Jochalgen oder Conjugaten) bezieht sich auf die eigentümliche sexuelle Fortpflanzung: Die ganzen Protoplasmakörper gewöhnlicher Zellen werden zu Keimzellen; zwei sexuell verschiedene, äußerlich aber nicht voneinander zu unterscheidende Zellen (oder Zellfäden) legen sich aneinander

und verbinden sich mit einem Kopulationskanal. Entweder kriechen nun beide Zellen in den Kopulationskanal, treffen sich dort und verschmelzen miteinander, oder der männliche Protoplast wandert zum weiblichen hinüber und verschmilzt mit ihm innerhalb dessen ursprünglicher Zellhülle. Diese Form der sexuellen Fortpflanzung (ohne begeißelte, aktiv schwimmende Keimzellen) nennt man Konjugation.
Die Zellen der Zieralgen sind fast immer aus zwei streng symmetrischen Hälften gebaut: Zwischen beiden Halbzellen ist die Membran oft gekerbt oder tief eingebuchtet, und in jeder Halbzelle liegt je ein Chloroplast. Der Kern liegt genau in der Mitte in der oft schmalen Plasmabrücke (Isthmus) zwischen den beiden Zellhälften. Bei der ungeschlechtlichen Vermehrung durch Zweiteilung müssen die beiden Tochterzellen je eine Zellhälfte ergänzen (das bedeutet: Eine Hälfte jeder Zieralgenzelle stammt von der Mutterzelle, die andere ist neu gebildet).
Zur Konjugation legen sich bei den Zieralgen zwei geschlechtsverschiedene Zellen nebeneinander und scheiden eine sie gemeinsam umhüllende Gallerte aus. Sie treiben einen verquellenden Kopulationskanal, die Zellwände werden in der Mitte aufgelöst, und die Protoplasten kriechen durch die Öffnungen aufeinander zu. Das Verschmelzungsprodukt aus beiden Zellen, die Zygote, umgibt sich mit einer derben, oft bestachelten Membran. Nach einer Ruheperiode (Winter!) keimt die Zygote aus, wobei zunächst die Reifeteilungen durchlaufen werden. Die Zieralgen sind also haploide Organismen.
Bei den fädigen Formen (Zygnemales) legen sich zwei geschlechtsverschiedene Fäden nebeneinander, wobei die Zellen Kopulationskanäle aufeinander zutreiben. Dadurch ergibt sich das Bild einer Leiter, deren Holme von den Zellfäden, deren Sprossen von den Kopulationskanälen gebildet werden. Meist wandern dann die männlichen Zellen zu den weiblichen hinüber und vereinigen sich mit ihnen zu derbhäutigen Zygoten. Der männliche Faden ist danach leer, er be-

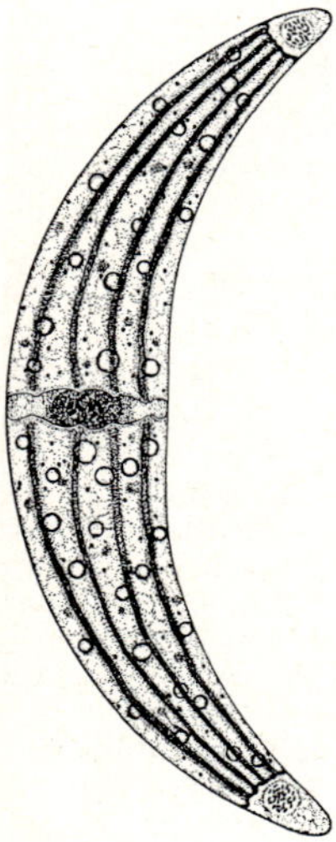

Zieralge

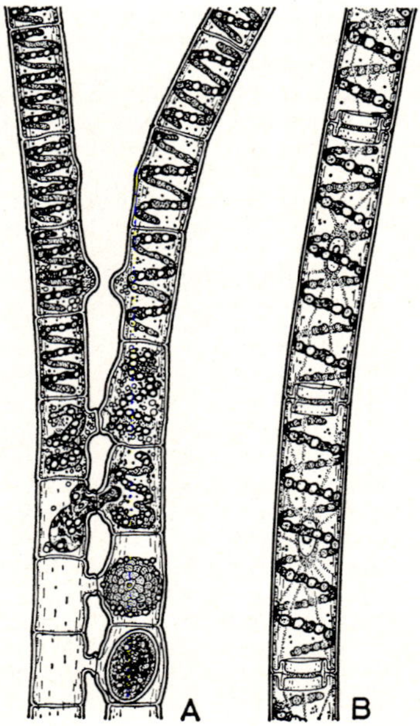

Faden-Jochalge
(A in Konjugation)

steht nur noch aus den Zellwänden. Auch hier sind die Zygoten zugleich Dauerformen, die später unter Reduktionsteilung keimen.
Die Faden-Jochalgen enthalten zum Teil bizarr geformte (schrauben- oder morgensternförmige) Chloroplasten.
Faden-Jochalgen und einige Zieralgenarten sind in fast allen Gewässern anzutreffen; das Hauptverbreitungsgebiet der Zieralgen sind saure Hochmoorgewässer. In Torfstichen, Moorgräben und in Polstern des Torfmooses *(Sphagnum)* wird man im Sommer kaum einmal vergebens nach Zieralgen suchen.

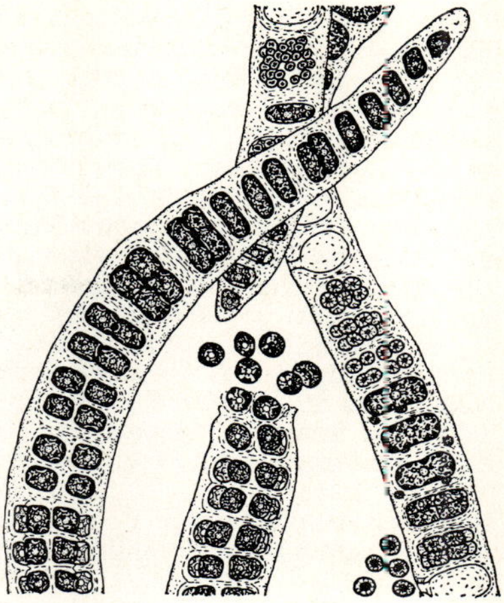
Rotalge

Ordnung Mesotaeniales: Einfache Formen ohne Einschnürung; Zellen im Querschnitt kreisrund; Zellwand glatt ohne Poren und Skulpturen. S. 192; *Spirotaenia* bis *Netrium.*

Ordnung Gonatozygales: Zellen ohne Einschnürung; Zellwände mit Poren, zweischichtig, äußere Schicht stachelig, S. 192; *Gonatozygon.*

Ordnung Desmidiales: Zellen durch zwei Einschnitte in zwei Halbzellen geteilt. Zellwand erwachsener Zellhälften zwei- oder dreischichtig, aus Zellulose- und Pektinlamellen. Von Gallertscheiden umhüllt. Dünne Poren (um 0,2 μm Durchmesser) durchsetzen die Wände. Diese Porenapparate bilden Gallertknöpfchen. Größere Gallertporen scheiden Gallerte und Schleimfäden ab, durch deren Quellung sich die Zellen bewegen können. S. 192 bis S. 204; *Penium* bis *Gymnozyga.*

Ordnung Zygnemales: Fäden aus physiologisch selbständigen Zellen. Zellwände zweischichtig, porenlos. Watten aus Zygnemales-Fäden sind durch Gallertschichten schleimig und glitschig. S. 206; *Spirogyra* bis *Mougeotia.*

Stamm Rhodophyta (Rotalgen)

Die meisten Rotalgen sind Meeresbewohner; im Süßwasser leben nur wenige Arten. Die Lager (Thalli) der Rotalgen sind meist kompliziert gebaut; sie setzen sich aus Systemen verzweigter Fäden zusammen. Einzellige und einreihig fadenförmige Arten gelten als abgeleitet und im Lauf der Stammesgeschichte vereinfacht.
Meeresrotalgen erscheinen rosig überhaucht, rot, violett, purpurn oder dunkelbraun; Süßwasserarten dagegen sind meist graugrün gefärbt.
Die Zellen sind einkernig und enthalten fast immer mehrere Chloroplasten sowie eine große Zentralvakuole, die das Zytoplasma an die Zellwand „drückt“, so daß – ähnlich den ausgewachsenen Zellen höherer Pflanzen – das Zytoplasma nur als dünner Schlauch vorliegt.
Reservestoff ist die Florideenstärke, die chemisch dem Glykogen (der tierischen Stärke) näher verwandt ist als der gewöhnlichen Stärke. Die kleinen Stärkekörnchen werden im Zytoplasma als Reservestoffe abgelagert; sie entstehen nicht in den Chloroplasten.
Außer Chlorophyll a und verschiedenen Karotinoiden enthalten die Chloroplasten der Rotalgen zwei charakteristische Farbstoffe: Phykoerythrin und

Phykocyan. Beide Farbstoffe kommen auch bei den mit den Rotalgen nicht verwandten Blaualgen vor. Phykoerythrin ist karminrot und absorbiert blaues, grünes und gelbes Licht; das indigoblaue Phykocyan absorbiert grünes, gelbes und rotes Licht. Diese Farbstoffe, die bei verschiedenen Arten in unterschiedlicher Mengenverteilung vorliegen, ermöglichen es vielen Rotalgen, im Meer in Wassertiefen vorzudringen, die anderen photoautotrophen Pflanzen keine Lebensmöglichkeiten mehr bieten. Die Rotalgen können auch in diesen Tiefen die noch nicht vom Wasser absorbierten Reste des Lichtes verwerten.
Die Innenschichten der Zellwände bestehen aus Zellulose, die äußeren Lagen aus Pektinstoffen. Aus den äußeren Schichten mancher Arten werden gelartige Substanzen gewonnen (Agar-Agar für mikrobiologische Nährböden; Carrageen zur Stabilisierung von Emulsionen).
Fortpflanzung und Generationswechsel sind sehr kompliziert. Hier sei nur erwähnt, daß die ungeschlechtlichen Zoosporen und die Spermatiden (nackte männliche Gameten) niemals Geißeln ausbilden.
Die Süßwasserformen gehören drei Ordnungen an:

Ordnung Bangiales: Die Form der Lager (Thalli) geht über die Stufe mehrreihiger Zellfäden nicht hinaus. S. 208; *Porphyridium* bis *Bangia. Compsopogon* S. 322.

Ordnung Nemalionales: Lager nach dem „Zentralfadentyp“ oder dem „Springbrunnentyp“ gebaut. S. 208; *Audouinella* bis *Lemanea.*

Ordnung Cryptonemiales: Zu dieser Ordnung gehören die stark mit Kalk und Magnesiumkarbonat inkrustierten „Kalkalgen“ des Meeres (Süßwasser-Gattung: *Hildenbrandia;* S. 208).

Stamm Phaeophyta (Braunalgen)

Auch die Braunalgen leben zum größten Teil im Meer; die größeren Arten bilden hier die „Tange“. Im Süßwasser kommen nur wenige Arten vor.
Die einfachsten Formen sind kriechende Fäden. Rhizoide – Wurzelfäden – verankern die Thalli auf den Unterlagen.
Die Zellen sind einkernig, enthalten Vakuolen und wandständige, grünliche, braun-grüne, braune oder schwärzliche Chloroplasten. Typischer Chloroplastenfarbstoff ist das braune Fukoxanthin. Photosyntheseprodukte sind Fette, das Kohlenhydrat Mannit und das Polysaccharid Laminarin. Die Zellwände enthalten außer Zellulose Salze der Alginsäure, Alginate, die auch technisch verwendet werden (Gelier-, Emulgier- und Eindickungsmittel).
Die Vermehrungs- und Fortpflanzungsweisen sind ungeheuer vielfältig. Die Thalli können zerfallen, und die Teilstücke können neue Lager bilden; es werden haploide und diploide Zoosporen gebildet; die sexuelle Fortpflanzung kann durch Isogameten (äußerlich gleichförmige Keimzellen) oder durch Oogamie (Eibefruchtung) erfolgen. Charakteristisch ist ein Generationswechsel zwischen haploiden Thalli (sogenannten Gametophyten, die Gameten bilden) und diploiden Thalli (sogenannten Sporophyten, die ungeschlechtliche, haploide Sporen bilden). Beide Generationen können äußerlich vollkommen gleich aussehen oder grundverschieden sein.
Von den 11 Ordnungen kommt nur eine im Süßwasser vor.

Ordnung Ectocarpales: Thalli einfach; Fäden verzweigt; beide Generationen gleich aussehend; eine Generation kann ausfallen. S. 208; *Pleurocladia, Lithoderma (Phaeodermatium* gehört zu den Goldalgen – Chrysophyceae).

Stamm Mycophyta, „Fungi“ (Pilze)

Pilze ernähren sich – wie Bakterien – rein heterotroph, sind also auf organische Nahrung angewiesen und besitzen keine Chloroplasten. Die meisten Pilze sind Saprophyten, nicht wenige auch Parasiten. Ebenso wie die Bakterien spielen die Pilze in der Natur im Kreislauf der Stoffe eine ungeheure Rolle. Sie bauen tote organische Substanz ab, mineralisieren sie, wobei sie „Hand in Hand“ mit den Bakterien arbeiten. Der Abbau der organischen Stoffe im Wasser erfolgt vorwiegend durch Bakterien; im Boden dagegen sind auch die Pilze sehr erheblich daran beteiligt.
Im Süßwasser leben relativ wenige Pilzarten, und im Meer sind Pilze äußerst selten.
Nur die primitivsten Pilze sind zellwandlose, nackte Formen. Bei den meisten ist die typische Wuchsform die Hyphe, ein dünner, meist sehr langer, meist verzweigter Faden, der bei den höheren Formen durch Querwände unterteilt ist (septiert), bei den niederen aber einen unseptierten, durchgehenden Schlauch bildet. Lager aus – oft ineinander verflochtenen – Pilzhyphen nennt man Mycelien.

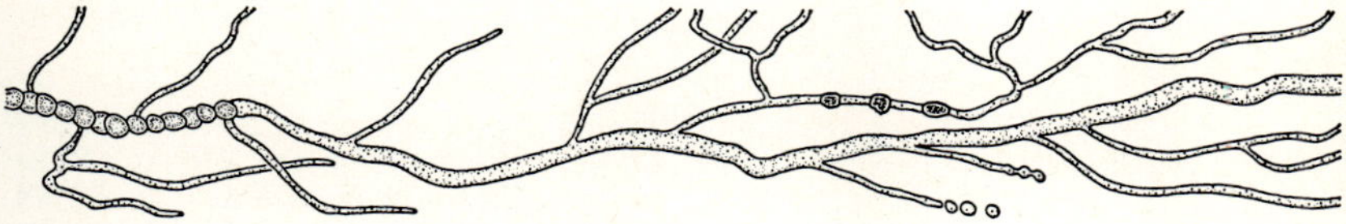

Pilzmycel

Die ungeschlechtliche Vermehrung erfolgt bei den Wasserbewohnern durch begeißelte Schwärmer oder durch Konidien, das sind von außen her abgeschnürte, behäutete, unbewegliche Sporen.
Die geschlechtliche Fortpflanzung kann durch Isogamie, Anisogamie und Eibefruchtung erfolgen, ja sogar durch Kopulation ganzer Zellen, die nicht mehr als spezifische Geschlechtszellen differenziert sind.
Das System der Pilze kann hier nur ganz oberflächlich angedeutet werden:

Archimycetes (Urpilze): Nackte Zellen, die im Zellinneren eines Wirtes leben (Parasiten!). Die Organismen wandeln sich als Ganzes in Behälter für die Zoosporen (Zoosporangien) um. S. 210; *Olpidium. Micromyces* S. 322.

Phycomycetes (Algenpilze): Stets mit Zellwänden. Einzellig oder als Mycelien mit querwandlosen Hyphen. S. 210; *Mucor* bis *Blastocladia* und *Rhizophidium. Ancylistis* S. 322.

Ascomycetes (Schlauchpilze): Nicht im Süßwasser. Hierher gehören die Hefen, Schimmelpilze, das Mutterkorn, Morcheln und Trüffelpilze.

Basidiomycetes (Ständer- und Hutpilze): Nicht im Süßwasser. Hierher gehören die Speisepilze, die Porlinge, Boviste, Rost- und Brandpilze.

Fungi imperfecti: Eine ganz uneinheitliche Gruppe, deren Arten nur ein gemeinsames Merkmal haben: Die Art der geschlechtlichen Fortpflanzung ist unbekannt. Hier behandelte Gattungen der Fungi imperfecti: *Fusarium, Piricularia* bis *Dendrospora,* S. 210; *Helicosporium,* S. 322.

Stamm Protozoa (Urtiere)

Klasse Zoomastigia (Tierische Flagellaten, Zooflagellaten)

In dieser Klasse werden alle Flagellaten („Geißeltierchen“) zusammengefaßt, die keine Chloroplasten, keine Speicherstärke und keine Augenflecke besitzen und daher keiner Algenklasse zugeordnet werden können. Die Klasse umfaßt Arten von sehr unterschiedlicher Organisationshöhe.
Die meisten freilebenden Zooflagellaten ernähren sich von Bakterien und organischen Stoffen, die beim bakteriellen Abbau entstehen. Vermehrung durch Längsteilung; geschlechtliche Fortpflanzung bei Süßwasserflagellaten unbekannt.

Ordnung Rhizomastigida: Grenzformen zwischen Amöben und Flagellaten, die sowohl (einschmelzbare) Geißeln besitzen als auch Pseudopodien (Scheinfüßchen) ausbilden können. Zahl der Geißeln und der Pseudopodien sowie ihr Aussehen variieren beträchtlich. S. 212; *Multicilia, Mastigamoeba.*

Ordnung Protomonadida (Urmonaden): Die Urmonaden besitzen eine oder zwei Geißeln und umfassen die verschiedensten Typen. Die meisten Arten leben parasitisch (Trypanosomen, Crithidien, Leishmanien, *Cryptobia*-Arten). Im Süßwasser drei Gruppen:

1. Gruppe Choanoflagellaten (Kragen-Geißeltierchen): Um den unteren Teil der Geißel steht manschettenartig ein zylinder- oder trichterförmiger Kragen. Elektronenmikroskopisch entpuppt sich der Kragen als Reusenapparat aus 30 bis 40 sogenannten Mikrovilli. Durch die Geißelbewegung wird bei festsitzenden Tieren ein Sog erzeugt, der Wasser von außen her durch die Reusenstäbe zieht. Nahrungsteilchen bleiben an der Außenseite des schleimüberzogenen Kragenapparates hängen, wandern mit dem Schleim zum Kragenansatz und werden hier in die Zelle aufgenommen. Choanoflagellaten schwimmen mit nach hinten gerichteter Geißel. S. 212; *Phalansterium* bis *Bicosoeca.*

2. Gruppe Amphimonaden (Doppelgeißeltierchen): Zellen mit zwei gleich langen Geißeln. Oft in Kolonien mit gallertartigen Hüllen. S. 214; *Spongomonas.* S. 322; *Rhipidodendron.*

3. Gruppe Bodoniden (Schleppgeißeltierchen): Zellen mit einer nach vorne gerichteten Schwimmgeißel und einer nach hinten gestellten Schleppgeißel. Direkt hinter den Basalkörpern der Geißeln liegt ein „Kinetoplast“ (Blepharoplast), lichtmikroskopisch als kleines Körperchen erkennbar, in Wahrheit ein sehr großes, spezialisiertes Mitochondrium. S. 214; *Bodo* bis *Phyllomitus.*

Ordnung Polymastigida: Zellen mit drei bis acht Geißeln. Salz- und Süßwasser-Arten, Brut- und Ektoparasiten (zum Beispiel *Costia,* Hauttrüber bei Fischen), holzfressende Symbionten im Termitendarm, Bewohner des Säuger- und Vogeldarms. S. 214; *Tetramitus* bis *Trepomonas.*
Weitere, hier nicht behandelte Ordnungen der Zooflagellaten:

Ordnung Trichomonadida: Zellen ein- oder vielkernig, mit 4 bis 6 Geißeln oder vielen Geißelgruppen. Darmbewohner.

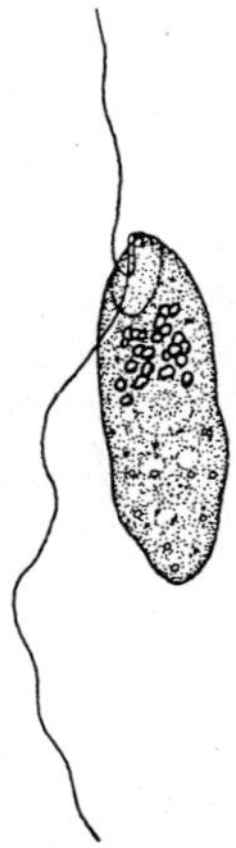

Zooflagellat

Ordnung Hypermastigida: Einkernig, mit sehr vielen Geißeln. Hochorganisierte holzfressende Symbionten im Darm von Termiten und Schaben.

Ordnung Opalinida: Zwei- bis vielkernige, mit sehr vielen kurzen, gleich langen Geißeln versehene Parasiten im Enddarm von Amphibien, Fischen und Reptilien.

Die Süßwasser-Zooflagellaten sind durchweg sehr klein. Am besten bestimmt man sie, solange sie noch leben. Zum Beobachten der Geißeln ist Phasenkontrast oder schiefe Beleuchtung nützlich bis erforderlich (S. 23).

Klasse Rhizopoda (Wurzelfüßer, „Amöben")

Die Rhizopoden sind einzellig. Ihre charakteristischen – wenngleich unbeständigen – Organellen sind Pseudopodien oder Scheinfüßchen, das sind bewegliche, vorschiebbare und einschmelzbare Fortsätze des Zellkörpers, die Nahrungsobjekte umfließen sowie ein Kriechen und Stelzen gestatten. Vier Gruppen von Wechseltierchen werden als Rhizopoda zusammengefaßt: Die Algenamöben (Proteomyxida), die Nacktamöben (Amoebida), die Schalenamöben (Testacea) und die nur im Meer lebenden Lochtierchen (Foraminifera).

1. Ordnung Proteomyxida

Parasiten, die in Algenzellen leben oder den Inhalt von Algenzellen aussaugen. Im Süßwasser und im Meer. Hier: Gattung *Vampyrella,* S. 216.

2. Ordnung Amoebida (Nacktamöben)

Gehäuse- und hüllenlose, „nackte" Zellen, die fortwährend ihre Gestalt verändern (Wechseltierchen!). Die Formen der Pseudopodien, ihre Bildungsweisen und Schubrichtungen sind artspezifisch. Die meisten Nacktamöben bilden unter normalen Bedingungen lappenförmige Pseudopodien aus, sogenannte Lobopodien. Ist das Milieu zu sauer, runden sie sich zu glatten Kugeln ab, ist es zu alkalisch, bilden sie Kugeln mit zahlreichen kurzen Pseudopodien.
Lichtmikroskopisch erkennt man bei Nacktamöben sofort eine Differenzierung des Plasmas in eine äußere, meist schmale, durchscheinende Schicht, das Ektoplasma, und in eine mengenmäßig bei weitem überwiegende, gekörnelte, weniger durchscheinende Schicht, das Entoplasma. Pseudopodien „wachsen" an ihren Spitzen; hier „verflüssigt" sich das Ektoplasma fächerartig und das Entoplasma fließt dann fontänenartig in die Fächer hinein. Die ursprüngliche Ekto-Entoplasma-Grenze wird dabei überspült und jeweils durch eine neue ersetzt.
Die Pseudopodien fließen nicht kontinuierlich, sondern rücken in Schüben vor. Die Pseudopodienbewegung und damit die „amöboide" Bewegung überhaupt beruht auf einem von hinten nach vorne ausgeübten Druck. An der Pseudopodienspitze entfalten sich zuvor gefaltete Kettenmoleküle und lagern sich aneinander; ihre Verbände bedingen die gelartige Konsistenz des Ektoplasmas. Umgekehrt falten sich am runzeligen Hinterende, dem Uroid, die Verbände der Kettenmoleküle, sie ziehen sich zusammen, verringern das Volumen des Uroids und bewirken so den Schub. Zerfallen die Verbände in gefaltete Einzelmoleküle, so wird der solartige Zustand des Entoplasmas erreicht. Die Zytoplasmaströmung geht immer vom Uroid aus, wie bei jeder sich bewegenden Amöbe unschwer zu sehen ist.
In der Feinststruktur unterscheiden sich Ekto- und Entoplasma kaum. Die Körnchen im Entoplasma setzen sich aus verschiedenen Anteilen zusammen: 0,25 μm große Körnchen unbekannter Natur; um 1 μm große Mitochondrien; Leucin-Kristalle in Form von Plättchen; Doppelpyramiden-Kristalle aus einem

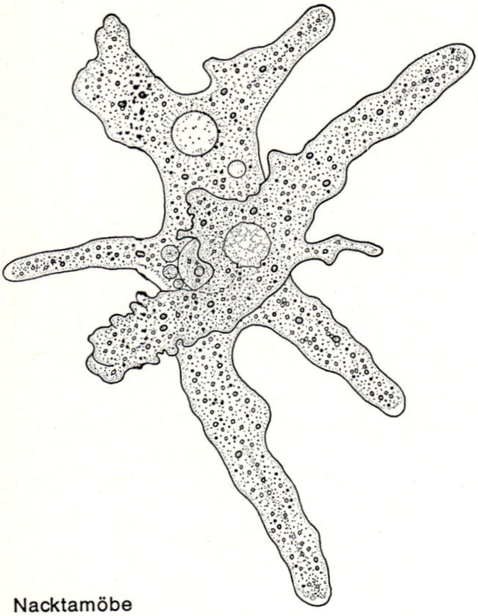

Nacktamöbe

Magnesiumsalz der Aminoessigsäure; bis 15 µm goße Speichergranula aus Fetten und Eiweißen; Vakuolen mit fettartigem Inhalt; Fetttröpfchen; Kristalle in kleinen Vakuolen, die aus Nahrungsvakuolen hervorgehen.
Nach außen wird der Amöbenkörper von einer sehr dünnen, nur elektronenmikroskopisch sichtbar zu machenden Membran abgeschlossen (Plasmalemma). Sie ist keineswegs mit der toten, vom Zytoplasma abgeschiedenen Zellwand pflanzlicher Zellen zu vergleichen; sie ist vielmehr ein Bestandteil des lebenden Zytoplasmas und kann in ständiger Wechselwirkung mit dem Zytoplasma lokal leicht eingeschmolzen und wieder neu gebildet werden.
Flüssige Stoffe und Makromoleküle kann die Amöbe durch „Trinken" aufnehmen (Pinocytose). Dabei stülpt sich die Zellmembran an der Spitze eines Pseudopodiums kanalartig ins Innere ein; dieser „Pinocytose-Kanal" verlängert sich und schnürt schließlich an seiner Basis eine Vakuole ab, oder er gliedert sich in viele Einzelbläschen, die dann frei im Zytoplasma schwimmen. Auf diese Weise kann eine Amöbe sich pro Tag eine Stoffmenge einverleiben, die ihrem eigenen Volumen entspricht. Der Pinocytose-Vorgang ist lichtmikroskopisch ab und zu erkennbar.
Verwickelter ist die Aufnahme größerer Beuteobjekte, die sogenannte Phagocytose. Bewegliche Beutetiere, die zufällig in Kontakt mit einer Amöbe kommen, erscheinen augenblicklich gelähmt. Binnen weniger Sekunden werden sie von zusammenfließenden Pseudopodien überwallt und in einer Höhlung eingekreist. Die noch offene Seite der Höhlung schließt sich dann nach Art einer Irisblende. Gleichzeitig wird die Höhlung in eine der Beute eng anliegende Nahrungsvakuole und eine Resthöhle, die ihren Inhalt nach außen entleert, unterteilt. In der Vakuole erfolgt dann die Verdauung: Das Zytoplasma scheidet Verdauungssäfte in die Vakuole aus und nimmt aus der Vakuole die gelösten Stoffe auf. Unverdauliche Reste werden wieder ausgeschieden.
Die pulsierenden Vakuolen entstehen aus kleinen, zusammenfließenden Bläschen. Bei größeren Amöben sind die Zellkerne polyploid, enthalten also viele (jedenfalls mehr als zwei) Chromosomensätze; *Amoeba proteus* besitzt mindestens 500 Chromosomen. Nacktamöben vermehren sich ausschließlich durch Zweiteilung.

Familie Vahlkampfiidae: Amöboide Kriechformen und begeißelte Schwimmformen wechseln miteinander ab. S. 216; *Naegleria, Vahlkampfia.*

Familie Chaosidae: Große, polyploide, ein- und mehrkernige Amöben; Zellkerne mit vielen Kernkörperchen. S. 216 bis S. 220; *Trichamoeba* bis *Pelomyxa.*

Familie Mayorellidae: Fangpseudopodien laufen spitz zu. S. 220; *Mayorella* bis *Dinamoeba.*

Familie Thecamoebidae: Außenschicht dick, in Längsfalten gelegt. S. 220; *Thecamoeba.*

Familie Hyalodiscidae: Körper scheibenförmig, im Zytoplasma keine Kristalle. S. 220; *Hyalodiscus.*

3. Ordnung Testacea (Schalenamöben)

Schalenamöben leben in einem ungekammerten Gehäuse. Einfache Schalen bestehen aus chitinartigen Gerüsteiweißen, viele Arten verstärken und bedecken die organische Schalensubstanz mit Fremdkörpern oder selbstproduzierten Plättchen aus Kieselsäure.
Die Pseudopodien sind bei den verschiedenen Arten unterschiedlich gestaltet. Oft entspringen sie auf einem aus der Schalenöffnung herausragenden Pseudopodienkegel. Normale Lobopodien (lappenförmige Scheinfüßchen) besitzen zum Beispiel *Arcella, Difflugia* und *Nebela;* ausschließlich aus durchscheinendem Ektoplasma bestehen die Lobopodien von *Cochliopodium.*
Die Euglyphiden besitzen Fadenscheinfüßchen, sogenannte Filopodien. Diese Pseudopodienform ist viel schneller in den Bewegungen als andere Pseudopodien; beim Zurückziehen knicken die Fäden in Zickzackmustern zusammen.
Rhizopodien sind verzweigte und über Querbrücken vernetzte Pseudopodien, die wie Stellnetze arbeiten.
Das Entoplasma der Schalenamöben ist granuliert oder vakuolisiert; es umschließt die Nahrungsvakuolen, die kontraktilen Vakuolen und den Zellkern. Als Beute dienen Bakterien, Blaualgen, Flagellaten, Diatomeen, Grünalgen, Ciliaten usw.
Dünnschalige Formen teilen sich der Länge nach; bei der Mehrzahl der Arten jedoch tritt ein Teil des Zellkörpers aus der Schalenöffnung heraus und scheidet vor der Trennung der Hälften an seiner Oberfläche ein neues Gehäuse ab.
Wenige Schalenamöben leben im Meer, die meisten sind Süßwasserbewohner (selten Planktonten!), Bewohner von Moosen und feuchten Böden. Die sehr dauerhaften leeren Schalen sind fast überall zu finden.
Sehr einfach ist es, die Moosformen zu sammeln: Man preßt Moosproben über einem Trichter aus.
S. 222 bis S. 228; *Cochliopodium* bis *Gymnophrys.*
Gruppierung der Gattungen nach der Form der Pseudopodien und der Schalen.
Formen mit Lobopodien:
Schale zu einer schmiegsamen Membran reduziert: *Cochliopodium, Gocevia.*
Schale nur zu einem Teil fest: *Microchlamys, Pseudochlamys.*
Schale chitinartig, ohne Fremdkörper: *Arcella, Pyxidicula.*
Schale abgeflacht, mit Fremdpartikeln: *Centropyxis, Bullinularia.*
Schale aus Fremdmaterialien: *Difflugia.*
Schale chitinartig, trägt meist Kieselsäure- oder Kalkplättchen: *Lesquereusia* bis *Hyalosphenia.*
Formen mit verzweigten Lobopodien:
Phryganella, Cryptodifflugia, Wailesella. (Hier nicht erwähnt.)
Formen mit Filopodien:
Schale völlig reduziert: *Gymnophrys, Penardia.*
Schale durchsichtig, Kieselplättchen abgerundet: *Euglypha* bis *Trinema.*
Schale gebogen, mit sehr kleinen Plättchen: *Cyphoderia.*
Schale mit großen Sechseckplatten: *Paulinella.*
Schale mit unregelmäßigen Kieselelementen: *Nadinella, Gromia.*
Schale mit zwei Öffnungen: *Amphitrema.*
Formen mit Rhizopodien:
Lieberkuehnia, Allelogromia, Diplophrys.

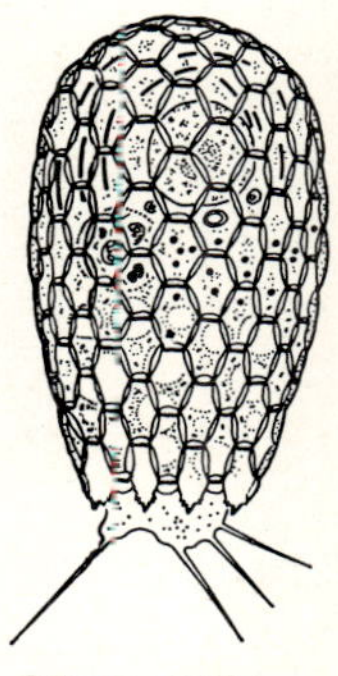
Schalenamöbe

Klasse Actinopoda (Strahlenfüßer)

Ordnung Heliozoa (Sonnentierchen)

Sonnentierchen sind ungewöhnlich schöne, durchscheinende Formen des Mikrokosmos. Sie tragen ihren Namen zu Recht: Vom kugeligen Zellkörper aus strahlen und starren nach allen Richtungen lange, feine Scheinfüßchen, die hier als „Axopodien" bezeichnet werden, da sie durch einen in ihrer Mitte verlaufenden „Achsenfaden" verfestigt sind. Sonnentierchen leben überwiegend im Süßwasser.

Das Zytoplasma eines Axopodiums strömt entlang des Achsenfadens auf und ab. Der Achsenfaden kann schnell eingeschmolzen und rasch neu gebildet werden. Die Strömung entlang der Strahlen ist meist gut sichtbar.

Sonnentierchen erbeuten und fressen Flagellaten, Wimpertiere, Rädertiere, Nauplien von Ruderfußkrebsen; einige Arten verzehren auch Zieralgen.

Die Axopodien sind offensichtlich giftig, denn anstoßende kleine Tiere bleiben gelähmt an ihnen hängen. Die Achsenstäbe der betreffenden Axopodien verschwinden dann, und die achsenlosen Strahlen verbreitern und verkürzen sich und umfließen die Beute vollständig. So entsteht eine Nahrungsvakuole, in der Wimpertiere oft erst nach 20 Minuten, Rädertiere sogar erst nach Stunden sterben. Unverdaute Reste werden aus der weit überstehenden, dann platzenden Vakuole entfernt.

Zuweilen verschmelzen mehrere Sonnentierchen-Individuen zu einer Freßgemeinschaft. Solchermaßen vergrößert, können sie sogar Kleinkrebse fangen und verdauen. Danach trennen sich die Partner wieder vollständig.

Sofern das Zytoplasma in zwei Zonen aufgeteilt erscheint, liegen im schaumig erscheinenden Ektoplasma die Nahrungsvakuolen und die pulsierenden Vakuolen, der Kern (oder die Kerne) im Entoplasma.

Einige wenige Formen sind gestielt und festsitzend; die meisten Arten aber schweben frei im Wasser. Sie bevorzugen seichte Gewässer, leben in Algenwatten und in Bodennähe, treiben mit der Strömung und manövrieren rollend auf ihrer jeweiligen Unterlage.

Die beiden häufigeren Arten *Actinophrys sol* und *Actinosphaerium eichhorni* sind nackt; alle anderen Formen schützen sich durch Hüllen aus Schleim, in denen zusätzlich Sandkörnchen und Diatomeenschalen eingelagert sein können, durch Außenskelette aus Kieselnadeln, durch Hüllen aus chitinösen Nadeln oder durch Gittergehäuse aus Gerüsteiweißen und Kieselsäure. Diese Schutzeinrichtungen erschweren offenkundig den Beutefang. Viele der gepanzerten Formen leben daher in Symbiose mit einzelligen Grünalgen (Zoochlorellen; *Chlorella vulgaris)*. Den Überschuß der sich bei Sonneneinstrahlung stark vermehrenden Algenpartner verdauen sie.

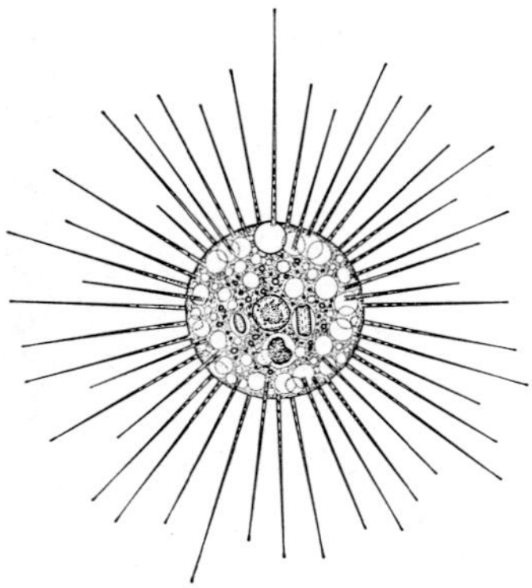

Sonnentierchen

Sonnentierchen enzystieren sich leicht und häufig: In Schutzzysten überdauern sie ungünstige Umweltverhältnisse; in Verdauungszysten lösen und resorbieren sie die aufgenommene Nahrung; in dickwandigen, gallertigen Mutterzysten laufen die Vorgänge der sexuellen Fortpflanzung ab.

Die ungeschlechtliche Vermehrung erfolgt durch Zweiteilung.

Bei Nahrungsmangel oder sonstigen ungünstigen Bedingungen setzt ein als Autogamie bezeichneter sexueller Fortpflanzungsprozeß ein. Die Tiere bilden zu-

nächst Mutterzysten, in denen das Plasma undurchsichtig dunkel wird und die meisten Kerne sich auflösen. Darauf strecken sich Zystenwand und Inhalt, einkernige Tochterkugeln (Gamonten) werden vom Plasmaleib abgeschnürt, und diese Gamonten bilden zarte eigene Hüllen aus. Jeder Gamont teilt sich darauf wiederum in zwei Tochterzellen, und diese Tochterzellen werden durch Reduktionsteilungen zu haploiden Gameten. Die Gameten verschmelzen paarweise zu diploiden, einkernigen Zygoten. Die Zygoten scheiden eine derbe Membran und eine Kieselhülle ab, werden durch mehrfache Kernteilungen vielkernig und keimen nach einer Ruhepause zu einem Sonnentierchen aus.
Man kann Sonnentierchen in einer Mischung aus Leitungs- und Teichwasser (bei pH 7) oder in 5%iger Erdabkochung (S. 15) halten. Sie werden mit größeren Ciliaten (zum Beispiel aus Aufgüssen) gefüttert. Die Tiere sind wöchentlich in frisches Medium umzusetzen, damit sie sich nicht enzystieren.
Die hier abgebildeten und beschriebenen Gattungen gehören den folgenden Familien an:

1. Familie Actinophryidae: Nackte Formen. S. 228; *Actinophrys, Actinosphaerium.*

2. Familie Lithocollidae: Hüllen aus Fremdkörpern oder Schleim. S. 228; *Astrodisculus* und *Elaeorhanis.*

3. Familie Heterophryidae: Hüllen mit chitinartigen Nadeln. S. 228; *Heterophrys.*

4. Familie Acanthocystidae: Hüllen mit abgeschiedenen Kieselschuppen und Kieselnadeln. S. 230 und S. 232; *Acanthocystis* bis *Pinaciophora.*

5. Familie Myriophryidae: Zytoplasmatische Hülle mit zahllosen feinen Fortsätzen. S. 232; *Myriophrys.*

6. Familie Clathrulinidae: Gestielte Formen mit Gitterhüllen. S. 232; *Clathrulina, Hedriocystis.*

Klasse Ciliata (Wimpertiere)

Im Süßwasser, in Moosrasen und im Meer leben Wimpertiere in großer Zahl und in verwirrender Artenfülle. Dagegen spielen sie als Parasiten und Symbionten nur eine geringe Rolle. Die freilebenden Formen ernähren sich von Bakterien, Flagellaten, Algen, anderen Wimpertieren, Rädertieren, Stärkekörnchen, Fetttropfen. Sie spielen eine gewisse Rolle bei den Mineralisierungsvorgängen im Wasser.
Wimpertiere sind die höchstorganisierten Einzeller. Die Formenmannigfaltigkeit der Ciliaten ist so groß, der Zellbau der Arten so verschieden und kompliziert, Verhaltensweisen und Lebenszyklen sind so unterschiedlich, daß wir hier nur eine ganz grobe Übersicht geben können.
Die Wimpern (Cilien). Die ursprüngliche Wimperausstattung der Ciliaten ist ein vollständiges Wimperkleid um den ganzen Zellkörper. Schwimmgürtel und Tastborsten sind das Ergebnis einer teilweisen Reduktion des Wimperkleides. Werden ganze Wimpergruppen zu Funktionseinheiten umgestaltet, so resultieren die undulierenden Membranen, die Membranellen der adoralen Membranellenzonen und die Zirren (siehe unten).
Die Körpercilien stehen in Längsreihen; jede Längsreihe ist durch Erhebungen der Pellikula in sechs- oder viereckige Einheiten, die Wimperfelder, gegliedert. Eine Wimper oder ein Wimperpaar beginnen je im Zentrum eines Wimperfeldes. Jedes Wimperfeld verdoppelt im Bedarfsfall seine Bauelemente und seine Cilien selbständig; neue Teile entstehen immer vor den älteren.
Elektronenmikroskopische Schnitte zeigen, daß unter jedem Wimperfeld zwei kleine Säckchen liegen, die an der Basis einer Cilie aufeinanderstoßen. Die

Wände dieser Säckchen und die darüberliegende Außenmembran bilden zusammen die Pellikula, die feste äußere Plasmaschicht der Ciliaten. Die Wimpern zeigen elektronenmikroskopisch denselben Bau wie alle Geißeln und Wimpern aller Pflanzen und Tiere: Sie bestehen aus zwei zentralen Röhrchen und neun peripher angeordneten Röhrchenpaaren. Die Röhrchen werden insgesamt von einer Hülle umschlossen. Die beiden zentralen Röhrchen enden in Höhe der Pellikula, die neun peripheren Paare ziehen weiter durch das Rindenplasma, verschmelzen hier miteinander und bilden die Wand des „Kinetosoms", eines Körperchens, das auch lichtmikroskopisch als „Basalkorn" an der Basis jeder Cilie gut erkennbar ist. Die Hülle der Wimpern ist die Fortsetzung der äußeren Pellikulamembran.

Die Wimpern schlagen schnell entgegen der Schwimmrichtung der Zelle und richten sich langsam – in der doppelten bis sechsfachen Zeit – wieder auf. Während des Vor- und Rückschlages führen die Cilien Kreiselbewegungen aus; beim Rückschlag schmiegen sie sich zunächst der Zelloberfläche an. Ein Phänomen, das jedem Mikroskopiker auffällt, ist die Koordination des Wimperschlages, die zum Beispiel einem Pantoffeltierchen ermöglicht, vorwärts, rückwärts, in Bögen und mit unterschiedlichen Geschwindigkeiten zu schwimmen. Dabei laufen Wellenmuster über den Körper hinweg, die mit Phasenverschiebungen der Schlagfolge von Cilie zu Cilie zusammenhängen. Die Richtungen der Wellenfronten sind dabei in weiten Grenzen variabel; sie haben nichts mit den Cilienlängsreihen und den Mustern der Bewimperung zu tun. Isolierte Cilien schlagen autonom.

Schutzorganellen. Zwischen den Wimperfeldern sitzen bei vielen Ciliaten Organelle, die in Bläschen (Vesikeln) des Zytoplasmas entstehen und an der Pellikula verankert werden. Am bekanntesten sind die Trichocysten: langgestreckte Gebilde mit einem zigarrenförmigen Geschoßteil, einer aufgesetzten Spitze und einer Art Schutzkappe über dem spitzen Teil. Auf entsprechende Reize hin quellen die um 3 µm langen Gebilde in Millisekunden zu 30 µm langen Fäden auf. Es entstehen ganze Pelze aus „explodierten" Trichocysten um ein Tier herum. Dies ist wohl als Schutzeinrichtung zu deuten. Die Trichiten oder „Toxicysten" der Unterordnung Gymnostomata enthalten in Röhren zum Teil ausstülpbare, zum Teil teleskopartig ausfahrbare Giftfäden. Die „Mucocystensäckchen" bei *Colpidium* und *Tetrahymena* stoßen einen Schutzschleim aus.

Teilung. Querteilungen der Tiere ergeben ein vorderes und ein hinteres Tochterindividuum, die sich genau entsprechen und nicht – wie bei den Flagellaten – Spiegelbilder voneinander sind. Das hintere Tochtertier bildet einen eigenen Mundapparat aus, das vordere ebenfalls, oder es übernimmt den Mundapparat des Muttertieres.

Zellkerne. Die meisten Ciliaten haben zwei Zellkerne: einen Großkern (Makronukleus) und einen Kleinkern (Mikronukleus). Der Großkern ist groß, kompakt, schnürt sich bei Teilungen nur durch, teilt sich aber nicht mitotisch. Er steuert die Lebensfunktionen, bestimmt das Erscheinungsbild – den Phänotypus – der Zelle, spielt aber bei sexuellen Prozessen keine Rolle und verschwindet bei der sogenannten Konjugation. Der Kleinkern dagegen ist so klein, daß er am ungefärbten Tier schwer zu entdecken ist. Er teilt sich mitotisch, spielt bei den Sexualvorgängen die entscheidende Rolle, hat aber auf das Leben der vegetativen Zelle keinen oder nur sehr geringen Einfluß.

Konjugation und Autogamie. Die Sexualvorgänge laufen bei Ciliaten meist in Form der sogenannten Konjugation ab. Äußerlich meist gleiche, sexuell aber verschiedene Partner legen sich in ganzer Länge – Mundseite an Mundseite – aneinander und verschmelzen in einem Bezirk nahe des Mundes. Paare des Pantoffeltierchens *Paramecium caudatum* bleiben zum Beispiel 12 bis 15 Stunden vereint. Während dieser Zeit zerfällt in beiden Partnern der Großkern. Die Kleinkerne schwellen von 3 auf etwa 20 µm an und teilen sich in zwei Teilungsschritten unter Reduktion der Chromosomenzahl in vier haploide Kerne. Von diesen vier Kernen degenerieren drei; eine weitere Teilung des vierten Kernes

liefert zwei Gametenkerne, von denen einer als stationärer (weiblicher) Kern in der Mutterzelle liegenbleibt, wogegen der andere als Wanderkern (männlicher Kern) über die Konjugationsbrücke ins Plasma des Partners einwandert. So werden über Kreuz die beiden männlichen Kerne ausgetauscht. In beiden Partnern vereinigen sich dann der Wanderkern und der Stationärkern zum diploiden Zygotenkern. Anschließend trennen sich die Partner voneinander.
Aus dem Zygotenkern entstehen nun 8 diploide Kerne, die folgendes Schicksal haben: Drei gehen zugrunde, einer wird zum neuen Kleinkern (Mikronukleus), vier werden zu Anlagen neuer Großkerne (Makronuklei). In den folgenden beiden Teilungen des Tieres (bei denen insgesamt vier Tochtertiere entstehen) werden diese vier Großkernanlagen auf die vier Tochter- (bzw. Enkel-)Tiere verteilt. Die Großkernanlagen wachsen dann unter Polyploidisierung (Vermehrung der Chromosomensätze) zu neuen Großkernen heran.
30–50% der aus der Konjugation hervorgehenden Tiere gehen zugrunde; der Rest teilt sich für einige Zeit sehr lebhaft.
Der hier beschriebene Ablauf der Konjugation gilt für *Paramecium caudatum*. Die Vorgänge sind bei verschiedenen Arten mannigfaltig abgewandelt.
Noch wenig bekannt sind die Prozesse der sogenannten Autogamie. Bei ungünstigen Bedingungen können in einem Tier auch ohne Partner wie bei der Konjugation zwei haploide Kerne gebildet werden. Diese Kerne vereinigen sich wieder, und der neuentstandene diploide Kern verhält sich nun wie ein Zygotenkern nach der Konjugation.
Nahrung. Die aufgenommenen Nahrungsteilchen werden in Nahrungsvakuolen verdaut. Das sind flüssigkeitserfüllte Bläschen, die im Zytoplasma schwimmen und in denen die Nahrungsteilchen eingeschlossen sind. Durch die Wand der Nahrungsvakuole hindurch sondert das Zytoplasma der Wimpertiere Verdauungssäfte ab, die die Beute zunächst abtöten und sie dann mittels ähnlicher Enzyme zerlegen, wie sie auch im Magen-Darm-Kanal der höheren Tiere und des Menschen vorkommen. Die gelösten Nahrungsbestandteile werden durch die Vakuolenwand resorbiert, Unverdauliches wird dadurch entfernt, daß der Vakuoleninhalt nach Abschluß des Verdauungsprozesses wieder aus dem Zelleib ausgestoßen wird (meist an einer vorgebildeten Stelle, dem Zellafter).
Bei Schlingern und Räubern wird die von dem erweiterungsfähigen Zellmund (Cytostom) aufgenommene Beute sogleich in eine Nahrungsvakuole eingeschlossen. Bei den Strudlern bildet sich am Zellmund aus Material der Mundoberfläche zunächst eine Empfangsvakuole. Hat sie einen bestimmten Füllungsgrad erreicht, löst sie sich als Nahrungsvakuole vom Cytostom ab.
Pulsierende Vakuolen. Im Gegensatz zu den Nahrungsvakuolen sind pulsierende Vakuolen konstante Zellorganelle. Sie ziehen sich in regelmäßigen (von Temperatur und Salzgehalt des umgebenden Mediums abhängigen) Abständen zusammen und dehnen sich wieder aus. Diese pulsierenden Vakuolen sind Pumpen, die überschüssiges Wasser – das ständig von außen eindringt, da das Zytoplasma einen höheren osmotischen Wert hat als das umgebende Wasser – sowie die flüssigen Abfallstoffe (Exkrete) aus der Zelle hinauspumpen. Besondere Zuführkanäle zu diesen Vakuolen werden zum Beispiel bei Pantoffeltieren sichtbar, nachdem sich das Bläschen kontrahiert hat.
Hinweise zur Beobachtung der Wimpertiere. Alle freilebenden Wimpertiere sind sehr flink – die mikroskopische Beobachtung wird dadurch sehr erschwert. Vielfach wird als Abhilfe empfohlen, die Tiere in einem sehr zähflüssigen Medium zu beobachten. Die Bewegungen werden dadurch stark verlangsamt, laufen allerdings nicht mehr unbedingt natürlich ab. Als bestes zähflüssiges, schleimiges Medium hat sich wasserlösliche Methylzellulose erwiesen. Methylzellulose wird vielfach als Kleister verwendet; sie ist daher billig in Drogerien und Farbengeschäften zu bekommen. (Beispiel für einen Handelsnamen: Glutolin-Leim.)
Die Bewegungshemmung durch zähflüssige Medien verändert die Bewegungen unter Umständen doch stark. Eleganter ist die folgende Methode:

Aus der klein bemessenen Wasserprobe auf dem Objektträger entfernt man alle gröberen und harten Teilchen. Nach Auflegen eines Deckglases wartet man unter ständiger Kontrolle, bis am Deckglasrand so viel Wasser verdunstet ist, daß die Tiere gerade zwischen Objektträger und Deckglas festgeklemmt werden oder sich am Rand entstehender Luftblasen ansammeln. Mit einiger Übung kann man auch mittels Zellstoffwatte gerade so viel Wasser am Deckglasrand absaugen, daß die Tiere festgelegt werden. Dabei ist aber die Gefahr groß, daß die Tiere zu stark gequetscht werden und platzen. Die natürliche Gestalt und die Art der Bewegungen müssen vorher mit schwachem Objektiv ohne Deckglas beobachtet werden.
Man kann die Wimpertiere auch in möglichst lebensähnlicher Gestalt fixieren. Dazu gibt man in ein kleines Schälchen (Petrischälchen) Formol oder Jodkristalle. Der Objektträger mit der Probe wird rasch umgedreht, so daß der Tropfen nach unten hängt, und über das Schälchen gelegt. Die Dämpfe fixieren die Tiere. (Bei Verwendung von Jodkristallen evtl. Schälchen etwas erhitzen.) Getötete Tiere sind zwar bequem zu beobachten, da sie sich aber zusammenziehen und da die Cilien nicht mehr schlagen, sind die Organelle schwieriger zu beurteilen. Lebende Tiere sind zur Beobachtung und zum Fotografieren den Leichen bei weitem vorzuziehen!
Noch eine Warnung: Jodlösungen und Joddämpfe sind äußerst aggressiv und greifen Metallteile und Optik des Mikroskops an. Mit Jod fixierte Wimpertiere sollten daher nur unter einem Deckglas untersucht werden, und keine Spur des Beobachtungstropfens darf ans Mikroskop gelangen!

1. Ordnung Holotricha

Die Wimpern sind meist gleichförmig über den ganzen Körper verteilt; um den Zellmund stehen keine auffälligen Cilien.

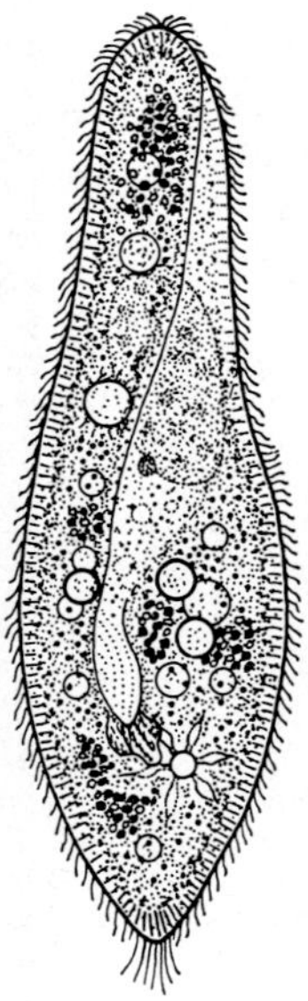

Holotriches Wimpertier

1. Unterordnung Gymnostomata: Der Zellmund (Cytostom; ein Bereich zur Nahrungsaufnahme, keine Öffnung) liegt in Höhe der Zelloberfläche. Durch stabartige Differenzierungen (Trichiten, Reusenstäbe) wird der unter dem Zellmund liegende Zytoplasmabezirk (Zellschlund, Cytopharynx) versteift. Schlinger.

Zellmund am Vorderpol: Familie Holophryidae. S. 234 bis S. 236; *Holophrya* bis *Trachelophyllum.*

Wimperzonen laufen um den Körper: Familie Didiniidae. S. 236; *Didinium, Askenasia.*

Wimperkleid gleichförmig, zusätzlich Tentakeln: Familie Actinobolinidae. S. 236; *Actinobolina.*

In einem Gehäuse eingeschlossen: Familie Metacystidae. S. 236; *Vasicola.*

Tonnenförmig, mit Pellikula-Platten gepanzert: Familie Colepidae. S. 236; *Coleps.*

Zellmund schlitzförmig, am Vorderende: Familie Spathidiidae. S. 238; *Spathidium* bis *Teuthophrys.*

Zellmund schlitzförmig, nach der Seite verschoben, Tiere seitlich abgeflacht: Familie Amphileptidae. S. 238; *Amphileptus* bis *Loxophyllum.*

Zellmund rundlich, von der Körperspitze an die Basis eines Rüssels verlagert: Familie Tracheliidae. S. 238; *Dileptus, Trachelius.*

Zellmund schlitzartig, hinter der Körperspitze in einer Mulde, Tiere seitlich abgeflacht, nur die rechte Körperseite bewimpert: Familie Loxodidae. S. 240; *Loxodes.*

Zellmund in der vorderen Bauchhälfte, Tiere dorsoventral

abgeflacht, Bauchseite mit mehr Wimpern als die Rückenseite: Familie Nassulidae. S. 240; *Nassula.*
Zellmund in der vorderen Bauchhälfte, Tiere dorsoventral abgeflacht, Wimpern auf die Bauchseite beschränkt: Familie Chlamydodontidae. S. 240; *Chilodonella, Phascolodon.*

2. Unterordnung Trichostomata: Die Körperbewimperung ist gleichmäßig, meist etwas unsymmetrisch und reicht in eine Mundbucht hinein. Am Grunde der Mundbucht liegt der Zellmund. Strudler. S. 240; *Trimyema* bis *Microthorax.*

3. Unterordnung Chonotricha: Festsitzende Wimpertiere; Aufsitzer auf Krebsen. Am Vorderende ein wendeltreppenartiger Strudelapparat. Erwachsene Individuen ohne Körpercilien. S. 240; *Spirochona.*

4. Unterordnung Hymenostomata: Mundhöhle am Bauch. Bewimperung um den Zellmund unterscheidet sich scharf vom Wimperkleid des Körpers. Rechte Seite der Mundhöhle mit einer undulierenden Membran (bei der eine Reihe sehr engstehender Cilien mehr oder minder dauerhaft zu einem Häutchen verklebt ist). Linke Seite mit drei Membranellen (Membranellen bestehen aus zwei oder drei Cilienreihen, die zusammenarbeiten und wie ein Paddel schlagen; elektronenmikroskopisch feine Fortsätze entlang den Cilien eines Membranellenorganells stellen – ohne Hüllmembran – den dauernden Zusammenhalt der Cilien eines „Paddels" her). Strudler.
1. Gruppe Tetrahymenina: Undulierende Membran und Membranellen unauffällig. S. 242; *Tetrahymena, Glaucoma, Colpidium, Uronema, Saprophilus, Loxocephalus, Ophryoglena, Cohnilembus.*
2. Gruppe Peniculina: Die Organellen der Cytostom-Region liegen als Strudelapparat tief in der Mundhöhle. S. 242 und S. 244; *Lembadion, Urozona, Dexiotrichides, Platynema, Balanonema, Paramecium, Urocentrum, Frontonia.*
3. Gruppe Pleuronematina: Undulierende Membran stark vergrößert. S. 244; *Cyclidium* bis *Pleuronema.*

5. Unterordnung Astomatida: Parasiten bei wirbellosen Tieren. Ohne Zellmund. Wimperkleid gleichmäßig. S. 250; *Steinella, Sieboldiellina.*

2. Ordnung Peritricha (Glockentiere)

Der für die Nahrungsaufnahme differenzierte Bezirk am Vorderende des Zellkörpers ist zu einem scheibenförmigen Feld, dem Peristom, erweitert. Eine äußere Wimpernreihe umrundet spiralig und linksgewunden das Peristom; sie läuft in den Trichter der Mundbucht hinein, und ihre Wimpern verkleben vor dem Cytostom (Zellmund) zu einer undulierenden Membran. Die innere, „adorale" (zum Munde hinführende) Wimpernspirale kann aus zwei Wimperreihen bestehen; sie führt ebenfalls in den tiefen Mundtrichter. Herbeigestrudelte Nahrung sammelt sich, ehe sie in eine Nahrungsvakuole gelangt, am Grunde des Trichters. Teilchen, die nicht in die Nahrungsvakuole aufgenommen werden, schleudert der Cilienschlag aus dem Trichter hinaus. Die Wasserwirbel, die der Cilienschlag eines festsitzenden Glockentiers erzeugt, lassen sich gut beobachten, wenn man dem Präparat eine Spur Tusche zusetzt.
Die Körperbewimperung ist reduziert, meist ganz unterdrückt. Festsitzende Formen lösen sich oft von ihren Stielen ab; zuvor bilden sie einen hinteren Schwimmgürtel aus schiefsitzenden Membranellen. Solche Schwimmkränze bilden einerseits „wanderlustige" Tiere aus, andererseits je eine der beiden durch Längsteilung entstehenden Tochterzellen. Die Schwimmkränze werden mit der Stielbildung wieder eingeschmolzen. Ein System kontraktiler (zusammenziehbarer) Fäden, sogenannter Myoneme, erlaubt Gestaltveränderungen sowie ein rasches Einziehen des Peristomfeldes.

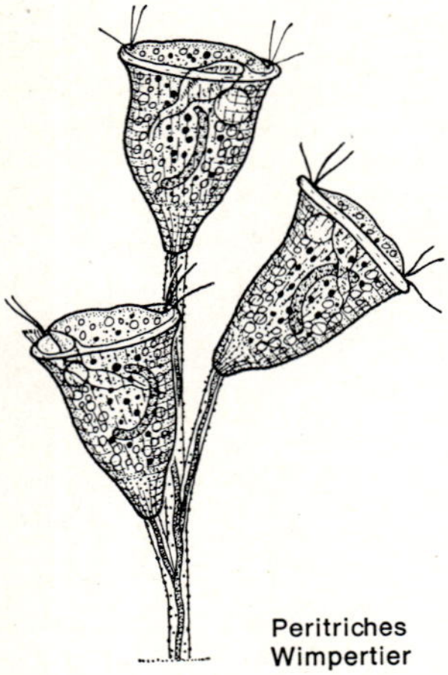

Peritriches Wimpertier

Der Großkern ist oft lang-wurstartig. Die pulsierende Vakuole mündet in den Mundtrichter. Am Hinterende findet sich die Scopula, ein umfunktioniertes Cilienfeld ohne Wimpern, die den elastischen, von submikroskopischen Röhrchen durchzogenen Stiel abscheidet. Sind die Stiele zusammenziehbar, so enthalten sie als Fortsetzung des Körpers einen „Stielmuskel"; die Scheide des „Muskels" ist eine röhrenförmige Verlängerung der Zellpellikula, in der feine kontraktile Fibrillen als Myoneme von der Anheftungsstelle weit in den Körper hineinziehen.

1. Unterordnung Sessilina: Alle festsitzenden Formen. Bakterienfresser. S. 246 bis S. 250; *Epistylis* bis *Lagenophrys (Astylozoon* und *Hastatella* sind sekundär freischwimmend). Die meisten peritrichen Wimpertiere gehören zu dieser Unterordnung.

2. Unterordnung Mobilina: Freischwimmende Aufsitzer und Außenparasiten. Gegenüber dem Peristomfeld ein hochentwickeltes Haft- und Bewegungsorganell. S. 250; *Urceolaria, Trichodina.*

3. Ordnung Spirotricha

Das adorale Membranellenband führt in rechtsdrehenden Windungen zum Zellmund, erzeugt zum Zellmund hin gerichtete Nahrungsströme und spielt eine Rolle bei den Schwimmbewegungen.

1. Unterordnung Heterotricha: Körper gleichförmig und komplett bewimpert, Tiere im Querschnitt rund. S. 250 bis S. 254; *Metopus* bis *Folliculina.*

2. Unterordnung Oligotricha: Kleine Tiere mit relativ mächtigen Membranellen und reduziertem Wimperkleid. S. 254; *Strombidium* bis *Strombilidium.*

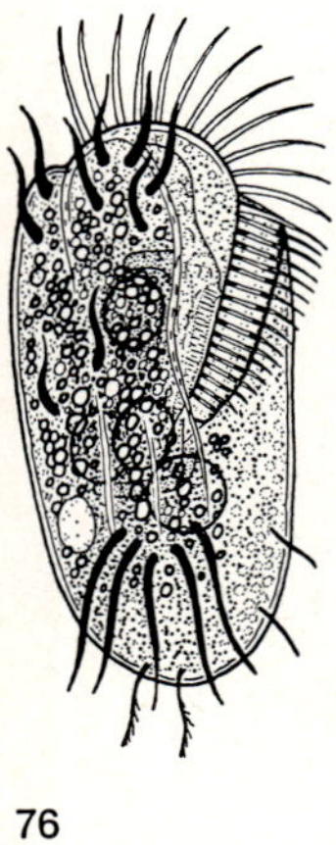

Spirotriches Wimpertier

3. Unterordnung Tintinnida: In einem Gehäuse sitzende Planktonciliaten. Etwa 900 Arten im Meer, wenige im Süßwasser. S. 254; *Strombidinopsis* bis *Tintinnopsis.*

4. Unterordnung Hypotricha: Abgeflachte Tiere mit Tastborsten auf dem Rücken und mit „Zirren" auf der Bauchseite. Die Zirren sind Komplexe aus zahlreichen Cilien, die wie die Membranellen gebaut sind und am Ende in eine Spitze auslaufen. Im Querschnitt erscheinen die Zirren rund. Mit den Zirren rennen die Tiere hastig auf Oberflächen umher, schwimmen aber andererseits auch sehr elegant. Das adorale Membranellenband unterstützt die Schwimmbewegungen; es zieht um das Vorderende herum und läuft im Bogen auf dem Bauch zum Zellmund. Die Koordinierung der Zirrentätigkeit einerseits und die unabhängi-

gen Bewegungen einzelner Zirren andererseits ermöglichen feinabgestufte Lauf-, Such-, Steuer-, Tast- und Fluchtbewegungen. Wichtigstes Bestimmungsmerkmal ist die Zirrenausstattung. S. 256 bis S. 258; *Strongylidium* bis *Aspidisca.*

5. Unterordnung Odontostomata: Tiere seitlich stark abgeflacht, dornenbewehrt, asymmetrisch. Ausschließlich im Faulschlamm. Ektoplasmatische Pellikula-Platten bilden einen Panzer. 8 adorale Membranellen schlagen in einer Grube; die langen, dicken Cilien stehen in Gruppen zusammen. S. 258; *Pelodinium* bis *Discomorpha.*

Unterklasse Suctoria (Sauginfusorien)

Die Suktorien sind räuberische Wegelagerer, die eine unverwechselbare Gruppe der Einzeller, speziell der Wimpertiere, bilden. Erwachsene Tiere haben keine Wimpern mehr; völlig reduziert und spurlos verschwunden ist auch der Mundapparat. Er wird durch neue, zum Beutefang geeignete Organellen, die Saugtentakel ersetzt. Die Saugtentakel sind entweder in Bündeln gruppiert oder über den ganzen Zelleib verstreut, einfach oder verzweigt. Sie fangen die Beute – meist Wimpertiere – und saugen sie zugleich aus.
Die Tentakel enden in kugeligen Knöpfchen, in denen um 0,4 μm große, raffiniert gebaute „Haptocysten" liegen. Berührt ein Beutetier ein solches Knöpfchen, bleibt es daran hängen, da sich die Haptocysten in seiner Pellikula verankern. Fluchtbewegungen bringen das Beutetier dann mit weiteren Knöpfchen in Berührung. Über die Kontaktstellen ergießt das Suktor dann saure Sekrete und Stoffe, die den Wimperschlag lähmen, in das Innere des festgehefteten Opfers. Die am Fang beteiligten Tentakel verkürzen sich, werden dicker, und die Hüllpellikula der Tentakeln legt sich in Ringfalten. Beim Aussaugen strömt das gesamte Entoplasma des Opfers samt allen Zellorganellen mit erheblicher Geschwindigkeit tief in den Leib des Sauginfusors hinein. Am Ende dieses Nahrungsstromes schnüren sich Nahrungsvakuolen ab. Spätestens nach einer halben Stunde ist der Saugvorgang abgeschlossen; von der Beute bleibt nur die zerknitterte ektoplasmatische Hülle übrig.

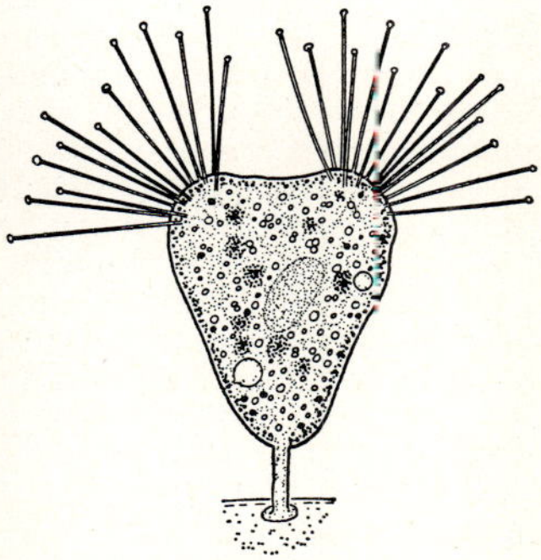

Sauginfusor

Noch offen ist es, wie die Saugkraft der Suktorien zustande kommt.
Soweit die Suktorien einen Stiel ausbilden, ist er nie zusammenziehbar. Die Larven scheiden die Stiele innerhalb weniger Minuten bis Stunden ab. Viele Suktorien leben in einem Gehäuse.
Die Vermehrung erfolgt durch Knospung. Es entstehen Schwärmlarven, die nicht ganz vollständig bewimpert sind – neben den Kernverhältnissen ein weiterer Hinweis auf die Ciliatennatur der Sauginfusorien. Die Larven entstehen einzeln oder zu mehreren entweder innerhalb der Mutterzelle (endogene Knospung) oder sie werden nach außen abgeschnürt (exogene Knospung).
Zur Zucht verwendet man niedrige Schälchen mit Leitungswasser. Gefüttert wird mit Wimpertieren aus Aufgüssen und Glockentierchen aus einer Kläranlage. Als günstiges Substrat läßt man Seidenfäserchen auf der Wasseroberfläche schwimmen. Nach ein bis zwei Wochen haben sich die Larven auf den Fasern angesiedelt und entwickelt.
Bei der Konjugation benachbarter Individuen werden die Wanderkerne ausgetauscht, die Partner trennen sich anschließend.

Außer den hier abgebildeten und beschriebenen Suktorien leben im Süßwasser fast 40 *Discophrya*-Arten, die zum größten Teil an ganz bestimmte Tragtiere – Wasserkäfer und Wasserwanzen vor allem – gebunden sind. An ihnen heften sie sich wiederum an besonderen Körperstellen fest. S. 260; *Acineta* bis *Metacineta.*

Stamm Porifera (Spongia, Schwämme)

Ordnung Cornacuspongia (Netzfaserschwämme)

Familie Spongillidae (Süßwasserschwämme)

In unseren Gewässern leben nur sechs Schwammarten – ein kümmerlicher Abglanz der Formen- und Farbenfülle mariner Schwämme mit 5000 Arten.
Die Süßwasserschwämme eignen sich hervorragend dazu, in einem Lebendpräparat die ganze Organisation, die Feinstruktur und die Zelltypen eines Schwammes zu studieren:
Die Süßwasserschwämme bilden im Freien im Herbst, im Aquarium unter verschlechterten Lebensbedingungen, Dauerstadien, sogenannte Gemmulae aus. Diese senfkorngroßen Gebilde können im Kühlschrank beliebig lange aufbewahrt werden. Bei normalen Temperaturen keimen sie aus.
Ein Tropfen Gemmulae-haltiges Wasser wird auf einen Objektträger gebracht und mit dem Deckglas bedeckt. Das Präparat wird in einer feuchten Kammer aufbewahrt. An den Deckglasrand gerollte Gemmulae keimen aus, und da sich die Zellen der Schwammaußenlage, die sogenannten Pinozyten, gerne auf Flächen bewegen, breitet sich ein Teil des entstehenden Jungschwammes als lebendes Flachpräparat unter dem Deckglas aus.
Schwämme besitzen keine eigentlichen Organe; es sind, zum Teil sehr wohlgestaltete, Aggregate aus einigen Zelltypen. Von Skelettnadeln gestützt, bilden die Zellen ein weitverzweigtes und gekammertes Hohlraumsystem, das an der Oberfläche mit Poren beginnt und in weiten Kanälen, den nach außen führenden Oscula, endet. Den Abschluß des Schwammes nach außen bildet das Dermallager (Hautschicht), unter ihm breitet sich ein Subdermalraum aus.
Die Zelltypen des Schwammkörpers: Urzellen, sogenannte Archaeozyten, sind die Ausgangsformen, aus denen sich alle weiteren Zellelemente differenzieren. Sie enthalten Dotterschollen. Leimzellen (Collenzyten) besitzen längere Plasmafortsätze; sie ordnen sich zu einer Art Bindegewebe. Abgeflachte Plattenzellen (Pinozyten) bilden regelrechte Epithelien. Myozyten, „Muskelzellen“, besitzen zusammenziehbare Fasern. Im Dermallager entstehen amöboid bewegliche Eier, die andere Zellen fressen. Bewegliche Amöbozyten transportieren Spermien zu den Eiern. Skelettbildungszellen (Skleroblasten) bilden einzeln oder in Verbänden um eine Achse aus Gerüsteiweißen in ihrem Zellinneren die Stützelemente des Schwammkörpers: Kalknadeln bei den Kalkschwämmen, Kieselsäurenadeln bei der Mehrzahl der Meeresschwämme und bei allen Süßwasserarten, Fasernetze aus elastischem Spongin bei den Netzfaserschwämmen (Spongin ist ein spezifisches Gerüsteiweiß der Schwämme). Die Netzfaserschwämme verkitten ihre Kieselnadeln mit Spongin.
Wichtiges Schwammelement sind die Choanozyten, die Kragengeißelzellen, die ebenso gebaut sind und ganz genauso arbeiten wie die schon beschriebenen Choanoflagellaten (S. 66).
Besondere Geißelkammern werden von kugeligen Gruppen aus Choanozyten gebildet. Kanäle, die bis in kapillare Systeme aufzweigen, verbinden jede Geißelkammer mit dem Wasser der Außenwelt. Durch winzige Lücken strömt das Wasser – von den Geißeln der Choanozyten getrieben – in die Geißelkammern und von hier in die ausführenden Kanäle, an denen die Kammern sitzen. Der durch den Schwammkörper ziehende Wasserstrom dient der Atmung, entfernt Abfallstoffe, trägt die Geschlechtsprodukte nach außen und bringt als

Nahrung Bakterien, Einzeller, schwebende Kleinalgen und gelöste organische Stoffe an die Krägen der Choanozyten heran. Einen Teil der Nahrung verdauen die Choanozyten selbst, Amöbozyten nehmen das übrige von den Krägen ab und besorgen die Verteilung im ganzen Schwamm. All diese Zelltypen und ihre Tätigkeiten können wir in dem beschriebenen Jungschwamm-Flachpräparat beobachten. Die Gemmulae selbst entstehen in Massen als senfkorngroße Kügelchen vor dem Absterben eines Schwammes. In derben Sponginhüllen beherbergen sie Archaeozyten, die im Freien ab April Nadeln und Geißelkammern ausbilden. Später kriecht der Inhalt, Zelle für Zelle, durch einen Porus aus. Die leeren Hüllen werden von neuem, funktionstüchtigem Zellmaterial überwachsen. Eine ganz untergeordnete Rolle spielt die geschlechtliche Fortpflanzung: Süßwasserschwämme sind getrenntgeschlechtlich. Aus den Eiern entstehen im Frühjahr kurzlebige, dicht begeißelte Schwimmlarven, die sich festsetzen. Aus ihnen gehen winzige Schwämmchen hervor, die kaum einmal Gemmulae ausbilden.
S. 262; *Spongilla* bis *Heteromeyenia.*

Stamm Cnidaria (Nesseltiere)

Klasse Hydrozoa (Hydropolypen und Hydromedusen)

Die Nesseltiere bestehen aus nur zwei Zellschichten, zwischen die – als Abscheidungsprodukt der Zellen – eine Stützlamelle eingeschoben ist. Die äußere Zellschicht der meist sack- oder schlauchförmigen Tiere nennt man Ektoderm, die innere Entoderm; die gallertige Stützlamelle kann mikroskopisch dünn sein, aber auch mächtig aufquellen. Bei den Quallen zum Beispiel bildet sie als „Mesogloea" die Hauptmasse des Körpers.
Im typischen Fall wechseln Polypen- und Medusengenerationen miteinander ab. Die Meduse ist die Geschlechtsgeneration, der Polyp die ungeschlechtliche.
Bei unseren Süßwasserhydrozoen fehlt – mit Ausnahme von *Craspedacusta* – die Medusenform. Statt dessen können die Polypen selbst Keimdrüsen ausbilden. Normalerweise vermehren sich die Süßwasserpolypen (Hydren) ungeschlechtlich durch Knospung; geschlechtliche Fortpflanzung setzt meist erst ein, wenn die Umweltbedingungen ungünstig werden.
Der Polyp besteht aus einer Fußscheibe, mit der er sich an festen Unterlagen anklebt, einem Rumpf, der den Magenraum umschließt, einer Mundscheibe, die in der Mitte die Mundöffnung freiläßt, und den Tentakeln, runden Fangarmen, die die Mundscheibe umstellen. Ein After fehlt diesen noch primitiv organisierten Vielzellern.
So einfach der Körperbau der Polypen ist, so kompliziert sind die für den ganzen Stamm charakteristischen Nesselkapseln. Sie entstehen in besonderen Bildungszellen, den Cnidoblasten. Die Nesselkapseln sind doppelwandige Bläschen, deren innere Schicht von einer Stelle aus eine schlauchförmige Einstülpung in den Hohlraum hinein bildet. Dieser „Nesselfaden" ist so lang, daß er, um Platz zu finden, aufgerollt ist.
Man unterscheidet bei Süßwasserpolypen drei

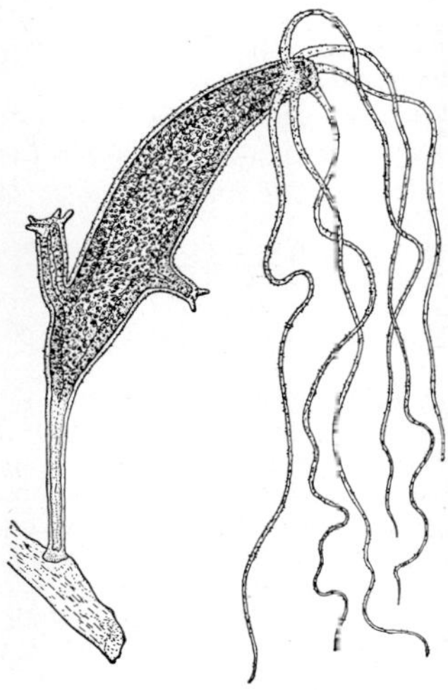
Süßwasserpolyp

Formen von Nesselkapseln: Penetranten (Durchschlagskapseln), Volventen (Wickelkapseln) und Glutinanten (Klebekapseln). Die Penetranten besitzen an der Basis des hohlen Nesselfadens mit Widerhaken versehene Stilette; sie enthalten überdies ein lähmendes Gift.
Die Nesselkapseln liegen im Inneren von Nesselzellen, das sind die ursprünglichen Bildungszellen. Jede Nesselzelle besitzt einen freien, spitzen Fortsatz, das Cnidocil, der frei ins Wasser ragt. Wird das Cnidocil abgebogen, etwa durch Berührung eines Krebschens, so explodiert die Nesselkapsel schlagartig. Der nach innen gestülpte Nesselfaden wird – ähnlich einem Handschuhfinger – ausgestülpt. Dabei kann der Faden einer Penetranten sogar den Panzer eines Wasserflohs durchschlagen und das Nesselgift ins Gewebe injizieren.
Die Fäden der Volventen wickeln sich um Borsten und Extremitäten des Beutetieres und halten es fest.
Die Glutinanten enthalten außer einem langen Faden eine klebrige Substanz. Sie dienen nicht dem Beutefang, sondern heften den Polypen an der Unterlage fest, wenn er sich kriechend fortbewegt.
Nesselkapseln samt ihren Nesselzellen finden sich besonders reichlich in den Tentakeln. Die an anderer Stelle ausgebildeten Nesselzellen wandern zum Teil amöboid in die Tentakel und dringen dort in Ektodermzellen ein, die bis zu zwei Durchschlagskapseln, drei Klebekapseln und 28 Wickelkapseln enthalten können. Derartige Ektodermzellen in den Tentakeln sind natürlich besonders groß. Man nennt sie Nesselkapselbatterien.
Beutetiere der Süßwasserpolypen sind in erster Linie Kleinkrebschen. Die von den Tentakeln eingefangenen, gelähmten Tiere werden der Mundöffnung zugeführt. Bei großer Beute, zum Beispiel bei Tubifexwürmern, hat man den Eindruck, als ob sich der Polyp von der Mundöffnung aus regelrecht über das Tier hinwegstülpe. Jedenfalls gelangt das Opfer rasch in den Magenraum, in dem es verdaut wird. Die Drüsenzellen des Entoderms scheiden Verdauungsenzyme ab. Die verdaulichen Teile werden weitgehend aufgelöst und von den Resorptionszellen in Form winziger Tröpfchen aufgenommen (Pinozytose). Die früher behauptete amöboide Aufnahme größerer Partikel durch diese Zellen (Phagozytose) und die intrazelluläre (im Innern der Zelle ablaufende) Verdauung spielen eine ganz untergeordnete Rolle.
Im Süßwasser lebt nur rund ein Dutzend Nesseltiere. 9000 Arten aber besiedeln die Meere als Polypenstöckchen, Medusen, Staatsquallen, Quallen, Seerosen, Steinkorallen, Edelkorallen usw.
Die drei Ordnungen der im Süßwasser lebenden Nesseltiere:

Ordnung Athecatae und Anthomedusen. S. 264; *Nemopsis, Cordylophora.*
Ordnung Limnohydrina und Limnomedusen. S. 264; *Craspedacusta, Microhydra.*
Ordnung Hydrina (Süßwasserpolypen). S. 264; *Protohydra, Hydra, Chlorohydra.*

Stamm Plathelminthes (Plattwürmer)

Klasse Turbellaria (Strudelwürmer)

Strudelwürmer sind meist kleine, vielzellige Tiere, deren Organe in ein netziges, spaltenreiches Grundgewebe (Mesenchym) eingebettet sind. Sie besitzen Mund und Darm, aber keinen After, ein einfaches Gehirn, rund um den Körper einen der Bewegung dienenden Hautmuskelschlauch, vielfach auch einfache Augen. Die Zellen der Oberhaut sind bewimpert; kleine Strudelwürmer werden daher von Anfängern oft mit Ciliaten verwechselt, zumal sie oft kleiner sind als große Wimpertiere.
Zum Stamm der Plattwürmer gehören außer den Strudelwürmern noch die Saugwürmer und die Bandwürmer – Parasiten, die hier nicht behandelt werden. Die Turbellarien leben fast ohne Ausnahme frei, unter Steinen, im Bodenschlamm, an Wasserpflanzen, in hohlen Stengeln usw. Die meisten wasser-

bewohnenden Arten bleiben unter fünf Millimeter Länge. Zentimetergroß werden viele Planarien, die nicht mehr zur Mikrofauna gerechnet werden und die daher hier nicht abgebildet sind. Der längste Strudelwurm ist die Landplanarie *Placocephalus (Bipalium)*, die bei uns zuweilen in Gewächshäuser eingeschleppt wird. Sie wird bis zu 60 Zentimeter lang.

Die Tiere sind sehr beweglich, vor allem sehr kontraktionsfähig, in ausgestrecktem Zustand drehrund oder abgeplattet. Sie kriechen schneckenartig, gleiten auf den Bauchwimpern, sehr kleine Arten schwimmen mit ihren Wimpern.

Hautzellen produzieren als Schutz vor Verletzungen und Verpilzungen einen (giftigen) Schleim, der bei Kriechbewegungen eine farblose Kriechspur hinterläßt. Weitere Schutzeinrichtungen sind quellbare Stäbchen, die als (kleinere) Rhabditen und lange Rhamniten in den Hautzellen sowie in Drüsenkomplexen unter der Haut gebildet werden. Sie können bei Bedarf ausgestoßen werden. Die Ausfuhrgänge der Drüsenkomplexe ziehen als „Stäbchenstraßen" oft an das Vorderende. So geschützt, haben die Süßwasserstrudelwürmer praktisch keine Feinde. Räuberische Kleinkrebse fliehen vor ihnen, größere Tiere nehmen sie nicht an.

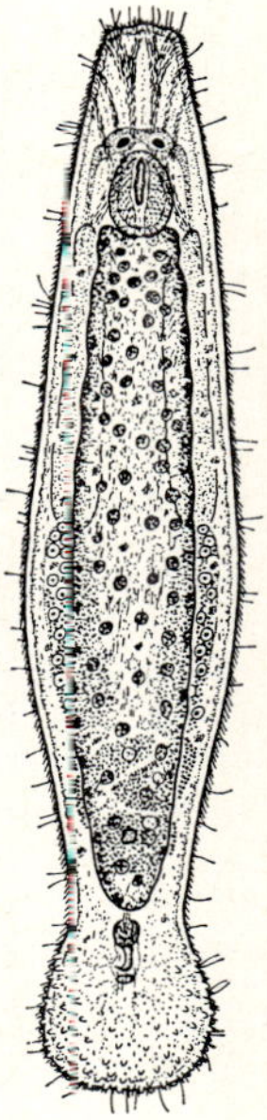

Strudelwurm

Der Mund der Strudelwürmer liegt immer auf der Bauchseite, und zwar vorne, hinten oder in der mittleren Bauchregion. Verbindet der muskulöse Schlund (Pharynx) Mund und Darm direkt, so existiert nur ein Mund; liegt der Schlund aber in einer mehr oder minder tiefen Schlundtasche, so sind der äußere Mund und die dahinter-liegende eigentliche Mundöffnung (Schlundöffnung) nicht identisch. Alles Unverdauliche wird durch den Mund wieder ausgewürgt, danach wird das Darmsystem mit Wasser durchgespült. Ein After fehlt.

Sehr viele Strudelwurmarten sind räuberische Fleischfresser; einzellige Algen werden vom Großteil der Typhloplanoida als Beikost verzehrt. Catenulida als Substratfresser leben von Sand, feinem Detritus, Bakterien. Im Darm spalten Verdauungsenzyme die Nahrung in kleine Teilchen, die dann von den Epithelzellen des Darmes aufgenommen (phagozytiert) und in den Zellen (intrazellulär) weiter abgebaut werden.

Das bei Süßwasserformen ständig von außen in den Körper eindringende Wasser wird zusammen mit löslichen Abfallprodukten des Stoffwechsels durch Nierenorgane, sogenannte Protonephridien, ausgeschieden.

Die Augen bestehen jeweils aus einem Napf pigmentierter Zellen, in den hinein die am Ende pinselähnlich aufgefaserten Sehzellen ragen. Sie ermöglichen ein Richtungssehen.

Turbellarien sind Zwitter. Sie besitzen sowohl einen männlichen als auch einen weiblichen Geschlechtsapparat, die im Bau unglaublich mannigfaltig und oft hochkompliziert sind.[1]. In Mitteleuropa leben ca. 30 Planarien- und ca. 250 Mikroturbellarien-Arten.

In Feingeröllen, Sanden, Schlamm, Detritus, zwischen Blättern verborgen lebende Kleinturbellarien (und Oligochaeten) lassen sich „hervorlocken": Probe in Becherglas, Wasserüberstand 2–3 cm; Probe im Verlauf einer halben Stunde

---

[1] Der männliche Geschlechtsapparat besteht aus: Hoden, Samenleiter, Samenblasen, Körnerdrüsen, Penisbulbus, Penisstiletten, Genitalvorhof (Atrium). Die Teile des weiblichen Geschlechtsapparates: Keimstock, Dotterstock, Eileiter, Schalendrüsen, Ootyp (Anfangsteil des Uterus), Uterus, Genitalatrium, Samentasche (Receptaculum seminis), Bursa (muskulöse Ausstülpung des Genitalatriums), Spermagänge.

oder länger um 10–20 °C von unten her erwärmen (Thermometer!); flüchtende Tiere herauspipettieren oder abgießen.
Zur Untersuchung des Geschlechts- und Begattungsapparates wird das Wasser unter dem (größeren) Deckglas so weit abgesaugt, daß die Tiere gerade stillgelegt sind. Wenn irgend möglich, untersucht man mehrere Individuen, da die männlichen Organe zuerst reifen und mit der nachfolgenden Vollentwicklung der weiblichen Organe oft erheblich degenerieren.
Die geschlechtsreifen Tiere kopulieren wechselseitig, Selbstbefruchtung kommt nur bei wenigen Arten vor.

Hier behandelte Ordnungen:

Ordnung Catenulida: Die männliche Geschlechtsöffnung mündet unpaar auf dem Rücken. Keine weibliche Geschlechtsöffnung; die Eier werden durch die Haut abgelegt. Meist vermehren sich die Tiere ungeschlechtlich durch Querteilung, die Glieder der Tierketten werden frei. S. 266; *Catenula, Stenostomum.*

Ordnung Macrostomida: Der Penis (mit einem einfachen Kutikularrohr) mündet auf dem Bauch. Eierstöcke mit eigenen Ausfuhrgängen. S. 266; *Macrostomum, Microstomum.*

Ordnung Perilecithophora: Ei- und Dotterzellen entstehen in engster Nachbarschaft. Männliche und weibliche Geschlechtsöffnungen weit getrennt. S. 270; *Prorhynchus, Geocentrophora.*

Ordnung Prolecithophora: Hoden und Dotterstöcke diffus. S. 270; *Plagiostomum.*

Ordnung Seriata: Unterordnung Proseriata: Darm stabförmig. S. 270; *Bothrioplana, Otomesostoma.* – Unterordnung Tricladida: Drei Darmäste mit vielen Divertikeln. Ausgestreckt über 10 mm lang. Bach-, See- und Teich-Planarien.

Ordnung Neorhabdocoela: Unterordnung Dalyelloida: Mund weit an das Vorderende gerückt. Keim- und Dotterstock getrennt. Darm ohne Ausbuchtungen. Im Grundgewebe bei einigen Arten grüne Zoochlorellen. S. 266; *Dalyellia, Microdalyellia, Gieysztoria, Castrella.*

Unterordnung Typhloplanoida: Schlund bei vielen Arten senkrecht zur Bauchfläche gestellt. Im Durchlicht erscheint der Schlund wegen der vielen radiär einmündenden Pharyngealdrüsen rosettenartig. Ein Keimstock, paarige Hoden. Einzige Geschlechtsöffnung hinter der Körpermitte. S. 268 und 270; *Strongylostoma* bis *Opistomum.*

Unterordnung Kalyptorhynchia: Am Vorderende in einer Rüsseltasche ein ausfahrbarer, vom Darm völlig unabhängiger Rüssel. Dottersack netzartig, meist einseitig rechts entwickelt. Hoden links gelegen. S. 270; *Gyratrix* mit Giftapparat am Hinterende.

Stamm Nemertini (Schnurwürmer)

Die Schnurwürmer sind vor allem räuberische Meerestiere, die in den Küstenregionen in Sand und Schlamm, unter Steinen und zwischen Algen leben. Die kleinsten werden kaum einen Zentimeter lang, die größten bis zu 25 Meter. Im Süßwasser unserer Breiten nur eine Art!
Kleine Schnurwürmer bewegen sich durch Kriechen, größere durch Schlängelbewegungen fort, abgeplattete Formen können schwimmen. Die Haut ist bewimpert. Die Schnurwürmer stehen den Strudelwürmern nahe, sind aber höher organisiert: Die Tiere besitzen stets einen After; Blutgefäße bilden ein geschlossenes System. Über dem Darm und unabhängig von ihm liegt ein aus einer Scheide ausstülpbarer, als Angriffs-, Tötungs- und Verteidigungswaffe verwendbarer Rüssel. Meeresformen sind meist getrenntgeschlechtlich; die Entwicklung zum Wurm verläuft entweder direkt, über eine wurmartige Larve oder über ein typisches Planktonstadium (Pilidiumlarve). S. 270; *Prostoma* (6 Arten).

Stamm Nemathelminthes (Schlauchwürmer)

Klasse Rotatoria (Rädertiere)

Rädertiere leben überwiegend im Süßwasser, kaum 3% der über 2000 Arten kommen im Brackwasser und im Meer vor. Die durchsichtigen Tiere sind zum Teil faszinierend schön.

Die Rädertiere sind kleine, 40 µm bis höchstens 3 mm lange Schlauchwürmer mit Wimperfeldern am Vorderende, mit einem Kaumagen sowie mit Protonephridien als Ausscheidungsorganen. Sie sind in einen Kopf-, Rumpf- und Fußabschnitt gegliedert.

Rädertiere sind zellkonstant, das heißt die aus den Eiern schlüpfenden Jungtiere besitzen bereits die endgültige Zahl von Zellen – bei größeren Arten um 1000 –, keine einzige Körperzelle kommt beim späteren Wachstum der Tiere neu hinzu. Lebensdauer durchschnittlich eine Woche.

Rädertiere besiedeln als Strudler, Weidegänger, Sauger, Greifer oder Reusenfänger alle erdenklichen Gewässer, die tiefsten Seen und kleinsten Wasserlöcher; sie leben in Moosen und in den wassergefüllten Hohlräumen von Wald-, Wiesen- und Ackerböden.

Körperbedeckung. Die Haut der Rädertiere ist ein sogenanntes Syncytium, ein Verband aus vielen Zellen, die nicht durch Membranen voneinander abgegrenzt sind. Die oberflächlichen Bereiche dieses Syncytiums weisen feinfädige Plasmaverdichtungen auf (nur elektronenmikroskopisch erkennbar), die je nach Dicke, Dichte und Vernetzungsgrad die Eigenschaften der „Kutikula" vom festen Panzer bis zur schmiegsamen Hautfalte ergeben. Da die „Kutikula" kein Abscheidungsprodukt der Hautzellen ist, häuten sich Rädertiere nie.

Räderorgan. Die Wimpern des Kopfabschnittes gehen von dicken Epidermispolstern aus; ein Feld von Wimpern, das Bukkalfeld, umgibt den bauchwärts gelegenen Mund. Eine zweite Zone umrundet als „Circumapikalband" das Vorderende. Je nach der Ausdehnung der beiden Zonen und der Gestaltung des Vorderpols kommen ganz unterschiedliche Räderorgane zustande. Die Aufgaben dieser Wimperapparate: Erzeugung von Wasserwirbeln zum Mund hin, Gleitschwimmen auf Unterlagen, rotierendes Schwimmen im freien Wasser.

Verdauungsorgane. Es folgen hintereinander: Mundöffnung – bewimperter Pharynx (Schlund) – Mastax (Kaumagen) – Speiseröhre (Oesophagus) – Magen – Darm – Kloake – After (mündet über dem Fuß). Der Kaumagen ist eine vollendete Greif- und Zerkleinerungsmaschine. Durch den oberen Teil des Mastax passiert die Nahrung, der untere Teil umfaßt winzige Muskeln und als härtere Wandstrukturen neben einem unpaaren Mittelstück drei Paare seitlicher „Trophi"; Form und Zusammen- bzw. Gegeneinanderarbeit der Trophi-Stücke ermöglichen die vielfältigen Ernährungsweisen der Rotatorien. In den Kaumagen münden kleine Speicheldrüsen. Im Magen erfolgen Verdauung und Resorption; die Magenwände sind dick und bewimpert. An der Eintrittsstelle der Speiseröhre münden Magendrüsen. Der Darm ist dünnwandig und oft gleichfalls bewimpert.

Nervensystem. Über Mastax und Oesophagus liegt das „Gehirn", ein sackförmiges Cerebral-Ganglion. Feine paarige Nervenstränge verbinden das Gehirn mit dem Mastax-Ganglion an der Unterseite des Kaumagens und mit dem Fuß-Ganglion. Weitere Stränge ziehen vom Gehirn zu den Nackenaugen auf dem Gehirn, den Frontaugen am Vorderende, den Tastborsten des Räderorgans, zur unpaaren Rückenantenne und den paarigen Seitenantennen, den Tastborsten des Fußes, zum Räderorgan und allen inneren Organen.

Rädertier

Muskeln. Ein vielfältiges System von Muskelfaserzügen durchquert den Körper, verläuft auf den inneren Organen, zieht von den Eingeweiden zur Haut und unter der Haut entlang. 4 bis 15 Ringmuskelsysteme sind direkt unter der Haut verankert. Längsmuskeln ziehen das Räderorgan sowie den Fuß ein. Quergestreifte Muskelfasern treten häufig auf, vor allem wenn lange Dornen und Flossen schnell bewegt werden sollen.

Leibeshöhle. Unregelmäßige Bindegewebsnetze durchziehen als sehr lockeres Gerüst den mit Flüssigkeit erfüllten Raum zwischen Haut und Eingeweiden. Ein besonderes Blutgefäßsystem fehlt.

Ausscheidungsorgane. Mit der Nahrung eingedrungenes Wasser – die „Kutikula" ist wasserundurchlässig – wird durch besondere Nierenorgane, sogenannte Protonephridien, über eine Sammelblase wieder aus dem Körper entfernt.

Fuß. Soweit die Tiere einen Fuß besitzen, wird er als Steuer- und Haftorgan benützt. Auf den beiden Zehen münden Klebedrüsen. Die Bdelloidea entwickeln vor den Zehen Sporen.

Geschlechtsorgane. Männchen sind von nur 10% der Arten bekannt. Sie sind kurzlebig, tauchen im Frühjahr und Herbst auf, besitzen weder Mund noch After, sind winzig klein und schwimmen sehr lebhaft. Zuweilen füllt der Hoden die Tiere fast ganz aus. Diese „Zwergmännchen" entstehen aus haploiden, unbefruchteten Eiern. Bei den Weibchen liegen Keimstock und Dotterstock in einer gemeinsamen Hülle. Der Eileiter mündet in die Kloake.

Generationswechsel. Aus den diploiden Eiern der Weibchen entwickeln sich diploide Töchter. Diese Vermehrungsart (Jungfernzeugung, Parthenogenese) kann viele Generationen lang beibehalten werden. Umweltfaktoren lösen die sexuellen Phasen aus, bei *Asplanchna* zum Beispiel Vitamin E aus gefressenen Grünalgen. Die Weibchen legen dann haploide Eier ab, die nach Reduktionsteilungen entstanden sind. Aus diesen Eiern gehen haploide Männchen hervor. Treten in einer Population Männchen auf, so können andere, nicht abgelegte haploide Eier besamt und befruchtet werden. Diese Eier erhalten dann harte Schalen und überstehen als diploide Dauereier Kälte- und Trockenperioden. „Amiktische Weibchen", die diploide Eier produzieren, unterscheiden sich äußerlich nicht von miktischen Weibchen, die haploide Eier hervorbringen.

Variation, Zyklomorphose. Größe und Panzerformen variieren bei vielen Arten, am ausgeprägtesten bei den Planktongattungen *Keratella* und *Brachionus.* In jedem See lebt ein eigener Formenkreis, dazu kommen zyklische Veränderungen der Proportionen im Verlauf eines Jahres.

Eigenartig ist das Wechselspiel zwischen den beiden planktischen Rädertiergattungen *Asplanchna* und *Brachionus.* Die Asplanchnen fressen die kleineren Brachionen. Eines ihrer Ausscheidungsprodukte ist ein Eiweiß, das bei den sich entwickelnden *Brachionus*-Embryonen die Bildung langer Hinterdornen auslöst. Diese hohlen, abspreizbaren Dornen machen die *Brachionus*-Tiere „sperrig" und schützen sie sehr wirkungsvoll vor den räuberischen Asplanchnen. Treten also in einem See massenhaft Asplanchnen auf (was sehr häufig vorkommt), so ist mindestens die nächstfolgende *Brachionus*-Generation durch den von den Asplanchnen ausgeschiedenen Wirkstoff geschützt.

Fixierung. Mit dem Planktonnetz gefangene, aus Schlammproben herauspipettierte oder aus angefeuchteten Moosen abgepreßte Rädertiere untersucht man am besten lebend. Soll fixiert werden, so kann man gepanzerte Formen direkt in Formol bringen (ein Teil 35–40%iges Formol, 10 Teile Wasser). Die Tiere kontrahieren sich dabei sehr stark, zeigen aber die Panzerformen noch gut. Ungepanzerte Rädertiere werden zunächst in siedendem Wasser abgetötet – sie bleiben bei dieser rohen Prozedur oft schön gestreckt – und anschließend in Formol fixiert.

Ordnung Bdelloidea (Egelrädertiere): Männchen unbekannt. Eierstöcke und Eileiter paarig, Tiere langgestreckt. S. 272; *Habrotrocha* bis *Dissotrocha.*

Ordnung Monogononta: Eierstock unpaar. S. 274 bis S. 290; Gattungen *Epiphanes* bis *Cupelopagis.*

Klasse Gastrotricha (Bauchhärlinge)

Die kleinen, 70 bis 500 µm, höchstens 1500 µm langen Tiere werden von Anfängern leicht mit Ciliaten verwechselt. Sie unterscheiden sich von ihnen jedoch schon äußerlich durch die beiden stachelartigen Zehenfortsätze am Körperende. Bauchhärlinge sind vielzellige Tiere, die wie die Rädertiere und Fadenwürmer zellkonstant sind, das heißt jede Art hat eine ihr eigentümliche Anzahl von Zellen, die bei keinem Individuum unter- oder überschritten wird. Die Hautzellen bilden einen einheitlichen Epithelverband mit vielen Zellkernen, aber ohne Zellgrenzen (Syncytium); sie scheiden eine dünne Kutikula ab. Schuppen, Schuppen mit Stacheln, Dornen, Schienen und Platten des Hautpanzers sind Gebilde der Kutikula. Trotz der Rüstung bleibt der Körper geschmeidig; die Tiere können sich nach allen Richtungen biegen, drehen, wenden und schlängeln. Die Kutikula der abgeflachten Bauchseite wird über die ganze Länge von Wimperbändern unterbrochen, mit denen die Tiere gleiten oder – wenn Wimpergruppen zu Bündeln verklebt sind – wie auf „Füßchen" laufen. Die langen Wimperbüschel des Kopfes erlauben kurzfristiges Schwimmen.
Verdauungsorgane. Am Vorderende des Kopfes beginnt ein kutikulares, etwas verschiebbares, gezähneltes Mundrohr. Der anschließende muskulöse Schlund (Pharynx) wirkt als mächtige Saugpumpe. Die Schlundwand besteht aus Drüsenzellen und radiären Muskelfasern. Der Darm läuft gerade bis zum After; die wimperlosen großen Darmzellen sind in vier Zellsäulen zu je sieben oder acht Zellen angeordnet. In den Schlund münden zwei Paar Speicheldrüsen. Als Nahrung werden Bakterien, Detritus, Ciliaten, Diatomeen, Algen und Flagellaten eingesaugt oder gegen die Mundöffnung gestrudelt.
Muskulatur. Drei Paar Längsmuskelzüge laufen seitlich und am Bauch vom Kopf zu den Zehen. Zwei oder drei Paare dorsaler Muskelzüge bleiben kürzer. Gegenspieler der Längszüge ist der Druck der Körperflüssigkeit.
Nervensystem. Um den Schlund liegt das große Gehirn. Zwei Nervenstämme laufen seitlich nach hinten.
Ausscheidungsorgane und Fortpflanzung. Zwei Nierenorgane (Protonephridien) mit je einer Endzelle münden über verknäuelte Gänge in der Mitte des Körpers. Die Vermehrung der Süßwasserformen erfolgt ausschließlich durch Parthenogenese (Jungfernzeugung). Reste des männlichen Geschlechtsapparates können bei einigen Arten als Bläschen oder Zellmassen noch auftreten, sind aber stets funktionslos. Die beiden Eierstöcke liegen unter dem Darm, die reifen Eier sammeln sich über dem Darm an. Die Eileiter (sehr schwer sichtbar) münden neben dem After. Die Eier sind erstaunlich groß, dotterreich und oft bestachelt. Sie werden einzeln abgelegt. Die Embryonen entwickeln sich sehr schnell; ein bis zwei Tage nach der Eiablage schlüpfen die Jungtiere, die sich zwar noch ein wenig vergrößern, bei denen jedoch weder Zellvermehrungen noch Häutungen stattfinden.
Da das Grundgewebe stark zurücktritt, entstehen große Lückenräume zwischen den verbleibenden Bindegewebsnetzen und täuschen eine Leibeshöhle vor.
Nahezu alle Arten besitzen Drüsen, die über Kleberöhrchen eine Art Leim absondern, der die Tiere blitzschnell auf einer Unterlage festheftet.

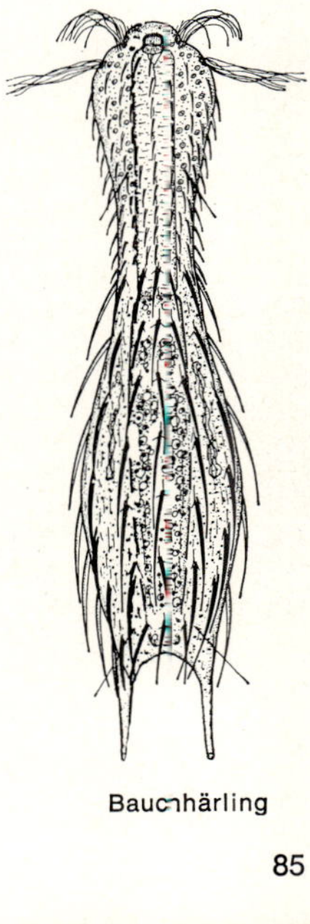
Bauchhärling

Isolierte Individuen lassen sich in 5%iger Erdabkochung (siehe S. 15) mit einigen zerdrückten Weizenkörnern züchten. Da Gastrotrichen meist einzeln auftreten, kann eine Zucht, die eine Vielzahl von Tieren zur Verfügung stellt, zum genauen Studium sehr nützlich sein.
Es sind etwa 200 Arten bekannt, von denen die der Ordnung Macrodasyoidea ausschließlich im Meer leben.

Ordnung Chaetonotoidea: Kleberöhrchen auf das Hinterende beschränkt. Meist nur der weibliche Geschlechtsapparat entwickelt.

Familie Chaetonotidae: In Algenwatten, feuchten Moosrasen, auf dem Grund von Gewässern. S. 292 bis S. 294; *Chaetonotus* bis *Polymerurus*.

Familie Neogosseidae: Planktonformen. Zehen mit beweglichen Stacheln, aber ohne Klebdrüsen. S. 294; *Neogossea* bis *Stylochaeta*.

Klasse Nematodes (Fadenwürmer)

Die in mikroskopischen Präparaten von Schlamm- und Wasserproben auftretenden Fadenwürmer sind meist klein (wenige Millimeter bis höchstens einen Zentimeter), können aber die Untersuchung der Probe erheblich stören, da sie sehr lebhaft sind und unentwegt mit schlängelnden und peitschenden Bewegungen Detritus, Algen und andere Bestandteile des Präparates durcheinanderwirbeln.

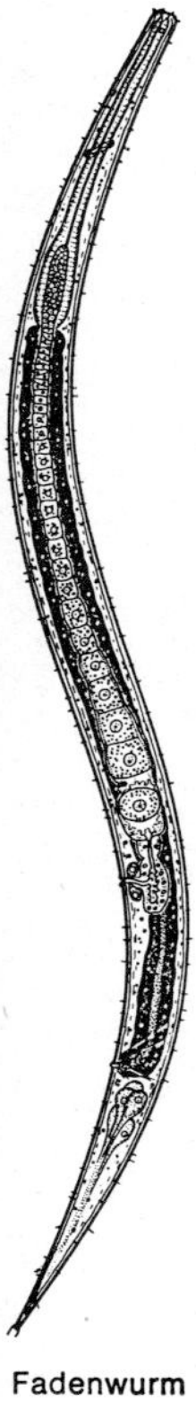
Fadenwurm

Fadenwürmer sind eine überaus artenreiche Klasse; man schätzt etwa 100 000 Arten. Viele leben als Parasiten; fast alle ähneln sich in äußerer Körperform und Körperbau so stark, daß vor allem bei den freilebenden Arten die Bestimmung oft sehr schwierig ist.
Die äußere Form ist, wie der Name sagt, fadenförmig. Die Tiere sind von einer sehr derben, widerstandsfähigen Kutikula umgeben, die meist glatt, seltener geringelt ist. Sie sind – im Gegensatz zu den Ringelwürmern – nicht gegliedert.
Im Präparat pflegen sich Nematoden in Seitenlage – nicht auf der Bauchseite – zu schlängeln; ihr innerer Bau ist daher am Lebendpräparat schwer zu untersuchen. Man kann die Tiere zur Beobachtung und Bestimmung in eine „Wärmestarre" versetzen (Objektträger vorsichtig auf 40 bis 50 °C erwärmen; beim Abkühlen „erwachen" die Tiere allmählich wieder), doch sterben bei dieser Methode alle übrigen Organismen des Präparates ab.
Der größte Nematode lebt parasitisch in der Placenta des Pottwals: *Placentonema* wird 8,5 Meter lang. Der Spulwurm *Ascaris* erreicht immerhin 40 Zentimeter, der Medinawurm *Dracunculus* wird einen Meter lang. Dies sind aber Ausnahmen; die meisten Fadenwürmer sind mikroskopisch klein.
Von Ausnahmen bei einigen parasitischen Formen abgesehen, sind alle Fadenwürmer ungefähr drehrund, durchsichtig, hinten in einen Schwanz ausgezogen, getrenntgeschlechtlich, zellkonstant (S. 83). Sie häuten sich während des Lebens viermal, wobei jeweils die alte Kutikula abgestreift wird. Der Mund liegt an der Körperspitze, der Afterschlitz vor dem Schwanzende. Keine Zelle eines Nematoden ist bewimpert! Als Gegenspieler der (allein vorhandenen) Längsmuskulatur wirken der Flüssigkeitsdruck der „Leibeshöhle" (0,3 atü!) und die Elastizität der Kutikula. Die Hautzellen (hier Hypodermiszellen genannt) scheiden die mehrschichtige Kutikula ab, die aus Ge-

rüsteiweißen, Keratinen und Kollagenen besteht. Die Hypodermiszellen bilden einen syncytialen Verband (S. 83); als vier verdickte Kiele ragen sie oben, unten und zu beiden Seiten in die Leibeshöhle hinein. Zwischen diesen vier Wülsten liegen unter der Hypodermis in einer Lage die spindelförmigen Längsmuskelzellen, deren Ausläufer – einmalig im Tierreich! – Kontakt mit dem unteren oder oberen Hauptnervenstrang aufnehmen.

Verdauungsapparat: Drei oder sechs Lippen umgeben den Mund; sie sind als Saug-, Greif-, Raspel-, Fräs- oder Sägewerkzeuge ausgestaltet. Der Schlund wirkt als Pumpe; sein hinterer Abschnitt ist besonders muskulös („Bulbus") und preßt die Nahrung in den geraden Mitteldarm. Die Kutikula kleidet den Vorderdarm bis zum Bulbus aus. Ihre Differenzierungen im Bereich der Mundhöhle – Reibeflächen, Spangen, Zähne, Greifhaken, Stilette, Kanülen – sind so mannigfaltig der Nahrung angepaßt, daß allein schon der Bau der Mundhöhle verständlich macht, wie die Nematoden ganz unterschiedliche Nahrungsquellen erschließen konnten. Süßwassernematoden zum Beispiel benagen abgestorbenes Pflanzenmaterial und Aas, fressen Detritus, verschlucken Diatomeen und Fadenalgen, schlürfen Bakterien und Schleime, verschlingen Rädertiere, Bärtiere und kleinere Nematoden, stechen lebende Pflanzenzellen an und saugen sie aus.

Nervensystem: Das Gehirn besteht aus 162 Nervenzellen. Es liegt als faserreicher Ring um den Schlund, in enger Verbindung mit vier Nervenknoten. Im unteren und oberen Hypodermiswulst zieht je ein motorischer Nerv zum Körperende; sensorische Längsnerven verlaufen in den seitlichen Wülsten. Asymmetrische Ringnerven verbinden die Längsstämme.

Ausscheidungssystem: Das Ausscheidungssystem besteht aus einer einzigen H-förmigen Riesenzelle, deren hohle Schenkel in den Seitenwülsten liegen (Kern im Querbalken). Der ebenfalls hohle Querbalken mündet am Bauch in der Nähe des Schlundbulbus (Ausscheidungsöffnung, Exkretionsporus).

Geschlechtsorgane: Die Geschlechtsöffnung der Weibchen liegt als querer Schlitz am Bauch in der Mitte des Körpers. Eine kurze Vagina geht in einen oder zwei Geschlechtsschläuche über, die in leicht unterscheidbare Zonen unterteilt sind: Uterus (hier werden die Eier beschalt, bei manchen Arten beginnt hier schon die Embryonalentwicklung), Eileiter (hier werden die Eier von den schwanzlosen Spermien befruchtet), Eiwachstumszone (hier erhalten die Eier etwas Dottermaterial), Keimzone (hier werden die kleinen Eizellen gebildet). Die Männchen besitzen einen einfachen Hodenschlauch, der in einen langen Samenleiter übergeht. Zusammen mit Anhangsdrüsen und dem Enddarm mündet der Samenleiter in eine Kloake hinten am Bauch. Zwei vorstoßbare, kutikulare Haken (Spikula) sitzen in Taschen der Kloakenwand und werden bei der Begattung dazu benützt, die weibliche Vagina zum Empfang der Spermien aufzuweiten. An den Spikula sind die Männchen sofort zu erkennen.

Freilebende Nematoden finden sich im Süßwasser (und im Meer) oft massenhaft in allen Tiefen als Bodenformen, sie leben in Erde und Moospolstern, in Mist und faulenden Substanzen. Vor allem die Bodenformen können lange Trockenzeiten überstehen.

Zur Fixierung eignet sich Formol (1 : 10 mit Wasser verdünnt). Formolfixierte Nematoden lassen sich ohne weitere Präparation ausgezeichnet untersuchen. Für längerdauernde Untersuchungen kann man die Formolpräparate einige Zeit aufbewahren, wenn man die Deckgläser mit Vaseline umrandet.

S. 296; *Pelodera* bis *Actinolaimus*.

Stamm Annelida (Gliederwürmer)

Klasse Clitellata (Gürtelwürmer)

Ordnung Oligochaeta (Wenigborster)

Die bekanntesten Oligochaeten sind die Regenwürmer. Viele Würmer aus dieser Ordnung leben im Süßwasser und sind mikroskopisch klein oder wenigstens mikroskopisch „dünn“. Sie sind so durchsichtig, daß man an ihnen mikroskopisch Lebensäußerungen und Organfunktionen in nahezu einmaliger Klarheit beobachten kann. Die dabei störenden Bewegungen können mit MS 222 gedämpft werden (S. 20). Isolierung der im Schlamm lebenden Arten S. 81.
Die Oligochaeten sind in Segmente gegliedert. Ihr Körper besteht aus einem kleinen Kopflappen, einem kleinen Afterlappen und dazwischen 7 bis 600 fast gleichartigen Segmentabschnitten. Die äußere Ringelung der einschichtigen, drüsenreichen Haut und die innere Segmentierung entsprechen sich exakt. Von der Segmentierung nicht oder nur oberflächlich betroffen sind der Darmkanal, die beiden großen Längsgefäße des Blutkreislaufs (Bauch- und Rückengefäß), die Längsmuskulatur und das bauchwärts gelegene Nervensystem, das Bauchmark. Andere Organe wiederholen sich von Segment zu Segment: die Ringmuskulatur zwischen Haut und Längsmuskulatur, vier Borstensäckchen mit je einer bestimmten Anzahl durch Muskeln bewegbarer Borsten, Ringgefäße des Blutgefäßsystems, die die Längsgefäße verbinden, paarige Leibeshöhlensäckchen, Nervenknoten des Bauchmarks mit Querverbindungen, je ein Paar Nierenorgane (Nephridien).
Um den Darm und die großen Gefäße liegen große Zellen (Chloragogenzellen). die ein gelb-grünliches Gewebe bilden. Dieses Gewebe hat Leberfunktion: Es speichert Glykogen, baut Eiweiß um, bildet Harnstoff und Ammoniak. Zwischen den Segmenten liegen doppelwandige Querscheidewände, die Dissepimente. Der Darm ist unten an zweischichtigen, von Dissepiment zu Dissepiment durchgehenden Bändern, den Mesenterien, befestigt.
In den Segmenten beginnen die beiden Nephridien (Nierenorgane) je mit einem offenen Wimpertrichter am hinteren Dissepiment. Die Trichter ragen in die Leibeshöhle hinein, setzen sich im jeweils dahinterliegenden Segment in einen geschlängelten Kanal fort und münden dort nach außen.
Alle Oligochaeten sind Zwitter. Ihre Geschlechtsorgane beschränken sich auf wenige Segmente in der Vorderregion. In diesem Bereich sind die Dissepimente durch Hoden, Samensäcke und Eisäcke weitgehend verschoben und die Nephridien in Samentrichter und Samenleiter bzw. Eitrichter und Eileiter umfunktioniert. Stets liegen die Eierstöcke hinter den Hoden. Bei geschlechtsreifen Tieren verdickt sich über oder hinter den Ausfuhrgängen der Hoden und Eierstöcke ein hellfarbiger Gürtel aus langen, hohen, einzelligen Hautdrüsen, das Clitellum.
Die bei uns im Süßwasser vorkommenden Formen gehören mehreren Gruppierungen an:

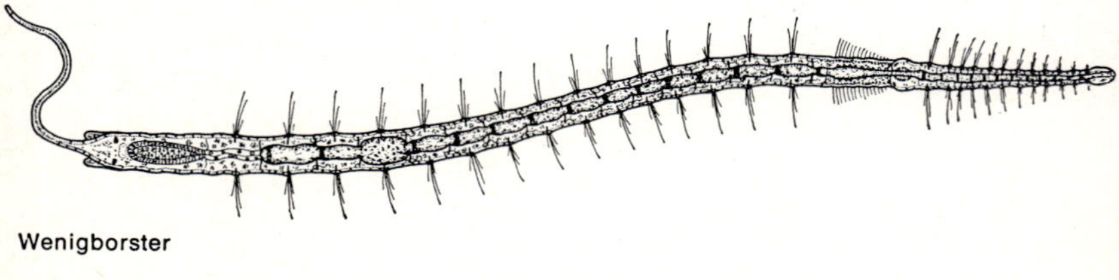

Wenigborster

1. Aeolosomatidae (Farbkugel-Würmer): Dissepimente unvollständig; Bewegung durch schlagende Wimpern des großen Kopflappens; strudeln Bakterien, Algen, Feindetritus und Sand ein; Darm einfach; Zentralnervensystem bleibt in Verbindung mit der Haut; Vermehrung vor allem ungeschlechtlich durch Sprossung; bis zu 10 Einzeltiere hängen als Tierkette zusammen; Eier und Spermien werden – wenn überhaupt – in der Leibeshöhle des ganzen Körpers gebildet. S. 298; *Aelosoma*. Werden neuerdings zu den Polychaeten gestellt.

2. Naididae (Wasserschlängler): Segmentierung ausgeprägt; Kopflappen nicht bewimpert; Borsten lang (Schwimmer) oder hakenförmig (kriechende Bodenformen); Algen- und Bakterienfresser; 2 Arten Räuber; Röhrenbauer, zum Teil mit bewimperten Blutkiemen am Hinterende; Vermehrung meist ungeschlechtlich durch Zerfallen der Tierketten; Augen sehr einfach, lichtempfindliche Sinneszellen liegen als Grüppchen in der Haut; Hoden im 5., Eierstöcke im 6. Segment, Samentaschen im Hodensegment; S. 298; *Chaetogaster* bis *Nais*.

3. Enchytraeidae (Topfwürmer): Die meisten Arten bewohnen feuchte Erde und Moose, einige leben im Grundschlamm von Binnengewässern; Aas- und Detritusfresser; Mundhöhle mit scharfkantigen Schabeleisten; bleich, ziemlich undurchsichtig, bis 5 Zentimeter lang; bilden nie Tierketten; Samentaschen im 5., Hoden im 11., Eierstöcke im 12. Segment. S. 298; *Lumbricillus*.

4. Tubificidae (Schlammröhrenwürmer): Kleine, aber auch bis 20 Zentimeter lange Arten, die hier aufgenommen wurden, da sie sich nur mikroskopisch bestimmen lassen. Sehr schlank; erstaunliches Regenerationsvermögen; keine ungeschlechtliche Vermehrung; Blut durch Hämoglobin meist rötlich gefärbt; leben im Schlamm in senkrechten Röhren aus Schlamm und Hautschleim; Atmung über den Enddarm; Schlamm- und Detritusfresser; Hoden und Samentaschen im 10., Eierstöcke im 11. Segment; vom 10. Segment gehen nach vorne und hinten Samensäcke aus; ableitende männliche Geschlechtswege werden durch riesige Samentrichter, Prostatadrüsen, Vorhöfe und Penisgebilde kompliziert; Clitellum in der Region der Geschlechtssegmente; S. 300; *Tubifex* bis *Limnodrilus*.

5. Lumbriculidae (Regenwürmchen): Substratfresser ohne Muskelmagen; schnellen sich lebhaft durchs Wasser *(Lumbriculus);* Grundbewohner; Keimdrüsen zwischen 7. und 12. Segment. S. 300; *Lumbriculus, Stylodrilus*.

6. Lumbricidae (Regenwürmer): Undurchsichtig und fast ausnahmslos Erd- und Moosbewohner; nur zwei Gattungen im Süßwasser. S. 300; *Eiseniella, Allobophora*.

7. Branchiobdellidae (Kiemenegel): Ohne Borsten; Bewegungen spannerartig; Segmentzahl konstant 15; Schlundwand erzeugt harte Kiefer; gestielte Eikokons; in der Jugend Detritusfresser, im Alter Außenschmarotzer und Blutsauger bei höheren Krebsen. S. 300; *Branchiobdella*.

Stamm Arthropoda (Gliederfüßer)

Klasse Crustacea, Unterklasse Phyllopoda (Blattfußkrebse)

Unterordnung Cladocera (Wasserflöhe)

In den mitteleuropäischen Binnengewässern leben etwa 90 Wasserfloharten (dagegen im Meer lediglich drei Gattungen). Sie besiedeln alle Arten von Wasseransammlungen, tiefe Seen ebenso wie Pfützen; nur in schnellfließenden

Gewässern können sich die Tiere nicht halten. Die meisten Arten leben in flachen Gewässern, nahe dem Ufer in der Pflanzenzone. Als Nahrungsspezialisten suchen die verschiedenen Wasserfloharten ganz bestimmte und arteigene Lebensräume auf. Dort weiden sie den Aufwuchs von Wasserpflanzen ab, filtrieren Plankton, sieben Detritus aus, durchwühlen den Bodenschlamm oder gleiten an der Unterseite des Wasserspiegels entlang. Nur wenige Arten gehen in das freie Wasser tiefer Seen. Dem Aufenthaltsort entspricht die Färbung: Die Plankter der Seen sind glasartig durchsichtig, die der Kleingewässer sowie viele Bodenformen gelblich. Teichformen erscheinen oft rötlich; bräunliche, grünliche und schwärzlich gefärbte Arten kommen in moorigen Gewässern vor. Viele Arten treten oft massenhaft auf. Sie spielen eine wichtige Rolle als Fischnahrung und machen kleinere Algen und Geschwebe für die Fische nutzbar.

Der Kopf ist bei den meisten Arten gegen die Körperlängsachse abgeknickt; er läuft nach unten in einen Schnabel (Rostrum) aus, hinter dem die 1. Antennen beginnen. Diesen sogenannten Antennulae sitzen am Ende Tastborsten und Bündel von „Aesthetasken“ (Geruchsorgane?) auf. Die 2. Antennen sind groß, muskulös und bestehen aus einem an der Gelenkung geringelten Basalglied sowie zwei gegliederten Ästen (Außen- und Innenast). Sie dienen als Bewegungsorgane; ihre Ruderborsten, deren Zahl artcharakteristisch ist, erhöhen die Wirksamkeit des Ruderschlages und werden bei Bodenformen zum Staken auf Schlamm mitbenutzt. Die ruckartigen Schläge der 2. Antennen und das Abschweben der Tiere mit ausgebreiteten Antennen während der Schlagpausen bedingen die typische, hüpfende Bewegungsweise der Daphnien; Bosminen und Chydoriden haben andere Bewegungsarten entwickelt; ihre kleinen 2. Antennen schlagen so rasch, daß die Tiere regelrecht zu schwirren scheinen.

Hinter der großen und schmalen Oberlippe des Kopfes arbeiten, von breiten Muskeln bewegt, die beiden Mandibeln („Kiefer“) gegeneinander; sie enden bei räuberischen Formen in scharfen Zähnen, bei den Partikelfressern in gerieften Mahlflächen. Dicht hinter den Mandibeln folgen als kleine, bewegliche Zapfen die stark verkümmerten 1. Maxillen; die 2. Maxillen sind völlig reduziert.

Von der Maxillenregion aus wächst nach hinten, nach den Seiten und über den Kopf hinweg die Schale als Hautfalte vor und bedeckt den unsegmentierten Körper samt den Beinen bei den meisten Arten vollständig. An der Bauchseite bleibt ein Schalenspalt bis zum Schwanzstachel hin offen.

Die feinen, polygonalen Muster der durchsichtigen Schalenkutikula spiegeln die Grenzen der unter der Kutikula liegenden Hypodermiszellen.

Nur die Beine der Räuber *(Polyphemus, Bythotrephes, Leptodora)* haben echte Gelenke; die fünf oder sechs Blattfußpaare aller anderen Wasserflöhe dagegen sind sogenannte Turgorextremitäten aus sehr dünnem, unverkalktem Chitin, die nur durch den Druck der Körperflüssigkeit formbeständig und steif gehalten werden. Zusammen mit der Schale bilden die Beine einen Apparat, der vorne durch den Schalenspalt Wasser hereinsaugt, Geschwebe ausfiltert, ausgefilterte Nahrung zu den Mundwerkzeugen schiebt, dem Wasser Sauerstoff entnimmt und das Wasser durch den hinteren Schalenspalt hinauspreßt. Form und Bewegungsmöglichkeiten ergeben zwischen Bein 2 und 3, 3 und 4, 4 und 5 links und rechts je drei Saugkammern.

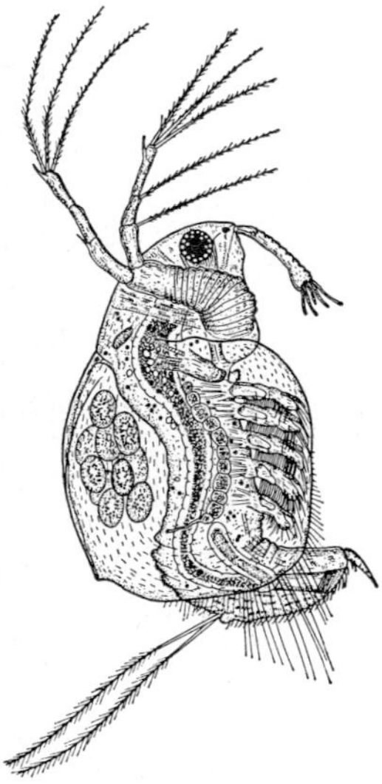

Blattfußkrebs

Filtervorgang: Die Stammteile der 10 Beine stehen quer zur Körperachse und schräg nach hinten-unten gerichtet; an den Innenkanten der Stammteile stehen

in dichter Folge die Borsten des Nahrungssiebes, die schräg nach hinten-oben zeigen. Die Beine 2, 3 und 4 besitzen solche Siebborsten als Nahrungsrechen. Sie reichen oben bis zur Bauchrinne. Alle Borsten der linken und rechten Seite zusammen bilden eine schmale, hohe Fang- und Filtergasse. An den Außenkanten der Stammteile sitzen Atemorgane in Form abgeflachter Säckchen (Epipoditen), und am Ende der Beine finden sich polsterartige, von Fiederborsten umrahmte Platten (Exopoditen). Die eigentliche Abgrenzung der zwischen den Beinen entstehenden Filterkammern bilden die Innenflächen der Schalenhälften. Bewegungswellen der Beine 2 bis 5 erzeugen in rascher Folge abwechselnd Sog und Überdruck in den Filterkammern. Bewegt sich ein Beinpaar vorwärts, erweitern sich die Kammern zwischen ihm und dem folgenden Beinpaar: Wasser strömt durch die Filtergasse in die Kammern. Beim Rückschlag streckt sich der Exopodit, und das Wasser strömt, durch die Borstengitter vom Geschwebe befreit, nach hinten ab. Basale Borsten der Beine 2, 3 und 4 fegen automatisch bei jedem Schlag die Gitter sauber und schieben die in der Bauchrinne durch Wasserströmung angesammelten Teilchen unter die Oberlippe zu den Mandibeln. Eine Drüse der Oberlippe schleimt die Partikel ein.
Wasserflöhe mit gleichartigen Beinen haben links und rechts je fünf Filterkammern; die Chydoriden andererseits arbeiten mit einer oder zwei Kammern – sie benützen die Beinpaare 1, 2 und (oft) 3 zum Laufen, Klettern, Harken und Wühlen.
Der ungegliederte Hinterleib (Abdomen) ist in der Schale frei beweglich; der abgewinkelte Teil des Abdomens (Postabdomen) kann aus dem Schalenspalt herausgebogen werden. Hinter dem After endet das Postabdomen in zwei Krallen mit Borstenkämmen, die zusammen mit den Analkrallen zum Reinigen der Beingitter und der Fanggasse sowie zum Abkratzen des Substrates verwendet werden. Auf einem kleinen Höcker des Postabdomenrückens sitzen die beiden gefiederten Fühlborsten (Setae natatores).
Da der Chitinpanzer nicht wachsen kann, müssen die Wasserflöhe sich häuten. Der Kopf sprengt als erster Körperteil die alte Kutikula, die dann mit allen Borsten und Anhängen abgestreift wird. Während der Häutung vergrößern sich die Tiere und ändern – wie alle Tiere mit Chitinkutikula – ihre Proportionen. Bis zur Geschlechtsreife häuten sich Wasserflöhe fünfmal; bei 20 °C Wassertemperatur täglich. Weitere Häutungen werden jeweils 10 bis 20 Minuten vor der Ablage eines neuen Eierschubes in den Brutraum vollendet. Im Winter vergehen Monate zwischen zwei Häutungen. Lebensdauer der Daphnien: 50 bis 85 Tage; reichliches Nahrungsangebot verkürzt die Lebensdauer.
Innere Organe: Die beiden Komplexaugen sind zu einer Kugel vereinigt. Vom Auge ziehen Nervenfasern in ein optisches Ganglion, das über zwei kurze, dicke Nervenstämme mit dem Gehirn verbunden ist. Auf einem Vorsprung des Gehirns sitzen vier Pigmentbecherocellen, die zu einem Median- oder Naupliusauge vereinigt sind.
Alle Muskelfasern des Körpers sind quergestreift. Der Vorderdarm ist innen von Chitin ausgekleidet; er fungiert als sehr muskulöses Saugrohr. Der Mitteldarm zieht gerade oder mit einer Schlinge durch den Körper. An seinem Anfang sitzen bei vielen Arten zwei „Leberhörnchen“, offensichtlich Drüsenorgane.
Die gefressenen Teilchen und Algen werden von einer „peritrophischen Membran“ umschlossen, einem dünnen Sack aus feinsten Fäserchen, der sich erst hinter dem After auflöst. Die Wirkung der Fermente wird durch den Sack nicht behindert; er soll wohl die Zellen des Darmepithels vor Verletzungen schützen.
Das tonnenförmige, rückenseitig gelegene Herz treibt das Blut durch den Körper. Die Krebse haben kein geschlossenes Blutgefäßsystem; der Blutstrom wird durch im Körper aufgespannte Membranen durch die Leibeshöhle dirigiert. Die Herzkammer nimmt das Blut aus der Leibeshöhle durch zwei Poren (Ostien) auf; die Pulsfrequenz ist temperaturabhängig: Bei 10 °C 170, bei 28 °C 300 Schläge pro Minute.

Die Eierstöcke liegen als unscharf umgrenzte Organe im Gebiet der Beine um den Darm; sie münden über kurze Eileiter vor dem gezipfelten Rückenfortsatz in den Brutraum. Die Weibchen produzieren drei verschiedene Eitypen: Diploide, sich parthenogenetisch entwickelnde Subitan- oder Jungferneier, aus denen Weibchen hervorgehen; ebenfalls diploide und sich parthenogenetisch entwickelnde Eier, aus denen Männchen hervorgehen; haploide Dauer-, Latenz- oder Wintereier, die zur Weiterentwicklung befruchtet werden müssen.
Unter normalen Bedingungen entstehen nur Subitaneier (zwischen 2 und 70 pro Schub), die sich im Brutraum direkt zu jungen Weibchen entwickeln. Mittels dieser Subitaneier kann eine Population sehr rasch zur Massenentfaltung kommen.
Unter bestimmten – meist ungünstigen – Außenbedingungen werden einige Eier in männliche Richtung umgestimmt (die Geschlechtsbestimmung erfolgt hier phänotypisch; Geschlechtschromosomen spielen keine Rolle). Die aus den Männchen-Eiern entstehenden männlichen Tiere haben relativ große Augen, lange 1. Antennen, körperlange Stacheln an Bein 1 und hufeisenförmig gekrümmte Hakenwülste an den Beinen 1 und 2. Man kann die Männchen leicht aus einer Probe herauspipettieren, wenn man alle Tiere mit MS 222 (S. 20) betäubt.
Dieselben Umweltfaktoren, die die Entstehung von Männchen-Eiern begünstigen, lösen auch die Bildung des 3. Eityps aus: Die großen, sehr dotterreichen, haploiden Wintereier müssen vor ihrem Eintritt in den Brutraum befruchtet werden; andernfalls gehen sie zugrunde. Nach der Ablage der besamten Eier beginnen sie sich zu entwickeln, doch bricht die Entwicklung dann ab und läuft erst nach einer Ruheperiode weiter, die Wochen bis Jahre dauern kann. Die Dauereier sind durch Hüllen besonders geschützt. Eine verdickte Schalenpartie (Ephippium) färbt sich undurchsichtig dunkel, die hohen Außenzellen füllen sich mit Luft; ein oder mehrere Eier (bei *Daphnia* immer zwei) sind in dieser Schutzhülle eingeschlossen. Bei einer Häutung wird das Ephippium dann abgestoßen und steigt zur Oberfläche. Vögel verbreiten die Ephippien von Gewässer zu Gewässer und bringen sie an die merkwürdigsten Stellen. Ein Wasserflohweibchen kann nacheinander eine ganze Reihe von Ephippien bilden. Aus den Dauereiern schlüpfen ausnahmslos wieder Weibchen, die im Frühjahr und nach Trockenperioden durch unbefruchtete Jungferneier wieder neue Generationen von Weibchen erzeugen.
Ob solche Sexualperioden überhaupt auftreten (bei den Planktonten in größeren Seen), nur im Herbst (Chydoriden und Daphnien), im Frühjahr und Herbst (Daphnien) oder öfters im Jahr (*Moina* in seichten Tümpeln), ist bei den einzelnen Arten erblich unterschiedlich streng festgelegt und durch Milieubedingungen variierbar.
Viele Rassen der planktischen Wasserfloharten ändern im Verlauf eines Jahres von Generation zu Generation und von Häutung zu Häutung ihre Gestalt. Ursache und Bedeutung dieser jahreszeitlichen Abwandlungen (Temporalvariationen, Zyklomorphose) sind noch rätselhaft. Die Änderungen betreffen die Längen der Endstacheln, Kopf- und Helmformen, Buckeligkeit der Schalen, Zahl der Eier im Brutraum. Im Herbst erreichen alle Tiere wieder die Ausgangsformen des Frühjahres.

1. Familie Sididae: Sechs im Bau einander sehr ähnliche Blattfußpaare. 2. Antenne mit zwei Ästen. S. 302; *Sida, Diaphanosoma.*

2. Familie Holopedidae: Blattfußpaare einander sehr ähnlich. 2. Antenne des Weibchens einästig. S. 302; *Holopedium.*

3. Familie Leptodoridae: Sechs Beinpaare, die aber als stabförmige Fangbeine, nicht als Blattfußbeine ausgebildet sind. Großes Komplexauge, Körper segmentiert, Kopf und Körper langgestreckt. S. 308; *Leptodora.*

4. Familie Daphniidae: 2. Antennen relativ groß. Plankter. Mitteldarm ohne Schleife, an seiner vorderen Umbiegungsstelle zwei Leberhörnchen. S. 302 bis S. 304; *Daphnia* bis *Moina.*

5. Familie Bosminidae: 1. Antennen lang rüsselartig, beim Männchen beweglich, beim Weibchen fest mit dem Kopf verbunden. S. 304; *Bosmina, Eubosmina.*

6. Familie Macrothricidae: Schlechte Schwimmer; 1. Antennen lang, beim Männchen und Weibchen beweglich. S. 304; *Iliocryptus* bis *Acantholeberis.*

7. Familie Chydoridae: Wasserflöhe mit Darmschlingen, kleinen Köpfen, schmächtigen 2. Antennen. Ausnahmslos Bodentiere und Schlammwühler. Beide Äste der 2. Antennen dreigliedrig. S. 306 und S. 308; *Eurycercus* bis *Monospilus.*

8. Familie Polyphemidae: Beine nicht blattfußartig, als mehrgliedrige Raubbeine mit echten Gelenken ausgestattet. Schale reduziert, dient nur als Brutraum; Räuber. S. 308; *Polyphemus, Bythotrephes.*

Unterklasse Copepoda (Ruderfußkrebse, Hüpferlinge)

Die Ruderfußkrebse sind vor allem Meerestiere; im Süßwasser kommen um 125 freilebende Arten vor, häufig sind nur relativ wenige Arten. Die meisten Süßwassercopepoden leben in kleineren, seichten Gewässern. Die prachtvolle Färbung der durchsichtigen *Diaptomus*-Arten wird durch leuchtend rote, orangegelbe und blaue Öltröpfchen im Fettkörper der Tiere hervorgerufen; die Tröpfchen setzen das spezifische Gewicht herab und erhöhen das Schwebevermögen. Zahlreiche Arten leben als Außen- oder Innenparasiten.
Bei den freilebenden Arten ist der meist langgestreckte Körper in ein Kopf-Bruststück (Cephalothorax), in eine Brust (Thorax) und den Hinterleib (Abdomen) gegliedert. Im Cephalothorax sind die fünf primären Kopfteile und ein oder zwei Brustsegmente zu einer Einheit verschmolzen; der Thorax besteht aus vier oder fünf Segmenten; das Abdomen umfaßt fünf gliedmaßenlose Segmente. Das 1. und das 2. Hinterleibssegment sind verwachsen.
Die 1. Antennen – 5- bis 25gliedrig – sind in erster Linie Sinnesorgane mit sehr vielen Sinnesborsten und Sinneskolben. Bei den Schwimm- und Schwebeformen werden sie vor jedem Sprung schlaff dem Körper angelegt und anschließend als Steuer-, Balancier- und Schwebeorgane wieder versteift. Sie sind keine Fortbewegungsorgane!
Die 2. Antennen sind kurz und oft zweiästig. Die Mandibeln („Kiefer") sind bei den Larven noch typische Spaltfüße; im Verlauf der Umwandlung werden ihre basalen Kauteile betont und die Spaltfußäste reduziert. Vor dem Mund und über den Mandibeln steht eine Oberlippe. Die auf die Mandibeln folgenden 1. und 2. Maxillen sind zweiästig. Mit den Mundwerkzeugen (Mandibeln, 1. und 2. Maxillen) arbeiten die einästigen „Maxillipeden" zusammen. Sie sind die Gliedmaßen des in den Cephalothorax eingegangenen Brustsegmentes. Bei den Bodenformen enden die Maxillipeden in starken Greifhaken.

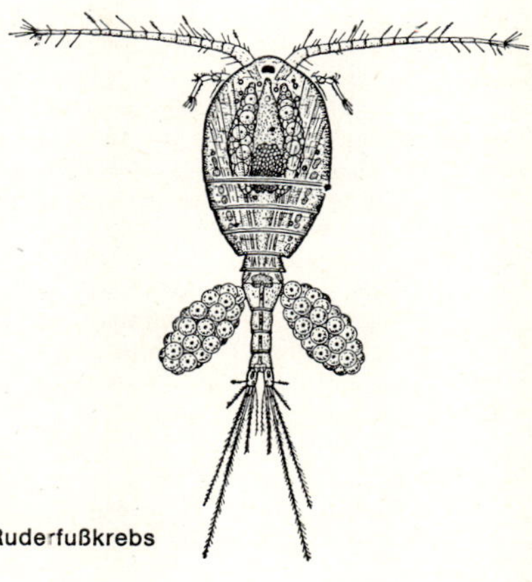
Ruderfußkrebs

Ausgestaltung und Arbeitsweise der Mundwerkzeuge variieren je nach Freßtyp: Die Strudler erzeugen durch Schläge der Borstenfächer von 2. Antennen, Mandibeln und 1. Maxillen einen nach hinten gerichteten Strom, der die Tiere langsam durch das Wasser treibt. Das am Bauch entlangziehende Wasser saugt Wasser aus der Umgebung durch die Filtergitter an den Innenseiten der 2. Maxillen an. Ausgesiebte und in den Gittern hängende Teilchen werden durch Borsten der 1. Maxillen sowie durch Wasserwirbel zum Mund transportiert. Die Räuber packen aufgestöberte Insektenlarven und Würmer mit stark bedornten Maxillen; die bezahnten Mandibeln quetschen die Beute und reißen Stücke ab, der muskulöse Vorderdarm saugt die Bissen auf. Die Vegetarier behandeln kleinere Algen ebenso; große Algenzellen werden von den 1. Maxillen angeschnitten und darauf ausgesaugt.

Die fünf Brustbeinpaare sind Ruderorgane. Jedes Bein besitzt zwei Äste. In Ruhe liegen alle Beinpaare nach vorne geklappt. Das letzte Paar beginnt mit weitgespreizten Ästen und Borstenfächern nach hinten zu schlagen, worauf die anderen Paare mit breiter Ruderfläche blitzschnell nachfolgen. Eng zusammengelegt schlagen alle Beine gleichzeitig nach vorne. Das Ergebnis eines Rück- und Vorschlags ist ein ruckartiger Sprung im Wasser (daher die Bezeichnung „Hüpferlinge"). Das letzte, 5. Beinpaar ist meistens klein, beim Männchen für die Begattung spezialisiert; die genaue Untersuchung des 5. Beines ist für eine exakte Artbestimmung oft unerläßlich.

Hinterleib, Furka (Schwanzgabel) und Schwanzborsten fungieren als Steuer.

Der Enddarm mündet auf der Rückenseite des letzten Segmentes.

Aus dem Ei schlüpft eine Nauplius-Larve, die sechs durch Häutungen getrennte Stadien durchläuft. Es folgen sechs „Copepodit-Stadien" (mit jedem Stadium erscheinen weitere Segmente, und mehr Ruderbeine übernehmen die Fortbewegung); nach einer weiteren Häutung ist das Tier geschlechtsreif und häutet sich nicht mehr. Lebensdauer 6 bis 13 Monate.

Innere Organe: 3 bis 6 Naupliusaugen bilden ein Lichtsinnesorgan, das höchstens die Richtung des einfallenden Lichtes feststellen kann. Komplexaugen fehlen. Der Darm zieht als gestrecktes Rohr durch den Körper; an der Grenze zwischen Speiseröhre und Mitteldarm mündet oft ein Blinddarm, der bis zur Spitze des Kopfes reicht. Peristaltische Bewegungen des Darmes schieben den Darminhalt hin und her und ersetzen gleichzeitig das bei allen *Cyclops*-Arten fehlende Herz.

Die unpaaren Eierstöcke oder Hoden liegen über dem Darm und münden über zwei Eileiter bzw. Samenleiter auf der Bauchseite des 1. Hinterleibssegmentes. Eine Samentasche (Receptaculum seminis) speichert bei den Weibchen einen Vorrat an Spermien.

Die Männchen sind an den ein- oder beidseitig entwickelten Gelenken in den 1. Antennen leicht zu erkennen (s. S. 311). Sie packen die Weibchen mit diesen Greiforganen und pressen die Geschlechtsöffnungen aufeinander *(Cyclops*-Arten); oder sie befestigen mit Hilfe der zu Pinzetten umgestalteten Hinterbeine ein klebriges Spermienpaket an der Geschlechtsöffnung *(Diaptomus*-Arten).

Parthenogenese ist bei Copepoden äußerst selten. Begattete Weibchen legen innerhalb weniger Minuten ihre zunächst roten Eier ab. Beim Austritt aus den Eileitern in das Wasser kommt ein Sekret hinzu, das erhärtet und die Eier in Eisäckchen zusammenhält. Liegen die Eileitermündungen nahe beieinander, entsteht ein Eiballen; weitgetrennte Geburtsöffnungen bilden ein Paar von Eisäckchen. Die Eier werden während der Eiablage von den in der Samentasche auf Vorrat gehaltenen Spermien befruchtet. Die Weibchen bilden mehrmals nacheinander Eisäckchen.

Aus den Eiern schlüpfende Nauplius-Larven (S. 322, Nr. 32, Farbfoto 27) rudern ruckartig. Bewegung und Nahrungsaufnahme besorgen sie mit nur drei Gliedmaßenpaaren (1. und 2. Antennen, Mandibeln). Beim Rudern strömen schwebende Partikel, Diatomeen, Grünalgen und Protozoen einmal um die Oberlippe zum Mund, zum anderen sieben Felder von Bauchborsten oder Fieberborsten an den

Mandibeln und 2. Antennen Geschwebe aus den Wasserwirbeln ab. Die Weibchen scheinen oft in der Überzahl zu sein, da sie langlebiger sind und durch die Eisäckchen eher auffallen. Tatsächlich ist aber das Verhältnis von Männchen zu Weibchen wenigstens bei der Geburt wie 1 : 1.

1. Calanoida: 1. Antennen sehr lang, bis 25gliedrig. Rechte 1. Antenne der Männchen mit Greiforgan. Mit Herz. Eier zu großem Eisack vereinigt, der von den Weibchen unter dem Abdomen getragen wird. Schwebende Planktonformen, die sich als Strudler ernähren. S. 310; *Diaptomus* bis *Heterocope.*

2. Cyclopoida: 1. Antennen mit 8 bis 17 Gliedern. Beide 1. Antennen der Männchen mit Greiforganen. Kein Herz. Eier in zwei Eisäckchen. Meist in Kleingewässern. Räuber, Aas- und Algenfresser. S. 310; *Cyclops.*

3. Harpacticoida: 1. Antenne mit höchstens 8 Gliedern. Beide 1. Antennen der Männchen mit Greiforganen. Kein Herz. Körperabschnitte gehen allmählich ineinander über. Ein Eisäckchen. Sehr schlechte Schwimmer; kriechen gewandt und schlängeln sich im Substrat fort. S. 310; *Canthocamptus, Attheyella, Bryocamptus.*

Unterklasse Ostracoda (Muschelkrebse)

Die Tiere gleichen äußerlich sehr kleinen Muscheln, da der undeutlich segmentierte Körper von einer zweiklappigen, meist stark verkalkten Schale umschlossen wird. Die beiden Schalenhälften werden längs der Rückenlinie durch Schloßbildungen und ein elastisches Band zusammengehalten. Das elastische Band läßt die Schalenhälften klaffen, ihm wirkt beim lebenden Tier ein Schließmuskel entgegen, der quer durch den Körper zieht und mit seinen beiden Köpfen etwa im Zentrum der Schalenteile ansetzt.
Die verkalkte Außenwand der Schale trägt Börstchen, Drüsenmündungen, Gruben und Leisten; die Schaleninnenwand dagegen bleibt zart chitinisiert und glatt. Die Schale ist doppelwandig; in ihrem Binnenraum zirkuliert Blut, und Darmdivertikel sowie Keimdrüsen können sich in den Binnenraum hineinschieben.
Der wenig gegliederte Körper wird von den Schalen umschlossen, und zwar einschließlich der beiden Antennenpaare und der übrigen Extremitätenpaare.
Der Rumpfabschnitt des Körpers ist so stark verkürzt, daß er den Kopfabschnitt an Länge und Ausdehnung nicht übertrifft. Die sieben Extremitätenpaare in der Reihenfolge von vorne nach hinten: 1. Antennen, 2. Antennen, Mandibeln mit Tastern, 1. Maxillen, 2. Maxillen. 1. Gangbeinpaar, 2. Gangbeinpaar. Eines der beiden Maxillenpaare trägt Atemplatten, verbreiterte Beinabschnitte, die als Ventilatoren einen Strom von Wasser durch die Schalen treiben. Das 2. Gangbeinpaar dient teils zum Laufen, teils arbeitet es als Putzbeinpaar und säubert die Schaleninnenseiten sowie die Atemplatten von eingestrudeltem Detritus. Der Körper endet in einer Schwanzgabel (Furka), die nicht zu den sieben Extremitätenpaaren gerechnet wird; sie ist zu geißelförmigen Anhängern reduziert oder trägt beinartige, paarige Anhänge.
Die Muschelkrebse schwimmen, indem beide Antennenpaare gleichzeitig schlagen, und zwar das 1. Paar nach hinten und oben, das 2. Paar nach hinten und unten. Die Tiere schwimmen sehr stetig, nicht ruckweise, wobei die 2. Antennen in erster Linie für Antrieb und Vorschub sorgen. Die Antennen gut schwimmender Arten sind stets mit langen Borsten ausgerüstet.

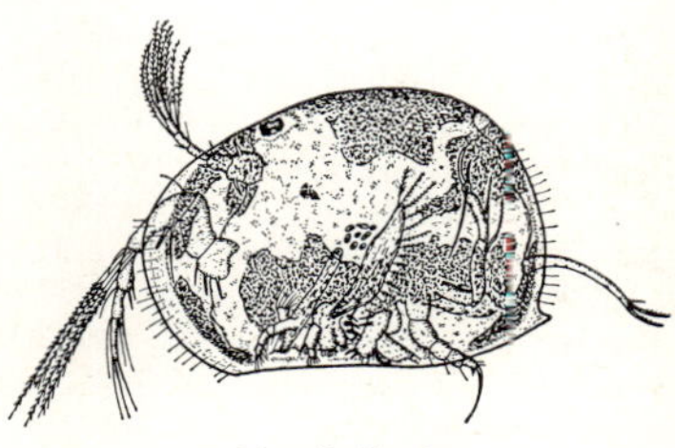

Muschelkrebs

Männchen treten bei den Süßwasserbewohnern unregelmäßig auf oder sind ganz unbekannt. Die meisten Arten legen ihre Eier ab und befestigen sie einzeln oder in Gelegen an Steinen, Pflanzen und Ästen. Aus den Eiern schlüpfen gutschwimmende, atypische Naupliuslarven mit drei Paar Gliedmaßen. Das Erwachsenenstadium wird nach fünf bis acht Häutungen erreicht. Erwachsene Tiere häuten sich nicht mehr. Bei den Männchen besitzen die 2. Maxillen auffällige Greifzangen, mit denen die Weibchen während der nur kurze Zeit dauernden Paarung festgehalten werden.
Muschelkrebse leben in fast allen Wasseransammlungen, meist am Grund. Sie graben im Schlamm, laufen auf dem Boden oder klettern an Pflanzenteilen herum. Die 1. Antennen können dabei den Weg abtasten und Hindernisse fortschieben.
Lebensweise und Ausgestaltung der Extremitäten hängen eng zusammen. Wühlende Arten haben verkürzte Antennen- und Laufbeinglieder, Läufer und Kletterer benützen die klauenartigen Borsten der 2. Antenne, die Sichelklauen eines oder beider Laufbeinpaare und die Furka zum Ziehen, Schieben und Abstemmen.
Die Nahrung der Muschelkrebse ist je nach Art sehr verschieden: Tierleichen (*Cypris*-Arten), Blätter *(Candona),* Algen *(Heterocypris),* Detritus und Diatomeen. *Notodromas* filtriert Kahmhäute und seiht mit den Mandibeln Bakterien heraus. Die Art der Nahrung kann am Inhalt des Darmes abgelesen und aus dem Bau der Mundwerkzeuge erschlossen werden; das Fressen selbst ist äußerst schwer zu beobachten.
Schalen von Muschelkrebsen sind seit dem Erdaltertum fossil erhalten. Sie haben paläontologisch und geologisch als Leitfossilien große Bedeutung.
In ausgetrockneten oder eingefrorenen Pfützen und Tümpeln können die meisten Muschelkrebsarten lange ausharren und überleben. Die Ränder der Schalenhälften werden dabei fest zusammengepreßt.
Zur Untersuchung muß der Körper aus der Schale herauspräpariert werden. Am besten bringt man das zu untersuchende Tier auf grobes, mit Glyzerin durchtränktes Filtrierpapier und präpariert mit spitzen und stumpfen Insektennadeln. Körper mit Extremitäten und Schalenhälften werden getrennt in Glyzerin oder Glyzeringelatine eingedeckt.

Familie Cypridae: 2. Maxillen dienen als Mundwerkzeuge, 1. Gangbeinpaar als Schreitbeine, 2. Gangbeinpaar als Putzfüße. S. 312; *Ilyocypris* bis *Cypridopsis.*
Vertreter der Familie Cytheridae sind hier nicht abgebildet und beschrieben (2. Maxillen und die beiden Gangbeinpaare einander sehr ähnlich und als Schreitbeine ausgebildet).

Klasse Arachnida (Spinnentiere)

Ordnung Acari (Milben)

Familienreihe Hydrachnellae (Süßwassermilben)

Zur Klasse der Spinnentiere gehören Skorpione, Geißelskorpione, Webespinnen, Bücherskorpione, Walzenspinnen, Weberknechte und Milben.
Die meisten Milben sind Landbewohner; relativ wenige Arten haben sich an das Wasserleben angepaßt.
Die Gliederung der Spinnentiere ist bei den Milben ganz aufgegeben, ihr Körper ist zu einem äußerlich einheitlichen, höchstens angedeutet segmentierten „Sack" geworden. Die Anpassungen der Süßwassermilben an ihren Lebensraum sind, verglichen mit den Landmilben, relativ geringfügig. Die Behaarung des Körpers fällt bei den Süßwassermilben weg, der Rückenteil des Chitinpanzers bleibt meist weich, die Krallen der Beine sind verkleinert, Hautdrüsen treten auf, die Öffnungen des Tracheensystems nach außen (Stigmen) sind

durch Häutchen verschlossen, die Beine sind durch Säume von Schwimmhaaren zu Rudern umfunktioniert.

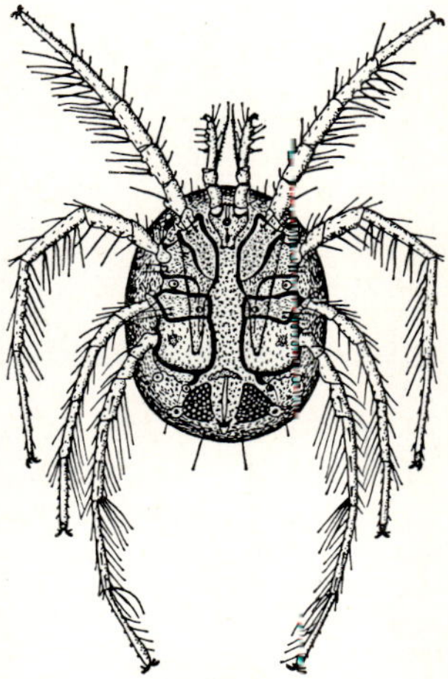

Süßwassermilbe

Auf der Erde leben etwa 2500 Arten von Süßwassermilben; sie besiedeln alle Gewässertypen und sind am häufigsten in Teichen und den Vegetationsgürteln von Seen. Pflanzenfreie Brandungsufer meiden sie, ebenso austrocknende Pfützen und stark verschmutzte Gewässerbezirke. Die oft prächtig gefärbten Tiere sind nur wegen ihres Lebensraumes und ähnlicher Lebensweise zu einer Gruppe zusammengefaßt, systematisch bilden sie keine Einheit.
In einer Bucht der vorderen Hüftplatten liegt das „Köpfchen" (Capitulum), zu dem die beiden Palpen und das Maxillarorgan gehören. Im Maxillarorgan liegen, zum Teil miteinander verwachsen, die stechenden Cheliceren (Kieferklauen). Sie bestehen hier aus einem breiten Grundglied und einer darauf sitzenden, häufig gezähnelten Klaue als Stech- und Zangenwerkzeug. Der mittlere Teil des Maxillarorgans, das Rostrum, ist oft schnauzenartig verlängert und nach unten gerichtet; es endet mit der winzigen Mundöffnung. Die beiden 5gliedrigen Taster (Palpen) sind in Gruben der Oberseite des Maxillarorgans eingelenkt.
Alle Wassermilben sind Räuber. Sie packen Wasserflöhe, Hüpferlinge, Muschelkrebse, kleinere Milben, Schneckenlaich und Insektenlarven mit den Palpen, halten sie fest und stechen sie mit den Cheliceren an. Herausquellende Flüssigkeit wird durch den Mund aufgesaugt, Verdauungsenzyme werden in die Beute ausgeschieden und verflüssigen deren innere Organe, die dann regelrecht ausgeschlürft werden.
Die Beine sind 6gliedrig; erwachsene Tiere und Nymphen haben vier Paare, Larven drei Paare. Sie sind an den Hüftplatten angelenkt, deren Formen und Gruppenbildungen ein wichtiges Bestimmungsmerkmal sind.
Um die spaltförmige Geschlechtsöffnung auf der Bauchseite sind Genitalplatten gruppiert. Auf den Genitalplatten stehen merkwürdig gebaute Saugnäpfchen, die nur den Wassermilben zukommen.
Die Lebenszyklen der Wassermilben sind zum großen Teil noch nicht vollständig bekannt und variieren anscheinend von Gattung zu Gattung. Hier eine summarische Übersicht über die durch Häutungen voneinander getrennten Stadien:
a. Die sechsbeinige Larve schlüpft aus dem Ei. Sie geht als Schmarotzer auf Wasserwanzen, Schwimmkäfer oder wasserlebende Insektenlarven. Bei der Verwandlung von Puppen und Larven der Wirte zu Volltieren können die parasitischen Milbenlarven auf das Volltier (Mücken, Eintagsfliegen, Libellen) übergehen. Die parasitierenden Larven durchbohren das Chitin der Wirte und saugen Körpersäfte.
b. Die Protonymphen sind Dauerstadien; sie erscheinen als bein- und bewegungslose Säcke.
c. Die Deutonymphen entwickeln sich zu achtbeinigen Tieren innerhalb des Protonymphensackes. Sie schlüpfen, leben einige Zeit frei am Grund der Gewässer, klettern auf Pflanzen und wandeln sich in das nächste Stadium um.
d. Die bewegungslosen Tritonymphen bilden ein zweites Dauerstadium.
e. Die fertigen, geschlechtsreifen Milben schlüpfen aus den Häuten der Tritonymphen.
An durchsichtigeren Arten lassen sich alle Organsysteme ganz gut beobachten.

Man kann Wassermilben mit MS 222 (S. 20) betäuben und stillegen. In Formol und Alkohol werden die Tiere spröde und runzelig; Konservierung daher am besten in einem Gemisch aus drei Teilen Wasser, fünf Teilen Glyzerin und zwei Teilen Essigsäure. In diesem Gemisch bleiben die Beine gestreckt.
Um die Strukturen der Bauchseite genauer zu sehen – für eine exakte Bestimmung ist das nötig –, werden getötete Tiere angestochen, ausgespült und zart ausgequetscht.
In Mitteleuropa leben etwa 450 Wassermilben-Arten.
S. 314 bis S. 318; *Limnochares* bis *Brachypoda*.

Stamm Tardigrada (Bärtierchen)

Bärtierchen sind zwar streng an Wasser gebunden, doch findet man sie in Tümpeln, Teichen und Seen nie häufig. Nur gelegentlich entdeckt man sie auf Algen, Wasserpflanzen, Steinen und im Schlamm. Der typische Lebensraum der Tardigraden sind die Tröpfchen und Wasserfilme in Moospolstern, Flechtenlagern, dem Moos- und Flechtenbewuchs auf alten Dächern, Blattrosetten, Sandstränden, selbst auf Gletschern. Die größten Arten werden bis 1,2 mm lang, die meisten bleiben unter 500 µm, und es gibt selbst Arten, bei denen die erwachsenen Tiere 50 µm nicht überschreiten.
Der dickliche, zylindrische Körper, die vier Paar Stummelfüßchen und die bedächtigen Bewegungen der „Pfoten" haben den winzigen Tierchen die Bezeichnung Bärtierchen oder Wasserbären eingebracht. Kopf und vier undeutliche Segmente gliedern den Körper. Jedes Bein endet mit zwei Doppelklauen, die zum Klettern verwendet werden. Vorne am Kopf liegt der Mund, der After mündet zwischen den Hinterbeinen.
Eine dünne Lage von Hautzellen scheidet eine wasserdurchlässige, stark quellbare Kutikula aus eiweißartiger Substanz – nicht aus Chitin – ab. Dicke und Farbe der zum Teil durchscheinenden, zum Teil recht dunklen Kutikula sind verschieden; einige Moosbewohner besitzen regelrechte Panzerplatten.
Die Tiere häuten sich vier- bis sechsmal im Laufe ihres Lebens. Die meisten Individuen sind Weibchen; Männchen tauchen nur gegen Ende des Winters häufiger auf.
Tardigraden stechen mit ihren Stiletten Moosblättchen und Algenzellen an. Der Schlund schlürft den Zellinhalt heraus und pumpt ihn in den Darm. Eine Ausnahme: Das Bärtierchen *Milnesium* fällt Fadenwürmer und Rädertiere an.
Trocknet der Lebensraum, der Wasserfilm, ein, so geben die zellkonstanten Tiere Wasser ab und kontrahieren sich. Nach 45 Minuten sind Kopf und Beine eingezogen. Die unbeweglichen, zerknitterten „Tönnchen" enthalten jetzt nur noch nicht verdunstbares, „gebundenes" Wasser (Quellungs- und Lösungswasser der Eiweiße). Die trockenstarren Tönnchen bleiben 10 Jahre lebensfähig und überdauern im Versuch einen 20 Monate langen Aufenthalt in flüssigem Sauerstoff. Die inneren Organe bleiben in den Tönnchen erhalten, alle Stoffwechselprozesse laufen weiter, allerdings stark verlangsamt (Anabiose). Bringt man die Tönnchen in Wasser, so quellen sie im Verlauf einer halben Stunde auf und verwandeln sich zum normal aktiven Tier.
Die innere Organisation der hübschen und merkwürdigen Tiere zeigen die Zeichnung und die Erklärung der Ziffern. Die Beziehungen der Tardigraden zu anderen Tierstämmen sind ungeklärt.
1 Übereinandergelegte Kutikularringe steifen den Mund aus und bilden beim Saugen eine Art Labyrinthdichtung. **2** Der enge Röhrenteil des Schlundes ist wie die Mundringe sklerotisiert und reicht in den Saugpharynx hinein; 2 Stilettscheiden überwölben in Ruhelage die scharfen Spitzen der Stilette. **3** Das große Gehirn liegt über dem Pharynx; 2 breite Konnektive ziehen beiderseits des Pharynx zum Unterschlundganglion (**4**); die Augen liegen dem Gehirn an und enthalten je eine einzige Sehzelle. **4** Unterschlundganglion. **5** Kutikula aus Albuminoiden. **6** Epidermiszellen; ihre Zahl ist konstant und artspezifisch. **7** Das

erste Ganglienpaar des Bauchstrangs. **8** Die Kutikularstilette verkalken streckenweise; sie sitzen mit ihren gegabelten Basisköpfen auf federnden Querträgern, die als solide Gebilde von der Wand des Pharynx ausgehen. **9** In jedes Bein ziehen von der Rücken- und Bauchseite her einige Muskeln. In einem kleinen Ganglion enden die Verbindungsnerven zum entsprechenden Bauchganglion. Das hinterste Beinpaar wird zur Fortbewegung nicht verwendet. **10** Die Speicheldrüsen münden weit vorne in die Mundhöhle. **11** 7 Paare feiner Muskeln, die alle von den basalen Stilettköpfchen ausgehen, ziehen die Stilette zurück oder stoßen sie weit zum Mund hinaus. **12** Radiärmuskeln erweitern das von einem dünnen Epithel ausgekleidete und in Ruhe Y-förmige Lumen des Saugmagens; auffällig sklerotisierte „Makroplakoide" (die 6 schwarz gezeichneten Stücke im Pharynx) fungieren als Aussteifung und Muskelansatz. **13** 2. Bauchganglienpaar des Bauchstrangs; das 3. und 4. Paar, in der Zeichnung vom Darm verdeckt, liegen in Höhe des reifen Eies und des Eileiters. **14** Aus den Wandungen der vorderen 4 Cölomsackpaare (Cölom = sekundäre Leibeshöhle) gehen während der Embryonalentwicklung neben Muskelfasern die Speicherzellen hervor. **15** Der Eierstock ist ein unpaarer Sack, der vom 5., letzten Cölompaar des Embryos gebildet wird; der Eileiter mündet rechts hinter dem Enddarm in eine Kloake. Der ebenfalls unpaare Hoden der Männchen mündet über 2 Samenleiter. **16** Ringmuskulatur des Körpers. **17** Eier, die frei abgelegt werden, sind vielfältig skulpturiert; glatte Eier werden in die frischgehäutete Kutikula gebracht; unbefruchtete, dünnschalige Eier entwickeln sich parthenogenetisch. 3 bis 14 Tage nach der Eiablage schlüpfen die Jungtiere. **18** Eine Speiseröhre verbindet den Schlund mit dem geraden Mitteldarm. Ungefähr 40 hohe Zellen bilden das einschichtige Darmepithel. **19** Das 4. Bauchganglienpaar innerviert unter Einschaltung eines Zwischenganglions (**19**) die Hinterbeine. **20** Als Gegenspieler der Körperlängsmuskulatur, der Ringmuskulatur und der Beinmuskulatur fungiert der Flüssigkeitsdruck der Körperflüssigkeit (Turgor). **21** Ein Receptaculum seminis, ein Samenspeichersäckchen, bilden nur Arten der Gattungen *Hypsibius* und *Macrobiotus* im Herbst und Winter aus. **22** 2 Malpighische Schläuche aus je 3 Zellen sind an der Exkretion mitbeteiligt. **23** Die 3zellige „dorsale Ausscheidungsdrüse" enthält wie die Malpighischen Schläuche stark lichtbrechende Exkrete. **24** Muskulatur des Enddarms. **25** Querer Afterspalt. **26** Ähnlich wie die Stilette und das Mundrohr werden die neuen Doppelkrallengarnituren vor jeder Häutung in Hohlräume von dicken Epidermispolstern hinein abgeschieden; weichen die Vakuolenwände auseinander, werden die Kutikulargebilde frei.

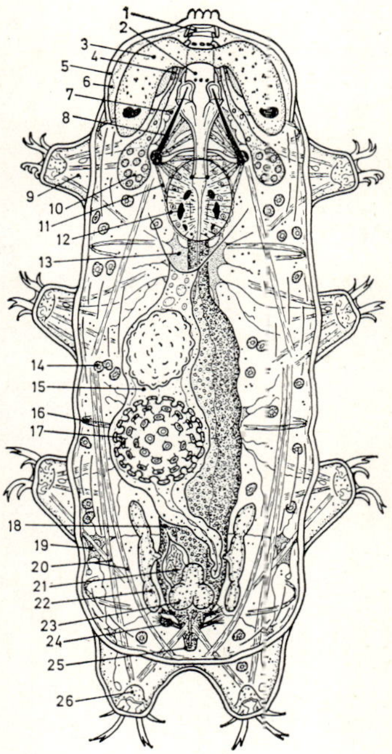

Bärtierchen

Sammeln: Nasse Moose ausquetschen. Trockene Moose und Flechten mit Wasser übergießen, nach einiger Zeit auspressen. Eine exakte Bestimmung anhand der Krallenformen, der Eiformen und der sklerotisierten Einlagerungen (Makroplakoide) im Pharynx ist schwierig. Hier sollen die häufigeren Arten der Moosrasen, Wassermoose und der stehenden Gewässer angeführt werden:

1. *Echiniscus blumi:* Auf der Rückenseite fünf grobkörnige Panzerplatten mit körperlangen seitlichen Fäden; bis 450 μm.
– Die weiteren Arten ohne Panzerplatten! –

2. *Milnesium tardigradum:* Um den Mund sechs vorstehende Papillen; Pharynx ohne Makroplakoide; jedes Bein mit zwei sehr dünnen, langen „Fadenkrallen" und zwei kleinen robusten „Steighaken"; 500 bis 1200 μm.
– Die weiteren Arten ähnlich wie das schematisch gezeichnete Tier auf der Abbildung. –

3. *Hypsibius oberhaeuseri:* Epidermis graubraun, rotbraun oder violett; um 400 μm.
– Die weiteren Arten durchscheinend und farblos! –

4. *Hypsibius dujardini:* Die beiden Doppelkrallen eines Beines sind im Bau, in der Größe und in der Stellung erheblich verschieden. Um 450 μm.
– Die Doppelkrallen eines Beines sind bei den weiteren Arten in Form und Größe identisch! –

5. *Macrobiotus macronyx:* Krallen groß. Tiere bis 1000 μm. Im Pharynx vier schmale, dünne Makroplakoide.

6. *Macrobiotus hufelandi:* Im Pharynx vier Makroplakoidstäbe, das vordere Paar leicht geknickt und fast doppelt so lang wie das hintere. Eier wie im Schema (17). Um 600 μm.

7. *Macrobiotus echinogenitus:* Im Pharynx vier Makroplakoidstäbe. Eier mit zwiebelförmigen Auswüchsen. Um 500 μm.

8. *Macrobiotus intermedius:* Im Pharynx sechs Makroplakoidkörner. Eier wie im Schema (17). Um 350 μm.

9. *Macrobiotus harmsworthi:* Im Pharynx sechs Makroplakoidstäbe. Eier mit zwiebelförmigen Auswüchsen. Um 650 μm.

Stamm Tentaculata (Tentakelträger)

Klasse Bryozoa (Moostierchen)

Die festsitzenden Moostierchen bilden Kolonien. Die meist winzig kleinen Einzeltiere (Zooide) der Kolonien und Stöckchen bestehen aus einer mehr oder weniger festen Hülle als „Wohnröhre" (Cystid) und dem zurückziehbaren Weichkörper (Polypid). Cystid und Polypid bilden zusammen eine untrennbare Einheit, nie kann das Polypid seine Hülle verlassen. Die Hülle wird von Hautzellen als kalkige, hornartige, chitinöse, mit Fremdkörpern beladene oder glasklare, zerfließende Schicht abgeschieden.
Der Hautmuskelschlauch, der unmittelbar unter den Hautzellen liegt, bleibt schwach entwickelt.
Die Leibeshöhle ist von einer dünnen Epithelschicht ausgekleidet. In der Leibeshöhlenflüssigkeit schwimmen Lymphzellen. Der Verdauungsapparat, das eigentliche Polypid, gliedert sich in Tentakelkrone, Speiseröhre, Magen, Magenblindsack, Darm und Enddarm. Der Darmkanal hängt als V-förmige Schleife in die Leibeshöhle hinein. In der Nähe des Mundes, außerhalb der Tentakelkrone, mündet der After nach außen. Die entfalteten und bedächtig hin- und herwiegenden Tentakelkronen der Moostierchen gehören zu den schönsten und faszi-

nierendsten Organen von Süßwassertieren. Die Tentakelkronen sind Strudelapparate, die einzelnen Tentakel sind dicht in drei Reihen mit Wimpern besetzt. Die Tentakel stehen bei den Süßwasserbryozoen, von einer Spange getragen, in zwei U-förmigen Reihen vor der Mundöffnung. Die Tentakel der Süßwassertiere sind an der Basis durch eine Membran verbunden; die des äußeren Kranzes biegen sich nach außen, die des inneren Kranzes einwärts. In der Rinne zwischen beiden Kränzen wird die Nahrung, bevor sie in den Mund gelangt, gesammelt. Unverdauliche oder sonst mißliebige Objekte werden von einer Oberlippe über dem Mund ferngehalten.

Planktische Grünalgen, Diatomeen, Zieralgen, Flagellaten, Ciliaten, Rädertiere und Detritus werden aus weiter Entfernung herbeigestrudelt. Gleichzeitig dienen die Tentakel der Atmung, da ständig frisches Wasser herangeschafft wird. In jedem Tentakel verlaufen ein sensorischer und zwei motorische Nerven, die Vielzahl der Nerven geht von einem Hirnbläschen in Höhe der Mundbucht aus. Gereizte Tentakelkronen verschwinden blitzschnell im Cystidteil. Die Kontraktion eines großen Rückziehmuskels, der einerseits am Magenblindsack, andererseits an der Basis des Cystids ansetzt, bringt das Polypid ins Innere. Das eingezogene Polypid schließt sich gegen die Außenwelt mit einem irisblendenartigen Membranhäutchen ab.

Eine Erhöhung des Binnendrucks der flüssigkeitserfüllten Leibeshöhle treibt das Polypid wieder aus.

Besondere Atem-, Ausscheidungs- und Durchblutungsorgane fehlen den Moostierchen; diese Systeme scheinen bei der Kleinheit der Tiere entbehrlich.

Geschlechtliche Fortpflanzung: Moostierchen sind Zwitter. Die Eier entstehen im oberen Teil der Tiere, die Hodenbläschen am „Funiculus", einem bindegewebigen Strang, der locker den Magenblindsack mit der Basis des Cystids verbindet. Bei den Süßwasser-Moostierchen gelangen die befruchteten Eier auf unbekannte Weise in ein Säckchen, das aus einer Abschnürung der seitlichen Cystidwandung als innere Brutkammer entsteht. In der Brutkammer entwickelt sich der massive Keim zu einer doppelwandigen Blase, dann deuten sich zwei Polypidknospen an, und zwei bewimperte Schalenstücke wachsen über die Polypidknospen hinweg. An warmen Sommertagen – leider meist nachts und innerhalb weniger Stunden – werden die vielen Larven einer Kolonie in ganzen Wolken abgestoßen. Die „Larven", Primärzooide genannt, schwärmen höchstens einige Stunden; sie setzen sich fest, schlagen die beiden Schutzklappen zurück und stülpen sehr rasch die vorgebildeten Polypide aus. Ein Stock entsteht durch weitere Knospenbildungen.

Ungeschlechtliche Vermehrung durch Knospenbildung: Beim Wachstum der Stöcke spielt diese Vermehrungsart die Hauptrolle. Je nach Art und Umweltbedingungen sind die Gesetze dieser Knospungsvorgänge sehr verschieden; sie bestimmen die Wuchsformen der Stöcke (Krusten, Polster, Knollen, Ranken, geweihartige Gebilde, Ketten). Durch fortlaufende Knospenbildung und Auswachsen der Knospen zu vollständigen Polypiden vergrößert sich der Moostierchenstock. Die einzelnen Generationen der Knospen bilden bei den Süßwasser-Moostierchen keine vollständigen eigenen Cystidwandungen aus; die Cystide gehen, zumindest in den tieferen Bereichen des Stockes, ohne Zwischenwände ineinander über. Die Leibeshöhlenflüssigkeit übernimmt für alle Polypide eines Stockes gemeinsam die Rolle des Blutes.

Im Süßwasser überleben die Stöcke den Winter nicht. Die Polypide degenerieren im Herbst, Larven der Zuckmücke *Chironomus* zernagen das Wabenwerk der

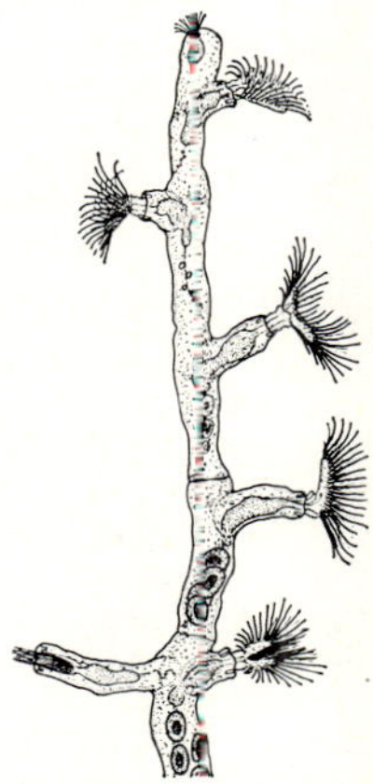
Moostierchen-Kolonie

Cystidkammern. Der Erhaltung der Art über den Winter dienen spezielle Keimknospen, die Statoblasten, die vom Frühsommer an am Funiculus (nicht in der Polypidknospungszone!) entstehen. Die ungeschlechtlich entstehenden Statoblasten überdauern Kälte- und Trockenzeiten. Nach einer Ruhezeit von mehreren Monaten und bei einer Wassertemperatur von mindestens 10 °C bilden sie innerhalb von fünf Tagen eine Polypidknospe. Dieses erste Polypid besteht zunächst aus Zellen des Funiculus und Hüllzellen; für seine weitere und definitive Ausgestaltung werden die dotterhaltigen Zellen, die ursprünglich das Innere des Statoblasten erfüllt haben, verbraucht. Zwischen den am Äquator auseinanderweichenden Schalenhälften des Statoblasten streckt sich das Polypid aus und liefert durch anschließende Knospung im Lauf weniger Wochen einen neuen Stock. An der relativ komplizierten Entstehung der Statoblasten beteiligen sich von der Cystidwand in den Funiculus-Strang eingewanderte Ektodermzellen, bindegewebige Funiculuszellen und dotterhaltige Zellen. Fertige Statoblasten werden von einer undurchsichtigen, dunkelbraunen, chitinigen, festen, flach linsenförmigen Schale umhüllt und tragen um den Äquator einen Schwimmgürtel aus lufterfüllten Kammern.
Die Stöcke können im Herbst mit Statoblasten vollgepfropft sein. Wenn die Weichteile des Stockes verfault sind und die Cystidröhren zerstört werden, schwimmen die Statoblasten auf, werden ans Ufer getrieben, von Vögeln im Gefieder verschleppt, aufs Land geworfen, im Eis eingefroren. Nicht alle Statoblasten haben Schwimmringe; die „Sessoblasten" werden auf der Unterlage festgekittet, sie besitzen keine Schwimmringe. Schwimmring-Statoblasten heißen im Unterschied dazu „Flottoblasten".

Ordnung Gymnolaemata: Die „Kreiswirbler" leben im Meer (mit einer Ausnahme), sie bilden zart bis kräftig gefärbte Stöckchen in verwirrender Formenfülle. Ausbreitung durch freischwimmende Larven. Tentakel in einem Kreis um den Mund angeordnet. Eine Süßwassergattung: *Paludicella;* S. 320.

Ordnung Phylactolaemata (Hufeisenwirbler, Armwirbler): Nur im Süßwasser. Tentakelkrone zweireihig hufeisenförmig. Drei Familien:

Fredericellidae: Polypide klein; Tentakelkrone nahezu kreisförmig; Cystide durch Septen voneinander getrennt. S. 320; *Fredericella.*

Plumatellidae: Cystidröhren in geweihartig verzweigten Kettenverbänden angeordnet oder mit den Seitenwänden zu massigen Klumpen aneinander gekittet. S. 320; *Plumatella, Hyalinella.*

Cristatellidae: Alle Einzeltiere leben in einer gallertigen Umhüllung ohne Cystidwände. S. 320; *Lophopus, Cristatella.*

Erklärung der Abkürzungen

A Ähnliche Arten
B Biologische Besonderheiten
G Größe
L Lebensraum, Vorkommen
µm Mikrometer (tausendstel Millimeter)
IV Leitorganismus der Wassergüteklasse IV (polysaprobe Zone) nach Liebmann
III Leitorganismus der Wassergüteklasse III (α-mesosaprobe Zone) nach Liebmann
II Leitorganismus der Wassergüteklasse II (β-mesosaprobe Zone) nach Liebmann
I Leitorganismus der Wassergüteklasse I (oligosaprobe Zone) nach Liebmann

Typenschlüssel und Bestimmungsteil

Blaualgen blaugrün, blau, olivgrün, gelb, rot, violett, gelbgrün, blaßgrünlich
Chloroplasten der Goldalgen goldgelb bis braun, farblos
Chloroplasten der Kieselalgen olivgrün bis bräunlich
Chloroplasten der Gelbgrünalgen grün, gelblichgrün
Chloroplasten der Augenflagellaten grün, farblos
Chloroplasten der Dinoflagellaten gelb, braun, dunkelbraun, blaugrün, farblos
Chloroplasten der Kryptomonaden blau, blaugrün, braun, rot, farblos
Chloroplasten der Grünalgen grün, saftiggrün, blaßgrün
Chloroplasten der Rotalgen rot, braunrot, blaugrün, graugrün
Chloroplasten der Braunalgen bräunlich

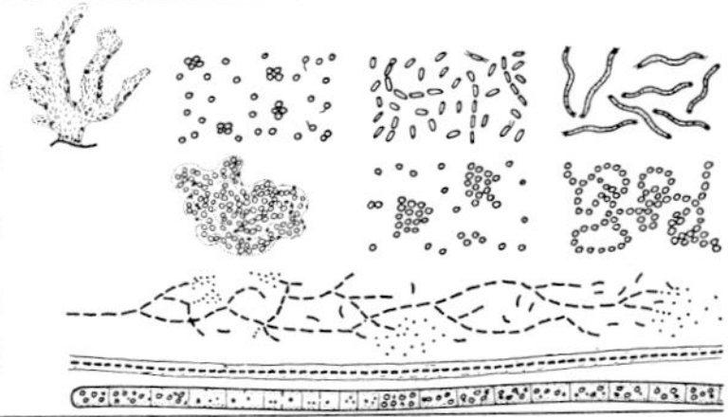

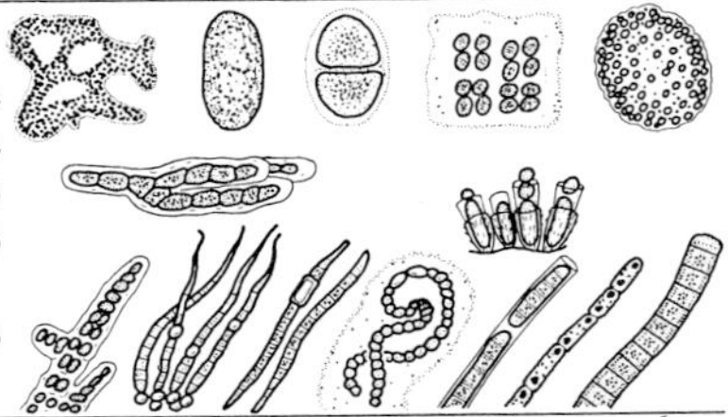

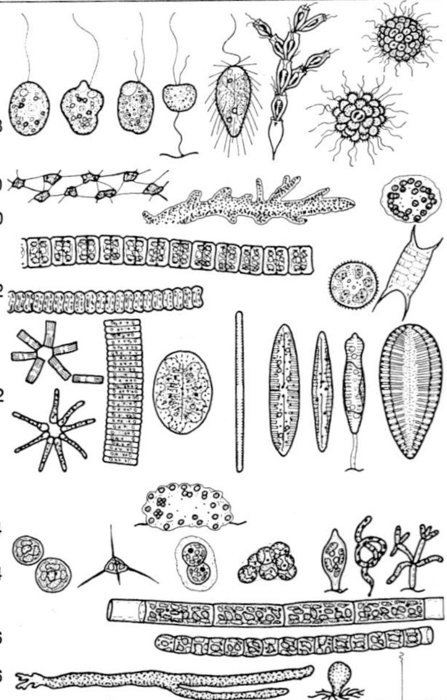

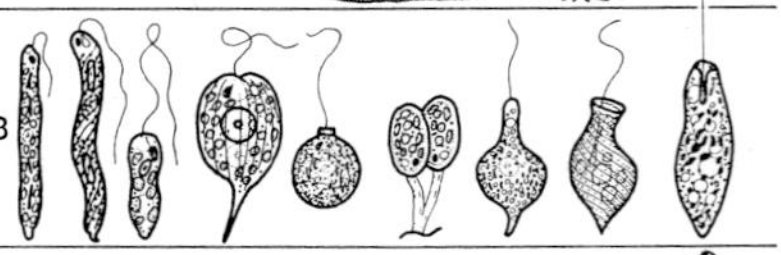

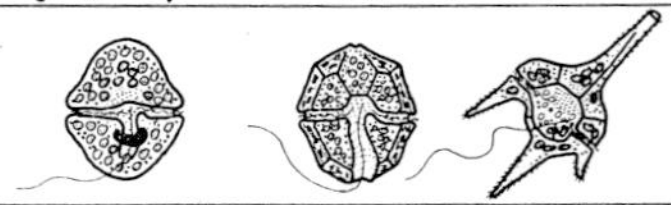

6. Cryptophyta (Kryptomonaden) 156

7. Chlorophyta (Grünalgen)

Chlorophyceae

- Volvocales – Grünmonaden 156
- Tetrasporales – Viersporgrünalgen 160
- Chlorococcales – Kokkale Algen 162
- Ulotrichales – Zellfadenalgen 184
- Ulvales – Meersalat-Grünalgen 186
- Prasiolales – Lauch-Grünalgen 186
- Microsporales 186
- Chaetophorales – Borstenalgen 186

Oedogoniophyceae – Kappenring-Grünalgen 190

Bryopsidophyceae – Moosalgen

- Cladophorales – Astalgen 190
- Sphaeropleales – Ringelalgen 190

Conjugatophyceae – Jochalgen

- Mesotaeniales – Zieralgen 192
- Gonatozygales – Zieralgen 192
- Desmidiales – Zieralgen 192
- Zygnemales – Faden-Jochalgen 206

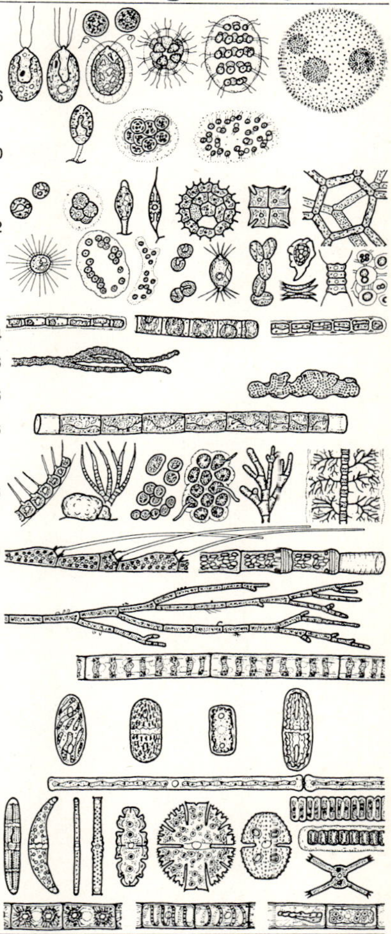

8. Rhodophyta (Rotalgen)

- Bangiales – Purpur-Rotalgen 208
- Nemalionales – Glattfadenalgen 208
- Cryptonemiales 208

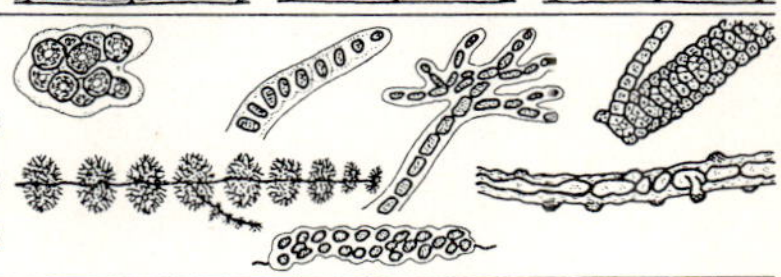

9. Phaeophyta (Braunalgen)

- Ectocarpales 208

10. Mycophyta (Pilze) 210

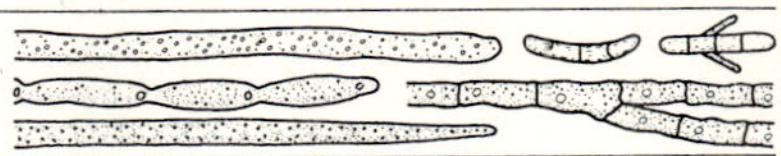

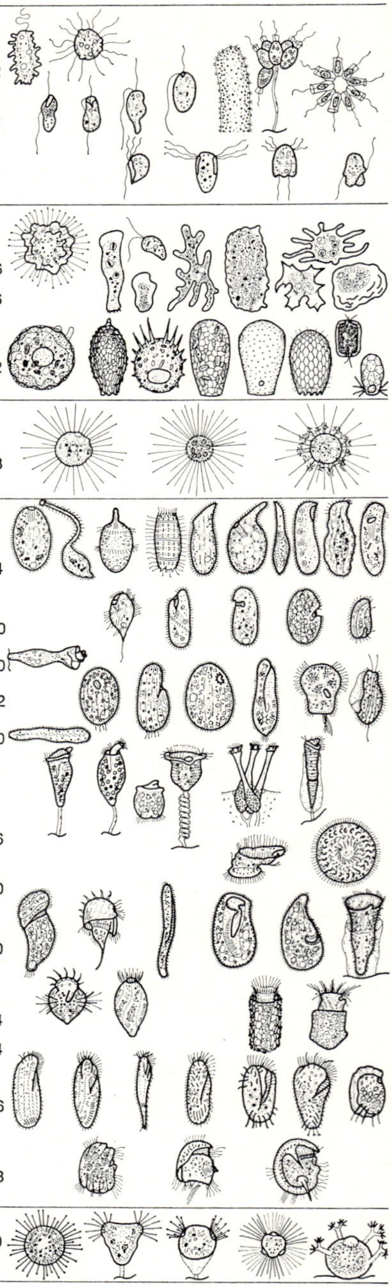

Typenschlüssel

1. Porifera (Schwämme)

Spongillidae – Süßwasserschwämme 262

2. Cnidaria (Nesseltiere)

Hydrozoa – Hydropolypen und Medusen 264

3. Plathelminthes (Plattwürmer)

Turbellaria – Strudelwürmer 266

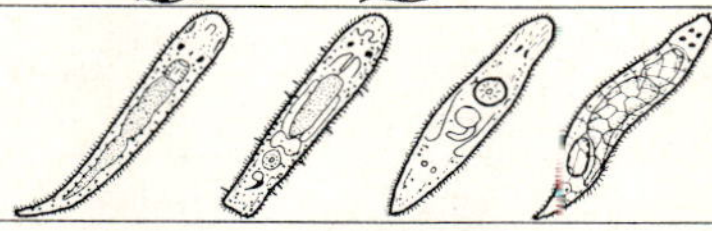

4. Nemertini (Schnurwürmer) 270

5. Nemathelminthes (Schlauchwürmer)

Rotatoria – Rädertiere

Bdelloidea 272

Monogononta 274

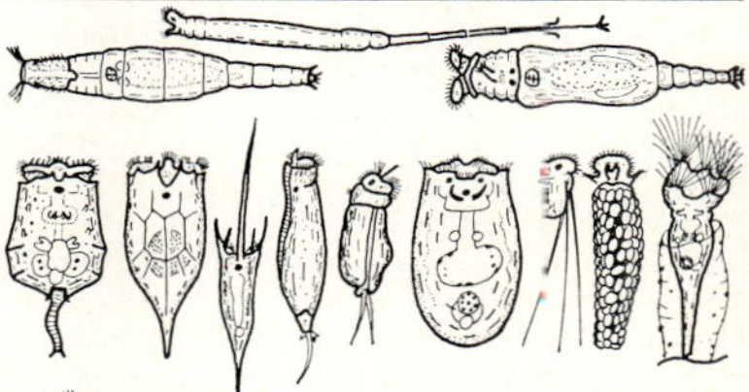

Gastrotricha – Bauchhärlinge 292

Nematodes – Fadenwürmer 296

6. Annelida (Gliederwürmer)

Polychaeta 298

Oligochaeta – Wenigborster 298

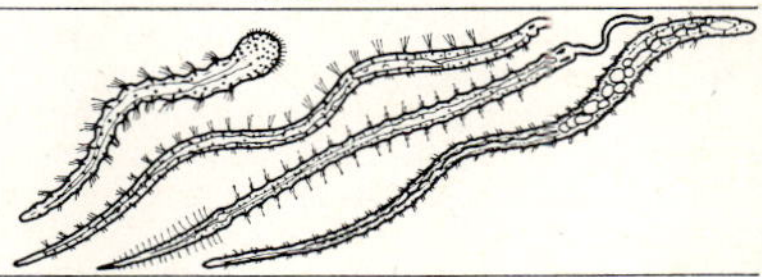

7. Crustacea (Krebstiere)

Phyllopoda – Blattfußkrebse 302

Copepoda – Ruderfußkrebse 310

Ostracoda – Muschelkrebse 312

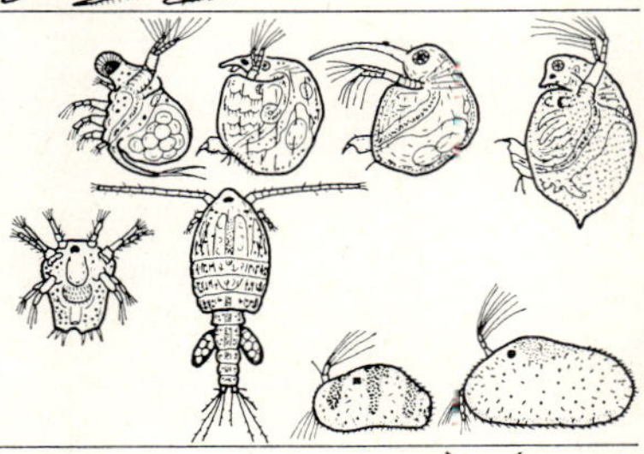

8. Acari (Milben)

Hydrachnellae – Süßwassermilben 314

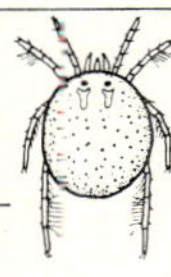

9. Tardigrada (Bärtierchen) 98

10. Bryozoa (Moostierchen) 320

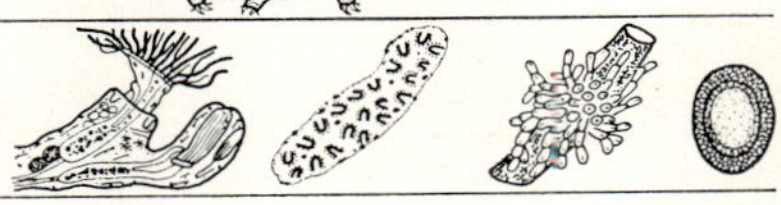

Bakterien

1 Zoogloea ramigera, Bäumchenbakterien. Verbände verschiedener Bakterienarten in Bäumchen- oder Geweihform. Einzelbakterien stäbchenförmig, in durchscheinendem, gallertigem Schleim. **G** Einzelbakterien um 1 µm, Gallertbäumchen höchstens 1,5 mm hoch. **L** Typische Abwasserorganismen, in organisch stark verschmutzten Gewässern. IV.

2 Nitrosomonas europaea, Ammoniakbakterium. Ellipsoidisch, eine polare Geißel, selten kurze Ketten bildend. Oxidiert Ammoniak und Ammoniumsalze zu Nitriten. **G** 1,1–1,8 µm. **L** Im Boden und im Wasser (Abwasser) weit verbreitet. In Belebtschlammflocken; Zellen bilden dichte Aggregate, aber keine Zooglöen. Sehr wichtig für den Stickstoffabbau im Abwasser.

3 Nitrobacter winogradskyi, Nitritbakterium. Kurze, unbewegliche Stäbchen mit gallertartiger Membran. Oxidiert Nitrite zu Nitraten. **G** Um 1,1 µm. **L** Im Boden und in Abwässern, in Belebtschlamm und Tropfkörpern. Wichtig für den Stickstoffabbau in Abwässern.

4 Pseudomonas fluorescens, Fluoreszenzbakterium. Zellen unbeweglich, zwei polare Geißeln, entweder als Einzelzellen oder in Paaren. Vergärt Zucker, reduziert Nitrate zu Nitriten und Ammoniak. Bildet wasserlöslichen, grün-blau fluoreszierenden Farbstoff. **G** 1,0–1,8 µm. **L** Im Boden, im Wasser und Abwasser. Massenhaft in überbelasteten Belebtschlammbecken.

5 Spirillum undulans, Sumpfspirille. Korkzieherartig gewundene, unbiegsame Stäbchen. Temperaturoptimum um 25°. An beiden Enden Büschel von 3 bis 9 (mikroskopisch nicht sichtbaren) Geißeln. Enthält Volutinkörnchen. **G** 1 µm dick, Umgänge 3 µm weit (1,5–3 Umgänge). **L** Schweinejauche, Faulschlamm in Tümpeln, stark faulende Abwässer. IV.

6 Spirillum volutans, Riesenspirille. Größte Spirille; Enden etwas verjüngt. An jedem Pol 10–15 Geißeln. Enthält dunkle, auffallende Volutinkörner. **G** 1,5 µm dick, Spiralen um 5 µm weit, Wellenlänge um 14 µm. Gesamtlänge bis 100 µm. **L** Stehendes Flachwasser.

7 Methanococcus mazei, Methankokken. Zellen kugelig, einzeln oder in „Wolken", vergärt Essigsäure und Buttersäure, wobei Methan entsteht. Anaerobier. **G** 1 µm. **L** Erde, Faulschlamm, Kot.

8 Sarcina methanica *(Methanosarcina methanica),* Methan-Paketkokken. Groß, kugelförmig, in Achterpaketen zusammenhängend. Anaerob. Bildet Methan als Stoffwechselprodukt, verwendet Ammoniak als Stickstoffquelle. **G** 4 µm. **L** Kot, Faulschlamm.

9 Sarcina paludosa, Paketkokken. Kugelförmig, oft sind 8 bis 64 Zellen zu einem Paket zusammengefaßt. Fakultativer Anaerobier. **G** 2 µm. **L** Schlamm häuslicher Abwässer. IV.

10 Streptococcus margaritaceus, Kettenbakterium. Zellen kugelig, hängen oft in bis 30 µm langen Ketten aneinander. Fakultativer Anaerobier. **G** 1,5 µm. **L** Schlamm und Abwasser. Überall häufig, wo Zucker oder Blut im Abwasser auftreten. IV.

11 Peloploca undulata, Bandbakterium. Zellen zu starren, wellenförmigen Fäden aneinandergereiht. Wände schimmern bläulich, Vakuolen im Zellinnern rötlich. Mehrere Fäden legen sich zu Bändern oder Kabeln mit aufgefaserten Enden zusammen. **G** Einzelzelle 6–10 µm lang, Verbände bis 150 µm. **L** Am Grund verschlammter Gewässer. IV.

12 Peloploca taeniata, Glitzerbakterium. Sehr ähnlich wie die vorige Art, aber Einzelzellen kleiner. **G** Einzelzellen 3–4 µm lang, Bänder bis zu 700 µm. **L** Verschlammte Flußbuchten. **B** Bänder glitzern im Durchlicht. Anaerobier. IV.

13 Bacteroides vulgatus, Kotbakterium. Oval, unbeweglich, einzeln oder in Paaren. Bildet Schwefelwasserstoff. Anaerob. **G** 0,7–2,5 µm lang. **L** Kot von Mensch und Säugetieren. Gelangt mit Abwässern in Gewässer und Faulschlamm.

14 Flavobacterium diffusum, Flavobakterium. Einzeln und in Ketten, sehr beweglich. Geißeln über den ganzen Körper verteilt. Reduziert Nitrate zu Ammoniak. **G** 0,5–1,5 µm lang. **L** Boden, Meer- und Süßwasser.

15 Escherichia coli, Kolibakterium. Zellen kokkenartig oder stäbchenförmig, einzeln, in Paaren und kurzen Ketten. Beweglich oder unbeweglich. Lebt normal im Enddarm von Menschen und Wirbeltieren, kann außerhalb des Darmes krankheitserregend sein (Blasenkatarrh, Nierenbeckenentzündung, Gallenblasenentzündung u. ä.). Kolibakterien gelangen nur mit Fäkalien ins Wasser. Sind in 100 ml mehr als 1 bis 5 Keime der Koligruppe vorhanden, ist das Wasser als Trinkwasser potentiell gefährlich. **G** 1–5 µm lang, 0,5 µm breit. **L** Häusliche Abwässer und Kläranlagen.

16 Escherichia intermedium, Bethesda-Bakterium. Stäbchenförmig. Reduziert Nitrate zu Nitriten. Erregt Brechdurchfall. **G** 0,8–2,5 µm. **L** Boden, Süßwasser, Darmkanal von Mensch und Tieren. Im Abwasser wesentlich am Abbau organischer Substanz beteiligt.

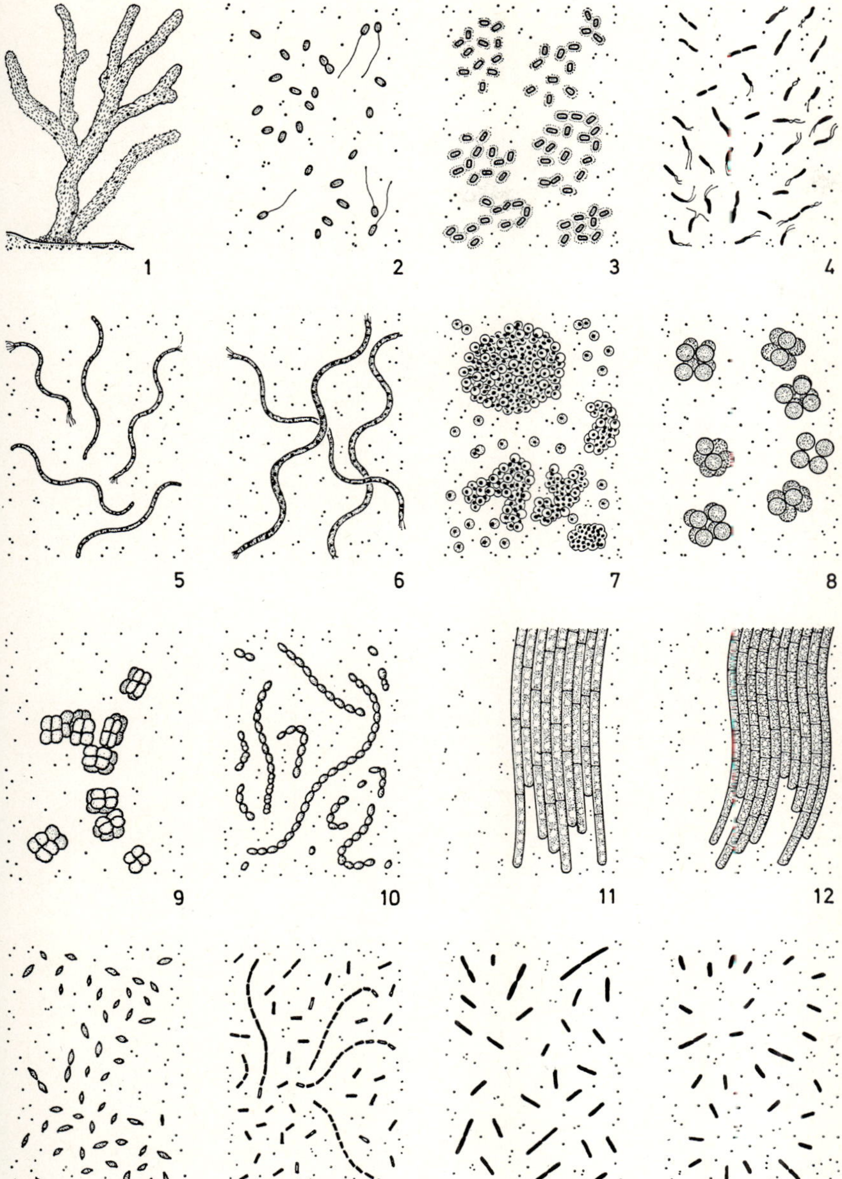
1
2
3
4
5
6
7
8
9
10
11
12
13
14
15
16

1 Aerobacter aerogenes, Gasbakterium. Stäbchen, meist einzeln, nie in Ketten. Häufig von Kapsel umschlossen. **G** 1–2 µm lang. **L** Darm von Tier und Mensch, auf Pflanzen; Abwässer, Kläranlagen. **B** Wichtiger Zersetzer pflanzlicher Überreste.

2 Paracolobactrum aerogenoides, Dickdarmbakterium. Kurzes Stäbchen, ähnelt der vorigen Art. **G** 1–2 µm. **L** Im Darm, im Boden, auf Pflanzen, im Oberflächenwasser. Kläranlagen.

3 Proteus vulgaris *(Bacillus proteus),* Fäulnisbakterium. Stäbchen; einzeln, in Paaren, sehr häufig in langen Ketten. Amöbenförmige Kolonien als Schleimfilm sichtbar. Schwärmkeime aktiv beweglich. Bildet Schwefelwasserstoff. **G** 1–3 µm lang. **L** Aufgüsse, faulendes Fleisch, faulende Pflanzen, Abwasser. **B** Oft Ursache von Wundinfektionen.

4 Methanobacterium soehngenii, Methanbakterium. Unbewegliche, teilweise leicht gebogene Stäbchen. Bildet keine Sporen. Erzeugt Methan. **G** bis 6 µm lang. **L** Schlamm, Kläranlagen. Im Süßwasser weit verbreitet, anaerob.

5 Methanobacterium omelianskii, Sporenbildendes Methanbakterium. Stäbchen gerade oder leicht gebogen, sehr verschieden lang. Gelegentlich schwach beweglich. Sporen wenig hitzebeständig, werden endständig gebildet und sind größer als die Elternzellen. Bildet Methan. **G** 1,5–10 µm lang. **L** Boden, Wasser, Abwasser, Kläranlagen, soweit das Milieu ungefähr neutral reagiert. **B** Obligater Anaerobier.

6 Methanobacterium propionicum, Methanbakterium. Ellipsoidisch, unbeweglich; keine Sporen. Nur in Gesellschaft anderer Methan-Bakterien zum Wachstum fähig, daher schwer zu kultivieren. Bildet Methan. **G** 2–3 µm. **L** Sauerstofffreie Abwässer, Klärschlamm, Ausfaultürme der Kläranlagen. **B** Obligater Anaerobier.

7 Methanobacterium formicum, Methanbakterium. Ellipsoidisch oder kurze Stäbchen; unbeweglich. Wächst nur zusammen mit anderen Bakterien gut. Bildet Methan. **G** 1,5–3 µm. **L** Tiefere Schlammschichten morastiger Sümpfe und Moorseen, neutrale Abwässer, Klärschlamm. **B** Obligater Anaerobier.

8 Methanobacterium suboxydans, Methanbakterium. Kurz stäbchenförmig oder fast kugelig. Bildet Methan. **G** 1,5–3 µm. **L** Magen (Pansen) der Wiederkäuer, sauerstofffreier Schlamm bei neutraler Reaktion, Kläranlagen. **B** Obligater Anaerobier.

9 Bacillus subtilis, Aufgußbakterium. Stäbchen einzeln oder in sehr kurzen Ketten; beweglich. Sporen ellipsoidisch oder zylindrisch inmitten der Elternzellen. **G** 2–3 µm lang. **L** Im Boden, in Aufgüssen aller Art (Käse, Heu, Salat, Kartoffeln usw.), in Abwässern. **B** An der „sauren Vergärung" und überhaupt am Abbau organischer Substanzen wesentlich beteiligt.

10 Gallionella ferruginea, Gedrehtes Eisenbakterium. Zellen nierenförmig, scheiden an ihrer eingebogenen Längskante kolloidales Eisenhydroxid ab, das bandartige Stiele ergibt. Stiele sehr zart, leicht zerbrechlich, zopfig verdreht. Nach jeder Teilung bilden sich zwei Stielchen, die an der ursprünglichen Spitze des „Mutterstieles" zusammenlaufen. **G** 1,2 µm lang, 0,5 µm dick. **L** Kalte Quellen und Bäche (hellgelbe Watten und Ablagerungen). **B** Anzeiger für gelöstes und reduziertes Eisen.

11 Thiopedia rosea, Rotes Tafel-Schwefelbakterium. Kokkenähnlich; tafelförmige Aggregate aus wenigen bis zu Tausenden Zellen. Größere Zellmassen schwach rot (Bakterienchlorophyll und Karotinoide). **G** 1–2 µm. **L** Häufig; Massenentwicklungen in stark verschmutzten Gewässern färben das Wasser rot. **B** Bei Anwesenheit von Schwefelwasserstoff zur Photosynthese fähig; dabei gebildeter Schwefel wird in Form schwarzer Kügelchen gespeichert. IV.

12 Thiocystis violacea, Rotes Gallert-Schwefelbakterium. Kugelig, in kleinen Gallertkolonien, die sich ihrerseits zu 10 bis 20 aneinanderlagern. **G** Durchmesser 2,5–5,5 µm. **L** Häufig auf Schlamm, Algen, verrottenden Blättern. Bei Massenauftreten makroskopisch als violette Tupfen erkennbar. IV.

13 Lamprocystis rosea-persicina, Rotes Glanz-Schwefelbakterium. Kugelige Zellen bilden verschieden große Aggregate innerhalb gemeinsamer Gallerthülle. Jüngere Kolonien Hohlkugeln, zerreißen später zu netzig durchlöcherten Fladen. Freie Einzelzellen beweglich. Zellmassen durch Bakterienchlorophyll und Karotinoide rötlich. Schwefel innerhalb der Zellen als Tröpfchen. **G** Um 2,5 µm. **L** Häufigstes Purpurbakterium; Schlamm, stehende Gewässer. IV.

14 Thiospirillum jenense, Rotes Spiral-Schwefelbakterium. Langgestreckte, gewundene, bewegliche Zellen; bräunlich bis purpurrot mit gespeichertem Schwefel. **G** 30–40 (–100) µm lang, 2,5–4 µm dick. **L** Schwefelwasserstoffhaltige Gewässer. **B** Anaerobier. Äußerst schnell.

15 Chromatium okenii, Rotes Faß-Schwefelbakterium. Zylindrisch, gekrümmt oder keulenartig: beweglich. Unter günstigen Bedingungen hellrot, speichert Schwefel. **G** 7,5–15 µm lang. **L** Häufigstes freibewegliches Purpurbakterium. Faulschlamm. **B** Anaerobier. IV.

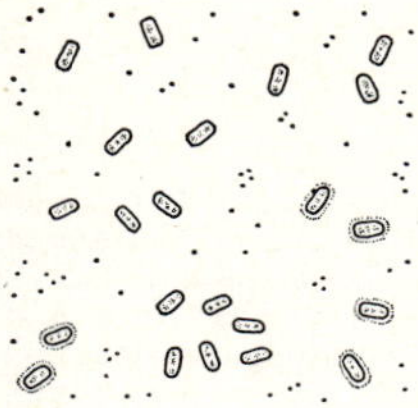
1

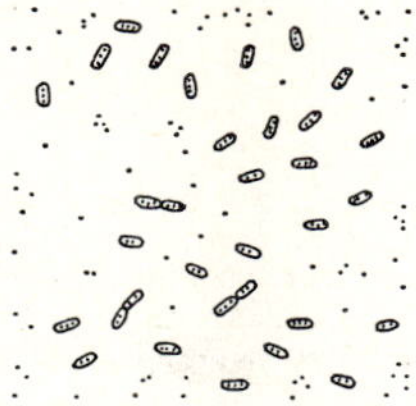
2

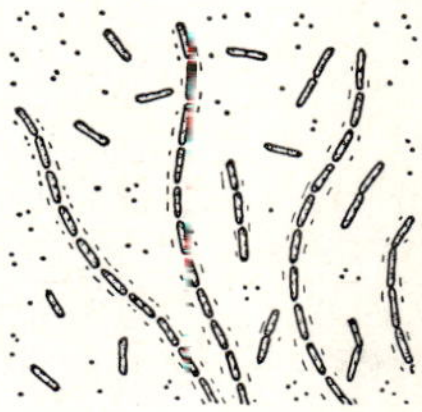
3

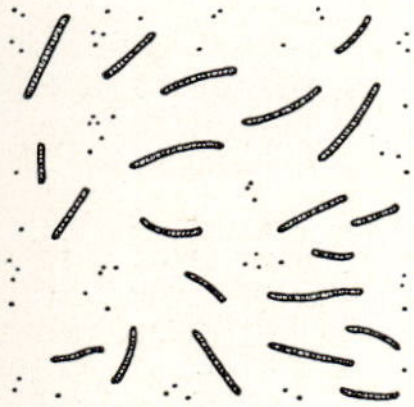
4

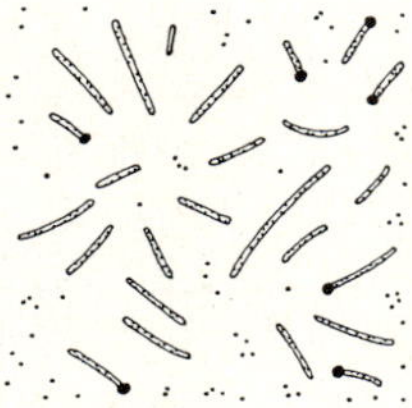
5

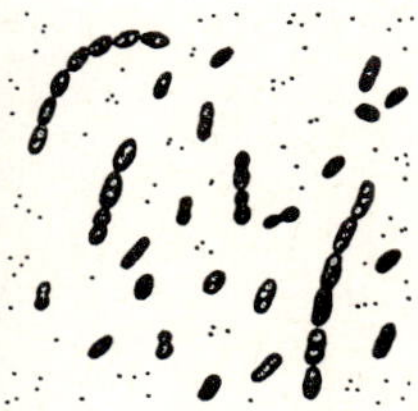
6

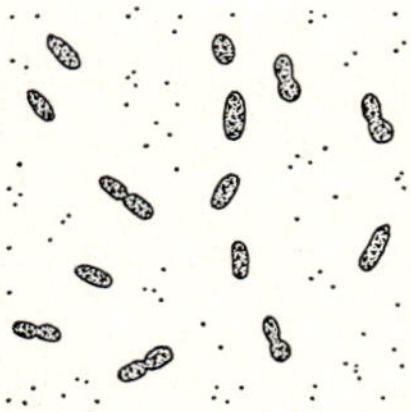
7

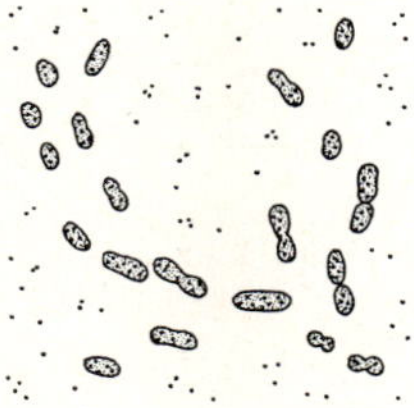
8

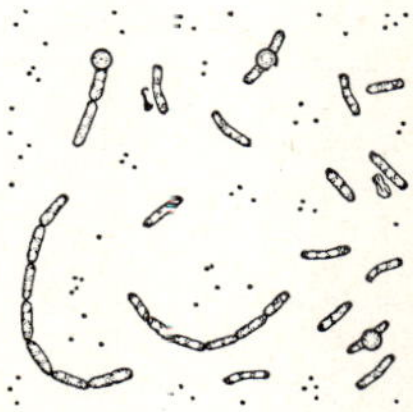
9

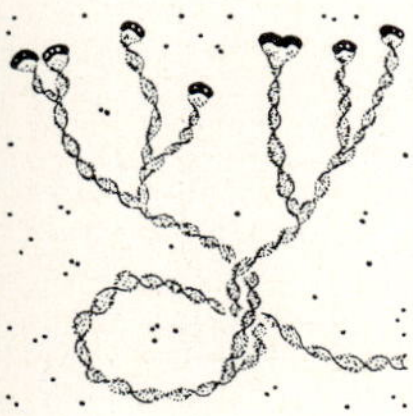
10

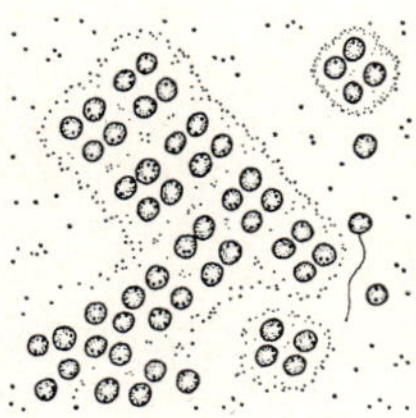
11

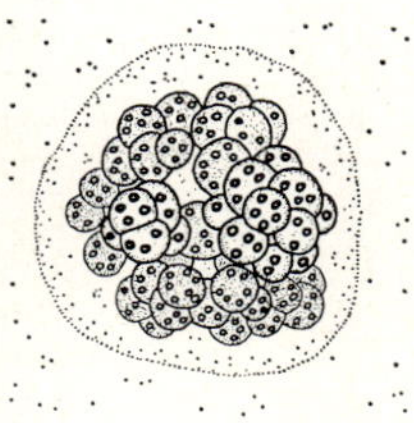
12

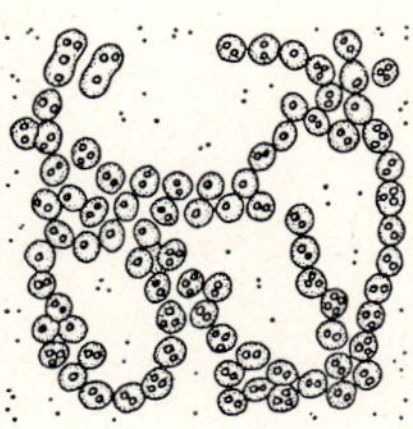
13

14

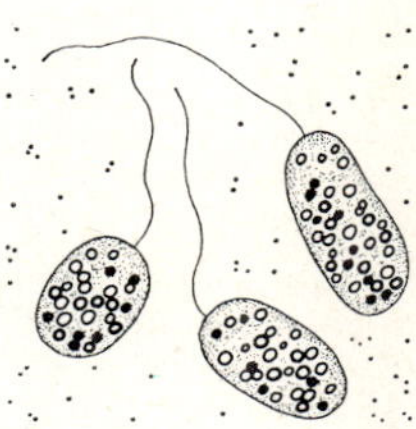
15

1 Chlorobium limicola *(Pelogloea chlorina),* Grünes Schwefelbakterium. Kugelig bis langgestreckt, meist zu Ketten vereinigt, in sehr lockerer Schleimgallerte. Unbeweglich. Gelbgrün durch „Chlorobium-Chlorophyll". Gebildeter Schwefel wird außerhalb der Zellen deponiert. **G** 1–15 µm. **L** Faulschlamm, faulende Schilfblätter. Stets am Grunde. **B** Obligat anaerob. IV.
2 Pelodictyon aggregatum *(Schmidlea luteola),* Grünes Wolken-Schwefelbakterium. Gelbgrün (Chlorobium-Chlorophyll), oft vakuolisiert, in weicher Gallerte. Zellen in der Gallerte mehr oder weniger dicht gepackt, ohne Ordnung. **G** 2–4 µm. **L** Schlamm mit hohem Schwefelwasserstoffgehalt. **B** Anaerob. IV.
3 Chlorochromatium aggregatum *(Chlorobacterium aggregatum),* Grünes Symbionten-Schwefelbakterium. Kleine, faßartige Gallerte, in der zwei Bakterienarten zusammenleben: Ein zentral gelegenes, farbloses Bakterienstäbchen sorgt für die Fortbewegung, 8 bis 16 gelbgrüne Schwefelbakterien umgeben in Form von 2 bis 4 Ringen das zentrale Stäbchen. **G** Kolonie 7–12 µm, grüne Bakterien 1–2,5 µm lang. **L** Bodengrund schlammiger, stehender Gewässer. **B** Anaerob. IV
4 Nocardia opaca, Phenol-Strahlenpilz. Zarte, reichverzweigte Fäden, die später von ihren Spitzen aus in Stäbchen und Kokken zerfallen. Verwerten Phenol, Naphthalin, Paraffine als Nahrung. **G** Stäbchen 2–16 µm. **L** Erde, Dung, Kompost, Abwässer. **B** Technisch zum Abbau phenolhaltiger Hüttenabwässer verwendet.
5 Pseudomonas oleovorans, Ölfressendes Bakterium. Kurze, bewegliche Stäbchen, einzeln oder in Paaren. Kann ausschließlich von Öl leben. **G** 0,8–1,5 µm. **L** Öl-Wasser-Emulsionen, ölgetränkte Böden, Ölfilme auf Wasserlachen, Ölabscheider der Kläranlagen.
6 Sphaerotilus natans *(Cladothrix dichotoma),* Abwasserpilz. Kein Pilz, sondern Bakterium. Zellketten bilden lange Fäden in schleimigen Scheiden. Geruch süßlich. Normal an festen Unterlagen angewachsen. **G** 4–6 µm lang, 1,5–3 µm dick; Scheiden 6–10 µm dick. **L** Fließende, stark verschmutzte Gewässer. Massenentwicklung nach Abwassereinleitung, stirbt in stehendem Wasser ab. IV.
7 Leptothrix ochracea, Ockerbakterium. Bakterienketten mit Scheiden aus kolloidalem Eisenoxidhydrat. **G** Zellen 2–5 µm lang, 1 µm breit. **L** Eisenhaltige Sümpfe und Wiesengräben. **B** Schädlich in Wasserleitungen. Vielleicht nur eine besondere Form (Milieu!) von *Sphaerotilus natans.*
8 Crenothrix polyspora, Brunnenfaden. Bakterienketten in langen, unverzweigten, gallertigen Scheiden. Länge der Zellen variiert. Scheide mit Eisen inkrustiert, an der Spitze dünn, der Basis zu kontinuierlich zunehmend. Unbewegliche Vermehrungskörper entstehen an den Fadenspitzen. **G** Scheiden 2–9 µm dick, Zellen bis 10 µm lang. **L** Eisenhaltiges Wasser, kohlensäurehaltige Eisenquellen. Bildet dicke, braune Rasen. Schädlich in Wasserleitungen.
9 Thiothrix nivea, Weißer Schwefelfaden. Gegliederte, unbewegliche, festsitzende Fäden. Gliederung in Einzelzellen normalerweise nicht erkennbar. **G** Einzelzellen 4–15 µm lang, 1,4–3 µm dick. **L** Verschmutzte, flache Fließgewässer, Tümpel. Bildet dichte, weiße Filze und Rasen. IV.
10 Beggiatoa alba, Weißes Schwefelbakterium. Unverzweigte Fäden aus einzelnen Zellen. Kriechende Bewegung. Querwände nicht immer sichtbar. **G** 2,5–5 µm dick, Einzelzellen 3–9 µm lang. **L** Häufigstes fadenbildendes Schwefelbakterium. Stark verschmutzte Gewässer. Bildet weiße Schleier auf, nie im Faulschlamm. IV.
11 Beggiatoa leptomitiformis, Dünnes Faden-Schwefelbakterium. Querwände der Zellen erst nach Färbung oder Auflösen der Schwefelkügelchen sichtbar. Sonst wie vorige Art. **G** Einzelzellen 4–8 µm lang, Fäden 1–2,5 µm dick. **L** Wie vorige Art, seltener.
12 Beggiatoa arachnoidea, Spinnen-Schwefelbakterium. Querwände der Fäden im Leben unsichtbar. Endzellen abgerundet, meist etwas verjüngt. **G** Zellen 5–7 µm lang, Fäden 5–14 µm dick. **L** Abwasser. Bildet weiße Schleier auf schwefelwasserstoffhaltigem Schlamm.
13 Thioploca schmidlei, Seil-Schwefelbakterium. Seilartig umeinander gewundene Zellketten in weit abstehender, farbloser, geringelter Gallertröhre. Fäden schimmern grünblau. **G** Zellen 5–8 µm lang, 5–9 µm breit; Scheide 50–160 µm dick. **L** Kalk- und schwefelwasserstoffhaltiger Schlamm eutropher Seen. IV.
14 Achromatium oxaliferum, Farbloses Kalkbakterium. Großzellig, farblos. Bewegung langsam, ruckweise rollend. Zellen enthalten gewöhnlich kleine Schwefelkörnchen und viel größere, stark lichtbrechende, sphärische Kalziumkarbonatkristalle. Kalkkörper verschwinden unter günstigen Bedingungen. **G** 5–100 µm. **L** Schlamm kalkreicher, stark verschmutzter Gewässer. IV.
15 Thiovolum majus *(T. muelleri),* Rasendes Schwefelei. Etwa kugelig, wirbelt unglaublich lebhaft umher. Mit großer Vakuole. Im Plasma Schwefelkörnchen. **G** 5–20 µm. **L** Stehende Abwässer, Kleingewässer zwischen faulenden Fadenalgen. Schwefelwasserstoffbedürftig. IV.

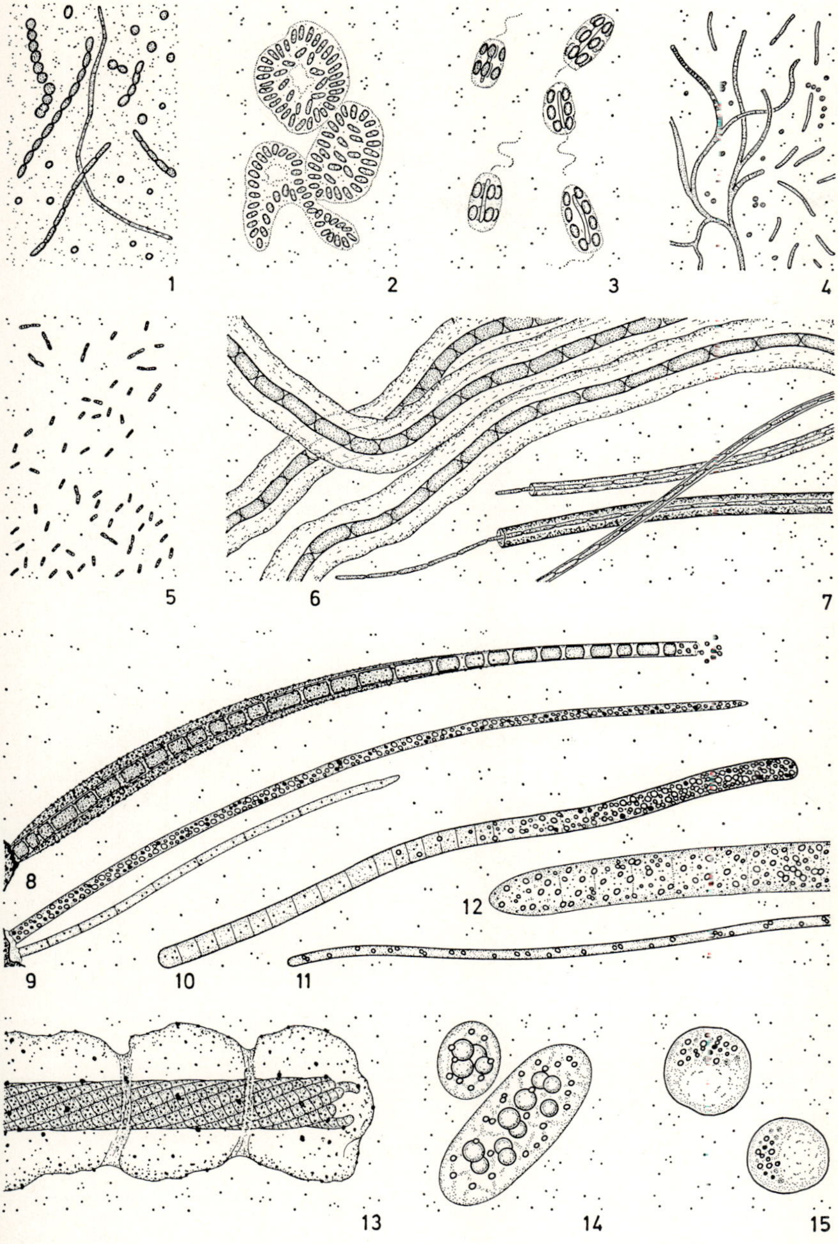
1
2
3
4
5
6
7
8
9
10
11
12
13
14
15

Blaualgen

1 Synechococcus aeruginosus, Hochmoor-Blaualge. Zellen einzeln, selten zu zweien, zylindrisch bis ellipsoidisch, blaugrün, keinerlei Scheiden, **G** 7–20 µm breit, 12–40 µm lang. **L** Torfmoore, nasse Heideböden, feuchte Moose, nasse Steine; einzeln oder in blaugrünen Anflügen. **A** *S. maior:* 25 µm breit, 40 µm lang. 15 weitere Arten. **B** Langsame Bewegung durch Quellung ausgeschiedener Gallerte möglich.

2 Microcystis flos-aquae *(M. aeruginosa),* Netzblaualge. Zellen kugelig, oft zu Tausenden in undeutlich begrenzter Gallerthülle. **G** 3–7 µm. *M. flos-aquae* und *M. aeruginosa* sind Varianten derselben Art: *M. flos-aquae* bildet rundliche Kolonien, *M. aeruginosa* netzig durchbrochene und zerrissene Gallerten. **L** Gering verschmutzte Seen und Teiche, planktisch, sehr verbreitet, oft Wasserblüten. **B** Die in der Jugend blaugrünen Zellen werden nach Erschöpfung der Nährstoffe – gegen Ende einer Wasserblüte – gelblich. In den Zellen Gasvakuolen (N_2). II.

3 Microcystis viridis, Grüne Netzblaualge. Zellen kugelig, koloniebildend. Kolonien aus vielen würfelförmigen Teilkolonien zusammengesetzt. Gallerthüllen deutlich begrenzt. **G** 3–7 µm. **L** Planktisch, stehende Gewässer. **A** *M. incerta:* Zellen winzig (1–2 µm), im Plankton oder an Steinen festsitzend.

4 Coelosphaerium kuetzingianum, Blaukugel. Hohlkugelige, freischwimmende, gallertige Kolonie. Zellen kugelig, liegen in einer Schicht lose oder sehr dicht in der Gallerte; lebhaft blaugrün oder blaß. **G** Zellen 2–4 µm, Kolonien 20–100 µm. **L** Seen, Teiche, Hochmoore, Sümpfe, Heidetümpel; planktisch. **B** Kugelkolonien schnüren Tochterkolonien ab, die sich meist rasch von der Mutterkolonie lösen.

5 Gomphosphaeria lacustris, Teich-Schwebekugel. Hohlkugelige Kolonien; im Gegensatz zur vorigen Art deutliche oder zerfließende Spezialhüllen um jede einzelne Zelle. Zellen kugelig bis ellipsoidisch, blaugrün (auch rosa); sitzen auf Gallertstielchen, die nach der Teilung aus den verschleimenden Membranen der Mutterzellen entstehen. **G** Zellen 1,5–4 µm. **L** Im Plankton stehender Gewässer und zwischen anderen Algen.

6 Gomphosphaeria aponina, Herzzellen-Schwebekugel. Zellen kegel- oder eiförmig, blaugrün bis dunkeloliv, gegen Ende der Vegetationsperiode gelb. Zellen während der Teilungen oft auffällig herzförmig angeordnet. Deutliche Spezialhüllen um die Zellen, laufen dem Zentrum der Kolonie zu in durchscheinende Gallertstielchen aus. **G** Zellen zwischen 4 und 13 µm. **L** Plankton eutropher Gewässer; auch salzhaltiges Wasser (Salinen, Ostsee).

7 Gomphosphaeria naegeliana *(Coelosphaerium naegelianum),* Gemeine Schwebekugel. Kolonien hohlkugelig, von verschiedenster Gestalt. Zellen eiförmig, mit Gasvakuolen, dunkelblaugrün, liegen peripher in der Koloniegallerte; mit undeutlichen Gallertstielchen. **G** Zellen 3,5–8 µm lang, 1,5–5 µm breit; Kolonien 50–200 µm. **L** Plankton stehender Gewässer. **B** Bildet im Sommer oft Wasserblüten; fehlt in ganz reinem Wasser völlig. II.

8 Aphanothece nidulans, Schleimblaualge. Kolonien unregelmäßig ausgebreitet, selten kugelig. Zellen stäbchenförmig, in dichten Nestern unregelmäßig beisammenliegend, vermehren sich durch Querteilung, blaugrün. Gallerte strukturlos. **G** Zellen bis 3,5 µm lang, 1–1,5 µm breit. **L** Plankton von Seen, feuchte Wände von Warmhäusern. **A** *A. saxicola* in stehenden Gewässern und an nassen Felsen. Zellen blaß, 1,5–2 µm breit, 3–6 µm lang; in der Gallerte locker angeordnet.

9 Aphanothece stagnina, Kugelige Schleimblaualge. Gallertlager kugelig, blaß-blaugrün. Im Inneren der Lager häufig Kalkkristalle. Zellen an der Oberfläche der Kolonie dicht, dem Zentrum zu lose gelagert. **G** Zellen bis 7 µm lang, 3–5 µm breit; Kolonien bis kastaniengroß. **L** Stehende Gewässer; junge Kolonien sitzen fest, ältere schwimmen frei in den oberen Wasserschichten. **A** *A. prasina.* Lebhaft blaugrün, dunkelgrün oder braun, kalkfrei. Zellen um 9 µm lang, 6 µm breit. Häufig auf Schlamm.

10 Chroococcus turgidus, Kugelblaualge. Zellen einzeln; nach Zellteilungen bleiben höchstens vier Zellen einige Zeit beisammen, umgeben von geschichteten Hüllen. Zellen kugelig, Tochterzellen in den Hüllen halbkugelig. Kräftig blaugrün oder bräunlich, zuweilen gelblich. **G** Zellen ohne Hüllen 8–32 µm. **L** Hochmoore, Teiche, Meer (!), sogar auf Faulschlamm. **A** *Ch. giganteus:* Zellen 54–58 µm, in stehenden Gewässern, selten im Plankton.

11 Chroococcus limneticus, Teich-Kugelblaualge. Tafelförmige, freischwimmende Gallertlager mit 4 bis 32 lebhaft blaugrünen Zellen. Tochterzellen bleiben nach einer Teilung lange Zeit beisammen. Hüllen um diese „Doppelzellen" sind deutlich oder verfließen mit der gemeinsamen Koloniegallerte. **G** Zellen mit Hüllen 8–14 µm, ohne Hüllen 6–12 µm. **L** Plankton eutropher Seen und Teiche.

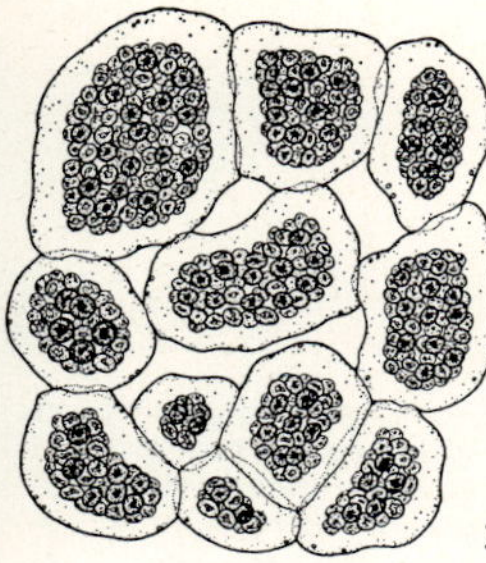
3

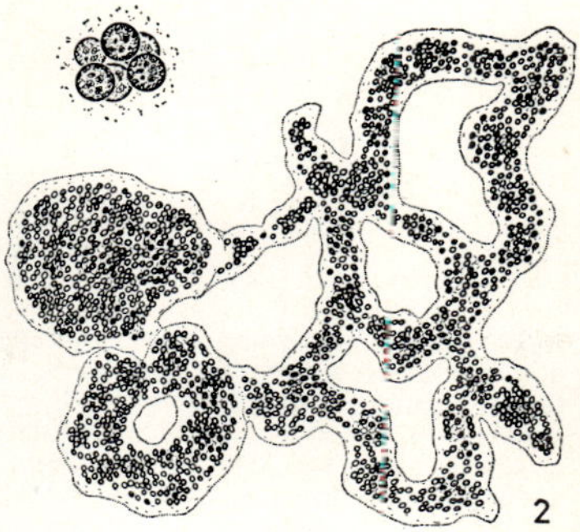
2

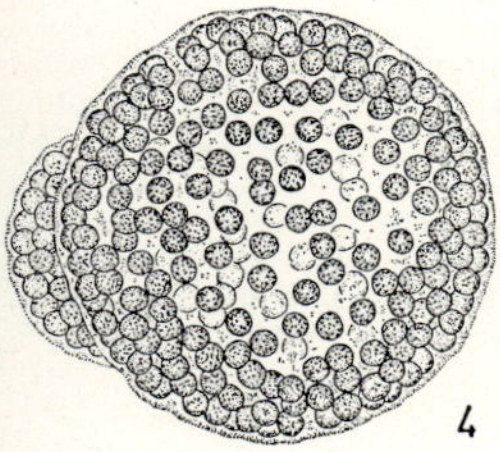
4

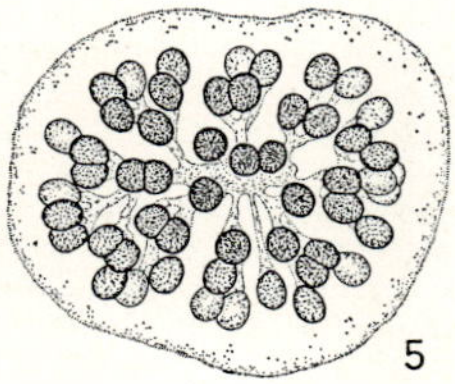
5

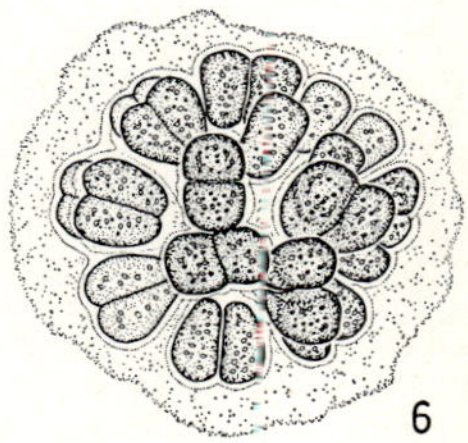
6

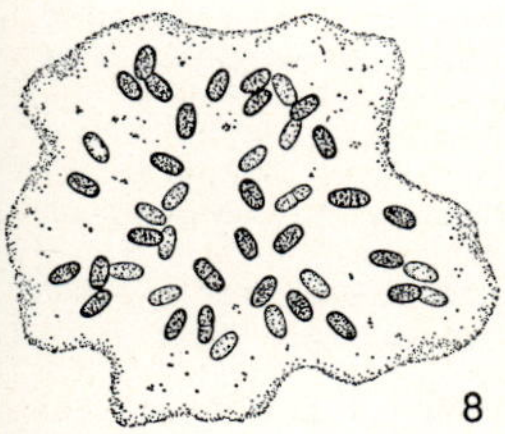
8

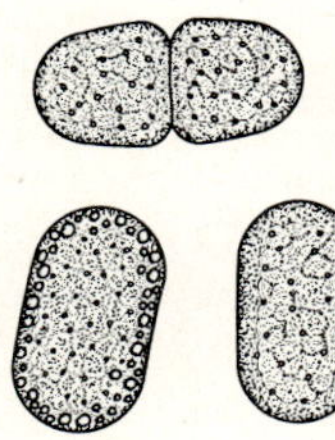
1

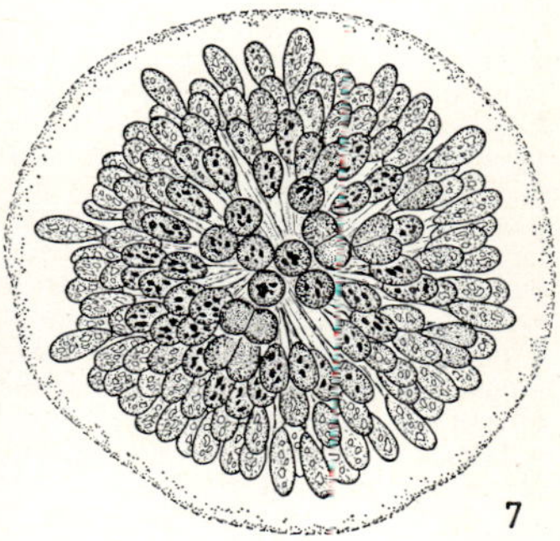
7

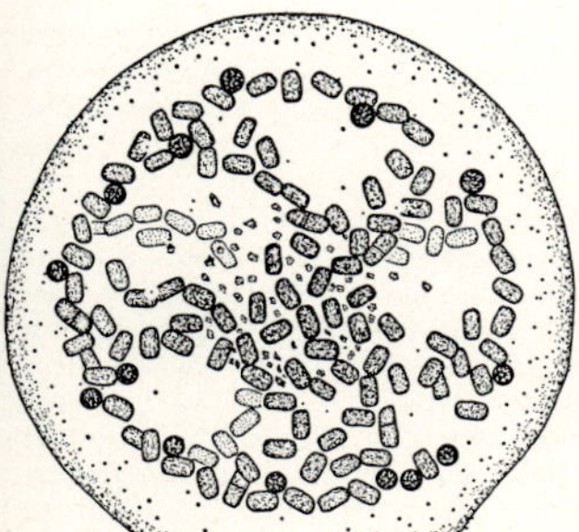
9

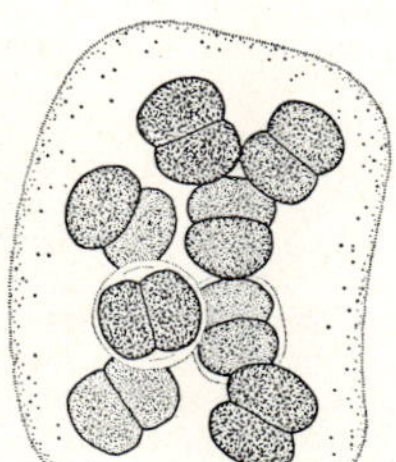
11

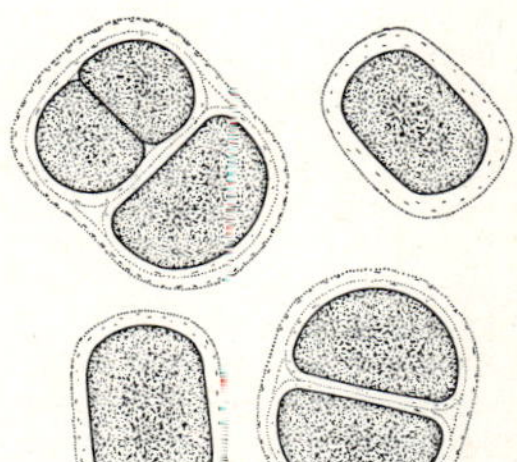
10

1 Gloeocapsa sanguinea, Rote Hüllenblaualge. Gallertige Lager. Zellen kugelig, liegen frei in den blasig aufgetriebenen Zellhüllen. Tochterzellen nach der Teilung in ineinandergeschachtelten, blutroten Hüllen. **G** Zellen mit Hülle 7–13 µm. **L** Auf feuchten Felsen, nassem Holz, am Rande von Quellen. Europa und Arktis. **B** Durch üppiges Wachstum vor allem im Gebirge krustenförmige, blaurote bis schwarzbraune Lager, die beim Antrocknen krümelig werden.

2 Gloeothece linearis, Stäbchenblaualge. Schleimige, schmutzig-olivgrüne bis rosafarbene Lager. Zellen gerade oder S-förmig bis halbkreisförmig, von weiten, farblosen Schleimscheiden umhüllt. **G** Zellen 10–18 µm lang, 1–2,5 µm breit. **L** Torfsümpfe, nasse Felsen, gelegentlich überschwemmte Steine.

3 Merismopedia elegans, Tafelblaualge. Kolonien tafelförmig, aus einer einzigen Zellage; entstehen durch rhythmische und regelmäßig abwechselnde Zellteilungen in zwei aufeinander senkrecht stehenden Richtungen. Spezialhüllen um die Zellen unterschiedlich stark entwickelt. Zellen lebhaft blaugrün, dicht gedrängt. **G** Zellen 7–9 µm lang, 5–7 µm breit. **L** Tümpel und Teiche. **A** *M. convoluta:* Kolonien blattartig (nicht rechteckig!), oft gefaltet, 1–4 mm groß.

4 Merismopedia glauca, Blasse Tafelblaualge. Kleine Kolonien mit selten mehr als 16 Zellen. Zellen blaß blaugrün, dicht gelagert, schließen fast ohne Zwischenräume aneinander. **G** Zellen 3–6 µm. **L** Stehende Gewässer. **A_1** *M. tenuissima:* Zellen 1,2–2 µm, zu 16 bis 128 dicht gedrängt, oft mit deutlichen Spezialhüllen. **A_2** *M. punctata:* Zellen 3–4 µm, lose nebeneinander liegend, Kolonien 16–64-zellig.

5 Dactylococcopsis rhaphidioides, Fingerblaualge. Zellen lang-spindelförmig, sehr vielgestaltig, blaß blaugrün. Leben einzeln oder bis zu vielen Tausenden in einer durchscheinenden Gallerte. **G** 5–28 µm lang, 1–3 µm breit. **L** Stehende Gewässer, Moore, feuchte Mauern, nasse Erde. **B** Zellen teilen sich immer quer in der Mitte. Oft wachsen dann die beiden Tochterzellen aneinander vorbei, so daß sie parallel zueinander liegen und eine Längsteilung vortäuschen.

6 Dactylococcopsis acicularis, Zugespitzte Fingerblaualge. Zellen gerade, mit lang zugespitzten Enden, blaß; einzeln oder in Massen in einer weiten, kaum erkennbaren Hüllgallerte. **G** 55–80 µm lang, 2,5 µm breit. **L** Plankton stehender Gewässer.

7 Dactylococcopsis fascicularis, Gebündelte Fingerblaualge. Zellen spindelförmig, beiderseits lang zugespitzt. Je 2 bis 32 Zellen zu einem vielfach gewundenen, tauförmigen Bündel zusammengedreht und von einer selten sichtbaren Gallerthülle umschlossen. Freischwimmende Kolonien. **G** bis 55 µm lang, 1 µm breit. **L** Plankton stehender Gewässer.

8 Tetrapedia crux-melitensis, Malteserkreuz-Blaualge. Zellen flach scheibenförmig, ungefähr quadratisch, an den vier Ecken tiefe, schmale Einschnitte. **G** 8–12 µm breit. **L** Tümpel, Waldteiche.

9 Tetrapedia gothica, Quadrat-Blaualge. Flache Kolonien von 4–6 quadratischen Zellen. Zellen unvollständig geteilt, daher jeweils an einer Ecke ein gemeinsames Stück Zellwand, das den Zusammenhalt der Kolonie gewährleistet. **G** Kolonie 15–30 µm. **L** Moorige Gewässer, Gräben (zwischen Zieralgen).

10 Pleurocapsa minor, Sohlenblaualge. Dunkelgrüne Lager aus einer kriechenden Sohle und freien, verzweigten Fäden. Aufrechte Fäden parallel nebeneinander, seitlich miteinander verwachsen. Zellen mit festen Membranen, teilweise mit Spezialhüllen. Winzige Endosporen in Sporangienzellen der aufrechten Fäden. **G** Zellen 3–12 µm breit. **L** Stehende Gewässer und Bergbäche auf festen Unterlagen. Verbreitet. **A** *P. cuprea:* Lager kupferrot, dünne Überzüge auf Steinen in Bergbächen.

11 Chamaesiphon incrustans, Tütchenblaualge. Zellen einzeln, meist in kleinen Nestern; keulenförmig, blaugrün, rot oder violett; festsitzend. Zellen schnüren am freien Ende kugelige Vermehrungskörper (Exosporen) ab. Zellwand öffnet sich am Scheitel und bleibt als Tütchen erhalten. **G** 7–30 µm lang, am Scheitel bis 8 µm, an der Basis 1–3 µm breit. **L** Auf Wasserpflanzen und Algen. **A** *Ch. cylindricus:* 12 µm lang, 2 µm breit, zylindrisch. Gleichfalls epiphytisch.

12 Chamaesiphon fuscus, Schwarze Tütchenblaualge. Lager dunkelbraun bis schwarz, bildet Krusten auf Kalksteinen. Exosporen (siehe vorige Art) keimen zum Teil am Rande der „Tütchen"; viele werden nicht abgetrennt, sondern wachsen gleich zu einer neuen Zelle heran. So entstehen bis zu fünfschichtige Lager. **G** Zellen 5–20 µm lang, 3–6 µm breit. **L** Auf Steinen in Bächen. Kennzeichnet katharobe Zone (reinstes Wasser). **A** *Ch. polonicus:* Auffallend rotbraun, „Tütchen" dick, Gebirgsbäche, Felswände, Ufer. Erträgt Austrocknung.

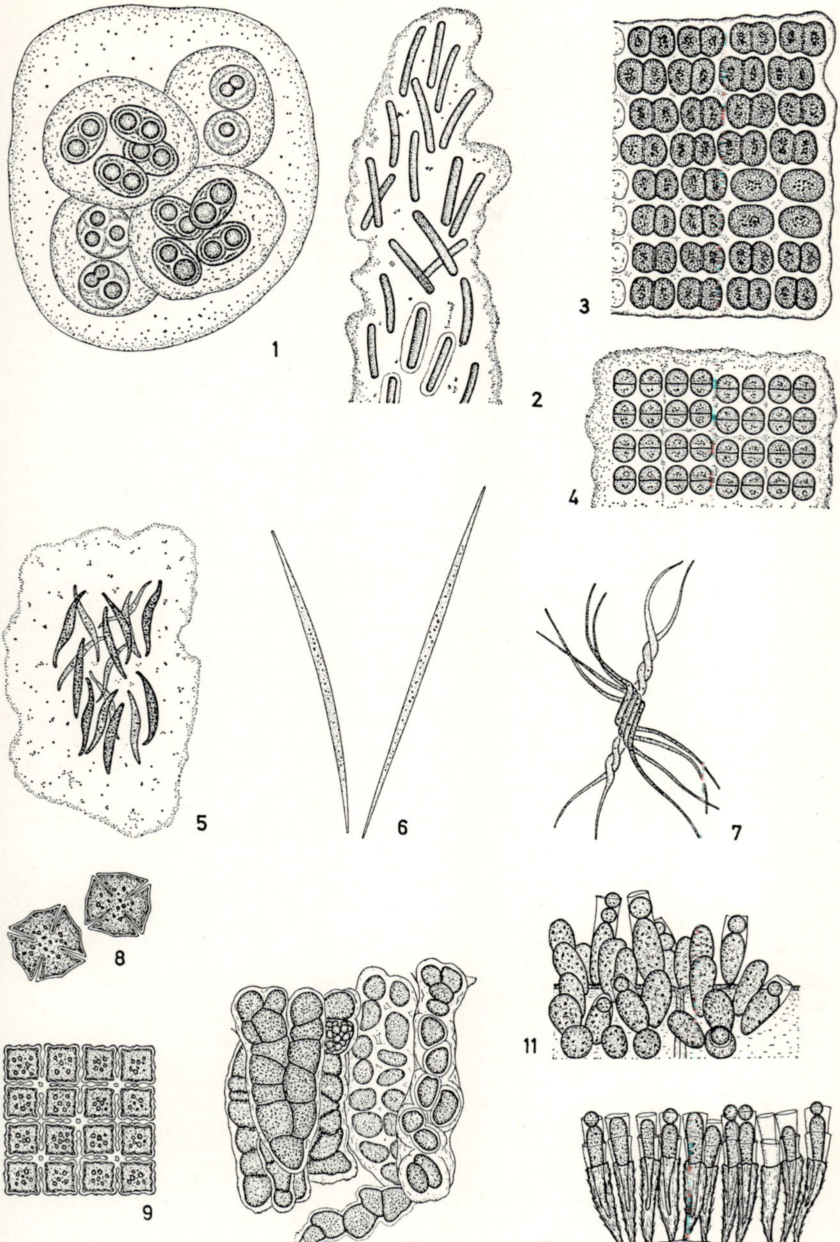
1
2
3
4
5
6
7
8
9
10
11
12

1 Stigonema ocellatum, Einreihige Lagerblaualge. Verfilztes Polster aus mehr oder minder verzweigten Fäden (Trichomen). Ältere Trichome zumindest stellenweise zweireihig. Aufrechte Seitenzweige bilden ein bis 3 mm dickes Lager. Berührungsflächen der Zellmembranen getüpfelt, Plasmodesmen und breite Plasmabrücken verbinden die Zellen. Scheiden anfangs farblos, färben sich später gelb und braun. **G** Zellen 8–25 µm breit, Scheiden 14–50 µm dick. **L** Hochmoore, feuchte Torf- und Heideböden.

2 Stigonema mamillosum, Lagerblaualge. Bis 12 mm hohe, dunkelbraune Polster aus aufrechten und verflochtenen Fäden. Fäden vielreihig, nur Spitzen der Äste einreihig. Scheiden dick, geschichtet, gelbbraun; umschließen außer Scheitelzellen und Zellreihen seitliche Grenzzellen (Heterocysten). Höchste Differenzierungsstufe der Blaualgen. **G** „Erstlingsfäden" (Hormogonien) 45–50 µm lang, 15 µm breit; ältere Fadenstücke bis 75 µm breit. **L** Nasse Felsen und Steine; selten untergetaucht. **A** *S. informe:* Scheiden sehr dick, schleimig-gallertig, geschichtet. Sümpfe, zwischen Moosen, auf modernden Baumstämmen.

3 Haplosiphon fontinalis, Zweigblaualge. 1–3 mm hohes, flockig-büscheliges, braunes oder blaugrünes Lager aus Hauptfäden und etwas dünneren, aufrechten, verflochtenen Seitenzweigen. Hauptfäden kriechen auf der Unterlage. Zellen quadratisch oder kugelig. Scheiden der Zweige eng, die der Hauptfäden dick, gelbbraun. **G** Hauptfäden 18–24 µm, Seitenfäden 9–12 µm breit. **L** Reine stehende Gewässer, meist an Wasserpflanzen. I. **A** *H. hibernicus:* Hauptäste 8–9 µm, Seitenzweige 5 µm breit, Scheiden ungefärbt.

4 Calothrix braunii, Haarzwiebel-Blaualge. Blaugrüne oder braune Lager aus aufrechten Fäden (Trichomen). Trichome meist unverzweigt, mit zwiebelartig vergrößerten Zellen an der Basis, gehen von einer halbkugeligen Grenzzelle (Heterocyste) aus. **G** Fadenzellen 6–7 µm, Scheiden 10 µm breit. **L** Tümpel, Teiche, Seen auf Wasserpflanzen und festen Unterlagen (Steinen, Schneckengehäusen, Muschelschalen).

5 Calothrix parietina, Haarige Blaualge. Krustenförmige Lager, meist mit Kalkeinlagerungen, braunschwarz. Trichome oft verzweigt, dicht gedrängt, laufen jeweils in ein langes Haar aus. Scheiden dick, meist geschichtet, gelbbraun, brüchig, zerfasert. **G** Zellen 5–30 µm lang, 5–10 µm breit; Scheiden 10–12 µm breit. **L** In oligosaproben Gewässern (Leitorganismus) an Steinen, häufig in der Wellenschlagszone. Feuchte Böden, Felsen, Salinen. I.

6 Gloeotrichia pisum, Erbsenblaualge. 1–2 mm, manchmal bis haselnußgroße, harte, kugelige, schwärzliche Lager aus (schein-)verzweigten radialen Fäden, die von basalen Heterocysten ausgehen. Scheiden eng, farblos. Trichome in lange Haarspitzen ausgezogen. **G** Zellen 3–14 µm lang, 4–7 µm breit. Dauerzellen glatt, 60–400 µm lang. **L** Stehende Gewässer, Lager sitzen an untergetauchten Pflanzenteilen (6 a).

7 Gloeotrichia natans, Hohlkugel-Blaualge. Weiches, später ausgehöhltes Gallertlager, bis zu Apfel- oder sogar Kopfgröße. Fäden enden in langen Haarzellen. Scheiden an der Basis der Fäden sackartig, geringelt. **G** Zellen 7–9 µm breit, an der Basis quadratisch, in der Mitte 5 µm lang, Endzellen bis 40 µm lang. Dauerzellen (an der Basis der Trichome) 40–250 µm lang. **L** Stehende Gewässer. Jugendstadien an Wasserpflanzen, ältere Lager lösen sich ab (7 a). Sehr verbreitet, oft Wasserblüten. II.

8 Gloeotrichia echinulata, Igelblaualge. Lager kugelig, bis 7 mm groß, freischwimmend. Fäden laufen in sehr lange, nur 1–2 µm dicke Haare aus, ragen weit aus den Scheiden des Lagers hervor. Da die Fadenenden abbrechen, erhalten die Kolonien ihre typische stachelige Gestalt (8 a). Fäden vielfach gekrümmt. **G** Fäden an der Basis 8–10 µm breit. Dauerzellen 45–50 µm lang. **L** Stehende Gewässer; oft Wasserblüten. II.

9 Rivularia biasolettiana, Kalkkrusten-Blaualge. Junge Lager halbkugelig, ältere ausgebreitet, 2–8 mm dick, mit eingebetteten Kalkteilchen. Trichome (schein-)verzweigt, mit sehr langen, farblosen, haarartigen, gebogenen oder hakigen Endzellen. Scheiden um die Trichome weit, trichterartig, farblos, zerschlitzt, geschichtet, später oft gelbbraun. **G** Trichome 5–12,5 µm breit. **L** Stehende, seltener fließende Gewässer. **A** *R. dura:* Lager halbkugelig, hart, schwarzgrün.

10 Rivularia haematites, Harte Kalkkrusten-Blaualge. Bis 3 cm dicke, durch Kalkeinlagerungen überaus harte Lager. Trichome in jungen Lagern radial, in älteren parallel verlaufend. Scheiden aus ineinandersteckenden Trichterstücken. Kalkinkrustierungen gezont. **G** Trichome 4–11 µm breit. **L** Stehende und fließende Gewässer von Kalkgebieten. Bildet steinige, braune Krusten.

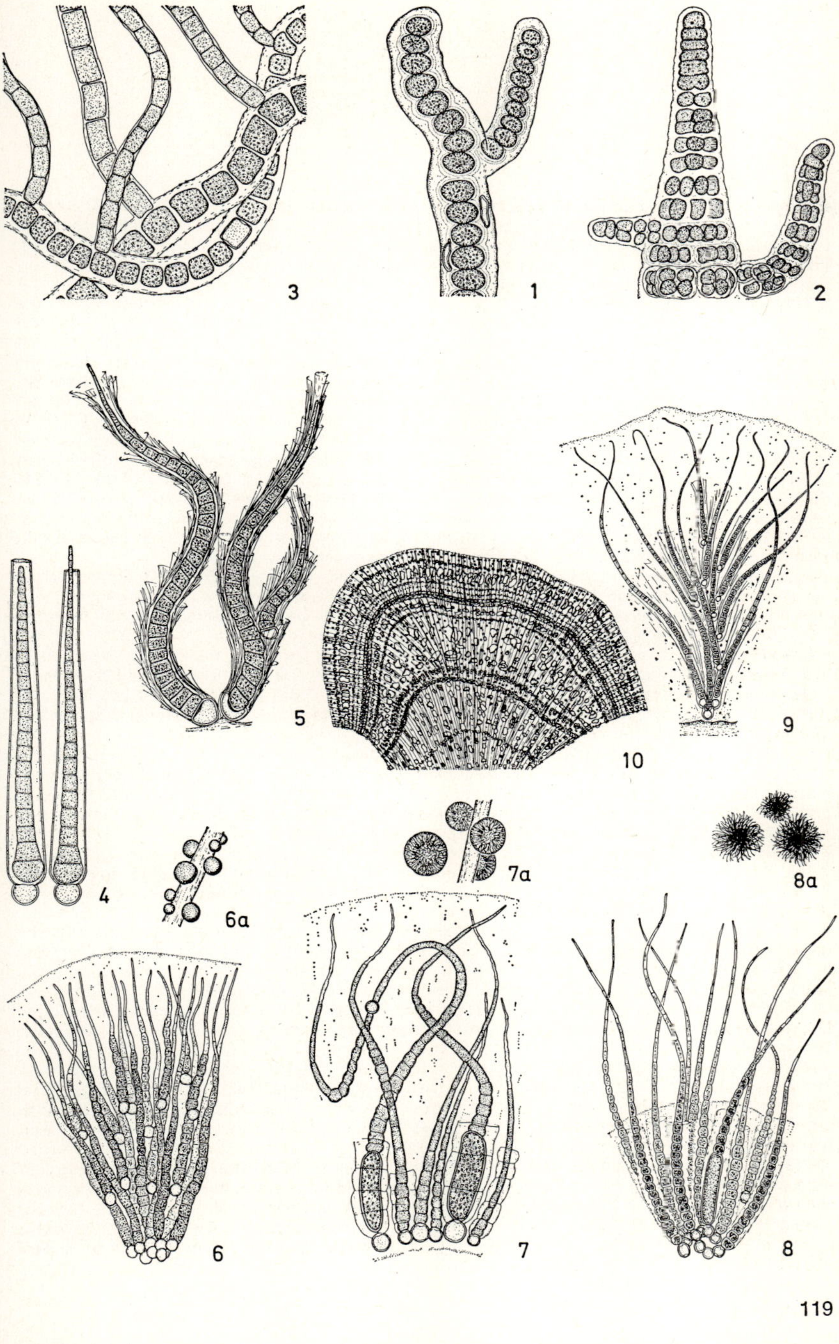
3
1
2
5
9
10
4
6a
7a
8a
6
7
8

Blaualgen

1 Plectonema tomasinianum, Wasserzopf. Flockige oder büschelige Lager aus gekrümmten Fäden. Endzellen abgerundet. Zellen blaugrün, an den Querwänden eingeschnürt. Heterocysten fehlen. Scheiden dick, geschichtet, im Alter gelbbraun. Scheinverzweigungen oft paarweise, kreuzartig. **G** 3–9 µm lang, 11–22 µm breit. **L** Bäche, stehende Gewässer; an festen Unterlagen (Steine, Wasserpflanzen, Holzstücke).

2 Tolypothrix lanata, Wasserwolle. Flockig-büschelige Lager aus bis 2 cm langen Fäden. Die häufigen Scheinverzweigungen gehen meist von Heterocysten aus. Zellen blaugrün, quadratisch. Scheiden dünn. **G** Zellen 10 µm breit. **L** Stehende Gewässer, an Steinen und Wasserpflanzen. **A_1** Zellen 5–8 µm breit: *T. tenuis,* häufig am Ufer von Seen. **A_2** Scheinverzweigungen mit Hauptfäden verwachsen, Lager pinselförmig, Endzellen orange bis rosa: *T. distorta* var. *penicillata;* Fließgewässer, Wellenschlagszone von Seen und Teichen.

3 Scytonema myochrous, Tintenstrichalge. Braune bis schwarze Lager aus verflochtenen, 2–15 mm langen, 18–36 µm breiten Fäden. Charakteristische Scheinverzweigung: Zwischen zwei Heterocysten tritt ein Fadenstück als seitliche Schlinge nach außen. Scheiden aus tütenartigen Stücken. **G** Zellen 6–12 µm breit, Endzellen der Fäden scheibenförmig. **L** Nasse Erde, feuchte Steine und Mauern. **B** Bildet zusammen mit anderen Blaualgen an Kalk- und Dolomitfelsen schwarze Streifen, „Tintenstriche", die den Weg des herabfließenden Wassers markieren. **A** Fäden 24–66 µm breit, Scheiden sehr dick, schräg geschichtet und zusätzlich quergestreift: *Petalonema alatum;* Seen, Bäche, Tümpel, häufig an feuchten Kalkfelsen.

4 Aphanizomenon gracile, Schlanke Wassernadel. Fäden sehr unterschiedlich lang; schweben einzeln im Wasser, selten zu kleinen Bündeln vereinigt. Endzellen sehr stark verlängert, den Spitzen zu verjüngt, farblos. **G** Zellen 2–6 µm lang, 2–3 µm breit; Dauerzellen 22–30 µm groß. **L** Plankton stehender Gewässer; häufig.

5 Aphanizomenon flos-aquae, Grüne Spanalge. Fäden zu freischwimmenden, fichtennadelgroßen Bündeln vereinigt (5 a). **G** Zellen 5–15 µm lang, 5–6 µm breit; Endzellen bis 150 µm lang; Heterocysten 7–20 µm lang; Dauerzellen 35–80 µm lang, 7 µm dick. **L** Bildet oft mächtige Wasserblüten in eutrophen Gewässern. **B** Wichtiger Produzent organischer Stoffe, daher in der Teichwirtschaft durch Düngung gefördert. II.

6 Nostoc carneum, Schleimige Zitteralge. Sulzige, in der Jugend kugelige Lager ohne feste Außenschicht. Fäden locker verschlungen. In der Jugend festsitzend, später an der Wasseroberfläche treibend. Lager blaugrün, violett, rosa und rostbraun. Zellen tonnenförmig. **G** Zellen bis 8 µm lang, 3–4 µm breit; Heterocysten 6 µm breit; Dauerzellen 10 µm lang, mit glatten Außenschichten. **L** Stehende Gewässer; bildet oft Wasserblüten. II.

7 Nostoc linckia, Gallertige Zitteralge. Gallertlager ohne feste Außenschicht, anfangs kugelig, später in kleinen, schmutzig-dunklen Fladen an der Wasseroberfläche. Fäden dicht verflochten; Zellen kurz-tonnenförmig. **G** Zellen 4 µm breit; Heterocysten und Dauerzellen kugelig (7–8 µm). **L** Stehende Gewässer; bildet Wasserblüten. II.

8 Nostoc commune, Sternschneuzer. Luftlebend. Lager mit fester Außenschicht, zunächst kugelig, später hautartige, flache, wellige, faltige Gallerte; bis geldstückgroß, dunkelgrün; bei Trockenheit schwarz, papierartig. Fäden dicht verflochten. Zellen kurz-tonnenförmig bis kugelig. **G** Zellen um 5 µm; Heterocysten kugelig, oft in Ketten hintereinander, 7 µm. **L** Wiesen und Waldwege. **A_1** Lager kugelig: *N. sphaeroides.* **A_2** Auch in den äußeren Lagerbezirken keine Scheiden sichtbar: *N. sphaericum;* zwischen Moosen, an Baumstrünken, in flachen, stehenden Gewässern.

9 Nostoc verrucosum, Warzige Zitterkugel. Lager mit fester Außenschicht, gallertig, jung kugelig, später blasenartig, schwarzgrün, mit höckeriger Oberfläche. Fäden in den äußeren Schichten dicht verflochten, im Inneren lockerer. Scheiden dick, gelbbraun, fehlen im Inneren des Lagers. Zellen kurz-tonnenförmig. **G** Zellen 3–3,5 µm breit; Dauerzellen oval, 7 µm lang. **L** Klare Bäche und Gebirgsflüsse, an Steinen.

10 Nostoc zetterstedtii, Seegallerte. Lager mit fester, lederartiger Außenschicht, kugelig, oft gelappt, bis haselnußgroß. Fäden im Innern der Lager radial angeordnet, an der Peripherie verflochten. Scheiden an der Peripherie deutlich, im Zentrum fehlend. Zellen länglich, tonnenförmig und kugelig. **G** Zellen 4 µm breit. Heterocysten kugelig, 8–15 µm. **L** Seen-Plankton. **A** Heterocysten kaum größer als Fadenzellen (6–7 µm breit): *N. pruniforme,* Lager bis hühnereigroß, stellenweise von feinen Kalkkrusten überzogen.

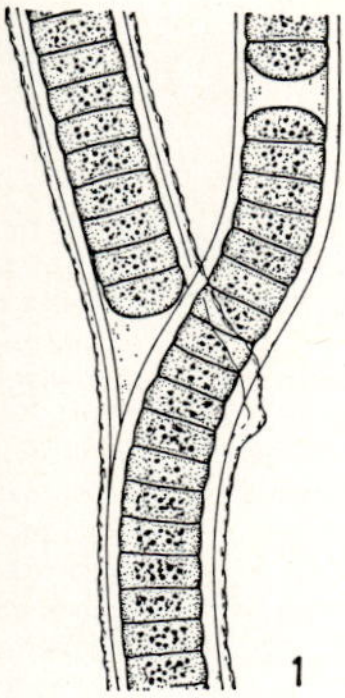
1

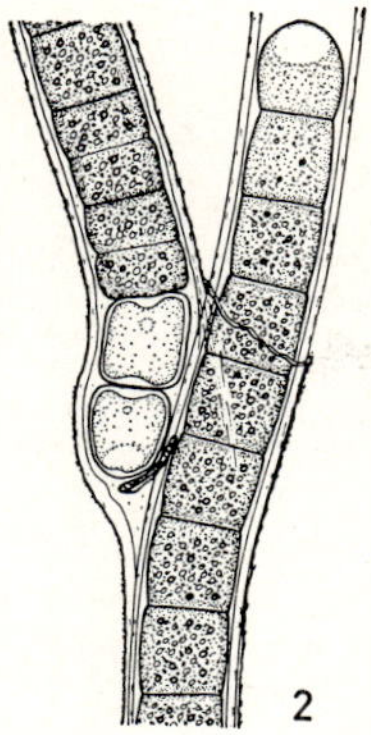
2

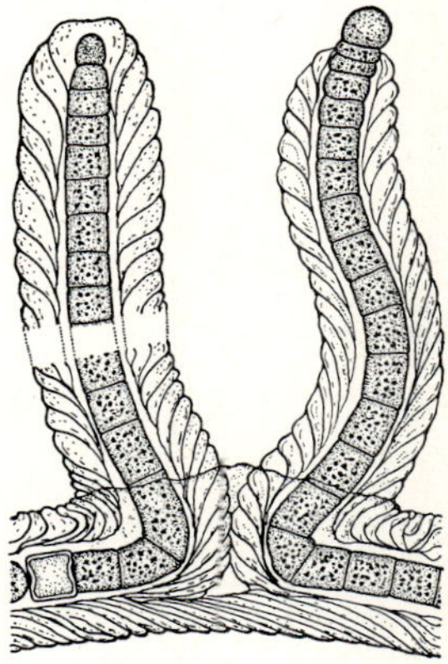
3

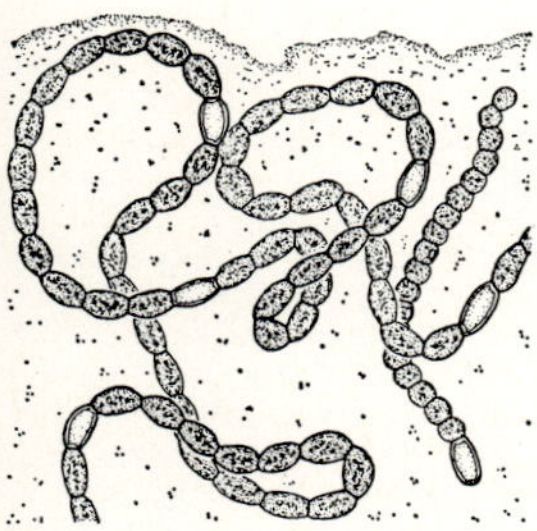
6

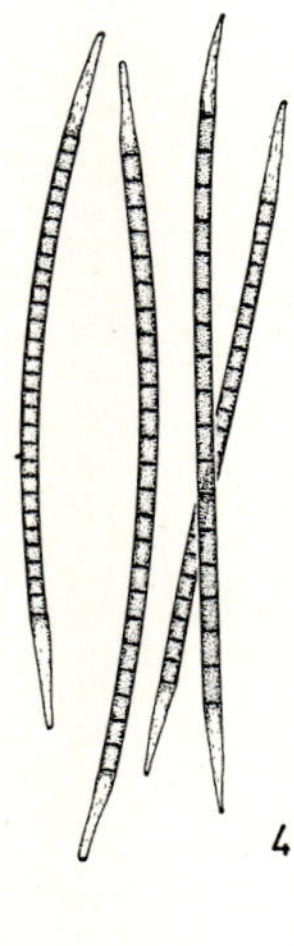
4

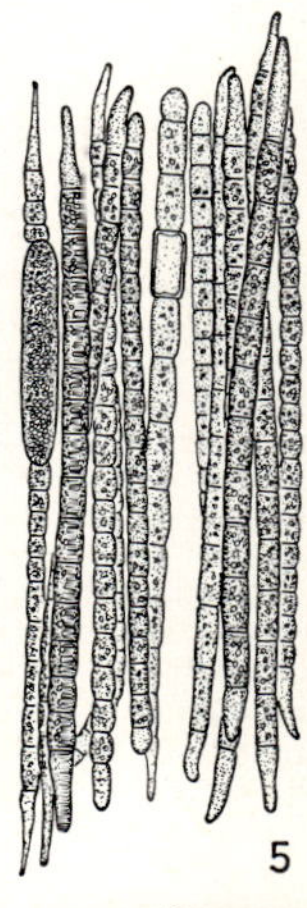
5

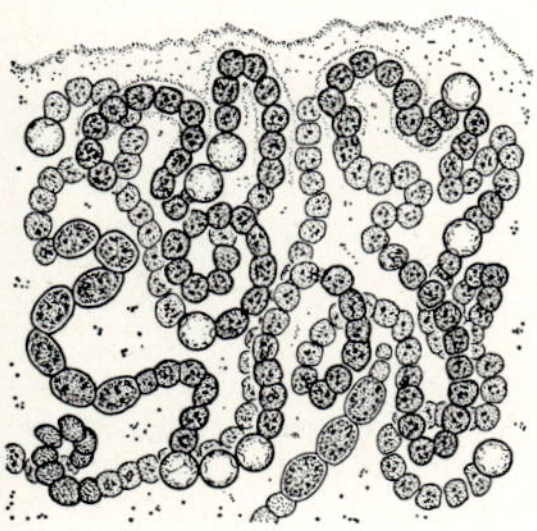
7

5a

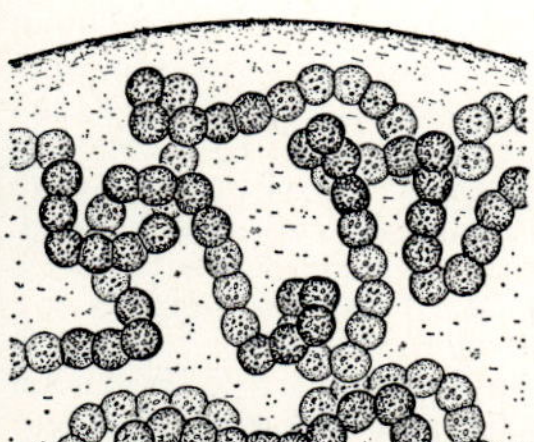
8

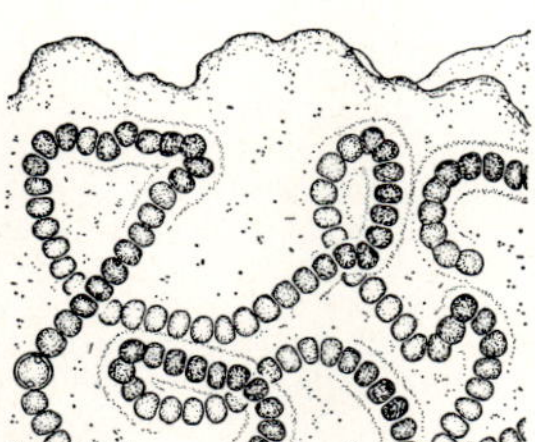
9

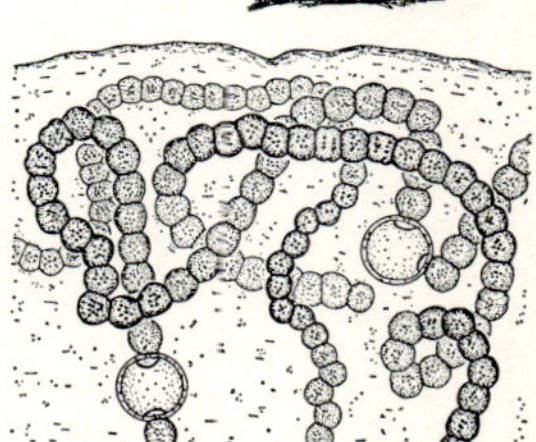
10

1 Anabaena constricta, Eingeschnürte Ringelalge. Fäden meist gerade, Zellen abgerundet-zylindrisch, in der Mitte eingeschnürt. Zellinneres (Centroplasma) farblos, gegen das periphere, blaugrüne Chromoplasma scharf abgegrenzt. Heterocysten sehr selten. **G** Zellen 6–10 µm lang, 5–7 µm breit. **L** Auf Faulschlamm. IV.

2 Anabaena augstumalis, Sumpf-Ringelalge. Fäden gerade oder leicht gebogen, freischwimmend, mit undeutlicher Gallerthülle. Zellen zylindrisch bis tönnchenförmig. Heterocysten und Dauerzellen werden voneinander entfernt ausgebildet. **G** Zellen 4–6 µm lang, 4 µm breit; Heterocysten 6 µm breit; Dauerzellen 25–55 µm lang, 6 µm breit. **L** Charakterart saurer Torfsümpfe und Moorseen.

3 Anabaena affinis, Vakuolen-Ringelalge. Fäden mehr oder minder gerade, zu blaugrünen Lagern vereinigt, von kaum sichtbarer Gallerthülle zusammengehalten. Zellen fast kugelig, bilden deutliche Pseudovakuolen (Schwebefähigkeit!). **G** Zellen 5–7 µm; Heterocysten kugelig, 8–10 µm; Dauerzellen anfangs kugelig, später lang-ellipsoidisch, 17–26 µm lang, 10–12 µm breit. **L** Plankton stehender Gewässer, bildet ab und zu Wasserblüten.

4 Anabaena solitaria, Kugelzellen-Ringelalge. Fäden einzeln, gerade, freischwimmend. Zellen kugelig, mit Gasvakuolen. **G** Zellen 8 µm; Heterocysten kugelig, 8–10 µm; Dauerzellen zylindrisch, 28–35 µm lang, 10 µm breit. **L** Plankton eutropher, stehender Gewässer; häufig.

5 Anabaena circinalis, Gewundene Ringelalge. Fäden einzeln, selten zu mehreren in einem Gallertflöckchen; halbkreisförmig, S-förmig oder brezelartig gewunden. Zellen ellipsoidisch, mit Gasvakuolen. Dauerzellen schwach gekrümmt, braun, glatt. **G** Zellen 4–15 µm lang, 2,5–5 µm breit; Heterocysten 6–8 µm lang, 5 µm breit; Dauerzellen 24–30 µm lang. **L** Plankton stehender Gewässer. Kann in kleineren Teichen für kurze Zeit Wasserblüten erzeugen.

6 Anabaena flos-aquae, Gewöhnliche Ringelalge. Fäden verschlungen, zu kleinen Gallertflöckchen vereinigt, schweben in den oberen Wasserschichten. Dauerzellen meist in Reihen hintereinander, schwach gebogen. **G** Zellen 6–8 µm lang, um 5,5 µm breit; Heterocysten 6–10 µm lang, 4–9 µm breit; Dauerzellen 30–35 µm lang. **L** Teiche und Seen, bildet Wasserblüten. Vom Wind in Buchten zusammengetriebene Flöckchen bilden schmierige Schleimschicht an der Wasseroberfläche. II.

7 Anabaena spiroides, Schraubige Ringelalge. Fäden einzeln, freischwimmend, schraubig gewunden, von dicker, schwer sichtbarer Gallertschicht umhüllt. Zellen fast kugelig. Heterocysten kugelig. Dauerzellen zuerst kugelig, später gekrümmt. **G** Zellen 6,5–8 µm; Windungen der Fäden 45–54 µm weit, Umgänge 40–50 µm voneinander entfernt. **L** Seen und Teiche, häufig. II.

8 Anabaena cylindrica, Zylinderzellen-Ringelalge. Wichtiges Merkmal dieser und der nächsten Art: Dauerzellen entstehen zu beiden Seiten der Heterocysten. Fäden gerade, zu vielen parallel gelagert, bilden dünne, blaugrüne Überzüge. Zellen quadratisch bis zylindrisch; Heterocysten von dichter Gallerte umhüllt; Endzellen kegelig, abgerundet. **G** Zellen 3–5 µm lang, 3–4 µm breit; Heterocysten 6–8 µm lang, 5 µm breit; Dauerzellen 3–4 µm breit, 15–30 µm lang. **L** Teiche und Seen, an Wasserpflanzen und am Boden. Bei starker Wasserbewegung schweben die Lager auf.

9 Anabaena sphaerica, Lager-Ringelalge. Fäden gerade, parallel geordnet, mit undeutlichen Gallerthüllen, zu blaugrünen Lagern vereinigt. Zellen kugelig oder tönnchenförmig. Dauerzellen kugelig, entstehen neben Heterocysten einzeln oder als Ketten, ihre Außenschicht verfärbt sich gelbbraun. **G** Zellen um 6 µm breit; Heterocysten kugelig, um 7 µm; Dauerzellen kugelig, 12–18 µm. **L** Tümpel, Teiche, Moorgewässer; zeitweilig häufig.

10 Spirulina abbreviata, Kleine Korkzieheralge. Fäden kurz, an den Enden zugespitzt, S-förmig oder mit 1 bis 3 Windungen gekrümmt. Querwände im Leben unsichtbar. Fäden einzeln oder zu mehreren in formlosen, weichen Lagern. Schraubende, gleichmäßige Bewegung. **G** Fäden 20–60 µm lang, 2,5–5 µm breit. **L** Stehende, auch verschmutzte Gewässer.

11 Spirulina jenneri, Blaugrüne Korkzieheralge. Fäden satt blaugrün, an den Querwänden nicht eingeschnürt, an den Enden nicht verjüngt. Freischwimmend oder häutige Lager bildend. Zellen quadratisch oder kürzer als breit. **G** Zellen 4–5 µm lang, 5–8 µm breit. Regelmäßig schraubige Windungen der Fäden 9–15 µm breit, Umgänge 20–30 µm voneinander entfernt. **L** Über Faulschlamm, in Mistlachen, verjauchten Dorfteichen, Abwässern. IV.

12 Spirulina platensis, Große Korkzieheralge. Fäden schraubig gewunden, an den Querwänden leicht eingeschnürt, planktisch oder in Lagern. Zellen quadratisch oder kürzer als breit. **G** Zellen 2–6 µm lang, 6–8 µm breit; Windungen der Fäden 25–40 µm breit, Umgänge 45–60 µm voneinander entfernt. **L** Stehende Gewässer; bildet gewaltige Wasserblüten. II.

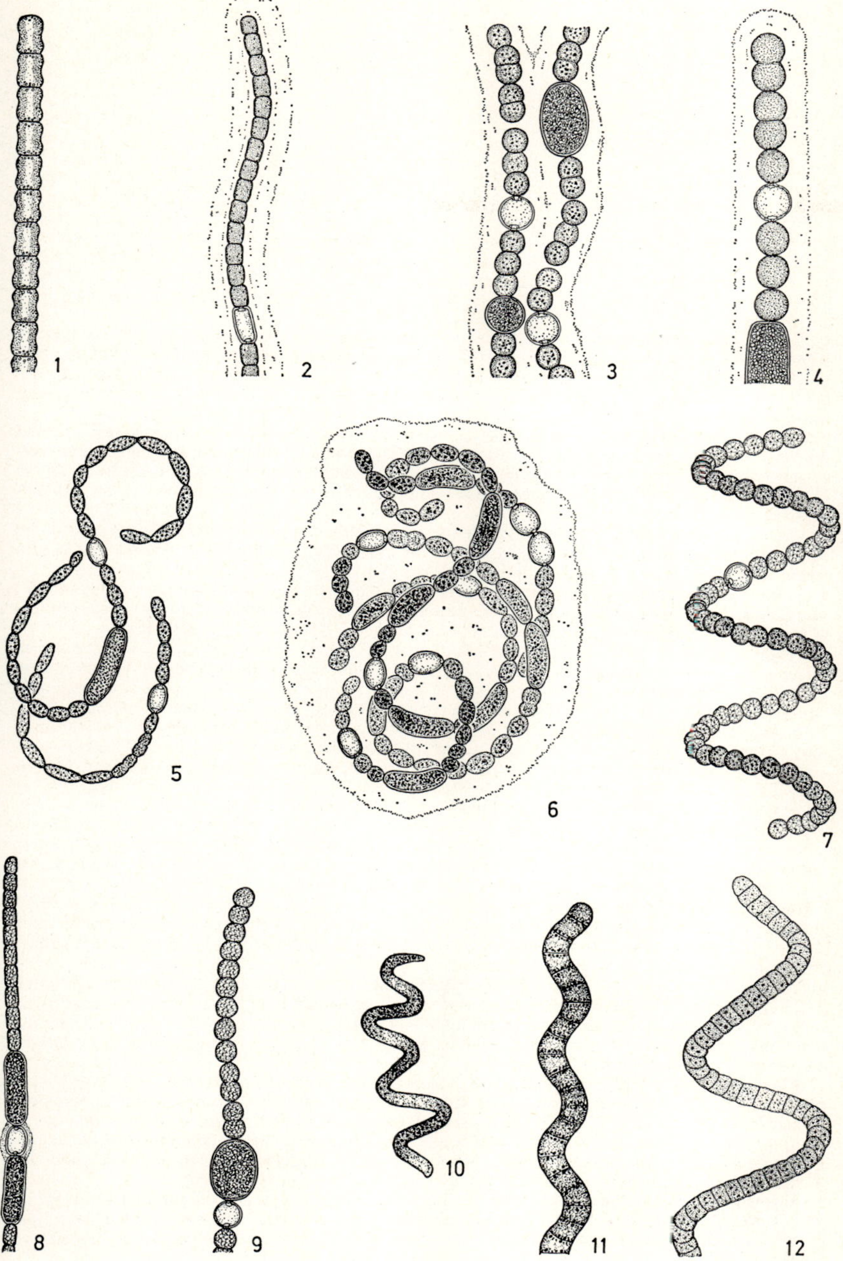
1
2
3
4
5
6
7
8
9
10
11
12

Blaualgen

1 Microcoleus subtorulosus, Bündelblaualge. Viele Fäden in gemeinsamer, stark schleimiger Scheide. Fäden teilweise miteinander verklebt. An den Querwänden deutliche Einschnürungen. Enden der Fäden verjüngt. Blaugrüne Lager, die Wasserpflanzen überziehen oder sich auf Schlamm ausbreiten. **G** Zellen 5–10 µm lang, 6–10 µm breit. **L** Fließende und stehende Gewässer. I.

2 Schizothrix vaginata, Krustenblaualge. Graubraune bis schwarzgrüne, krustige, warzige, zuweilen mit Kalk inkrustierte Lager. Fäden gerade, zuweilen verflochten, an den Enden verzweigt. Scheiden dick, farblos, an den Enden zugespitzt, enthalten nur wenige Fäden. **G** Zellen 1–3 µm lang, 2–3 µm breit. **L** Stehende und fließende Gewässer, überrieselte Felsen, Gallertlager von *Rivularia.*

3 Lyngbya limnetica, Kleine Scheidenblaualge. Fäden einzeln, gerade oder schwach gekrümmt, freischwimmend, in dünnen, festen, farblosen Scheiden. Zellen sehr klein, oft mit einem zentralen Körnchen. **G** Zellen 1–3 µm lang, 1–1,5 µm breit. **L** Plankton stehender Gewässer.

4 Lyngbya contorta, Geringelte Scheidenblaualge. Fäden in zwei bis zwanzig fast kreisförmigen Umgängen regelmäßig und dicht aufgewunden. Freischwimmend. Scheiden eng, farblos. **G** Zellen 3–6 µm lang, 1–2 µm breit. **L** Plankton eutropher Seen und Teiche, häufig.

5 Lyngbya martensiana, Gerade Scheidenblaualge. Fäden lang, gebogen, zu blaugrünen Büscheln vereinigt. Scheiden dick, farblos, verkleben miteinander ohne zu verschleimen. Keine Einschnürungen an den Querwänden. **G** Zellen 2–3 µm lang, 6–10 µm breit. **L** In stehenden und fließenden Gewässern auf festen Unterlagen (Steine, Pflanzen, Hölzer, Muscheln usw.).

6 Phormidium foveolarum, Kleine Häutchenblaualge. Dünne, schwarzgrüne Lager aus gekrümmten, an den Querwänden eingeschnürten Fäden. Scheiden weich, zerfließend. **G** Zellen 0,8–2 µm lang, 1,5 µm breit. **L** Verschmutzte Teiche und Bäche, schlecht gereinigte Abwässer, feuchte Erde, nasse Kalkfelsen. III.

7 Phormidium retzii, Flutende Häutchenblaualge. Lager schwärzlich, stahlblau bis dunkel-blaugrün; bilden entweder dicke und feste Überzüge oder hängen als flutende Pinsel an der Unterlage. Fäden fast gerade, an den Querwänden nicht eingeschnürt. Scheiden fest, dünn. Zellen auffallend dunkelgrün. **G** Zellen 4–9 µm lang, 5–12 µm breit. **L** Fließgewässer. **B** Lager bei Eisenmangel violett, rot und orangefarben.

8 Phormidium inundatum, Schwarze Häutchenblaualge. Lager schwärzlich, bilden häutige Überzüge auf Steinen. Fäden fast gerade, den Enden zu verjüngt. Scheiden dünn, verschleimend. Zellen an den Querwänden fein granuliert. **G** Zellen 4–8 µm lang, 3–5 µm breit. **L** Saubere Fließgewässer und Seen, feuchte Felsen. I.

9 Phormidium autumnale, Kalkliebende Häutchenblaualge. Lager schwärzlich-grün, mitunter gelblich oder violett. Fäden meist gerade, an den Querwänden nicht eingeschnürt. Enden stark und plötzlich verjüngt. Endzellen mit Haube. **G** Zellen 2–4 µm lang, 4–7 µm breit. **L** Schnellfließende, kalkhaltige Gebirgsbäche, Bodenschlamm von Brunnen, schlechtgereinigte Abwässer, Baumstämme, Mauern. III.

10 Phormidium uncinatum, Hakenförmige Häutchenblaualge. Lager braunschwarz bis schwarzgrün, bilden anliegende Überzüge oder flutende, zerteilte Büschel. Gallertscheiden fest oder verschleimend. Fäden kaum gebogen, an den Querwänden nicht eingeschnürt. Enden abgebogen oder schraubig verwunden, verjüngen sich allmählich. Endzellen mit flacher Haube. Vielgestaltige Sammelart. **G** Zellen 3–5 µm lang, 6–9 µm breit. **L** Stehende und fließende Gewässer, Dorfteiche, Tümpel, tote Flußarme. III.

11 Phormidium papyraceum, Glänzende Häutchenblaualge. Lager schwarzgrün, häutig, dünn, fest, auffallend glänzend. Fäden schwach gekrümmt, an den Querwänden nicht eingezogen, Enden plötzlich verjüngt. Scheiden dünn. **G** Zellen 2–4 µm lang, 3–5 µm breit. **L** Stehende und fließende Gewässer. Thermen, Höhlen, Spritzwasserzone klarer Bäche. I.

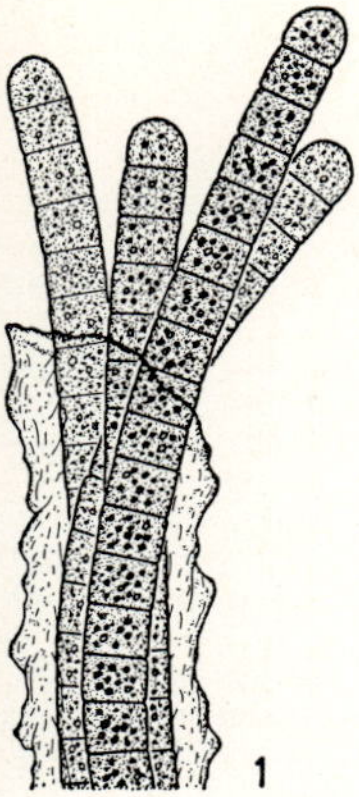
1

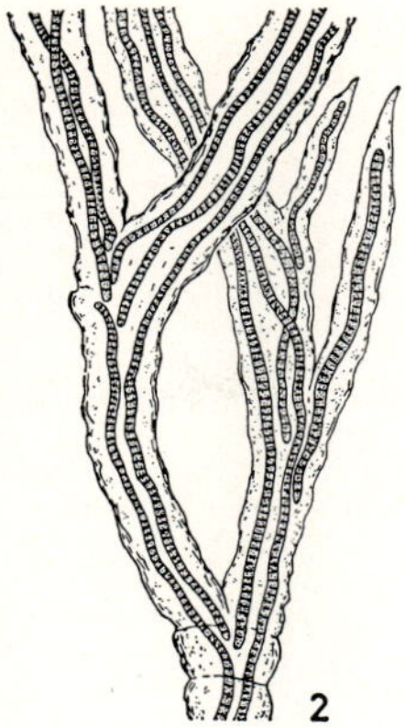
2

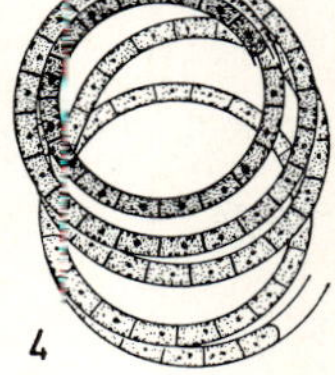
4

3

5

6

7

8

9

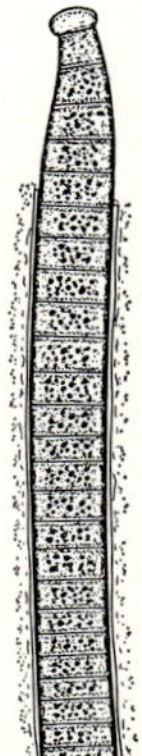
10

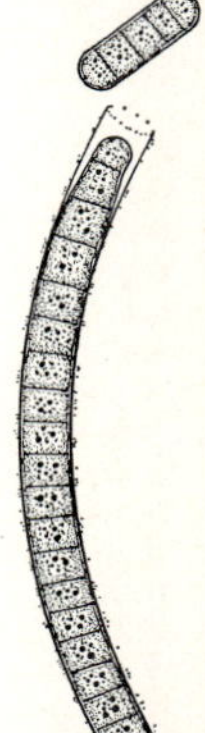
11

Blaualgen

1 Oscillatoria princeps, Königs-Schwingalge. Schleimige, schwärzliche Lager oder freischwimmend. Fäden breit, gerade, Querwände nicht eingezogen, Enden oft plötzlich verjüngt, blaugrün, bräunlich, schmutzig-violett oder rötlich überhaucht. **G** Zellen 3–7 µm lang, 16–68 µm breit. **L** Verschmutzte fließende und stehende Gewässer. **B** Sammelart. III.
2 Oscillatoria limosa, Schlamm-Schwingalge. Lager schwärzlich-grün bis braun, freischwimmend oder festsitzend. Fäden gerade, an den Querwänden nicht eingeschnürt, Querwände erscheinen fein gekörnt. **G** Zellen 2–5 µm lang, 11–22 µm breit. **L** Auf Schlamm, an Blumentöpfen; sehr häufig.
3 Oscillatoria brevis, Schmale Schwingalge. Lager dunkel-blaugrün, festsitzend oder planktisch. Fäden gerade, an den Querwänden nicht eingezogen, Enden verjüngen sich deutlich. **G** Zellen 1,5–3 µm lang, 4–7 µm breit. **L** Stehende, verschmutzte Gewässer, auf dem Schlamm von Seen und Teichen; häufig. III.
4 Oscillatoria chalybea, Stahlblaue Schwingalge. Lager schwarzgrün, bläulich überlaufen, Fäden an den Querwänden leicht eingeschnürt, den Enden zu kaum verschmälert mit schräg abstehenden Endzellen. **G** Zellen 3–6 µm lang, 8–13 µm breit. **L** Verschmutzte Teiche, häufig. Bei Massenentfaltung freischwimmend, sonst an Steinen, Pfählen und auf Schlamm. III.
5 Oscillatoria rubescens, Burgunderblutalge. Fäden schwach rötlich, gerade, an den Querwänden nicht eingeschnürt, Enden allmählich verjüngt, Endzelle kopfig mit Haube. **G** Zellen 2–4 µm lang, 6–8 µm breit. **L** Planktisch in Kaltwasserseen, Indikator für fortschreitende Eutrophierung, Wasserblüten im Winter (oft unter Eis). II.
6 Oscillatoria lacustris, Seen-Schwingalge. Fäden zu freischwimmenden, sägespanähnlichen Bündeln vereinigt, schließen mit zylindrisch-kegelförmigen Endzellen ab. Zellen kurz-tönnchenförmig. **G** Zellen 3–7 µm lang, 5–7 µm breit. **L** Plankton stehender Gewässer, verbreitet.
7 Oscillatoria tenuis, Zarte Schwingalge. Blaugrüne, dünne, schleimige Lager. Fäden an den Querwänden leicht eingeschnürt, Enden nicht verschmälert. Querwände gekörnelt. **G** Zellen 2,5–5 µm lang, 4–10 µm breit. **L** Verschmutzte stehende Gewässer. III.
8 Oscillatoria agardhii, Bündel-Schwingalge. Fäden freischwimmend, in blaugrünen Bündeln oder als häutiger Überzug am Grund. Fäden nicht eingeschnürt, an den Querwänden gekörnelt, an den Enden verjüngt; Endzellen nicht kopfig, mit flacher Haube. **G** Zellen 2–4 µm lang, 4–6 µm breit. **L** Seen und Teiche; sehr verbreitet; Wasserblüten (bis zu 10 000 Fäden pro ml!). II.
9 Oscillatoria formosa, Schöne Schwingalge. Dunkel-blaugrüne Lager. Fäden an den Querwänden leicht eingeschnürt, Enden verschmälert und abgebogen. Stumpf-kegelige Endzellen nie kopfig, nie von einer Haube bedeckt. **G** Zellen 4–6 µm lang und breit oder etwas länger. **L** Abwässer. In stehenden Gewässern auf Schlamm, an Steinen und Pfählen. Häufigste Blaualge auf Tropfkörpern. III.
10 Oscillatoria splendida, Schimmernde Schwingalge. Blaugrüne Lager. Fäden fahl-blaugrün, nicht eingeschnürt, den Enden zu verschmälert, Enden abgebogen mit kopfigen Endzellen. **G** Zellen 4–12 µm lang, 2–3 µm breit. **L** Stehende, verschmutzte Gewässer. III.
11 Oscillatoria geminata, Perlen-Schwingalge. Lager schmutzig-gelbgrün. Fäden gekrümmt, Querwände tief eingeschnürt, glasig durchsichtig, auffallend dick, Endzellen abgerundet. **G** Zellen 2,5–16 µm lang, 2,5–4,5 µm breit. **L** Torfsümpfe, Moorseen, Thermen, Warmhäuser.
12 Oscillatoria chlorina, Bleiche Schwingalge. Lebhaft bewegliche Fäden, einzeln oder in dünnen, gelbgrünen Lagern, enden in durchscheinenden Kappenzellen. Zellwände oft mit sehr feiner Querstreifung. **G** Zellen 3–8 µm lang, 3,5–5 µm breit. **L** Auf Faulschlamm, im Abwasser. IV.
13 Oscillatoria lauterbornii, Vakuolen-Schwingalge. Fäden gebogen, bewegen sich langsam in Schraubenlinien. Zellen enthalten je eine eingebuchtete und zerklüftete Pseudovakuole. Zellen gelbgrün, innen mit rötlichem Schimmer. **G** Zellen 6–8 µm lang, 3–4 µm breit. **L** Auf Faulschlamm. IV.
14 Oscillatoria putrida, Faulschlamm-Schwingalge. Fäden gebogen, gelbgrün, an den Querwänden glänzende Körnchen. **G** Zellen 8–20 µm lang, 2–3 µm breit. **L** Auf Faulschlamm, in faulenden Pflanzenresten. IV.
15 Oscillatoria redeckei, Blasse Schwingalge. Fäden an den Querwänden leicht eingeschnürt. In jeder Zelle an den Querwänden 2 große Gasvakuolen. **G** Zellen 8–14 µm lang, 1,5–2 µm breit. **L** Gräben, Sümpfe, Seen; planktisch; bildet Wasserblüten (bis 200 000 Fäden im ml Wasser!). II.
16 Oscillatoria limnetica, Teich-Schwingalge. Fäden blaß-blaugrün, gerade oder höchstens leicht geschwungen, an den Querwänden eingeschnürt, an den Berührungsflächen der Zellen Tüpfel mit Plasmaverbindungen. **G** Zellen 4–12 µm lang, 1,5 µm breit. **L** Plankton von Seen und Teichen, auch in Schmutzwasser.

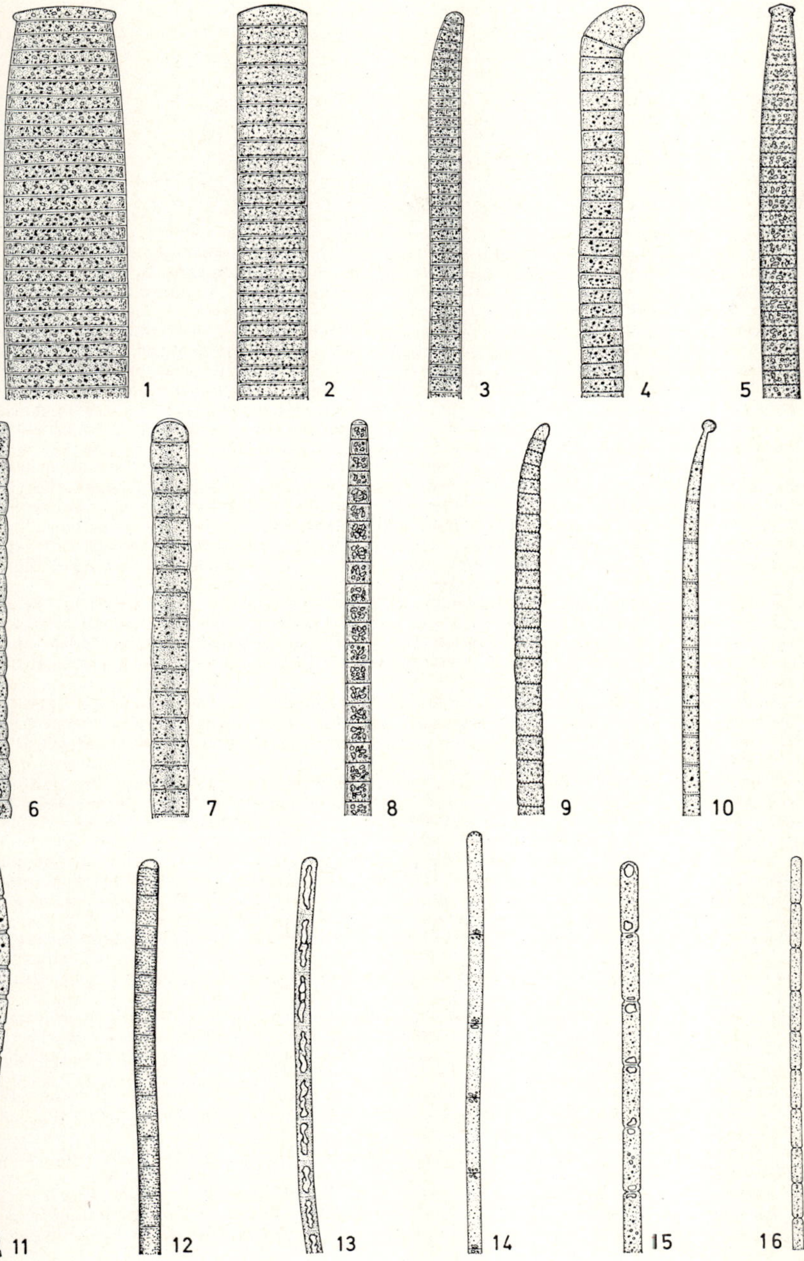
1
2
3
4
5
6
7
8
9
10
11
12
13
14
15
16

Goldalgen

1 Chromulina rosanoffi, Gold-Glanzalge. Zellen eiförmig, wenig metabol. Chloroplast goldbraun, muldenförmig. Eine kontraktile Vakuole. Kein Augenfleck. Geißel körperlang. Palmella-Stadien mit Hüllgallerte; Cysten an der Wasseroberfläche, unbenetzbar. **G** 9 µm. **L** Häufig in ruhigen, sauberen Gewässern. Bei Massenvermehrung Braunfärbung des Wassers. Staubartige Teppiche der unbenetzbaren Cysten leuchten im Licht golden auf. I.
2 Chromulina flavicans, Gelbliche Glanzalge. Zellen sehr metabol, 2 Chloroplasten, 2 kontraktile Vakuolen, Augenfleck. Hautschicht grob gekörnelt. Cysten kugelig, mit spiraligen Wandleisten. Lebt pflanzlich oder frißt Einzeller. **G** 14–19 µm. **L** Stehende, pflanzenreiche Gewässer.
3 Oikomonas mutabilis, Schmutzwasser-Goldalge. Ähnlich *Chromulina,* aber ohne Chloroplasten; frißt Bakterien und Detritus. Freischwimmend kugelig, festsitzend birnförmig. Kontraktile Vakuole seitlich. **G** 17 µm. **L** Faulende Flüssigkeiten. In verschlammten Gewässern nicht im, sondern über dem Faulschlamm. IV.
4 Oikomonas termo, Lippen-Goldalge. Kugelig bis oval, mit lippenartiger Vorwölbung neben der Geißelbasis. „Mund" dieses Bakterienfressers: Empfangsvakuolen am Grund der Lippe nehmen die Nahrung auf. Frißt Bakterien. Geißel doppelt körperlang. Eine kontraktile Vakuole. **G** 5–20 µm. **L** Stehende, verschmutzte Gewässer, nasse Böden.
5 Chrysococcus rufescens, Braune Goldalge. Kugelig, mit derber Schale, die eine Öffnung für die doppelt körperlange Geißel freiläßt. Augenfleck und kontraktile Vakuolen. Zwei Chloroplasten. **G** 8–11 µm. **L** Ufernähe stehender Gewässer; sehr verbreitet.
6 Mallomonas acaroides, Borsten-Goldalge. Eiförmig mit starrer Hülle, in die dachziegelartig Kieselschüppchen eingelagert sind. Auf den Schüppchen leicht gebogene Nadeln. 2 Chloroplasten, bis 7 kontraktile Vakuolen. **G** 20–45 µm. **L** Sommers in stehenden, sauberen Gewässern; häufig. **B** Nadeln und Schüppchen an lebenden Zellen kaum erkennbar, wohl aber an eingetrockneten Proben.
7 Mallomonas caudata, Geschwänzte Goldalge. Verkehrt-eiförmig, Ende oft schwanzartig ausgezogen. 2 große, braungrüne Chloroplasten. Kontraktile Vakuolen und eine vordere, nicht kontraktile Blase. Hohle Kieselnadeln gebogen, gezähnelt, öfters gegabelt. **G** 50–80 µm. **L** Saubere, stehende Gewässer; zuweilen Wasserblüte. I.
8 Chrysosphaerella longispina, Igel-Goldalge. Kugelige Zellkolonien; Koloniegallerte mit Kieselplättchen. Einzelzellen mit 2 Chloroplasten und einer Hülle, die am Vorderende zwei trichterartige Fortsätze trägt, in denen gelenkig hohle Kieselnadeln sitzen. **G** Zellen bis 15 µm, Kolonien bis 250 µm. **L** Stehende Gewässer mit reichem Pflanzenwuchs.
9 Syncrypta volvox, Wimpergoldkugel. Kugelige Kolonien aus zentral zusammenhängenden Zellen und einer Gallertschicht mit winzigen Stäbchen. Einzelzellen vorne breit abgerundet, mit 2 Chloroplasten, 2 kontraktilen Vakuolen und 2 gleichartigen Geißeln. **G** Zellen 8–14 µm, Kolonien 20–70 µm. **L** Flußbuchten, Teiche, Altwässer, Torfmoore; vereinzelt.
10 Synura uvella, Rosetten-Goldkugel. Gallertlose Kolonien aus bis zu 80 Einzelzellen. Zellen gelbbraun, mit beborsteter Hülle. 2 Chloroplasten, kein Augenfleck. 2 Geißeln. **G** Zellen 20–40 µm lang, Kolonien 100–400 µm groß. **L** Tümpel, Talsperren; bildet zuweilen braune Wasserblüten. II.
11 Ochromonas mutabilis, Rüssel-Goldalge. Zellen sehr metabol, 2 braune Chloroplasten, Augenfleck, 2 kontraktile Vakuolen. Längere Hauptgeißel und kürzere Nebengeißel. Vorderende einseitig ausgezogen oder ausgerandet. Palmella-Stadien. **G** 15–30 µm. **L** Stehende, pflanzenreiche Gewässer.
12 Monas guttula, Tropfen-Goldalge. Sehr ähnlich der vorigen Art, aber ohne Chloroplasten. Ernährung rein tierisch, frißt Bakterien und Detritus. 1 kontraktile Vakuole. **G** Um 15 µm lang. **L** Stehendes, faulendes Wasser; sehr häufig.
13 Monas elongata, Langgestreckte Goldalge. Zellen lang, Vorderende schräg abgestutzt. Schwimmt rotierend. **G** Um 11 µm. **L** Stehendes Faulwasser, Pfützen um Kothaufen.
14 Monas socialis, Gesellige Goldalge. Zellen kugelig, Hinterende zu einem langen Faden ausgezogen, der der Befestigung auf Unterlagen dient. Stehen in Grüppchen zusammen. Nur tierische Ernährung. Kein Augenfleck. **G** 5–10 µm. **L** Stehende Gewässer mit zerfallenden Pflanzenresten; häufig.

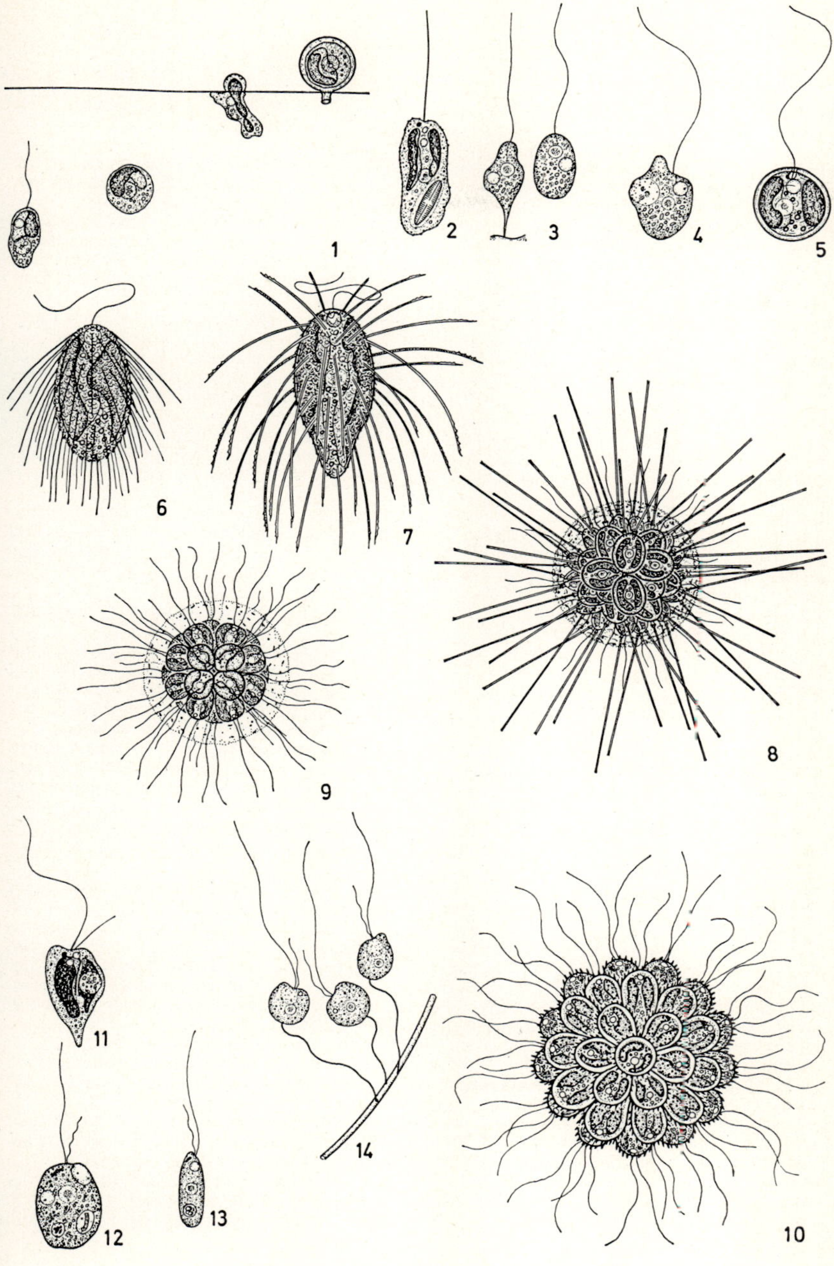
1
2
3
4
5
6
7
8
9
10
11
12
13
14

Goldalgen

1 Uroglena volvox, Gelbe Wimperkugel. Kugelige, gallertige Kolonien. Einzelzellen radiär und peripher angeordnet. 1 Chloroplast, Augenfleck. **G** Zellen 12–20 µm, Kolonien 40–400 µm. **L** Stehende Gewässer, Tümpel, Talsperren; bildet braune Wasserblüten. II.

2 Uroglenopsis americana, Gelbkugel. Kugelige, gallertige Kolonien. Gegensatz zu *Uroglena:* Hautschicht der Zellen fein granuliert, keine gegabelten Gallertverbindungsstränge zwischen den Zellen, Hinterende der Zellen abgerundet, Zellen kleiner. **G** Zellen 5–8 µm, Hauptgeißeln bis 32 µm, Kolonien bis 300 µm. **L** Plankton stehender Gewässer. **B** Bei Wasserblüten widerwärtiger Geschmack des Wassers.

3 Dinobryon utriculus, Bechermoos-Alge. Zellen festsitzend, in schmal spindelförmigem Zellulosegehäuse, nicht koloniebildend. **G** Gehäuse 25–50 µm lang. **L** Stehende Gewässer auf Algen, Pflanzen, Tieren; sehr häufig. **B** Ernährt sich tierisch und pflanzlich.

4 Dinobryon marchicum, Kelchalge. Gehäuse kurz spindelförmig, steckt seinerseits in einem Trichterchen, das mit einem Gallertscheibchen auf der Unterlage festsitzt. Nur 1 Chloroplast. **G** Gehäuse um 23 µm lang. **L** Stehende Gewässer, auf Fadenalgen.

5 Dinobryon suecicum, Gerippte Kelchalge. Einzellebend, freischwimmend. Gehäuse mit schraubigen Verdickungsleisten, kantig, Mündung schräg abgeschnitten, z. T. mit 12 µm langem Endstachel. **G** Gehäuse um 20 µm lang. **L** Stehende Gewässer, schwebt zwischen Wasserpflanzen.

6 Dinobryon sertularia, Becherbäumchen. Freischwimmende Kolonien groß und dicht buschig, Konturlinien aufeinanderfolgender „Vasen“ ergeben deutliche Schlangenlinien. Bei dieser und den folgenden *D.*-Arten Saisonvarianten (Unterschiede zwischen Frühjahrs- und Sommerformen) und verschiedene Formenreihen mit allen möglichen Übergängen. **G** Gehäuse 30–44 µm lang. **L** Stehende, nährstoffreiche Gewässer; sehr häufig.

7 Dinobryon sociale, Becherbäumchen. Einzelgehäuse kegelförmig. **G** Gehäuse 30–70 µm lang. **L** Nährstoffreiche Gewässer; sehr häufig.

8 Dinobryon stipitatum, Becherbäumchen. Gehäusereihen stehen weitgehend parallel. Einzelgehäuse mit langem Basalstiel. **G** Gehäuse 55–100 µm lang. **L** Stehende Gewässer; sehr häufig.

9 Dinobryon cylindricum, Becherbäumchen. Kolonien nur wenige „Stockwerke“ hoch. Einzelgehäuse zylindrisch, stumpf-kegelförmig verschmälerte Basis endet in einer schiefen Spitze. **G** Einzelgehäuse bis 115 µm lang. **L** Stehende und schwach fließende Gewässer; sehr häufig.

10 Dinobryon divergens, Becherbäumchen. Kolonien im Sommer weit auseinandergespreizt. Einzelgehäuse in der Mitte bauchig erweitert, läuft basal in einen schiefen Endkegel aus. **G** Gehäuse 35–50 µm lang. **L** Flüsse, Gräben, nährstoffreiche stehende Gewässer; sehr häufig.

11 Anthophysis vegetans, Traubenbäumchen. Köpfchenförmige Kolonien aus bis zu 60 Zellen, auf verzweigten Gallertstielen. Einzelzellen mit schnabelförmigem Fortsatz und 2 ungleich langen Geißeln. Bakterienfresser. Festsitzend oder freischwimmend. **G** Zellen 3–10 µm, Kolonien um 30 µm. **L** Verschmutzte Gewässer. III.

12 Chrysarachnion insidians, Spinnennetz-Goldalge. Ebener Verband aus 200 oder mehr amöboid beweglichen Zellen, die durch sehr feine Pseudopodien verbunden sind. Zellen mit blaß-gelbbraunen Chloroplasten. **G** Zellen 3–4 µm. **L** Uferzonen stehender Gewässer zwischen Algen und auf untergetauchten, lebenden Blättern. **B** Lebt pflanzlich oder fängt kleine Tiere ein.

13 Hydrurus foetidus, Stinkender Wasserschweif. 1–30 cm lange, glitschige, unangenehm riechende, verzweigte Lager. Zellen in der Gallertmasse oval, mit je 1 gelbbraunen Chloroplasten. **G** Zellen um 10 µm. **L** Sauerstoffreiche Seen, klare Gebirgsbäche, in kalten Gewässern das ganze Jahr, in wärmeren Lagen nur im Frühjahr und Herbst; wird selten.

14 Hyalobryon lauterborni, Glas-Goldalge. Zellen in äußerst zarten, aus manschettenartigen Zuwachsringen gebauten Gehäusen. Zellen mit langem, kontraktilem Stiel. **G** Gehäuse 25–50 µm, Zellen 8–10 µm. **L** Stehende Gewässer an Blaualgen, Kieselalgen, Fadenalgen, Wassertieren; häufig.

15 Hyalobryon ramosum, Verzweigte Glas-Goldalge. Koloniebildend; Gehäuse ähnlich der vorigen Art, aber lang zylindrisch und mit kürzeren Zuwachsringen. **G** Einzelgehäuse 50–70 µm lang, Zellen bis 30 µm. **L** Stehende Gewässer an Algen und Wasserpflanzen; vereinzelt.

16 Chrysocapsa planktonica, Zwerg-Goldkugel. Kugelige Gallertlager, in denen die Zellen im Palmella-Stadium liegen. Zellen mit 1 braunen Chloroplasten. **G** Zellen 2–4 µm, Lager 20–25 µm. **L** Größere stehende Gewässer; häufig. **B** Nicht mit Blaualgen *(Microcystis)* verwechseln; Zellen besitzen einen Chloroplasten!

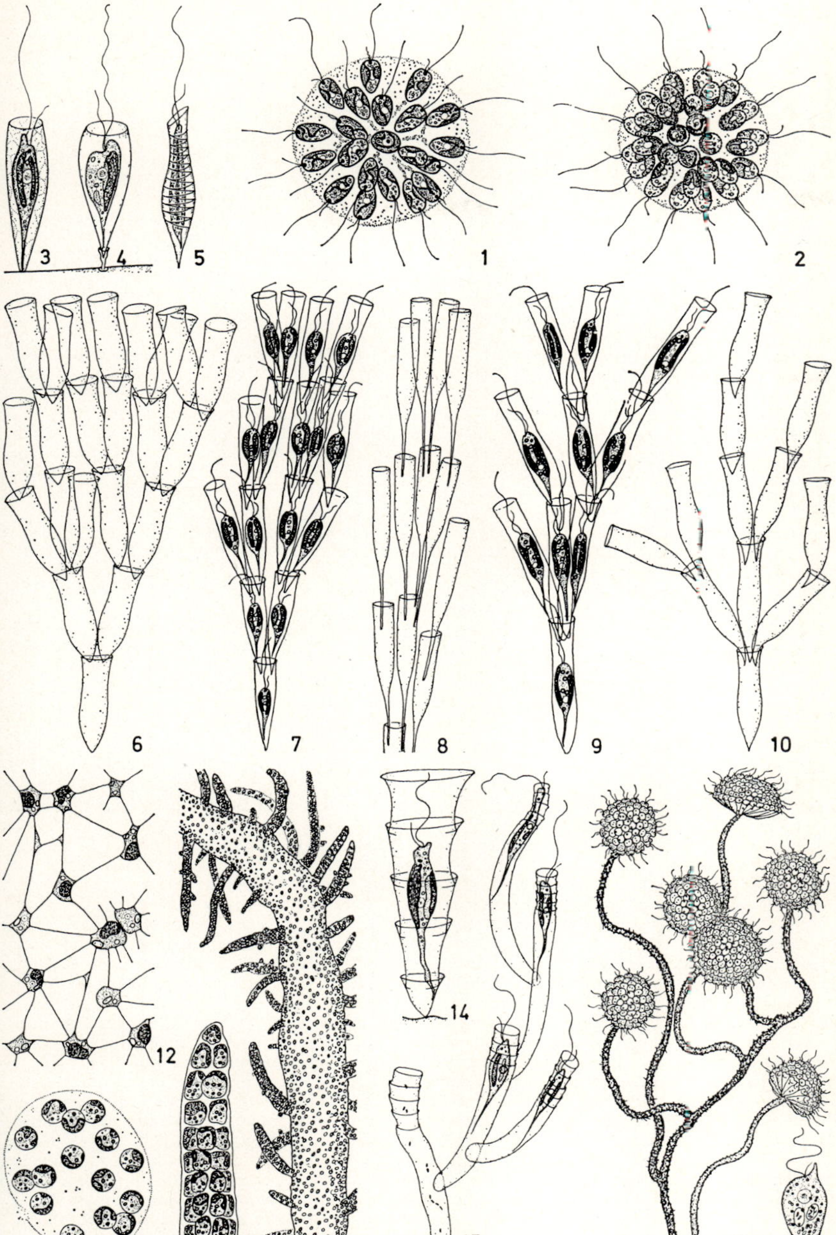
3
4
5
1
2
6
7
8
9
10
12
14
15
11
16
13

Kieselalgen

1 Melosira granulata, Gepunktete Faden-Kieselalge. Lange, steife Ketten aus zylindrischen Einzelzellen. Endflächen der Schalen unregelmäßig punktiert, an den Rändern Kränze kurzer Zähnchen. Mantelflächen mit Poren. Endzellen vollständiger Fäden mit langen Dornen. **G** Zellen 10–40 µm lang, 5–21 µm breit. **L** Plankton eutropher Gewässer; oft massenhaft. II. $\mathbf{A_1}$ Ringfurchen nicht als Kerben (V), sondern als Rinnen (U): *M. ambigua.* $\mathbf{A_2}$ Zellen sehr flach (wie Schuhcremedosen, Durchmesser 40–140 µm bei 20–30 µm Zellhöhe): *M. arenaria.* Feuchte Felsen, Uferzone von Seen.
2 Melosira varians, Faden-Kieselalge. Ketten aus trommelförmigen Zellen. Chloroplasten kleine, braune bis gelbliche Plättchen. **G** Zellen 18–25 µm lang, 8–35 µm breit. **L** Uferform stehender und fließender Gewässer; oft massenhaft. **B** Bei Massenentfaltung unangenehmer Geschmack und Geruch des Wassers. II. **A** Zellen fäßchenähnlich: *M. binderana.*
3 Cyclotella kützingiana, Scheibchen-Kieselalge. Zellen in Aufsicht rund, stets einzeln. Schalenränder wellenartig gebogen (Gürtelbandansicht!). Schalenrandzone radial gestreift, Mittelfeld glatt mit höchstens einigen dunklen Punkten. Chloroplasten als kleine Plättchen unter den Schalenflächen. **G** 10–45 µm. **L** Vor allem Waldseen und Quelltöpfe. **A** Kettenbildend, planktisch, 4–13 µm: *C. melosiroides.* Alpen- und Voralpenseen (3 a).
4 Cyclotella comta, Hübsche Scheibchen-Kieselalge. Zellen scheibenförmig oder hochtrommelförmig. Schalenränder nicht wellig gebogen, Schalenflächen konzentrisch gewellt. Radialstreifen kräftig, unter jedem 2. Radialstreifen an der Schaleninnenseite ein dunkler randlicher Höcker. **G** 15–50 µm. **L** Stehende und fließende Gewässer; verbreitet. **A** Zellen in weiten Gallertschirmen, 20–80 µm: *C. bodanica.* Alpenseen. I.
5 Stephanodiscus hantzschii, Zackenscheibchen-Kieselalge. Zellen scheibenartig, flach, einzeln oder in Ketten, ab und zu mit feinen Schwebeborsten. Schalenflächen schwach konzentrisch gewellt, ihre Strukturen äußerst zart (Ölimmersion!). Radialstreifen aus feinen Poren, gegen die Peripherie doppelreihig. Kräftige Randdornen alternieren mit Radialstreifen. **G** 8–20 µm. **L** Stark verschmutzte Seen und Fließgewässer. **B** Massenhaftes Auftreten in den Uferregionen bislang sauberer Seen zeigt, daß der betreffende See in negativer Richtung „gekippt" ist. III.
6 Stephanodiscus astraea, Großes Zackenscheibchen. Zellen meist einzeln, abgeflacht, Schalenflächen konzentrisch schwach gewellt. Punktreihen deutlich, gegen die Peripherie in 2 bis 4 Reihen aufgefächert. Dornenkranz einreihig. **G** 30–70 µm. **L** Plankton nährstoffreicher Gewässer. **A** 2 Dornenkränze, grob punktiert: *Coscinodiscus lacustris.* Salzliebend, häufig in Flußmündungen im Küstengebiet.
7 Rhizosolenia longiseta, Röhrchen-Kieselalge. Schalen in der Aufsicht elliptisch, in Seitenansicht unsymmetrisch, tütenartig, in einen hohen Fortsatz verjüngt; dieser meist länger als die Zelle. Schalenhälften liegen weit auseinander, da sehr viele schuppenartige Zwischenbänder eingeschoben sind. Verkieselung sehr schwach, Zellen daher schwer sichtbar. **G** 70–200 µm lang, 4–10 µm breit. **L** Nährstoffreiche stehende und schwach fließende Gewässer.
8 Attheya zachariasi, Körnchen-Kieselalge. Schalen schwach elliptisch, jede Hälfte mit zwei langen, feinen Borsten. Wie bei der vorigen Art zahlreiche Zwischenbänder. Sehr schwach verkieselt, lichtoptisch strukturlos. **G** Sehr verschieden (bis 500 µm) lang, 12–40 µm breit. **L** Plankton nährstoffreicher Gewässer.
9 Tabellaria fenestrata, Fenster-Kieselalge. Zellen durch Gallertpolster zu Zickzackbändern oder Sternchen verklebt. In Gürtelbandansicht langgezogen rechteckig, in Schalenansicht an den Polen und in der Mitte etwas aufgetrieben, durch Punktreihen zart gestreift, Pseudoraphe eng. Nahe der Mitte ein Porus (Gallertabscheidung). **G** 30–140 µm lang, 3–9 µm breit. **L** Plankton nährstoffreicher Gewässer, Detritus der Uferregion. Sternförmige Kolonien, die aber auch in zickzackförmige Ketten übergehen können, treten oft massenhaft im Sommer- und Herbstplankton von Seen auf (norddeutsche Seen, Bodensee). Zu Zickzack-Kolonien legen sich die Zellen vorwiegend während der kälteren Jahreszeit zusammen. II.
10 Tabellaria flocculosa, Moor-Kieselalge. Zellketten als Zickzackbänder. Zellen von der Gürtelbandseite nahezu quadratisch, mit vielen Zwischenbändern, deren zahlreiche Septen tief in die Zelle eindringen. Schalen in der Mitte stark bauchig aufgetrieben, mit zarter Querstreifung, die eine „Pseudoraphe" freiläßt. **G** 12–50 µm lang, 5–16 µm breit. **L** Nur in Moorgewässern Massenentfaltung. I.

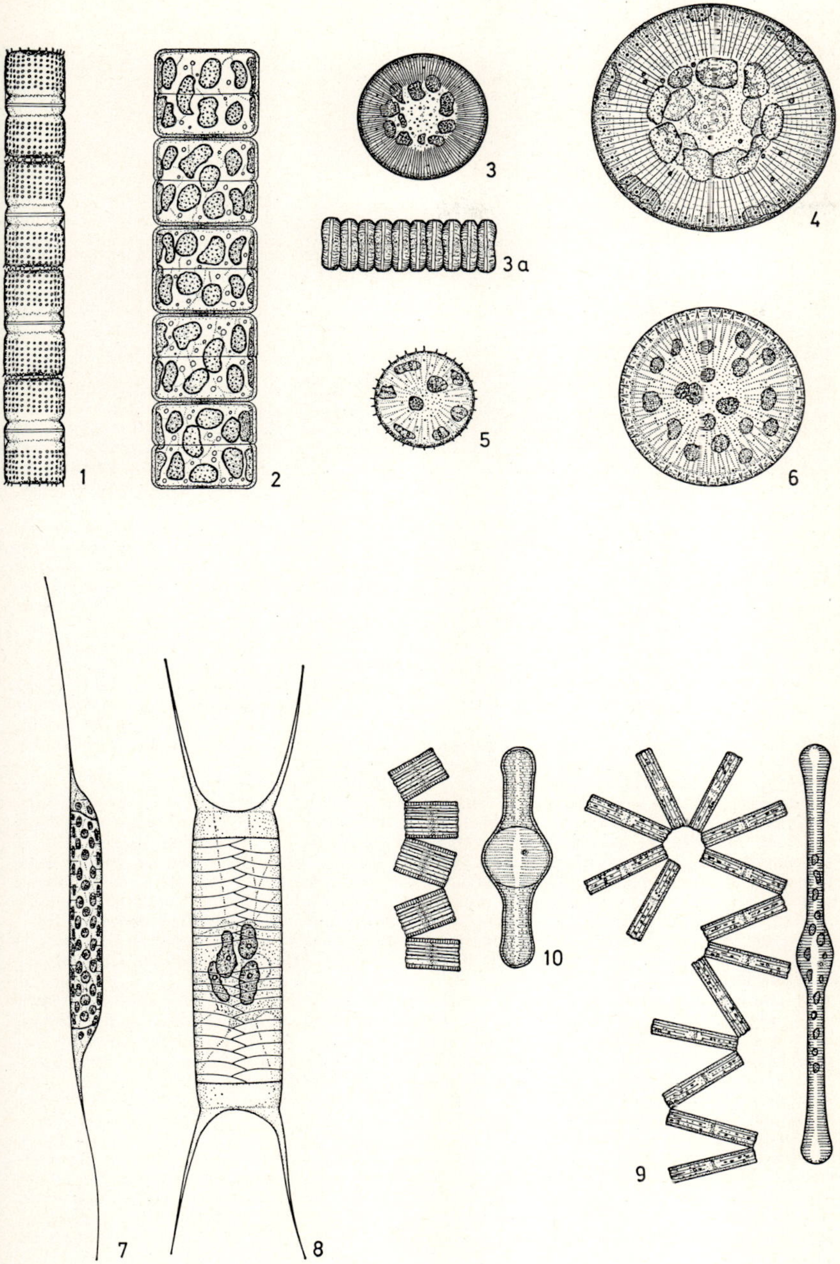
1
2
3
3a
4
5
6
7
8
9
10

1 Meridion circulare, Sektoren-Kieselalge. Zellen in Schalen- und Gürtelbandansicht keilförmig, zu geschlossenen Ketten verbunden, daher ring- oder halbringförmige Bänder, ja sogar Spiralen bildend. Zellen liegen mit Schalenseiten aneinander. Kopfpol breit gerundet, Fußpol gleichmäßig verjüngt. Zwischen den Rippen der Schalen (3–5 auf 10 µm) verlaufen zarte Punktstreifen (15 auf 10 µm). Innerhalb der Zellen sogenannte Innenschalen, deren Struktur der der Außenschalen gleicht; Chloroplasten in Form zahlreicher kleiner Körnchen. **G** Zellen 12–80 µm lang, 4–8 µm breit. **L** Fließgewässer, häufig. I.
2 Diatoma vulgare, Gemeine Zickzack-Kieselalge. Zellen bilden Zickzackbänder, die durch Gallertpolster an festen Unterlagen haften. Zellen in Gürtelbandansicht rechteckig, meist mit vielen zarten Zwischenbändern. Form der Schalen variiert sehr stark: gewöhnlich langgezogen elliptisch mit stumpf abgerundeten Polen, aber auch breit oval, linear, mit kopfigen Enden und eingeschnürter Mitte. Schalenrippen dünn, Querstreifen kaum sichtbar. Gallertabscheidender Porus in der Nähe eines Poles. **G** 30–60 µm lang, 10–13 µm breit. **L** Bäche, Quellen, Brunnentröge, gering verschmutzte Flüsse; häufig. II.
3 Diatoma elongatum, Gestreckte Zickzack-Kieselalge. Bildet Zickzackbänder wie die vorige Art, daneben aber (Havelgebiet) sternförmige Kolonien. Zellen zart und relativ sehr lang. Zwischenbänder fehlen oder undeutlich ausgebildet. Schalen schmal-linear, mit rundkopfigen Polen. Rippen dünn, Punktstreifen sehr zart, Pseudoraphe eng. Viele körnchenförmige Chloroplasten. **G** 40–120 µm lang, 2–4 µm breit. **L** Plankton stehender Gewässer und langsam fließender Bäche; häufig. Massenform in norddeutschen Seen und dem Bodensee. II.
4 Diatoma hiemale, Bänder-Kieselalge. Sehr lange, dichtgeschlossene Bänder, die bei *D. hiemale mesodon* in Zickzack-Ketten aufgelöst sein können. Zwischenbänder mit zart punktierten Begleitlinien. Schalen linear-lanzettlich oder elliptisch *(mesodon)*. Kräftige, unregelmäßige Rippen, deutliche Querstreifen, Pseudoraphe breit, den Polen zu enger. An den Schalenkanten winzige Dörnchen. **G** 30–100 µm lang *(mesodon* 12–40), 7–13 µm breit *(mesodon* 6–15). **L** Quellen und Tümpel der Mittelgebirge; Reinwasserform. Wesentlich häufiger *D. hiemale mesodon,* in allen Fließgewässern der Gebirge; auch in der Ebene.
5 Fragilaria crotonensis, Kamm-Kieselalge. Zellen in der Mitte erweitert (Gürtelbandansicht), bilden Bänder, die in sich verdreht und verbogen sind. Schalen sehr schmal, in der Mitte etwas erweitert (2–3 µm, den Polen zu nur 1 µm). Querstreifen zart. **G** 40–150 µm lang. **L** Plankton von Seen und Teichen; Massenform nährstoffreicher Gewässer im Hochsommer. II.
6 Fragilaria capucina, Bruch-Kieselalge. Zellen in Gürtelbandansicht rechteckig, bilden sehr lange, geschlossene Bänder. Schalen langgestreckt, an den Polen etwas verschmälert. Querstreifen zart, im Zentrum unterbrochen, wodurch ein Zentralfeld entsteht. Pseudoraphe gerade und eng. **G** 25–100 µm lang, 2–5 µm breit. **L** Litoral in allen eutrophen Gewässern, in Seen planktisch. **A** Kein Zentralfeld: *F. virescens.* Variable Art mit linearen, gewellten oder elliptischen Schalenumrissen. 12–120 µm lang, 5–10 µm breit. Im Frühjahr in Quellen, Gräben, Gebirgsgewässern.
7 Fragilaria construens, Dickbauchige Bruch-Kieselalge. Zellen klein, in Gürtelbandansicht rechteckig. Schalen in der Mitte plötzlich und stark aufgetrieben, daher erscheinen die langen, dichtgeschlossenen Bänder in ihrer Mittelachse dunkler, von einem auffälligen Mittelstreifen durchzogen. Schalen im Umriß stark veränderlich, Schalenränder größerer Formen werden zwei- oder dreiwellig, kurze Individuen nehmen elliptische Umrisse an. Querstreifen zart, ohne Zentralfeld, Pseudoraphe in der Schalenmitte verbreitert. **G** 7–30 µm lang (dreiwellige Formen bis 50 µm), 5–12 µm breit. **L** In allen Gewässern häufig; Massenform im Detritus flacher Seen, Teiche und Becken. II.
8 Ceratoneis arcus, Knoten-Kieselalge. Zellen in Gürtelbandansicht rechteckig, in Schalenansicht gekrümmt; Bänder ähneln daher kurzen, flachen Rinnen (8 a). Rückenseite der Schale gleichmäßig gekrümmt, Bauchseite geknickt. Schalenzentrum bauchwärts aufgetrieben und ohne Querstreifen, Zentralfeld daher asymmetrisch. Schalenpole kopfig abgeschnürt. Pseudoraphe gleichmäßig eng. **G** 15–150 µm (!) lang, 4–7 µm breit. **L** Fließgewässer; im Gebirge oft massenhaft.

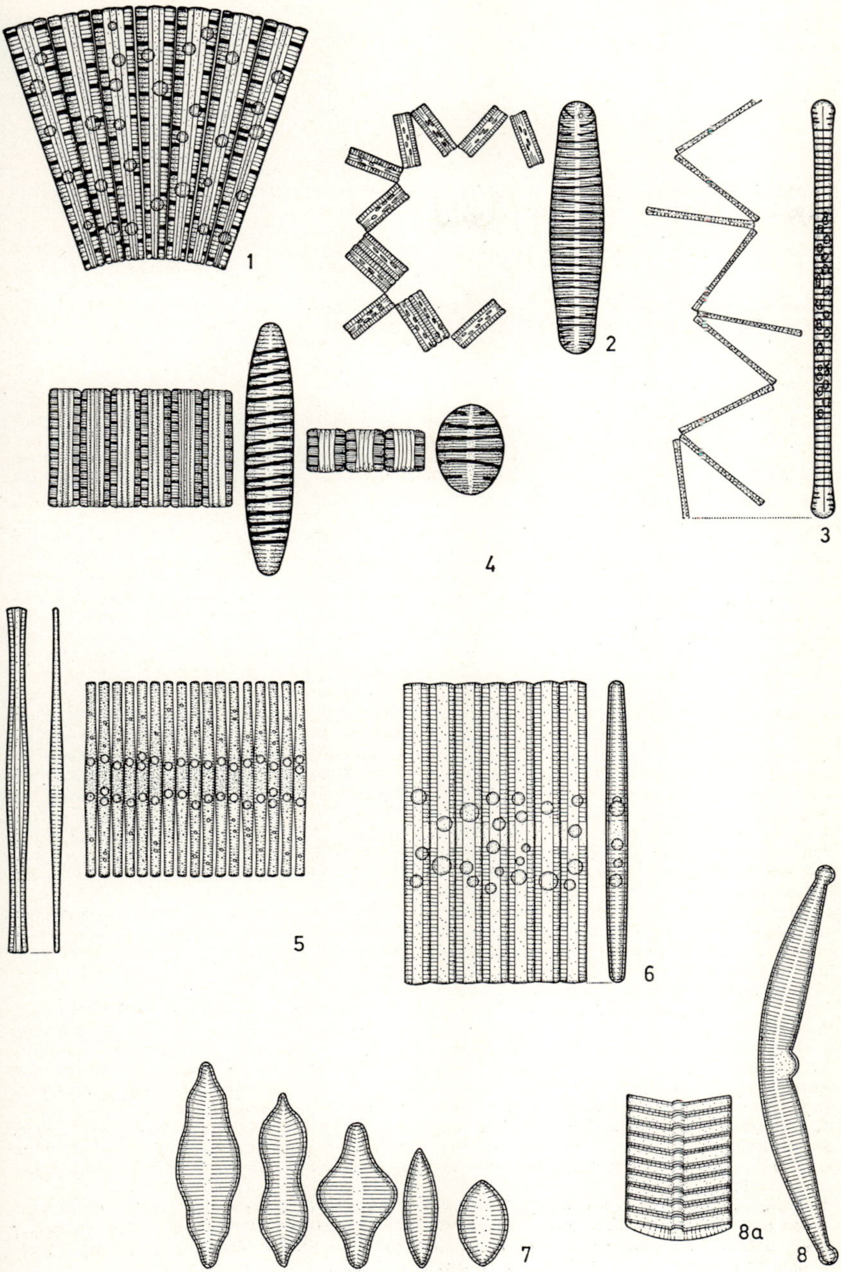
1
2
3
4
5
6
7
8a
8

1 Synedra vaucheriae, Festsitzende Stab-Kieselalge. Einzeln, selten in kurzen Bändern. Gürtelbandseite rechteckig, Schalen lanzettlich, Querstreifen deutlich, Zentralfeld asymmetrisch. **G** 10–40 µm lang, 2–4 µm breit. **L** Epiphytisch auf Algen; sehr häufig.

2 Synedra capitata, Breitkopfige Stab-Kieselalge. Einzeln, sehr groß, Gürtelbandseite breit linear, Schalen an den Polen pfeilförmig zugespitzt. Querstreifung kräftig. **G** 125–500 µm lang, 7–10 µm breit. **L** Eutrophe Gewässer, vor allem flache Seen, Uferform.

3 Synedra ulna, Stab-Kieselalge. Eine der häufigsten und variabelsten Diatomeen. Keine Zwischenbänder, Schalen linear-lanzettlich, Enden gerundet, Querstreifen kräftig. **G** 50–350 µm lang, 5–9 µm breit. **L** In allen Gewässertypen überaus häufig. II. **A** Planktisch in Seen: *S. ulna danica;* um 5 µm breit, an den Polen schwach kopfig.

4 Synedra acus, Nadel-Kieselalge. Schalen den Enden zu stark verschmälert, Pole schwach kopfig, Querstreifen relativ zart. **G** 100–300 µm lang, in der Mitte 5–6, an den Enden 1,5 µm breit. **L** Litoral von Gräben und Teichen; häufig. II. **A** Plankton von Seen: *S. acus angustissima;* bis 500 µm lang, kaum 2 µm breit; sehr eng quergestreift. I.

5 Asterionella formosa, Schwebesternchen. Gürtelbandseite an den Polen verbreitert, am Fußpol stärker als am Kopfpol. Je etwa 8 Zellen zu sternförmigen Kolonien verbunden. Schalen sehr schmal, beide Pole kopfig gerundet, Pseudoraphe eng. **G** 40–130 µm lang, um 2 µm breit. **L** Plankton von Seen und Teichen; sehr häufig. Massenform. II.

6 Eunotia arcus, Bogen-Kieselalge. Bauch- und Rückenwand etwas gewölbt, Enden erscheinen abgeschnürt. Gürtelbandseite rechteckig. Derbe Querstreifung, Gallertporus an einem Pol. **G** 25–70 µm lang, 3–9 µm breit. **L** Sauberes oder mooriges, humussaures Wasser; häufig. **A_1** Enden kaum abgeschnürt, 6–25 µm lang: *E. tenella;* Sümpfe, nasse Felsen. **A_2** Enden auffällig aufwärtsgebogen, 8–40 µm lang: *E. exigua;* Wiesensümpfe, Gräben.

7 Eunotia lunaris, Wurm-Kieselalge. Schalen schlank, gekrümmt, Bauch- und Rückenwand laufen einander parallel. **G** 20–150 µm lang, 3–4 µm breit. **L** Gewässer aller Art, massenhaft in Moorgebieten. **B** In humussauren Biotopen oft anomale Schalenformen. **A** Gedrungen, 30 µm lang: *E. lunaris subarcuata;* feuchte Felsen.

8 Achnanthes minutissima, Kleine Aufsitzer-Kieselalge. Zellen einzeln oder in kurzen Bändern auf oft verzweigten Gallertstielen. Eine Schalenhälfte mit Raphe, die andere mit Pseudoraphe: „monoraphide" Art. Schale sehr eng und zart gestreift. Gürtelbandseite geknickt. **G** 5–40 µm lang, 2–4 µm breit. **L** Epiphytisch auf Algen in allen Gewässern. **A_1** Breit und gedrungen, Pole keilförmig, 14–40 µm lang: *A. hungarica;* an Wasserlinsen. **A_2** Schalen fast rund, Streifen kräftig, 8–40 µm lang: *A. lanceolata.*

9 Achnanthes microcephala, Kopfige Aufsitzer-Kieselalge. Ähnlich der vorigen Art, aber Schalen gegen die Pole verschmälert, Enden abgeschnürt und kopfig gerundet. **G** 8–26 µm lang, 2–3 µm breit. **L** Verschiedenste Gewässer, epiphytisch auf Algen und Wasserpflanzen; oft massenhaft.

10 Achnanthes clevei, Breite Aufsitzer-Kieselalge. Schalen elliptisch-lanzettlich. Monoraphid. Schalenhälften sehr verschieden: Raphenschale mit dichtgestellten, radialen Punktstreifen, raphenlose Schale mit viel gröberen, senkrecht zur Pseudoraphe stehenden Streifen. **G** 10–30 µm lang, 5–9 µm breit. **L** Nährstoffreiche Seen und Teiche; epiphytisch.

11 Cocconeis pediculus, Gewölbte Algenlaus. Zellen einzeln als braune Schildchen auf Wasserpflanzen und Algen. Monoraphid; Raphenschale gegen die Unterlage gekehrt. Raphenlose Schale stark emporgewölbt. Chloroplast eine große Platte mit gelappten Rändern. **G** 15–55 µm lang, 10–40 µm breit. **L** Alle Gewässer, auch salzhaltige; sehr häufig.

12 Cocconeis placentula, Flache Algenlaus. Ähnlich der vorigen Art, aber leicht an der fast ebenen raphenlosen Schale zu unterscheiden. **G** 11–70 µm lang, 8–40 µm breit. **L** Überall verbreitete Aufwuchs-Diatomee. **A** 7–15 µm lang: *C. diminuta;* Seen, Teiche, Flüsse.

13 Rhoicosphenia curvata, Keil-Kieselalge. Zellen auf langen Gallertstielen. Monoraphid. Gürtelbandseite dem Fußpol zu keilartig verjüngt, Schalenseite gleichmäßig verschmälert. **G** 12–75 µm lang, 4–8 µm breit. **L** Süß- und Brackwasser, auf Wasserpflanzen, Algen, Wasserwanzen usw.; häufig. II.

14 Diploneis ovalis, Wall-Kieselalge. Schalen elliptisch; Querrippen radial, kräftig. Areale zwischen den Rippen fein punktiert. Raphen verlaufen in „Wällen". **G** 20–100 µm lang, 10–35 µm breit. **L** Süß- und Brackwasser, in Quellen häufig. **A** Deutliche Längsrippen, die die Querstrukturen kreuzen, 20–65 µm lang: *D. elliptica;* Tiefenform in Teichen und Seen.

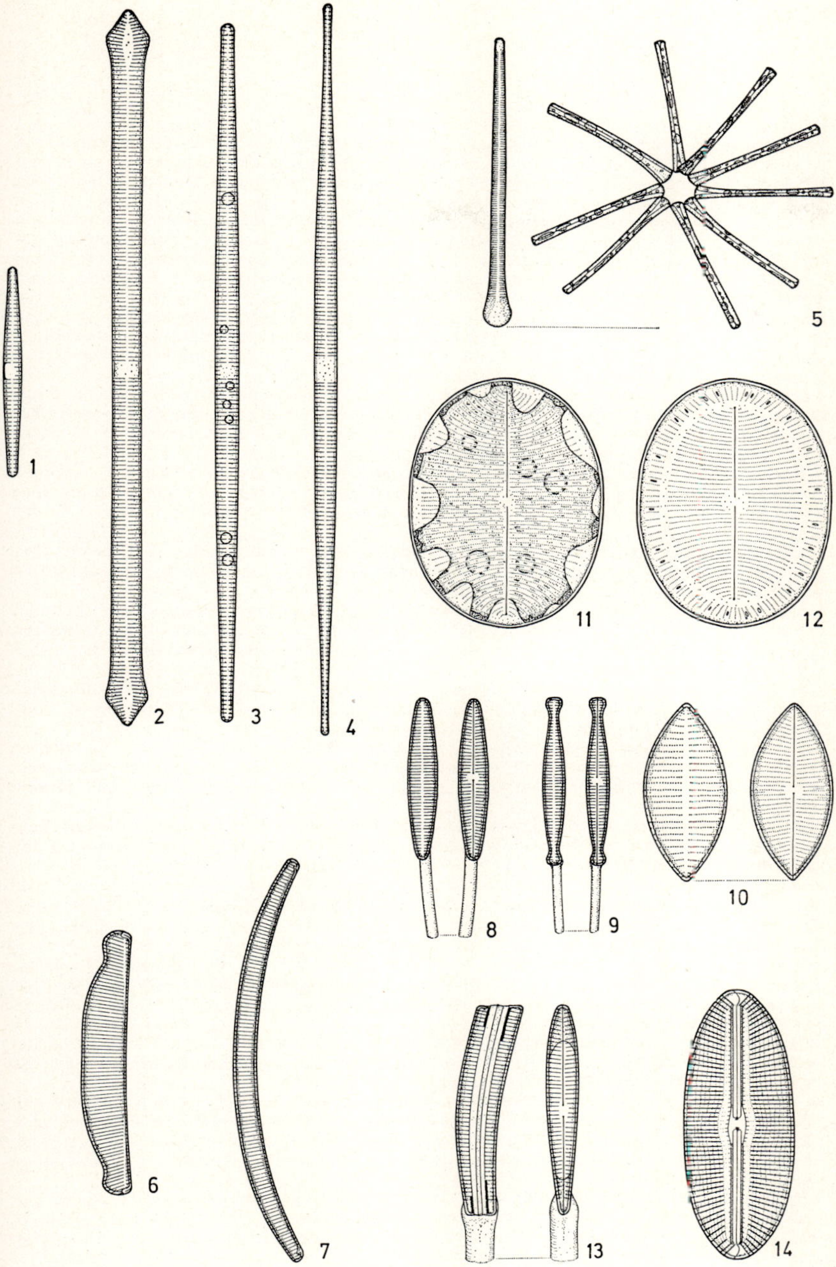
1
2
3
4
5
6
7
8
9
10
11
12
13
14

Kieselalgen

1 Amphipleura pellucida, Glas-Kieselalge. Gürtelbandseite rechteckig, Schalen spindelförmig. Glasartig durchsichtig, da Querstreifen zwar überaus dicht, aber auch äußerst zart sind. Testobjekt für Ölimmersionen: Punktstreifen müssen aufgelöst werden. **G** 80–140 µm lang, 9 µm breit. **L** Litoral in Seen und Teichen, Bodensatz von Gräben; häufig.
2 Frustulia rhomboides, Torf-Kieselalge. Zellen in Gallertschläuchen oder Gallertklumpen. Schalen eckig-spindelförmig, mit stumpfen Polen, deutlich punktiert, Porenkammern der Querstreifen in regelmäßigen Längsreihen. Chloroplasten als Platten entwickelt. **G** 40–160 µm lang, 12–30 µm breit. **L** Stehende, humussaure Gewässer, nasse Felsen. **A** *Navicula cuspidata;* Litoralform in allen Gewässern.
3 Stauroneis anceps, Kreuz-Kieselalge. Schalen lanzettlich, Enden kopfig abgeschnürt. Querstreifen radial, feinpunktiert. Zentralknoten bis an die Schalenränder erweitert (Kreuz-Alge!). **G** 25–130 µm lang, 6–18 µm breit. **L** Litoral in Gewässern aller Art; häufig. **A** Wesentlich größer, Enden nicht kopfig, 70–320 µm lang: *St. phoenicenteron.* II.
4 Anomoeoneis sphaerophora, Leier-Kieselalge. Charakteristisch die Schalenzeichnung: Punkte der (radialen) Querstreifen dem Schalenrand zu dichter als gegen die Raphe. Punktreihen von zwei durchscheinenden Längsstreifen gekreuzt. Zentralfeld asymmetrisch. **G** 40–80 µm lang, 13–20 µm breit. **L** Litoral im Süßwasser.
5 Navicula cryptocephala, Geschnäbelte Schiffchen-Kieselalge. Schalen lanzettlich, Zentralfeld quer etwas erweitert, Querstreifen zart, radial. **G** 20–40 µm lang, 5–7 µm breit. **L** Eutrophe Gewässer, litoral. III. **A** Größer (35–60 µm): *N. rhynchocephala.* Überaus häufig im Grundschlamm. II.
6 Navicula gracilis, Schlanke Schiffchen-Kieselalge. Zellen in Gallertschläuchen. Schalen zigarrenförmig. Querstreifen stehen senkrecht zur Raphe. **G** 35–60 µm lang, bis 10 µm breit. **L** Ufer stehender Gewässer, im Bodensatz oft massenhaft.
7 Navicula radiosa, Weberschiffchen-Kieselalge. Querstreifen im mittleren Schalenbereich radial, an den Polen umgekehrt radial. **G** 40–120 µm lang, 10–20 µm breit. **L** Alle Gewässer; häufigste Schiffchen-Kieselalge. **A** Enden stumpf gerundet, viel kleiner (20–40 µm lang): *N. cincta;* häufig im Litoral.
8 Navicula pupula, Augenschiffchen. Schalen langgezogen elliptisch, Querstreifen zart radial. Raphe zwischen stark lichtbrechenden Wandverdickungen. **G** 20–40 µm lang, 7–10 µm breit. **L** Alle Gewässer; sehr häufig.
9 Pinnularia mesolepta, Gewellte Rippen-Kieselalge. Schalenumriß arttypisch. Querrippen kräftig, im Mittelteil radial, an den Polen umgekehrt radial. **G** 30–65 µm lang, um 10 µm breit. **L** Stehende und fließende Gewässer; häufig, selten in Kalkgewässern. **A** Ränder nicht gewellt: *P. interrupta.*
10 Pinnularia gibba, Gestreckte Rippen-Kieselalge. Schale in der Mitte etwas verbreitert; Zellpole erweitert, schwach keilförmig. Querrippen derb. **G** 50–140 µm lang, 7–13 µm breit. **L** Quellen, Gräben, Tümpel; häufig.
11 Pinnularia viridis, Grüne Rippen-Kieselalge. Raphe wellig verbogen. Querrippen derb, mit je einem breiten Porus. Poren kreuzen als Längsstrukturen die Rippen. **G** 50–170 µm lang, 10–30 µm breit. **L** In allen Gewässern sehr häufig. II. **A** 140–180 µm lang, Raphenspalt liegt sehr schief in den Schalen und erscheint daher sehr breit: *P. major.* II.
12 Caloneis silicula, Wellen-Kieselalge. Schalenumriß in der Mitte und vor den Polen aufgetrieben. Querstreifen stehen dicht, von feinen Längslinien gekreuzt. **G** 25–120 µm lang, 6–20 µm breit. **L** Quellen, Gräben, Tümpel, Teiche, Seen. **A** Schalen elliptisch, Pole kopfig vorgezogen, 40–80 µm lang: *C. amphisbaena.*
13 Neidium iridis, Furchen-Kieselalge. Pole stumpf gerundet. Am Schalenrand kreuzen Längsfurchen die Querreihen, Schalen erscheinen dadurch peripher wellblechartig. **G** 45 bis fast 200 µm lang, 15–30 µm breit. **L** Reine Gewässer; häufig.
14 Gyrosigma attenuatum, Sigma-Kieselalge. Schalen schwach S-förmig gebogen, äußerst zart punktiert. Poren ergeben senkrecht zur Mittellinie Querreihen und parallel zur Achse laufende Längsstreifen; Längsstreifen weiter voneinander entfernt als Querreihen. **G** 150–250 µm lang, um 25 µm breit. **L** Alle Gewässertypen. **A** Kleiner (100–200 µm lang), Längs- und Querstreifen gleichweit voneinander entfernt: *G. acuminatum;* sehr häufig.
15 Amphora ovalis, Krug-Kieselalge. Eine Gürtelbandseite sehr schmal, die andere breit und gewölbt; Schalenflächen liegen daher spitzwinklig zueinander. Raphen der Schalenbauchwand genähert. **G** 20–140 µm lang, 20–65 µm breit. **L** Frei im Detritus oder auf fester Unterlage; häufig. **A** Sehr klein (6–10 µm): *A. perpusilla.*

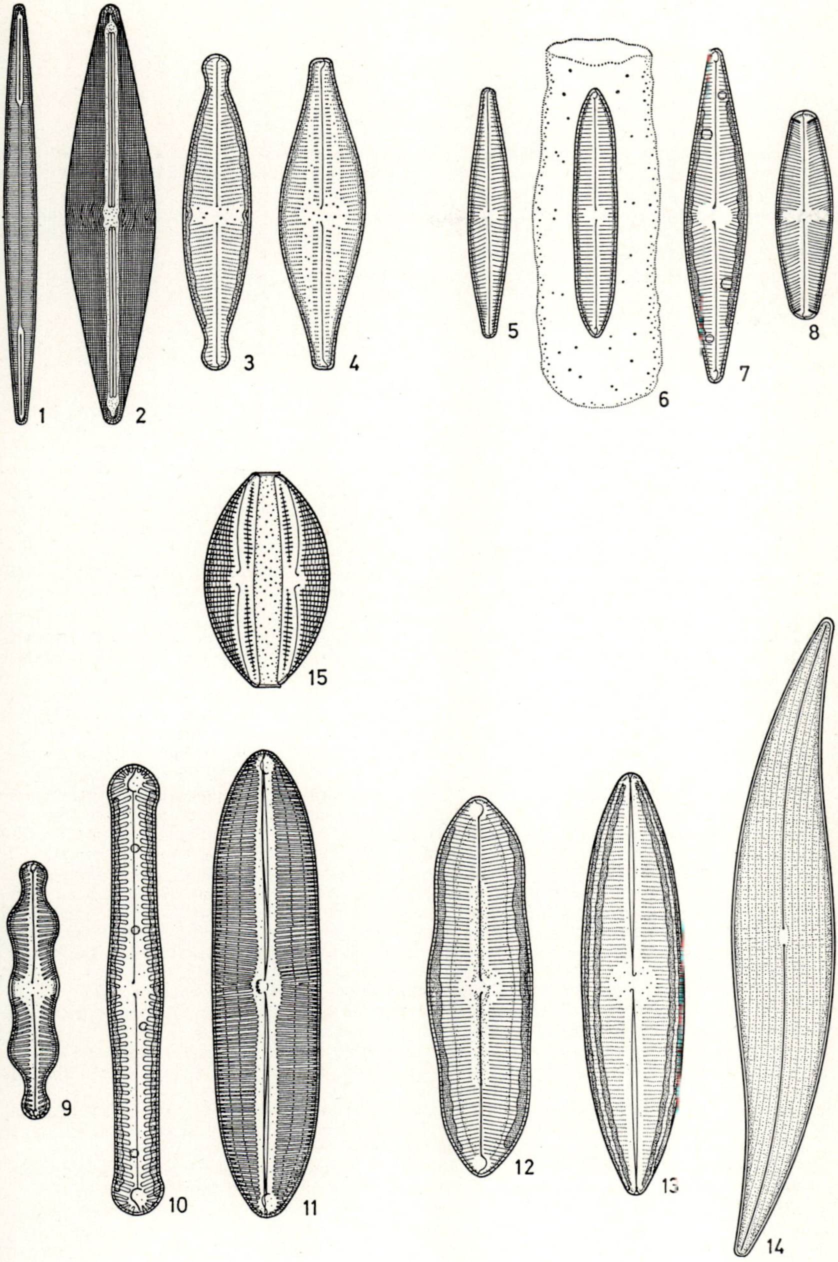
1
2
3
4
5
6
7
8
9
10
11
12
13
14
15

Kieselalgen

1 Cymbella prostrata, Gerippte Kahn-Kieselalge. Zellen auf Gallertstielchen. Unsymmetrisch. Grobe Querrippen. **G** 20–100 µm lang, 10–30 µm breit. **L** Litoral; häufig. **A** Fast symmetrisch, 50–220 µm lang: *C. ehrenbergii;* häufig.

2 Cymbella ventricosa, Bauchige Kahn-Kieselalge. Zellen auf Gallertstielchen. Querstreifung radial, zart. **G** 10–40 µm lang, 5–12 µm breit. **L** Alle Gewässertypen; sehr häufig. II. **A** Größer (35–180 µm lang): *C. cistula;* überall häufig.

3 Cymbella lanceolata, Große Kahn-Kieselalge. Punkt-Querreihen zart, senkrecht zur Mittelachse, kurz vor den Polen radial. **G** 70–210 µm lang, 25–35 µm breit. **L** Uferdetritus stehender Gewässer. **A** Größer (bis 265 µm lang und 50 µm breit): *C. aspersa.*

4 Cymbella helvetica, Kahn-Kieselalge. Querstreifen sehr grob, ihrerseits deutlich quergestreift. **G** 40–160 µm lang, 10–25 µm breit. **L** Litoral stehender Gewässer. **A** Kleiner (25–70 µm lang), Raphe gerade mit breiten Ästen: *C. parva;* Seenlitoral, sehr häufig.

5 Gomphonema acuminatum, Spitze Stielchen-Kieselalge. Gürtelbandseite keilförmig, Zellen auf einfachen oder verzweigten Gallertstielchen, der Unterlage angeheftet. Epizoische Individuen kleben direkt ohne Stielchen fest. **G** 20–70 µm lang, 5–11 µm breit. **L** Überall häufig.

6 Gomphonema constrictum, Eingeschnürte Stielchen-Kieselalge. Zellen auf Gallertstielchen. Kopfpol der Schalen flach gerundet, Fußpol verjüngt. **G** 25–65 µm lang, 8–14 µm breit. **L** Überall häufig. **A** Kopfpol gleichmäßig breit: *G. intricatum;* stehende Gewässer.

7 Gomphonema angustatum, Schmale Stielchen-Kieselalge. Zellen auf Gallertstielchen, Schalen schmal-lanzettlich; am Fußpol Wandverdickungen (erscheinen als matte Flecken). **G** 12–45 µm lang, 5–9 µm breit. **L** Überall häufig, massenhaft in Gräben und Bächen.

8 Gomphonema olivaceum, Eiförmige Stielchen-Kieselalge. Zellen auf Gallertstielchen, Schalen eiförmig. Wandverdickungen des Fußpols deutlich. **G** 15–40 µm lang, 5–10 µm breit. **L** Saubere, stehende Gewässer; häufig. II.

9 Denticula tenuis, Zähnchen-Kieselalge. Zellen oft in Gallerte oder kettenbildend. Raphenspalt auf emporgehobenem Kanal mit groben Poren. **G** 6–60 µm lang, 3–7 µm breit. **L** Überall häufig.

10 Epithemia sorex, Aufwuchs-Kieselalge. Raphe verläuft großenteils an den Bauchkanten, steigt im mittleren Bereich fast bis zur Rückenkante auf. Querrippen deutlich. **G** 20–65 µm lang, 8–15 µm breit. **L** Aufwuchsform; im Litoral stehender Gewässer oft massenhaft. **A** Weniger gebogen, Raphe reicht im Zentrum nicht bis zur Schalenmitte, 30–150 µm lang: *E. zebra;* häufig.

11 Epithemia argus, Wächter-Kieselalge. Querrippen weit voneinander entfernt, dazwischen 6 bis 8 gefelderte Reihen. **G** 30–130 µm lang, 6–15 µm breit. **L** Epiphytisch in Bächen, Quellen, Sümpfen; oft massenhaft. **A** *Rhopalodia gibba,* 35–300 µm lang. Kanalraphen an die Dorsalränder der beiden Schalenhälften gerückt (11 a). Epiphytisch. Zellbau wie bei *Amphora.*

12 Hantzschia amphioxys, Knick-Kieselalge. Gürtelbandseite rechteckig. Querstreifen punktiert. Raphe auf einen Kiel entlang der Bauchkante verlagert. **G** 20–200 µm lang, 5–15 µm breit. **L** Überall häufig, auch Kleinstgewässer wie z. B. Blumentopfuntersätze. III.

13 Nitzschia angustata, Schmale Kielalge. Ähnlich voriger Art. Sehr zart punktierte Querstreifen. Von Pol zu Pol eine zarte Längsfurche. **G** 25–110 µm lang, 5–10 µm breit. **L** Überall im Litoral.

14 Nitzschia linearis, Stabförmige Kielalge. Gürtelbandseite mit abgerundeten Ecken, eingezogener Mitte. Raphe auf Kiel entlang der Bauchkante verlagert, Kielrand in der Mitte etwas eingedellt. **G** 70–180 µm lang, 5–6 µm breit. **L** In Stillwasser sehr häufig. I.

15 Nitzschia dissipata, Kleine Kielalge. Kiel mit Raphe fast in der Schalenmittelachse, nicht am Rand. Querstreifen äußerst zart. **G** 15–70 µm lang, 4–7 µm breit. **L** Im Litoral aller Gewässer.

16 Nitzschia amphibia, Punktierte Kielalge. Gürtelbandseite rechteckig. Kiel mit Raphe am Schalenrand, mit großen, dunklen Punkten. Querstreifen kräftig, grob punktiert. **G** 12–50 µm lang, 3–5 µm breit. **L** Alle Gewässertypen, an überrieselten Felsen in Moosrasen.

17 Nitzschia fonticola, Quellen-Kielalge. Ähnlich der vorigen Art, Querstreifen zart und sehr dicht. **G** 11–30 µm lang, 2–4 µm breit. **L** Wasserbecken, Brunnentröge, Quelltöpfe.

18 Nitzschia palea, Farblose Kielalge. Querstreifen sehr zart, kaum erkennbar, sonst ähnlich den vorigen Arten. **G** 20–65 µm lang, 2,5–5 µm breit. **L** Vor allem in stärker verunreinigtem Wasser. **B** Ernährt sich in Faulwasser von organischen Substanzen. Reste der Chloroplasten bleiben in jeder Zelle erhalten. III.

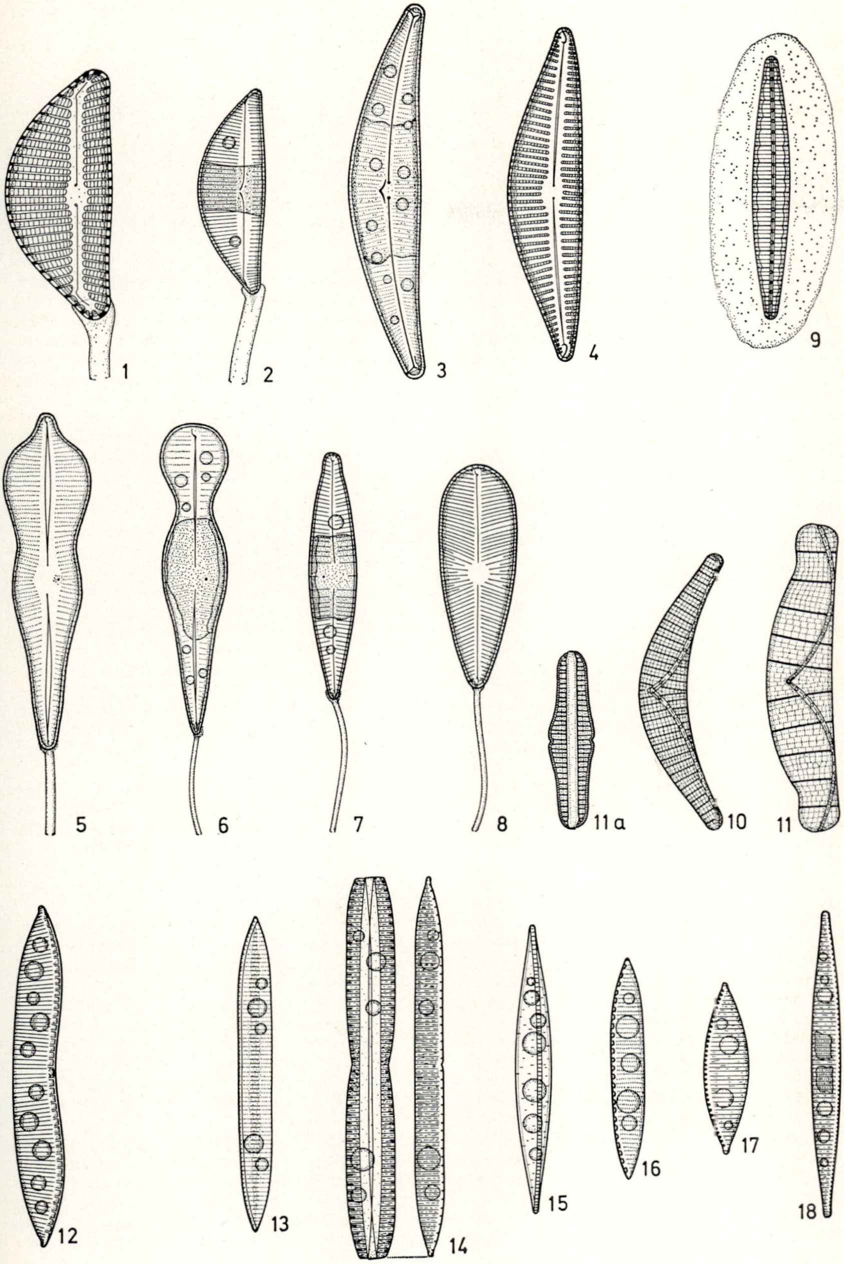
1
2
3
4
9
5
6
7
8
11a
10
11
12
13
14
15
16
17
18

Kieselalgen

1 Nitzschia acicularis, Glasartige Kielalge. Zellen spindelförmig mit lang schnabelartigen Polen. Die sehr dünnen Enden sind hohl. Wände nur schwach verkieselt. Zellachse eine Gerade. Raphenspalt auf emporgehobenem Kanal (Kanalraphe); dieser Kanal ist wie bei allen *Nitzschia*-Arten auf einen Kiel verlagert. Raphenkanal mit dem Zellinnern durch Röhrchen verbunden (Kielpunkte). Kiel randlich, Kielpunkte klein, sehr dichtstehend. Querstreifung kaum erkennbar. **G** 50–150 µm lang, 3–4 µm breit. **L** Plankton gering verschmutzter Gewässer aller Art. Im Frühjahr oft massenhaft an der Oberfläche stiller, eutropher Tümpel und Teiche. II.

2 Nitzschia sigmoidea, Sigma-Kielalge. Zellen in Gürtelbandansicht S-förmig gebogen. Schalenhälften in Gürtelbandansicht mit parallelen Rändern und stark abgerundeten Ecken. Schalen in Aufsicht nicht gebogen, linear mit zugespitzten Enden. Kiele nicht völlig an den Rand gerückt. Querstreifung sehr dicht und deutlich. **G** 160–500 µm lang, 8–14 µm breit. **L** In Gewässern aller Art häufig.

3 Cymatopleura solea, Eingeschnürte Sohlen-Kieselalge. In Gürtelbandansicht rechteckig, mit über die Schalenflächen verlaufenden Querwellen. Schalen in Aufsicht breit-linear mit eingezogener Mitte. Raphenkanäle auf gekielten „Flügeln“ rund um die Schalenfläche (Raphenzahl wird nicht verdoppelt, nur die Äste sind verlängert). Kielpunkte in „Flügelkanäle“ verlängert. Querrippen in Fortsetzung der Kanäle. Zwischen den Rippen sehr zarte Punktierung und Streifung. Chloroplasten liegen als gebuchtete und zerschlitzte Platten in Zweizahl unter den Schalenflächen. **G** 30–300 µm lang, 12–40 µm breit. **L** Eutrophe Gewässer, litoral und im Plankton; häufig. II.

4 Cymatopleura elliptica, Sohlen-Kieselalge. Schalen in Aufsicht breit elliptisch; quer über die Schalenflächen hinweg verlaufen 4 bis 6 „Wellenberge“ und 5 bis 7 „Wellentäler“. Flügelkanäle kurz, setzen sich nicht – wie bei der vorigen Art – als Rippen fort. Schale mit unregelmäßigen Punktstreifen, die in verschiedenen Winkeln gegen die Mittellinie laufen. Zellwände außerdem regellos grob punktiert. **G** 50–220 µm lang, 40–90 µm breit. **L** Uferregion von Seen, Teichen, Bächen, Gräben; häufig. II.

5 Surirella biseriata, Flügel-Kieselalge. In Gürtelbandansicht rechteckig. Schalen in Aufsicht elliptisch bis lanzettlich. Flügel (s. *Cymatopleura*) deutlich ausgeprägt. Flügelkanäle so breit wie die Zwischenräume zwischen ihnen, setzen sich als schmale „Wellenberge“ in die Schalenfläche fort. Diese „Rippen“ sind keine Membranverdickungen, Querstreifung zart. **G** 80–350 µm lang, 30–80 µm breit. **L** Im Detritus und zwischen untergetauchtem Uferbewuchs, ab und zu auch im freien Wasser schwebend; häufig. II. **A** Zart, „Rippen“ schwach ausgebildet, 20–125 µm lang: *Surirella linearis;* in Seen häufig.

6 Surirella angustata, Schmale Flügel-Kieselalge. Zellen in Gürtelbandansicht schmal linear, in Aufsicht mit auffallend keilartigen Enden. Flügel sehr schmal, undeutlich. „Rippenwellen“ flach und breit. Querstreifung zart, aus feinen Punktporen zusammengesetzt. **G** 18–70 µm lang, 6–15 µm breit. **L** Im Litoral aller sauberen, nährstoffarmen Gewässer.

7 Surirella robusta splendida, Kräftige Flügel-Kieselalge. Gürtelbandansicht keilförmig, Schalenansicht eiförmig mit einem breitgerundeten und einem schmäleren Pol. Flügel stark entwickelt, an den Seiten weit vorgezogen. Abstände zwischen den Flügelkanälen breit. „Rippenstrukturen“ erreichen meist die Mittelachse. Wände mit punktierten Querstreifen. **G** 75–250 µm lang, 40–60 µm breit. **L** Häufige Litoralform. $\mathbf{A}_1$ Größer und robuster, 150–400 µm lang, 50–150 µm breit: *S. robusta;* im Grundschlamm größerer Seen. $\mathbf{A}_2$ Ebenfalls größer, aber vor den Polen je ein starker Dorn: *S. capronii;* in Tümpeln und Teichen.

8 Surirella ovata, Eier-Flügelalge. In Gürtelbandansicht schwach keilförmig; in Schalenansicht mit verschiedenen Polen, fast oval, meist eiförmig. Flügel schwach entwickelt. „Flügelrippen“ dringen weit gegen die Mittelachse vor. Schalenfläche wellig oder flach, mit zarten Querlinien aus Punktporen. **G** 15–70 µm lang, 8–25 µm breit. **L** In allen Gewässertypen häufig. II. $\mathbf{A}_1$ Zellen stark um ihre Längsachse verdreht, 50–200 µm lang: *S. spiralis;* Quellen, an Felsen, Gebirgsseen. I. $\mathbf{A}_2$ Schalenflächen kreisförmig, Zellen sattelartig aufgebogen: Gattung *Campylodiscus. C. noricus* 60–150 µm lang, im Grundschlamm von Seen häufig (8 a).

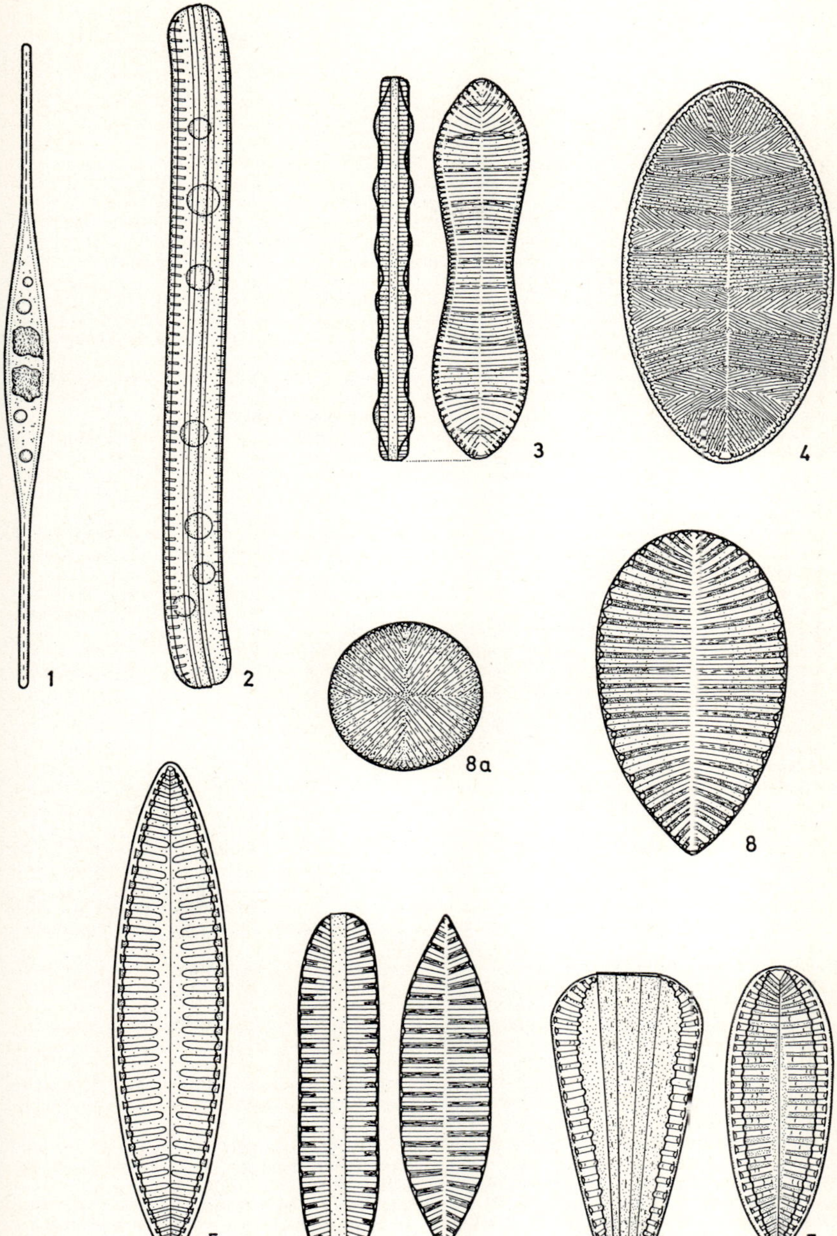
1
2
3
4
8a
8
5
6
7

Gelbgrünalgen

1 Chlorosaccus fluidus, Gallertlager-Gelbgrünalge. Gallertlager mit stumpfen, 1, 2 oder 4 Zellen enthaltenden Höckerchen. Je 2 wandständige Chloroplasten. Zellen wandeln sich direkt in zweigeißelige Schwärmer um. **G** 5–7 µm. **L** Seen und Teiche, auf festen Unterlagen.

2 Botrydiopsis arrhiza, Ufer-Gelbgrünalge. Zellen kugelig, einzeln, nicht festsitzend. Membran zweiteilig. Große Vakuole im Zentrum, Kern seitlich, zahlreiche Chloroplasten. Vermehrung durch Schwärmer oder (unbegeißelte) Autosporen. **G** 30–40 µm. **L** Tümpel, Schlamm von Moorgräben, überrieselte Felsen, Ufer von Teichen.

3 Tetraedriella quadriseta, Moor-Tetraeder. Zellen tetraedrisch, Ecken in lange Pektinstacheln auslaufend. 2 bis 4 wandständige Chloroplasten. Wichtig: Glänzende Öl- und Fettkugeln in den Zellen. **G** Stachelenden 35–70 µm voneinander entfernt. **L** Moortümpel, Entwässerungsgräben. **A** Tetraeder mit gezähnelten Kanten, ohne Stachelfortsätze: *T. acuta.*

4 Tetrakentron (Tetraplektron) tribulus, Stachel-Gelbgrünalge. Zellen tetraedrisch, Ecken in 4 Arme ausgezogen. Chloroplastenlappen dünn, wandständig. **G** Enden der Arme 20–45 µm voneinander entfernt. **L** Moorgewässer, Gräben mit stehendem Wasser.

5 Tetradinium intermedium, Aufwuchs-Geißelzelle. Dinoflagellat, hier nur der ähnlichen Form wegen aufgeführt. Tetraedrisch mit drei eingezogenen und einer ausgebauchten Membranfläche. Konvexe Unterseite mit Membranstielchen, mit dem die Zelle festgeheftet ist. **G** Mit Membranstacheln 30–50 µm. **L** Moorgewässer, Entwässerungsgräben, an Algen und Pflanzenwurzeln.

6 Goniochloris sculpta, Dreiecks-Gelbgrünalge. Zellen kissenartig; dreieckige und viereckige Individuen. Membran durch Zähnchen skulpturiert. Chloroplasten lappig, wandständig. **G** 20 bis 30 µm. **L** Wassergräben, Tümpel.

7 Goniochloris torta, Verdrehte Dreiecks-Gelbgrünalge. Zellen dreieckig, seltener viereckig. Membran durch Zähnchen skulpturiert. Ecken verdreht. **G** 20–30 µm. **L** Tümpel, Wassergräben. **A** Zusammen mit der vorigen Art häufigste der 14 *G.*-Arten.

8 Chlorobotrys regularis, Kugel-Gelbgrünalge. Gallertige Kolonien mit 2–14 Individuen. Zellen kugelig, 3 bis 5 gelbgrüne Chloroplasten, Öl- und Fettkugeln, eine davon meist zinnoberrot. **G** 12–30 µm. **L** Moorige Gewässer; häufig.

9 Chlorobotrys polychloris, Rotauge. Zellen in kleinen Gallerten, durch rote Ölkugel (kein Augenfleck!) charakterisiert. Bis 30 sehr kleine Chloroplasten. **G** 15–30 µm. **L** In sauren Gewässern sehr verbreitet.

10 Botryochloris minima, Zwerg-Gelbgrünalge. *Chlorella*-ähnlich (Seite 172). Zellen durch schleimige Membran zu Lagern und Haufen verkittet. 2 Chloroplasten, 1 rotes Öltröpfchen. Vermehrung durch Schwärmer mit großem Augenfleck. **G** 3–7, meist 5 µm. **L** Pfützen und Wasserlachen.

11 Mischococcus confervicola, Bäumchen-Gelbgrünalge. Zellen einzeln, zu zweien oder zu vieren an den Enden verzweigter Gallertstiele. 2 Chloroplasten, Öl- und Fetttröpfchen. Vermehrung durch Schwärmer. **G** 7–10 µm. **L** Kalkhaltige Gewässer, auf Fadenalgen.

12 Characiopsis minuta, Schnabel-Gelbgrünalge. Zellen laufen basal in ein kurzes Stielchen aus, scheitelwärts enden sie in einem kurzen Stachelspitzchen. 1, 4 oder 8 Chloroplasten. **G** um 15 µm. **L** Alle Gewässertypen, auf Fadenalgen oft massenhaft.

13 Characiopsis subulata, Hockende Schnabel-Gelbgrünalge. Zellen am Scheitel zugespitzt, an der Basis ohne Stielchen mit Haftscheibe. 2–6 wandständige Chloroplasten. **G** 20 µm lang, um 5 µm breit. **L** Epiphytisch auf Fadenalgen; sehr häufig.

14 Characiopsis ellipsoidea, Elliptische Schnabel-Gelbgrünalge. Stielchen halb-körperlang mit derber Haftscheibe. 2 bis 4 große Chloroplasten. **G** 15–25 µm. **L** Häufig auf Wasserpflanzen, Fadenalgen, Diatomeen, Krebschen.

15 Characiopsis acuta, Spindelige Schnabel-Gelbgrünalge. Vorderende zugespitzt, basal in relativ langen Stiel auslaufend. 2 bis 4 Chloroplasten. **G** 20–30 µm lang. **L** Auf Algen; Frühjahr und Herbst häufig.

16 Characiopsis longipes, Langgestielte Schnabel-Gelbgrünalge. Zellen spindelförmig, in einen 25 bis 50 µm langen, zarten Stiel verlängert. Chloroplasten sehr blaß. **G** Zellen um 20 µm, mit Stiel 40–60 µm lang. **L** Auf Algen und Wasserpflanzen; verbreitet.

17 Chlorothecium crassiapex, Urnen-Gelbgrünalge. Ähnlich den vorigen Arten. Membran zart, zweiteilig, Fuge verläuft über dem Zelläquator. Begeißelte Schwärmer verlassen Mutterzellen, nachdem sich Membranhälften längs der Fuge getrennt haben. **G** 20–70 µm lang. **L** Epiphytisch auf Fadenalgen; verbreitet.

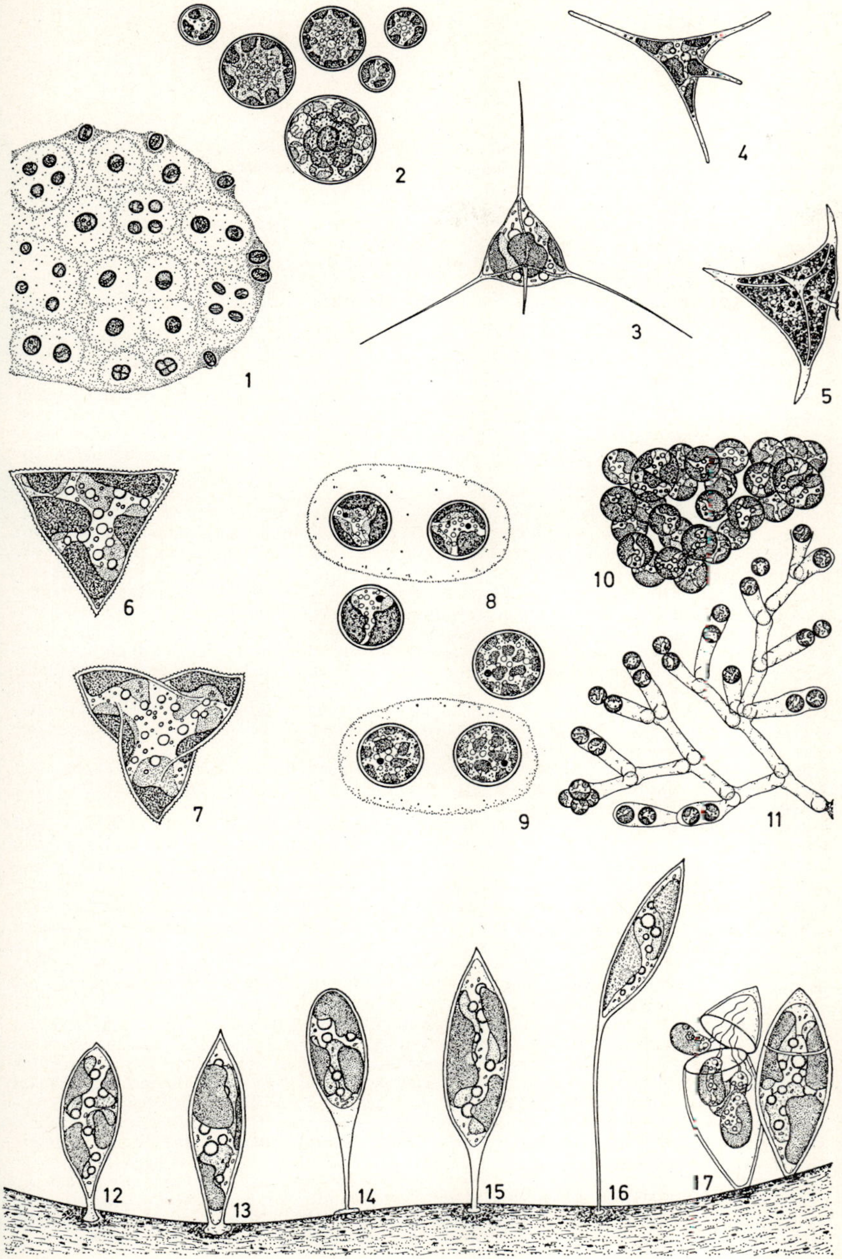
1
2
3
4
5
6
7
8
9
10
11
12
13
14
15
16
17

Gelbgrünalgen

1 Ophiocytium maius, Schlangenfaden. Zellen fadenartig gestreckt, freilebend. Basal ein geknöpfter Membranfortsatz. Membran aus einem kleinen, deckelartigen und einem langen, geschichteten Teil. Junge Zellen einkernig, mit wenigen Chloroplasten. Vermehrung durch begeißelte Schwärmer, die sich schon in der Mutterzelle zu vegetativen, arttypisch geformten Zellen umwandeln. **G** 8–25 µm dick, bis 500 µm lang (oder länger). **L** Verschmutzte Gewässer; in eisenhaltigen Gewässern oft massenhaft.
2 Ophiocytium cochleare, Gewundener Schlangenfaden. Basaler Membranfortsatz ohne Köpfchen. **G** 6–7 µm dick, bis einige Millimeter lang. **L** Eisenhaltige und verschmutzte Gewässer; häufig. **A_1** Mit bis 80 µm langem Stiel: *O. lagerheimi;* Seen, Teiche, Moore, auch planktisch. **A_2** Beide Enden mit Stachel: *O. capitatum.*
3 Ophiocytium parvulum, Verdrehter Schlangenfaden. Zellen sehr lang, wirr ineinandergedreht, stellenweise schwach knotig, ohne Endstacheln. **G** 3–15, meist um 5 µm breit. **L** Eisenhaltige Kleingewässer; oft massenhaft.
4 Sciadium (Ophiocytium) arbuscula, Schlangenbaum. Bäumchenartige Kolonien. Entstehen dadurch, daß sich die Zoosporen jeweils am Rande der Mutterzellmembran festsetzen und sich direkt in vegetative Zellen umwandeln. Sonst ähnlich den vorigen Arten. **G** Zellen 3–7 µm breit, unterste Zelle einer Kolonie bis 100 µm lang. **L** Flache, eutrophe, besonders eisenhaltige Gewässer; sehr häufig.
5 Tribonema monochloron, Zarter Wasserfaden. Unverzweigte Fäden aus hintereinanderliegenden Zellen. Junge Fäden sitzen mit Stielchen und Haftscheibe fest. Zellmembran aus „Doppelbechern“: Besteht aus zwei Stücken, die im Zelläquator mit ihren freien Rändern etwas übereinandergreifen. Im optischen Längsschnitt H-förmig. Membranverhältnisse bei dieser Art undeutlich, im Gegensatz zu *T. viride.* 1 Chloroplast, einkernig, in der Nähe des Kerns ein stark lichtbrechendes Körnchen. **G** Zellen 5–10 µm lang, 3 µm breit. **L** Alle Gewässertypen. **A** 2 kleine Chloroplasten, Fäden bilden stumpfgrüne Watten: *T. elegans.*
6 Tribonema vulgare, Gemeiner Wasserfaden. Membranen sehr zart, Fäden brüchig, Enden abgebrochener Stücke zweispitzig. Chloroplasten zahlreich, sehr klein. **G** Zellen 15–30 µm lang, 7 µm breit. **L** Alle Gewässertypen. Frühjahr und Herbst häufig. **A** Zellen tonnenförmig, 2–4 Chloroplasten: *T. minus.*
7 Tribonema viride, Grüner Wasserfaden. Lebhaft grün, viele Chloroplasten H-förmige Membranstücke gut zu sehen. **G** Zellen 30–100 µm lang, 10–15 µm breit. **L** Stehende Gewässer, auch Kleinstgewässer, feuchte Erde.
8 Bumilleria sicula, Manschettenfaden. Fäden auffällig gegliedert: Zwischen je zwei oder vier Zellen sind H-Stücke der Mutterzellmembranen eingefügt. Zerfallen sehr leicht. **G** Zellen 15–20 µm breit. **L** Nasse Erde, Wasserlachen mit Lehmboden; verbreitet.
9 Heterothrix quadrata, Erdfaden. H-Elemente der Membranen erst bei der Vermehrung sichtbar. Zellen kaum länger als breit. Chloroplasten 5 bis zahlreich, von Zelle zu Zelle auffallend verschieden groß. Zusammen mit verwandten Arten häufigste Erdalge. **G** Zellen 10–14 µm lang und breit. **L** Feuchte Erde, stehende Gewässer, häufig in gedüngten Fischteichen.
10 Botrydium granulatum, Beerenblase. Birnförmige, grüne, gruppenweise zusammenstehende Blasen. Wachsen über dem Boden, stecken mit verzweigtem Rhizoidsystem in der Erde. Im Innern große Vakuole. Dünne cytoplasmatische Wandschicht mit vielen Chloroplasten und zahlreichen Kernen. Vermehrung durch Zoosporen bei Überschwemmungen. **G** Blasen 1–2 mm hoch. **L** Nasse Flußufer, Graben- und Teichränder; häufig. **A** Membran geschichtet, Blasen tief schwarz-grün: *B. wallrothi.*
11 Vaucheria sessilis, Schlauchalge. Fäden siphonal: Ohne Querwände, aber mit zahlreichen Kernen. Lang, wenig verzweigt, im Inneren mit großer Vakuole; cytoplasmatische Wandschicht mit zahlreichen Kernen und kleinen Chloroplasten. Vegetative Vermehrung: An Fadenenden entstehen „Synzoosporen“: 100 µm große, kugelige Gebilde aus vielen begeißelten Zellen. Sexuelle Fortpflanzung: durch Eibefruchtung; männliche und weibliche Geschlechtsorgane entstehen am gleichen Faden benachbart. **G** Zellen 35–135 µm breit. **L** In stehenden Gewässern als Watten, in seichten Fließgewässern als Rasen, in Spritzwasserzonen und auf Blumentöpfen als Polster. II.
12 Vaucheria geminata, Schlauchalge. Ähnlich der vorigen Art, Geschlechtsorgane jedoch auf Seitenzweigen; vegetative Vermehrung durch unbewegliche „Aplanosporen“. Zuweilen vom gallenbildenden Rädertier *Proales wernecki* befallen. **G** 30–130 µm breit, viele Zentimeter lang. **L** Stehende Gewässer, nasse Erde. **A** Zusammen mit der vorigen Art häufigste von 35 *V.*-Arten.

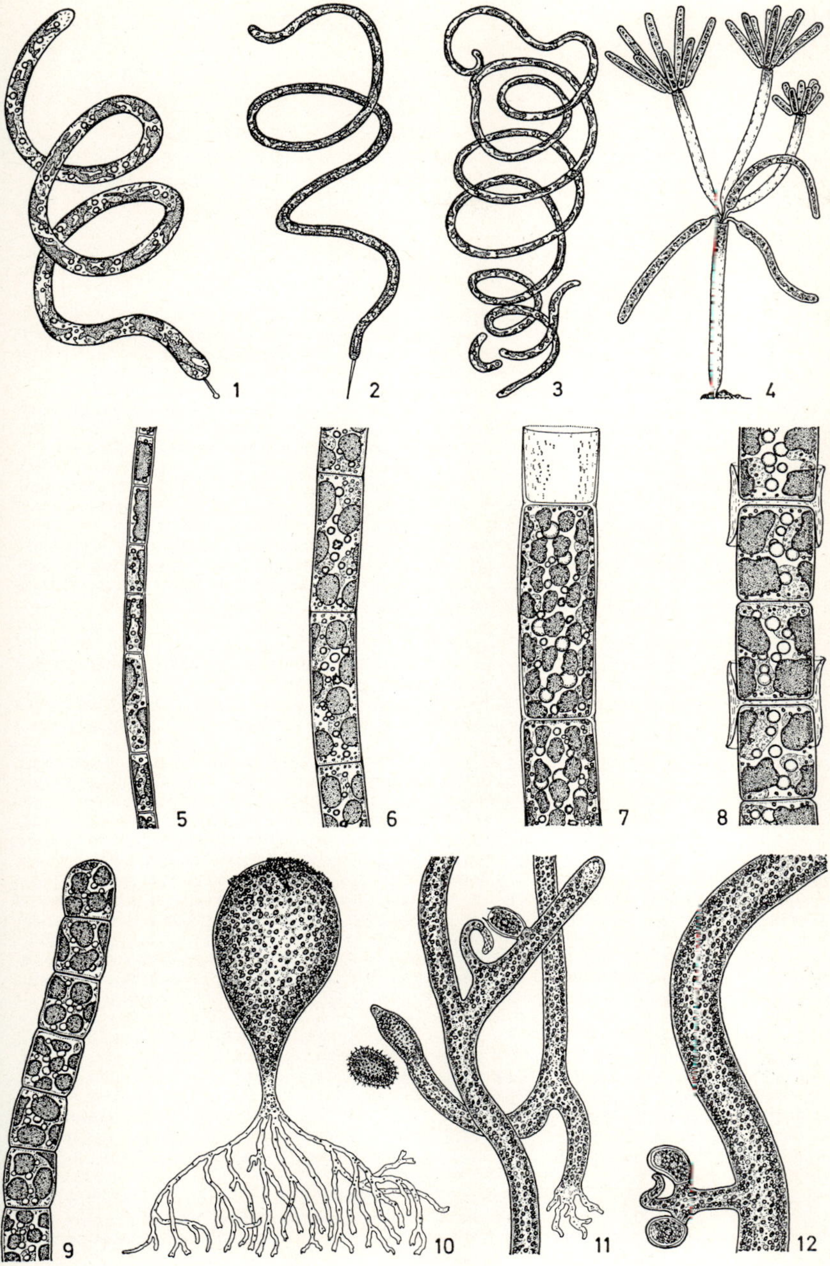
1
2
3
4
5
6
7
8
9
10
11
12

1 Euglena pisciformis, Fischförmiges Augentier. Zellen spindelförmig, vorne abgerundet, hinten mit kurzer Endspitze. Membran zart gestreift; Geißel körperlang. 2 Chloroplasten als seitlich gelegene Bänder. Geißeln aller Euglenen mit einem einseitigen Band bis 4 µm langer Härchen. Geißel entspringt in einem Geißelsäckchen, in dem noch eine zweite, kurze Geißel liegt. **G** 25 µm lang. **L** Stehende, nährstoffreiche Gewässer.

2 Euglena terricola, Bodenlebendes Augentier. Zellen lang-zylindrisch, hinten zugespitzt; sehr lebhaft beweglich und metabol. Membran spiralig zart gestreift. Geißel halb körperlang. Zahlreiche Bänder-Chloroplasten. **G** 65–95 µm lang. **L** im Bodenschlamm stehender Gewässer.

3 Euglena viridis, Grünes Augentier. Zellen spindelig, Geißel körperlang. Band-Chloroplasten gegen ein zentralgelegenes Pyrenoid gerichtet. Lebt pflanzlich, kann aber auch organische Substanz aufnehmen und verwerten. **G** 40–65 µm lang. **L** Jauchepfützen, Teiche, verschlammte Uferzonen. IV.

4 Euglena sanguinea, Rotes Augentier. Zellen spindelförmig bis fast zylindrisch, stark metabol. Geißel bis doppelt körperlang. Augenfleck groß. Membran mit spiralig verlaufenden Höckerreihen. Zahlreiche Chloroplasten-Scheibchen. Durch Hämatochromkörnchen rot gefärbt. **G** 55 bis 170 µm lang. **L** Saubere, stehende Gewässer. **A** Membran glatt, ohne Augenfleck: *E. haematodes.*

5 Euglena variabilis, Veränderliches Augentier. Zellen sehr beweglich, mit kurzer Endspitze. Augenfleck auffallend groß, tief dunkelrot. Geißel zwei- bis dreimal körperlang. Chloroplasten scheibchenförmig. **G** 30–45 µm lang. **L** Pflanzenreiche, eutrophe Gewässer.

6 Euglena intermedia, Mittleres Augentier. Zellen langgestreckt, zylindrisch mit kurzer Endspitze, sehr metabol. Geißel kurz. Chloroplasten scheibchenförmig. **G** 120–135 µm lang. **L** Wasserlachen, Rinnsteine, Wegfurchen, Mistpfützen.

7 Euglena ehrenbergi, Ehrenbergs Augentier. Zellen abgeflacht, langgestreckt, lebhaft metabol, oft in sich verdreht. Membran spiralig gestreift. Geißel halb körperlang. Chloroplasten scheibchenförmig. **G** 170–400 µm lang. **L** Stehende, klare, sauerstoffreiche Gewässer.

8, 9 Euglena acus *(acutissima),* Starres Augentier. Zellen langspindelförmig, mit farbloser Endspitze. Geißel kurz. Chloroplasten scheibchenförmig. Schwach metabolisch bis völlig starr, Bewegung langsam. **G** 50–180 µm lang. **L** Stehende, nährstoffreiche Gewässer, Torfstiche.

10 Euglena oxyuris, Wurmförmiges Augentier. Zellen langgestreckt, mit kurzer Endspitze, fast immer der Länge nach verwunden. Membran mit Spiralstreifung. Geißel relativ kurz. Zahlreiche Scheibchen-Chloroplasten. Schwimmt träge. **G** 150–500 µm lang. **L** Litoral eutropher, stehender Gewässer.

11 Euglena tripteris, Geflügeltes Augentier. Zellen im Querschnitt dreikantig bis dreiflügelig, in sich verdreht. Hinterende fadenartig ausgezogen. Membran längsgestreift. Geißel nicht ganz körperlang. Chloroplasten scheibchenförmig. Wenig metabol. **G** 70–120 µm lang. **L** Stehende Gewässer.

12 Euglena spirogyra, Schraubiges Augentier. Schwimmt träge. Geißel kurz. Hinterende als schwach gebogenes, pfriemartiges Schwänzchen. Membran gelb bis braun, aus spiralig verlaufenden Höckerleisten. Chloroplasten scheibchenförmig. **G** 80–125 µm lang. **L** Saubere Kleingewässer, Pfützen, Gräben.

13 Euglena deses, Lebhaftes Augentier. Zellen stark metabol, lang-zylindrisch bis bandförmig, in eine kurze, farblose, stumpfe Spitze auslaufend. Geißel kurz. Chloroplasten scheibchenförmig. **G** 85–155 µm lang. **L** Eutrophe Seen, Teiche, Tümpel, Gräben, Pfützen, Ackerfurchen, Wegspuren.

14 Euglena gracilis, Schlankes Augentier. Zellen sehr lebhaft und metabol. Membran zart spiralig gestreift. Geißel körperlang. Chloroplasten als vieleckige Scheiben und Blöcke peripher gelagert. In Erdlösung mit etwas Käse sehr leicht zu züchten. Geht oft in unbewegliches Palmella-Stadium über. **G** 35–55 µm lang. **L** Stehende Gewässer.

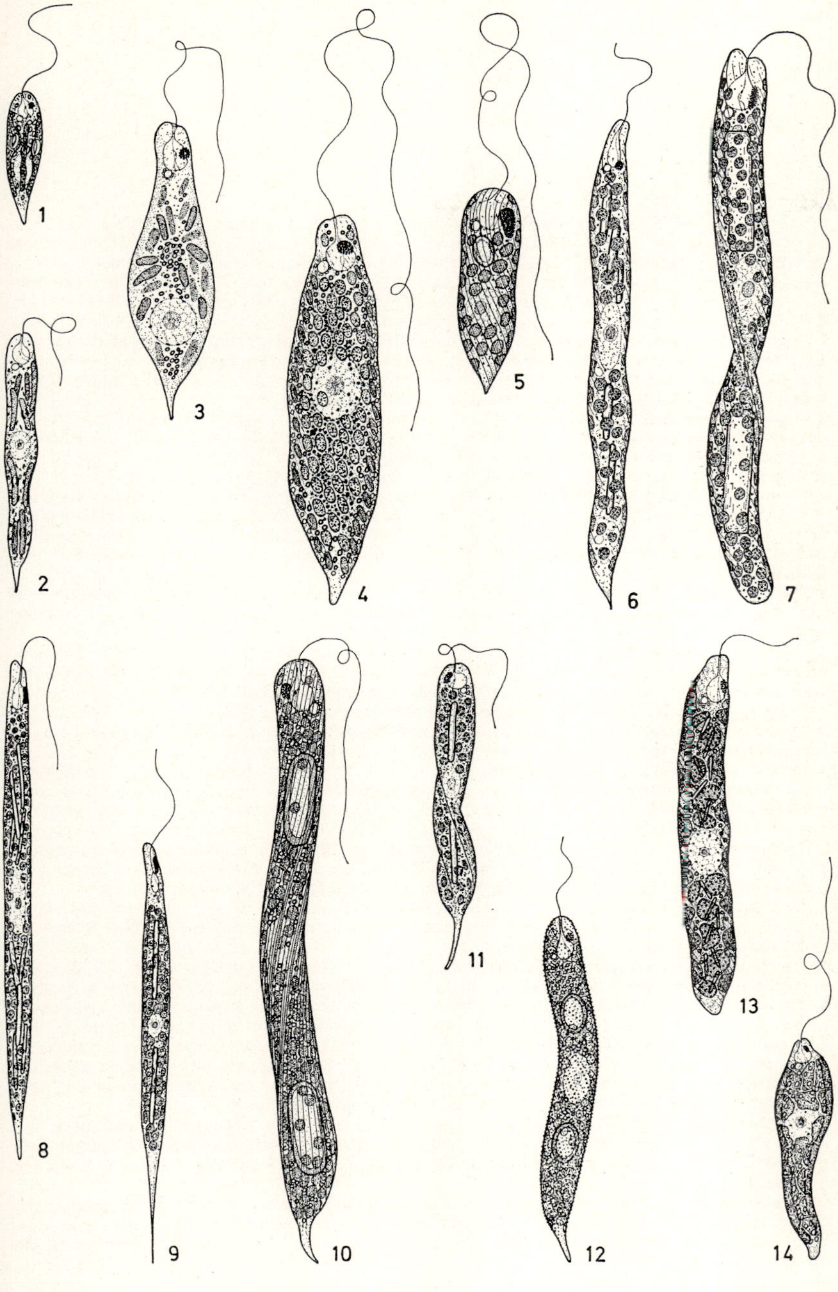
1
2
3
4
5
6
7
8
9
10
11
12
13
14

Augenflagellaten

1 Phacus longicauda, Herzflagellat. Zellen plattgedrückt, vollkommen starr. Hinten mit mindestens körperlangem Endstachel. Zellmembran fest, mit erhöhten, glatten Längsleisten, die in 2 Zentren an der Mündung des Geißelsäckchens zusammenlaufen. Geißel wie bei *Euglena* mit schraubigem Band einseitiger Härchen. Augenfleck hellrot, groß. Zahlreiche Chloroplastenscheibchen. Zellen in sich leicht verwunden, schwimmen daher langsam rotierend. **G** 85–115 µm lang. **L** Stehende Gewässer.

2 Phacus pleuronectes, Platter Herzflagellat. Zellen mit kurzem, schief angesetztem Stachel. Eine Körperseite flach, die andere konvex aufgewölbt, einen von vorne bis hinten durchziehenden Grat bildend. Membran längsgestreift. Geißel etwas länger als der Körper. Chloroplasten scheibenförmig. **G** 45–100 µm lang, 30–70 µm breit. **L** Stehende, nicht verschmutzte Gewässer.

3 Phacus pyrum, Schraubiger Herzflagellat. Zellen verkehrt-eiförmig, hinten in einen langen, geraden Stachel auslaufend. 8 spiralige Leisten laufen an der Mündung des Geißelsäckchens zusammen. Geißel körperlang. Protoplast füllt Membran meist nicht ganz aus. Chloroplasten scheibchenförmig. **G** 30–55 µm lang. **L** Stehende, saubere, gut belichtete Gewässer.

4 Phacus oscillans, Gewellter Herzflagellat. Zellen verkehrt-eiförmig, Hinterende verjüngt. Membran spiralig gestreift. Seitenränder rollen sich asymmetrisch gegen die konkave Bauchseite ein. Einrollung ist auf einer Seite vorne, auf der anderen hinten stärker ausgeprägt. Geißel körperlang. Chloroplasten scheibenförmig. **G** 15–35 µm lang. **L** Quellen, nährstoffarme Gewässer.

5 Phacus torta, Verdrehter Herzflagellat. Zellen stark verwunden, mit langem Schwanzstachel und längsgestreifter Membran. Chloroplasten scheibenförmig. Abgesehen von der Verdrehung ähnlich *Ph. longicauda.* **G** 80–100 µm lang. **L** Stehende, saubere Gewässer.

6 Phacus triqueter, Dreieckiger Herzflagellat. Zellen mit schiefem Endstachel, mit flacher Bauchseite und gewölbter Rückenseite. Hoher Rückenkiel, daher im Querschnitt dreieckig Zellen stark gewunden. Membran längsgestreift. Geißel fast körperlang. Chloroplasten scheibenförmig. **G** 45–60 µm lang. **L** Stehende, nicht beschattete, saubere Gewässer.

7 Trachelomonas volvocina, Kragenflagellat. Zart behäutete, *Euglena*-artig gebaute, lebhaft bewegliche Zellen leben in einem kugeligen, glatten Gehäuse. Gehäuse aller *Trachelomonas*-Arten mit Eisenhydroxid und Manganverbindungen imprägniert; werden im Alter tief dunkelbraun und fast undurchsichtig. Öffnung für die Schwimmgeißel ringförmig verdickt. Chloroplasten scheibchenförmig. **G** Gehäuse 7–25 µm. **L** Stehende Gewässer; bei Massenentwicklung Wasser braun gefärbt.

8 Trachelomonas oblonga, Ovaler Kragenflagellat. Gehäuse im Umriß oval. Geißelöffnung ringförmig verdickt, ab und zu von niederem Kragen umgeben. Augenfleck deutlich. Chloroplasten scheibenförmig. **G** 13–16 µm lang. **L** Kalte Quellgewässer.

9 Trachelomonas euchlora, Urnen-Kragenflagellat. Gehäuse zylindrisch, glatt, an den Polen abgerundet. Kragen um die Geißelöffnung niedrig. 6–10 Chloroplasten mit je einem Pyrenoid. **G** 30–35 µm lang. **L** Stehende Gewässer.

10 Trachelomonas hispida, Stachelbeer-Kragenflagellat. Gehäuse im Umriß oval, gleichmäßig mit kurzen, dichtstehenden Stacheln besetzt. Nicht alle Zellen bilden einen Kragen aus. 8 bis 10 Chloroplasten. **G** 20–42 µm lang. **L** Stehende Gewässer, litoral und planktisch. **A** Formenreiche Art mit mehreren Varietäten: Var. *punctata:* Gehäuse fein punktiert, stachellos. Var. *coronata:* Bestachelt, Kranz dicker Stacheln um die Geißelöffnung. Var. *crenulatocollis:* Geißelöffnung weit, Kragen gezähnelt. Var. *caudata:* Dicht bestachelt, mit scharf abgesetztem Endstachel. Var. *cylindrica:* Gehäuse dicht bestachelt, mit geraden Seiten, zylindrisch. Var. *subarmata:* Gehäuse bestachelt, an den Polen mit längeren Stacheln.

11 Trachelomonas armata, Wehrhafter Kragenflagellat. Gehäuse breit-oval, glattwandig, mit einem Kranz langer, derber Stacheln am Hinterende. Kragen meistens gezähnelt. Geißel doppelt körperlang. Chloroplasten scheibchenförmig, zahlreich. **G** 30–65 µm lang. **L** Stehende Gewässer.

12 Trachelomonas caudata, Geschwänzter Kragenflagellat. Gehäuse verkehrt-eiförmig, dicht bestachelt, mit farbloser Endspitze, mit gezähneltem Trichterkragen. Geißel ungefähr körperlang. Augenfleck groß, Chloroplasten scheibenförmig. **G** 30–55 µm lang. **L** Saubere Quellgewässer.

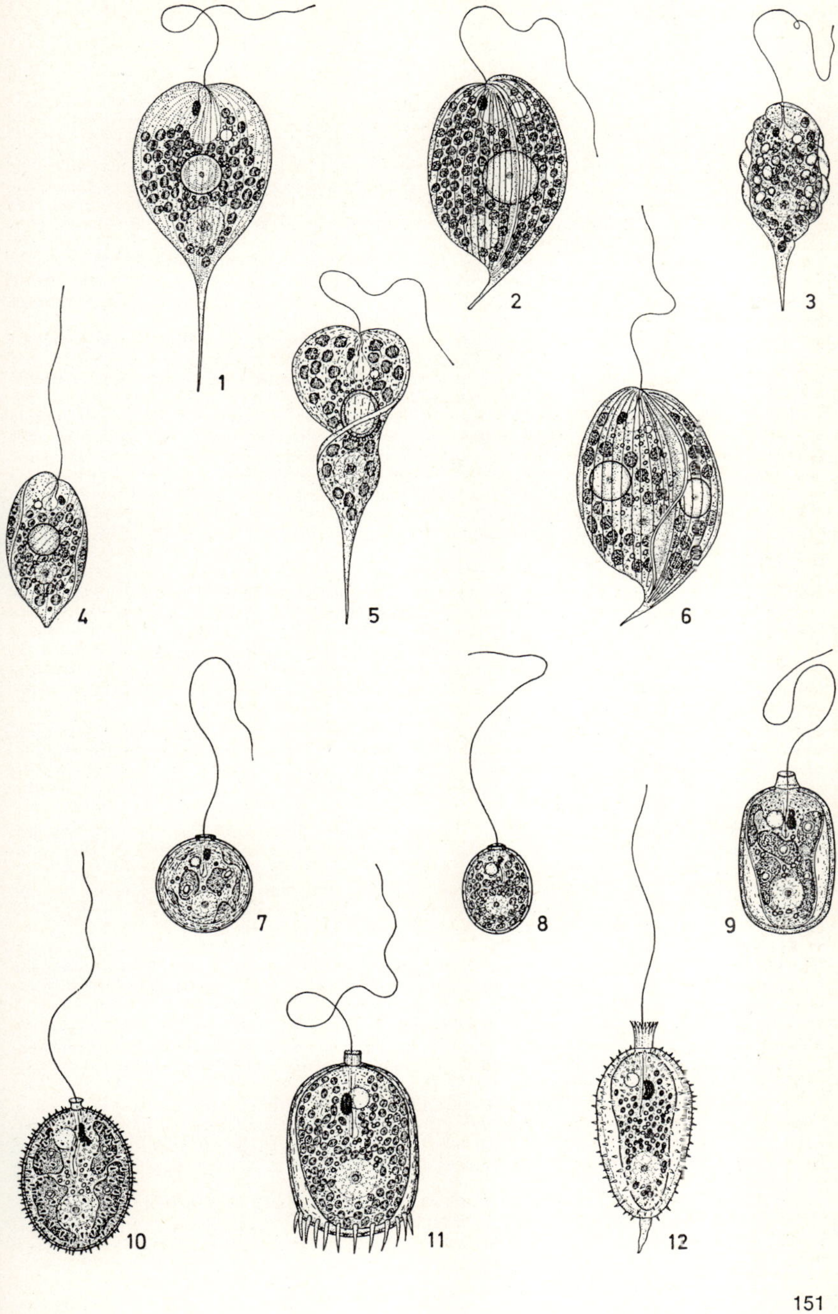
1
2
3
4
5
6
7
8
9
10
11
12

Augenflagellaten

1 Colacium calvum, Aufwuchsflagellat. Freibewegliche Stadien *Euglena*-ähnlich, mit Geißel. Setzen sich fest, indem sie die Geißel einschmelzen, sich mit einer dünnen Gallerthülle umgeben und am Vorderpol eine gestreifte Gallerthaube sowie einen Gallertstiel ausbilden. Festsitzende Zellen schwach metabol, mit rotem Augenfleck. Vermehrung durch Längsteilung der festsitzenden Zellen, dadurch Bildung kleiner Kolonien. **G** 45—70 µm lang. **L** Auf Rädertieren und Kleinkrebsen; häufig. **A** Ohne Gallerthaube: *C. vesiculosum.*

2 Colacium arbuscula, Bäumchenförmiger Aufwuchsflagellat. Ähnlich voriger Art, aber Zellen auf langen, gabelig verzweigten Gallertstielen. Protoplasten in ständiger Bewegung. Roter Augenfleck. **G** Zellen 20—30 µm lang. **L** An Kleintieren in sauberen und gering verschmutzten Gewässern.

3 Astasia inflata, Wechselflagellat. Zellen sehr metabol, langgezogen-eiförmig, abgeplattet. Membran durch Spiralleisten gestreift. Geißel körperlang. Chloroplasten fehlen; die Zellen leben saprophytisch und tierisch. *Euglena*-ähnlich, abgesehen vom Fehlen der Assimilationspigmente. **G** 35—50 µm lang. **L** Verschmutzte Gewässer.

4 Astasia klebsi, Kriechender Wechselflagellat. Spindelförmig mit schwanzartig ausgezogenem Hinterkörper. Farblos. Bakterien-, Algen- und Protozoenfresser. Schwimmt rotierend oder kriecht in auffälliger Weise: Körper kontrahiert sich und bläht sich unterhalb des Vorderendes zu einer Kugel auf, die innerhalb weniger Sekunden schwanzwärts wandert. Geißel fast körperlang. **G** 50—60 µm lang. **L** Stehende, verschmutzte Gewässer. III.

5 Astasia curvata, Gekrümmter Wechselflagellat. Schmal, sichelförmig gekrümmt, abgeflacht, oft verwunden. Ohne Chloroplasten. Membran zart spiralig gestreift. **G** 40—50 µm lang. **L** Verschmutzte Gewässer.

6 Urceolus cyclostomus, Krugflagellat. Membran derb, spiralig gestreift; Zellen dennoch sehr metabol, spindel- bis krugförmig. Vorderende trichterartig erweitert, leitet in einen Mundschlitz, die Mündung des Geißelsäckchens, das tunnelartig tief in den Körper reicht. Chloroplasten fehlen. Ernährung rein tierisch. Zellen kriechen auf dem Membrantrichter und recken den Hinterkörper von der Unterlage ab. **G** 20—50 µm lang. **L** Stehende Gewässer.

7 Urceolus costatus, Gerippter Krugflagellat. Membran mit wenigen, deutlichen Spiralringen. Zellen spindelförmig mit Endstachel und Trichter. Sonst wie vorige Art. **G** 35—40 µm lang. **L** Stehende, pflanzenreiche Gewässer.

8 Anisonema acinus, Schleppgeißel-Flagellat. Zellen eiförmig, fast starr, etwas abgeplattet. Am Grunde des Geißelsäckchens entspringen 2 Geißeln: Eine körperlange Schwimmgeißel, eine über doppelt so lange Schleppgeißel. Vertiefte Bauchrinne leitet in den Cytopharynx („Zellrachen") über. Lebt tierisch oder saprophytisch. **G** 25—40 µm lang. **L** Verschiedene Gewässertypen.

9 Anisonema ovale, Ovaler Schleppgeißel-Flagellat. Starr, Umriß oval, Schwimm- und Schleppgeißel je etwas länger als der Körper. Sonst wie vorige Art. **G** Um 12 µm lang. **L** Stehende, saubere Gewässer.

10 Peranema trichophorum, Starrgeißel-Flagellat. Farblos, lebt rein tierisch. Membran aus beborsteten Spiralleisten. Kriecht mit starr nach vorne gestreckter Geißel, nur Geißelspitze schlängelt hin und her. **G** 40—70 µm lang, **L** Stehende Gewässer; sehr häufig.

11 Entosiphon sulcatum, Röhrenflagellat. Zellen starr. Schwimm- und Schleppgeißel je ungefähr körperlang, entspringen am Rande des Zellmundes. Lebt tierisch. Cytopharynx eine weit vorstoßbare Röhre. Membran derb mit längsverlaufenden Furchen und Rippen. **G** 20—25 µm lang. **L** Stehende Gewässer; häufig.

12 Notosolenus apocamptus, Panzerrücken-Flagellat. Zellen starr, Bauchseite konvex gewölbt, Rückenseite mit breiter Längsfurche. Farblos, lebt animalisch oder saprophytisch. Schwimmgeißel lang, Schleppgeißel kurz, schräg vom Körper abstehend. **G** 6—11 µm lang. **L** Stehende Gewässer zwischen Wasserpflanzen.

13 Heteronema acus, Maulflagellat. Zellen spindelförmig, metabol. Farblos, lebt räuberisch. Schwimmt rotierend; nur die Spitze der starr gehaltenen Schwimmgeißel führt Schlängelbewegungen aus. Schleppgeißel halb so lang wie der Körper. Beide Geißeln entspringen am Rand des erweiterungsfähigen Zellmundes. **G** 40—50 µm lang. **L** Stehende, nährstoffreiche Gewässer.

14 Lepocinclis ovum, Grünes Streifenei. Verwandt mit *Euglena*. Zellen drehrund, völlig starr, Membran spiralig gestreift, scharf abgesetzte Endspitze. Roter Augenfleck. Zahlreiche grüne, scheibenförmige Chloroplasten. **G** 20—40 µm lang. **L** Nährstoffreiche, stehende Gewässer; litoral und planktisch.

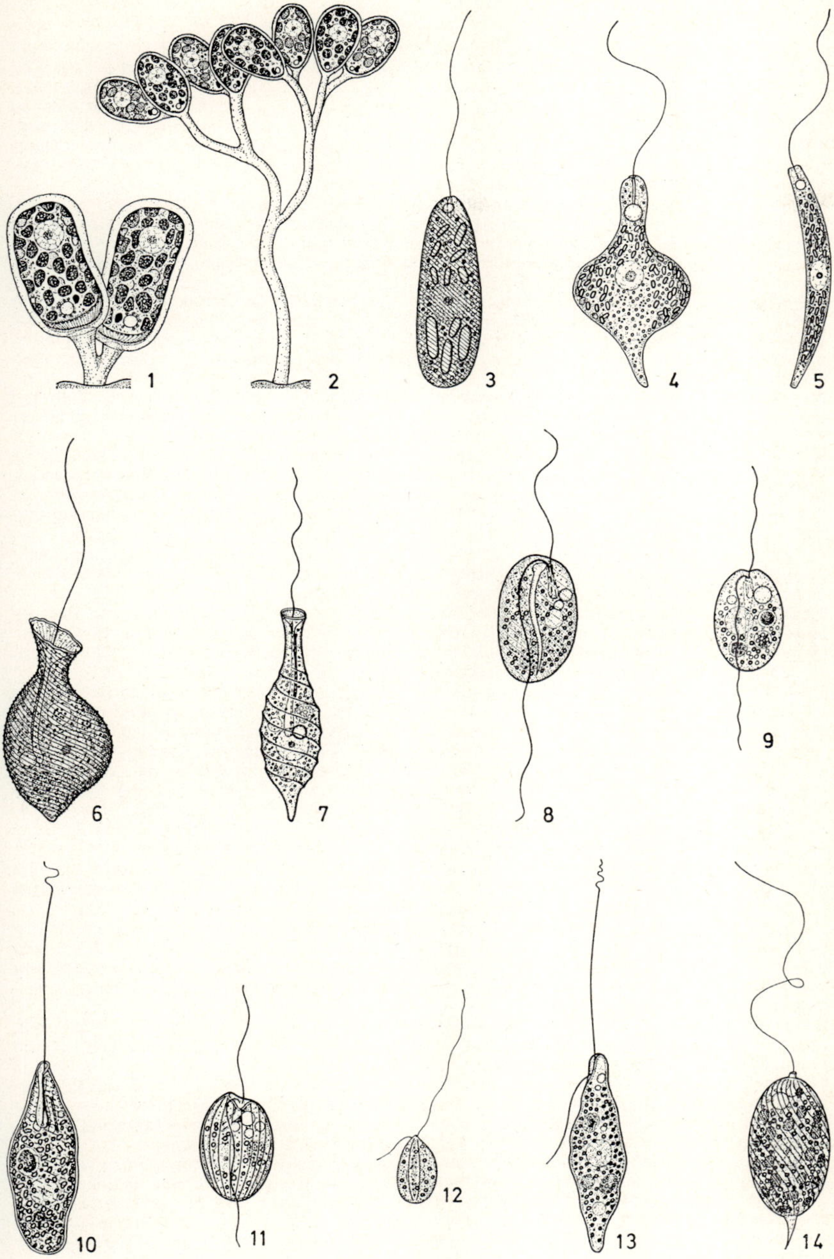
1
2
3
4
5
6
7
8
9
10
11
12
13
14

Dinoflagellaten

1 Cystodinium cornifax, Nackter Hornflagellat. 2 Geißeln: eine querschwingende in einer rund um die Zelle ziehende Querfurche, eine längsschwingende „Schubgeißel", deren basaler Teil in einer Längsrinne verläuft. Zellen länglich-eiförmig, vordere Körperhälfte breit abgerundet. Zellwand sehr zart, leicht deformierbar. Querfurche schraubig. Membran der Dauerzellen (Cystenmembran) in 2 Hörner ausgezogen. **G** 25 µm lang. **L** Sümpfe, krautige Teiche; zahlreich.

2 Glenodinium pulvisculus, Kleiner Panzerflagellat. Zellen nahezu kugelig, werden durch Querfurche in zwei gleiche Hälften geteilt. Längsfurche als flache Rinne am hinteren Körperpol. Zellwand sehr zart. **G** 23–38 µm lang. **L** Alle Gewässertypen.

3 Glenodinium edax, Gefräßiger Panzerflagellat. Zellen fast kugelig, ohne Chloroplasten. Querfurche teilt eine größere Vorderhälfte von einer kleineren Hinterhälfte ab. Längsfurche eine klar begrenzte Rinne. Zellmembran glatt und derb. Lebt räuberisch: Beute wird gelähmt und durch die Längsfurche hindurch ins Plasma gezogen. **G** Um 35 µm. **L** Sauberes Wasser zwischen Wasserpflanzen.

4 Glenodinium uliginosum, Moor-Panzerflagellat. Vordere Hälfte der Zellen größer als die hintere. Wand derb und dick. Querfurche schwach schraubig; Längsfurche beginnt vorne und zieht als immer tiefer werdende Rinne über die ganze Hinterfläche. **G** 36–48 µm lang. **L** Torfmoore; oft massenhaft. **A** Zinnoberroter Augenfleck unterhalb der Querfurche: *G. neglectum;* Torfmoore.

5 Glenodinium cinctum, Augen-Panzerflagellat. Zellhälften ungefähr gleich groß. Zellwand dünn, schmiegsam, glatt. Unter der Längsfurche rubinrot leuchtender, U-förmiger Augenfleck. **G** Um 40 µm lang. **L** Sümpfe, Teiche; oft massenhaft.

6 Gymnodinium palustre, Sumpf-Panzerflagellat, Zellen „nackt" (Pellikula dünn, kein Zellulose-Außenskelett). Zellen länglich, Vorderteil glockenförmig, Hinterteil breit abgerundet, etwas schief. Längsfurche eine tiefe Rinne. Ruhende Zellen im Sommer mit schleimiger, im Winter mit fester Hülle umgeben. **G** Um 45 µm lang. **L** Sümpfe und Teiche. **A** Hintere Körperhälfte zwiebelartig in eine Spitze auslaufend, 90–100 µm lang: *G. fuscum.*

7 Gymnodinium paradoxum, Teich-Panzerflagellat. Breit oval, Längs- und Querfurche sehr flach. Chloroplasten dunkelbraun, in dichten Massen um den zentralen Zellkern. **G** 40–75 µm lang. **L** Sümpfe und Teiche zwischen Wasserpflanzen; in Seen planktisch.

8 Gymnodinium aeruginosum, Blaugrüner Panzerflagellat. Zellen länglich, Bauch- und Rückenseite etwas abgeflacht, Querfurche in Körpermitte. Längsrinne buchtet Körperhinterrand ein. Chloroplasten zahlreich, klein, blaugrün, dicht gepackt um den Zellkern. **G** 20–32 µm lang. **L** Pflanzengürtel von Teichen und Seen; oft zahlreich.

9 Hemidinium nasutum, Nasen-Panzerflagellat. Zellen zartwandig, asymmetrisch (Querfurche verläuft nicht um die ganze Zelle herum). Chloroplasten gelb bis braun, im peripheren Cytoplasma gleichmäßig verteilt. Im Plasma rotbraune Öltropfen. Zellwand fein gekörnelt oder streifig. **G** 24–28 µm lang. **L** Saubere, schattige Gräben, Tümpel, Sümpfe, Teiche; häufig.

10 Gyrodinium (Spirodinium) hyalinum, Schiefer Panzerflagellat. Im Umriß oval, etwas asymmetrisch, da Querfurche in steiler Schraubenwindung um den Körper läuft. Unter der Längsrinne karminroter, schmaler Augenfleck. Chloroplasten fehlen, die Art lebt räuberisch. Beute: Hauptsächlich *Pandorina* und *Chlamydomonas.* **G** Um 24 µm lang. **L** Sümpfe und Tümpel.

11 Peridinium tabulatum, Panzertafelflagellat. Kugelig bis eiförmig, im Querschnitt nierenförmig. Zelluloseplatten des Panzers von Leisten eingefaßt, scheingefeldert. Querfurche tief und breit, wird von der Längsfurche rechtwinkelig durchsetzt. **G** Um 48 µm lang. **L** Gewässer aller Art zwischen Wasserpflanzen, im Plankton seltener.

12 Peridinium umbonatum, Buckeliger Panzertafelflagellat. Breit eiförmig, Zellulosetafeln meist glatt. Längsfurche auffallend breit. Kein Augenfleck. Chloroplasten rotbraun. **G** Um 30 µm lang und breit. **L** Plankton von Sümpfen und Teichen. **A** Tafeln ohne Leisten, Täfelung meist sehr zart; Chloroplasten hellgelb oder fehlend; 15–20 µm; häufig in pflanzenreichen Teichen: *P. inconspicuum.*

13 Peridinium cinctum, Kugeliger Panzertafelflagellat. Kugelig, im Querschnitt nierenförmig. Panzertafeln gefeldert; sehr breite Leisten. Kein Augenfleck. Chloroplasten braun. **G** Um 46 µm. **L** Gewässer aller Art zwischen Wasserpflanzen.

14 Ceratium cornutum, Hörnchenalge. Im Umriß asymmetrisch. Scheitelhorn nach rechts abgebogen, am Ende offen; die beiden kurzen Basalhörner an den Enden geschlossen. Vorderkörper mit 9, Hinterkörper mit 7 gefelderten, von Poren durchbrochenen Zellulosetafeln. Große, helle Bauchplatte sehr schwach gepanzert. **G** 100–150 µm lang. **L** Kalte Gewässer.

15 Ceratium hirundinella, Hornalge. Scheitelhorn lang ausgezogen, am Ende offen. 3 (2) Basalhörner. Äußere Form verändert sich saisonabhängig. Chloroplasten in Gruppen an den Hörnerbasen und den Enden des Gürtels. **G** Bis 400 µm, durchschnittlich 200–300 µm lang. **L** Teiche und Seen; bildet Wasserblüten. **B** Ernährt sich pflanzlich und tierisch. Fängt kleine Organismen mit Plasmafäden, die durch die Poren der Panzerplatten und die Öffnung am Scheitel vorn austreten. Ein Pseudopodium zieht große Objekte durch die Längsfurche ins Innere.

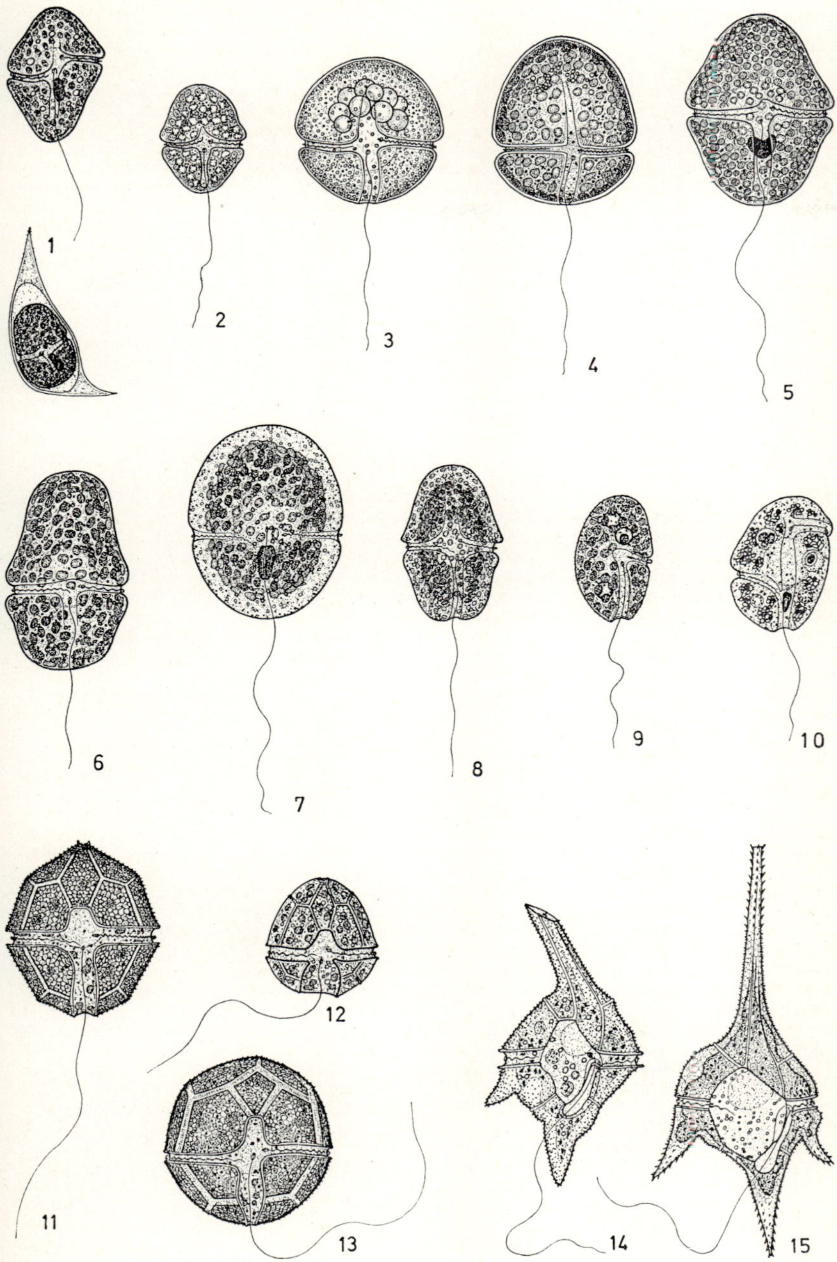
1
2
3
4
5
6
7
8
9
10
11
12
13
14
15

Kryptomonaden und Grünalgen

1 **Cryptomonas erosa,** Schlundflagellat. Zellen vorne ausgerandet, basal verschmälert, Bauchseite flach, Rückenseite hochgewölbt. 2 Chloroplasten. 2 gleichlange Geißeln. **G** 15–32 µm lang. **L** Stehende, verschmutzte Gewässer. **B** Als Assimilate Stärkescheibchen.
2 **Cryptomonas ovata,** Ovaler Schlundflagellat. Gebogen-zylindrisch, vordere Ausrandung nur angedeutet; sonst wie vorige Art. **G** 20–80 µm lang. **L** Seen, Teiche, Gräben; verbreitet.
3 **Chilomonas paramecium,** Bogengeißelflagellat. Farblos, lebt saprophytisch. Bei ruhenden oder toten Zellen eine der beiden Geißeln im Bogen nach hinten gekrümmt! **G** 20–40 µm lang. **L** Verschmutzte Gewässer; oft massenhaft. **B** Als Assimilate glänzende Stärkekörnchen. III.
4 **Chilomonas oblonga,** Bogengeißelflagellat. Ähnlich voriger Art, jedoch basal nicht verschmälert. **G** 20–50 µm lang. **L** Wie *Ch. paramecium.* **A** Zusammengedrückt, vorne breit und schief abgeschnitten: *Cyathomonas truncata;* Altwässer, Teiche, zwischen faulenden Algen.
5 **Chroomonas nordstedti,** Furchenflagellat. 2 blaue bis blaugrüne Chloroplasten. Schwach ausgeprägte Bauchfurche. **G** 9–16 µm lang. **L** Stehende Gewässer; oft massenhaft.
6 **Chlamydomonas pisiformis,** Hüllenflagellat. Zellen walzlich, vorne etwas verbreitert, zweimal so lang wie breit, Membran deutlich und am Vorderpol zu einer Papille verdickt. Chloroplast sehr groß, basal stark verdickt, topfförmig. Augenfleck groß, rot, länglich. 2 kontraktile Vakuolen. Zellen schwimmen schaukelnd. **G** 18–24 µm lang. **L** Stehende, eutrophe Gewässer; in Kleingewässern oft Wasserblüten.
7 **Chlamydomonas variabilis,** Hüllenflagellat. Membran ziemlich dick. Zellen speichern meist massenhaft Stärkekörnchen. Augenfleck klein. **G** Um 20 µm lang. **L** Verschmutzte Gewässer; sehr häufig.
8 **Chlamydomonas reinhardi,** Hüllenflagellat. Fast kugelig. Membran vorne nicht zu Papille verdickt. Chloroplast mit großem Pyrenoid. Großer Augenfleck. **G** 14–22 µm lang. **L** Vor allem Kleingewässer; weit verbreitet.
9 **Chlamydomonas ehrenbergi,** Hüllenflagellat. Unregelmäßig bis eiförmig. Membran zart, kann vom Cytoplasmasaum etwas abgehoben sein. Geißeln gehen von einem Hautwärzchen aus. Augenfleck etwa in Höhe der Zellmitte. **G** 14–26 µm lang. **L** Stehende, auch verschmutzte Gewässer; häufigste *Ch.*-Art, in 1 l Wasser bis 100 Millionen Zellen. III.
10 **Chlamydomonas gloeocystiformis,** Hüllenflagellat. Membran umgibt die Zelle als weit abgehobener Mantel. Chloroplast mächtig, meist gestreift. Augenfleck hellrot, groß. **G** 15–22 µm lang. **L** Moorige Gewässer; sehr verbreitet.
11 **Chlamydomonas angulosa,** Hüllenflagellat. Breit ellipsoidisch. Membran bildet vorne breite Papille. Chloroplast mit vierkantigem Pyrenoid. Augenfleck strichförmig, groß. **G** Um 20 µm lang. **L** Moore; verbreitet.
12 **Haematococcus pluvialis,** Blutregenalge. Zellkörper durch Gallertschicht von der Zellmembran getrennt. Chloroplast peripher, netzartig durchbrochen. Augenfleck dreieckig, blaß. Unter schlechten Lebensbedingungen rot gefärbt (Karotinoide). **G** 8–50 µm lang. **L** Rasch und oft austrocknende Kleingewässer: Gesteinsvertiefungen, Wassertonnen, Weihwasserkessel.
13 **Chlorogonium euchlorum,** Spindelflagellat. Plump spindelförmig, vorne in einen durchscheinenden Schnabel ausgezogen. Augenfleck groß. Viele kontraktile Vakuolen. Chloroplast eine stark verdickte Platte. **G** 25–70 µm lang. **L** Alle Gewässertypen.
14 **Chlorogonium elongatum,** Schlanker Spindelflagellat. Chloroplast einseitig hantelförmig. 2 kontraktile Vakuolen. **G** 20–45 µm lang. **L** Eutrophe, auch verschmutzte Gewässer.
15 **Hyalogonium klebsi,** Glasspindel. Ähnlich *Chlorogonium,* aber farblos. Speichert (wandständig) Stärkekörnchen. Mit Augenfleck und 2 kontraktilen Vakuolen. **G** 30–80 µm lang. **L** Kleine Tümpel, Wiesen, Gräben; sauerstoffbedürftig.
16 **Polytoma uvella,** Hamsterflagellat. Eiförmig, farblos, Augenfleck nicht immer ausgebildet. Zur Photosynthese nicht befähigt, ist auf organische Nährstoffe angewiesen. Speichert im hinteren Teil der Zelle zahlreiche Stärkekörnchen. **G** 15–30 µm lang. **L** Stehende, verschmutzte Gewässer. IV.
17 **Carteria multifilis,** Viergeißelflagellat. Zellen grün, kugelig, vorne mit Plasmafortsatz, von dem vier gleichlange Geißeln ausgehen. Chloroplast muldenförmig. Roter Augenfleck. Ernährt sich tierisch und pflanzlich. Schwimmt rotierend. **G** 9–16 µm lang. **L** Verschmutzte Kleingewässer. IV.
18 **Carteria klebsi,** Viergeißelflagellat. Zylindrisch bis ellipsoidisch. Membran derb, oft längsgestreift. Geißelbasis eine dicke Papille. Augenfleck tief schwarzrot. **G** Um 25 µm lang. **L** Stehende Gewässer; verbreitet.
19 **Pyramidomonas tetrarhynchus,** Pyramidenflagellat. Im Umriß verkehrt eiförmig, 4 wulstartig vorspringende Kanten und 4 dazwischengelegene Rinnen. Chloroplast aus dickem Basalstück und 8 wandständigen Bändern. **G** 20–28 µm lang. **L** Kalte, saubere Gewässer; oft in Schmelzwässern.

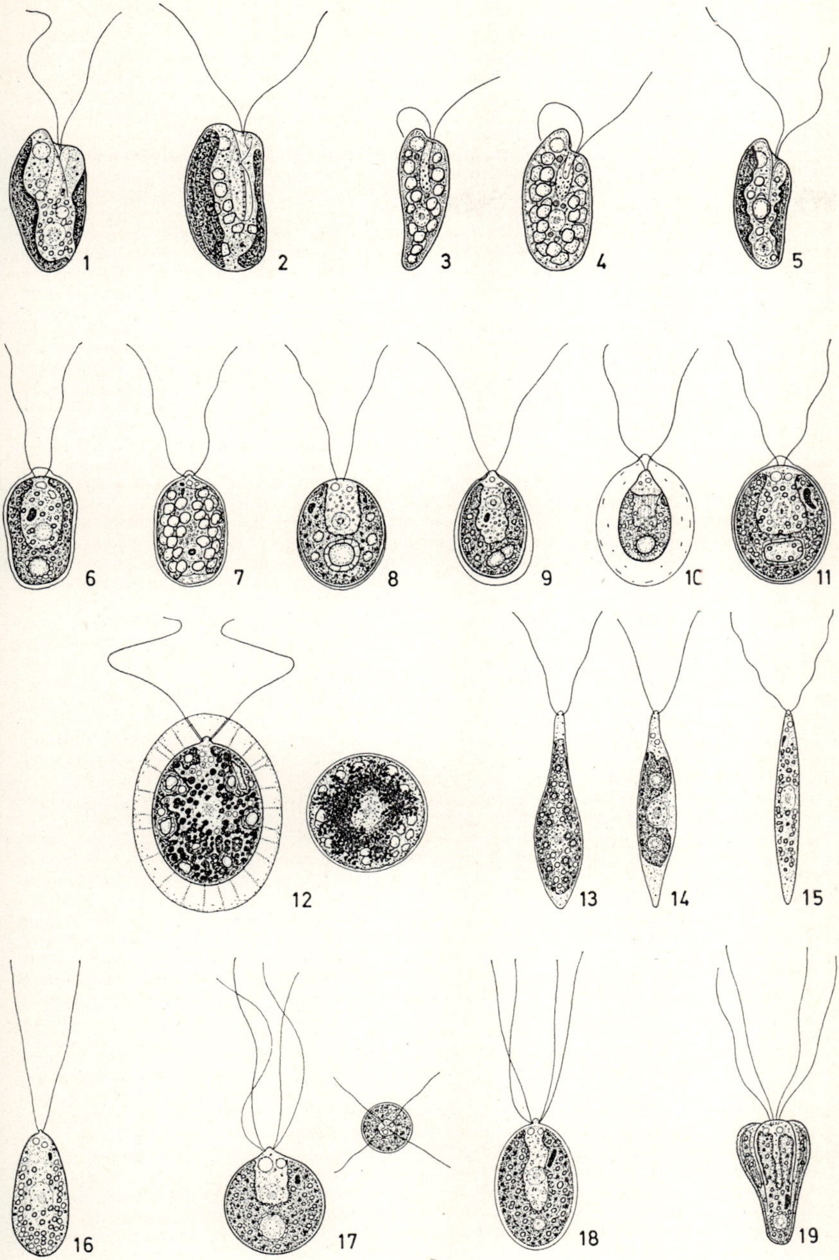
1
2
3
4
5
6
7
8
9
10
11
12
13
14
15
16
17
18
19

Grünalgen

1 Phacotus lenticularis, Linsenflagellat. Zelle in zweischaligem, oft tiefbraunem, fast undurchsichtigem Gehäuse. Schalenhälften grubig skulpturiert, mit schmalem Berührungssaum. Schale in Aufsicht kugelig, von der Seite her linsenförmig. Chloroplast topfförmig, mit Augenfleck und Pyrenoid. 2 gleichlange Geißeln ziehen durch eine feine Öffnung des zusammengedrückten Gehäuses. Schalen verkalkt, Braunfärbung durch Eiseneinlagerungen. **G** Schalen 13–20 µm breit. **L** Stehende Gewässer, Litoralform.

2 Pteromonas angulosa, Flügelflagellat. Zelle in zweischaligem Gehäuse, Schalenhälften glatt, durchsichtig, mit breiten, flügelartigen Seitenrändern. Chloroplast topfförmig, mit einem großen Pyrenoid. Augenfleck strichförmig. 2 kontraktile Vakuolen. **G** Zellen 13–17 µm lang. **L** Gewässer mit Faulschlammbildung; sehr verbreitet.

3 Volvox globator, Große Wimperkugel. Kugelige, gallertige Kolonie, in der die Zellen peripher sitzen. 1500 bis 20 000, durchschnittlich 10 000 Einzelzellen. Zellen von oben gesehen (a) sternförmig; dicke Plasmabrücken vermitteln den Kontakt der Zellen untereinander. Chloroplasten muldenförmig, reichen in die Plasmabrücken hinein. Jede Zelle mit 1 oder mehreren Pyrenoiden, einem Augenfleck, meist 4 kontraktilen Vakuolen. Zellen von der Seite gesehen kegelförmig (b). Gallertkugel außen von hoher, fester Gallertlamelle begrenzt (b). Unter der Lamelle radiär die sechs- oder fünfseitigen Gallertsäulen der Einzelzellen. Inneres der Kugel sehr weiche Gallerte. Fast alle Zellen Körperzellen, nur in der hinteren Hälfte der Kugel liegen 8 bis 60 Fortpflanzungszellen. Aus ihnen gehen bei der ungeschlechtlichen Vermehrung die Tochterkugeln hervor, bei der geschlechtlichen Fortpflanzung die Geschlechtszellen. Sexuelle Kolonien einhäusig, männliche Geschlechtszellen werden vor den weiblichen gebildet. In tafelförmigen Verbänden wachsen je etwa 100 Spermatozoide heran. Eizellen abgerundet, Zygoten tief braunrot mit warzig verdickten Membranen. Tochterkugeln werden nach dem Tode und dem Zerfall der Mutterkugel frei. **G** Kolonien 350–2000 µm, Einzelzellen um 4 µm. **L** Stehende, eutrophe Gewässer; oft in dichten Wolken.

4 Volvox aureus, Wimperkugel. Ähnlich voriger Art. Kolonie aus 200 bis 1000, durchschnittlich 500 Einzelzellen. Einzelzellen von oben gesehen (a) kreisrund; Zellen untereinander durch sehr feine Plasmafäden oder Fadenbündel verbunden. Chloroplasten groß, muldenförmig, auf das Zentrum der Zellen beschränkt. Nur 2 kontraktile Vakuolen. Zellen von der Seite gesehen eiförmig (b), nicht so dicht gelagert wie bei *V. globator*. Die 2 Geißeln jeder Zelle treten durch feine Öffnungen in der sehr dünnen Grenzgallertlamelle aus. Gallertsäulen der Einzelzellen laufen dicht unter der Grenzlamelle zu einer gemeinsamen Gallertschicht zusammen; wabige Felderung der Oberfläche daher weniger ausgeprägt als bei *V. globator*. 4–10 Vermehrungszellen in der hinteren Kugelhälfte; lassen entweder Tochterkugeln aus sich hervorgehen oder bilden Geschlechtszellen aus. Zweihäusig. Spermatozoidenverbände tafelförmig, verlassen als Ganzes die Kolonie. Eizellen kugelig; Zygoten braunrot mit glatter Membran. **G** Kolonien meist um 500 µm, Einzelzellen 5–8 µm. **L** Stehende eutrophe Gewässer; tagsüber mehr an der Oberfläche, nachts in tieferen Schichten. **A** Zellen abgeplattet-halbkugelig (c): *V. hemisphaerica (V. aureus* var. *hemisphaerica)*.

5 Spondylomorum quarternarium, Wirbelnder Tannenzapfen. 16zellige Kolonien aus 4geißeligen Zellen. Zellen miteinander verklebt, nicht durch Gallertschichten zusammengehalten. Zellen in vierzähligen Kränzen, die untereinander auf Lücke stehen, angeordnet. Zellen verkehrteiförmig. Chloroplasten topfförmig ohne Pyrenoide. Zellkerne zentral, Augenflecke in Höhe der Zellkerne oder darunter. Geißeln alle nach außen gerichtet. Innerhalb der Einzelzellen entstehen 16 Tochterzellen. **G** Zellen 10–25 µm, Kolonien bis 50 µm lang. **L** Schmutzwasser. III.

6 Gonium pectorale, Mosaik-Grünalge. 16zellige (selten 8–4zellige), gewölbt-tafelförmige Kolonien. Zellen nahezu senkrecht in einer schwer sichtbaren „Gallertschüssel". Kolonien rotieren langsam. Lebt vorwiegend saprophytisch. Chloroplasten topfförmig, mit Pyrenoid. Vermehrung: Innerhalb der Mutterzellen entstehen 16zellige Tochterkolonien, die durch Platzen der Mutterzellmembran frei werden. **G** Zellen 5–15 µm, Kolonien bis 90 µm. **L** Stehende Gewässer, auch Kleinstgewässer. III.

7 Pandorina morum, Maulbeer-Grünalge. Ungefähr kugelige Kolonie aus 16, selten 8 oder 32 Zellen. Zellen verkehrt-eiförmig, liegen zentral in einer Gallerte, zweigeißelig. Chloroplasten groß, tassenförmig. Augenflecke der vorderen Zellen oft größer als die der hinteren. 2 kontraktile Vakuolen. Vermehrung: Jede Zelle kann innerhalb ihrer Membran 16 Tochterzellen bilden. **G** Zellen 8–17 µm, Kolonien 20–40, sogar bis 250 µm. **L** Stehende und schwach fließende Gewässer; sehr verbreitet in reinen wie in stark verschmutzten Gewässern.

8 Eudorina elegans, Geißelkugel-Grünalge. Ellipsoidische Kolonie aus meist 32 Zellen. Äußere Gallertschicht der Kolonie konsistent, innere Gallerte sehr wasserhaltig (Kolonien scheinbar hohlkugelig!). Zellen in 5 unregelmäßigen Kränzen (4+8+8+8+4 Zellen). Zellen des vorderen Kranzes oft kleiner als die übrigen. Einzelzellen kugelig bis birnförmig, zweigeißelig, mit topfförmigen Chloroplasten, einem Augenfleck, 2 kontraktilen Vakuolen. Tochterkolonien entstehen in den Mutterzellen. **G** Zellen 16–24 µm, Kolonien 60–200 µm lang. **L** Teiche, Seen.

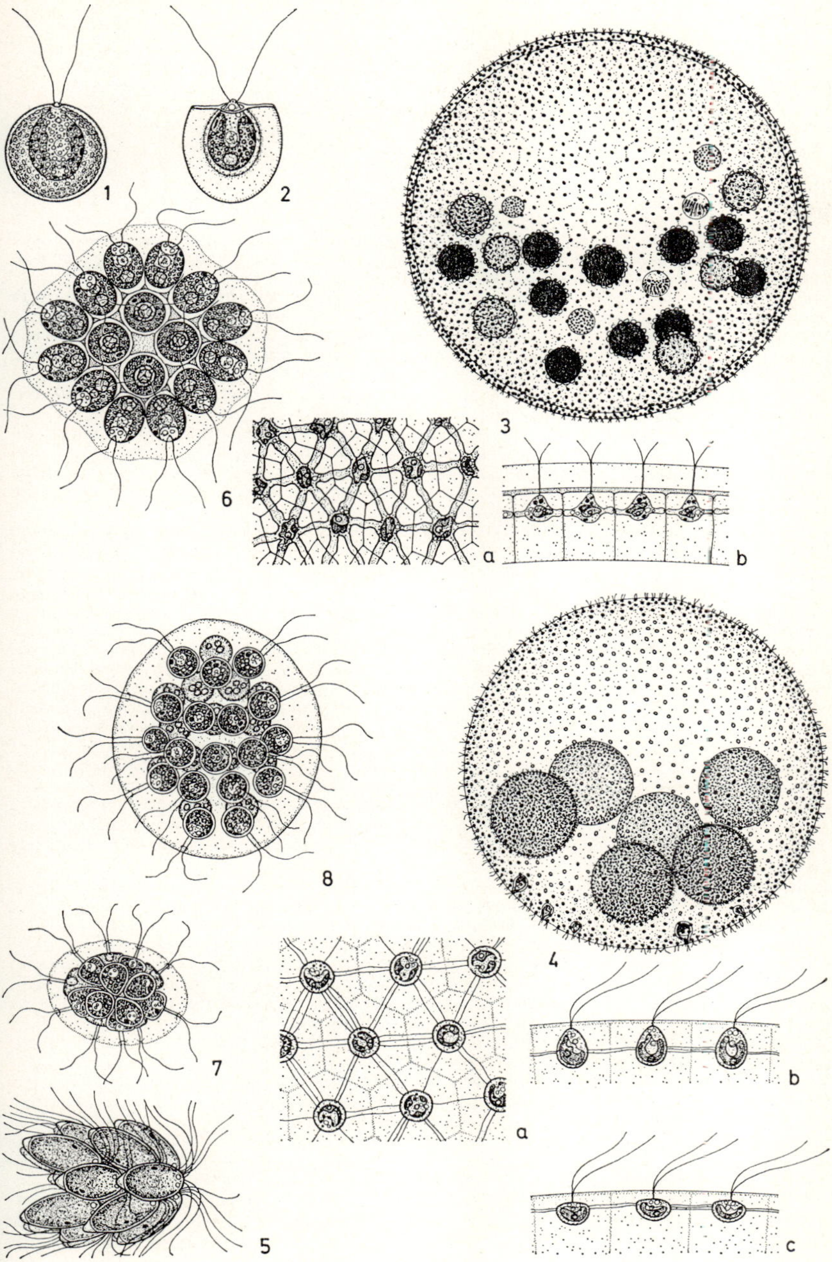
1
2
3
6
a
b
8
4
7
a
b
c
5

1 a Nautococcus emersus, Schwimmkugel-Alge. Kugelig, mit massivem, zentral liegendem Chloroplasten. **G** Um 10 µm. **L** Auf der Oberfläche kleinerer Gewässer. **B** Lebt „neustonisch" auf der Oberflächenhaut des Wassers. Bildet dazu „Schwimmschirmchen" aus Schleim aus. **A** Chloroplast glockenförmig: *Hypnomonas chlorococcoides.* Planktisch, um 20 µm.

1 b Nautococcus pyriformis, Birnförmige Schwimmkugel-Alge. Von der vorigen Art nur durch birnförmige Gestalt unterschieden. **G** Um 20 µm. **L** Pfützen, Tümpel, kleine Teiche.

2 Asterococcus superbus, Sternenkugel. Zellen einzeln oder zu mehreren in einer farblosen Gallerthülle. Zellen mit dicken, konzentrisch geschichteten Hüllmembranen. Chloroplast mit zentralem Mittelstück, von dem aus radiale Streifen zur Peripherie ziehen, wo sie sich zu einem winzigen Plättchen verbreitern. Mit Augenfleck. **G** 25–35 µm. **L** Stehende Gewässer, besonders Torfmoore, auch planktisch.

3 Chlorangium stentorinum, Grüne Urnen-Alge. Zellen an der Basis mit 2 kontraktilen Vakuolen. 1 oder 2 bandartige Chloroplasten. Zellen sitzen mit Gallertstrang am Substrat fest. Vermehrung durch Zoosporen, die neue Kolonien bilden oder sich am ursprünglichen Gallertstiel anheften, wodurch charakteristische „Bäumchen" entstehen. **G** Zellen 25–35 µm lang, 12–14 µm breit. **L** Angeheftet an Wasserpflanzen und Planktonkrebschen.

4 a Chlorangiopsis epizoica, Stielchen-Alge. Ähnlich voriger Art, bildet aber keine Kolonien und besitzt einen hoch glockenförmigen Chloroplasten mit Pyrenoid. Zellen auf langen Stielchen. **G** Um 10–20 µm. **L** Auf planktischen Kleinkrebsen.

4 b Chlorangiopsis moinae, Eierbecher-Alge. Zellen ohne Stielchen; mit einfachem Gallertklümpchen festgeheftet. Sonst wie vorige Art. **A** Sehr niedriger Gallertstiel, so breit wie die Zelle: *Malleochloris sessilis.*

5 Tetraspora lacustris, Teich-Viersporenalge. Mikroskopisch kleine, frei schwimmende Gallertlager ohne feste Außenschicht. Lager farblos, kugelig oder unregelmäßig. In der Gallerte peripher 8 bis zahlreiche kugelige Zellen, deren Gallertgeißeln 6- bis 8mal so lang wie die Zellen werden. Diese Scheingeißeln ragen bei allen *Tetraspora*-Arten nicht aus der Gallerte hervor. Chloroplasten muldenförmig. **G** Zellen 7–8 µm. **L** Plankton von Seen, Teichen, Tümpeln; weit verbreitet.

6 Tetraspora lubrica, Schlüpfrige Viersporenalge. Lager anfangs hellgrün, sehr flach, bilden sichtbare Überzüge auf festen Unterlagen; später schlauchförmig, gelappt, freischwimmend. Zellen kugelig, nach einer Teilung länglich und paarweise beisammenliegend. Gallertgeißeln kurz und teilweise undeutlich. **G** Zellen 7–12 µm. **L** Stehende Gewässer, Quell-Abflüsse; verbreitet. **A** Lager stets mit einem Stiel festgewachsen: *T. cylindrica;* 2–18 µm; kühle Gewässer und Bäche.

7 Tetraspora gelatinosa, Gallertige Viersporenalge. Lager zunächst festsitzend, blasenförmig, später abgelöst, frei im Wasser treibend, unregelmäßig ausgebreitet. Zellen einzeln oder zu 2 bis 4 von je einer besonderen Gallerthülle umgeben. Gallertgeißeln lang. **G** Zellen 7–12 µm; Extreme 2–14 µm. **L** Stehende Gewässer, Quellgebiete; häufig.

8 Gemellicystis neglecta, Pärchen-Alge. Gallertgeißeln auf 2 reduziert, sehr kurz, mitunter fehlend. Augenfleck. Zellen liegen paarweise oder in Vierergruppen in einer strukturlosen, bis 200 µm großen Gallerte. Kann mit *Sphaerocystis schroeteri* verwechselt werden. **G** Zellen 7–11 µm, Kolonien 20–200 µm. **L** Planktisch in Seen Mittel- und Nordeuropas.

9 Apiocystis brauniana, Rettich-Alge. Eiförmiges oder keuliges Gallertlager, das mit Haftscheibe und Stiel festsitzt; durchscheinend, außen mit ziemlich dicker Lamelle. Zellen zahlreich, liegen unregelmäßig an der Peripherie der Gallerte; jede mit 2 Gallertgeißeln, die aus dem Lager weit herausragen. **G** Zellen 6–8 µm, Lager bis 1,5 mm lang. **L** Stehende Gewässer, an Wasserpflanzen und Fadenalgen.

10 Schizochlamys gelatinosa, Spaltschalen-Alge. Unregelmäßige Schleimmasse, die in stehenden und sauren Gewässern untergetauchte Pflanzen überzieht. Zellen angedeutet nierenförmig, an der abgeflachten Stelle mit 4 Poren, durch die je 4 Gallertgeißeln ziehen; diese oft undeutlich. Harte Zellmembran wird bei der Vermehrung in 4 Stücke gesprengt, die in der Gallerte in der Nähe der Zellen erhalten bleiben. **G** Zellen 9–15 µm. **L** Moorige Gewässer. **A** Die früher hierher gestellte *Sch. delicatula* gehört zu den Chlorococcalen; heißt heute *Schizochlamydella delicatula.*

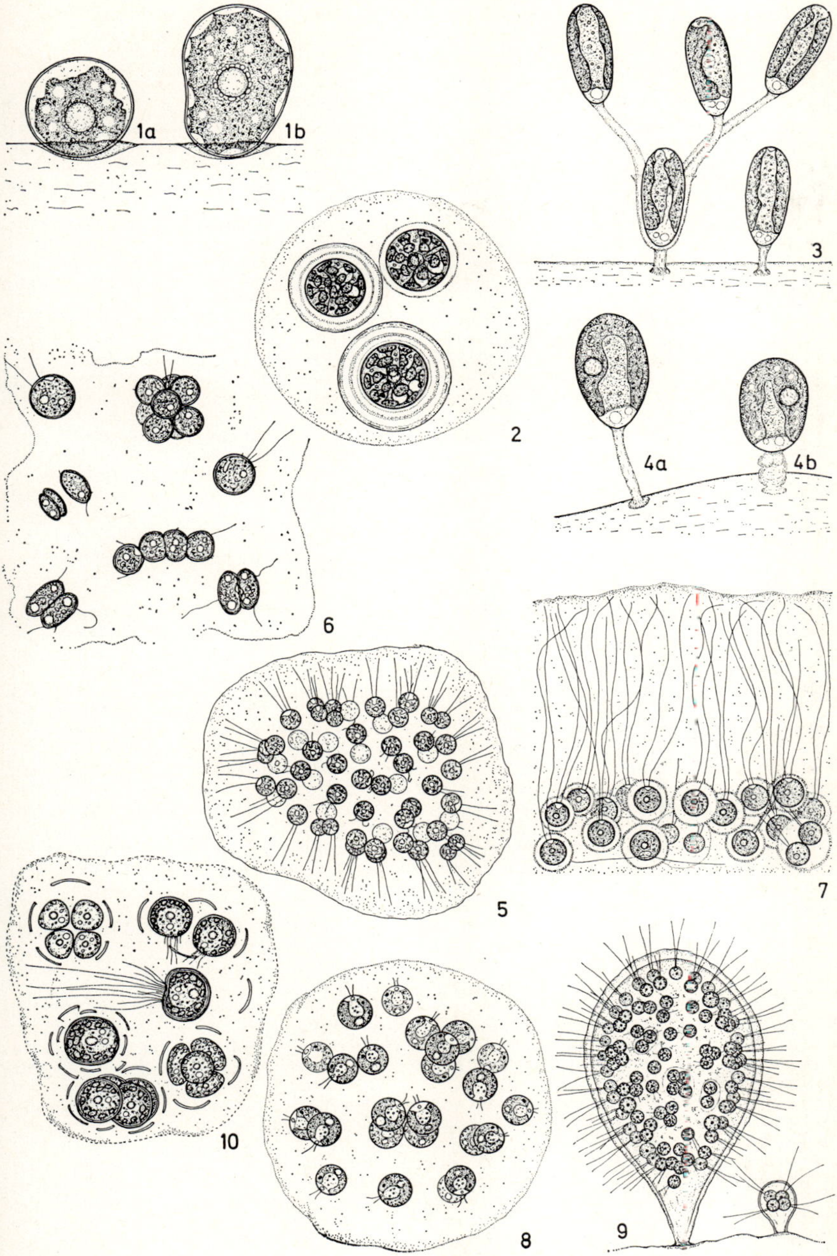
1a
1b
2
3
4a
4b
5
6
7
8
9
10

Grünalgen

1 Chlorococcum infusionum, Wasser-Grünalge. Zellen kugelig bis leicht oval, einzeln oder in unregelmäßigen Gruppen. Membran junger Zellen dünn, später dick und mehrfach geschichtet. Chloroplast fast hohlkugelig. **G** Durchmesser 10–15 µm, extrem kleine und extrem große Zellen (bis 100 µm) kommen vor. **L** Freischwimmend und an Wasserpflanzen, in allen Typen stehender Gewässer; auch auf feuchter Erde.

2 Chlorococcum multinucleatum *(Ch. humicola),* Erd-Grünalge. Zellen können mehrere Kerne enthalten. Chloroplast halbkugelig. Im Gegensatz zur vorigen Art werden keine Fetttröpfchen gebildet. Membran dünn. **G** 3–5 µm, bis 25 µm. **L** Eine der häufigsten Bodenalgen. Grüne, pulverige (nicht schleimige) Überzüge auf Erde, an Scheunen, Baumstämmen, Mauern. **B** Häufig als Flechtensymbiont.

3 Trebouxia (Cystococcus) humicola, Mauer-Grünalge. Zellen kugelig, einzeln oder in unregelmäßigen Haufen. Chloroplast zentral, massiv, mit gelappter, höckeriger Oberfläche, füllt die Zelle weitgehend aus. Zellkern in einem Ausschnitt des Chloroplasten. **G** Durchmesser zwischen 2 und 25 µm. **L** Baumstämme, Holzwerk, Mauern. Symbiont der Flechte *Xanthoria parietina.* **B** Meiste Arten der Gattung leben mit Pilzen zusammen als Flechten. *T. humicola* kommt überall verbreitet auch frei vor.

4 Planktosphaeria gelatinosa, Kleine Planktonkugel. Zellen einzeln oder in kleineren Gruppen von zerfließender Gallerthülle umgeben. Zahlreiche Chloroplasten, die je 1 Pyrenoid enthalten. **G** Um 20 µm. **L** Plankton von Seen und Teichen; auch Erdalge. **A_1** Chloroplasten ohne Pyrenoide: *Bracteococcus*-Arten; hauptsächlich Bodenalgen. **A_2** Ränder der pyrenoidlosen Chloroplasten nach innen eingebogen: *Dictyococcus varians;* bis 16 µm, Wassergräben, Kleingewässer.

5 a Characium nasutum, Nasen-Aufwuchsalge. Zellen mit deutlicher Spitze, sitzen ohne eigentlichen Stiel mit breiter Basis fest. Chloroplast hoch glockenförmig. **G** Um 100 µm lang. **L** An Fadenalgen, zerstreut.

5 b Characium ornithocephalum, Vogelkopf-Aufwuchsalge. Form der Zellen schief, obere Seite stark gekrümmt. Junge Zellen sichelförmig, ältere fast halbkugelig. Am Scheitel farbloses Schnäbelchen. Chloroplast hohlkugelig, mit einem Pyrenoid. **G** Ohne Stiel um 30 µm lang. **L** Stehende Gewässer auf Algen; zerstreut.

6 a Characium strictum, Knoten-Aufwuchsalge. Zellen schmal, Scheitel abgerundet, Stiel sehr kurz mit schwach kugeliger Basis. Chloroplast hohlkugelig. **G** 20–30 µm lang. **L** Teiche und Seen, an Wasserpflanzen.

6 b Characium acuminatum, Spitzchen-Aufwuchsalge. Zellen eiförmig, am Scheitel in eine kleine Spitze auslaufend. Chloroplast pyrenoidlos, in eine große Zahl rundlicher Scheibchen aufgegliedert, die der Zellmembran anliegen. Plasma mit großen Vakuolen. Stiel kurz, gerade oder leicht schräg. **G** Um 35 µm lang. **L** An Algen, Steinen, Wasserpflanzen. **A** Farblos: *Ch. chrysopyxidis.*

7 a Characium sieboldii, Scheitel-Aufwuchsalge. Zellen gerade, am Scheitel stumpf, sitzen mit kurzem, durchscheinendem Stielchen fest. Chloroplast hoch glockenförmig, zeigt Andeutungen einer Aufteilung. 1 Pyrenoid. **G** 40–70 µm lang, um 30 µm breit. **L** Stehende Gewässer an Algen, Moosen, Wasserpflanzen.

7 b Characium naegelii, Aufwuchsalge. Zellen verkehrt-eiförmig, Scheitel breit abgerundet, Stiel kurz. Chloroplast aufgegliedert mit 1 Pyrenoid. Im zentralen Plasma große Vakuolen. **G** 20–45 µm lang. **L** In Teichen an Fadenalgen. **A** Auffälliges, nach innen ragendes, stöpselartiges Zäpfchen am Scheitel: *Ch. obtusum;* Torfgewässer.

8 Hydrianum crassiapex, Krugalge. Ähnlich den vorigen Arten, aber mit umwalltem Scheitel. Bei der Zoosporenbildung reißt die Membran der Mutterzelle unterhalb des Scheitels auf; alle Zoosporen verlassen das Gehäuse bis auf eine, die in der alten Membran der Mutterzelle zu einer neuen Zelle heranwächst. **G** 15–20 µm lang. **L** Moortümpel, auf Fadenalgen (häufigste Art der Gattung).

9 Acrochasma uncum, Krummalge. Zellen gestreckt-keulenförmig. Chloroplast ohne Pyrenoide. Sitzen auf Algenfäden, meist quer zur Längsachse. **G** bis 80 µm lang. **L** Stehende Gewässer, auf Algen.

10 Ankyra (Characium) ancora, Anker-Grünalge. Ähnlich *Characium,* aber planktisch. Membran aus 2 gleichgroßen Teilstücken zusammengesetzt. Eine Borste am Hinterende einfach, die andere am Vorderende zu einem kleinen Anker umgebildet. Massiver Chloroplast, im Längsschnitt H-förmig; 1 Pyrenoid. 2 Vakuolen. 4 Zoosporen werden nach Sprengung der Muttermembran in die beiden Hälften frei. **L** Seen und Teiche; in Kleinstgewässern zuweilen Massenentfaltung. **A** 6 weitere, sehr ähnliche Arten.

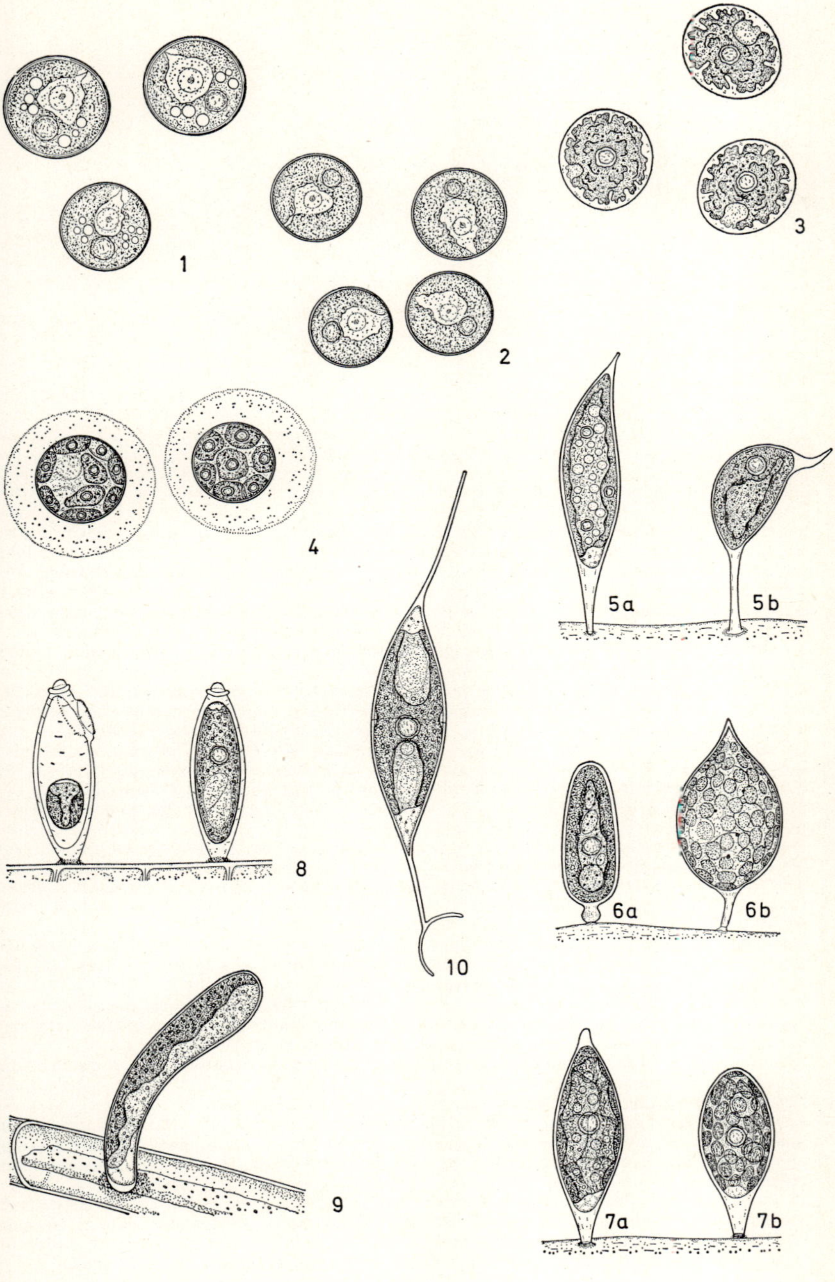
1
2
3
4
5a
5b
6a
6b
7a
7b
8
9
10

1 Schroederia spiralis, Peitschen-Grünalge. Zellen gekrümmt, beiderseits in geschwungene Borsten auslaufend. Vermehrung: Im Zellinneren entstehen 2, dann 8 Zoosporen. **G** 30 µm lang, ohne Borsten 10–20 µm. **L** Planktisch in den Oberflächenschichten von Seen und Teichen.
2 Schroederia setigera, Borsten-Grünalge. Zellen lang-spindelig mit geraden Borsten. Chloroplast muldenförmig. **G** 60 µm lang, ohne Borsten 10–20 µm. **L** Planktisch im Oberflächenwasser von Flüssen.
3 Actidesmium hookeri, Strahlen-Grünalge. Koloniebildend: Je 16 Zoosporen aus einer Mutterzelle setzen sich an der Spitze der leeren Membran der Mutterzelle fest. So entstehen Kolonien aus bis zu 256 lebenden und 17 entleerten Zellen. Chloroplasten plattenförmig. **G** Einzelzellen um 50 µm lang. **L** Planktisch in Moorgräben; in Osteuropa verbreitet, in Mitteleuropa zerstreut.
4 Euastropsis richteri, Zweizellenstern. Zellen trapezförmig, leicht ausgerandet, zu je zwei beisammenliegend. Chloroplast eine wandständige Platte mit 1 Pyrenoid. **G** Kolonien 10–40 µm lang, 6–25 µm breit. **L** Torfstiche; zerstreut. **B** 2–32 Zoosporen gelangen durch Riß in der Mutterzellmembran in eine weite Gallertblase, in der sie sich paarweise zusammenlegen.
5 Pediastrum sturmii, Siebendorniges Zackenrädchen. Alle *P.*-Arten bilden runde oder sternförmige, meist einschichtige, ebene Kolonien. Randzellen immer anders gestaltet als Mittelzellen. Chloroplast wandständig, oft gitterförmig durchbrochen. Jede Zelle 1 Pyrenoid. Vermehrung: Zweigeißelige Zoosporen treten in einer Blase aus der Mutterzelle aus und ordnen sich in ihr zu einer neuen Kolonie. *P. sturmii:* Mittelzelle vieleckig. 7 Randzellen mit konvexen Außenseiten und einem Fortsatz. **L** Im Plankton und Aufwuchs; zerstreut. **A** 4 kreuzartig gestellte Mittelzellen: *P. ovatum* (keine eigene Art).
6 Pediastrum simplex, Einfaches Zackenrädchen. Randzellen zu einem Dreieck ausgezogen, Kolonien 8- bis 32zellig, Zellen sehr unterschiedlich groß. **L** Im Plankton und im Aufwuchs verbreitet, vor allem in kleineren Gewässern.
7 Pediastrum clathratum, Gitterstern. Zwischen allen Mittelzellen breite Lücken. Randzellen dreieckig, nur an der Basis verwachsen. Membran meist glatt, aber auch punktiert oder fein bestachelt. **L** Stehende und langsam fließende Gewässer; verbreitet.
8 Pediastrum integrum, Kurzstacheliges Zackenrädchen. Kolonien 4- bis 32zellig, geschlossen. Randzellen mit 2 kurzen Stacheln (können fehlen). **G** Zellen 20–30 µm. **L** Nasse Stellen, überrieselte Felsen, stehende Gewässer.
9 Pediastrum boryanum, Warziges Zackenrädchen. Kolonien bis 128zellig, lückenlos. Randzellen laufen in spitze Läppchen oder knöpfchenartige Fortsätze aus. Membranen punktiert, gewarzt, aber auch glatt. Randzellen sehr variabel. **G** Zellen bis 40 µm. **L** Stehende Gewässer und Flüsse; sehr verbreitet. II.
10 Pediastrum angulosum, Eckiges Zackenrädchen. Kolonien aus 8 bis 128 Zellen in sehr variabler Anordnung; geschlossen. Randzellen breit, schwach ausgerandet, Lappen zuweilen mit kurzen Fortsätzen. Membranen mit netzförmigen Leisten und Felderungen. **G** Zellen bis 50 µm, Kolonien bis 400 µm. **L** Stehende und langsam fließende Gewässer; recht häufig.

1

2

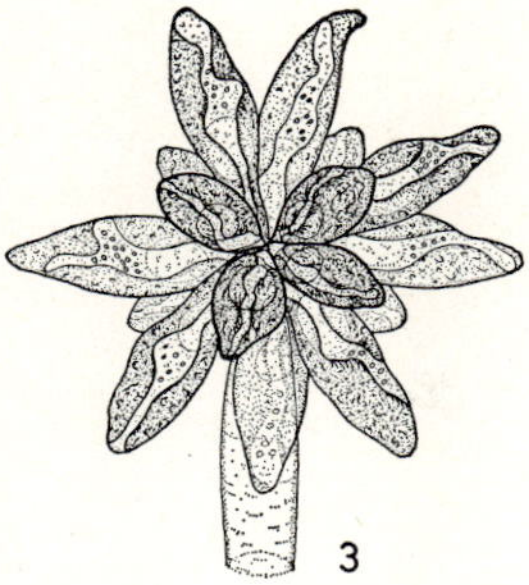

3

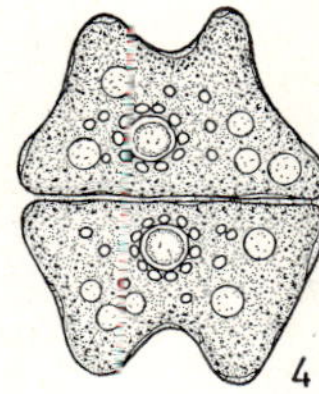

4

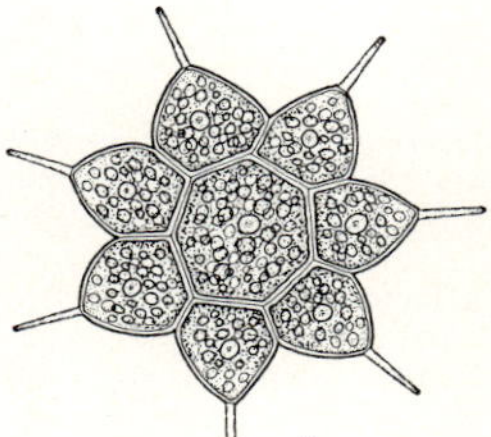

5

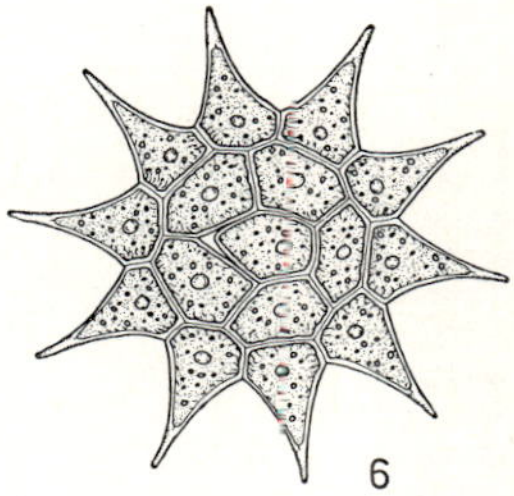

6

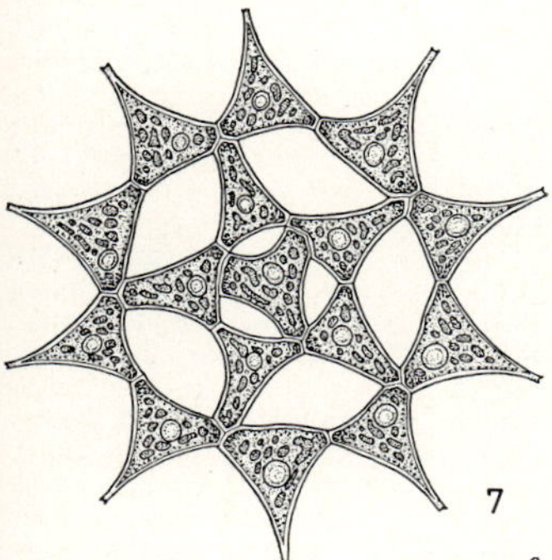

7

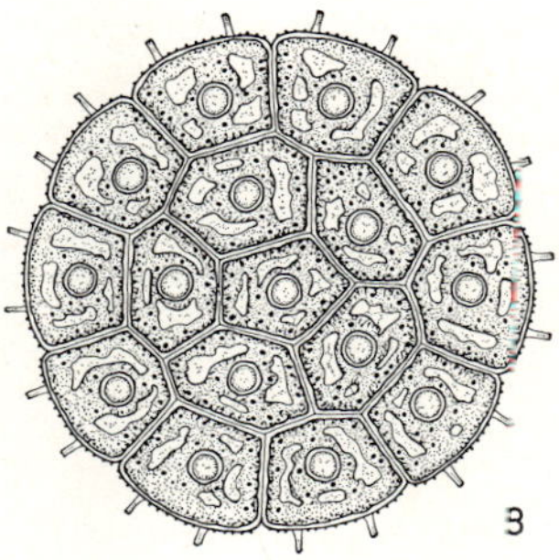

8

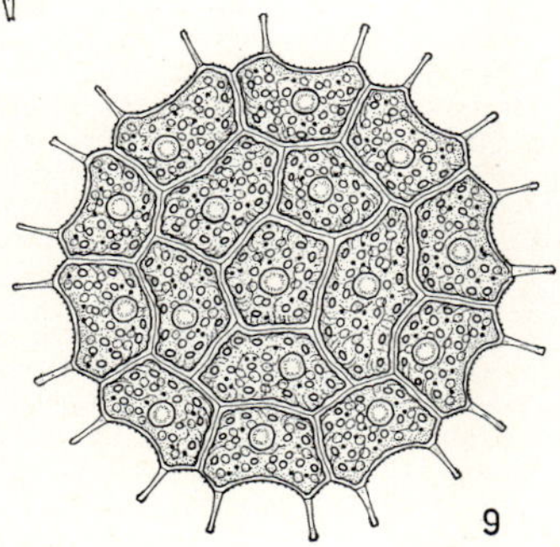

9

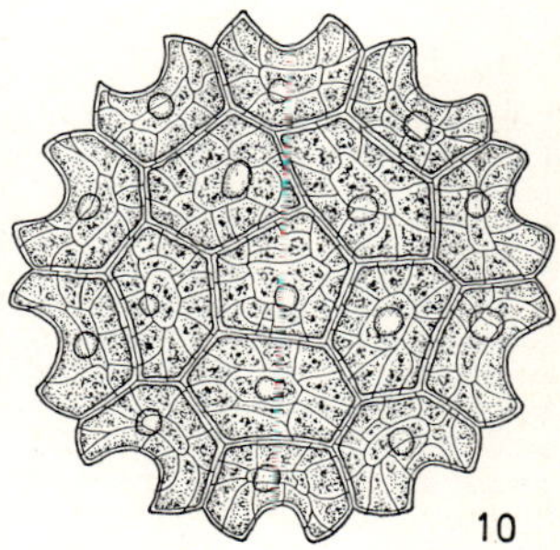

10

Grünalgen

1 Pediastrum kawraiskyi, Gekörneltes Zackenrädchen. Kolonien rund, geschlossen. Randzellen mit zwei starken, gerade abgestutzten Fortsätzen, die nicht nebeneinander, sondern übereinander stehen. Zellmembran dick, gekörnelt. **G** Zellen um 15 µm. **L** Plankton sauberer Flüsse und Seen; selten.

2 Pediastrum tetras, Eingeschnittenes Zackenrädchen. Mittelzellen vieleckig, mit engem Einschnitt. Randzellen seitlich verwachsen, mit schmalem, tiefem Einschnitt. Kolonien 8- und 16zellig, aber auch 4zellig. **G** Zellen zwischen 8 und 30 µm. **L** Tümpel, Teiche, Gräben, auch Hochmoore.

3 Pediastrum duplex, Durchbrochenes Zackenrädchen. Kolonien 8- bis 32zellig. Zwischen den Mittelzellen große Zwischenräume. Randzellen tief ausgeschnitten, nur an der Basis verwachsen, ihre beiden Lappen in sehr vielgestaltige Fortsätze verlängert. Membran glatt, punktiert oder mit netzförmigen Leisten. **G** Sehr variabel; Zellen 4–80 µm, Kolonien 30–300 µm. **L** Plankton aller Gewässertypen.

4 Pediastrum gracillimum, Langstacheliges Zackenrädchen. Kolonien 8- bis 16zellig. Alle Zellen so stark ausgerandet, daß sie fast H-förmig erscheinen. Randzellen sehr zart, bogenförmig, in dünne, lange Fortsätze auslaufend. Lücken zwischen den Mittelzellen sehr groß. **G** Durchmesser der Randzellen 12–20 µm, der Kolonien bis 90 µm. **L** Fluß- und Seenplankton.

5 Pediastrum biradiatum, Strahlenstern-Zackenrädchen. Kolonien 8- bis 32zellig; Zellen verschieden angeordnet. Mittelzellen tief eingeschnitten, lassen Lücken frei. Beide Lappen jeder Randzelle durch einen seichten Einschnitt unterteilt. 4zellige Formen kommen vor, mit einer kreisrunden Lücke im Zentrum. **G** Durchmesser der Randzellen 10–20 µm. **L** Kleinere Gewässer; zerstreut.

6 Pediastrum selenaea, Mondsichel-Zackenrädchen. Kolonien 8- bis 16zellig, kreisrund. Randzellen schmal und halbmondförmig. Mittelzellen weit größer, fünfeckig. **G** Kolonien 30–85 µm im Durchmesser. **L** Kleinere Gewässer; zerstreut.

7 Sorastrum bidentatum, Zweizähniger Haufenstern. Kolonien der *S.*-Arten sind kugelig. Zellen sitzen an Gallertstielchen, die mit einem zentralen Gallertkügelchen verbunden sind. Vermehrung wie bei *Pediastrum. S. bidentatum:* Zellen nierenförmig, zu 8 oder 16 in einer Kugel. Jede Zelle mit 2 kurzen, nach außen gekehrten Stachelspitzen. **G** Kolonien 28–32 µm. **L** Plankton stehender Gewässer; weit verbreitet, tritt jedoch immer vereinzelt auf.

8 Sorastrum spinulosum, Stacheliger Haufenstern. Kolonien 8- bis 32zellig. Einzelzellen breithalbmondförmig, mit je 2 kleinen, farblosen Stacheln an beiden Enden. Stacheln sehr verschieden ausgebildet. Zentrale Gallertkugel klein, Gallertstiele der Zellen verschieden lang. **G** Zellen 12–18 µm lang, Durchmesser der Kolonien 25–60 µm. **L** Stehende Gewässer; überall verbreitet, meist einzeln.

9 Hydrodictyon reticulatum, Wassernetz. Kolonien aus vielen tausend schlauchförmigen Zellen, die insgesamt einen netzförmigen Sack bilden. Meist sind jeweils 3 Zellen mit ihren Enden verbunden. Chloroplasten durchlöcherte Hohlzylinder. Jede Zelle mit zahlreichen Zellkernen und Pyrenoiden. Vermehrung: In einer Zelle entstehen bis zu 20 000 Zoosporen, die sich innerhalb der Mutterzelle sogleich zu einem Miniaturnetz anordnen. Durch Verschleimen und Aufreißen der Mutterzellmembran wird das junge Netzchen frei und wächst rasch heran. **G** Zellen bis 1 cm lang, freischwimmende Netze bis 20 cm. **L** Stehende, saubere bis höchstens mäßig verschmutzte Gewässer; zerstreut, kann stellenweise zur Massenentfaltung gelangen.

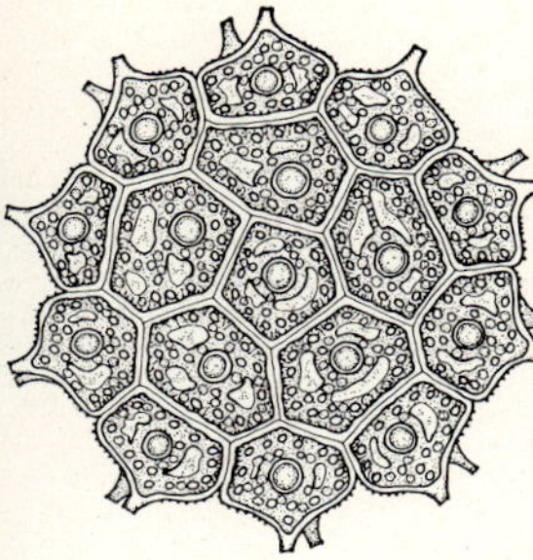
1

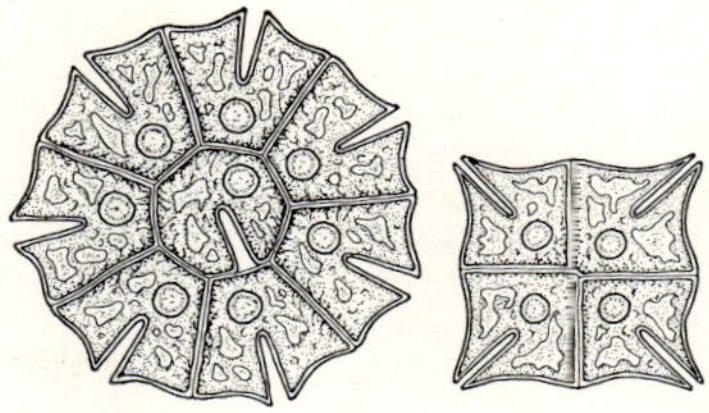
2

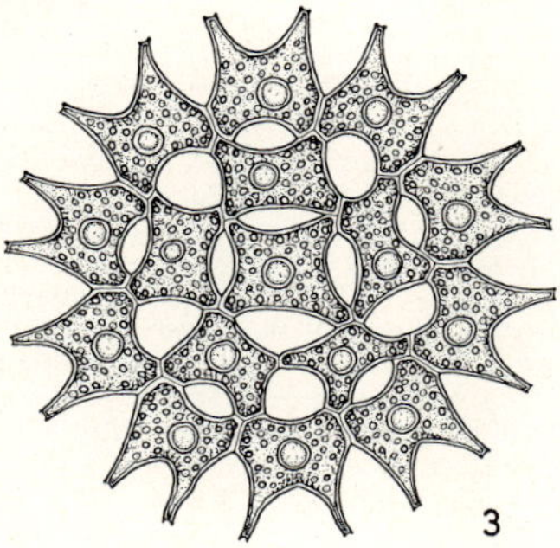
3

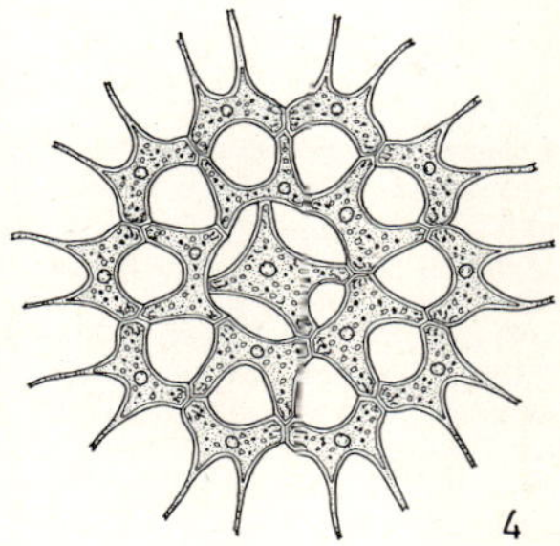
4

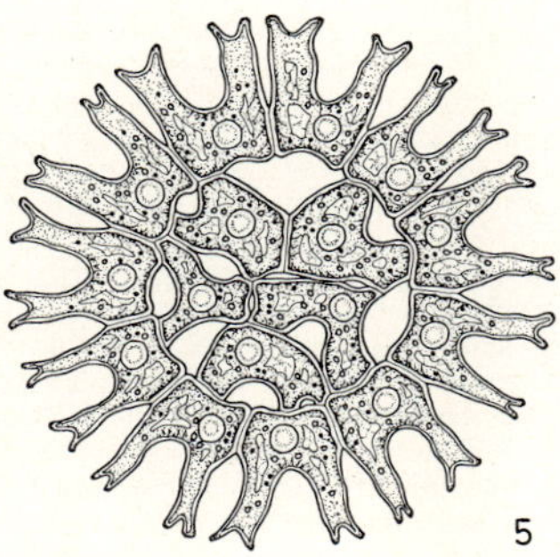
5

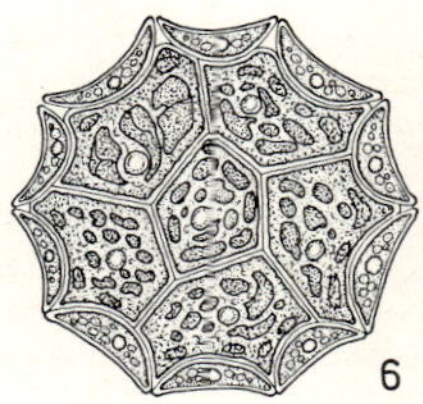
6

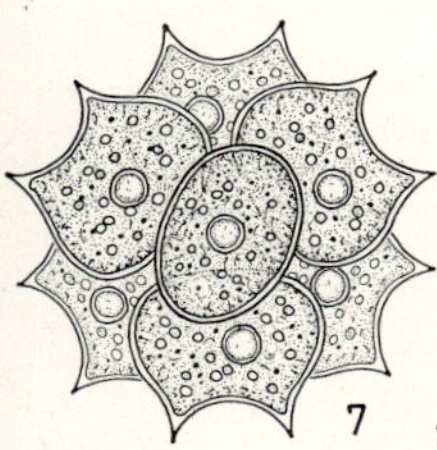
7

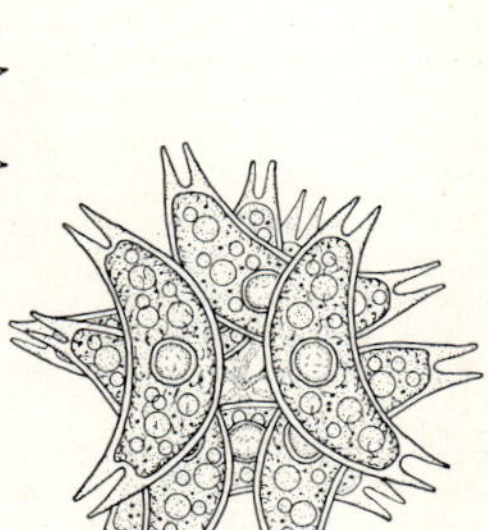
8

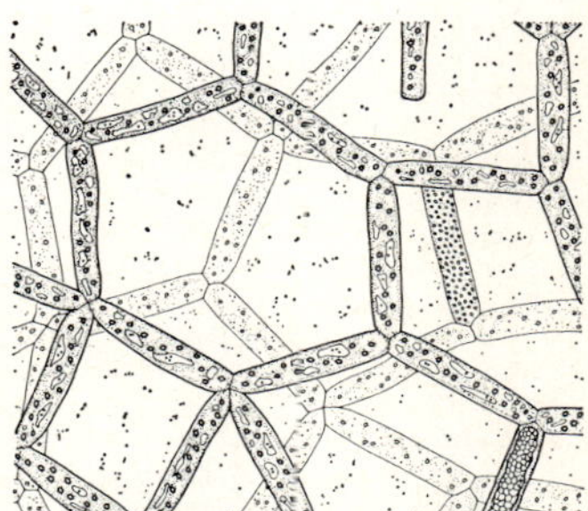
9

Grünalgen

1 Micractinium pusillum *(Richteriella botryoides)*, Winzige Strahlen-Grünalge. Zellen kugelig, jeweils 4 bilden eine kleine Kolonie. Bis 16 solcher Kolonien können sich zu einer 64zelligen Großkolonie zusammenlegen. Jede Zelle mit 2–4 hohlen, an der Basis angeschwollenen Stacheln. 1 topfförmiger Chloroplast. Vermehrung durch Autosporen. Sexuelle Fortpflanzung: Eibefruchtung. Zygoten kurzstachelig (Abb.). **G** Zellen 4–8 µm, Stacheln bis 60 µm lang. **L** Plankton kleiner Seen, Teiche, Altwässer. Bevorzugt sauberes Wasser. Verbreitet.

2 Golenkinia radiata, Speichen-Grünalge. Kugelige, von einer Gallertscheide umhüllte Zellen, einzeln oder in Viererkolonien. Mit zahlreichen durchscheinenden Borsten besetzt. Vermehrung durch geißellose Sporen, die Scheiden und Borsten erst ausbilden, wenn sie frei geworden sind. **G** Zelldurchmesser 10–15 µm, Borsten 25–50 µm lang. **L** Plankton stehender Gewässer; verbreitet. **A** Wenige kurze Borsten: *G. paucispina.* **B** Kann mit Sonnentierchen verwechselt werden; auf sattgrüne Farbe achten!

3 Acanthosphaera zachariasii, Borstenkugel-Grünalge. Zellen kugelig, stets einzeln, Membran sehr dünn, Gallerthülle schmal. Borsten im unteren Drittel verdickt und stark lichtbrechend, nach außen fadenartig dünn. **G** Zellen 10–15 µm, Stacheln 30–35 µm lang. **L** Planktisch in Teichen.

4 Polyedriopsis quadrispina, Quadrat-Grünalge. Zellen quadratisch; Ecken tragen je 4 feine Borsten. Vermehrung durch zweigeißelige Zoosporen, im Gegensatz zu äußerlich sehr ähnlichen Formen aus der Gattung *Tetraedron.* **G** Zellen bis 20 µm. **L** Plankton stehender, kleiner Gewässer.

5 Treubaria triappendiculata, Dreistrahl-Grünalge. Ecken der Zellen zu langen Fortsätzen ausgezogen. Arme durchsichtig, glatt, Enden scharf zugespitzt oder abgerundet, sind vom Mittelkörper der Zelle nicht deutlich abgesetzt. Zellmembran sehr fein punktiert. **G** Mittelkörper 7–10 µm im Durchmesser, Arme um 20 µm lang. **L** Plankton von Teichen; nicht häufig.

6 Desmatractum bipyramidatum, Blasenmembran-Grünalge. Zellmembran aus 2 Teilen, die im Äquator des Gebildes zusammenschließen. Membran mehrfach gekielt, blasenartig aufgetrieben. Protoplast völlig frei innerhalb der Außenhülle, von einer zweiten, sehr dünnen Innenhülle umschlossen. Stellung dieser merkwürdigen Grünalge im System ist unsicher. **G** Bis 35 µm lang. **L** Tümpel mit saurem Wasser. **A** Außenhülle in lange Fortsätze ausgezogen: *D. indutum.*

7 Gloeocystis vesiculosa, Gallerthüllen-Grünalge. Zellen kugelig, in weichem Gallertlager. Gallerthülle um die Zellen mit deutlicher Schichtung; Hüllen verschiedener Generationen vielfach ineinandergeschachtelt. Lager meist fest auf der Unterlage. Junge Zellen in regelmäßigen Tetraedern und Kugeln angeordnet. **G** Zellen 5–12 µm. **L** Feuchte Felsen, stehende Gewässer. **A** Zellen 2,5–4 µm, Hüllen undeutlich geschichtet: *G. botryoides.* Plankton sauberer Seen.

8 Gloeocystis rupestris, Braune Gallerthüllen-Grünalge. Mikroskopisch kleine, recht feste Gallertlager mit kugeligen Zellen. Gallerthüllen dick, grün bis braun. Hüllen um die Zellen geschichtet. **G** Zellen 3–5 µm. **L** Feuchte Felsen, nasse Erde.

9 Gloeocystis ampla, Große Gallerthüllen-Grünalge. Zellen länglich. Gallerthüllen farblos, ineinandergeschachtelt, bilden flache, hautartige Lager. Chloroplast glockenförmig. Membran an einem Pol knöpfchenartig verdickt. **G** Zellen 9–15 µm lang. **L** Uferzone von Tümpeln, unter oder dicht über der Wasseroberfläche.

10 Sphaerocystis schroeteri *(Gloeococcus schroeteri)*, Gallertkugel-Grünalge. Kolonien kugelig, freischwimmend; Gallerthülle farblos, scharf begrenzt. 2–32 kugelige Zellen einzeln oder in Vierergruppen peripher in der Gallerte. Chloroplast glockenförmig. Verwechslungsgefahr mit der tetrasporalen Alge *Gemellicystis neglecta.* **G** Zellen 6–12 µm; Gallerthülle 50–1500 µm. **L** Plankton sauberer Gewässer, besonders in oligosaproben Seen. I.

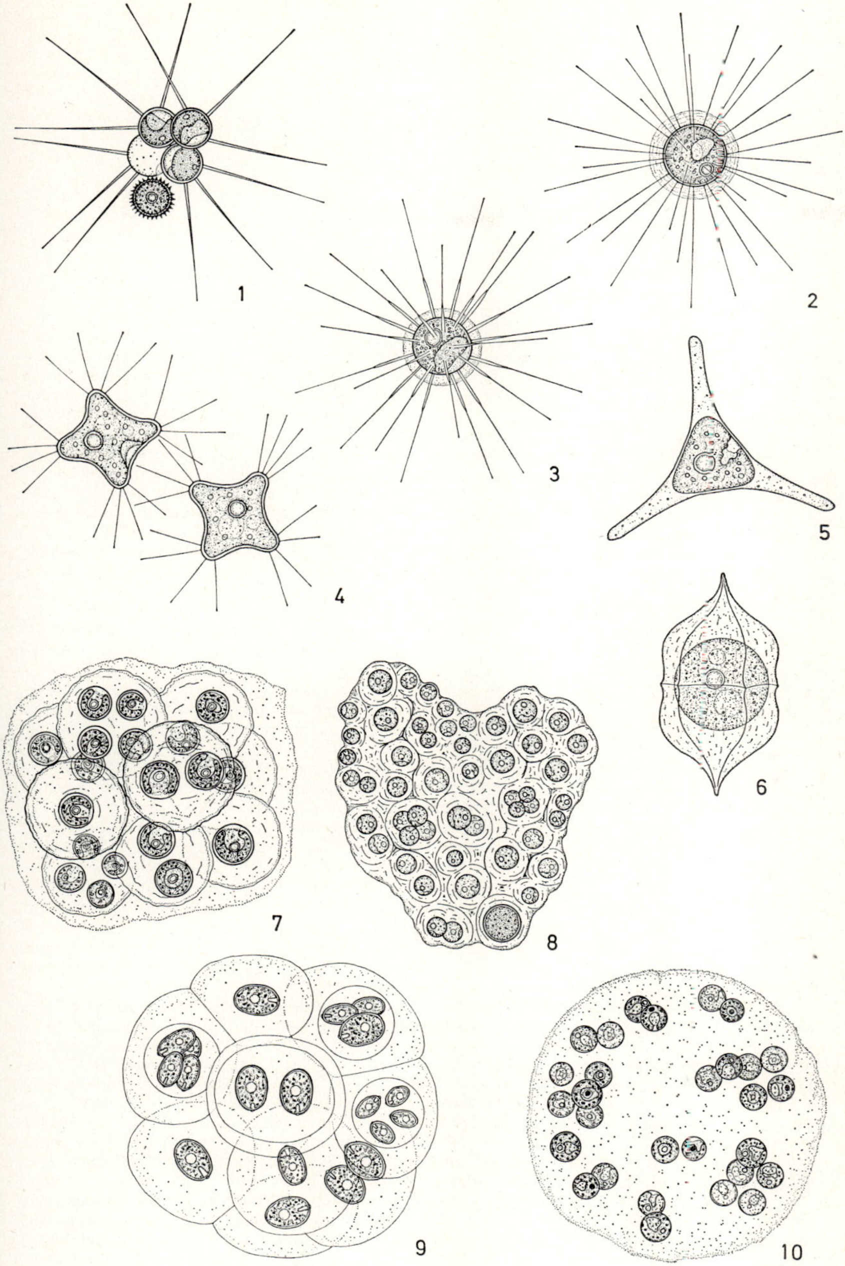
1
2
3
4
5
6
7
8
9
10

1 Palmella miniata, Rote Gallertalge. Zellen kugelig, in formlosen Gallertlagern. Lager weich, weit ausgebreitet, bilden orangefarbene, ziegel- oder karminrote Überzüge (Haematochrom-Farbstoffe in den Zellen). Junge Zellen noch deutlich grün. Chloroplast glockenförmig. Zellen einzeln oder zu 2 bis 8 einander genähert in dicken, geschichteten Gallerthüllen. **G** Zellen 3–5 µm. **L** Liebt sauberes Wasser; Bäche, nasser Boden, feuchte Felsen. **B** Viele Algen können in *Palmella*-artige Zustände übergehen und sind dann von der Art nicht zu unterscheiden.
2 Palmodictyon viride *(P. varium),* Gallertnetz-Grünalge. Schleimige, grüne, haardicke Lager aus schlauchartigen, oft netzförmig durchbrochenen Gallerten. Zellen einzeln oder in 2- bis 4zelligen Gruppen, von weiten, oft zerfließenden Gallerthüllen umgeben; mehrere gebogene Chloroplastenscheibchen, keine Pyrenoide. **G** Zellen 4–12 µm, Lager bis 2 mm lang. **L** Stehende Gewässer, zwischen anderen Algen.
3 Radiococcus nimbatus, Gallertstreifen-Grünalge. Kolonien aus 4 oder mehr, in Vierergruppen beisammenliegenden Zellen; mikroskopisch klein. Vierergruppen von weitem Gallertmantel mit strahligen Strukturen umhüllt. Chloroplast dünn, glockenförmig. **G** Zellen 8–15 µm. **L** Stehende Gewässer; zerstreut.
4 Coenocystis planctonica, Freischwimmende Gallert-Grünalge. Zellen einzeln in einer strukturlosen Gallerte verteilt; elliptisch oder sogar nierenförmig. Chloroplast hohlkugelig. **G** Zellen um 5 µm. **L** Teichplankton.
5 Thoracochloris planctonica, Schalenpanzer-Grünalge. Kleine, freischwimmende Kolonien, die Vierergruppen ellipsoidischer Zellen enthalten. Leere Membranen der Mutterzellen liegen in Bruchstücken in der strahlig strukturierten Gallerte. **G** Zellen um 5 µm lang, um 3,5 µm breit. **L** Plankton von Teichen.
6 Schizochlamydella (Schizochlamys) delicatula, Schlüpfrige Schalen-Grünalge. Früher zur Gattung *Schizochlamys* gestellt, doch besitzen die kugeligen Zellen weder Gallertgeißeln noch pulsierende Vakuolen. Längliche oder kugelige Kolonien, freischwimmend. Membranen derb, bleiben nach Bildung der Autosporen leer in der strukturlosen Gallerte liegen. **G** Zellen 5–7 µm; Gallertkugeln 40–300 µm. **L** Torfmoos-Tümpel der Hochmoore, selten in anderen stehenden Gewässern.
7 Botryococcus braunii, Trauben-Grünalge. Kleine Kolonien aus zäher, elastischer Gallerte. Jede Zelle steckt in einem Gallerttrichter aus tütenartig ineinandergeschachtelten Schichten. Trichter hängen im Zentrum der Kolonien zusammen. Zellen liegen peripher. **G** Zellen 6–10 µm, Kolonien 100–500 µm groß. **L** Plankton von Seen und Teichen; verbreitet. **B** Bildet außer Stärke ein rötlich-braunes Öl als Assimilationsprodukt. Ölhaltige Kolonien steigen auf und schweben als gelbglänzender, feiner Staub an der Wasseroberfläche.
8 Dictyosphaerium pulchellum, Kugelzellige Gallertstrang-Alge. Kugelige Kolonien mit kugeligen Zellen, die durch Gallertstränge zusammengehalten werden. Gallertstränge entstehen aus Membranen der Mutterzellen, die nach einer Teilung in vierlappige Kreuze zerreißen, an deren Enden die neuen Zellen bleiben. Alte Membranen verschleimen danach. Zellen von dicker, feingestreifter Gallerthülle umgeben, Membran sehr dünn. **G** Zellen 5–10 µm, Kolonien bis 60 µm im Durchmesser. **L** Plankton stehender, nur gering verschmutzter Gewässer. II.
9 Dictyosphaerium ehrenbergianum, Ovalzellige Gallertstrang-Alge. Scharf begrenzte Gallertmassen mit peripher angeordneten, ovalen Zellen. Zellen durch Gallertstränge verbunden. **G** Zellen 6–10 µm lang, Kolonien bis 80 µm Durchmesser. **L** Plankton stehender, mehr oder minder saurer Gewässer. Bildet Wasserblüten.
10 Dictyosphaerium reniforme, Nierenzellige Gallertstrang-Alge. Zellen nieren- oder sogar fast herzförmig, in freischwimmenden, kleinen Kolonien. Gallerthüllen um die Zellen radial gestreift, kaum gegeneinander abgegrenzt; gallertige Verbindungsfäden zwischen den Zellen deutlich. **G** Zellen 10–20 µm lang, 6–10 µm breit; Kolonien 40–80 µm groß. **L** Seen, Teiche.

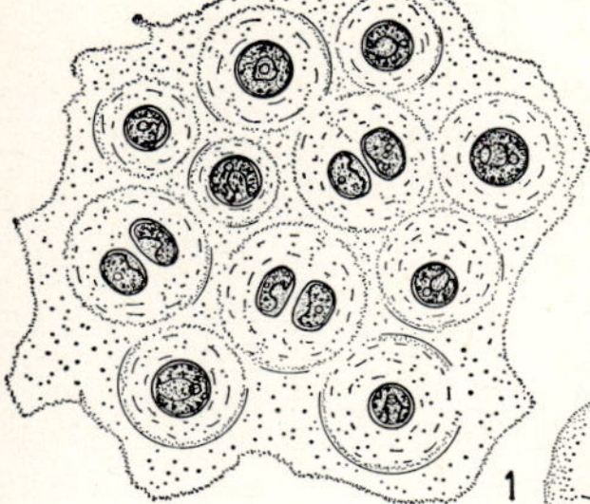

1

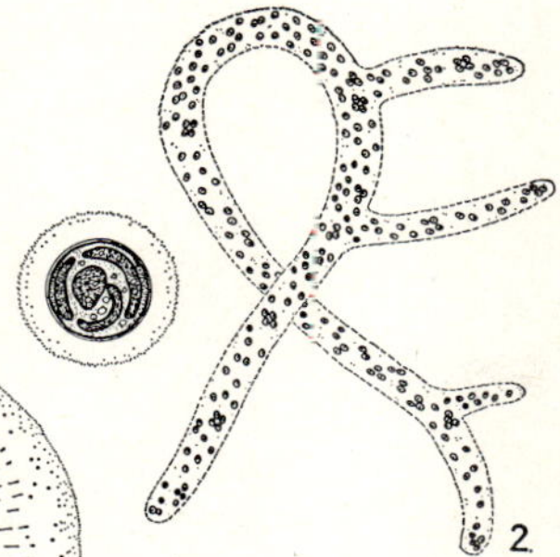

2

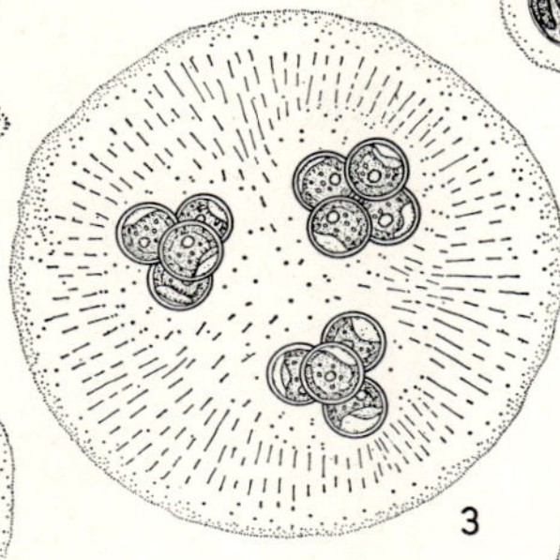

3

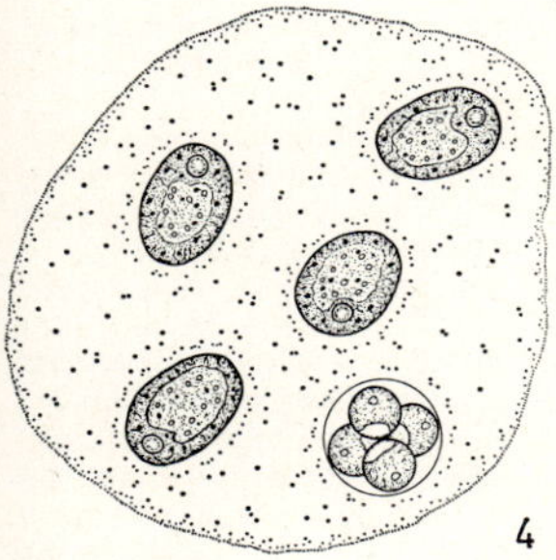

4

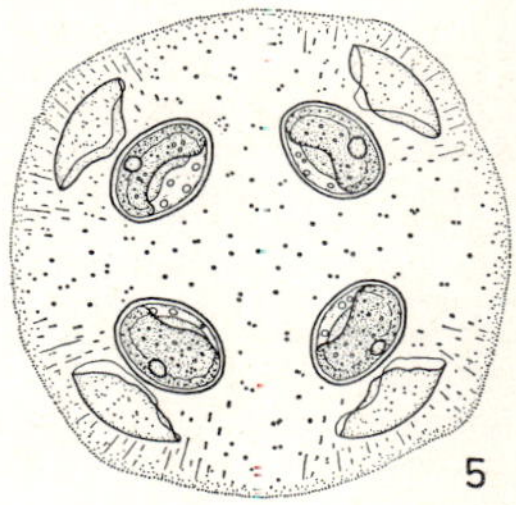

5

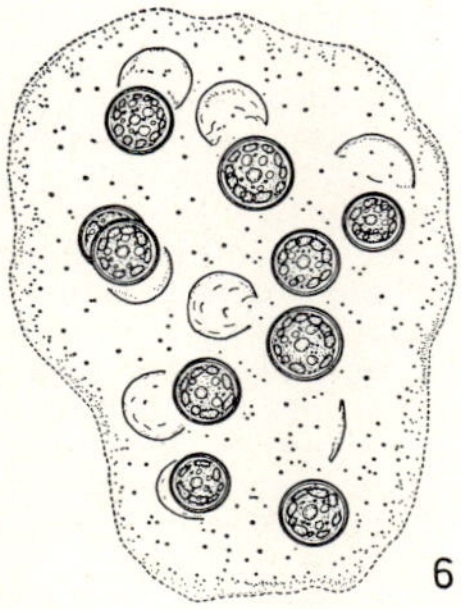

6

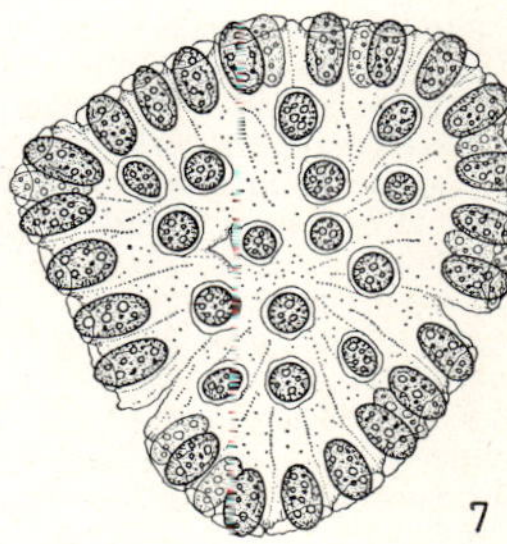

7

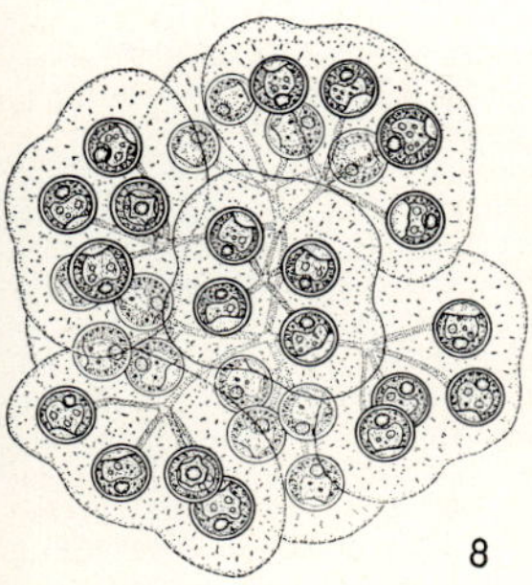

8

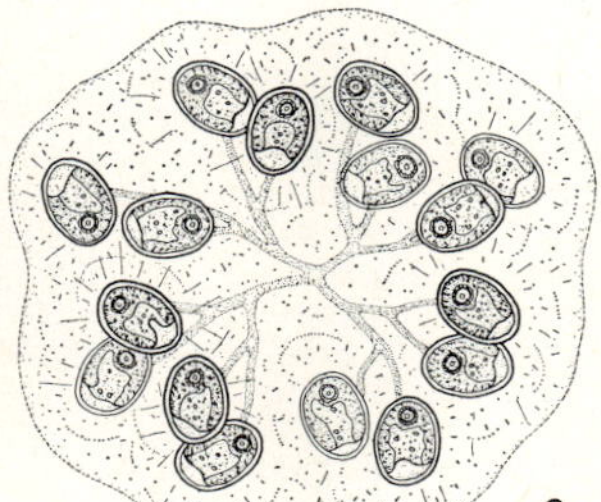

9

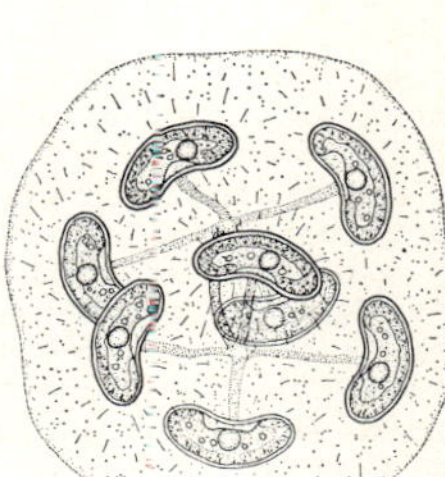

10

1 Westella (Tetracoccus) botryoides, Schüssel-Grünalge. Kleine, freischwebende, gallertige Kolonien mit bis zu 20 Vierergruppen von Zellen. Die in einer Mutterzelle entstehenden 4 Tochterzellen bleiben jeweils beisammen. Schüsselartige Mutterzellmembran verquillt später zu fadenförmigem Gallertstrang, der die Zellfamilien verbindet. Chloroplast glockenförmig. **G** Zellen 4–10 µm. **L** Hochmoore.

2 Dimorphococcus lunatus, Moor-Mondalge. Kolonien aus 4zelligen Zellfamilien, die durch Gallertstränge verbunden sind. Die beiden Außenzellen jeder Vierergruppe ungefähr nierenförmig, die beiden Mittelzellen oval. Chloroplast läßt beide Zellenden frei. **G** Zellen 10–20 µm lang. **L** Plankton von Moortümpeln und sauberen, sauerstoffreichen Gewässern; zerstreut.

3 Quadricoccus verrucosus, Vierlings-Warzenalge. Vier aus einer Mutterzelle hervorgegangene Autosporen heften sich an den Rändern der aufgerissenen Mutterzellmembran an und entwickeln sich hier. Membran meist bräunlich, mit aufgelagerten Fremdkörperchen. Chloroplast ein- oder zweilappig. **G** Zellen 6–8 µm lang. **L** Plankton von Kleingewässern; verbreitet.

4 Chlorella vulgaris, Grüne Kugelalge. Zellen rund, Membran sehr dünn, Chloroplast glockenförmig; große, exzentrische Vakuole. Zellen stets einzeln. Vermehrung durch Autosporen, die zu 4 bis 16 innerhalb der Mutterzelle entstehen. **G** 5–10 µm. **L** In allen Süßgewässern verbreitet. **A** Etwa 10 Arten, die sehr schwer zu unterscheiden sind. **B** Symbionten in *Mayorella viridis, Stentor, Paramecium bursaria, Chlorohydra,* Schwämmen und Strudelwürmern, sowie als Algenpartner in Flechten.

5 Siderocelis ornata, Schmucke Eisenaugenalge. Zellen ellipsoidisch, mit sehr vielen „Eisenaugen" – kleinen, braunen Warzen – bedeckt. Braune Farbe rührt von eingelagerten Eisensalzen her. 1 bis 6 Chloroplasten. **G** 7–13 µm lang. **L** Plankton von Kleingewässern; verbreitet.

6 Siderocelis elegans, Kleine Eisenaugenalge. Membran mit bräunlichen, eisenimprägnierten Wärzchen (5 am Äquator der Zelle, je 4 an den Polen). Warzen größer als bei *S. ornata.* 1 bis 4 Chloroplasten. Vermehrung durch Autosporen, die zu 4 bis 16 innerhalb der Mutterzelle entstehen. **G** 5–10 µm lang. **L** Plankton von Kleingewässern, oft zusammen mit voriger Art.

7 Lagerheimia genevensis, Zylindrische Schwebeborstenalge. Zellen zylindrisch mit abgerundeten Enden oder elliptisch. Zellenden mit je 2 Borsten auf knopfförmigen Höckerchen. An den Zellenden Vakuolen. Vermehrung durch 2, 4 oder 8 Autosporen, deren Borsten schon in der Mutterzelle ausgebildet werden. **G** Zellen 4–10 µm, Borsten 7–18 µm lang. **L** Plankton eutropher Teiche, Seen, Flüsse. **A** Zellen kugelig: *L. chodati.*

8 Lagerheimia wratislaviensis, Kreuz-Schwebeborstenalge. Zellen elliptisch mit 2 polaren und 2 äquatorialen, gebogenen, auf Basalwarzen sitzenden Borsten. **G** Zellen 10–12 µm, Borsten 25–30 µm lang. **L** Teichplankton; vereinzelt.

9 Lagerheimia minor, Kleine Schwebeborstenalge. Zellen ellipsoidisch, mit 6 Borsten: 2 polar, 4 kreuzweise äquatorial. Mittlere Borsten ausnahmsweise auch 3 oder 5. **G** Zellen 5–8 µm lang, Borsten kürzer. **L** Eutrophe Seen und Flüsse; vereinzelt.

10 Chodatella quadriseta, Vierborsten-Stachelbüchse. Zellen elliptisch bis kugelig. 4 Borsten, zu je 2 etwas unterhalb der Zellpole. Borsten aller *Ch.*-Arten glatt, ohne die für *Lagerheimia* typischen Basalwarzen. Vermehrung durch Autosporen, die ihre Borsten erst außerhalb der Mutterzelle entwickeln. Chloroplast oft aus 2 pyrenoidlosen Platten. **G** Zellen 6–12 µm, Borsten 11–23 µm lang. **L** Plankton von Seen, Teichen, Flüssen, auch in Kleingewässern.

11 Chodatella subsalsa, Brackwasser-Stachelbüchse. Zellen ellipsoidisch oder eiförmig, an beiden Polen je 3 (2 oder 4) Borsten. Chloroplast randständig. Zellen einzeln oder zu 2- bis 8zelligen Familien vereinigt. **G** Zellen 5–12 µm, Borsten 7,5–25 µm lang. **L** Plankton von Teichen, gelegentlich im Brackwasser.

12 Chodatella longiseta, Langborsten-Stachelbüchse. Zellen ellipsoidisch, im Äquator kreisrund, an beiden Polen mit 4 bis 10 sehr langen Borsten. **G** Zellen 9–13 µm lang, 5–8 µm breit, Borsten 40–55 µm lang. **L** Plankton von Teichen und Mooren; verbreitet, aber nie häufig.

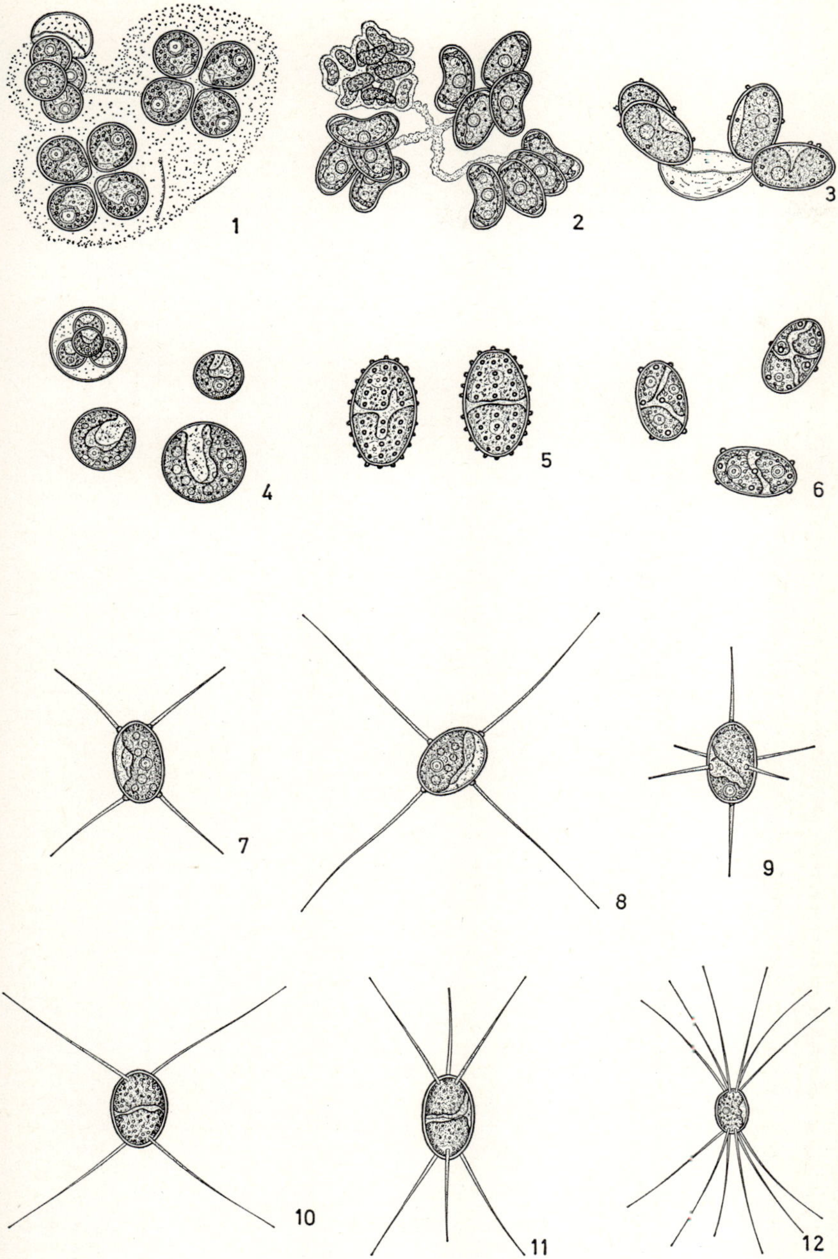
1
2
3
4
5
6
7
8
9
10
11
12

1 Chodatella ciliata, Wimpern-Stachelbüchse. Zellen ellipsoidisch. An beiden Zellenden je 3–7 (meist 6) durchscheinende, gerade oder gebogene Borsten. Zellen einzeln oder zu kleinen, bis 8zelligen Familien vereinigt. **G** Zellen 10–21 µm lang, 6–18 µm breit; Borsten zwischen 12 und 23 µm lang. **L** Planktisch; besonders in Teichen verbreitet, jedoch nie häufig.
2 Chodatella citriformis, Zitronen-Stachelbüchse. Zellpole ausgebuchtet („zitronenförmig"). An beiden Enden je 4–8 durchscheinende, ungefähr körperlange Borsten, die sich der Basis zu verdicken. **G** Zellen 13–26 µm lang, 8–20 µm breit. **L** Planktisch; verbreitet in Seen, Flüssen, Teichen.
3 Chodatella armata, Dornen-Stachelbüchse. Zellen ellipsoidisch, dicht mit zahlreichen kurzen Borsten gespickt. Stets einzeln. **G** Zellen um 10 µm lang, 7 µm breit; Borsten 5–6 µm lang. **L** Plankton eutropher Seen und Teiche; nicht häufig.
4 Franceia ovalis, Grüne Sonnenalge. Zellen ellipsoidisch, von sehr zahlreichen, langen, an der Basis schmal bleibenden Borsten umgeben, von dicker, durchscheinender Gallerthülle umscheidet. Einzeln oder in losen Familien. 2 oder 3 plattenförmige Chloroplasten. Vermehrung durch Längsteilung. **G** Zellen um 18 µm lang, 10 µm breit; Borsten um 25 µm lang. **L** Plankton stehender Gewässer; zerstreut. **A** Etwa 6 ähnliche Arten.
5 Oocystis lacustris, Teich-Sargalge. Bei vielen *Oocystis*-Arten bleiben die 2 bis 8 Tochterzellen lange innerhalb der blasenartig geschwollenen Mutterzellmembran eingeschlossen („Sargalgen"). *O. lacustris:* Zellfamilien in gemeinsamer Hülle mit polaren Verdickungen. Enden der Zellen zugespitzt, etwas verdickt. Chloroplast in Form einer oder zweier wandständiger Platten. **G** Zellen 10–15 µm lang. **L** Familien und Einzelzellen im Plankton von Alpenseen und Teichen; verbreitet.
6 Oocystis solitaria, Moor-Sargalge. Familienhülle und Zellmembranen an beiden Enden auffällig verdickt. Oft als Einzelzellen. Viele runde, scheibchenförmige Chloroplasten. **G** Zellen 15–25 µm lang, 6–18 µm breit. **L** Torfstiche, Moortümpel, Teiche; verbreitet.
7 Oocystis parva, Kleine Sargalge. Umhüllte Familien selten, meist Einzelzellen. Erweiterte Mutterzellmembran polar verdickt, Einzelzellen an den Polen leicht zugespitzt, aber nicht verdickt. 2 bis 3 wandständige Chloroplasten. **G** Zellen 6–12 µm lang. **L** Seen und Tümpel; häufig.
8 Oocystis marssonii, Zugespitzte Sargalge. Zellen einzeln oder zu 2–8 in Familien. Familienhüllen ohne polare Verdickungen, Zellen an den Polen zugespitzt und verdickt. 1 bis 2 wandständige Chloroplasten. **G** Zellen 8–13 µm lang, 5–8 µm breit. **L** Plankton von Teichen und Flüssen.
9 Oocystis crassa, Dicke Sargalge. Zellen in Familien oder einzeln. Gemeinsame Hülle ohne polare Verdickungen. Zellen ellipsoidisch, an den Polen auffällig und warzenartig verdickt. 4 bis 8 Chloroplasten. **G** Zellen 14–26 µm lang, 10–20 µm breit. **L** Seen und Teiche; verbreitet.
10 Oocystis pusilla, Winzige Sargalge. Zellen meist einzeln. Dünne Membran der Mutterzelle reißt leicht, ihre Reste bleiben einige Zeit zwischen den Einzelzellen erhalten. Membran der Einzelzellen gleichmäßig, unverdickt. 1 gelblichgrüner Chloroplast. **G** Zellen 9–12 µm lang, 3–6 µm breit. **L** Feuchte Felsen, Baumstämme; verbreitet, nach Norden zu seltener.
11 Oocystis rupestris, Felsen-Sargalge. Zellen meist einzeln (Membran der Mutterzelle reißt früh auf), ohne polare Verdickungen. 1 Chloroplast. **G** Zellen 13–27 µm lang, 6–12 µm breit. **L** Nasse Felsen; zerstreut. Häufig als grüne Wandüberzüge in Blumenvasen und Wasserflaschen. **A** *O. elliptica,* zerstreut in stehenden Gewässern, 25 µm. *O. borgei,* Flußplankton, 15 µm. *O. naegelii,* stehende Gewässer, 30–40 µm.
12 Nephrocytium lunatum, Nieren-Grünalge. Zellfamilien aus 4 bis 8 halbmondförmigen, an den Enden zugespitzten Einzelzellen. Mutterzellmembran vergrößert, nach innen verquellend. **G** Zellen 15–18 µm lang, 4–6 µm breit; Familien 35–60 µm. **L** Flüsse und Kleingewässer, planktisch. **A** Zellen lang-spindelförmig, 30–45 µm, zu 2 oder 4 in zarter Gallerthülle: *N. closterioides;* Moore und Teiche.
13 Nephrocytium agardhianum, Umhüllte Nieren-Grünalge. Junge Zellen nierenförmig, ältere oft kreisrund. 4 bis 8 Einzelzellen innerhalb verquollener, geschichteter, nach außen scharf abgegrenzter Mutterzellmembran. Meist mehrere Generationen in erweiterter Hülle. Chloroplast eine dicke, wandständige Platte. **G** Ältere Zellen 8–22 µm lang. **L** Plankton von Seen, Teichen, Tümpeln; in sehr flachen Gewässern in der obersten Schicht des Bodensatzes.
14 Nephrochlamys subsolitaria, Sichelzellen-Grünalge. Zellen mondsichelartig, einzeln oder in Familien aus 2 bis 4 Zellen innerhalb der gedehnten, aber nicht verschleimten Mutterzellmembran. 1 Chloroplast. **G** Zellen um 15 µm lang. **L** Plankton von Teichen, am Grunde flacher Tümpel.

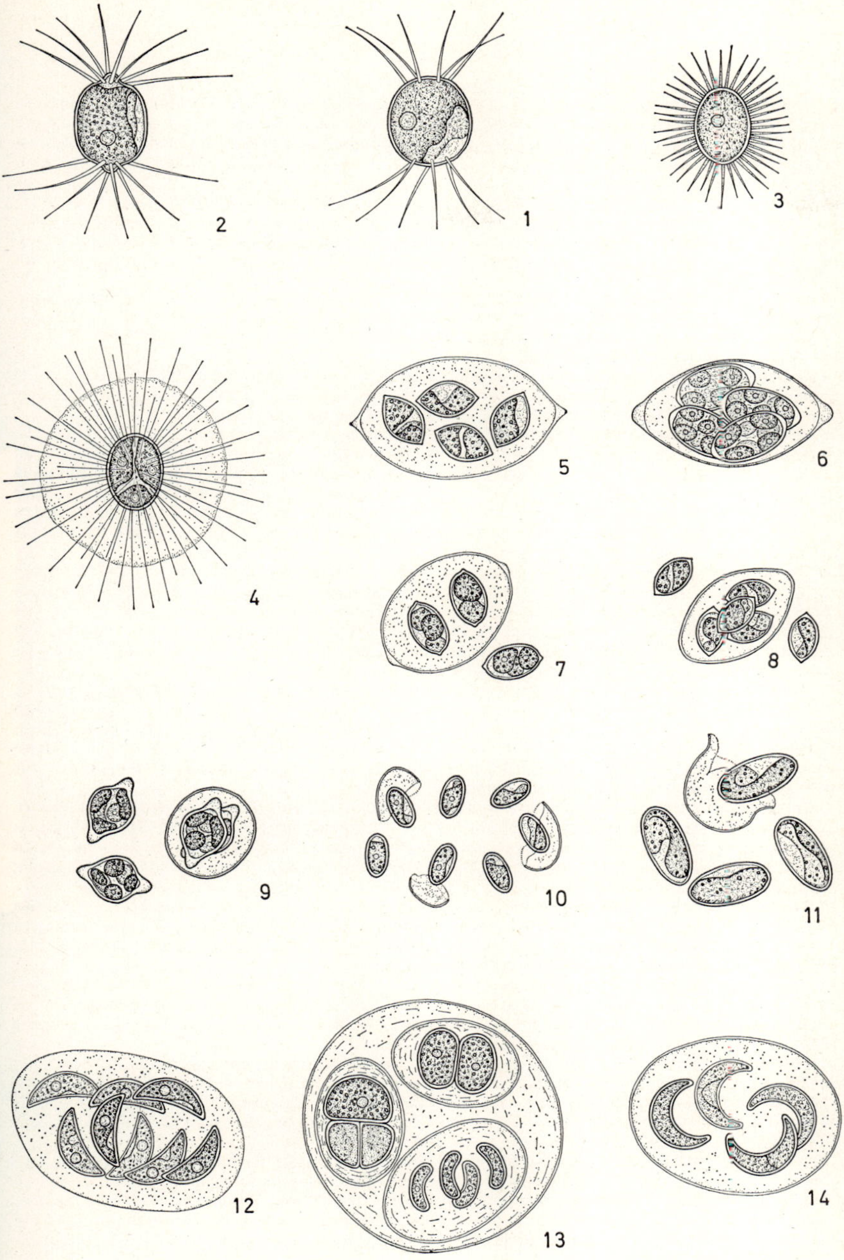
2
1
3
4
5
6
7
8
9
10
11
12
13
14

1 Kirchneriella lunaris, Hörnchenalge. Zellen halbmondförmig, in Kolonien innerhalb unscharf begrenzter Gallerthüllen. Hüllen enthalten verschleimte Membranen der Mutterzellen. Zellen liegen regellos oder zeigen alle mit den Spitzen in dieselbe Richtung. 1 Chloroplast; füllt fast die ganze Zelle aus. **G** 6–10 µm lang, 3–5 µm breit. **L** Kleine Tümpel, Pfützen, Wasserbecken; planktisch und im Bodensatz.

2 Kirchneriella obesa, Scheibenförmige Hörnchenalge. Zellen fast kreisförmig, tief eingeschnitten, abgestumpfte Enden einander genähert. 4–8 Zellen bilden eine kleine Kolonie; meist mehrere Kolonien zu größeren Einheiten zusammengefaßt. Gallerthülle weit, kugelförmig. 1 großer Chloroplast. **G** 6–9 µm lang, 2–4 µm breit. **L** Kleingewässer, planktisch und am Grund; verbreitet.

3 Kirchneriella contorta, Verdrehte Hörnchenalge. Kleine Kolonien aus jeweils 8 Zellen. Zellen zylindrisch, ihre Enden abgerundet und stumpf, jeweils 1 Ende oft umgebogen, fast rechtwinkelig geknickt. Zellen oft spiralig gedreht. **G** 8–10 µm lang, 0,7 bis 2 µm breit. **L** Torfgewässer und Torfsümpfe, verbreitet.

4 Kirchneriella gracillima, Zierliche Hörnchenalge. Zellen fadenartig, mit stumpfen Enden, meist spiralig verdreht. Kleine Kolonien aus meist 8 Zellen. Chloroplast mit Stärkekörnchen, aber ohne Pyrenoide. **G** 8–10 µm lang, 0,7–1,3 µm breit. **L** Stehende Kleingewässer; nicht häufig.

5 Glaucocystis nostochinearum, Blau-Grünalge. Zellen deutlich verfärbt, ähneln *Oocystis*. Keine Blaualge, da Zellkern vorhanden und Vermehrung durch 4 Autosporen erfolgt. Im Zytoplasma symbiontische Blaualgen, die die Aufgabe der fehlenden grünen Chloroplasten übernehmen. Symbiontische Blaualgen in jungen Zellen klein und scheibchenförmig, später als Bänder sternförmig um eine Zentralvakuole gruppiert. Einzeln oder in 2– bis 8zelligen Familien. **G** 20–30 µm lang, 10–18 µm breit. **L** Sümpfe und Moore. **B** In lange stehenden Moorwasser-Proben oft Massenentwicklung.

6 Tetraedron muticum, Dreiecks-Grünalge. Alle *T.*-Arten speichern Stärke und besitzen 1 Pyrenoid. Die meisten der früher zu *Tetraedron* gestellten Arten gehören zu den Gelbgrünalgen (S. 144). So ist die Parallelform zu *T. muticum Goniochloris mutica*. Zellen von *T. muticum* flachgedrückt, Membran glatt, Ecken stachellos. Seitenränder nur wenig nach innen gebogen. 1 Chloroplast, groß, wandständig. **G** 12–30 µm. **L** Am Grunde von Kleingewässern, seltener planktisch in Sümpfen und Teichen.

7 Tetraedron trigonum, Dreistachelige Eckenalge. Zellen 3- oder 4eckig; Ecken abgerundet alle in derselben Ebene. Seitenflächen zur Mitte hin schwach eingebuchtet. An den Ecken kurze, gerade oder etwas gebogene Stacheln. 1 dunkelgrüner Chloroplast mit vielen Stärkekörnchen. **G** 10–40 µm. **L** Stehende Gewässer, verbreitet. **A** Ohne Stacheln, mit dicker Membran: *T. trilobatum*. Von *T. trigonum* sind viele Varietäten beschrieben, die jedoch zu Gelbgrünalgen-Gattung *Goniochloris* gehören.

8 Tetraedron minimum, Kleine Eckenalge. Zellen viereckig, von der Seite gesehen elliptisch Ecken abgerundet, mit je einem winzigen Stachel. Zellmembran glatt, an den Seiten verschieden tief eingebuchtet. Vermehrung durch 4 bis 16 Tochterzellen, die von einer sehr zarten Blase umhüllt werden. **G** 6–12 µm lang, 3–6 µm dick. **L** Uferregion von Teichen und Tümpeln verbreitet.

9 Tetraedron incus, Amboß-Eckenalge. Zellen in Tetraederform oder flach. Ecken mit etwa 8 µm langen Fortsätzen. **G** 16–18 µm lang, 14–16 µm breit. **L** Tümpel und Teiche; häufigste *T.*-Art. **A** Größer (14–35 µm), mit dicker, zweischichtiger Membran, sehr kurzen Eckenstacheln: *T. regulare* (die rechte der drei abgebildeten Zellen).

10 Tetraedron arthrodesmiforme, Langstachel-Eckenalge. Beide Pole der Zellen gerade, Seitenteile tief eingebuchtet. Eckenstacheln stehen horizontal ab. **G** Zelldurchmesser ohne Stacheln 15–25 µm, mit Fortsätzen um 50 µm. **L** Plankton und Uferzone von Flüssen; sehr häufig.

11 Tetraedron schmidlei, Vierarmige-Eckenalge. Zellen flachgedrückt oder kugelig, mit 3 bis 5 Ecken, die in allmählich schmäler werdende, farblose Fortsätze auslaufen. Arme können, müssen aber nicht in einer Ebene liegen. Chloroplast wandständig. **G** Zelldurchmesser nur 8 µm, Fortsätze 20–30 µm lang. **L** Seen und Teiche; verbreitet. **A** Verwechslungsgefahr mit *Tetrakentron tribulus* (S. 144).

12 Tetraedron caudatum, Pfennig-Eckenalge. Zellen dunkelgrün, flach, abgerundet, 5eckig. An jeder Ecke ein kurzer, bis zu 3 µm langer Stachel. Chloroplast älterer Zellen dicht mit Stärke beladen, Zellen daher undurchsichtig. **G** Durchmesser 13–25 µm. **L** Saubere Seen und Teiche, zwischen Fadenalgen der Uferzone; verbreitet. **A** Eine der 5 Seiten tief eingeschnitten, 12 bis 15 µm: *T. caudatum* var. *incisum*. Ähnlich *T. caudatum*, aber stachellos ist die Gelbgrünalge *Chlorogibba ostreata*.

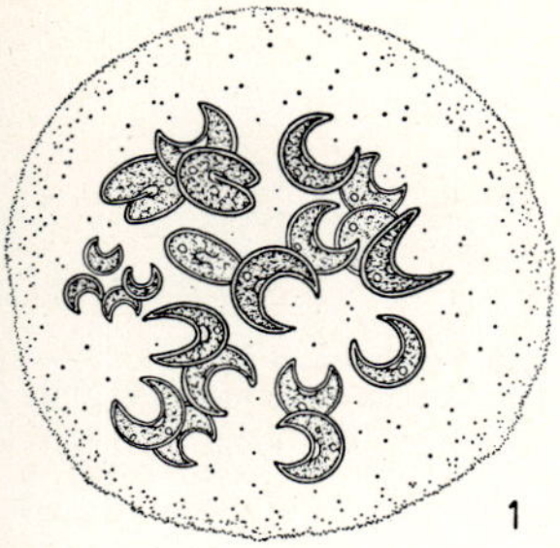
1

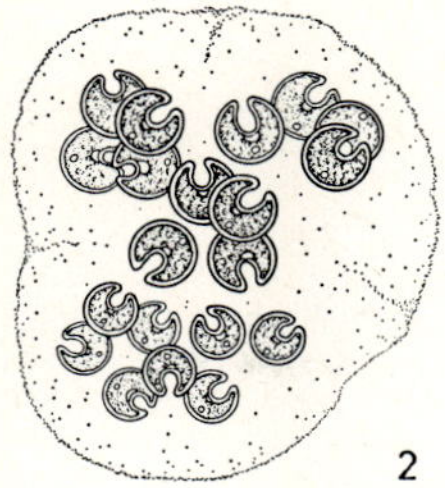
2

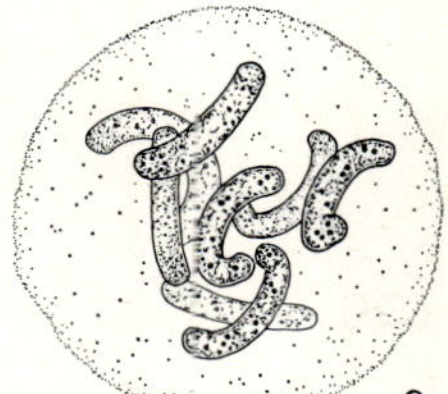
3

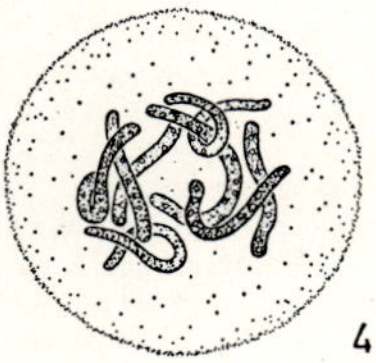
4

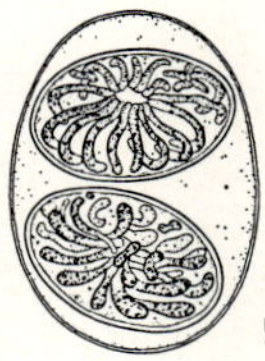
5

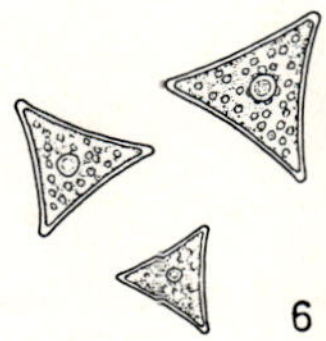
6

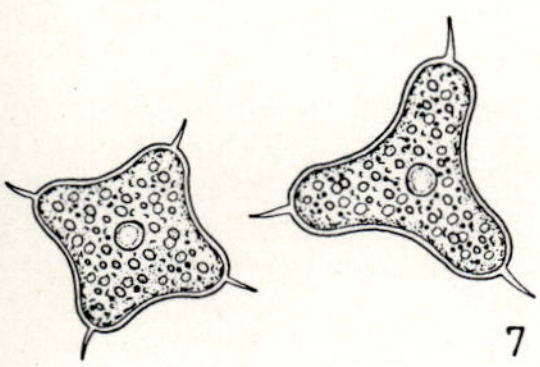
7

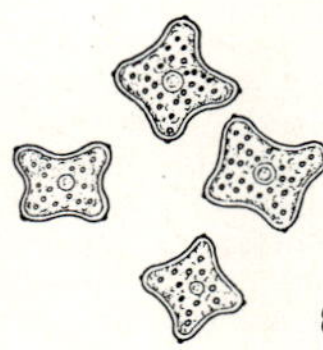
8

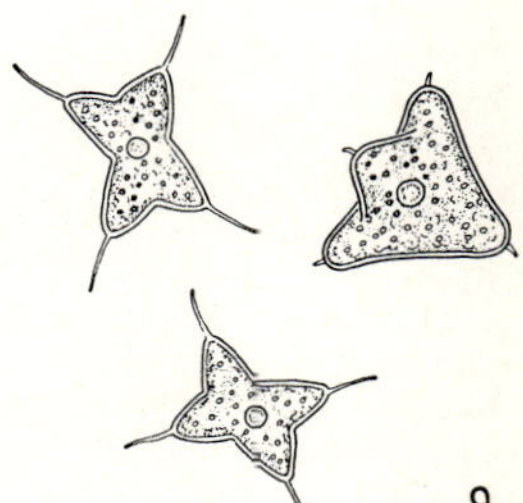
9

10

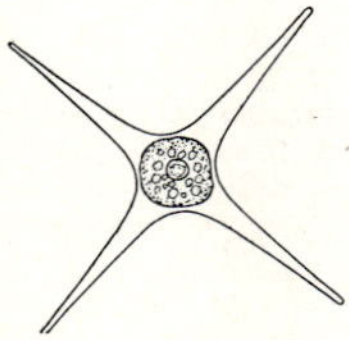
11

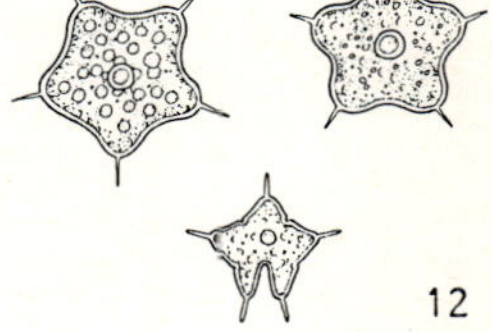
12

1 Eremosphaera viridis, Grüne Moorkugel. Zellen groß, kugelrund, schwimmen einzeln. Membran dünn, zweischichtig. Zellen können sich häuten: Äußere Membranschicht platzt, die Zelle schlüpft aus und läßt ihr „Hemd" zurück. Zellkern zentral, im Plasma große Vakuolen. Zahlreiche Chloroplasten im Wandplasma mit je 1 bis 4 Pyrenoiden. Vermehrung durch 2 oder 4 Autosporen. **G** 30–50 µm (kleine Form), 70–150 µm (große Form). **L** Plankton von Moorgewässern; häufig und verbreitet.

2 Excentrosphaera viridis, Grüne Moorbirne. Zellen lebhaft grün, meist birnförmig, seltener rund. Zellkern zentral, umgeben von großen Vakuolen. Zahlreiche würfelförmige Chloroplasten, einschichtig dicht gepackt an der Zellmembran, jeder mit zahlreichen Pyrenoiden. Vermehrung durch sehr viele Autosporen. **G** 25–55 µm. **L** Moorgewässer. **A** Zellen unregelmäßig, Wand dick mit halbkugeligen Vorsprüngen und kurzem, hornartigem Auswuchs: *Kentrosphaera facciolae.* Bis 80 µm groß. In Wasserbecken und Dachrinnen. Im Frühjahr zuweilen massenhaft.

3 Selenastrum bibraianum, Sichelhaufenalge. *S.*-Kolonien werden, im Gegensatz zu *Kirchneriella*-Arten, nie durch Gallerte zusammengehalten. Zellen halbmondförmig, Membran dünn, in scharf zugespitzte Enden auslaufend. 1 wandständiger Chloroplast ohne Pyrenoide. 4 (8–16) Zellen mit ihren Rückenpartien aneinandergeklebt. **G** Zellen 15–25 µm lang. **L** Seen und Teiche; verbreitet. II. **A** Zellen um 8 µm lang: *S. minutum;* selten.

4 Selenastrum gracile, Zierliche Sichelhaufenalge. Sicheln schmal, die Enden oft einander zugeneigt. Kolonien aus 4 oder 8 Zellen. 1 wandständiger Chloroplast, ohne Pyrenoide. Vermehrung durch Autosporen. **G** 20–30 µm lang, um 5 µm breit. **L** β-mesosaprobe Teiche und Seen; seltener als vorige Art. **A** Kolonien kugelig, Zellenden in 2 durchscheinende Spitzen geteilt, bis 35 µm lang: *S. bifidum.*

5 Ankistrodesmus falcatus, Sichelförmige Pfeilalge. Schmale, langgestreckte Zellen mit massivem Band-Chloroplasten. Bündel von 2 bis 32 spindelförmigen Zellen, deren Enden oft in fadenartige Fortsätze auslaufen. Zellen leicht gebogen, teilweise etwas verdreht. Membran sehr dünn. **G** Bis 100 µm lang, bis 7 µm breit. **L** Wasserbecken, Teiche, Seen; Bewuchs der Uferzonen. Flußplankton.

6 Ankistrodesmus acicularis, Pfeil-Grünalge. Zellen meist einzeln, geradegestreckt, selten schwach gekrümmt. Enden langgezogen fadenförmig, sehr spitz. Wandständiger Chloroplast pyrenoidlos. Membran sehr dünn. **G** Bis 150 µm lang. **L** Plankton und Uferbewuchs β-mesosaprober Gewässer. II. **A** 225–530 µm lang, zahlreiche Pyrenoide in einer Längsreihe: *A. longissimus;* planktisch, nicht häufig.

7 Ankistrodesmus stipitatus, Bündel-Pfeilalge. Zellbündel, die in einer an Wasserpflanzen sitzenden Tüte stecken. „Tüte" ist der nach Autosporenbildung übrigbleibende Rest der Mutterzellmembran. **G** Um 100 µm lang, um 5 µm breit. **L** Seen und Teiche, an untergetauchten Pflanzenteilen und Fadenalgen. **B** Meist als Varietät von *A. falcatus* angesehen.

8 Ankistrodesmus pfitzerii, Gallert-Pfeilalge. Zellen mehr oder weniger weit voneinander entfernt in Vierergruppen. Zellenden abgerundet. Wandständiger, pyrenoidloser Bandchloroplast liegt schief in der Zelle. 4–16 Zellen scheiden gemeinsame Gallerthülle aus. **G** 10–30 µm lang, 1,5–3 µm breit. **L** Mesosaprobe Gewässer; nicht häufig. **A** Bis 16 schwach gebogene, um 25 µm lange Zellen regellos in einer Gallerte: *A. lacustris;* Plankton der Alpen- und Voralpenseen.

9 Ankistrodesmus angustus, Schlangen-Pfeilalge. Zellen stark gebogen, mit fadenartig auslaufenden, zugespitzten Enden. **G** Um 30 µm lang. **L** Tümpel, Wasserbecken, mesosaprobe Kleingewässer; häufig und verbreitet. **B** Verwechslungsmöglichkeit mit der ungefähr gleichgroßen Characiaceen-Art *Schroederia spiralis,* die jedoch immer 1 Pyrenoid besitzt und sich durch Zoosporen vermehrt. *A. angustus* bildet Autosporen und besitzt nie Pyrenoide.

10 Ankistrodesmus spirilliformis, Spirillen-Pfeilalge. Zellen einzeln, spiralig gewunden, mit scharf zugespitzten Enden. Chloroplasten dunkelgrün, meist mit Stärkekörnchen besetzt. **G** 20–30 µm lang, 1–2 µm breit. **L** Kleingewässer und Flüsse. **B** Äußerlich ähnlich *Hyaloraphidium contortum. H.*-Arten sind farblose Verwandte von *Ankistrodesmus,* denen Chloroplasten und Stärke fehlen. Sie gedeihen nur in faulendem Wasser.

11 Ankistrodesmus spiralis, Spiralenbündel-Pfeilalge. Zellen lang, spitz endend, spiralig gedreht. Stets zu 2- bis 8zelligen Bündeln vereinigt. Chloroplast ohne Pyrenoide, mit Stärkeeinschlüssen. Membran kaum sichtbar dünn. **G** 32–45 µm lang, um 2 µm breit. **L** Uferzonen sauberer Kleingewässer, Flußplankton; zerstreut.

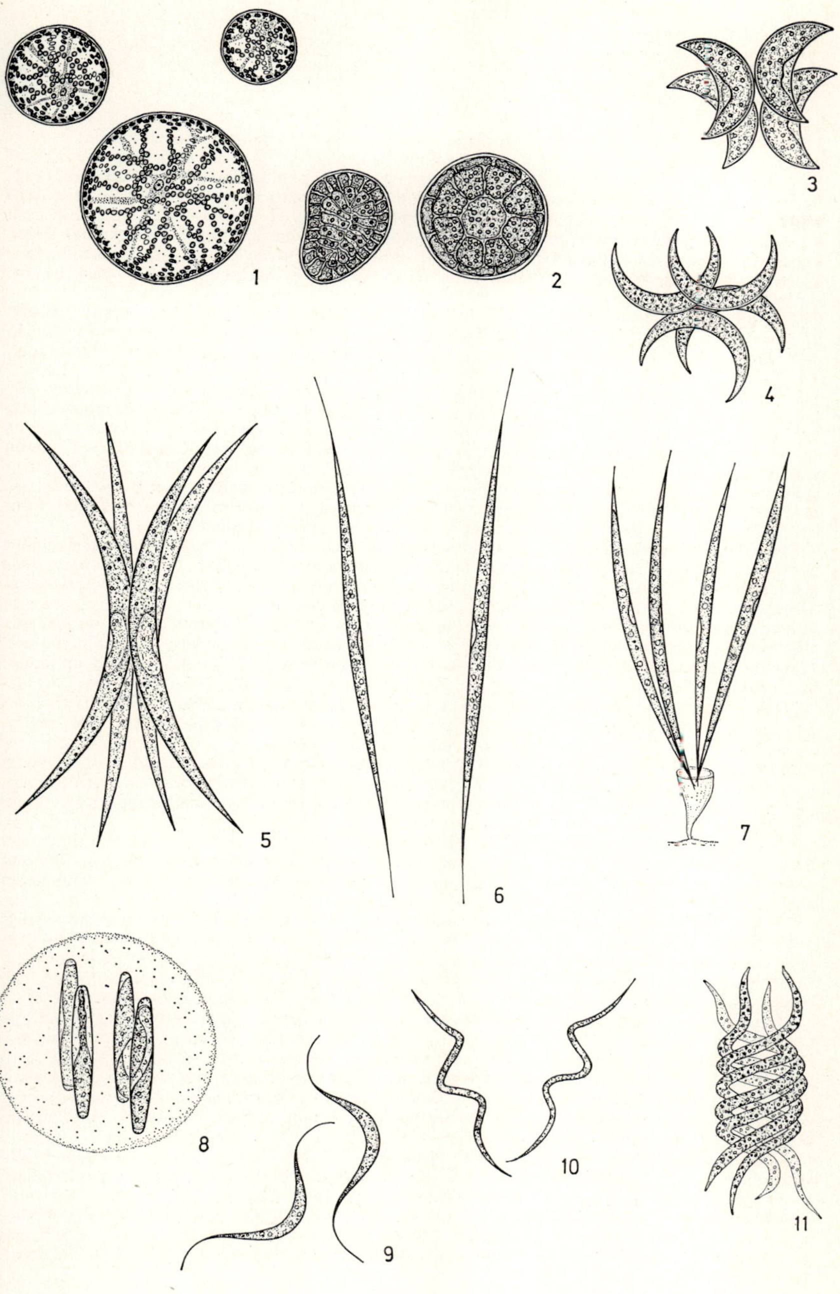
1
2
3
4
5
6
7
8
9
10
11

1 Scenedesmus obliquus, Schiefe Gürtelalge. Mehr als 100 *S.*-Arten sind beschrieben. Da viele von ihnen überaus stark variieren, ist die Artunterscheidung oft schwierig oder unmöglich. Kolonien 4- oder 8zellig. Mittelzellen spindelförmig, gerade, beide Endzellen halbmondförmig. Zellen meist gegeneinander verschoben. Membran ohne Stacheln und Dörnchen. **G** Zellen um 10 µm lang. **L** β-mesosaprobe Gewässer; verbreitet und häufig.

2 Scenedesmus acutus, Schiffchen-Gürtelalge. Kolonien 4- oder 8zellig. Zellen in einer Reihe angeordnet, kaum gegeneinander verschoben. Pole laufen in Spitzchen aus. Endzellen wie Mittelzellen. **G** Zellen um 10 µm lang. **L** Plankton von Seen, Teichen, Wasserbecken; häufig, weltweit verbreitet.

3 Scenedesmus securiformis, Beilförmige Gürtelalge. Kolonien häufiger 2- als 4zellig. Zellen ohne Stacheln. Umriß der äußeren Zellen rechteckig bis trapezförmig, der Mittelzellen ebenso oder zylindrisch mit abgerundeten Enden. **G** Zellen bis 15 µm lang. **L** Saubere Kleingewässer; stellenweise massenhaft.

4 Scenedesmus acuminatus, *(S. falcatus),* Spitzige Gürtelalge. Kolonien 4- oder 8zellig; zerfallen leicht in Einzelzellen. Zellen lang zugespitzt; mittlere wenig, äußere stark sichelförmig gekrümmt. Chloroplast wandständig mit einem Pyrenoid (im Gegensatz zu *Ankistrodesmus falcatus!*). Jede Zelle mit 2 größeren Vakuolen. **G** 18–25 µm lang, 3,5–6 µm breit. **L** Plankton von Flüssen und Teichen; weit verbreitet. II.

5 Scenedesmus ecornis, Eier-Gürtelalge. Kolonien eben oder gebogen, aus 2 oder 4 Zellen. Mittlere Zellen eiförmig bis zylindrisch, äußere ausgebaucht. Membran ohne Fortsätze. Dünner Gallertmantel. **G** Zellen 6–14 µm hoch. **L** Plankton von Teichen, Seen, Flüssen.

6 Scenedesmus bijugatus, Doppel-Gürtelalge. Sammelart. Alle als *„bijugatus"* zusammengefaßten Arten sind durch 8zellige, einreihige Kolonien charakterisiert. Zellen elliptisch oder zylindrisch, an den Enden breit abgerundet. Membranen dick. **G** Zellen 7–20 µm lang. **L** β-mesosaprobe Gewässer, Ufer- und Planktonform; weit verbreitet.

7 Scenedesmus platydiscus, Scheiben-Gürtelalge. Kolonien meist zweireihig, völlig eben, aus 4 oder 8 elliptischen Zellen. Dünne Gallertschicht. **G** Zellen 9–13 µm lang, um 6 µm breit. **L** Plankton stehender Gewässer und Flüsse. **A** Zweireihige Kolonien schüsselförmig gebogen: *S. arcuatus.*

8 Scenedesmus denticulatus, Gezackte Gürtelalge. Kolonien 4zellig. Zellen eiförmig, Membran dick, Zellpole mit 2 (3, 1, 0) spitzen Zähnchen. Zellen gegeneinander verschoben oder kreuzweise angeordnet. **G** 6–15 µm lang. **L** Fast alle Gewässertypen.

9 Scenedesmus brasiliensis, Krönchen-Gürtelalge. Kolonien aus 4 oder 8 länglichen Zellen in einfacher Reihe. Zellpole enden in 2- bis 3spitzigen Krönchen. Von Pol zu Pol ziehen Rippen, erhöhte Membranleisten. **G** 11–22 µm lang. **L** Flüsse und Seen, im Aufwuchs und im Plankton; nicht häufig.

10 Scenedesmus armatus, Waffen-Gürtelalge. Kolonien 4zellig. Zellen länglich mit spitzen Enden (seltener elliptisch). Kennzeichnend: sehr deutliche Membranrippen, die die Zellmitte meist nicht erreichen. Endzellen mit 2 langen Gallerthörnchen (können fehlen). **G** 7–15 µm lang. **L** β-mesosaprobe Gewässer.

11 Scenedesmus naegelii, Haken-Gürtelalge. Kolonien 4zellig. Zellen ei- bis birnförmig, gegeneinander verschoben. Membran glatt oder punktiert, läuft in einen langen, geschweiften oder stark gekrümmten Stachel aus. **G** 10–18 µm lang. **L** Alle mesosaproben Gewässertypen.

12 Scenedesmus opoliensis, Stumpfe Gürtelalge. Kolonien 4zellig. Zellen spindelförmig, die beiden äußeren leicht gebogen, mit langen Gallertstacheln. Zellenden quer abgestutzt. **G** 17 bis 28 µm lang. **L** Plankton von Flüssen und Teichen; zerstreut. **A** Zellen breiter, mit Längsrippen: *S. carinatus.*

13 Scenedesmus tenuispina, Zarte Stachel-Gürtelalge. Kolonien 2- oder 4zellig. Zellen länglich, Enden abgerundet oder etwas eckig. Endzellen mit 4 langen und 2 kürzeren Gallertdornen, Mittelzellen schwächer bestachelt. **G** Zellen um 12 µm lang. **L** Plankton mesosaprober Gewässer. **A** Die Art gehört zu der Sammelart *S. abundans,* die alle ähnlichen, meist schwächer bestachelten Formen zusammenfaßt.

14 Scenedesmus longispina, Langstachelige Gürtelalge. Kolonien 4zellig. Zellen zylindrisch, Mittelzellen mit kurzen Stacheln, Endzellen scheiden an ihren Polen je einen langen Schwebefortsatz aus. **G** 10–15 µm lang. **L** Wasserbecken, Teiche, Seen, Flüsse.

15 Scenedesmus quadricauda, Geschwänzte Gürtelalge. Kolonien 4-, 8- oder 12zellig. Mittelzellen länglich, ohne Fortsätze. Endzellen in der Mitte ausgebaucht, mit 2 nach außen und aufwärts gebogenen Stacheln. **G** Zellen und Stacheln je 11–15 µm lang. **L** Ufer- und Planktonform β-mesosaprober Gewässer. II.

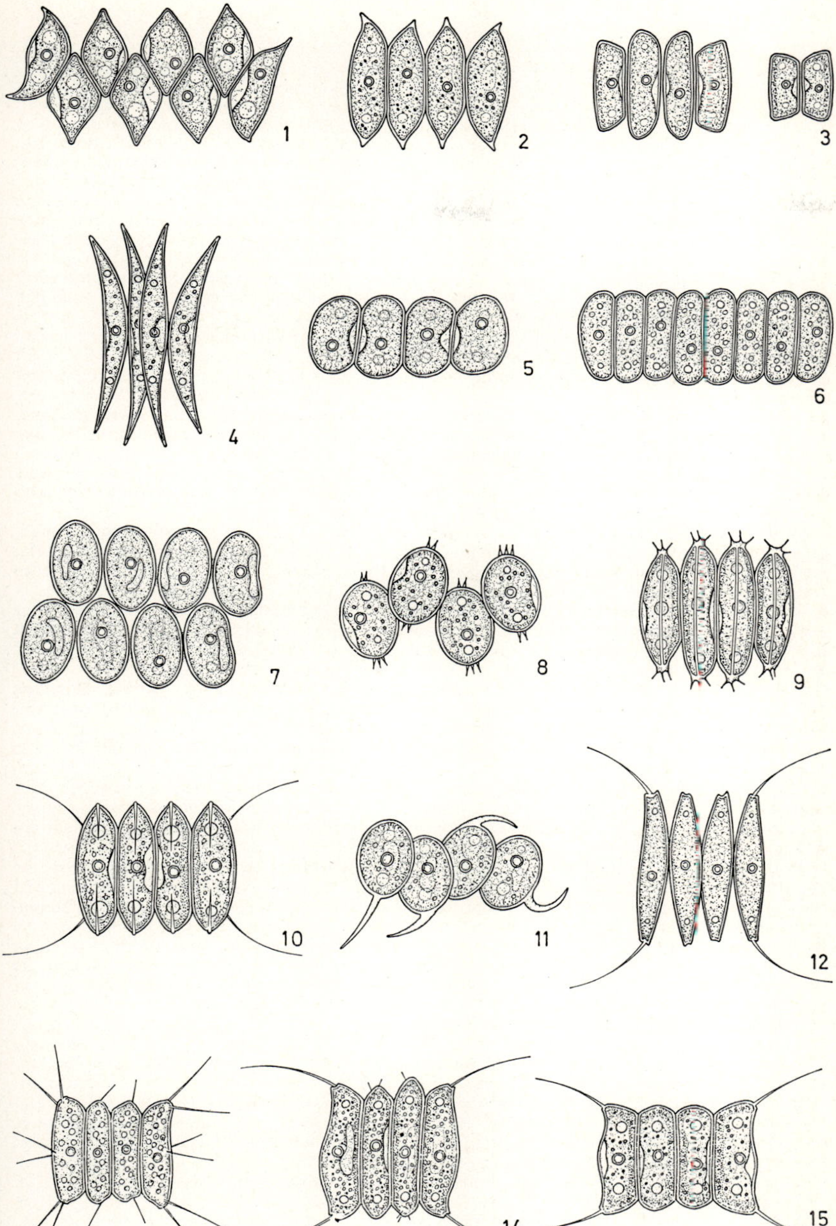
1
2
3
4
5
6
7
8
9
10
11
12
13
14
15

Grünalgen

1 Tetrallantos lagerheimii, Würstchen-Grünalge. Zellen länglich, mit abgerundeten Enden, bilden zu je 4 charakteristische Kolonien. **G** Zellen um 10 µm lang. **L** Teichplankton; weltweit.

2 Coronastrum ellipsoideum, Krönchen-Grünalge. Kolonien aus je 4 Zellen, die durch kurze Gallertstiftchen am Äquator zu einem quadratischen Gebilde verbunden sind. Chloroplast mit 1 Pyrenoid. **G** Zellen höchstens 7 µm lang. **L** Plankton und Bodensatz stehender Gewässer.

3 Crucigenia rectangularis, Ovalzellige Vierlings-Grünalge. Viele aus je 4 schief zusammengelagerten Zellen bestehende Kolonien zu großen, tafelförmigen „Syncoenobien" zusammengefügt. **G** Zellen um 5 µm lang. **L** Plankton stehender Gewässer und Flüsse; weit verbreitet.

4 Crucigenia fenestrata, Gefensterte Vierlings-Grünalge. Meist 16zellig, aus 4 Teilkolonien zusammengesetzte Kolonien. Umhüllende Gallerte kaum sichtbar. Zellen trapezförmig; je 4 bilden einen quadratischen Rahmen. Chloroplast becherförmig, 1 Pyrenoid. **G** Zellen um 8 µm lang, 3 µm breit. **L** Plankton stehender Gewässer; nicht häufig.

5 Crucigenia tetrapedia, Dreieckige Vierlings-Grünalge. Zellen dreieckig, je 4 schließen dicht aneinander. Meist 4 Kolonien zu einem Syncoenobium vereinigt. **G** Außenseite der Zellen 10 bis 15 µm lang. **L** Plankton von Flüssen und Teichen; zerstreut.

6 Crucigenia quadrata, Viereckige Vierlings-Grünalge. Form der Zellen viereckig, je 4 bilden eine Kolonie. Dem Zentrum der Kolonie zugewandte Zellkanten zuweilen abgerundet und mit verdickten Membranen. Chloroplast mit 1 Pyrenoid. **G** Zellen um 4 µm lang und breit. **L** Stehende Gewässer und Flußplankton; nicht häufig.

7 Crucigenia apiculata, Gezipfelte Vierlings-Grünalge. Zellen dreieckig, eng zusammenliegend, je 4 bilden eine Kolonie. An den freien Zellpolen je 1 kleines Wärzchen. Gelegentlich 16zellige Syncoenobien. Gallerthülle meist unsichtbar. **G** Zellen um 7 µm lang. **L** Plankton; selten.

8 Tetrastrum glabrum, Kahles Vierersternchen. Zellen rundlich, an den Berührungsflächen abgeflacht, zu 4zelligen Kolonien vereint. Chloroplasten schüsselförmig, mit Pyrenoiden und Stärkekörnchen. **G** Zellen meist unter 10 µm. **L** Plankton von Seen und Teichen.

9 Tetrastrum staurogeniaeforme, Stacheliges Vierersternchen. Je 4 dicht zusammengeschlossene Zellen bilden kleine Kolonien. Außen freiliegende Zellseiten mit je 4 oder 5 Stacheln, die alle in einer Ebene liegen. Stacheln sehr zart, kaum sichtbar. Pyrenoide oft undeutlich. **G** Zellen um 6 µm. **L** Teich- und Flußplankton.

10 Tetrastrum heteracanthum, Verschiedenborstiges Vierersternchen. Zellen herzförmig oder dreieckig, dicht aneinanderschließend, bilden 4zellige Kolonien. Jede Zelle mit einem langen (um 15 µm) und einem kurzen (um 8 µm), schwach gekrümmten Stachel. Stacheln gallertig. Chloroplast mit 1 Pyrenoid. **G** Zellen 4–8 µm. **L** Plankton sauberer Gewässer.

11 Hofmania lauterbornii, Vierlings-Hörnchenalge. Kleine Kolonien aus je 4 rundlich-ovalen Zellen. Je 4 Kolonien bilden meist ein Syncoenobium. Gallerthülle weit, radial gestreift. Außenseite jeder Zelle mit einem Zipfel (Reste der in 4 Teilstücke gesprengten Mutterzellmembran). Chloroplast mit 1 Pyrenoid. **G** Zellen 6–12 µm lang, Syncoenobien bis 50 µm. **L** Seen- und Teichplankton; nie häufig.

12 Actinastrum hantzschii, Spindelsternchen. Zellen länglich-kegelförmig, zylindrisch oder keulenförmig. Kolonien strahlig, aus 4 oder 8 Zellen. Meist ausgedehnte Syncoenobien. Chloroplast wandständig mit 1 Pyrenoid. **G** Zellen 10–25 µm lang, 3–6 µm breit. **L** Oligosaprobe Gewässer, Flußplankton; verbreitet und oft häufig.

13 Coelastrum microporum, Kugel-Hohlstern. Zellen kugelig, durch schmale Gallertflächen zu 8- bis 128zelligen Kolonien verbunden. Kolonien hohlkugelig oder (bei Sauerstoffmangel) kugelig. Ältere Zellen durch Stärkekörnchen undurchsichtig. **G** Zelldurchmesser 6–30 µm. **L** Stehende Gewässer; sehr verbreitet. Variable Art.

14 Coelastrum sphaericum, Eier-Hohlstern. Zellen eiförmig, gegen das Zentrum der kugeligen Kolonie abgeflacht. Gallerthüllen um die Zellen berühren sich an den unteren Zellpolen. **G** Zellen 10–25 µm breit. **L** Plankton von Teichen, Flüssen, Torfgewässern; verbreitet. **A** Membran punktiert: Varietät *punctatum*.

15 Coelastrum cambricum, Zipfel-Hohlstern. Zellen vom Pol her gesehen rund oder etwas eckig, durch breite Gallertstränge verbunden. Zellen der Kolonien mit „Zipfel" (entweder Zellfortsätze oder Gallertverdickungen). **G** Zelldurchmesser 8–12 µm. **L** Plankton stehender Gewässer und Flüsse; weit verbreitet.

16 Coelastrum cubicum, Dreizacken-Hohlstern. Zellen vom Pol gesehen ungefähr sechseckig Auf der Außenfläche jeder Zelle 3 quer abgestutzte Fortsätze, die zu einfachen Gallertknöpfchen reduziert sein können. Verbindungsgallerte zwischen den Zellen sehr dünn. **G** Zelldurchmesser 10–20 µm. **L** Stehende Gewässer; zerstreut.

17 Coelastrum reticulatum, Netzchen-Hohlstern. Zellen kugelig, mit deutlicher Gallertschicht, die nach allen Seiten „Arme" ausstreckt. Diese Gallertausstülpungen überspannen als dichtes Netz die Zellzwischenräume. Zellen teilweise bräunlich verfärbt. **G** Zellen 6–25 µm. **L** Bodensatz und Plankton stehender Gewässer. **B** Zu Beginn des Jahrhunderts aus den Tropen eingeschleppt; vermehrt sich vor allem in flachen Wasserbecken oft massenhaft.

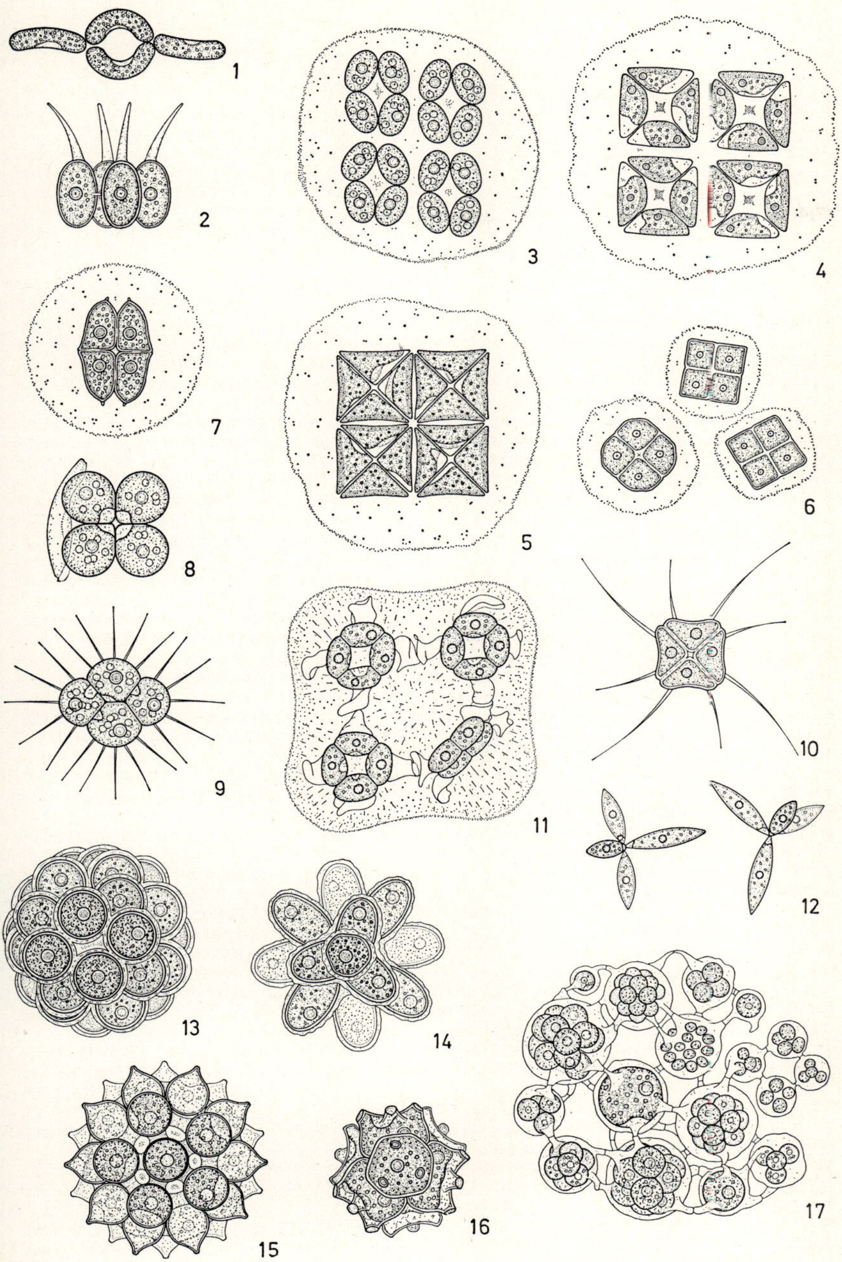
1
2
3
4
7
5
6
8
10
9
11
12
13
14
17
15
16

1 Binuclearia tatrana *(B. tectorum)*, Zwillings-Grünalge. Fäden unverzweigt, Zellen zylindrisch, Querwände auffallend stark verdickt. Junge Zellen liegen noch nicht beisammen. Ältere Fäden von Mantel aus Gallertringen umhüllt. Jede Zelle mit 1 wandständigen, gürtelförmigen Chloroplasten ohne Pyrenoide. Vegetative Vermehrung durch Dauerzellen (Akineten). **G** Zellen 6–80 µm lang, 6–10 µm breit; Querwände 1–50 µm; **L** Torfsümpfe; kosmopolitisch.
2 Geminella interrupta, Schleimhüllen-Grünalge. Fäden unverzweigt, freischwimmend. Zellen voneinander getrennt, meist je 2 einander genähert, von gemeinsamer Gallerthülle zusammengehalten. Je 1 gürtelförmiger Chloroplast mit 1 Pyrenoid. **G** Zellen 5–8 µm, Gallertröhren 15–20 µm breit. **L** Stehende Gewässer, verbreitet.
3 Geminella minor, Kleine Schleimhüllen-Grünalge. Zellen zylindrisch, an den Enden oft abgerundet, aneinanderstoßend, liegen in Schleimröhre. **G** Zellen 2–10 µm breit, 3–15 µm lang; Hülle 8–18 µm breit. **L** Teichplankton. **A** Zellen 12–20 µm, Hüllen 20–45 µm: *G. mutabilis.*
4 Gloeotila protogenita, Zwerg-Grünalge. Fäden unverzweigt. Zellen zylindrisch mit sehr zarten Wänden, Querwände leicht eingeschnürt. Chloroplast gürtelförmig, sehr groß, ohne Pyrenoid. **G** Zellen 4–8 µm lang, 4 µm breit. **L** Feuchte Böden, stehende Gewässer; verbreitet.
5 Chlorhormidium pseudostichococcus *(Hormidium pseudostichococcus)*, Schnur-Grünalge. Sehr leicht zerfallende, zweigähnliche Ausstülpungen bildende Fäden. Chloroplast linsenförmig bis kreisrund, wandständig, mit 1 Pyrenoid. An den Polen jeder Zelle je 1 Vakuole mit kleinen Körperchen. **G** Zellen 4–12 µm lang, um 3 µm breit. **L** Wasser (längere Fäden), feuchte Mauern und Bäume (Einzelzellen oder kurze Fadenstücke).
6 Chlorhormidium flaccidum, Amphibische Schnur-Grünalge. Ähnlich der vorigen Art; Fäden lang. **G** Zellen 5–40 µm lang, 5–14 µm breit. **L** Auf Felsen, feuchter Erde, nassem Holz, in stehenden und fließenden Gewässern; häufig.
7 Chlorhormidium subtile, Zarte Schnur-Grünalge. Fäden stabil, zerfallen nicht leicht. Zellwände zart. **G** Zellen 7–25 µm lang, 5–7 µm breit. **L** Als verflochtene Massen in stehenden Gewässern, als glitschige Büschel im Tropfwasser.
8 Chlorhormidium rivulare, Bach-Schnurgrünalge. Fäden oft geknickt, an den Knickungsstellen vorgewölbte Zellen. Endzellen treiben Rhizoide. Querwände leicht eingeschnürt. Flutende Fäden bilden leuchtendgrüne Büschel. **G** Zellen 4–30 µm lang, 4–12 µm breit. **L** Fließgewässer.
9 Stichococcus bacillaris, Stäbchen-Grünalge. Kurze, sehr leicht in Einzelzellen zerfallende Fäden Zellmembran dünn. Chloroplast hellgrün, ohne Pyrenoid. **G** Zellen 3–12 µm lang, 2 bis 4 µm breit. **L** Auf nassem Torf, feuchtem Holz, in flachen stehenden Gewässern.
10 Ulothrix subtilissima, Kraushaaralge. Fäden einreihig, unverzweigt. Chloroplast ringförmig, offen, mit Pyrenoiden. Basalzelle festgeheftet. Ungeschlechtliche Vermehrung: Durch Makro- oder Mikrozoosporen (4- oder 2geißelig), die durch Löcher in den sonst unveränderten Zellen frei werden, und durch Fadenzerfall. **G** Zellen 4–25 µm lang, 4–5 µm breit. **L** Stehende und fließende Gewässer, festsitzend und planktisch.
11 Ulothrix variabilis, Veränderliche Kraushaaralge. Zellwände zart, Chloroplast häufig in einem Winkel der Zelle verklumpt. Bildet bleichgrüne Flocken. **G** Zellen 3–10 µm lang, 5–7 µm breit. **L** Gewässer aller Art. **A** Zellen 5–15 µm lang, 7–10 µm breit: *U. tenerrima.* Kaltwasserform; langgezogene Fadenmassen in Quellen und Gräben.
12 Ulothrix tenuissima, Weiche Kraushaaralge. Zellmembranen dünn. **G** Zellen 7–15 µm lang, 15–22 µm breit. **L** In kalten Bächen als dunkelgrüne Rasen.
13 Ulothrix moniliformis, Perlschnur-Kraushaaralge. Zellen schwach tonnenförmig, mit dicken, oft geschichteten Membranen. Chloroplast oft kugelig deformiert. Fäden gelbgrün. **G** Zellen 8–12 µm lang, 9–14 µm breit. **L** Tümpel, Torfgewässer.
14 Ulothrix zonata, Gürtel-Kraushaaralge. Gedrehte Fäden, bilden flutende Büschel oder schleimige Watten. Wände älterer Zellen dick. **G** Zellen (15)–30–40–(75) µm breit, 1/3- bis 1 1/2mal so lang wie breit. **L** Sauerstoffreiche Flüsse und Seen, Frühjahr und Frühsommer. I.

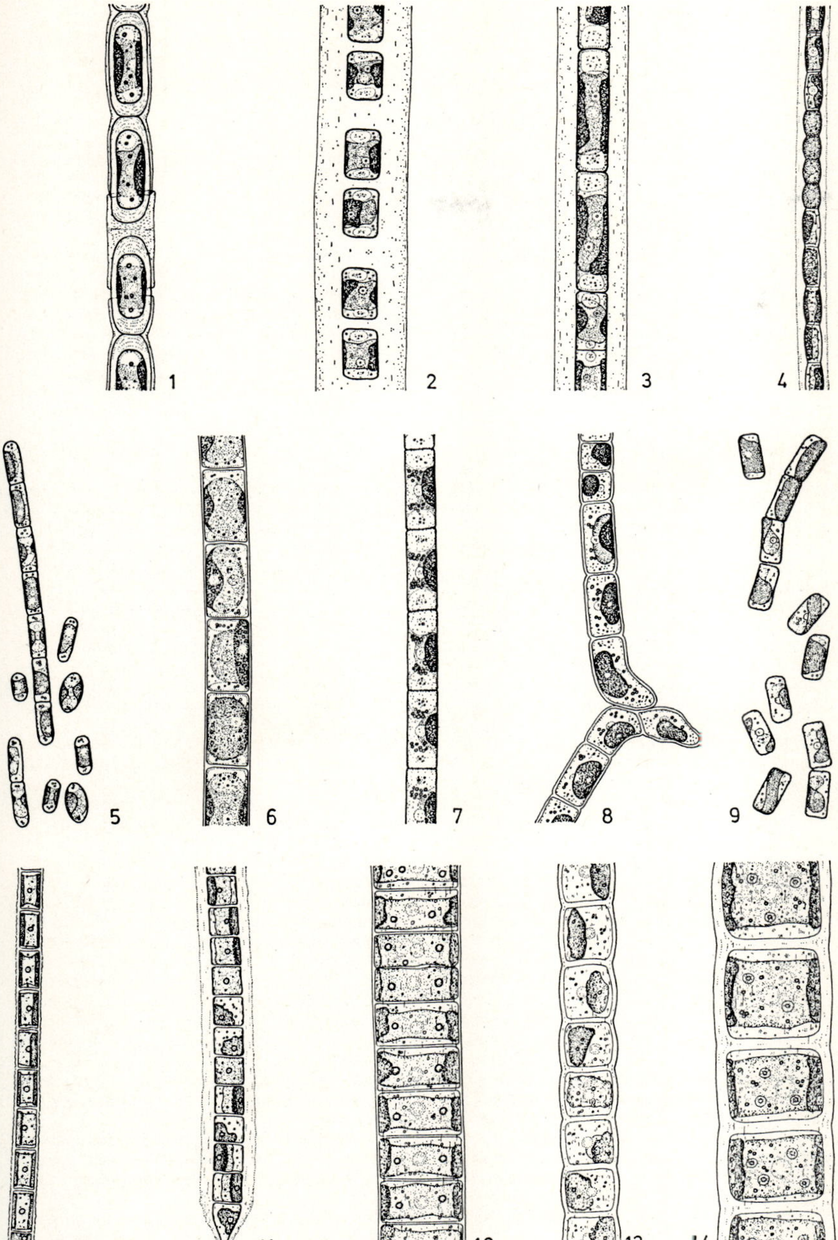
1
2
3
4
5
6
7
8
9
10
11
12
13
14

Grünalgen

1 Cylindrocapsa involuta, Schwellkapsel-Grünalge. Zellfäden anfangs einfach, unverzweigt, mit dicker, schleimiger Scheide. Durch Schräg- und Längsteilungen können Zellbänder und Zellflächen entstehen. Zellen kurz-zylindrisch, kugelig oder eiförmig. Chloroplast wandständig, mit 1 Pyrenoid. Eibefruchtung (Gegensatz zu *Ulothrix*). **G** Zellen 23–30 µm breit. **L** Stehende Gewässer; selten.

2 Enteromorpha intestinalis, Darmalge. Thallus aus darmähnlichen Röhren oder aufgetriebenen Blasen, spärlich verzweigt, glatt oder runzelig, 10–200 cm lang, anfangs festgewachsen, später abgelöst und freischwimmend, gelbgrün. Zellen rundlich-länglich, bilden einen einschichtigen Zylinder, der vom Innenraum des Thallus durch dicke Gallertschicht getrennt ist. Chloroplast eine Platte mit 1 Pyrenoid. **G** Zellen 6–30 µm lang. **L** Massenhaft in küstennahen Gewässern. Frühjahr bis Herbst auch in reinem Süßwasser verbreitet; vielfach Wasserblüte an der Oberfläche β-mesosaprober Gewässer. II.

3 Prasiola crispa, Lauch-Grünalge. Thallus anfangs fadenförmig, dann bandartig, später eine einschichtige, faltige, krause Zellfläche. Zellen in Feldern zu 4 oder einem Vielfachen von 4. Vegetative Vermehrung: Kugelige Dauerzellen (Akineten) und Thalluszerfall. Chloroplast sternförmig, mit Pyrenoid. **G** Zellen 3–14 µm. **L** Bäche, schattige Mauern, faulendes Holz, feuchte Teichränder, Felsen; stickstoffliebend; kosmopolitisch.

4 Microspora amoena, Doppelbecher-Grünalge. Fäden nicht verzweigt. Zellwände aus „Doppelbechern" (H-Stücken), erkennbar an Enden abgebrochener Fadenstücke. Verwechslungsgefahr mit *Tribonema* (S. 146). Zellwände 3–8 µm dick, Zellen schwach tonnenförmig. Chloroplast als dicker Wandbelag mit vielen kleinen Durchbrechungen, kein Pyrenoid. **G** Zellen 20 bis 45 µm lang, 20–25 µm breit. **L** Flutende Massen in sauberem, fließendem Wasser; häufig. I.

5 Microspora quadrata, Quadratzellige Doppelbecher-Grünalge. Zellwände sehr dünn. Bildet grünliche Flocken und zarte Rasen. **G** Zellen 4–7 µm lang, 6–7 µm breit. **L** Gewässer aller Art.

6 Microspora stagnorum, Tümpel-Doppelbecher-Grünalge. Chloroplasten locker-körnig, bedecken die Innenflächen der Zellwände nicht ganz. **G** Zellen 6–30 µm lang, 5–10 µm breit. **L** Stehende Gewässer; sehr häufig.

7 Microspora floccosa, Wollige Doppelbecher-Grünalge. Leuchtend bis gelblich grüne Flocken und Stränge. Zellwände dünn. Chloroplast netzig oder in wellig begrenzte Bänder unterteilt. **G** Zellen 15–40 µm lang, um 16 µm breit. **L** Gewässer aller Art; häufige Frühjahrsform.

8 Aphanochaete repens, Hellborsten-Grünalge. Kriechende, wenig verzweigte Fäden mit einzelligen, an der Basis angeschwollenen Haarborsten. **G** Zellen 5–18 µm. **L** Epiphytisch auf anderen Algen und auf Wasserpflanzen.

9 Ectochaete endophytum, Schmarotzer-Grünalge. Dünne Fäden zwischen den Hüll- und Zellmembranen von *Cladophora*-Arten (S. 190). Zellen langgestreckt, in älteren Fäden rundlich; sie bilden dann Polster, durch die die Hüllmembranen aufplatzen. Manche Zellen mit dünnen Borsten, die mechanisch die Hüllmembran durchbohren. Außerhalb der *Cladophora*-Membran wachsende Polster chlorophyllarm und durchscheinend. Befallene Wirtszellen stark deformiert, sterben aber nicht ab. **G** Zellen 6–25 µm.

10 Chaetophora elegans, Borsten-Grünalge. Thalli aller *Ch.*-Arten erwachsen einige Zentimeter groß, hellgrün. Von einer Sohle aus locker verbundenen Einzelzellen oder kurzen Fäden stehen verzweigte „Wasserstämme" ab. Endzellen älterer Zweige laufen oft in ein langes, zellig gegliedertes Haar ohne Chloroplasten aus. Wandständiger Bandchloroplast mit einigen Pyrenoiden. Thalli in kalkhaltigen Gewässern stark inkrustiert. *Ch. elegans:* Thallus glatt, kugelig, halbkugelig oder klumpig, erbsen- bis kirschengroß. Endverzweigungen der Wasserstämme locker. **G** Zellen 6–15 µm breit. **L** β-mesosaprobe Gewässer, an Pflanzen und Steinen oft in größeren Mengen. II.

11 Chaetophora pisiformis, Erbsenförmige Borsten-Grünalge. Thallus dunkelgrün, halbkugelig bis kugelig, Gallerte zäh-knorpelig. Endverzweigungen dicht, pinselartig. **G** Zweigzellen 4 bis 8 µm breit. **L** Bäche und Flüsse, stehende Gewässer seltener.

12 Chaetophora tuberculosa, Knotige Borsten-Grünalge. Thallus höckerig, unter jedem Höcker ein „Pinsel" der dichtgedrängten Endverzweigungen. Zwischen den Pinseln sperrige Zweigbüschel. Thalli oft sehr groß, durch sekundäre Rhizoide befestigt. **L** Klares Moorwasser; stellenweise massenhaft.

13 Chaetophora incrassata, Lockere Borsten-Grünalge. Thallusgallerte mannigfach gelappt, ausgezipfelt, in verzweigte Stränge gegliedert. Hauptzweige laufen je in ein langes Haar aus, Endverzweigungen pinselartig gebündelt. **L** Klare Gewässer, auf Pflanzen und Steinen; häufig.

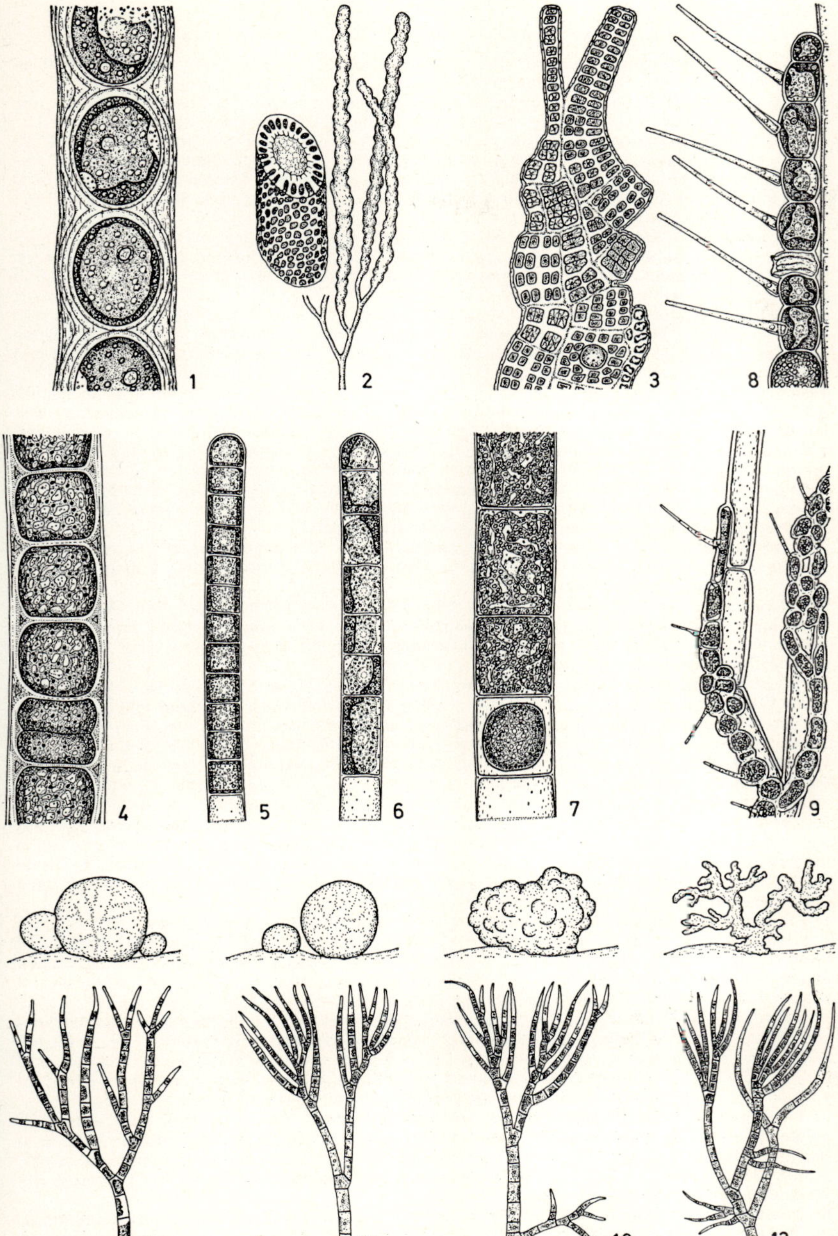
1
2
3
8
4
5
6
7
9
10
11
12
13

Grünalgen

1 **Gongrosira debaryana,** Polster-Grünalge. Von einer Sohle aus rundlichen Zellen stehen kaum verzweigte, wenigzellige Wasserstämme ab. Lager schmutzig- bis lebhaft grün, oft mit Kalk inkrustiert. Chloroplast ein zerschlitztes Band mit 1 Pyrenoid. **G** Zellen 15–50 μm groß. **L** An Wasserpflanzen, Holzpfählen, Schnecken- und Muschelschalen usw.; nicht selten.

2 **Chlorotylium cataractarum,** Knoten-Grünalge. Kleine, grüne bis graubraune, mit Kalk inkrustierte, schleimige Lager. Fäden einseitig verzweigt; Zweige dichtgedrängt, parallel verlaufend. Kurze, chlorophyllführende Zellen wechseln mit langen, farblosen Zellen ab; Lager erscheint dadurch gebändert. **G** Zellen 6–12 μm breit. **L** Raschfließende Bäche; an Holz und Steinen als niedere Krusten.

3 **Chaetopeltis orbicularis,** Borstenscheibe. Scheibenförmiges, einschichtiges, 0,15–1 mm großes Lager. Äußere Zellen bilden lange Gallertgeißeln. Außenschichten der Zellmembranen gallertig. Chloroplast napfartig, unregelmäßig durchbrochen. **G** Zellen 12–24 μm groß. **L** Epiphytisch an Wasserpflanzen; verbreitet.

4 **Chaetosphaeridium pringsheimii f. conferta,** Keulen-Grünalge. Zellen kugelig, mit langen Membranborsten, die einer scheidenartigen Ausstülpung der Zellwand entspringen. Zellen durch sehr kurze, leere Schläuche lose miteinander verbunden. Chloroplast plattenförmig, mit 1 Pyrenoid. **G** Zellen 9–12 μm groß, Borsten bis 300 μm lang. **L** Epiphytisch; sehr häufig.

5 **Chaetosphaeridium globosum,** Borstenkugel. Ähnlich der vorigen Art. Zellen in einer kugeligen, mächtig entwickelten Schleimhülle eingebettet. Verbindungsschläuche zwischen den Zellen selten erkennbar. **G** Zellen 12–18 μm groß, Schleimhüllen 100–250 μm dick. **L** Torftümpel.

6 **Coleochaete pulvinata,** Schild-Grünalge. 1–2 mm hohe, halbkugelige Polster aus radial verlaufenden, verzweigten Fäden, die von einer Sohle ausgehen. Manche Zellen mit langen, umscheideten Borsten. Chloroplast groß, wandständig, mit 1–2 Pyrenoiden. Eibefruchtung. **G** Zellen 20–45 μm breit. **L** Epiphytisch auf Wasserpflanzen. **A** Polster unregelmäßig, Wasserstämme strahlen nicht von einem Zentrum aus: *C. divergens.*

7 **Coleochaete soluta,** Lockere Schild-Grünalge. Flache, kreisrunde Lager aus verzweigten, kriechenden, voneinander isolierten Fäden. Zentrum aus nur 2 Zellen. **G** Zellen 12–25 μm breit. **L** Epiphytisch auf Wasserpflanzen.

8 **Coleochaete scutata,** Dichte Schild-Grünalge. Radiale Zellreihen fügen sich lückenlos zu einer Scheibe. **G** Zellen 25–45 μm breit, 1–3mal so lang. **L** An untergetauchten Ästen, Stengeln, Blättern von Wasserpflanzen, seltener auf Steinen. **A** Zellen 8–12 μm breit, etwa doppelt so lang: *C. orbicularis.*

9 **Draparnaldia glomerata,** Pinsel-Grünalge. Lager aus einer Sohle und aufrechten Langtrieben, die sich in einen dickeren Hauptfaden und seitliche Büschel von Kurztrieben gliedern. Kurztriebe laufen in sehr lange, durchscheinende, mehrzellige Haare aus. Das oft viele Zentimeter lange Lager ist in weichen, durchsichtigen Schleim gehüllt. Chloroplasten in den Kurztrieben bedecken fast die ganze Zellwand, in den Hauptfäden bilden sie gezackte Ringe mit vielen Pyrenoiden. **G** Hauptfäden 50–90, Zweige 6–9 μm breit. **L** Sauberes Wasser; Frühjahr. I.

10 **Microthamnion strictissimum,** Zwergbusch-Grünalge. Steif aufrechte, mit einer Basalzelle festgeheftete, verzweigte Fäden. Höchstens 1 mm hoch. Zweigbildende Zellen wachsen seitlich aus, Scheidewände werden in einigem Abstand von der Basis des Auswuchses angelegt. Zellen lang-zylindrisch, Chloroplasten bandförmig, blaß olivgrün. **G** Zellen 3–4 μm breit. **L** Dichte Rasen auf toten Ästen und Stengeln in Gewässern aller Art. **A** Verzweigung sehr dicht, jede Zelle mit Zweiganlage oder Zweig; grün: *M. kützingianum.* II.

11 **Pleurococcus vulgaris,** *(Protococcus viridis),* Rinden-Grünalge. Erwachsene Zellen rundlich, einzeln. Junge Zellen in 2-, 4- und mehrzelligen Gruppen. Nur in Kulturen kurze Fäden bildend. Luftlebende Art, die ihren Wasserbedarf aus der Luftfeuchtigkeit deckt. Zellen können austrocknen. **G** Zellen 6–20 μm. **L** Gewässerränder, Felsen, Mauern, als grüne Anflüge an der Wetterseite von Bäumen; überall häufig.

12 **Stigeoclonium tenue,** Wurzelnde Grünalge. Lager mit aufrechten, verzweigten Hauptstämmchen. Äste nicht büschelig, einzeln stehend, enden in farblosen, mehrzelligen Haarspitzen. Stämmchen 1–50 mm lang, mit zahlreichen Rhizoiden verankert, Haarspitzen kurz. **G** Zellen 5 bis 15 μm breit. **L** β-mesosaprobe Gewässer; sehr häufig. **A** Haare lang, Lager um 2 cm hoch, schlüpfrig: *S. longipilum.* Brandungszone größerer Binnengewässer; häufig.

13 **Trentepohlia aurea,** Farbige Schuppen-Grünalge. Fäden aufrecht, einfach oder verzweigt. Zellen zylindrisch. Chloroplasten scheibenförmig; ihre grüne Farbe wird meist durch gelb-rote Haematochrome überdeckt, die in Öltröpfchen gelöst sind. An den aufrechten Sprossen werden gestielte Zoosporangien gebildet. **G** Zellen 15–60 μm lang, 10–20 μm breit. **L** Orangerote bis graugrüne, filzige Überzüge an Steinen.

14 **Trentepohlia umbrina,** Dunkle Schuppen-Grünalge. Ähnlich voriger Art. Zellen ellipsoidisch, mit dicker, geschichteter Membran. Fäden kurz, verzweigt, zerfallen leicht in Einzelzellen. **G** Zellen 15–50 μm lang, 14–27 μm breit. **L** Rotbraune Lager an der Rinde von Laubbäumen.

1
2
3
4
5
6
7
8
9
10
11
12
13
14

Grünalgen

1 Oedogonium capillare, Kappen-Grünalge. Für alle *O.*-Arten vgl. S. 60. *O. capillare:* Zweihäusig, Oogonien zylindrisch mit Porus zur Aufnahme der Spermatozoide. **G** Fäden 35–55 µm breit. **L** Gewässer aller Art; verbreitet. II.
2 Oedogonium boscii, Gerippte Kappenalge. Zweihäusig; Membran der Eizelle längs gerippt. **G** 13–23 µm dick. **L** Gewässer aller Art; verbreitet.
3 Oedogonium crispum, Gekräuselte Kappenalge. Einhäusig; Oogonien öffnen sich mit Kreisriß; Eizellen kugelig. **G** 12–16 µm breit. **L** Gewässer aller Art; häufigste *O.*-Art.
4 Oedogonium itzigsohnii, Itzigsohns Kappenalge. Einhäusig; Oogonien mit 7–10 stumpfen Ausstülpungen, öffnen sich mit Kreisriß. Eizellen glatt, kugelig. **G** 8–10 µm breit. **L** In Hochmooren Norddeutschlands sehr häufig.
5 Oedogonium echinospermum, Stachelei-Kappenalge. Bildet „Zwergmännchen". Oogonium öffnet sich mit Porus. Membran der Eizelle bestachelt. **G** 18–30 µm breit. **L** Moorige Gewässer.
6 Oedogonium borisianum, Ovale Kappenalge. Bildet „Zwergmännchen"; Oogonien mit Porus im oberen Teil. **G** 15–23 µm breit. **L** Gewässer aller Art; verbreitet.
7 Oedogonium undulatum, Wellige Kappenalge. Bildet „Zwergmännchen". Oogonien fast kugelig, öffnen sich mit Kreisriß. Membran der vegetativen Zellen wellig eingeschnürt. **G** 15 bis 22 µm breit. **L** Gewässer aller Art.
8 Oedogonium vaucherii, Dicke Kappenalge. Einhäusig; Oogonien mit Porus. **G** Fäden 20 bis 30 µm breit. **L** Gewässer aller Art; stellenweise häufig.
9 Bulbochaete pygmaea, Knollenborstenalge. Merkmale aller *B.*-Arten: Fäden verzweigt. Charakteristische, oft sehr lange, einzellige, an der Basis zwiebelartig angeschwollene Haare. Vegetative Zellen kurz-zylindrisch, nach oben angeschwollen. *B. pygmaea:* Oogonien ellipsoidisch, Eizellen mit Längsrippen, Zwergmännchen in der Nähe der Oogonien. **G** Zellen 11–15 µm lang und breit. **L** Gewässer aller Art; nicht selten.
10 Bulbochaete elatior, Stattliche Knollenborstenalge. Oogonien niedergedrückt, Eizellen kugelig, mehrzellige Zwergmännchen auf Stützzellen unter den Oogonien. **G** Zellen 13–18 µm breit, 2–3½mal so lang. **L** Gewässer aller Art; verbreitet.
11 Bulbochaete intermedia, Mittlere Knollenborstenalge. Oogonien niedergedrückt, Eimembran mit winzigen Grübchen. Mehrzellige Zwergmännchen auf den Oogonien. **G** Zellen 17–20 µm breit, 2–3½mal so lang; Oogonien 40–50 µm. **L** Moorige Gewässer; verbreitetste *B.*-Art.
12 Bulbochaete setigera, Behaarte Knollenborstenalge. Membran der Eizelle dick und grubig. Auf den Oogonien meist ein Haar. Zwergmännchen auf oder in der Nähe der Oogonien. **G** Zellen 25–28 µm breit, 2½–5mal so lang, Oogonien 70–80 µm.
13 Bulbochaete nana, Zwerg-Knollenalge. Einhäusig, ohne Zwergmännchen. Oogonien ellipsoidisch mit Porus. **G** Zellen 10–15 µm lang und breit; Oogonien um 22 µm. **L** Moorige und kalkhaltige Gewässer; sehr verbreitet.
14 Bulbochaete mirabilis, Wunder-Knollenalge. Einhäusig, ohne Zwergmännchen. Oogonien ellipsoidisch, mit Porus. **G** Zellen 15–20 µm breit, 1- bis 2mal so lang; Oogonien um 30 µm. **L** Gewässer aller Art; verbreitet. I.
15 Cladophora glomerata, Knäuelige Astalge. Merkmale aller *C.*-Arten: Fäden verzweigt, bilden Büschel. Jede Zelle mit zahlreichen Zellkernen und großer Zentralvakuole. Chloroplast zweiteilig: Bildet nach außen einen wandständigen, netzförmig durchbrochenen Zylinder mit vielen Pyrenoiden; ein inneres Netzwerk bleibt häufig farblos. Ungeschlechtliche Vermehrung durch zweigeißelige Zoosporen. Zellen im Frühjahr saftig grün, im Sommer mit Stärke erfüllt und bleich. *C. glomerata:* Endverzweigungen büschelig; mit Rhizoid festsitzend. **G** 25–130 µm breit. **L** Saubere Flüsse und Seen; stellenweise sehr häufig. I.
16 Cladophora crispata, Gekräuselte Astalge. Endäste über längere Strecken (bis zu 24 Zellen) unverzweigt. Büschel oder lockere Rasen sitzen mit einem Rhizoid fest. **G** 15–60 (bis 100) µm breit. **L** β-mesosaprobe Flüsse und stehende Gewässer; weit verbreitet. II.
17 Cladophora fracta, Schwächliche Astalge. Fäden regellos, im Sommer oft sehr spärlich verzweigt. Bleiche bis dunkelgrüne Watten, nur im Frühjahr festsitzend. **G** 12–150 µm breit. **L** Sauerstoffreiche, kühlere Gewässer; oft massenhaft.
18 Rhizoclonium hieroglyphicum, Bündel-Grünalge. Zellen wie bei *Cladophora.* Fäden locker verwoben. Rhizoide fehlen gewöhnlich. Zweige (falls vorhanden) klein, warzenartig, ungegliedert. **G** Zellen 10–35 µm breit, 2–5mal so lang. **L** Flüsse, Quellen, Thermen, nasse Felsen. I.
19 Pithophora kewensis, Tropen-Grünalge. Ähnlich *Cladophora,* von ihr durch undurchsichtige, schwarzgrüne Akineten unterschieden. **G** Fäden um 60 µm breit, Akineten um 200 µm lang. **L** Eingeschleppt; Massenentwicklungen in Warmwasseraquarien.
20 Sphaeroplea annulina, Ringel-Grünalge. Fäden unverzweigt. Zellen mehrkernig, langgestreckt, mit abwechselnd hellen Partien und grünen, ringförmigen Chloroplasten (bis 70 pro Zelle). Vermehrung durch Fadenzerfall und Eibefruchtung. **G** Zellen 250–1400 µm lang, 27 bis 65 µm breit. **L** Nur im Frühjahr in flachen Tümpeln, Gartenteichen, auf nasser Erde, in Pfützen.

1
2
3
4
5
6
7
8
9
10
11
12
13
14
15
16
17
18
19
20

Jochalgen (Zieralgen)

1 Gonatozygon brebissonii, Knie-Jochalge. Zellen nicht eingeschnürt, zylindrisch, wesentlich länger als der Durchmesser. Innere Schicht der Zellwand durchscheinend, strukturlos, äußere dicht gekörnelt. Zwei Chloroplasten (selten nur einer). **G** 160–280 µm lang, 7–11 µm breit. **L** Plankton von Seen, nie häufig. **B** Bildet sehr lange Fäden, die sehr leicht in voll lebensfähige Einzelzellen zerfallen. Konjugation zwischen freien Zellen. **A** *Gonatozygon monotaenium.* Zellen gegen die Pole nicht verschmälert, 80–280 µm lang.
2 Spirotaenia obscura, Kleine Spiralbandalge. Zellen verschmälern sich von der Mitte aus den Enden zu; Enden abgerundet. Zellen von Gallerte umgeben. Chloroplast mit 6–8 spiralig gedrehten, am Rande verbreiterten Leisten. **G** 40–230 µm lang, 7–30 µm breit. **L** Bevorzugt größere Torfmoosgewässer, Hochmoore, Torfstiche.
3 Spirotaenia condensata, Große Spiralbandalge. Zellen lang-zylindrisch, selten schwach gekrümmt. Chloroplast ein breites Band, liegt in 7–12 Windungen der zarten Zellwand an, meist nicht unterbrochen. **G** Verhältnis Länge : Breite sehr variabel. 60–330 µm lang, 10–30 µm breit. **L** Größte und häufigste *Spirotaenia*-Art. Saure Torfmoosgewässer (pH 6,5–4), Ufertümpel nährstoffarmer Seen. Kalkmeidend. **B** Zellen in dicker, geschichteter Gallerthülle, die in gebogenen Gallertstiel ausläuft (Bewegungsgallerte!).
4 Mesotaenium macrococcum, Mittelbandalge. Zellen zylindrisch mit abgestutzten Enden. Chloroplast eine zentrale Platte, oft mit gezähnten Seitenrändern, fast so lang und so breit wie die Zelle. **G** 20–40 µm lang, 11–20 µm breit. **L** Zwischen Torfmoos, selten im freien Wasser. „Atmophytische" Art, die auf feuchter Unterlage an der Luft lebt: Torfboden, feuchter Sand, Baumstämme, nasse Felswände (kein Kalk!). Vor allem im Bergland. **B** Zellen in geschichteter Gallerte, Zellsaft manchmal violett. **A** *Mesotaenium chlamydosporum:* Saftig-grüne Gallertlager, auch auf nassen Wegen. Chloroplast kleiner, erreicht die Zellwand nicht. Zellen 16–33 µm lang.
5 Cylindrocystis brebissonii, Walzen-Jochalge. Zellen zylindrisch mit breitgerundeten Ecken. Chloroplast im Querschnitt sternförmig, besteht aus einem Zentralstück und mehreren kurzen, schmalen Platten. Zentrales Pyrenoid jeder Halbzelle oft langgestreckt. **G** 30–80 µm lang, 14–30 µm breit. **L** Eine der häufigsten Zieralgen; über die ganze Erde verbreitet. Massenentwicklung in kleinen Hochmoortümpeln, darüber hinaus in allen sauren Gewässern. **B** Bildet häufig Zygoten.
6 Cylindrocystis crassa, Dicke Walzenalge. Zellen elliptisch. Chloroplasten mit zahlreichen, schmalen, radialen Platten. **G** 30–60 µm lang, 17–30 µm breit. **L** Atmophytische Art, lebt auf feuchter Unterlage an der Luft. Hochmoore; Sandsteinfelsen und Waldboden (grüne Lager). **B** Zellen in Gallerte eingeschlossen. Die Art bildet grüne, schleimige Überzüge. Die Gallerte schützt die Zellen vor dem Austrocknen.
7 Netrium digitus, Vielfinger-Zieralge. Zellen mehr oder minder spindelförmig, in der Mitte nicht eingebuchtet. Chloroplasten mit je einem stabförmigen Pyrenoid und ca. 6 Längsplatten, deren Ränder vielfach eingekerbt sind; die dadurch entstehenden Lappen zeigen abwechselnd nach rechts und links. **G** 100–400 µm lang, 30–120 µm breit. **L** Weit verbreitete Hochmooralge; lebt in Torfmoosrasen (Massenentwicklung in kleinen Schlenken). **B** *Netrium digitus* hält gegenwärtig einen Weltrekord im Pflanzenreich: Jede Zelle besitzt (haploid!) 592 Chromosomen.
8 Penium spirostriolatum, Riefen-Zieralge. Größte *Penium*-Art mit sehr deutlicher Gürtelbandbildung. Zellmembran bräunlich, mit unregelmäßig spiralig gedrehten Längsskulpturen auf der Oberfläche (4–6 Linien/10 µm). Zellenden mit Punktporen. Meist zwei Chloroplasten in jeder Halbzelle. **G** 80–400 µm lang, 15–30 µm breit. **L** In ganz Europa verbreitet: Torfmoos-Tümpel, zwischen Torfmoosrasen am Rande von Hochmoorseen, selten auch in Wiesenmooren.
9 Penium silvae nigrae, Schwarzwald-Zieralge. Deutliche Einbuchtung zwischen den Halbzellen (Isthmus). Sehr dicke Zellmembran mit Poren. Vom zentralen Teil jedes Chloroplasten gehen schmale, an den Enden gespaltene Plattenstücke ab. **G** 46–60 µm lang, 20–25 µm breit. **L** Torfmoostümpel (Norddeutschland, Schwarzwald, Wurzacher Ried). **B** Umfangreiche Gallerthülle (Tuschepräparat!). **A** *P. polymorphum;* von *P. silvae nigrae* durch dichter stehende Punktreihen, zartere Zellwand, nicht gegliederte Platten der Chloroplasten zu unterscheiden.

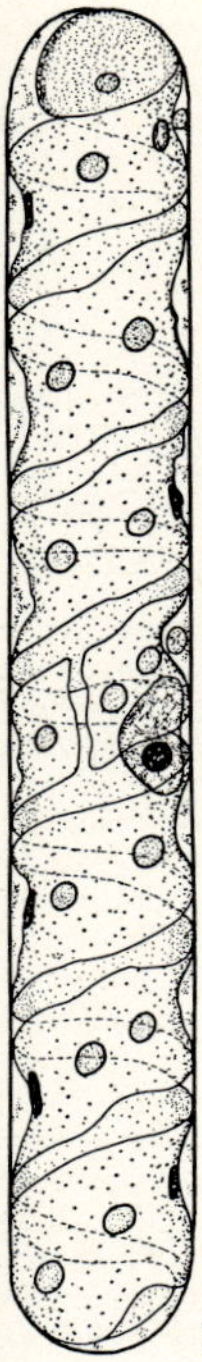
3

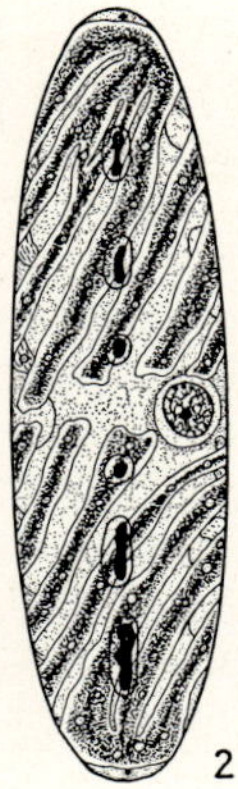
2

1

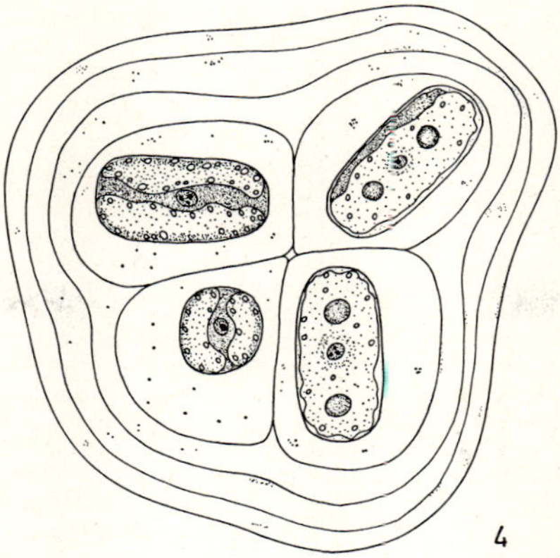
4

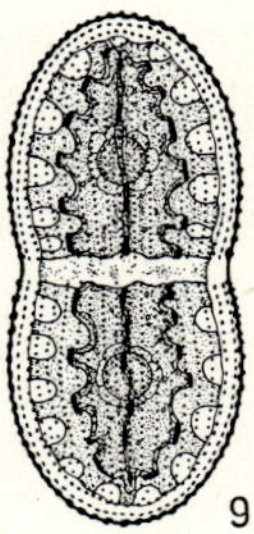
9

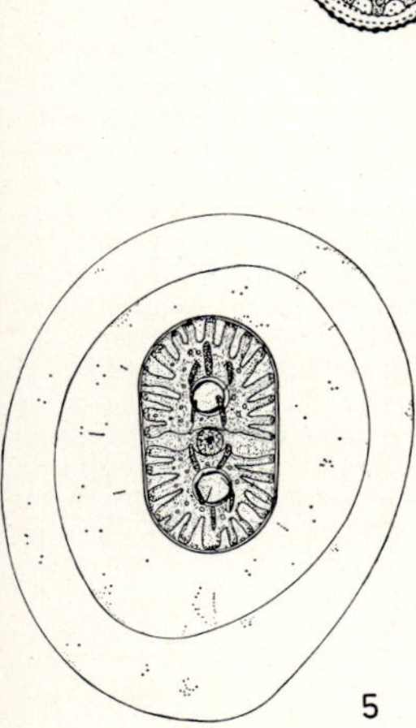
5

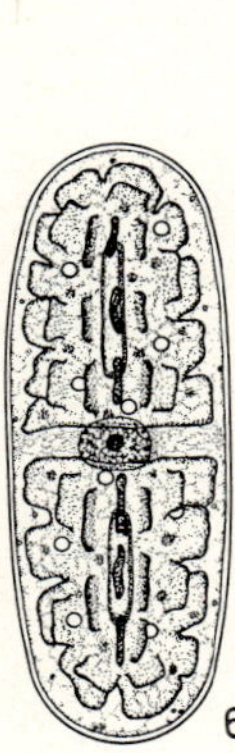
6

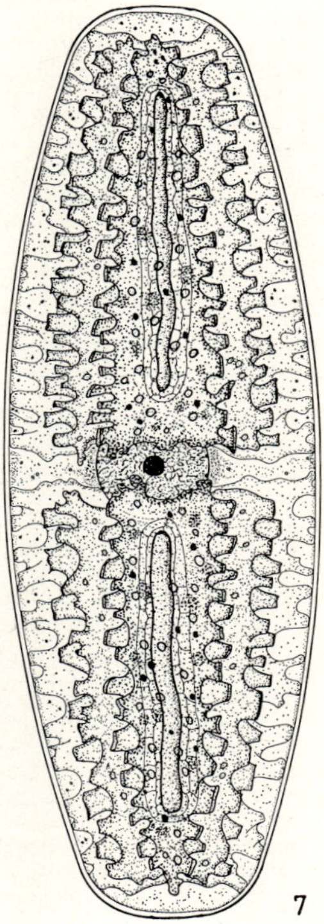
7

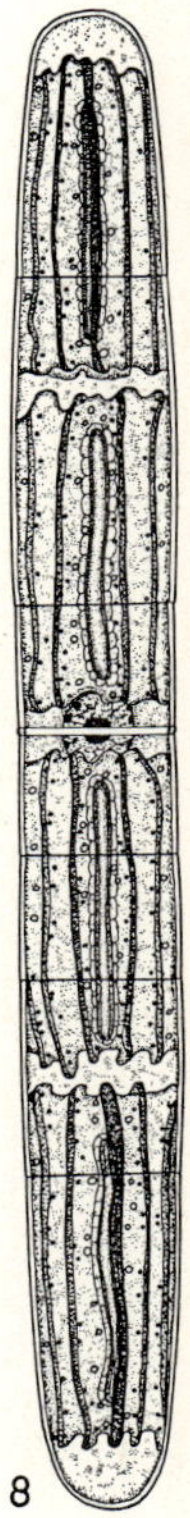
8

1 Closterium pronum, Spindelalge. Zellen schlank, kaum gebogen, Enden etwas nach innen gekrümmt. Membran glatt. Chloroplasten mit 5–10 Pyrenoiden. **G** 220–450 µm lang, 5–12 µm breit. **L** Hochmoore, Flachmoore, Altwässer; in ganz Europa häufig. **B** Eine der wenigen *Closterium*-Arten des Planktons. **A₁** *Closterium aciculare:* Noch schlanker, 390–800 µm lang, 4–8 µm breit. Im Plankton eutropher Gewässer. **A₂** *C. acutum:* Sehr ähnlich wie *C. pronum,* aber kleiner, 90–155 µm lang. Hochmoorgewässer; auch im Plankton.

2 Closterium leibleinii, Kleine Mondalge. Zellen verschieden stark gekrümmt, Innenkante in der Mitte etwas angeschwollen. Membran glatt, farblos. Chloroplasten mit je 2–4 Längslamellen und 4–8 kleinen Pyrenoiden. **G** 90–260 µm lang, 14–45 µm breit. **L** Eutrophe Gewässer, sehr häufig. **B** *C. leibleinii* ist verhältnismäßig unempfindlich gegen organische Verschmutzung der Wohngewässer. III.

3 Closterium ehrenbergii, Große Mondalge. Membran glatt, farblos, innen in der Mitte angeschwollen. Außenwand stark konvex. In den Endvakuolen längliche Gipskristalle. Chloroplasten: Im Inneren des großen, konischen Zentralstückes Vakuolen; an diesem Mittelkörper 6–10 flache Längsplatten (3–7 sichtbar); viele Pyrenoide an der Peripherie des inneren Teiles. **G** 230–880 µm lang, 44–170 µm breit. **L** Sehr häufig in neutralen Gewässern (Wasserlinsen-Tümpel, Bachbuchten, Brunnenbecken; selten in Mooren). II. **A** Varietät *malinvernianum* mit bräunlicher und feingestreifter Zellmembran.

4 Closterium moniliferum, Mondsichel. Ähnlich wie *C. ehrenbergii,* aber kleiner. Chloroplasten mit etwa 10 Lamellen und 6–7 Pyrenoiden, die – Gegensatz zu *C. ehrenbergii!* – in einer Reihe angeordnet sind. **G** 170–450 µm lang, 30–70 µm breit. **L** Fließende und stehende eutrophe Gewässer; sehr häufig. II.

5 Closterium lunula, „Möndchen". Stattliche, wenig gebogene Art mit breit gerundeten Enden. Sehr zarte Streifen und Poren der Membran selten sichtbar. Chloroplasten: Von dem dicken, vakuoligen Mittelkörper gehen etwa 15 niedrige Längsplatten aus. Pyrenoide zahlreich, zerstreut. **G** 250–1000 µm lang, 50–120 µm breit. **L** Torfmoostümpel, Wiesenmoore, sehr häufig. **B** Kommt oft gemeinsam mit *Micrasterias rotata* vor. I.

6 Closterium acerosum, Säbelalge. Wenig und gleichmäßig gebogene Art. Beide Chloroplasten mit je 6–16 Pyrenoiden, die hintereinander, aber nicht in einer Reihe stehen. **G** 250 bis 750 µm lang, 25–60 µm breit. **L** Weit verbreitet und sehr häufig: Kleingewässer wie Fischteiche, Wiesengräben, Rieselgräben. **B** Bei 2% aller Individuen finden sich Gürtelbänder. III.

7 Closterium striolatum, Streifen-Spindelalge. Zellen wenig gekrümmt, in der Mitte leicht angeschwollen oder mit parallelen Rändern. Membran gebräunt, an den Enden verdickt, mit gut erkennbaren Streifenstrukturen (5–10 Streifen auf 10 µm). Gürtelbänder sehr deutlich. Chloroplasten mit etwa 12 Längslamellen und je 5–9 Pyrenoiden. **G** 180–540 µm lang, 27–50 µm breit. **L** Häufigste Zieralge saurer Gewässer (pH 4–7). **B** Bei Gebirgsformen ist die Zellwand oft ziemlich farblos. **A** Sehr ähnlich und im gleichen Biotop vorkommend: *C. intermedium.* Unterschied zu *C. striolatum:* Höchstens 25 µm breit.

8 Closterium kützingii, Bogen-Spindelalge. Zellen sehr schlank, mittlerer Teil spindelförmig. Zellfortsätze lang ausgezogen, dünn, nach innen gebogen, chloroplastenfrei. Chloroplasten mit Längslamellen und je 4–7 Pyrenoiden. Endvakuolen nicht scharf begrenzt. **G** 270–690 µm lang, 14–27 µm breit. **L** Nicht an Torfmoos-Gewässer gebunden, meidet aber kalkreiche Seen. **B** Unempfindlich gegen Temperaturunterschiede (lebt in den Tropen und in Grönland!). **A** *C. rostratum:* Fortsätze kürzer, Zellen etwas breiter, etwa 350 µm lang, 24 µm breit. In Hoch- und Wiesenmooren höherer Lagen.

9 Pleurotaenium ehrenbergii, Band-Zieralge. Zellen schlank. Basis jeder Halbzelle mit deutlicher Anschwellung, daran anschließend bildet die Membran meist eine Welle. Chloroplasten liegen in Form welliger Bänder der Zellwand an (gewöhnlich 3 Bänder sichtbar). Zahlreiche Pyrenoide. **G** 220–700 µm lang, 15–35 µm breit. **L** Wiesenmoore, Fischteiche, nasse Randzonen von Seen, kalkhaltige Torfstiche; kommt auch in Torfmoos-Tümpeln vor. **B** Im Zellinhalt Gipskristalle.

10 Pleurotaenium truncatum, Stattliche Band-Zieralge. Enden abgestutzt, mit Warzenkranz. 6–8 Chloroplastenbänder in jeder Halbzelle sichtbar. **G** 230–760 µm lang, 40–85 µm breit. **L** Seggen-Moore, seltener zwischen Torfmoos. **A** *P. trabecula:* Zellenden glatt, 70–95 µm lang. In Kleingewässern, an Seeufern, selten zwischen Torfmoos.

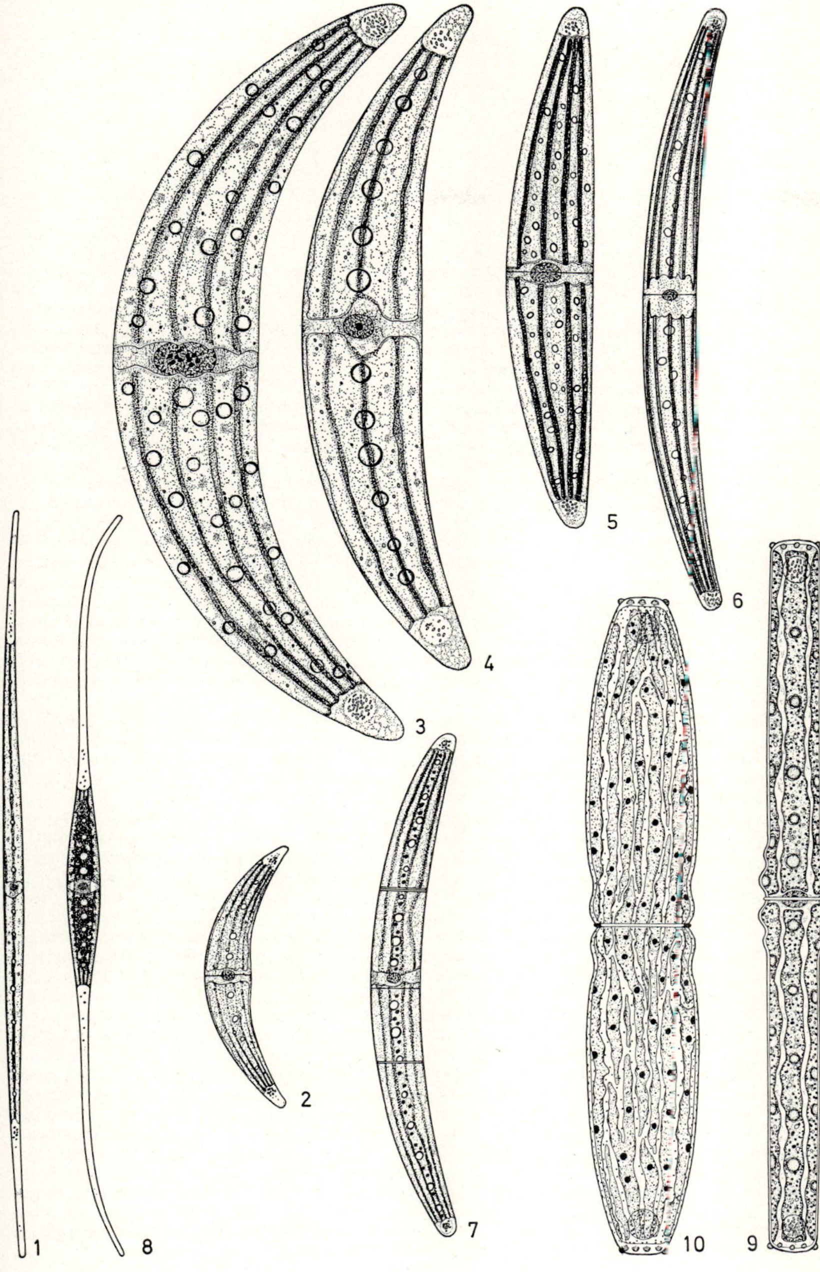
1
2
3
4
5
6
7
8
9
10

1 Tetmemorus granulatus, Körnelige Zieralge. Halbzellen verschmälern sich den Enden zu. Enden mit tiefem Einschnitt. Poren der Membran in Schrägzeilen. Beide Chromatophoren mit zahlreichen kurzen, radialen Längsplatten und 3–7 Pyrenoiden. **G** 80—260 µm lang, 20—50 µm breit. **L** Torfmoostümpel, Hochmoorgräben, selten feuchte Felsen. **B** Der Gestalt nach Übergangsform zwischen *Closterium* und *Euastrum*. Kompliziert gebauter Porenapparat, besonders in der Nähe des Apikaleinschnittes.

2 Euastrum ansatum, Henkelalge. Halbzellen länglich-trapezförmig mit nur einem, breit gerundeten Seitenlappen. Membran mit dichtstehenden, feinen Poren. 5 undeutliche Anschwellungen an jeder Halbzelle; Chloroplasten mit schwach entwickeltem Mittelteil und 4 lappigen Flügeln. **G** 60—100 µm lang, 30—50 µm breit. **L** Saure Gewässer und Flachmoore. In den Alpen bis 2200 m.

3 Euastrum didelta, Sternalge. Untere Seitenlappen der Halbzellen breit gerundet, obere durch flache Vorwölbungen angedeutet. Membran mit unregelmäßig verteilten Poren. 3 Anschwellungen an der Basis jeder Halbzelle, 2 darüber. In Scheitelansicht elliptisch. Chloroplasten mit schwach ausgebildetem Mittelteil und 4 lappigen, unregelmäßig gerandeten Flügeln. **G** 100—150 µm lang, 50—80 µm breit. **L** Hochmoore, vor allem im Gebirge. **B** Neigt zur Bildung monströser Formen.

4 Euastrum oblongum, Längliche Sternalge. Halbzellen mit je 2 breiten, leicht eingedrückten Seitenlappen, die durch einen Einschnitt voneinander getrennt sind. Poren der Membran weit voneinander entfernt. Chloroplasten im Querschnitt vierarmig. **G** 110—205 µm lang, 50—105 µm breit. **L** Hochmoore, Torfstiche, Nähe von Quellen, Randzone von Seen. **B** Am Grund des Gewässers häufig Zygoten: grau-braune, dicht mit Warzen oder Stacheln bedeckte Kugeln (Skizze). I.

5 Euastrum binale, Zweizipfel-Sternalge. Seitenlappen der Halbzellen breit gerundet, Endlappen zugespitzt. Beide Chloroplasten mit je einem zentralen Pyrenoid und flachen Randflügeln. **G** 12—30 µm lang, 10—22 µm breit. **L** Zwischen Torfmoos, Hochmoor- und Heidetümpel. **B** Wächst auch außerhalb des Wassers an feuchter Luft (atmophytisch) und kommt auf feuchten Felsen vor.

6 Euastrum denticulatum, Gezackte Sternalge. Im Umriß kantig, Kanten enden in Zähnchen. Mittlere Anschwellungen der Halbzellen mit 3 länglichen Warzen in Form eines Dreiecks. **G** 19—32 µm lang, 14—25 µm breit, 9—15 µm dick. **L** Anpassungsfähige Art: Massenvorkommen oft in Seggenteichen, in kleinen Alpenseen und Flachmoorteichen. Zwischen Torfmoos nur gelegentlich.

7 Euastrum elegans, Hübsche Sternalge. Scheitel hochgewölbt (Gegensatz zu *E. denticulatum*). Polarlappen mit je einem Zähnchen. Auf den Flächen der Mittelanschwellungen der Halbzellen je 3 längliche Warzen. Chloroplasten mit zentralen Pyrenoiden. **G** 23—44 µm lang, 14—29 µm breit. **L** In ganz Europa zwischen Torfmoos und in Torfstichen, im Gebirge auch in Seen ohne Torfmoos.

8 Euastrum bidentatum, Zweizacken-Sternalge. Oberer Seitenlappen vom unteren durch einen flachen, weiten Einschnitt getrennt. Scheitel vorgewölbt, Polarlappen in der Mitte mit einer scharfen, zahnartigen Kante. Zellmembran mit kleinen Warzen. Im Zentrum jeder Halbzelle zwei Mittelporen. Chloroplasten mit 1 oder 2 Pyrenoiden. **G** 45—65 µm lang, 27—41 µm breit, 20—24 µm dick. **L** Häufig in Torfmoosgewässern, Torfgräben, Flachmooren, Heidetümpeln. **B** Sehr konstante Form, nur Ornamente der Oberfläche variabel. **A** Von *E. elegans* vor allem durch die (doppelte) Größe zu unterscheiden. *E. elegans* besitzt keinen oberen Seitenlappen.

9 Euastrum verrucosum, Warzen-Sternalge. Zellen nur wenig länger als breit. Untere Seitenlappen weit ausladend, obere gerundet. Zellmembran mit groben Warzen. Mittelanschwellungen halbkugelig, darauf in Kreisen angeordnete Warzen. Jede Halbzelle enthält 2 Chloroplasten mit je einem großen Pyrenoid. **G** 75—115 µm lang, 65—105 µm breit, 44—55 µm dick. **L** Zwischen Torfmoos, in Flachmoortümpeln, zwischen Schilf der Seeufer. Im Gebirge häufiger als im Flachland. **B** Krieger beschreibt 19 Varietäten und bildet sie ab.

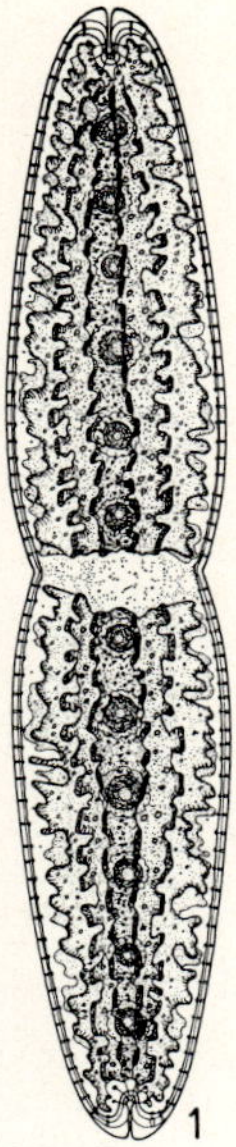
1

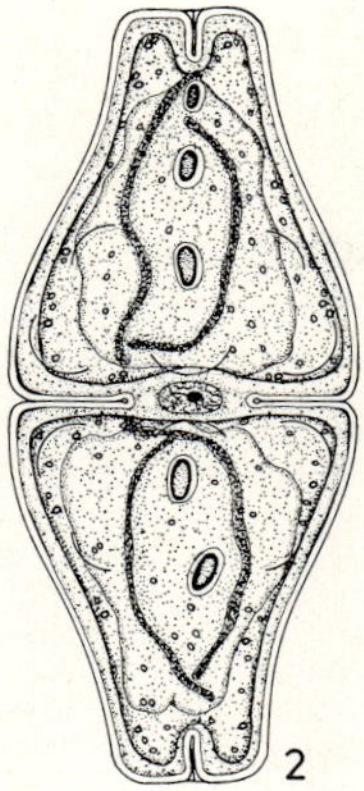
2

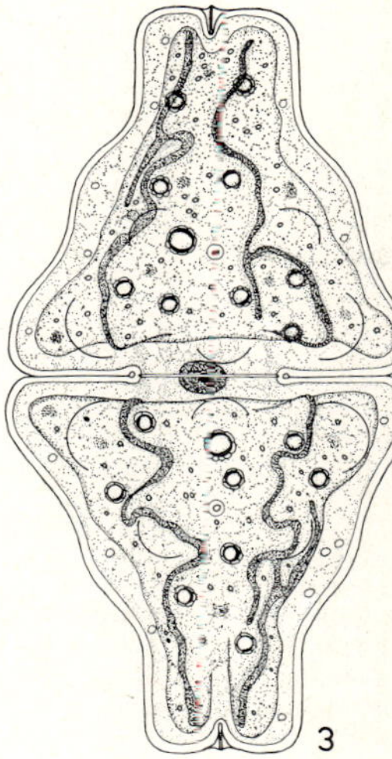
3

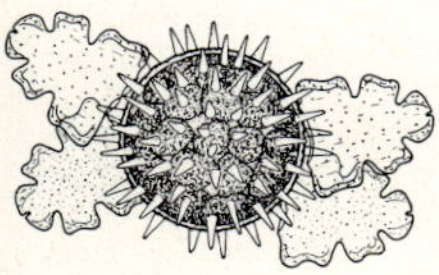

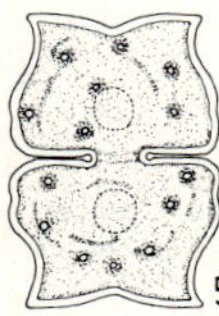
5

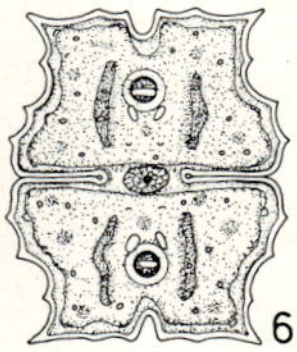
6

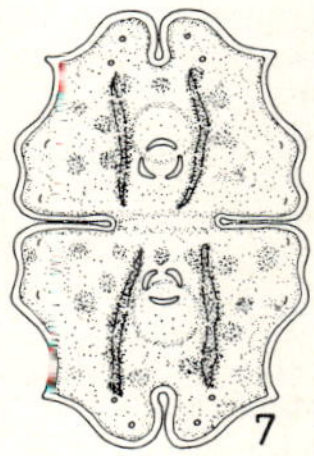
7

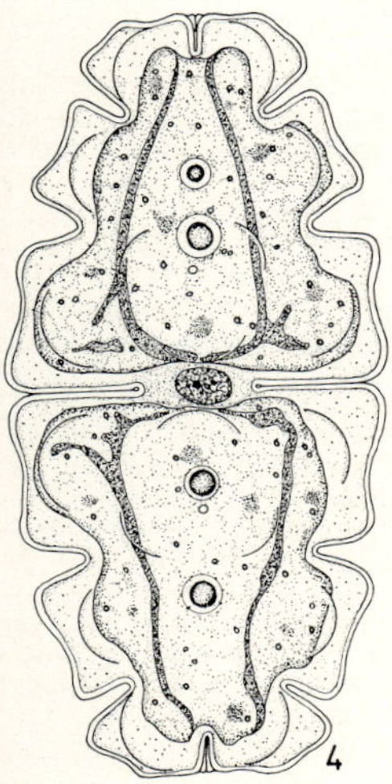
4

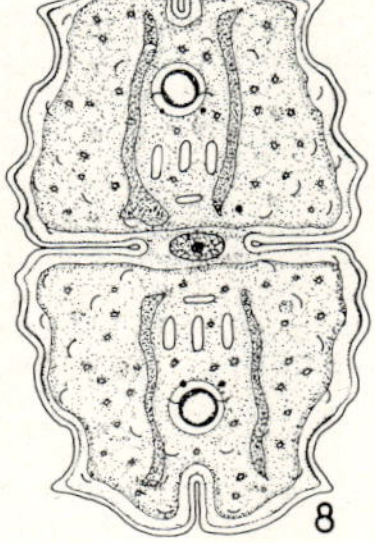
8

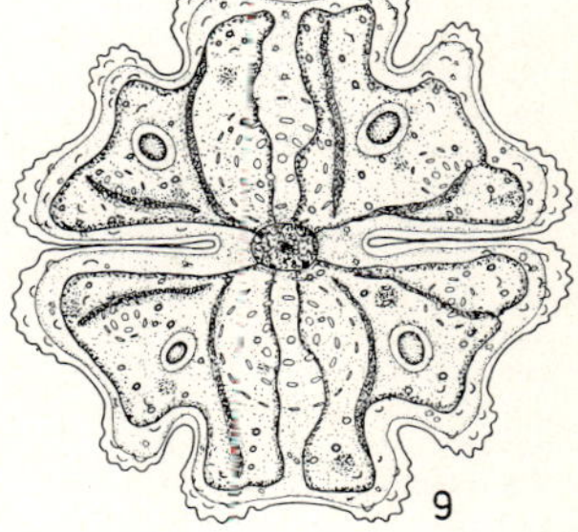
9

1 **Micrasterias pinnatifida,** Flügelalge. Kleine *Micrasterias*-Art mit waagerecht abstehenden Seiten- und Polarlappen. Alle Lappen zweispitzig. Zellmembran mit feinen Poren. Chloroplasten jeder Zellhälfte flach, mit gebogenen Längsplatten. **G** 40—80 µm lang, 37—84 µm breit, 15—20 µm dick. **L** In Europa und Nordamerika häufig in größeren Torfmoosgewässern und Torfstichen. **B** Gelegentlich Teilungsanomalien und dreistrahlige Formen.

2 **Micrasterias truncata,** Gedrungene Sternchenalge. Seitenlappen kurz und breit, jeder nochmals unterteilt. Scheitel sehr breit. Längsleisten der Chloroplasten an den Rändern meist verdoppelt. Wenige Pyrenoide. **G** 75—145 µm lang, 74—135 µm breit, 36—52 µm dick. **L** Im Bergland häufig in Hochmooren, Torfstichen, Heidetümpeln, Torfmoosgräben. **B** Häufig Formanomalien. Ölartige Ausscheidungen auf Zelloberfläche. Erträgt starke Austrocknung. I.

3 **Micrasterias americana,** Amerikanische Sternchenalge. Polarlappen durch tiefe Einschnitte von den unteren Teilen der Halbzellen getrennt. Zwischen den Polarlappen 2 kleinere Lappen, der eine nach vorne, der andere nach hinten verschoben. Seitenlappen unregelmäßig bedornt. Chloroplasten mit unregelmäßigen Leisten. **G** 104—160 µm lang, 85—145 µm breit, ca. 45 µm dick. **L** Heidetümpel, Torfmoosgewässer. Nur zerstreut vorkommend, aber kosmospolitisch.

4 **Micrasterias crux melitensis,** Malteserkreuz-Alge. Weiter, am Grunde spitzer Einschnitt zwischen Polar- und Seitenlappen. Alle Seitenlappen 2. Ordnung mit 2 Spitzen. Chloroplasten mit wenigen Pyrenoiden. **G** 85—165 µm lang, 80—150 µm breit, 20—35 µm dick. **L** Häufig in Hochmooren, Torfstichen, Schlafmoos-Lachen, am Rande nährstoffarmer Seen. **B** Erträgt schwach kalkhaltiges Wasser. Kosmopolit.

5 **Micrasterias radiata,** Strahlenstern. Beide Halbzellen normalerweise mit je 4 Seitenlappen 2. Ordnung. Teilung des unteren Seitenlappens jedoch oft unterdrückt. Polarlappen schlank, zweistachelig. Chloroplasten mit unregelmäßigen Längsplatten. **G** 130—250 µm lang, 110—200 µm breit, 30—40 µm dick. **L** In Torfmoosgewässern, Torfstichen, an sumpfigen Seeufern, zerstreut. **B** Kann sich längere Zeit im Plankton halten. Es kommen auch dreistrahlige Formen vor.

6 **Micrasterias apiculata,** Stachelstern. Seitenlappen bis zur 3. Ordnung entwickelt, Polarlappen am Ende mit 2 Stacheln. Sicherstes Erkennungsmerkmal: Links und rechts vom Scheitel je 2 längere Stacheln. Ganze Zellmembran mit radialen Stachelreihen übersät. **G** 170—300 µm lang, 140—250 µm breit, 50—90 µm dick. **L** In ganz Europa zerstreut, in größeren Mengen manchmal in schwach sauren Torfmoospolstern, in Torfstichen, am Rande kleiner Seen. **B** Oft mit langen Stielen (Bewegungsgallerte!).

7 **Micrasterias fimbriata,** Fransenstern. Alle Lappen der Zelle mit sehr deutlichen, oft etwas gekrümmten Stacheln besetzt. Scheitel eingesenkt, von 2 besonders kräftigen Stacheln flankiert. Polarlappen zweistachelig. Zellmembran mit zerstreuten Poren. **G** 196—290 µm lang, 180—250 µm breit. **L** Schwach saure bis neutrale Torfmoosgewässer; am Rande kalkarmer Klarwasserseen; zerstreut. **A** Im gleichen Lebensraum *M. papillifera* mit aufrecht stehenden, zweizähnigen Polarlappen. An den Einschnitten Längsreihen von Stacheln.

8 **Micrasterias rotata,** Radalge. Sehr große *Micrasterias*-Art. Seitenlappen voneinander und von den Polarlappen durch sehr enge Einschnitte getrennt. Polarlappen zweispitzig. Beide Chloroplasten mit zahlreichen Pyrenoiden. Im Scheitelteil häufig Gipskristalle. **G** 200—360 µm lang, 165—305 µm breit, 50 µm dick. **L** Häufig im Torfmoosrand von Hochmoortümpeln, in Torfstichen und Flachmooren; daneben in der nassen Randzone schattiger Waldtümpel. **B** Poren der Membran stehen an den Enden der Mittellappen sehr dicht (Ausbildung der Bewegungsgallerte!).

9 **Micrasterias denticulata,** Zackenstern. Einschnitte zwischen den Lappen sehr eng. Scheitel winkelig eingesenkt. Polarlappen ohne Stacheln. Seitenlappen bis zur 4. Ordnung. Chloroplasten mit zahlreichen Pyrenoiden. **G** 180—350 µm lang, 165—300 µm breit, ca. 60 µm dick. **L** Zwischen Torfmoos; häufig. **A** *M. thomasiana*. Nicht an Torfmoosgewässer gebunden, erscheint auch im Plankton. Enden der Seitenlappen rechtwinkelig, nicht lang bedornt. Zelloberfläche mit kräftigen Fortsätzen. Scheitel winkelig eingesenkt, jederseits spitz ausgezogen.

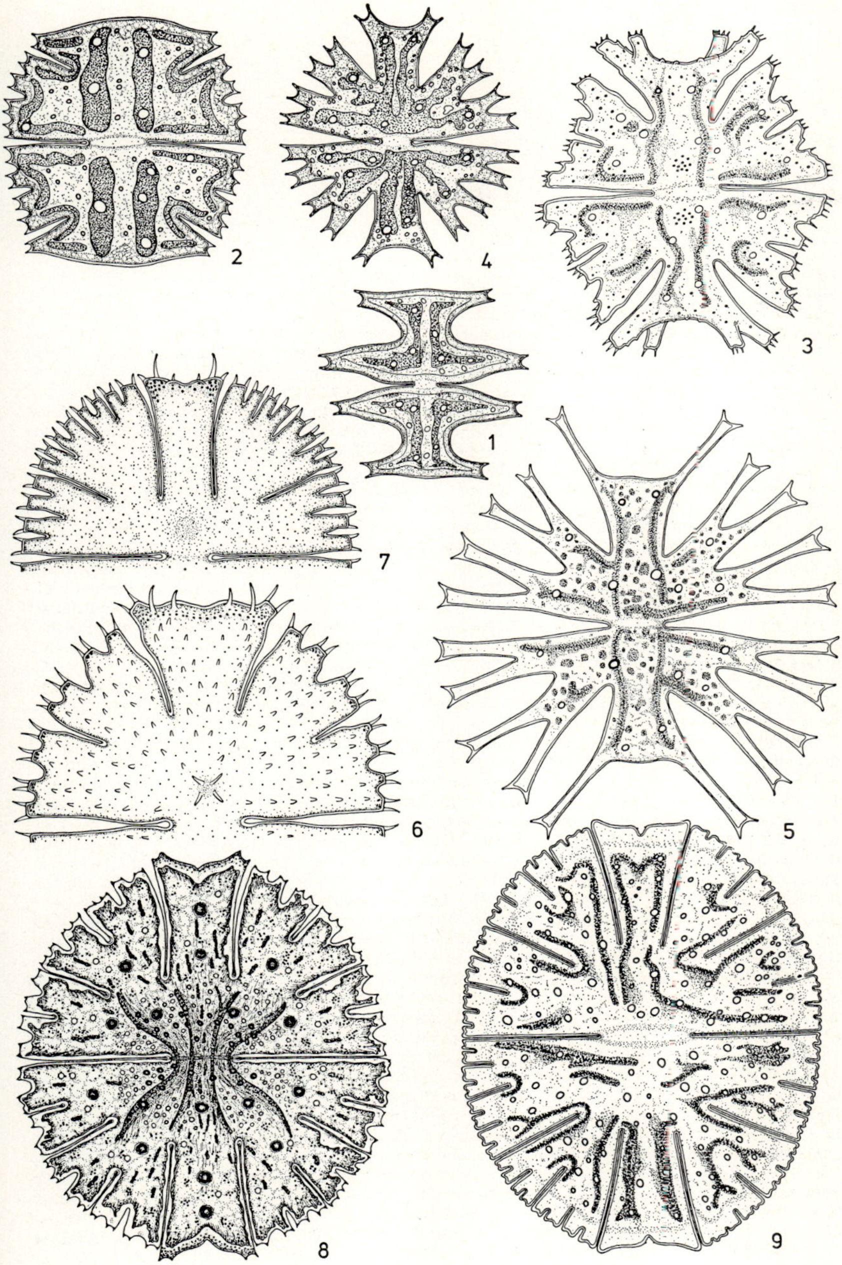
2
4
3
1
7
5
6
8
9

1 Cosmarium biocululatum, Doppelaugen-Alge. Winzige, tief eingeschnittene Zellen. Halbzellen elliptisch. Wand zart und farblos. Chloroplasten mit je 1 Pyrenoid. **G** 15–21 µm lang und breit. **L** Moosrasen, Plankton; weltweit verbreitet.

2 Cosmarium granatum, Zartkörnige Zieralge. Zellen klein, tief eingeschnürt. Seiten gerade oder leicht konvex, selten konkav. Membran sehr fein punktiert. Chloroplasten mit 4 Flügeln und je 1 Pyrenoid. **G** 26–47 µm lang, 19–30 µm breit, 10–17 µm dick. **L** Fast in allen Gewässertypen, auch im Plankton; eine der weitest verbreiteten Zieralgen.

3 Cosmarium pyramidatum, Pyramiden-Schmuckalge. Zellen groß, mit sehr enger Einschnürung. In Aufsicht elliptisch. Membran mit winzigen Wärzchen bedeckt. Chloroplasten mit je 2 Pyrenoiden; ihre Flügel dicht unter der Zellwand reich gelappt. **G** 60–100 µm lang, 45–62 µm breit, 27–36 µm dick. **L** Torfmoore und Torfstiche; verbreitet.

4 Cosmarium venustum, Anmutige Zieralge. Zellen klein, sehr tief eingeschnürt. Seiten gewellt. In Aufsicht elliptisch. Membran sehr fein punktiert. Chloroplasten mit je 1 Pyrenoid. **G** 32–42 µm lang, 22–32 µm breit. **L** In Hochmoorseen und zwischen Torfmoos. **B** Wellung der Seiten variiert sehr stark, selbst bei Individuen vom selben Fundort.

5 Cosmarium meneghinii, Achtecks-Zieralge. Zellen klein, ungefähr achteckig. Einschnitt tief und eng. Chloroplasten mit je 1 zentralen Pyrenoid. **G** 13–24 µm lang, 9,5–17 µm breit. **L** Sehr weit verbreitet, kommt auch im Plankton vor. **B** Variiert stark, bis zu Formen, die *C. venustum* oder *C. laeve* sehr ähnlich sind. **A** Nahe verwandt *C. regnelli* mit vorstehenden seitlichen Ecken und breitem, geradem Scheitel. *C. regnelli* f. *catenata* bildet Ketten (5 a).

6 Cosmarium laeve, Unscheinbare Zieralge. Zellen klein, sehr tief eingeschnitten. Membran mit punktförmigen Wärzchen. Chloroplasten mit je 1 zentralen Pyrenoid. **G** 14–34 µm lang, 11,5–23 µm breit. **L** Kleine Seen, Tümpel, Teiche, nasse Felsen, seltener in Torfmoos-Gewässern; weit verbreitet.

7 Cosmarium cucurbita, Kürbis-Zieralge. Zellen klein, fast zylindrisch, doppelt so lang wie hoch, in der Mitte wenig eingeschnürt. Membran mit Poren. In Aufsicht rund. Chloroplasten mit 1 zentralen Pyrenoid und mehreren unregelmäßigen Randlamellen. **G** 30–50 µm lang, 15–24 µm breit. **L** Torfmoostümpel, zwischen Torfmoosrasen.

8 Cosmarium palangula, Längsstreifen-Zieralge. Zellen klein, zylindrisch, dreimal so lang wie breit. Scheitel gerundet. In Aufsicht rund. Chloroplasten mit 1 zentralen Pyrenoid und Längsflügeln. **G** 32–48 µm lang, 14–17 µm breit. **L** Torfmoostümpel und zwischen Torfmoosrasen.

9 Cosmarium ornatum, Schmuckalge. Zellen klein, Halbzellen ausgebauchten Vasen ähnlich. Seitliche Ränder mit 7–9, Scheitel mit 7 Warzen. Chloroplasten mit je 2 Pyrenoiden. **G** 32–40 µm lang und breit, 23 µm dick. **L** Zwischen Torfmoos und am Rande von Seen. **B** Körnelung der Membran sehr variabel. **A** Halbzellen mehr pyramidenförmig, 60–80 µm lang: *C. turpinii*. Nicht zwischen Torfmoos, sondern in der nassen Randzone von Seen (9 a).

10 Cosmarium reniforme, Nieren-Zieralge. Zellen mittelgroß, tief eingeschnitten, in Aufsicht elliptisch. Halbzellen nierenförmig. Membran mit kleinen Warzen (am Rand jeder Halbzelle 30–33 sichtbar). Chloroplasten mit je 2 Pyrenoiden. **G** 46–57 µm lang, 44–54 µm breit. **L** Seeufer, Ränder von Tümpeln und Teichen (häufig), Moos von Quellen.

11 Cosmarium brebissonii, Warzen-Zieralge. Zellen groß, dicht mit konischen Warzen übersät. Zwischen den Warzen dichtstehende Poren. Chloroplasten geflügelt, mit je 2 Pyrenoiden. **G** 90–110 µm lang, 70–80 µm breit, 50–60 µm dick. **L** Hochmoore, zwischen untergetauchtem Torfmoos

12 Cosmarium praemorsum, Dörnchen-Zieralge. Zellen mittelgroß, Membran ungleichmäßig gekörnelt. An den seitlichen Rändern ungefähr 8 spitzige Wärzchen, die scheitelnahen beträchtlich größer als die an den basalen Rundungen. Im Zentrum jeder Halbzelle unregelmäßig angeordnete, größere Papillen in wechselnder Zahl. Chloroplasten mit je 2 Pyrenoiden. **G** 47–55 µm lang, 43–51 µm breit. **L** Nasse Randzone und Ufer größerer Seen und Teiche, zwischen Torfmoos selten. **A** Papillen durchweg gleich groß, sehr regelmäßig angeordnet: *C. margaritiferum*. In Hochmooren sehr verbreitet.

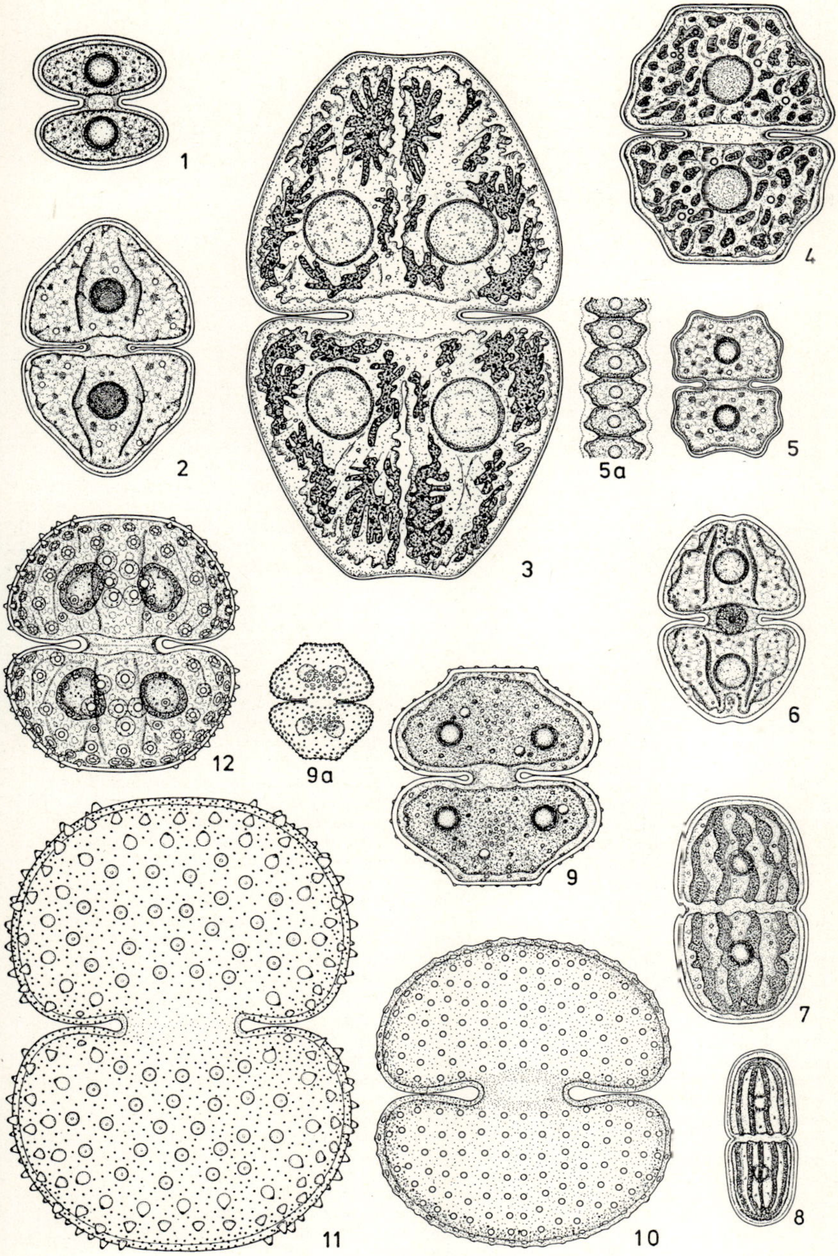
1
2
3
4
5a
5
6
12
9a
9
7
8
11
10

Jochalgen (Zieralgen)

1 Cosmarium humile, Kleine Zieralge. Sehr kleine Art. Halbzellen trapezförmig mit breitem, 2–4fach gewelltem Scheitel. Im Zentrum jeder Halbzelle eine große Warze. Chloroplasten mit je 1 Pyrenoid. **G** Um 15 µm lang, um 14 µm breit. **L** Randzone größerer Teiche und Seen, selten in Hochmooren; sehr verbreitet. **B** Die sehr kleinen Zellen können sich lange schwebend halten; daher auch im Plankton anzutreffen.

2 Cosmarium formosulum, Edel-Zieralge. Einschnitt zwischen den Halbzellen sehr tief. Konvexe Seiten der Halbzellen mit je 6 oder 7 Höckerchen; obere 3 Höcker mit je 2 Wärzchen. Scheitel breit mit etwa 4 Wellen. Im Zentrum jeder Halbzelle eine Anschwellung mit 5–7 vertikalen Reihen von Körnchen. Chloroplasten mit Flügeln und je 2 Pyrenoiden. **G** 40–50 µm lang, 34–40 µm breit, 22–25 µm dick. **L** Moore, morastige Seen, häufig ins Plankton verfrachtet; sehr häufig und weit verbreitet.

3 Cosmarium botrytis, Eiförmige Zieralge. Groß, tief eingeschnürt, eiförmig. Membran unregelmäßig mit Wärzchen besetzt. Chloroplasten mit je 2 Pyrenoiden. **G** 65–90 µm lang, 51–68 µm breit, 33–40 µm dick. **L** Randzone von Teichen und Seen, Moore, feuchte Felsen; kosmopolitisch verbreitet. **B** Viele Varietäten. III. **A** Ähnlich, aber nur in Mooren: *C. tetraophthalmum;* ohne Wärzchen am Scheitel, 90–120 µm lang.

4 Xanthidium armatum, Waffenalge. Zellen groß, mit 3- oder 4zinkigen Fortsätzen. Halbzellen etwa achteckig, im Zentrum mit großer Warze. 4 Chloroplasten in jeder Halbzelle, mit mehreren Pyrenoiden. **G** 120–180 µm lang, 78–125 µm breit, 63–68 µm dick. **L** Torfmoos-Gewässer (oft massenhaft), zwischen Moosen an Seerändern.

5 Xanthidium antilopaeum, Gazellen-Alge. Zellen mittelgroß, tief eingeschnitten. Ecken der Halbzellen schwach gerundet, Seiten und Scheitel fast gerade. An jeder der 4 Ecken ein Paar einfacher, gerader oder leicht gekrümmter Stacheln. In Aufsicht elliptisch. Wand fein punktiert. 4 Chloroplasten in jeder Halbzelle mit je 1 Pyrenoid. **G** Mit Stacheln 55–115 µm lang, 60–110 µm breit. **L** Zwischen Moosen an sumpfigen Rändern von Seen und Teichen, selten in Torfstichen oder Moorseen.

6 Arthrodesmus indentatus, Langdornige Zieralge. Typisch für *A.*-Arten: In einer medialen Ebene liegende, einfache Dornen. Seiten über der Einschnürung etwas eingedellt. Dornen lang und kräftig, meist auseinanderweichend, selten horizontal. Membran unregelmäßig mit Poren besetzt. 1 Chloroplast in jeder Halbzelle. **G** Ohne Stacheln 25–30 µm lang, um 20 µm breit. **L** Zwischen Moosen an sumpfigen und nassen Stellen am Rande von Seen; in Mooren. Häufig.

7 Arthrodesmus convergens, Kurzdornige Zieralge. Mittelgroße, sehr tief eingeschnittene Zellen. Halbzellen ungefähr elliptisch. Seitliche Ecken mit je 1 kurzen, leicht gebogenen Dorn. In jeder Halbzelle 1 Chloroplast mit 1 zentralen Pyrenoid. **G** Ohne Stacheln 33–54 µm lang, 40–65 µm breit, 18–25 µm dick. **L** Randzone von Gewässern, Moore. Im Plankton sind die Stacheln häufig reduziert. **B** Formen, bei denen einer oder beiden Halbzellen die Stacheln fehlen, sind nicht selten.

8 Staurastrum punctulatum, Gekörnelte Zieralge. Zellen klein, tief eingeschnürt, Halbzellen meist etwas gegeneinander verdreht. In Aufsicht dreieckig. Membran einheitlich mit abgeflachten Körnchen bedeckt. **G** 26–40 µm lang, 23–36 µm breit. **L** Moore, Sümpfe, Moosgürtel von Teichen; weit verbreitet und häufig. I.

9 Staurastrum dickiei, Kleiner Stachelstern. Zellen klein, mit tiefer, aber weiter Einschnürung. Scheitel leicht gerundet. Typisch die kurzen und leicht gebogenen Stacheln. Jede Halbzelle mit 1 Chloroplast. **G** Ohne Stacheln 35–45 µm lang und breit. **L** Fast alle Gewässertypen, besonders in Hoch- und Wiesenmooren oft massenhaft.

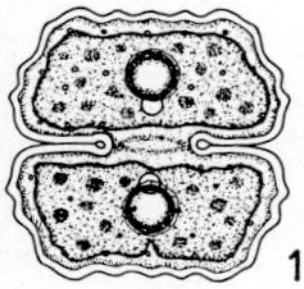
1

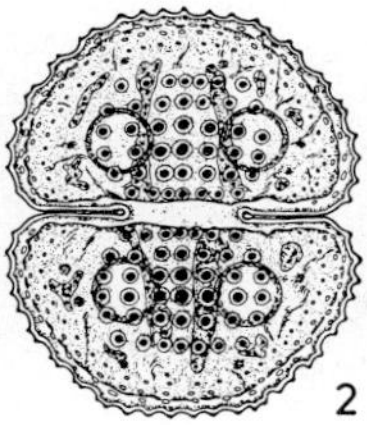
2

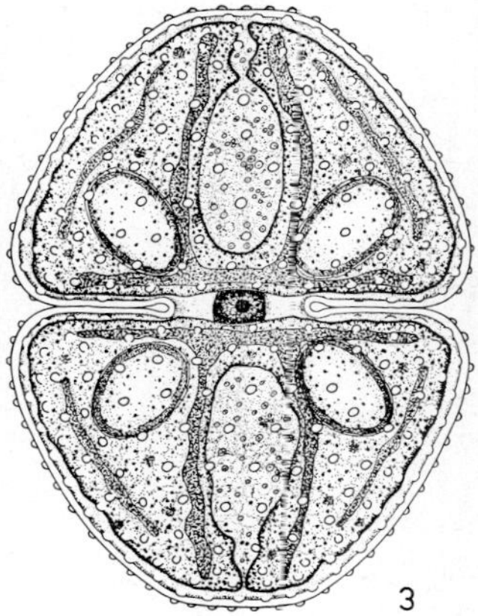
3

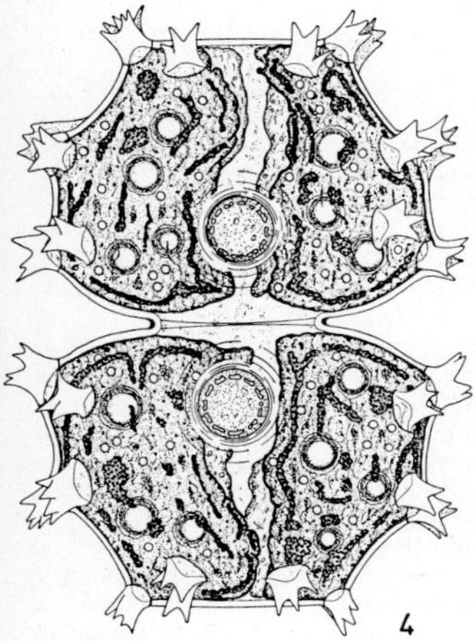
4

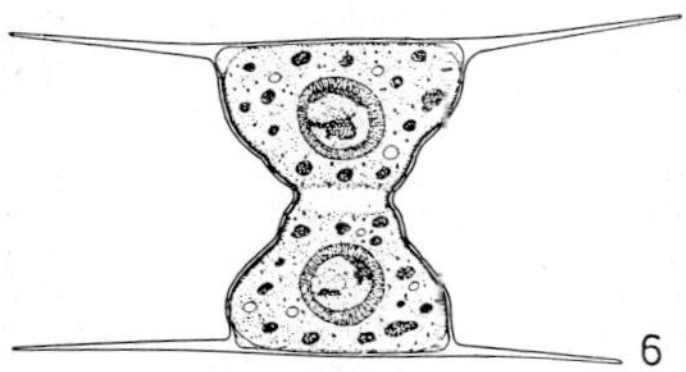
6

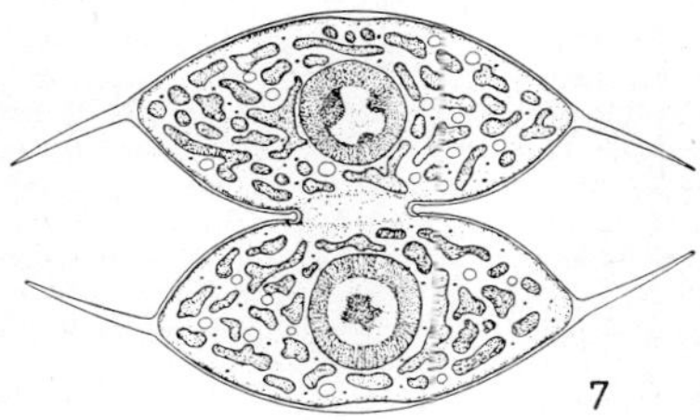
7

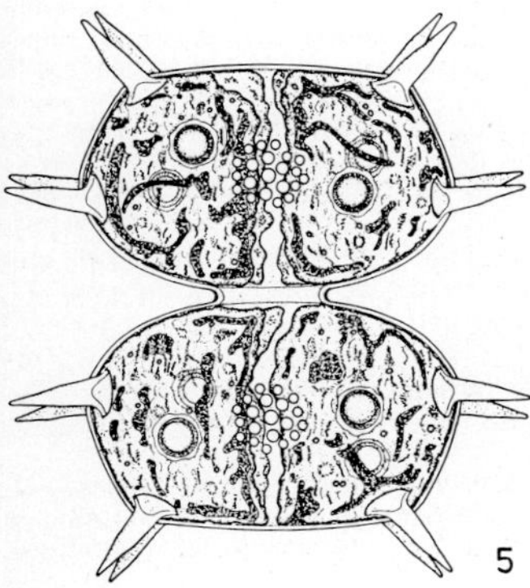
5

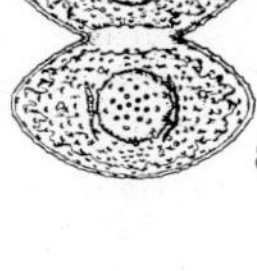
8

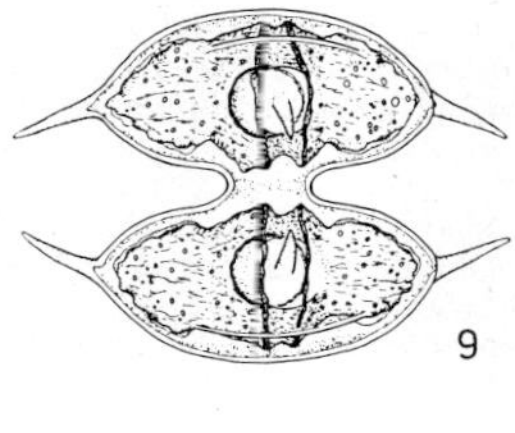
9

Jochalgen (Zieralgen)

1 Staurastrum dejectum, Sechsstrahliger Stachelstern. Umriß der Halbzellen ungefähr dreieckig, an jeder Ecke ein langer Stachel. Form und Ansatzstellen der Stacheln variieren. Chloroplast mit je 1 zentralen Pyrenoid. **G** Ohne Stacheln 18–27 µm lang und breit. **L** Im Plankton häufig und weit verbreitet.

2 Staurastrum cuspidatum, Dreizack-Stachelstern. Klein; an dem langen, zylindrischen Isthmus, der die Länge einer Halbzelle erreicht, sofort zu erkennen! Ecken enden in je einem kräftigen Stachel, der waagerecht oder gegen die Mittelebene geneigt verläuft. In Aufsicht dreieckig, selten viereckig. **G** Ohne Stacheln 20–30 µm lang, 18–28 µm breit. Stacheln zwischen 5 und 12 µm lang. **L** Plankton von Seen und Teichen in Ufernähe, am Ufer im Schlamm und Spülsaum; sehr häufig und weit verbreitet.

3 Staurastrum teliferum, Morgenstern-Zieralge. Zellen tief eingeschnürt, Halbzellen im Umriß elliptisch mit breitgerundeten Ecken. Mit kurzen und kräftigen Stacheln bestückt. Chloroplasten mit je 1 Pyrenoid und 1 Mittelstück, von dem aus in jede Ecke ein Flügelpaar zieht. **G** Ohne Stacheln 32–56 µm lang, 27–37 µm breit. **L** In Mooren sehr häufig, dort auch im Plankton.

4 Staurastrum gracile, Zierlicher Stachelstern. Ecken in kräftige Arme ausgezogen. Jeder Arm von 3 oder 4 winzigen Stacheln gekrönt. Wichtig: Arme stehen horizontal oder konvergieren leicht (Unterschied zu *St. paradoxum*). Auf den Armen winzige Zähnchen. **G** 30–60 µm lang, einschließlich der Arme 50–110 µm breit. **L** Rand und Uferzonen sauberer Seen, von dort ins Plankton verfrachtet. Weit verbreitet. **B** Sehr viele Standortmodifikationen.

5 Staurastrum paradoxum, Sechsarmiger Dornenstern. Zellen klein bis mittelgroß mit divergierenden Fortsätzen. Fortsätze mit kleinen Zähnchen besetzt, mit 3 oder 4 Dörnchen endend. In Aufsicht 3- oder 4strahlig. **G** 20–36 µm lang, mit Fortsätzen 40–70 µm breit. **L** Plankton verschiedener Gewässer; häufig und weltweit verbreitet.

6 Staurastrum tetracerum, Vierzipfel-Stachelstern. Zellen klein, mit langen, stark divergierenden, gewellten Armen. Charakteristisch: Halbzellen gegeneinander verdreht (6 a). Jede Halbzelle bildet meist 2 Fortsätze; dreiarmige Formen sind jedoch häufig. **G** Ohne Arme 7–10 µm, mit Armen 25–30 µm lang. **L** Plankton stark eutropher Uferstellen; weltweit.

7 Staurastrum polymorphum, Vielgestaltiger Stachelstern. In der Form sehr variabel. Die kurzen und kräftigen Fortsätze sowie der Körper mit winzigen Zähnchen bzw. Wärzchen bedeckt. In Aufsicht drei- bis siebeneckig. **G** 20–30 µm lang, mit Armen 21–43 µm breit. **L** Schlamm und Aufwuchs kleiner Seen. **A** Halbzellen stark gegeneinander verdreht: *St. inflexum.*

8 Staurastrum aculeatum, Igel-Zieralge. Zellen tief eingeschnürt. Ecken der Halbzellen mit 3 oder 4 kräftigen Stacheln. Weitere Stacheln auf den Scheiteln und auf einer Querlinie. In Seitenansicht drei- oder viereckig. **G** 33–50 µm lang, 50–60 µm breit. **L** Moorige Gewässer, auch planktisch. **A** Mediane Stacheln der unteren Reihe gegabelt: *St. vestitum.*

9 Hyalotheka dissilens, Glashüllen-Alge. Zellen kaum eingeschnürt, an den breiten Scheiteln zu langen, fädigen Kolonien vereinigt. Kolonien in breiter Gallerthülle. **G** Einzelzellen 10–33 µm lang, 10–40 µm breit. **L** Moore und Entwässerungsgräben; sehr häufig, oft massenhaft. **A** Mitteleinschnürung fehlt: *H. mucosa.*

10 Desmidium swartzii, Ketten-Zieralge. Einzelzellen in Aufsicht dreieckig, etwas gegeneinander verdreht. Jede Ecke mit einer flachen Emporwölbung, die den Kontakt zur Nachbarzelle vermittelt. Hüllgallerte undeutlich. **G** 12–20 µm lang, 35–50 µm breit. **L** Moore und Entwässerungsgräben; häufig, oft massenhaft.

11 Desmidium cylindricum, Rundzellige Ketten-Zieralge. Zellen in Aufsicht elliptisch mit gerundeter Vorbuchtung an beiden Polen. Seitenränder der Halbzellen mit 2 flachen Wellen. **G** Einzelzellen 25 µm lang, bis 56 µm breit. **L** Moore; häufig und weit verbreitet, nie massenhaft.

12 Desmidium coarctatum, Gewellte Ketten-Zieralge. Zellen höher und schmaler, Scheitel weniger breit als bei *D. cylindricum.* **G** 25–35 µm lang, um 35 µm breit. **L** Saure Moorgewässer.

13 Gymnozyga (Bambusina) moniliformis, Halsbandalge. Mediane Einschnürung fehlt fast völlig, im Gegensatz zu *Desmidium.* Zellen hängen am breiten Scheitel zusammen, sie sind in Aufsicht kreisrund. **G** Einzelzellen 25–30 µm lang, 18–23 µm breit. **L** Moorseen und Torfstiche, planktisch.

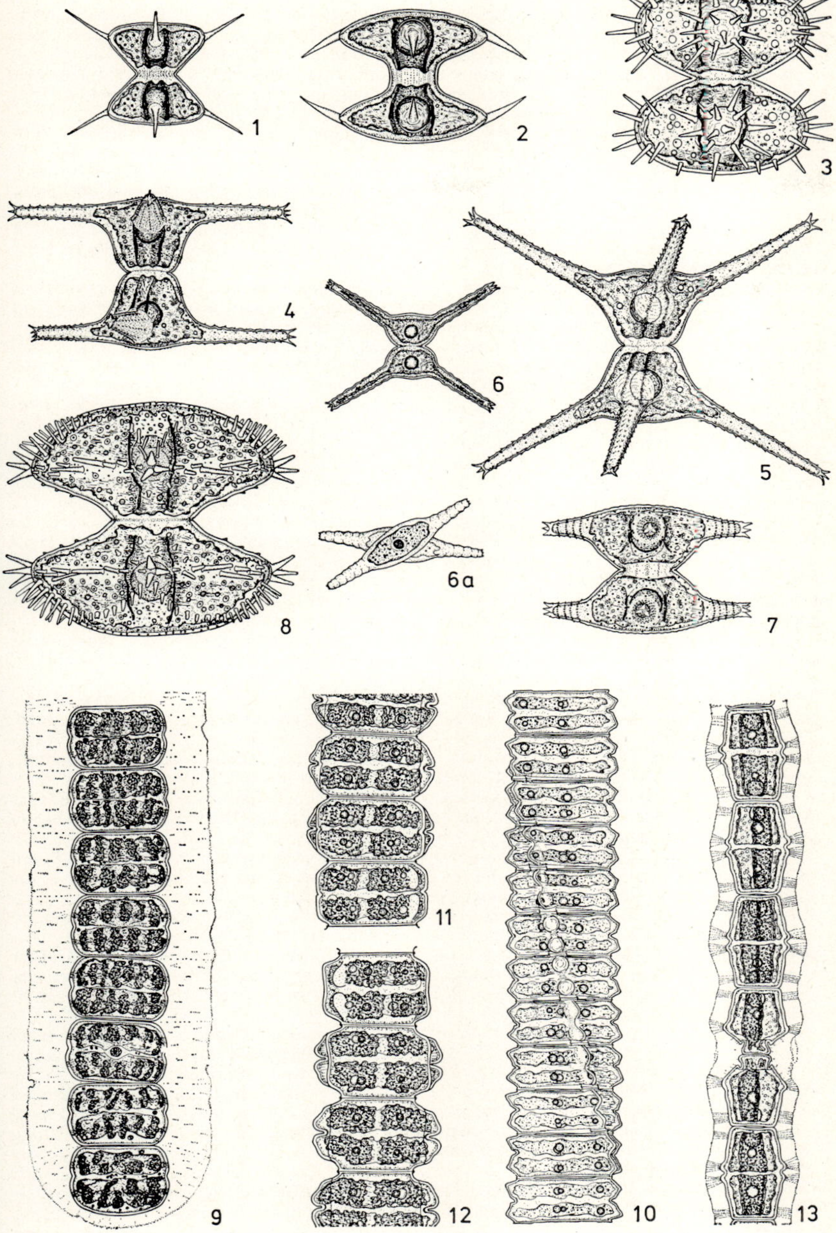
1
2
3
4
5
6
6a
7
8
9
10
11
12
13

Jochalgen (Faden-Jochalgen)

Gattung Spirogyra, Schraubenalgen. Schleimige, freischwimmende Watten aus grünen, unverzweigten Fäden. Zellen zylindrisch. Membranen zweischichtig. Chloroplasten bandförmig, bilden linksgewundene Wendeln; viele Pyrenoide (B). Sexuelle Fortpflanzung durch leiterförmige Kopulation zweier Fäden, Verschmelzung der Protoplasten in einem Faden und Zygotenbildung (A). Reife Zygoten mit dreischichtiger Membran: Exospor, Mesospor, Endospor. Nicht kopulierende Arten unbestimmbar. In Mitteleuropa mindestens 120 Arten.

1 Spirogyra mirabilis. Querwände eben. 1 Chloroplastenband. Zygoten kugelig-breitoval. Fortpflanzung meist durch ungeschlechtliche Parthenosporen, die den Zygoten ähnlich, aber nur halb so groß sind. **G** 24—26 µm breit; Zygoten 37—50 µm lang. **L** Teiche, Wiesentümpel; häufig.

2 Spirogyra setiformis. Querwände eben. 6—10 Chloroplastenbänder. Zygoten lang-ellipsoidisch. Exospor dünn, Mesospor dick, glatt, dunkelbraun. **G** 92—106 µm breit; Zygoten 95—120 µm lang.

3 Spirogyra varians, Querwände eben. 1 Chloroplastenband. Zygoten langgestreckt. Exospor dünn, Mesospor dick, glatt, gelbbraun. **G** 28—32 oder 38—40 µm breit; Zygoten 38—56 µm lang. **L** Stehende Gewässer, Altwässer; häufig.

4 Spirogyra fluviatilis. Querwände eben. 3—5 Chloroplastenbänder. Fäden festgewachsen. Zygoten ellipsoidisch; Exospor dünn, Mesospor dick, schwarzbraun. **G** 26—30 oder 36—40 µm breit; Zygoten 80—100 µm lang. **L** Seen und Flüsse; verbreitet, häufig. I.

5 Spirogyra maiuscula. 6—8 Chloroplastenbänder. Zygoten linsenförmig. Exospor dick; Mesospor dick, mit netzigem System winziger Leisten. **G** 65—73 oder 92—100 µm breit, Zygoten 62—65 µm lang. **L** Altwässer, stehende Gewässer; sehr häufig.

6 Spirogyra juergensi. Querwände eben. 1 Chloroplastenband. Zygoten langgestreckt, ellipsoidisch; Exospor dünn, Mesospor glatt, gelb. **G** 26—30 µm breit; Zygoten 55—70 µm lang. **L** Moorgewässer, Gräben, Tümpel; weit verbreitet, häufig.

7 Spirogyra calospora. Querwände mit Ringfalten. Meist 1 Chloroplastenband, seltener 2 oder 3. Zygoten ellipsoidisch; Exospor dick, mit kreisförmigen Grübchen, Mesospor dünn, glatt, gelb. **G** 20—25 oder 35—40 µm breit; Zygoten 65—70 µm lang. **L** Tümpel, Teiche; häufig.

8 Spirogyra weberi. Querwände mit Ringfalten. 1, seltener 2 Chloroplastenbänder. Zygoten ellipsoidisch; Exospor dünn, farblos; Mesospor dick, glatt, bräunlich. **G** 24—30 µm breit; Zygoten 54—70 µm lang. **L** Wiesentümpel; häufig.

Gattung Zygnema, Sternalgen. Fäden unverzweigt, Zellen zylindrisch, Querwände eben. Jede Zelle mit 2 morgensternartigen Chloroplasten mit je 1 Pyrenoid (C). Kopulation und Zygotenbildung wie bei *Spirogyra*. Nur kopulierende Arten bestimmbar. In Mitteleuropa 50 Arten.

9 Zygnema stellinum. Zygoten ellipsoidisch; Exospor dünn, farblos; Mesospor braun, dick, mit kleinen Grübchen. **G** 27—30 µm breit; Zygoten um 50 µm lang. **L** Gräben, Wiesentümpel, Teiche, Seen; häufig.

10 Zygnema commune. Zygoten kugelig oder leicht ellipsoidisch; Exospor dünn, farblos; Mesospor blau, dick, mit kreisrunden Vertiefungen. **G** 30—32 µm breit; Zygoten um 50 µm lang. **L** Stehende Gewässer, Altwässer; häufig.

11 Zygnema leiospermum. Zygoten kugelig; Exospor dünn; Mesospor dick, glatt, bräunlich. Zygoteninhalt gut zu erkennen. **G** 20—22 µm breit; Zygoten 23—30 µm. **L** Kleingewässer; häufig.

12 Zygnema pectinatum. Zygoten kugelig, werden im Kopulationskanal gebildet. Exospor dünn; Mesospor braun, dick, mit Grübchen. **G** 32—35 µm breit; Zygoten um 55 µm. **L** Stehende Gewässer, Sümpfe; verbreitet, häufig.

13 Zygnema sterile. Zygotenbildung unbekannt; statt ihrer Dauerzellen mit dicker, hellbrauner, geschichteter Membran. Mesospor der Dauerzellen mit feinen Höckerchen. **G** 45—55 µm breit; Dauerzellen 55—70 µm lang. **L** Tümpel, Teiche, Seen; häufig.

14 Zygnema ericetorum. Kopulation und Zygoten nicht sicher bekannt. Fäden oft verzweigt. **G** 16—28 µm breit. **L** Auf feuchten Moorböden als grauviolette, filzige Überzüge; häufig.

Gattung Mougeotia, Plattenalgen. Fäden unverzweigt, Zellen zylindrisch, Querwände eben. In jeder Zelle 1 platten- oder trogförmiger Chloroplast, der seine Breitseite stets dem einfallenden Licht zuwendet. Zygoten meist im Kopulationskanal gebildet. In Mitteleuropa um 45 Arten. Bestimmung nur bei kopulierenden Fäden möglich.

15 Mougeotia scalaris. Chloroplastenplatten reichen nur bei intensiver Zellvermehrung durch die ganzen Zellen (E). Zygoten kugelig. Mesospor glatt, gelblichbraun. **G** 20—35 µm breit; Zygoten um 40 µm. **L** Gräben, Tümpel, moorige Gewässer; häufig, weit verbreitet.

16 Mougeotia laetevirens. Zygoten kurz-zylindrisch; Deckel und Boden der Zylinder springen bei Keimung ab; Mesospor glatt, gelbbraun. Kopulierende Zellen gegeneinander gebogen. **G** 36—39 µm breit; Zygoten 45—75 µm lang. **L** Stehende Gewässer; weit verbreitet, häufig. **A** 25—27 µm breit, Zygoten berühren mit Deckel und Boden Außenwände der stark eingezogenen Partnerzellen: *M. varians.*

17 Mougeotia calospora. Zellen kaum länger als breit. Chloroplastenplatten pyrenoidlos, quadratisch, mit umgeschlagenen Längsrändern (D). Zygoten ellipsoidisch. Mesospor graubraun, dick, an der Außenseite Grübchen. **G** 11—16 µm breit; Zygoten 33—40 µm lang. **L** Stehende Gewässer.

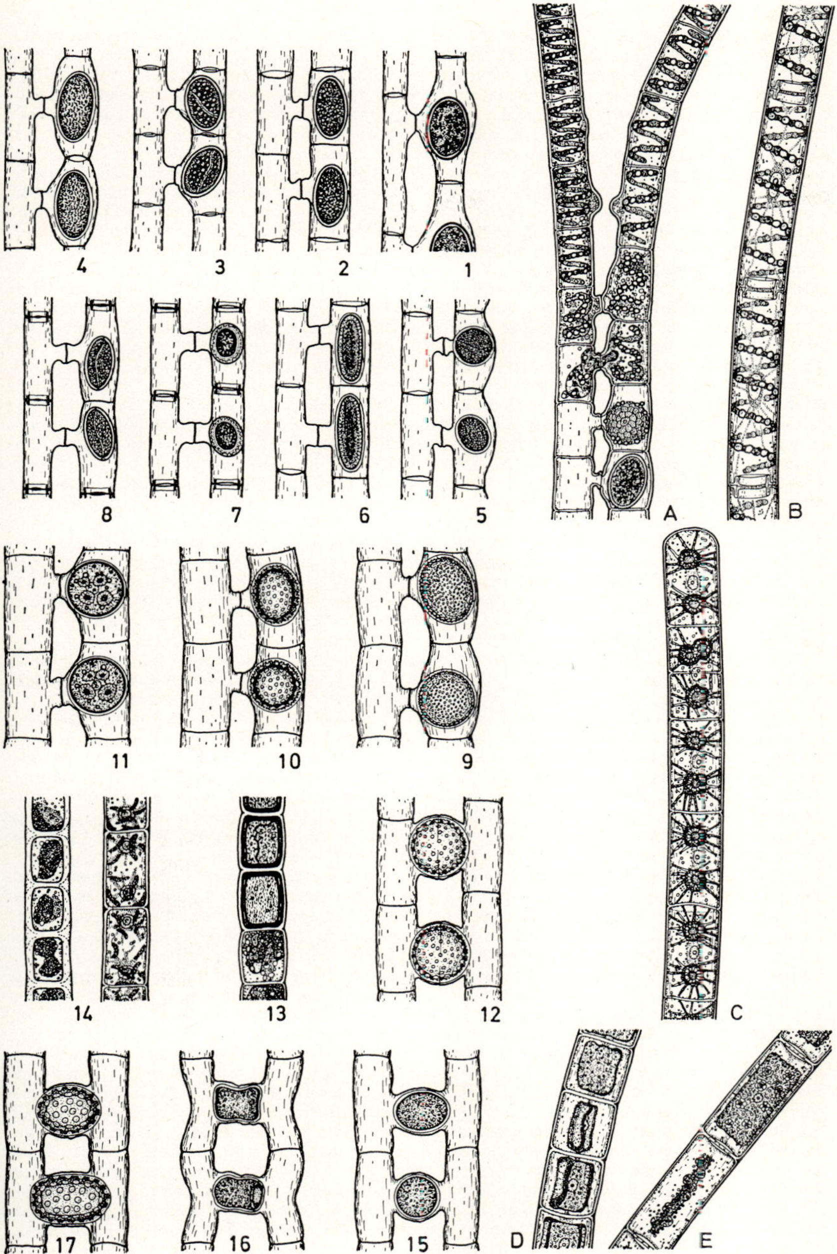
4
3
2
1
8
7
6
5
A
B
11
10
9
14
13
12
C
17
16
15
D
E

Rotalgen – Braunalgen

1 Porphyridium cruentum, Purpur-Rotalge. Häutig-schleimige, schwarzrote bis karminrote, bis tellergroße Gallertlager. Einzelzellen braunrot bis rot, kugelig bis polygonal, mit seitlich neben dem zentralen Pyrenoid gelegenen Zellkern. Chloroplast mit morgensternartigen Strahlen, die sich an der Zellwand verbreitern. Assimilate sind Kohlenhydrate (Florideenstärke). Rote Farbe des Chloroplasten durch Karotinoide und einen spezifischen Farbstoff der Rotalgen, das Phykoerythrin, bedingt. **G** Zellen 7–12 µm groß. **L** Feuchte, schattige Stellen in Gewässernähe, Ecken von Mauern, am Fuß alter Bäume; häufig. Ganzjährig.

2 Asterocystis smaragdina, Smaragd-Rotalge. Fäden wenig verzweigt. Zellen wie bei der vorigen Art. Sternförmige Chloroplasten spangrün, blaugrün oder olivgrün gefärbt durch einen zusätzlichen Rotalgen-Farbstoff, das blaue Phykozyan. Membranen farblos, verschieden dick, manchmal geschichtet. **G** Fäden höchstens 2 mm lang, Zellen 9–15 µm lang, 6–12 µm breit. **L** Tümpel, Teiche, Sümpfe; am Grund, auf Steinen, zwischen Algenwatten.

3 Bangia atropurpurea, Mühlrad-Rotalge. Lager aus unverzweigten, schlaffen, bis 10 cm langen, roten oder rotvioletten, aufrechten und drehrunden Fäden. Anfangs einreihig, später gewebsähnlich (parenchymatisch). Chloroplasten sternförmig. Ungeschlechtliche Vermehrung durch Monosporen, die am Fadenende durch aufgebrochene Zellmembranen in großer Zahl entleert werden. Geschlechtliche Fortpflanzung durch Eibefruchtung. **G** Zellen 12–60 µm. **L** An Mühlrädern und in der Spritzwasserzone verschmutzter Flüsse; stellenweise massenhaft. Dicke Außenmembran der Lager schützt vor völligem Austrocknen.

4 Audouinella violacea *(Chantransia violacea),* Rasen-Rotalge. Aus kriechenden Fäden, die mit Rhizoiden versehene Scheiben bilden können, erheben sich aufrechte, fadenförmige und büschelartige Gebilde. Endzellen der verzweigten Fäden enden stumpf. Vermehrung hauptsächlich durch „Monosporen" (siehe vorige Art). **G** Zellen 15–35 µm lang, 9 µm breit. **L** Violettgefärbte Rasen oder rundliche Polster in Bächen, Wasserfällen, Mühlgräben, an Steinen und Moosen; sehr sauerstoffbedürftig. **A_1** Rasen blaß purpurfarben, Endzellen in haarartige Anhänge ausgezogen: *A. hermanni.* **A_2** Rasen stahlblau bis bräunlich: *A. chalybea.* II.

5 Batrachospermum moniliforme, Froschlaich-Alge. Lager gallertig, schlüpfrig, basal festsitzend. Zentrale, die ganze Alge durchziehende Achse aus einer Reihe langzylindrischer Zellen. An den oberen Enden der Achsenzellen reich verzweigte Astbüschel. Die quirlartig stehenden, dicht gedrängten Astbüschel bilden dichte Wirtel, die der Alge das perlschnurartige Aussehen verleihen. Kurzsprosse der Wirtel aus eiförmigen Zellen mit Bandchloroplasten. Lager grau. Eibefruchtung; komplizierter Entwicklungsgang. **G** Lager 2–10 cm hoch, Zellen der Wirtel 5–15 µm breit. **L** Von Mai bis September in Quellbächen, schnellfließenden Bächen, unterhalb von Wehren, in sauberen Seen als flottierende, sulzige Massen. Häufigste der etwa 50 Süßwasser-Arten. **A** Lager grünlich, in beschatteten, stehenden (!) Gewässern: *B. vagum.* I.

6 Lemanea fluviatilis, Borsten-Rotalge. Lager aus wenigverzweigten, 500 µm dicken Fäden, die in dichtgedrängten, schwarzvioletten Büscheln stehen. Fädige Lager durch Antheridien-tragende, tiefschwarze Höcker knotig gegliedert. Der „Hohlthallus" besteht aus einem Zentralfaden und einer dreischichtigen Rinde, deren Außenzellen die Hauptmenge der Chloroplasten enthalten. Zwischen je zwei „Knoten" ziehen von den Zellen des Zentralfadens 4 kreuzweis gestellte Basalzellen zur Rinde. Von den peripheren Enden der Basalzellen ziehen zellig gegliederte Langfäden zu den Knoten. Fortpflanzung durch Eibefruchtung. **G** Fäden 5–15 cm lang, Rindenzellen zum Teil nur 5 µm groß. **L** An Steinen und Holz der Forellenregion. I.

7 Hildenbrandia rivularis, Krusten-Rotalge. Lager flach, karminrot, aus Zellreihen bestehend, die am Rande wenigzellig sind und gegen das Zentrum höher werden. Zellfäden an der Spitze keulig verdickt. Zellen scheinen, von oben gesehen, ein parenchymatisches Gewebe zu bilden. Ungeschlechtliche Vermehrung durch kleine Warzen und zerbrechende Zellfäden. **G** Lager winzig bis weit ausgedehnt. Zellen um 6 µm groß. **L** Gebirgsbäche, in Seen als Tiefenform.

8 Pleurocladia lacustris, Polster-Braunalge. Eine der wenigen Süßwasser-Braunalgen. Braune, samtartige, nur 1,5 mm hohe Pölsterchen und Überzüge. Aufrechte Fadensysteme gehen von kriechenden, stark verzweigten Fäden aus. Enden der Fäden in lange Haare ausgezogen. Zellen mit je 1 wandständigen Chloroplastenband, einem kleinen Zellkern, den Polysacchariden Mannit und Laminarin sowie Fetten als Reservestoffen. Zwischen den Fäden starre Massen von Kalk. Vermehrung durch zweigeißelige Schwärmer. **G** Fäden 12–15 µm breit. **L** Seen Norddeutschlands auf Wasserpflanzen, Steinen, Schneckenschalen; häufig. **A** Ausschließlich kriechende Fäden; in den großen Alpen- und Voralpenseen: *Bodanella.*

9 Lithoderma fluviatile *(Heribaudiella fluviatile),* Krusten-Braunalge. Das Lager bildet eine braune Scheibe. Gewebemasse parenchymartig, aus dicht zusammenstehenden, senkrechten Zellfäden. Fäden selten verzweigt, ragen zum Teil über die Krustenoberfläche hinaus, bilden zum Teil endständige, große Zoosporangien. Benachbarte Krusten fließen oft zusammen. **G** Lager fünf- bis siebenschichtig, Zellen 5–10 µm breit. **L** Tiefere Wasserschichten von Flüssen und Bächen, auf Steinen und Muscheln angewachsen. **A** Oft massenhaft in kalten Fließgewässern schwarzbraune Krusten der Goldalge (Chrysophycee) *Phaeodermatium rivulare.*

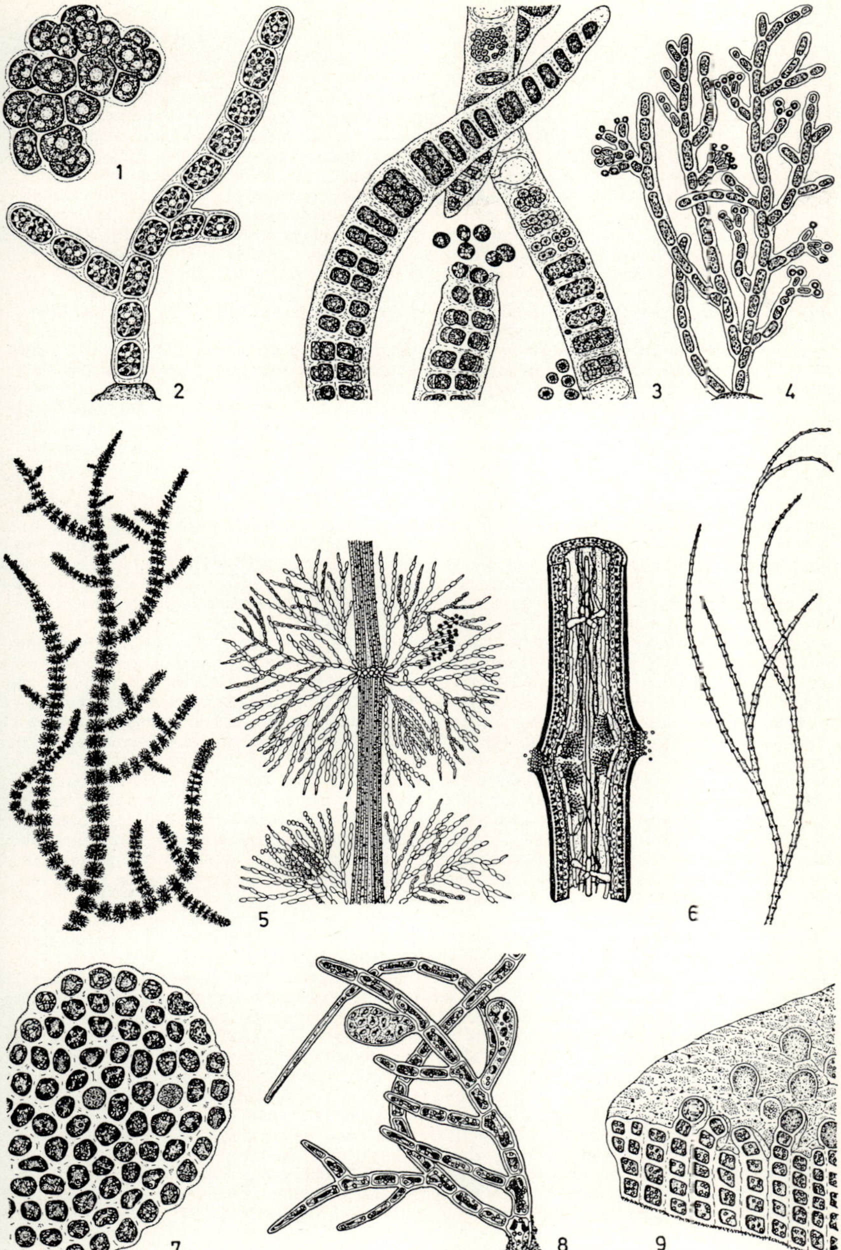
1
2
3
4
5
6
7
8
9

Pilze

1 Mucor racemosus, Traubiger Kopfschimmel. Fäden (Hyphen) sehr stark verzweigt, querwandlos, in Hauptstämmchen mit Haftwurzeln und viele Seitenäste gegliedert. An den Hyphenspitzen gliedern sich kugelige „Oidien" ab, in den Hyphen treten zylindrische, dickwandige „Chlamydosporen" auf, in nährstoffreichen Gewässern können die Hyphen in „Gemmen", die später hefeartig aussprossen, zerfallen. „Oidien", „Chlamydosporen" und „Gemmen" sichern die Vermehrung; Sporangien und Sporen werden im Wasser nicht ausgebildet. **G** Hyphen 10 bis 50 µm breit. **L** Faulende Früchte, Pferdemist, in Erde. Massenentwicklung in Brauereiabwässern, in denen der Pilz fell- und büschelartige Besätze an Steinen und Holz bildet. III.

2 Monoblepharis sphaerica, Gitterpilz. Mycel aus dünnen, geraden, nur in der Fortpflanzungsregion stärker verzweigten Hyphen, die mit feinen Rhizoiden verankert sind. Zytoplasma charakteristisch: Gitter- und leiterförmig angeordnete Plasmalamellen umgrenzen gleichgroße, polyedrische Vakuolen. Sporangien zylindrisch, kaum dicker als die Fäden. Bewegliche Zoosporen mit einer Geißel. Sexuelle Fortpflanzung durch Eibefruchtung; reife Oosporen warzig, mit gelben Fettkügelchen. **G** Fäden um 10 µm breit. **L** In sauerstoffreichem Wasser auf untergetauchten Holzstücken; auf faulenden tierischen Substraten; bildet rädchenförmige, weißliche, kleine Rasen auf ins Wasser gefallenen Baumästen.

3 Saprolegnia thureti, Wasserschimmel, Fischschimmel. Hyphen schlauchförmig, steif vom Substrat abstehend, außerhalb des Substrats wenig oder nicht verästelt. Enden der ins Wasser hineinwachsenden Hyphen breit abgerundet. Rasen dicht. Sporangien fast immer dicker als ihr Tragfaden. Oogonien endständig, getüpfelt, 40–100 µm groß. Am Schluß der Vegetation zerfallen die Fäden in Gemmen. **G** Hyphen bis zu 75 µm breit. **L** Auf toten Insekten im Wasser, auf toten Fischen als flutende, schmutzig-weiße Watten. Befällt Fischeier. An lebenden Fischen als Schwächeparasit. Häufigste S.-Art. Die Watten fallen außerhalb des Wassers zusammen – Gegensatz zu *Achlya!*

4 Achlya racemosa, Nebelpilz. Hyphen sehr kräftig, stehen steif vom Substrat ab, wachsen meist ohne Verzweigung. Enden der in das Wasser hineinwachsenden Fäden verjüngt, fast spitzig auslaufend. Primäre Sporangien endständig, folgende werden durch seitliche Sprossung gebildet. Schwärmer quellen als kompakte Massen aus den Sporangien, ordnen sich zu einer Hohlkugel, häuten sich und schwimmen weg. Oogonien auf kurzen Stielen, Antheridien auf Nebenästen, beide an denselben Fäden. **G** Hyphen bis 100 µm breit. **L** In jedem Gewässer verbreitet. Auf abgestorbenen Zweigen und toten Tieren als Rasen.

5 Leptomitus lacteus ***(Apodya lactea),*** Echter Abwasserpilz. Hyphen durch Einschnürungen in 100 bis 400 µm lange Segmente gegliedert. Keine Querwände an den periodischen Einschnürungen. Stark verzweigt. In Sporangien werden zweigeißelige Schwärmer gebildet. **G** Hyphen an der Basis des Mycels bis 50 µm breit. **L** Bildet in fließenden, α-mesosaproben Gewässern flutende und treibende Büschel (auf Abbau organischer Stickstoffverbindungen spezialisiert!). Überzieht als fellartige Masse alle Gegenstände in verunreinigten Flüssen. **B** Massenentwicklung oft im Winter. III.

6 Blastocladia pringsheimii, Wassersproßpilz. Hauptachse des Mycels sehr kräftig, endet in einer großen, derbwandigen Blase oder verzweigt sich in mehrere „Köpfe". Membran unregelmäßig dick, durchschnittlich 8 µm. Zytoplasma mit großen Fettkugeln. Verästelte Rhizoide. An den Enden der Achse dicht gedrängt stehende, bis 200 µm lange Sporangien. Eiförmige, um 60 µm große Dauersporen bei hohen Kohlensäurekonzentrationen. **G** Achse 30–130 µm dick, sterile Nebenfäden bis 500 µm lang. **L** Boden von Wassergräben, Tümpeln, Teichen auf faulenden Zweigen. Fast anaerob. Häufig, leicht zu übersehen.

7 Fusarium aquaeductum ***(Nectria moschata),*** Sichelsporenpilz. Hyphen durch Querwände septiert, weiß bis ziegelrot. Konidiosporen als zwei- oder vierzellige, helle, sichelförmige Gebilde. Konidienform der Moschus-Nektrie, eines Schlauchpilzes in Schleimflüssen von Bäumen. **G** Sporen 30 µm lang, Hyphen 10–20 µm breit. **L** Als büschelartige Besätze an Steinen, Wehren, Mühlrädern bei guter Sauerstoffversorgung. Massenentwicklung in Abwasser aus Zucker- und Zellstoffabriken. Typisch für α-mesosaprobe, sauerstoffreiche Gewässer. III.

8 Olpidium luxurians, Pollenkornpilz. Lebt in Pollenkörnern, die ins Wasser gefallen sind, als zunächst nackte Plasmamasse, aus der sich dann entweder eine Dauerspore oder ein hakig geschnäbeltes Sporangium entwickelt. Aus dem Entleerungshals des Sporangiums schwärmen 2 µm große Zoosporen aus. **G** Sporangien 8–40 µm groß. **L** In ins Wasser gefallenen Pollenkörnern von Kiefern, Eiben, Lilien, Rohrkolben, Weiden, Erlen, Birken.

9 Rhizophidium pollinis, Schlangenwurzel-Pilz. Lebt als kugeliges, von einer Chitinmembran umgebenes Gebilde auf Kiefernpollen, die ins Wasser gefallen sind. Verzweigtes, sehr zartfädiges Ernährungsmycel nimmt Nahrung aus dem Polleninneren auf. Vermehrung durch begeißelte Schwärmer. Dauersporen mit dicker, farbloser Membran und Fetttropfen im Inneren. **G** Sporangien 8–36 µm, Dauersporen 9–20 µm groß. **L** Auf Kiefernpollen, die ins Wasser gefallen sind; häufig.

10 a–x Pilzflora zerfallender Blätter. Siehe S. 322.

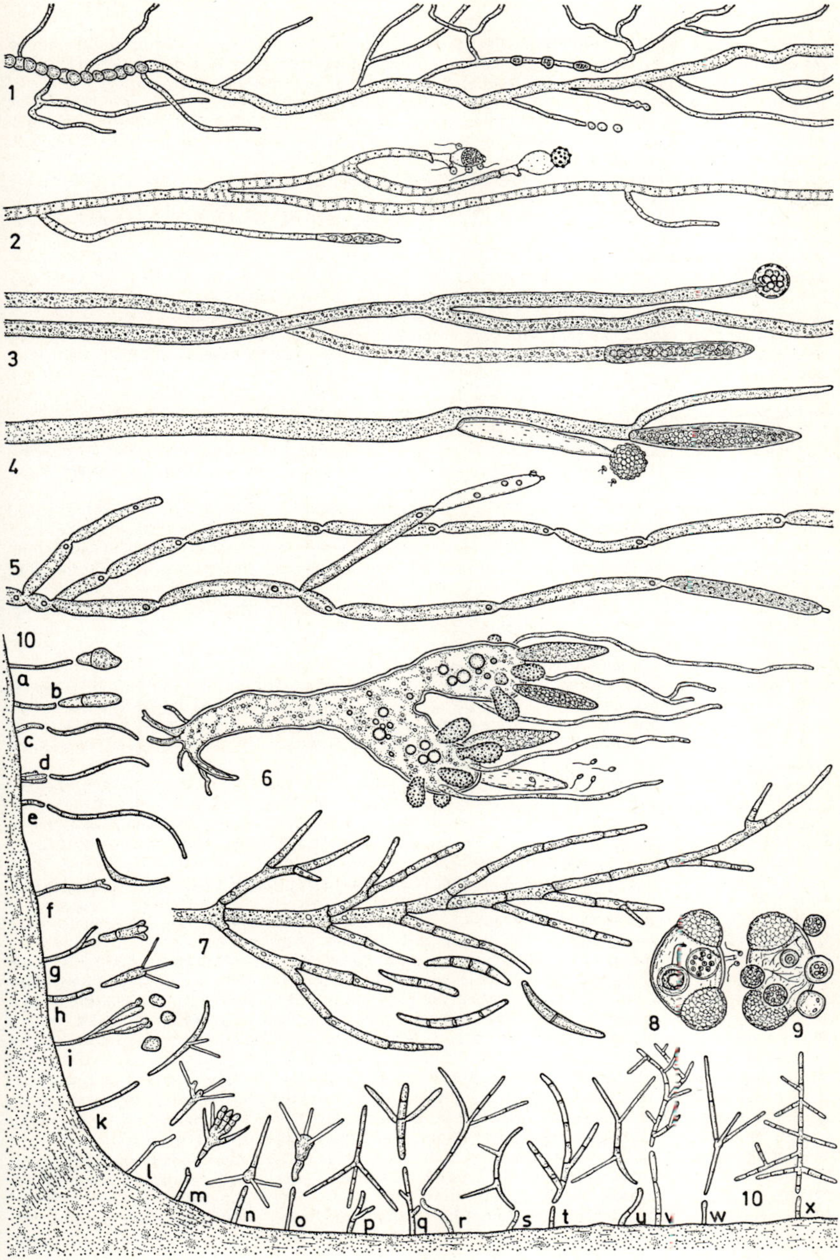
1
2
3
4
5
10
a
b
c
d
e
f
g
h
i
k
l
m
n
o
p
q
r
s
t
u
v
w
x
6
7
8
9

Zooflagellaten

1 Multicilia lacustris, Vielgeißelige Teichamöbe. Nackt, kugelig, 40–50 Geißeln, schwimmt rotierend. Aufnahme geformter Nahrung unter Pseudopodienbildung. Meist mehrkernig. Viele Nahrungsvakuolen und pulsierende Vakuolen **G** 30–40 μm. **L** Stehende Gewässer.

2 Mastigamoeba trichophora, Borstige Geißelamöbe. Pseudopodien nur am Hinterende. 1 kaum körperlange Geißel. Allesfresser. Ektoplasmasaum deutlich, mit grünen Einschlüssen. Pellikula mit zahlreichen längeren Borsten. **G** Um 100 μm. **L** Typische Faulschlammform; braucht Schwefelbakterien als Symbionten. IV.

3 Mastigamoeba invertens, Glatte Geißelamöbe. Langgestreckt-eiförmig. Wenige kurze Pseudopodien nur am Hinterende. Pellikula glatt. Geißel doppelt körperlang, bei schwimmenden Tieren nach vorne, bei kriechenden nach hinten gerichtet. **G** 8–12 μm lang. **L** Zwischen Detritusflocken im Schlamm stehender, sehr sauberer Gewässer.

4 Mastigamoeba aspera, Klebrige Geißelamöbe. Zahlreiche fingerförmige Pseudopodien an allen Körperstellen. Langgestreckt-eiförmig. Vorderende während der Bewegung verjüngt. Pellikula mit „Klebkörnchen". Breiter Ektoplasmasaum. 2 kontraktile Vakuolen am Hinterende. **G** Um 100 μm lang. **L** Zwischen Detritus in sauberen, stehenden Gewässern.

5 Phalansterium digitatum, Wasserfinger. Finger- bis baumförmig verzweigte, aufrechte, körnige Gallertsäulen. In Höhlungen an den Enden je 1–4 Flagellaten, deren Geißeln weit über die Gallerte hinausragen. Zellen mit 1 Geißel, deutlicher Pellikula, engem, schnabelförmigem Kragen. **G** Zellen um 17 μm, Geißeln um 35 μm lang. **L** Zwischen nassen Moosen, in kleinen, stehenden Gewässern. **A** Kolonien scheibenförmig, Zellen 10 μm: *Ph. consociatum.*

6 Codosiga botrytis *(Codonosiga botrytis),* Stielchen-Flagellat. Zellen oval, mit zartem Kragen um die Geißel. Zellen einzeln oder in Gruppen an der Spitze eines 2- bis 10mal körperlangen Stieles. Ernährung animalisch. **G** Zellen 8–30 μm. **L** Stehende Gewässer an Wasserpflanzen, Planktonorganismen, an den Stielen von Glockentieren; häufig.

7 Monosiga ovata, Eiförmiger Kragenflagellat. Zellen kugelig bis eiförmig, sitzen direkt oder mit kurzem Stielchen auf der Unterlage. Gelegentlich Ausbildung kurzer Pseudopodien. Zellen stets einzeln, mit Plasmakragen. 1–2 pulsierende Vakuolen, oft zahlreiche Nahrungsvakuolen. **G** Zellen 5–16 μm, Geißeln um 20 μm lang. **L** Stehende Gewässer an Detritus, Wasserpflanzen, auf Planktonten.

8 Monosiga fusiformis, Spindelflagellat. Zellen spindelförmig, mit zugespitztem Hinterende an Unterlage befestigt. Plasmakragen relativ groß. 2 kontraktile Vakuolen. **G** Um 10 μm lang. **A** Keulenförmig bis zylindrisch, vorne breit abgerundet, hinten zugespitzt, 10 μm: *M. angustata.* **L** Beide Arten in sauberen, stehenden Gewässern; oft auf Planktonten.

9 Protospongia haeckeli, Urschwamm-Flagellat. Freischwimmende, gallertige Kolonien, unregelmäßig geformt. Jede Kolonie mit 4 bis 60 Einzelzellen. Kragenreusen der ovalen oder eiförmigen, ungestielten Zellen ragen als Fangsiebe für Bakterien über die Gallerte hinaus. Geißeln 3–4mal körperlang. Zellhinterende mit 1 pulsierenden Vakuole. **G** Zellen 8 μm. **L** Stehende Gewässer.

10 Sphaeroeca volvox, Volvox-Tierchen. Kugelige, zunächst festsitzende, später freischwimmende Gallertkolonien umschließen je einige 100 gestielte Zellen. Zellen verkehrt-eiförmig, Stiele doppelt körperlang. **G** Zellen 8–12 μm, Geißeln um 60 μm lang, Kolonien 80–200 μm Durchmesser. **A** Stiele sehr kurz (2 μm), Kolonien mit 10–20 000 Einzeltieren: *Sp. pedicellata.* **L** Beide Arten planktisch in stehenden Gewässern.

11 Diplosiga socialis, Doppelkragen-Flagellat. Zellen mit doppelter Kragenbildung. Sitzen der Unterlage mit breitgerundetem Hinterende auf. Oft bleiben 4 Zellen zusammen, dann wird 15 μm langer Stiel ausgebildet. **G** Zellen 8–12 μm. **L** Stehende Gewässer an Pflanzen, Bodenteilchen, Planktonten *(Asterionella!).* Herbst und Frühling verbreitet. I.

12 Salpingoeca frequentissima, Gehäuseflagellat. Zellen in vasenförmigem Gehäuse, das basal in ein hohles Stielchen mit feinen Rhizoiden verlängert ist. Zellen eiförmig, füllen mittleren Teil des Gehäuses fast aus, Kragen schmal-zylindrisch, reicht über die Mündung des sehr zarten, durchscheinenden Gehäuses hinaus. Geißeln 2–3mal körperlang. **G** Gehäuse um 10 μm lang, an der Mündung um 5 μm breit. **L** Stehende Gewässer an Pflanzen und Planktern *(Asterionella!).*

13 Salpingoeca vaginicola, Langer Gehäuseflagellat. Gehäuse langgestreckt-vasenförmig, an der Mündung erweitert, an der Basis kurz zugespitzt. Zellen füllen Gehäuse nur zur Hälfte aus. ihre Kragen ragen weit über Gehäusemündung hinaus. Geißeln 1,5mal körperlang. **G** Gehäuse 25–30 μm lang. **L** Faulgewässer an Fäden von Schwefelbakterien u. ä.

14 Bicosoeca socialis *(Bicoeca socialis),* Gehäuse-Sternchen. Gehäuse fast zylindrisch, nach hinten etwas erweitert und abgerundet; meist mehrere zu sternförmigen, freischwimmenden Gruppen vereinigt. Kragen der Zellen auf lippenartigen, dünnen Plasmawulst reduziert. Nimmt geformte Nahrung auf. 1 nach vorne ragende Hauptgeißel, 1 kontrahierbare Schleppgeißel, die die Tiere am Grund der Gehäuse befestigt. **G** Gehäuse 23 μm, Zellen 10 μm. **L** Plankton stehender Gewässer.

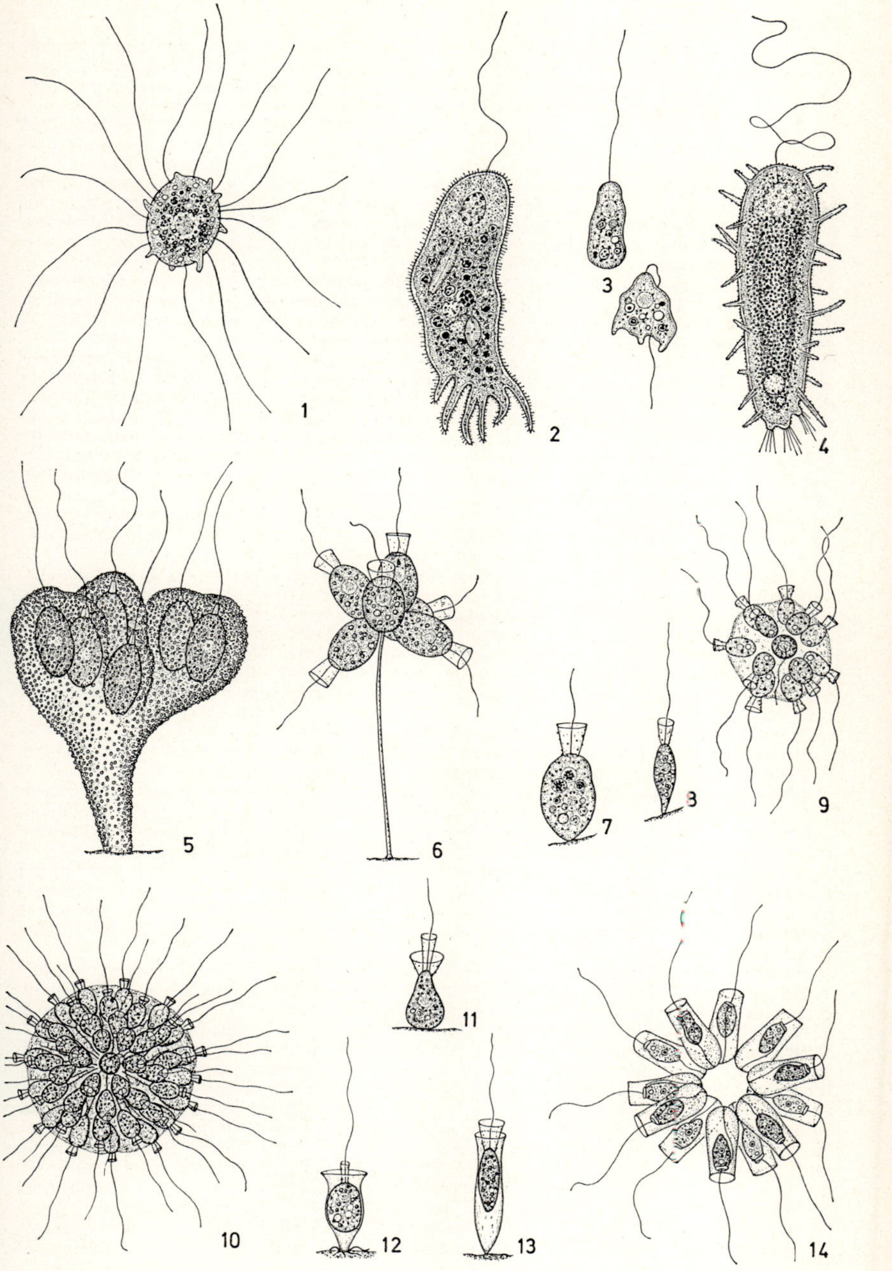
1
2
3
4
5
6
7
8
9
10
11
12
13
14

Zooflagellaten

1 Spongomonas intestinum, Wasserdarm. Zellen klein, nackt, kugelig, mit 2 gleich langen, nach vorne gerichteten Geißeln; sitzen in körniger, kompakter Gallerte. Kolonien bräunlich, wurmförmig, 100–200 µm breit, bis 3 cm lang. **G** Zellen 8 µm, Geißeln 16–24 µm lang. **L** Stehende, oligosaprobe und mesosaprobe Gewässer.

2 Spongomonas uvella, Wassertraube. Kolonien zunächst polsterförmig, später aufgerichtet und in viele Endlappen gegliedert. Endstücke mit je 1 ovalen, 2geißeligen Zelle. Geißeln 2- bis 3mal körperlang. **G** 8–12 µm, Kolonien um 50 µm. **L** Stehende, sehr saubere Gewässer.

3 Bodo putrinus, Zweigeißeliger Faulschlamm-Flagellat. Zellen mit körperlanger freier Schwimmgeißel und 3mal körperlanger freier Schleppgeißel. Verkehrt eiförmig, gekrümmt, etwas formveränderlich. Nimmt Bakterien und gelöste Stoffe an der Spitze des Vorderendes auf. Schwimmt rotierend in Zickzackbahnen. **G** 5–8 µm. **L** Gewässer mit faulendem organischem Material, direkt über dem Faulschlamm. IV.

4 Bodo saltans, Zweigeißeliger Fluß-Flagellat. Kaum abgeplattet, eiförmig, vorne etwas zugespitzt. Schwimmgeißel körperlang, Schleppgeißel 2–3mal körperlang. Pulsierende Vakuole im Vorderkörper. Frißt Bakterien. Schwimmt langsam, heftet sich oft mit Schleppgeißel fest. **G** 17–21 µm lang. **L** Zwischen faulenden Pflanzenteilen sehr häufig. III.

5 Bodo caudatus, Zweigeißeliger Faulwasser-Flagellat. Zellen stark abgeplattet. Schwimmgeißel ungefähr körperlang, Schleppgeißel etwas länger. Dauerzellen kugelig, ohne feste Hülle. **G** 11–22 µm lang, 5–10 µm breit. **L** Verschmutztes Wasser, Kot. Ungefähr 20 *Bodo*-Arten.

6 Cercomonas longicauda *(Cercobodo longicauda)*, Zweigeißeliger Langschwanz-Flagellat. *C.*-Arten durch starke Metabolie der Hinterenden von *Bodo*-Arten zu unterscheiden. Schwimm- und Schleppgeißel gleich lang. Hinterende schwanzartig ausgezogen. Nahrung Bakterien und gelöste Stoffe. Amoeboide Stadien kriechen, freischwimmende rotieren mäßig schnell. **G** 3–36 µm, Cysten 7 µm. **L** Kot, über Faulschlamm. IV.

7 Cercomonas crassicauda *(Cercobodo crassicauda)*, Zweigeißeliger Dickschwanz-Flagellat. Schwimmgeißel etwas kürzer als Schleppgeißel. Kernmembran bis zur Körperoberfläche schnabelartig aufgestülpt. **G** 12–16 µm lang, 7–10 µm breit. **L** Verschmutzte Gewässer.

8 Phyllomitus undulans, Zweigeißeliger Blattflagellat. Zellen nackt, sehr metabolisch. Schlundartige Eindellung am Vorderende der lang-eiförmigen Zellen dient als Mund, durch den kleine Protozoen und Bakterien aufgenommen werden. Schleppgeißel viel länger als Schwimmgeißel. Im Entoplasma Stärkekörnchen. **G** 20–28 µm. **L** Stehende, verschmutzte Gewässer.

9 Tetramitus pyriformis, Viergeißel-Flagellat. Farblose, sehr formveränderliche Bakterienfresser. Scharf vorspringende Ränder der langen Mundspalte vom Vorder- bis zum Hinterende. 1 lange Schleppgeißel, 2 kurze und eine etwas längere Schwimmgeißel. Zellen rotieren schnell. **G** 11–20 µm. **L** Stark verschmutztes Wasser. IV.

10 Tetramitus descissus, Tropfenförmiger Viergeißel-Flagellat. Zellen spindelig, am Vorderende mit breit-ovaler, eingemuldeter Mundöffnung; wenig metabolisch; schwimmen rotierend. 4 Geißeln entspringen am Vorderpol. **G** 13–28 µm lang. **L** Verschmutztes Wasser.

11 Trigonomonas compressa, Sechsgeißel-Flagellat. Zellen vorne breiter als hinten, abgeplattet, metabolisch. An beiden Körperseiten in je einer schraubig verlaufenden Mulde Mundstellen. 6 Geißeln in Dreierbündeln entspringen je am oberen Ende der Mundfurchen. Schwimmt rotierend. Im Plasma einzelne Öltropfen. **G** 24–35 µm lang. **L** Abwässer. IV.

12 Hexamita crassa, Dicker Achtgeißel-Flagellat. Zellen eiförmig, die beiden Mundfurchen des abgeplatteten Körpers erreichen Hinterende nicht. 2 Zytostome in den beiden Furchen. Schleppgeißeln verlaufen in besonderen Rinnen an entgegengesetzten Flächen des Körpers. 6 Schwimmgeißeln in 2 Dreiergruppen. 2 Zellkerne am Vorderende. **G** 24–35 µm lang. **L** Stark verschmutzte Gewässer; häufig.

13 Hexamita fissa, Spitziger Achtgeißel-Flagellat. Zellen eiförmig, hinten in breiten Endstachel ausgezogen. Weitklaffende Spalten auf beiden Körperseiten: Mundspalten und zugleich Schleppgeißel-Furchen, bis zur Basis der Endspitze reichend. Am Vorderpol 2 Zellkerne. **G** 20–26 µm lang. **L** Stark verschmutzte und nährstoffreiche Gewässer im Bodensatz und darüber.

14 Hexamita inflata, Geblähter Achtgeißel-Flagellat. Abgeplattet, hinten quer abgestutzt, metabolisch. Bakterienfresser und Saprophyt. 2 Schleppgeißeln verlaufen zunächst in den beiden schmalen Körperspalten, werden erst am Hinterende frei. 2 längliche, vorne gelegene Zellkerne. Tiere stelzen mit den Geißeln oder schwimmen rotierend. **G** 13–25 µm. **L** Fast alle Faulwasserzonen der Gewässer; in jedem Aufguß; Sumpfwasser. IV.

15 Trepomonas rotans, Achtgeißeliger Kreiselflagellat. Breit-oval, hintere Hälfte stark abgeplattet, hier im Querschnitt S-förmig. Hinterende ausgerandet. Beide Seitenränder leicht eingebogen, bilden je 1 flache Mundtasche. Jederseits 2 kurze Mundgeißeln und 2 längere, nach vorne und hinten schlagende Bewegungsgeißeln. **G** 10–13 µm. **L** Über Faulschlamm. IV.

16 Trepomonas agilis, Achtgeißeliger Flügelflagellat. Stark abgeplattet. Vorderende schmal, Hinterende in zwei flügelförmige Fortsätze ausgezogen. Vor den Fortsätzen die beiden Zytostome. Bakterien- und Protozoenfresser. **G** 7–25 µm lang. **L** Faulgewässer; verbreitet. IV.

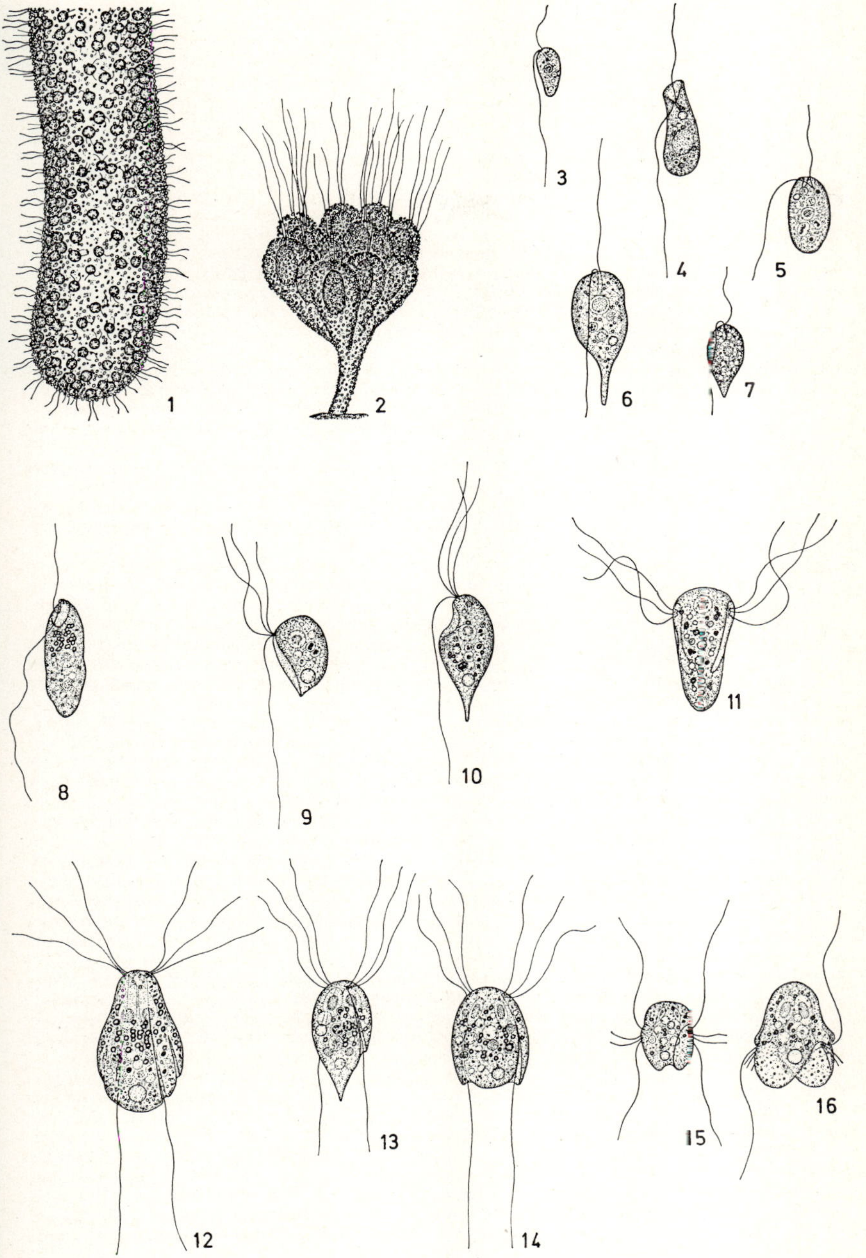
1
2
3
4
5
6
7
8
9
10
11
12
13
14
15
16

Wurzelfüßer (Amöben)

1 Vampyrella lateritia, Ziegelrote Vampiramöbe. Kugelig. Vom Ektoplasma strahlen zahlreiche fadenförmige Pseudopodien aus, dadurch sonnentierähnlich, ist aber im Gegensatz zu Sonnentieren durch lappige Pseudopodien amöboid beweglich. Entoplasma vakuolisiert, mit zahlreichen Kernen, vielen pulsierenden Vakuolen, durch Karotine orangerot gefärbten Körnchen. Bohrt Löcher in Zellmembranen von Algenfäden und saugt Inhalt aus. **G** 30–40 µm. **L** Alle Gewässer mit Fadenalgen.

2 Vahlkampfia limax, Große Fließamöbe. Bei normaler Bewegung vorderer Körperteil breiter als der hintere. Fließt gleichmäßig mit einem breiten Pseudopodium am Vorderende. Körperseiten wellig. Hinterende meist mit sehr feinen Ektoplasmafäden. Frißt Bakterien und Detritus. **G** Um 100 µm lang, 50 µm breit. **L** Schlamm von Teichen und Mooren. IV. **A** Bis 15 µm lange Kristalle im Entoplasma: *V. lucens.*

3 Vahlkampfia vahlkampfi, Winzige Fließamöbe. Sehr klein. Ekto- und Entoplasma nur während der Bewegung am Vorderende deutlich unterschieden. Kriecht bandartig. In Ruhe kugelig. Bei Beunruhigung Pseudopodien nach allen Richtungen. **G** 4 bis höchstens 8 µm. **L** In Teichen, auf Holzstückchen. **A** Um 20 µm, Ekto- und Entoplasma scharf getrennt, Entoplasma ohne Einschlüsse, sehr lebhaft, in Flüssen: *V. debilis.*

4 Vahlkampfia guttula, Tropfenförmige Fließamöbe. Eiformig, kriecht lebhaft mit eingebuchtetem Vorderende. Entoplasma am Hinterende dichter, ektoplasmatischer Saum am Vorderende breit. Frißt Bakterien. **G** 30–35 µm. **L** Schlamm, zwischen Wasserpflanzen. **A** 50–100 µm, bräunlich, sehr lebhaft, am Vorderende stoßartig Plasmavorstülpungen: in Kahmhäuten: *V. fluida.*

5 Vahlkampfia tachypodia, Schnelle Fließamöbe. Ähnlich *V. guttula,* kriecht jedoch sehr lebhaft mit flachen, die Richtung ständig wechselnden Pseudopodienlappen. Ektoplasma sehr durchsichtig, Entoplasma mit vielen, stark lichtbrechenden Körnchen. Frißt Bakterien und Blaualgen. **G** Ausgestreckt 30–40 µm lang, abgekugelt um 15 µm. **L** Teiche.

6 Vahlkampfia mira, Schlamm-Fließamöbe. In Bewegung langgestreckt, ähnlich *V. limax.* Am Vorderpol ein breites Pseudopodium. Im Gegensatz zu *V. limax* weitere Pseudopodien an beliebigen Körperstellen, daher sehr formveränderlich. Neue Pseudopodien zunächst ausschließlich aus Ektoplasma, danach strömt – wichtiges Merkmal! – ruckweise Entoplasma in die Pseudopodien ein. **G** Um 20 µm. **L** Schlamm von Teichen und Seen.

7 Naegleria aquatilis, Schwimmamöbe. Bildet nach allen Seiten lappige und breite Pseudopodien aus oder kriecht fließbandartig. Lebt in Kahmhäuten stark fauliger Gewässer. Beim Übergang in freies Wasser bilden *N.*-Arten ein zweigeißeliges Flagellatenstadium als Schwimmform aus. Frißt Bakterien. **G** Bis 25 µm. **L** Stehendes Wasser, auf Kot. **A** Kriechform bis 45 µm lang: *N. gruberi.* **B** Amöben aus der Gattung *Naegleria* können (beim Baden, auch in Hallenbädern!) über die Nase in Hirnhäute und Gehirn eindringen und eine äußerst gefährliche Meningoencephalitis erzeugen. Befallen werden vor allem Personen unter 30 Jahren. In Mitteleuropa ist die Krankheit selten.

8 Trichamoeba pilosa, Behaarte Quastenamöbe. Keulen- oder knochenförmig. Am kolbig verdickten Hinterende viele stumpfe Plasmavorstülpungen. Bewegt sich durch flache Ektoplasmalappen, die vorne und seitlich rasch vorgestoßen werden. Ektoplasma mit hellen, spitzen Plasmadornen besetzt. **G** 180 µm lang, um 50 µm breit. **L** Zwischen Schwimmpflanzen in Sümpfen.

9 Trichamoeba villosa, Zottige Quastenamöbe. Körper lappig gebuchtet, Form daher unregelmäßig. Bewegung durch langsam entstehende Plasmavorbrüche im Vorderende. Am Hinterende eine „Quaste" aus langen, feinen Plasmastrahlen. Äußere Schicht des Entoplasmas mit vielen Vakuolen. **G** 200 µm lang oder länger. **L** Seen und Sümpfe.

10 Trichamoeba caerulea, Himmelblaue Quastenamöbe. In Bewegung keulenförmig, Vorderkörper breit. Fortbewegung durch breite Plasmavorbrüche am Vorderende. Hinterende mit deutlicher Quaste. Im Entoplasma viele winzige, staubartige Körnchen, die dem Tier eine blaß-hellblaue Farbe verleihen. Ungefähr 16 Kerne, viele pulsierende Vakuolen. **G** Um 150 µm lang. **L** Sümpfe. **A_1** Etwa 300 µm, Entoplasma mit zahlreichen Flüssigkeitsvakuolen: *T. prima.* **A_2** Ektoplasmasaum dünn, nur 1 Kern, um 100 µm: *T. clava.*

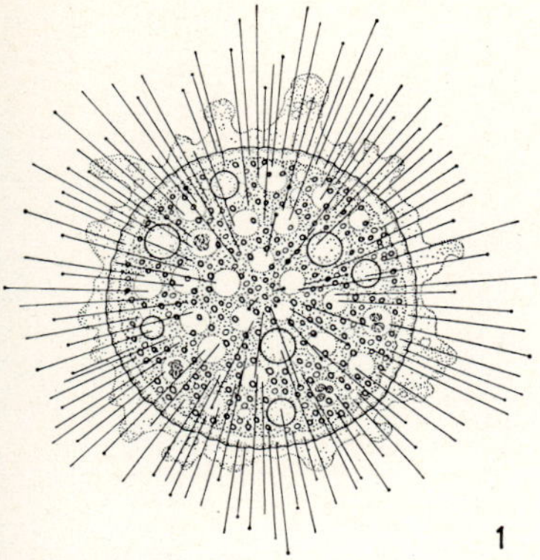

1

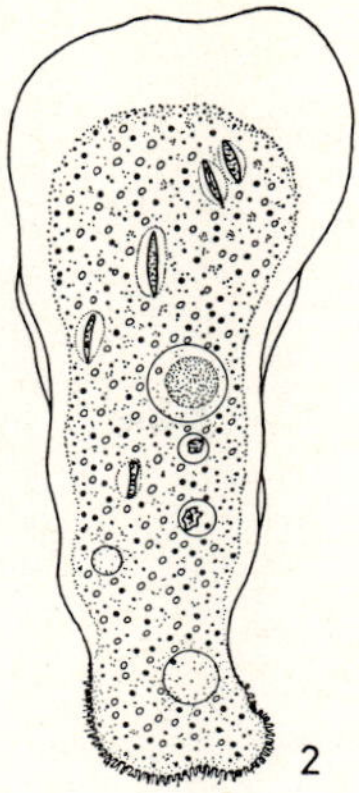

2

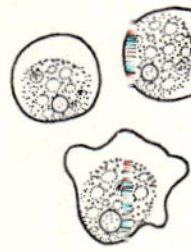

3

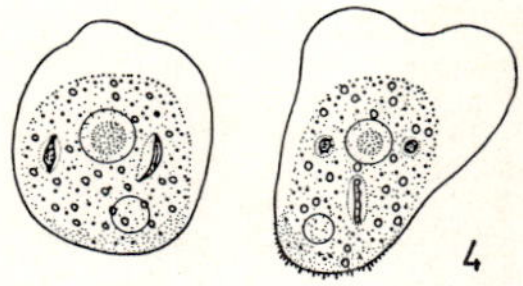

4

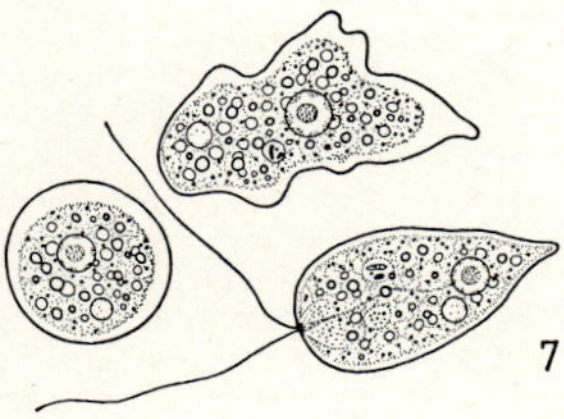

7

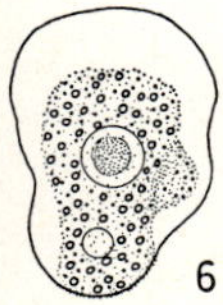

6

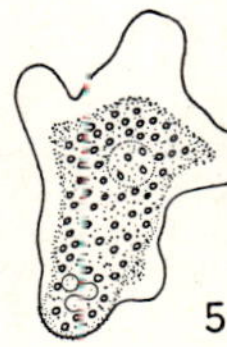

5

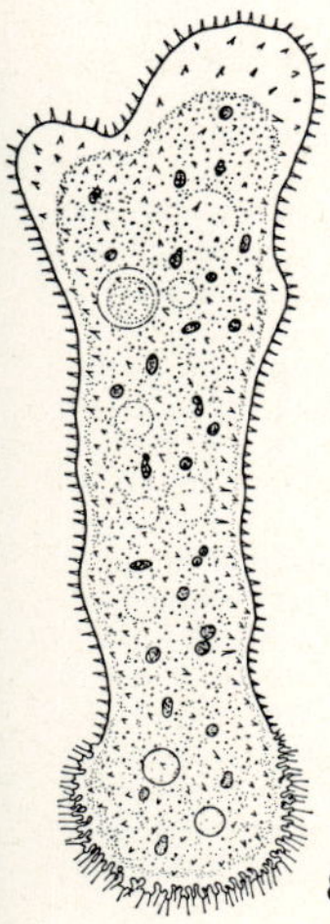

8

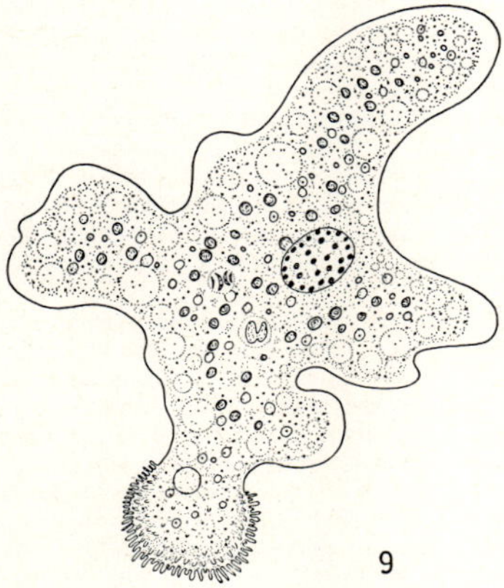

9

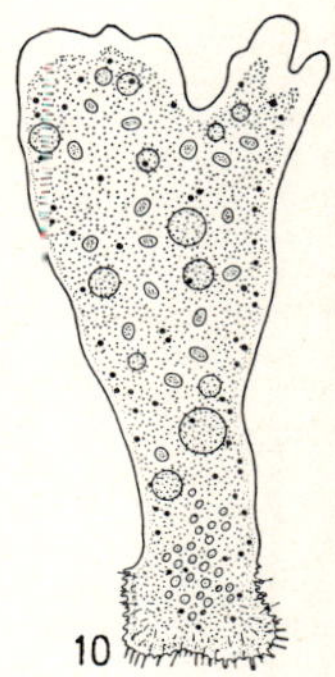

10

Wurzelfüßer (Amöben)

1 Polychaos fasciculata, Wurzelamöbe. Vorderende bildet lange, stumpfe Kriechpseudopodien aus, Hinterende mit Quaste aus sparrigen, kleinen Plasmafortsätzen. Gestalt erinnert an „ausgerissene Pflanze". Oberfläche des Ektoplasmas ohne Furchen. Frißt Diatomeen, Detritus, Grünalgen. Kern gut sichtbar, Binnenkörper aus zwei Schalen, die sich an den Kanten berühren. 1 pulsierende Vakuole. **G** Um 140 µm. **L** Sümpfe. **A_1** Wenige schmale „Quastenfortsätze", 60–120 µm: *P. clavarioides.* **A_2** 400–600 µm: *P. dubia.*
2 Metachaos laureata, Urschleimamöbe. Groß, geweihförmig oder ähnlich *Vahlkampfia limax.* Sind vorne mehrere Scheinfüßchen ausgebildet, hat stets 1 Pseudopodium die Führung. Auf den Pseudopodien keine Falten. Am Hinterende rasch vergängliche Läppchen und Fäden. Entoplasma mit zahlreichen Körnchen und vielen, schwer erkennbaren Kernen. Frißt Grünalgen, Diatomeen, Rädertiere. **G** 500–800 µm, selbst 1400 µm. **L** Seen, Teiche, Sümpfe.
3 Metachaos gratum, Blumenkohlamöbe. Form unregelmäßig. Obwohl nach allen Richtungen zahlreiche kurze und stumpfe Pseudopodien ausgehen, bestimmt nur eines, das breiteste, die Bewegungsrichtung. Entoplasma reicht bis in die Spitzen der Pseudopodien. Hinterende mit Quaste aus stumpfen, ektodermalen Warzen. Im Entoplasma verbackene Kristalle und sehr viele kleine Körnchen. Farbe graubraun. **G** 200 µm. **L** Sümpfe und Teiche.
4 Chaos diffluens *(Amoeba proteus), Die* Amöbe, *Das* Wechseltierchen. Form sehr variabel. Zahlreiche Pseudopodien nach allen Seiten. Bewegungspseudopodien können sich ungeheuer verlängern. Pseudopodien, die eingeschmolzen werden, runzelig. Vom Ektoplasma reichen Leisten in das Entoplasma, das dadurch in parallele Ströme geteilt erscheint. Ektoplasma mit Längsfurchen und Gruben. Im Entoplasma Eiweißkriställchen, Fetttröpfchen, Nahrungsvakuolen, Stärkekörnchen, quadratische Kristallplättchen aus Leucin. Ein scheibenförmiger Kern. Mehrere kontraktile Vakuolen. Bewegung: „Schreiten" mit Hilfe einiger Pseudopodien oder Kriechen durch Vorstrecken der Pseudopodien – Ektoplasma strömt dann fontänenartig in die Spitze eines Pseudopodiums. Allesfresser (Bakterien, Pantoffeltiere usw.). **G** 300–600 µm lang. **L** Etwas faulige, bakterienreiche Tümpel und Teiche, häufiger in Aquarienfiltern. II. **A** Bis 3 mm groß, mehrere 1000 Kerne: *Ch. proteus (Amoeba princeps);* im Schlamm.
5 Amoeba hylobates, Vielgestaltige Amöbe. Form wechselt ständig. In Ruhe nicht kugelig, sondern buschförmig. Besteht fast nur aus langen, gleichmäßig schmalen, am Ende gerundeten Pseudopodien. Entoplasma geht bis in die Spitzen der Pseudopodien. Kern mit schalenförmigem Binnenkörper. 1 kontraktile Vakuole. **G** 200–250 µm. **L** Sümpfe; häufig.
6 Amoeba gorgonia, Schlangenamöbe. Form wechselt ständig. Pseudopodien in Bewegung stark verlängert, nach allen Seiten ausstrahlend. In Ruhe fast kugelig. Bei sehr rascher Bewegung Übergang in keulenförmige Limax-Form (vgl. *Vahlkampfia limax).* Kern mit großem Binnenkörper. 1 pulsierende Vakuole. **G** Ausgestreckt bis 100 µm. **L** Seen und Sümpfe auf Wasserpflanzen; häufig.
7 Pelomyxa palustris, Schweinchenamöbe. Größte Süßwasseramöbe. Umriß einfach, das ganze Tier praktisch ein Riesenpseudopodium. Träge Bewegung durch bruchsackartige Vorbuchtungen des Ektoplasmas. Bräunlich bis schwärzlich, meist undurchsichtig, da Entoplasma große Mengen Glanzkörper, Stärke, Nahrungsvakuolen, Pflanzenreste, Schlamm- und Sandpartikel sowie mehrere 100 Zellkerne enthält. Nimmt obere Schichten des überrollten Schlamms in den Körper auf, verdaut die brauchbaren Bestandteile. Frißt in Kulturen Watte und Filtrierpapier! **G** 1–2, selbst bis 5 mm. **L** In stehenden, stark fauligen Wasserstellen auf schlammigem Grund, besonders in kühlen Waldteichen im Frühjahr. Unter Steinen. Oft als „Dreck" übersehen. **B** Im Entoplasma symbiontische Bakterien. IV. **A** Um 400 µm, frißt pflanzlichen Detritus, enthält keine Sandkörner: *P. belevskii.* Braun und gelb getigert, fast bewegungslos.

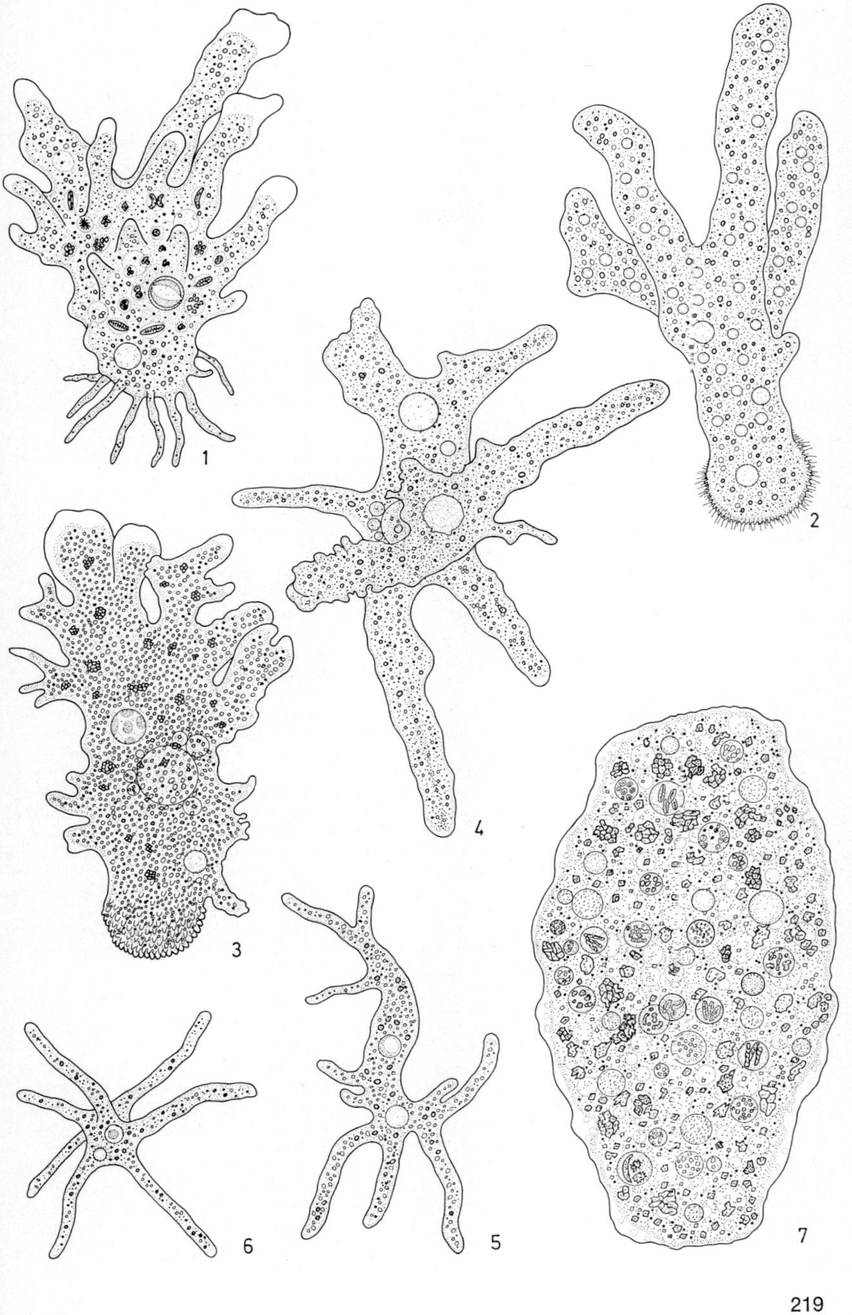
1
2
3
4
5
6
7

Wurzelfüßer (Amöben)

1 Pelomyxa tertia, Faden-Schlammamöbe. In Ruhe ungefähr eiförmig. Bewegung träge, dabei am Vorderpol wellenförmige Plasmavorbrüche. Hinterende fein gezähnelt, während der Fortbewegung mit sehr langen, dünnen, leicht übersehbaren Ektoplasmafäden. Entoplasma klar, gelblich bis bräunlich. Frißt Detritus pflanzlicher Herkunft. **G** Bis 190 µm lang. **L** Schlamm stehender Gewässer. **B** Symbiontische Bakterien im Entoplasma (schwer erkennbar).
2 Pelomyxa schiedti, Kleine Schlammamöbe. Form und Bewegung wie *P. tertia.* Entoplasma mit sehr vielen olivgrünen, unregelmäßigen Stärkekörnchen, zahlreichen Ketten symbiontischer Bakterien, 2 Kernen mit hohlkugeligen Binnenkörpern. Frißt Detritus. **G** Um 75 µm lang. **L** Schlamm flacher, stehender Gewässer.
3 Mayorella vespertilio, Fledermausamöbe. Eine der häufigsten Süßwasseramöben. Gestalt unglaublich variabel, oft grotesk, da Pseudopodien unaufhörlich vorgestreckt und zurückgezogen werden. Pseudopodienformen: dreieckig, ausgezipfelt, säbelförmig, spitz, geknickt, lang, kurz, stumpf, scharf zugespitzt usw. Frißt Bakterien, Diatomeen, Rädertiere, Wasserflöhe. Entoplasma farblos, mit vielen Körnchen und Nahrungsteilchen. **G** 60–100 µm lang. **L** Algen- und diatomeenreiche Gewässer. **A** Im Entoplasma Zoochlorellen: *M. viridis;* 150 µm, in Mooren.
4 Mayorella bigemma, Kristallamöbe. Form ändert sich nur langsam. Zahlreiche Pseudopodien. Entoplasma mit Exkretionskugeln, an denen kleine Doppelkristalle angelagert sind. **G** Zwischen 100 und 300 µm. **L** Seen und Teiche zwischen pflanzlichem Detritus.
5 Dactylosphaerium vitraeum, Glasartige Fingeramöbe. Scheibenförmig mit fingerförmigen, nach allen Seiten ausstrahlenden Pseudopodien. Entoplasma mit vielen Einschlüssen, grünlich bis gelblich. Frißt Pflanzendetritus und einzellige Grünalgen. **G** 60–80 µm. **L** Teiche und Sümpfe; häufig.
6 Astramoeba radiosa, Sternchenamöbe. Zentralkörper kugelig. Im Wasser schwebende Tiere mit 8 bis 20 langen, langsam hin- und herpendelnden Pseudopodien. Pseudopodien in breiteren Basisstumpf und schmäleren Spitzenteil geteilt. Kriechende Tiere mit dickeren, zweigeteilten Pseudopodien. Frißt Wimpertiere, Rädertiere usw.; Entoplasma oft mit riesigen Nahrungsbrocken. **G** Gestreckt bis 140 µm, abgekugelt 30 µm. **L** Seen, Teiche; meist planktisch. II.
7 Dinamoeba mirabilis, Zackenamöbe. Oval bis keulenförmig, schwebend kugelig. Zahlreiche, oft verzweigte Pseudopodien, die sehr rasch verändert werden können und dicht mit Plasmahaaren besetzt sind. Meist von dicker Schleimlage umhüllt. Kriecht durch wellenförmige Plasmavorbrüche am Vorderpol. Entoplasma mit Nahrungskörpern, Öl- und Eiweißkugeln. **G** Gestreckt 150–350 µm, abgekugelt 60–160 µm. **L** Teiche und Torfmoossümpfe; meist schwebend, seltener auf Wasserpflanzen.
8 Thecamoeba verrucosa *(Amoeba terricola),* Warzige Erdamöbe. Keine beschalte Amöbe! Name (theca = Kapsel) deutet an, daß Ektoplasma membranartig dick und zäh ist. Keine Pseudopodien im üblichen Sinne; träge Bewegung durch bucklige, langsam über die Oberfläche wachsende Plasmavorwölbungen. Ektoplasma unregelmäßig faltig, streifig, warzig. Entoplasma gelb bis bräunlich. Frißt Algenfäden, die im Entoplasma vielfach aufgerollt werden, und Arcellen. **G** Bis 350 µm. **L** Feuchter Sand, Erde, Moosrasen, Moosbewuchs alter Dächer, algenreiche Gewässer. II. **A** Farblos, 150 µm: *Th. sphaeronucleolus.*
9 Thecamoeba striata, Gefurchte Erdamöbe. Elliptisch, bei kriechenden Tieren Vorderende breiter als Hinterende. Kriechen sehr rasch, fast ohne Pseudopodienbildung. Ektoplasma mit bis zu 4 Längsfurchen. Deutliche Pellikula. Entoplasma mit vielen winzigen Körnchen. **G** 30 bis 60 µm lang. **L** Zwischen Moosen, Schlamm flacher Gewässer. **A** Entoplasma mit vielen Vakuolen, sehr durchsichtig, äußerst langsam, an Wasserpest: *Th. humilis.*
10 Hyalodiscus rubicundus, Rote Schwimmhäutchen-Amöbe. Scheibenförmig, in Bewegung elliptisch, mit breitem Ring aus hellem Ektoplasma. Entoplasma auch in Bewegung ohne gerichtete Strömung. Ruhende Tiere sternförmig, zwischen den Pseudopodienstrahlen flache Häutchen aus Ektoplasma. Fortbewegung sehr rasch. Entoplasma auffällig rot gefärbt. **G** Zwischen 20 und 70 µm. **L** Auf Wasserpflanzen und Algenfäden. **A** 50–70 µm, Bewegung durch sehr breites, durchscheinendes Pseudopodium: *H. simplex.*

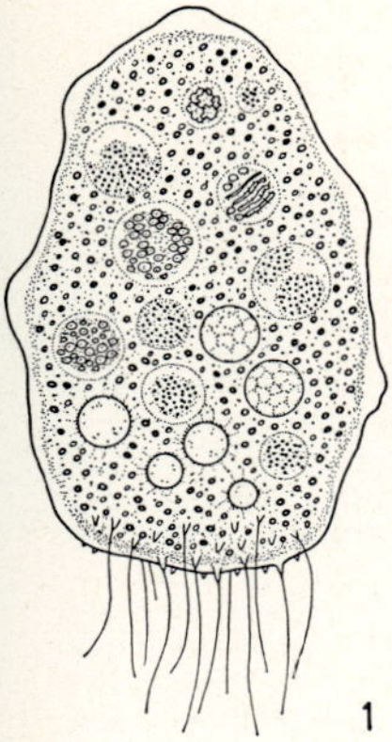

1

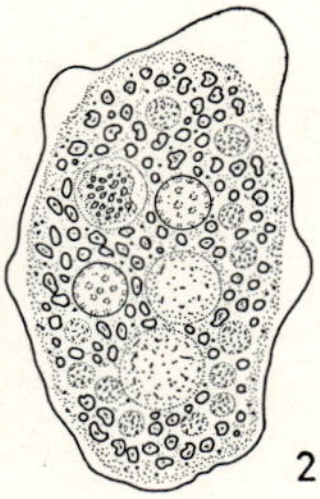

2

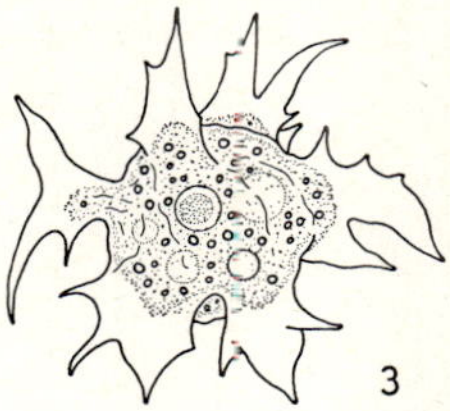

3

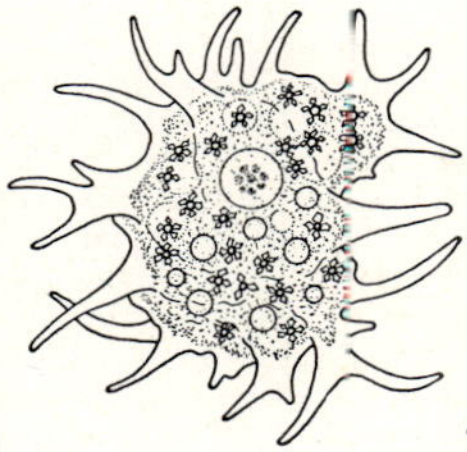

4

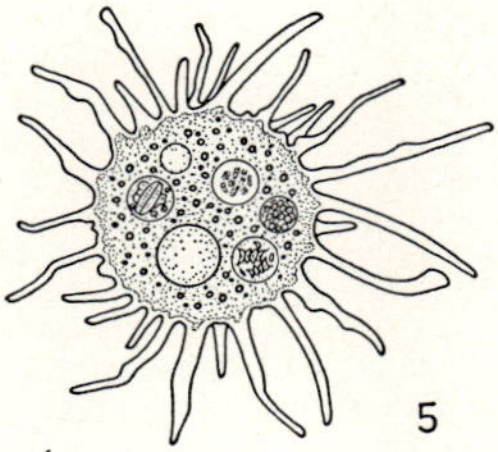

5

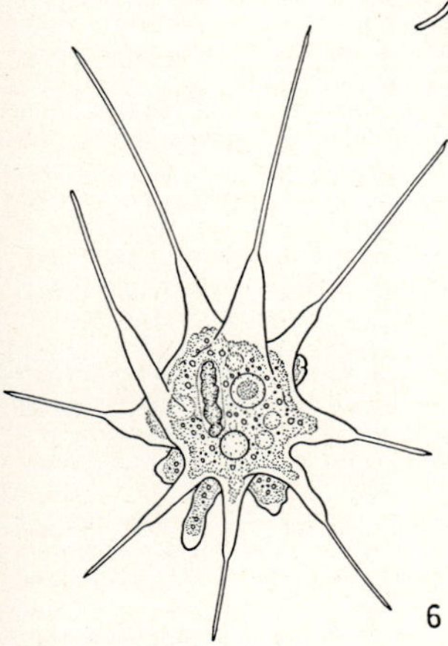

6

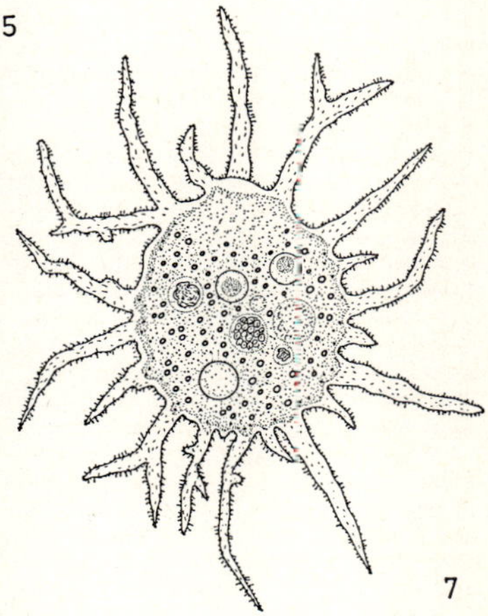

7

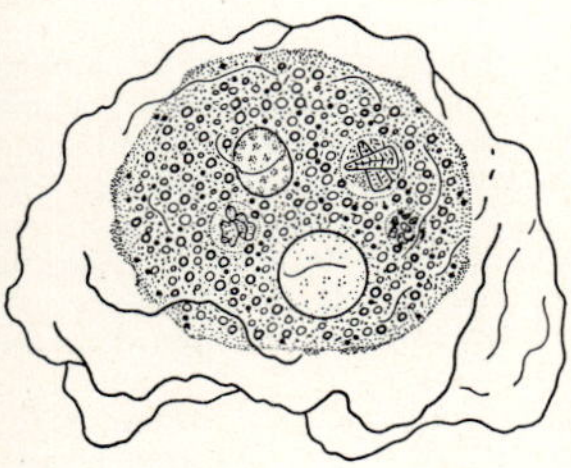

8

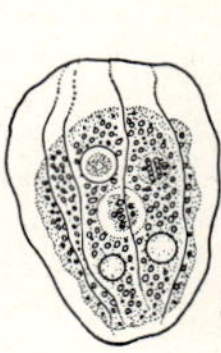

9

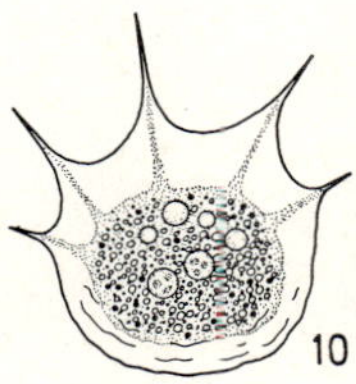

10

1 Cochliopodium bilimbosum, Schneckenamöbe. Übergang von unbeschalten zu beschalten Amöben. Hülle kräftig, aber sehr biegsam, folgt jeder Veränderung des sie fast ausfüllenden Plasmaleibes, besteht aus heller, ziemlich beständiger Ektoplasmaschicht, die am Rand in einen mit feinsten Skulpturen bedeckten Saum ausläuft. Pseudopodien kurz, zugespitzt, unter dem Randsaum hervortretend. **G** 25–100 µm. **L** Teiche; zwischen Wasserpflanzen, im Schlamm, nicht in Moosen.

2 Cochliopodium granulatum, Gekörnelte Schneckenamöbe. Hülle wie bei voriger Art mit Linienmustern aus Pünktchenreihen. Auf der plastischen Ektoplasmakalotte verstreut kleine Sandpartikel oder glänzende Körnchen. **G** Um 50 µm. **L** Seen und flache Gewässer. **B** Mehrere weitere Arten ohne Fremdkörper auf der Schale, doch zum Teil mit ektoplasmatischen Stacheln. **A** Schale mit Fremdpartikeln dicht besetzt: Gattung *Gocevia.*

3 Microchlamys patella *(Pseudochlamys patella),* Muschelamöbe. Schale zweiteilig: Rückenseitig eine flache Kalotte, bei jüngeren Tieren biegsam und hell, bei älteren steif und dunkelbraun; bauchseitig ein Häutchen mit zentraler Öffnung. Oberschale dicht punktiert, mit radialen Streifen, Unterhäutchen zart, transparent. 1 einzelnes Pseudopodium, bei jungen Tieren lebhaft beweglich. **G** 30–45 µm. **L** Seen, Tümpel, Teiche, Gräben.

4 Pseudochlamys arcelloides, Weichschalige Gehäuseamöbe. Schale kaum gefärbt, sack- oder blasenförmig, leicht deformierbar, bauchseitig eingeschlagen, mit schwer sichtbarer Mundöffnung. Oberfläche mit feinen Punkten. Plasma als Kugel im Zentrum der Schale, davon ausgehend Plasmabänder zur Schaleninnenfläche. **G** Um 60 µm. **L** Sümpfe.

5 Arcella gibbosa, Buckeliges Uhrglastier. Schale unregelmäßig halbkugelig, mit regelmäßiger und grober Sechseckfelderung. Artmerkmal: eigenartige Eindellungen der gesamten oberen Kalotte. Schalenmündung rund, mit Mundrohr. **G** 70–125 µm Durchmesser, um 60 µm hoch. **L** Torfstiche, Torfmoosgewässer.

6 Arcella vulgaris, Gemeines Uhrglastier. Schale in Aufsicht rund mit zentraler Mündung, in Seitenansicht helmförmig; hell- bis tiefbraun. Felderungen oft sehr groß und regelmäßig. Wenige stumpfe, fingerförmige Pseudopodien. Frißt Diatomeen, Fadenalgen, einzellige Grünalgen, Flagellaten, Wimpertiere. **G** 100–145 µm im Durchmesser, 50–75 µm hoch. **L** Auf Wasserpflanzen eutropher Seen und Teiche; leere Schalen im Bodensatz.

7 Arcella hemisphaerica, Halbkugeliges Uhrglastier. Schale in Aufsicht rund, Seitenansicht halbkugelig, sehr fein gefeldert. Nur 1 bis 2 Pseudopodien werden durch die Mundöffnung gestreckt. Lebhaft beweglich. **G** Durchmesser um 50 µm, Höhe um 40 µm. **L** Bodensatz von Seen, selten im flachen Wasser. **A** Schale fast kugelig, 100–150 µm: *A. mitrata;* an untergetauchten Torfmoosen, nicht häufig.

8 Arcella conica, Pyramiden-Uhrglastier. Schale in Aufsicht 4- bis 8kantig. Auf diesem Stumpf sitzt eine unregelmäßig verschobene drei- bis fünfflächige Pyramide. Felderung gut sichtbar. **G** Durchmesser um 80 µm, Höhe um 40 µm. **L** Saure und neutrale Gewässer. **A** Pyramidenstumpf 5- bis 8flächig, ohne Scheitelpyramide: *A. costata.*

9 Arcella dentata, Gezähntes Uhrglastier. Schale am Rande mit 8–17 aufgekrümmten Zähnchen besetzt. Felderung sehr fein. Scheitel gewölbt oder eben abgestutzt (var. *trapezica).* Um die Mundöffnung sehr feine Poren. **G** Durchmesser um 150 µm, Höhe 40 µm. **L** Moore, Torfstiche.

10 Arcella artocrea, Teller-Uhrglastier. Schale eine vielfach gewellte Kalotte, die auf einem flachen Teller aufsitzt. Rand kielförmig. Gehäuse und Mundöffnung in der Aufsicht oft nicht kreisrund, sondern schwach oval. Zuweilen mit Zoochlorellen. **G** Durchmesser 185–215 µm, Höhe um 55 µm. **L** Torfmoosgewässer. **A** Um 80 µm, rund, mit glatter Kalotte auf vorgezogenem Untersatz: *A. arenaria;* zwischen Fallaub und nassen Moosen.

11 Arcella discoides, Scheiben-Uhrglastier. Schale in Seitenansicht sehr flach, obere Kalotte nur schwach bogenförmig. Gelbbraun oder rötlich. Felderung deutlich. **G** Durchmesser um 125 µm, Höhe um 30 µm. **L** Weit verbreitete Wasserform; auch zwischen abgefallenen, nassen Blättern.

12 Arcella megastoma, Großmäuliges Uhrglastier. Schale flach, im Gegensatz zu *A. discoides* Mundöffnung jedoch groß, manchmal leicht oval. 35–65, selbst bis 200 Kerne. **G** Durchmesser 180–270 µm, Höhe 36–55 µm. **L** Verschiedenste Gewässertypen; weit verbreitet.

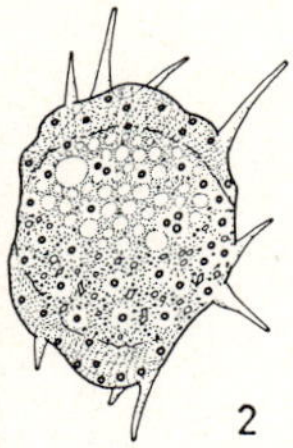
2

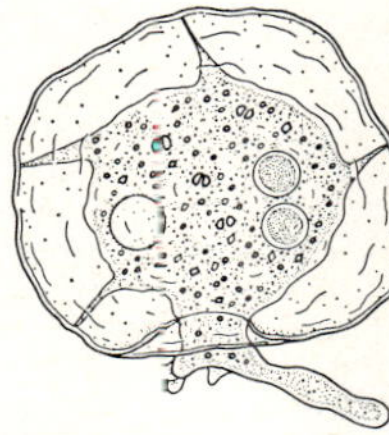
4

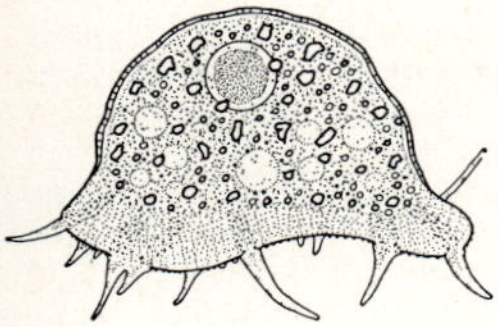
1

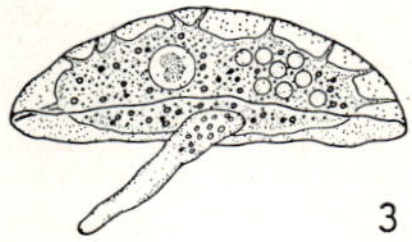
3

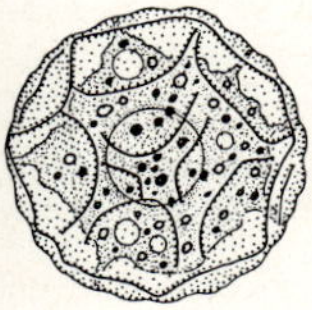
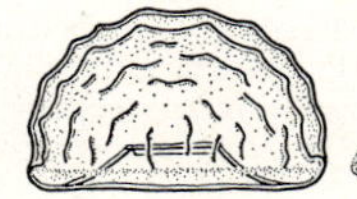
5

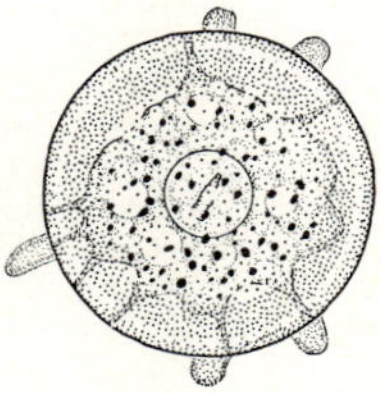
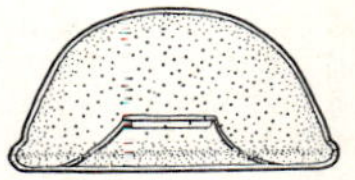
6

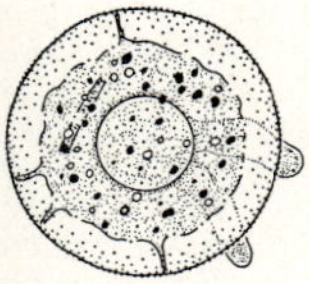
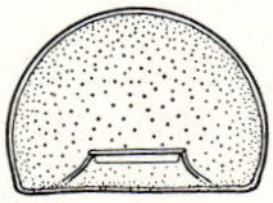
7

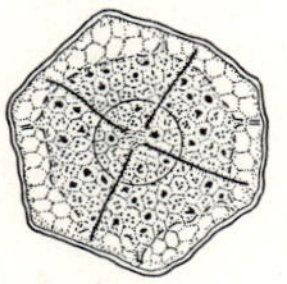
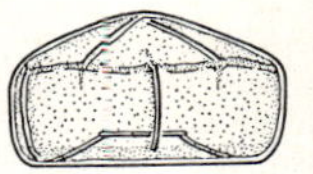
8

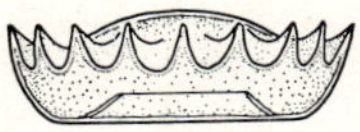
9

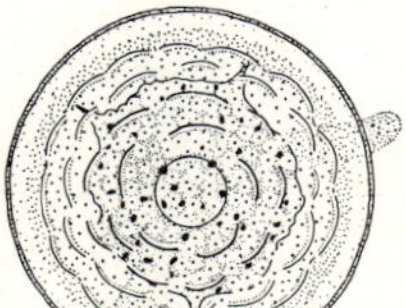

10

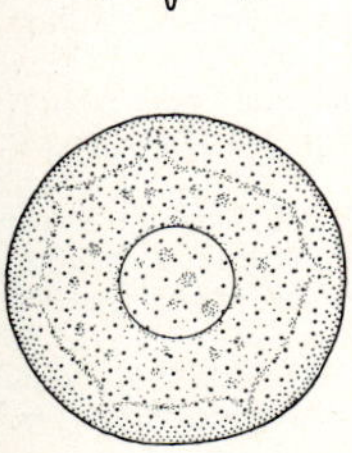

11

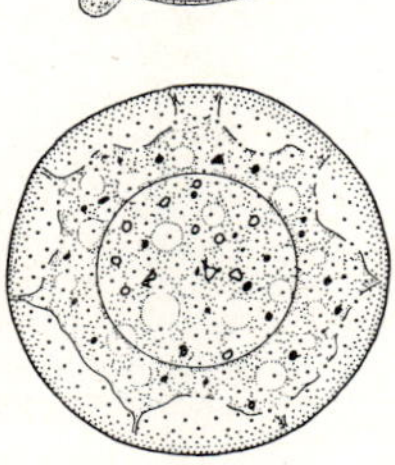

12

Wurzelfüßer (Schalenamöben)

1 Pyxidicula operculata, Käppchen-Schalenamöbe. Schale starr, gelblich oder bräunlich, fein punktiert. Bauchseite ganz offen oder als nur schmaler Rand umgeschlagen. **G** 17–21 µm. **L** Auf Wasserpflanzen, im Schlamm.

2 Centropyxis aculeata, Stachel-Schalenamöbe. Schale undeutlich punktiert, locker mit Steinchen, Detritus oder Diatomeen bedeckt. Hinterende mit 2 bis 8 Dornen, vorne oft weitere Dornen. Mündung exzentrisch. **G** 120–180 µm lang. **L** Teiche, Moose; häufig, weit verbreitet. A_1 200–400 µm, Mündung fast zentral, 1–7 Dornen: *C. discoides.* A_2 80 µm, Mündung elliptisch und exzentrisch, Dornen regellos: *C. hirsuta.* Teiche und Torfmoose.

3 Centropyxis marsupiformis, Beutel-Schalenamöbe. Schale mit dichter Steinchenschicht überzogen. Hinterende mit 1 bis 3 kurzen, spitzen Dornen. In Aufsicht lang-oval. Mündung weit zum Vorderende hin verschoben. **G** 170–250 µm lang. **L** Sümpfe, Teiche; häufig. A_1 Um 70 µm, Mund halbkreisförmig: *C. cassis* (3 a). A_2 Um 80 µm, halbkugelig, Mund zentral: *C. kahli* (3 b).

4 Bullinularia indica, Schlitzmund-Schalenamöbe. Schale unregelmäßig ellipsoidisch, mit Detritus und Pollenkörnern bedeckt. Gehäuse bauchseits abgeplattet, hier schmaler Mundspalt. **G** Um 200 µm. **L** Torfmoose, trockene Randgebiete der Moore.

5 a Difflugia fragosa, Bizarres Schmelztierchen. 1 bis 8 unregelmäßige Aussackungen am Schalenende; Schale mit winzigen Sandkörnchen. **G** Um 230 µm lang. **L** Seen, Flüsse.

5 b Difflugia elegans, Anmutiges Schmelztierchen. Birnförmig, 1 Endzipfel verschiedener Länge, zweizipfelige Formen häufig. Von eckigen Quarzkörnchen bedeckt. **G** Um 90 µm. **L** In Torfmoosen und Freiwasser.

5 c Difflugia corona, Kronentragendes Schmelztierchen. Auf dem Hinterende ein Kranz von 6 bis 9 kurzen, spitzen Dornen. Mundrand gekräuselt. Gleichmäßig mit Quarzkörnchen bedeckt. **G** Um 200 µm. **L** Kleine Gewässer.

5 d Difflugia varians, Zartes Schmelztierchen. Mit Steinchen und Diatomeen meist unvollständig bedeckt. Hinterende mit 1 bis 3 Dörnchen. **G** Um 100 µm. **L** Seen, Teiche.

5 e Difflugia urceolata, Krug-Schmelztierchen. Kugelig mit schmalem Hals und breitem Kragen; mit Schuppen, Diatomeen, Quarzsteinchen bedeckt. Zahlreiche Kerne. **G** 250–350 µm, oft nur 150 µm. **L** Kleinere Gewässer.

5 f Difflugia bacillifera, Diatomeen-Schmelztierchen. Flaschenförmig mit langem Hals; dicht mit Diatomeen bepflastert. **G** 120–180 µm. **L** Charakteristische Torfmoosform, auch Freiwasser.

5 g Difflugia pyriformis *(D. oblonga),* Birnen-Schmelztierchen. Bauchig, mit Steinchen besetzt. Kann durch Zoochlorellen grünlich gefärbt sein. **G** 90–420 µm. **L** Moose, Tümpel, Teiche; häufig.

5 h Difflugia lobostoma, Mundlappen-Schmelztierchen. Breitbauchig, ähnlich voriger Art; Schalenmündung auffällig in 3 oder 4 Lappen ausgezogen. Zahlreiche Zoochlorellen. **G** 140–170 µm. **L** Alle Gewässertypen außer Mooren; sehr häufig.

6 Difflugia acuminata, Spitzen-Schmelztierchen. Hinterende mit kurzem, kräftigem Dornzipfel. Schale mit Quarztrümmern und Detritusteilchen dicht bedeckt. **G** 150–400 µm lang. **L** Kleinere Gewässer; weit verbreitet.

7 Lesquereusla spiralis, Spiralhaus-Schalenamöbe. Hinterer Teil kugelig, vorderer abgeknickt-zylindrisch. Querwand äußerlich durch Furche markiert. Schale mit winzigen Kieselstäbchen und -plättchen, die im Tier vorgebildet werden. **G** 100–190 µm lang. **L** Torfmoos, Schlamm.

8 Quadrulella symmetrica, Kieselplättchen-Schalenamöbe. An der Mündung stark zusammengedrückt. Von quadratischen, durchsichtigen, in Schrägreihen angeordneten Kieselplättchen bedeckt. **G** 65–120 µm. **L** Sehr nasse Moose, Torfmoose.

9 Paraquadrula irregularis, Kalkplättchen-Schalenamöbe. Schale mit aufgelagerten, kleinen, quadratischen, in 8 Längsreihen dicht gefügten Kalkplättchen. **G** 35–45 µm hoch. **L** Kalkhaltige Gewässer.

10 Nebela griseola, Graue Schüppchen-Schalenamöbe. Schalenstruktur durch grauen, vollständigen Steinchenbelag verdeckt. Mundrand gewulstet. **G** 70–100 µm hoch. **L** Torfmoose.

11 Nebela collaris, Halsring-Schalenamöbe. Stark zusammengedrückt, mit Schuppen und Diatomeenresten bedeckt, gelblich. Kieselschüppchen stammen von gefressenen *Euglypha*-Arten. **G** 95–180 µm. **L** Moosrasen, vor allem Torfmoose; häufig.

12 Nebela lageniformis, Flaschen-Schalenamöbe. Schale flaschenförmig, farblos, durchscheinend, mit großen rundlichen und dazwischen gelagerten kleineren Schüppchen. **G** 120–130 µm. **L** Nasse Moose und Torfmoose; sehr häufig.

13 Heleopera petricola, Sack-Schalenamöbe. Breit sackförmig, farblos. Mundöffnung ein breiter Spalt, der die ganze Vorderfront einnimmt. Schale unregelmäßig und undeutlich gefeldert, am Hinterende einige größere Steinchen. **G** Um 100 µm. **L** In Torfmoosen und anderen Moosen. A_1 Schalen rosa-violett, Lippen gelb: *H. rosea.* A_2 Schalen gelb: *H. sphagni.*

14 Awerintzewia cyclostoma, Rundmaul-Schalenamöbe. Mundöffnung elliptisch, Gehäuse oval, dunkelviolett, mit Quarztrümmern dicht gepflastert. **G** 135–180 µm lang. **L** Torfmoosrasen, in Teichen auf Wasserpflanzen.

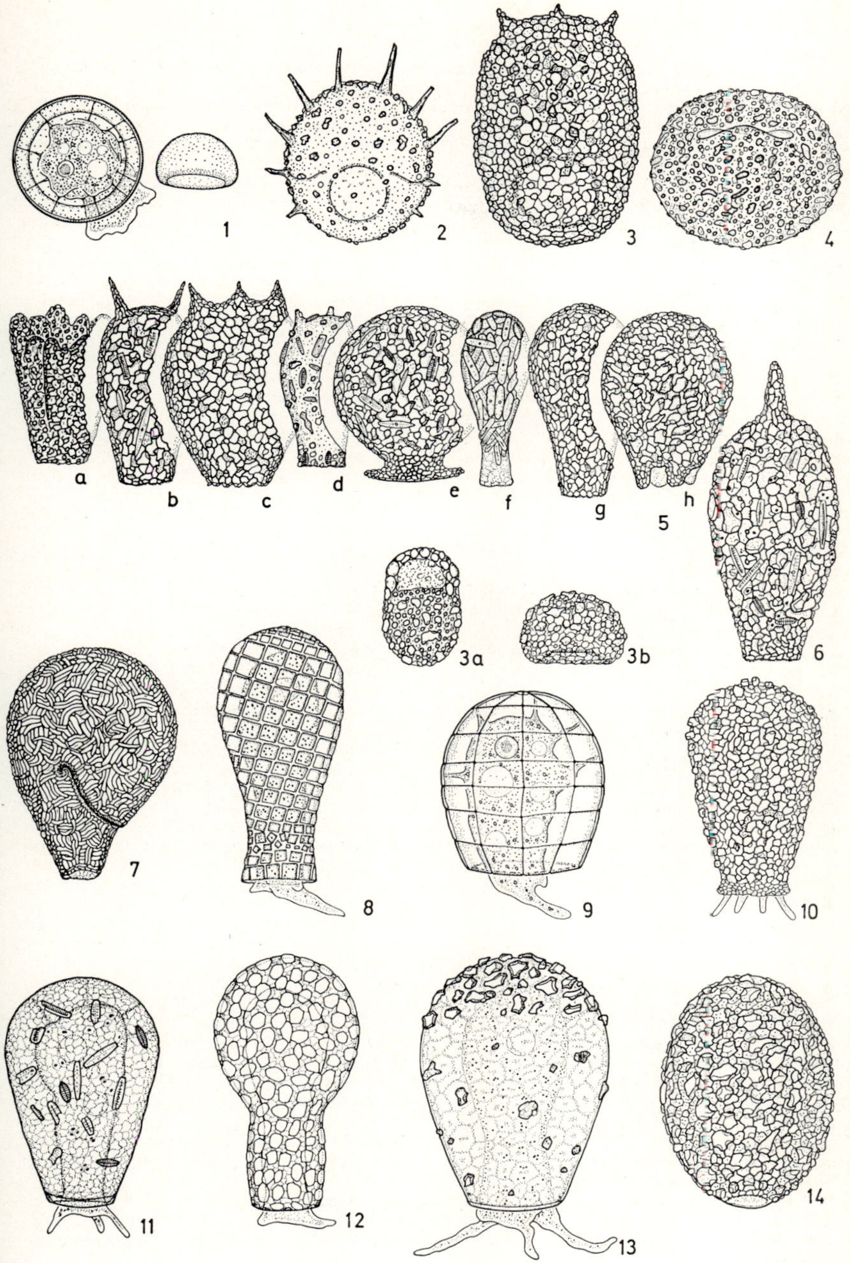
1
2
3
4
a
b
c
d
e
f
g
h
5
3a
3b
6
7
8
9
10
11
12
13
14

Wurzelfüßer (Schalenamöben)

1 Hyalosphenia elegans, Faltige Glaskeil-Schalenamöbe. Schale beutelförmig mit großen, flachen, unregelmäßigen Falten; durchsichtig, gelblich bis bräunlich; Hals glatt. **G** 90–110 µm. **L** In den unteren, abgestorbenen Teilen von Torfmoosrasen.

2 Hyalosphenia papilio, Glaskeil-Schalenamöbe. Mundöffnung spaltförmig. Schale durchsichtig, meist gelblich, mit Poren an den Ecken und der Mündung. Zytoplasma mit Zoochlorellen. **G** 110–140 µm. **L** Obere Teile von Torfmoosrasen. **A** 60–70 µm, Schale farblos, Mündung stark verengt: *H. cuneata.* Klare Gewässer.

3 Euglypha laevis, Kleine Zeichen-Schalenamöbe. Schale sehr gleichmäßig mit zarten und durchscheinenden Kieselschüppchen belegt, die meist nur am Rand erkennbar sind. Zähnchen um Gehäusemündung nicht gesägt. **G** 30–60 µm. **L** Torfmoose (häufig), Brunnen, Pfützen, Bäche, Flüsse.

4 Euglypha alveolata *(E. acanthophora),* Zeichen-Schalenamöbe. Kieselschüppchen rund oder oval, überdecken sich mit ihren Rändern. Um die runde Schalenmündung eine Reihe gezähnter Schuppen. Schale selten mit Stacheln. **G** 60–100 µm lang. **L** Nasse Moose, Torfmoose, Teiche, Quellen, Sümpfe. II.

5 Euglypha ciliata, Bewimperte Zeichen-Schalenamöbe. Kieselschuppen überdecken sich deutlich. Schale mit kurzen Stacheln. Um die Mündung 6–14 Zähnchen mit je einem aufgesetzten Buckel. **G** 60–100 µm. **L** Torfmoose, nasse Moose, auf Wasserpflanzen in Waldteichen; häufig.

6 Assulina seminulum, Splitter-Schalenamöbe. Schale stark zusammengedrückt, dicht und regelmäßig mit länglichen Schuppen besetzt; jung hell und durchsichtig, später braun. Mündung oval, von dünner, gezähnelter, chitinartiger Membran gebildet. **G** 60–150 µm lang, 50–75 µm breit. **L** Nasse Moose, Torfmoose; häufig.

7 Assulina minor *(A. muscorum),* Braune Splitter-Schalenamöbe. Schalen meist rötlichbraun, durchsichtig. Schüppchen decken sich dachziegelartig, enden vor der Mündung, die nur aus chitinartiger Schalengrundsubstanz besteht. **G** Um 40 µm. **L** Charakterart feuchter Moose, häufig in Torfmoosen.

8 Trinema enchelys, Plattbauch-Schalenamöbe. Schale mit flacher Bauch- und gewölbter Rükkenseite. Gehäusemündung auf die Unterseite verschoben, leicht eingebuchtet. Große rundliche, sehr durchsichtige, immer farblose Schuppen; Fugen zwischen den Schuppen von sehr kleinen Plättchen ausgefüllt. Gehäuseform sehr veränderlich. **G** 45–125 µm lang. **L** Braune Schichten von Moosen und Torfmoosen, im Boden, zwischen Fallaub.

9 Cyphoderia margaritacea *(C. ampulla),* Retorten-Schalenamöbe. Schale retortenförmig mit bauchwärts gekrümmtem Hals. Mündung schräg abgestutzt. Gelblich bis bräunlich. Dicht bedeckt mit winzigen, rundlichen oder quadratischen Schüppchen, deren Zentrum eingedellt ist. Eindellungen lassen Schale punktiert erscheinen. **G** In tieferem Wasser bis 220 µm, in Ufernähe 100–120 µm lang. **L** Seen, Moose, Torfmoose.

10 Paulinella chromatophora, Blaualgenkäfig. Breit-eiförmig, nicht abgeplattet, von breiten, etwas gebogenen Kieselplättchen in 5 Längsreihen zu je 11 bis 12 Plättchen bedeckt. Im Zytoplasma leben symbiontisch 2 wurstförmige Blaualgen der Gattung *Synechococcus.* Keine Nahrungsvakuolen, Nahrungsaufnahme nie beobachtet! **G** Um 20–35 µm. **L** Auf Wasserpflanzen.

11 Nadinella tenella, Kragen-Schalenamöbe. Schale dünn, chitinartig, graugelb, etwas undurchsichtig, mit kleinen Kieselteilchen bepflastert, die die Halspartie freilassen. Mundöffnung abgeplattet mit hellem und zartem Kragen. **G** 50–55 µm lang. **L** Seen.

12 Gromia fluvialis, Fluß-Schalenamöbe. Breit-eiförmig, nicht ganz starr, deutlich zweischichtig. Innere Hülle durchscheinend, äußere (dickere) von sehr vielen radiär verlaufenden Kanälchen durchzogen. Schalenmündung mit quellbarer „Dichtung“ als Verschlußmechanismus. **G** Bis 100 µm. **L** Seen, Teiche, Flüsse.

13 Lieberkuehnia wagneri, Wurzel-Schalenamöbe. Schale im Vorderteil mit 1 Septum; „Pseudopodienstiel“ daher asymmetrisch austretend. Hülle nicht starr. Pseudopodien lang, fein, Pseudopodienfäden anastomosieren vielfach. Mehrere Kerne. **G** 80–120 µm. **L** Seen und Teiche.

14 Allelogromia brunneri, Mantel-Schalenamöbe. Schale ei- oder birnförmig, symmetrisch, starr, dünn, durchsichtig, gelb bis braun, mit dichter Lage winzig kleiner Kieselteilchen bedeckt. Pseudopodienstiel tritt asymmetrisch aus der Schale aus. Zytoplasma kann außen entlang der Hülle fließen und sie als „Mantelplasma“ weitgehend einhüllen. **G** 60–250 µm. **L** Seen.

15 Amphitrema flavum, Gelbes Moortönnchen. Gelblich bis braun, nie mit Fremdteilchen besetzt. 2 Öffnungen an den entgegengesetzten Polen. Im Plasma zahlreiche Zoochlorellen. Kern groß, zentral mit dunklem Binnenkörper. **G** 30–75 µm. **L** Ausschließlich in der oberen Torfmoosschicht von Hochmooren. Dort massenhaft. **A** *Amphitrema stenostoma:* Schale mit Kieselteilchen besetzt, sonst sehr ähnlich, 45–95 µm.

16 Amphitrema wrightianum, Moortönnchen. Schale abgeplattet oval. 2 Mündungen an den Polen mit je einem deutlichen, zylindrischen Hals. Auf der Schale Diatomeen und Quarzteilchen. Im Zytoplasma Zoochlorellen. **G** 50–95 µm lang. **L** Auf alte Hochmoore beschränkt, dort massenhaft.

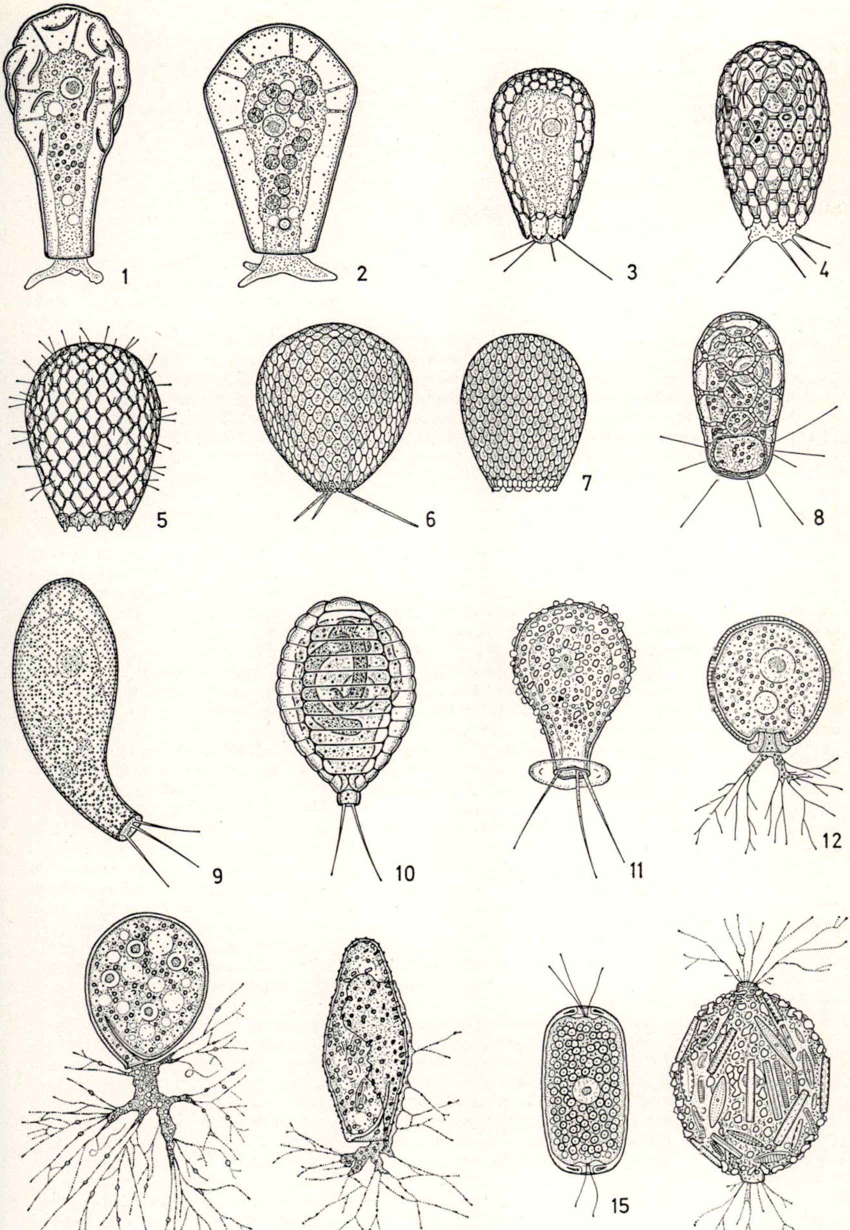
1
2
3
4
5
6
7
8
9
10
11
12
13
14
15
16

Wurzelfüßer und Sonnentierchen

1 Diplophrys archeri, Ölkugel-Schalenamöbe. Schale kugelig, mit 2 einander gegenüberliegenden Mundöffnungen ohne Hälse. Zytoplasma füllt die zarte und durchsichtige Schale vollkommen aus. Im Zytoplasma 1 (seltener 2 bis 3) große, orangefarbene Ölkugeln. 1 Zellkern, mehrere kontraktile Vakuolen. **B** Nach der Zellteilung können 2 oder 4 Tochterindividuen als Freßgemeinschaft in einer Art Kolonie zusammenbleiben. **G** 8–20 µm. **L** Tümpel, Teiche; auf Pflanzen.

2 Gymnophrys cometa, Torfgespenst. Körper amöbenartig beweglich, ohne erkennbare Schale. Rasche, flache Plasmawellen laufen über den Körper, bewirken aber keine Ortsveränderungen. Filopodien (fadenförmige Pseudopodien) können sich an beliebigen Körperstellen bilden und werden oft unglaublich lang (400 µm!). Pseudopodien mit starker Plasmaströmung, Verzweigungen und Anastomosen. Frißt Bakterien. **G** 15–50 µm. **L** Torfstiche, Moorgräben. Oft in Torfmullaufgüssen. **A** Entoplasma grün, Filopodien ohne Körnchen, abgerundet, 90–100 µm: *Penardia mutabilis.*

3 Actinophrys sol, Das Sonnentier. Ungefähr kugelig. Ektoplasma mit großen Vakuolen, Entoplasma mit zahlreichen kleinen Vakuolen und glänzenden Körnchen. Pulsierende Vakuolen ragen über die Oberfläche der Rindenschicht hinaus. Frißt Flagellaten, Wimpertiere, Zieralgen, Hefen. Junge Tiere oft zu Freßgemeinschaften zusammengelagert. An den Axopodien festgeklebte Beuteobjekte werden von durchscheinenden Pseudopodien umhüllt und in den Körper hineingezogen. **G** Ausgewachsen um 40–50 µm. **L** Kleinere Gewässer an Algen und Pflanzen; weitverbreitet und häufig. **A** 25–30 µm, Vakuolen stehen zum Teil weit über die Körperoberfläche hinaus: *A. vesiculata.* Sümpfe.

4 Actinosphaerium eichhorni, Strahlenbällchen. Tiere groß, ohne Hüllskelett. Zahlreiche Pseudopodien, die bei der geringsten Berührung sich rasch zurückziehen. Rindenschicht (Ektoplasma) mit großen, runden, regelmäßig verteilten, optisch leeren „Turgorvakuolen". Entoplasma vom Ektoplasma scharf abgesetzt; an seiner Peripherie zahlreiche Kerne. Im Entoplasma Turgor- und Nahrungsvakuolen. Axopodien vergiften oder lähmen vorüberschwimmende Rädertiere und Wimpertiere. Am Fang beteiligen sich mehrere Axopodien, die dann unter Verkürzung die Beute ins Körperinnere ziehen. **G** 200–300 µm, Varietät *majus* 600 µm bis 1 mm. **L** Flache Gewässerstellen, an Pflanzen oder auf dem Bodensatz, besonders im Frühjahr. Erträgt ziemlich verschmutztes Wasser. **B** Unterart *viride* mit symbiontischen Grünalgen. II.

5 Astrodisculus radians, Schleimhüllen-Sonnentier. Kugelig, wenig formveränderlich, von dicker, klar durchsichtiger Schleimhülle umgeben. An der Oberfläche der Hülle kleben meist Fremdkörperchen und Bakterien. Pseudopodien sehr zart, ohne Körnchen. Ekto- und Entoplasma nicht deutlich getrennt. Zytoplasma oft mit grünen, gelben oder braunen Körnchen dicht beladen. **G** Mit Hüllschleim 25–30 µm Durchmesser. **L** Gräben, Pfützen, Teiche; im Frühjahr und Herbst zwischen Diatomeen. **A_1** Schleimhülle außen in Zacken und Fransen ausgezogen, um 40 µm: *A. laciniatus.* **A_2** Schleimhülle zweischichtig, um 42 µm: *A. zonatus.* Beide Arten in Seen und Kleingewässern.

6 Elaeorhanis cincta, Festungs-Sonnentier. Schleimhülle kugelig, weit vom Körper abgehoben. In und auf der durchsichtigen Schleimmasse Sandkörnchen und Diatomeen. Pseudopodien steif und starr, anscheinend jedoch ohne Achsenfäden. Im Zentrum der Schleimmasse der kugelige Plasmaleib. Auffällig ein großer, gelber oder brauner Öltropfen im sonst farblosen Zytoplasma. **B** Junge Tiere mit noch kaum gepanzerter Hülle bilden hübsche, vielzellige, weiträumige Kolonien, die durch die Ölkugeln sofort auffallen. **G** Körper 25–30 µm, Schale um 55 µm. **L** Seen und Teiche, zwischen Algen und Wasserpflanzen. **A** Körper der Schale völlig anliegend, Plasma rötlich, ohne Ölkugeln, um 40 µm, in Seen: *Lithocolla globosa.*

7 Heterophrys myriapoda, Grasgrünes Sonnentier. Kugelig, mit dicker Schleimhülle. In der Schleimschicht zahlreiche chitinige, haarfeine, radiär gestellte Stäbchen, von denen die meisten beträchtlich über die Oberfläche der Hülle hinausragen. Axopodien sehr lang und kräftig. Plasma dicht mit kugeligen Grünalgen beladen, wahrscheinlich Symbionten. **G** 50–80 µm Durchmesser. **L** Sumpfgewässer, kleine Teiche, Uferzone von Seen.

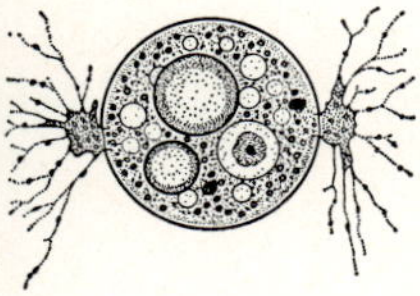

1

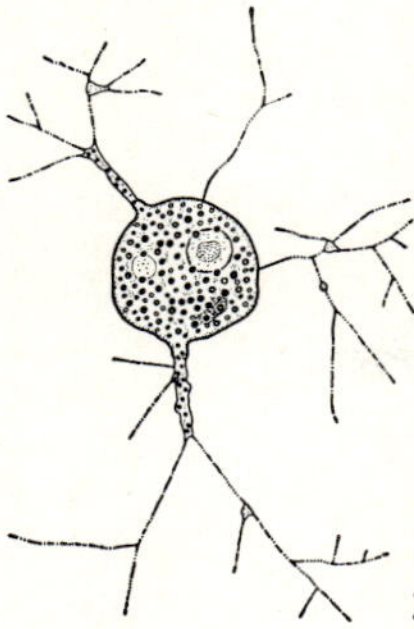

2

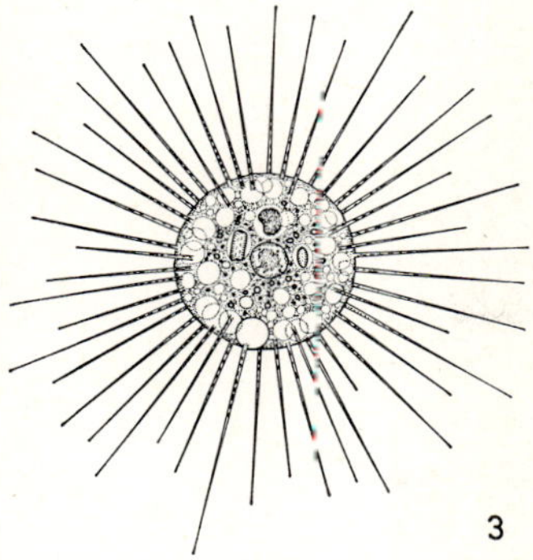

3

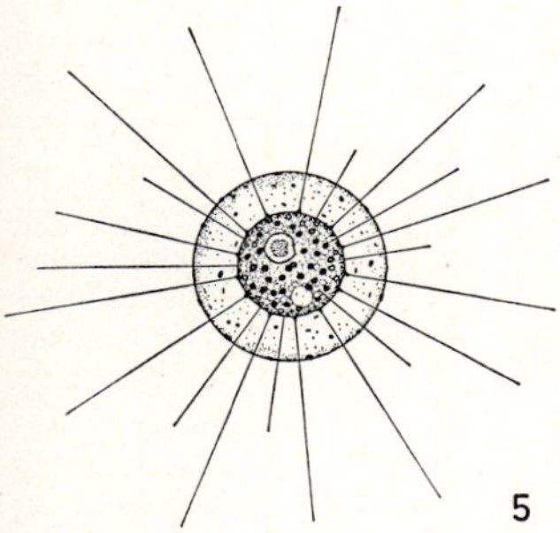

5

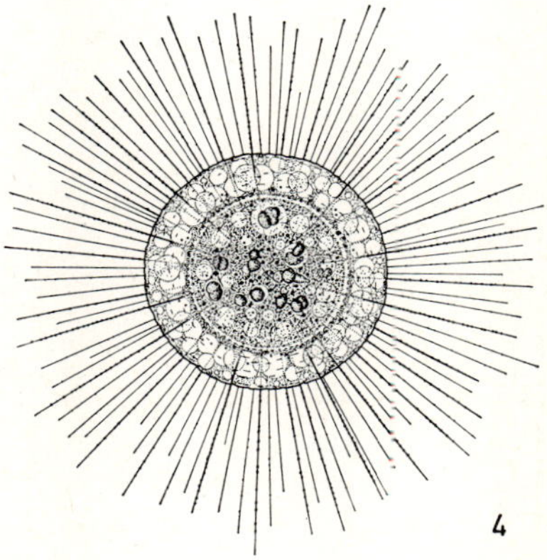

4

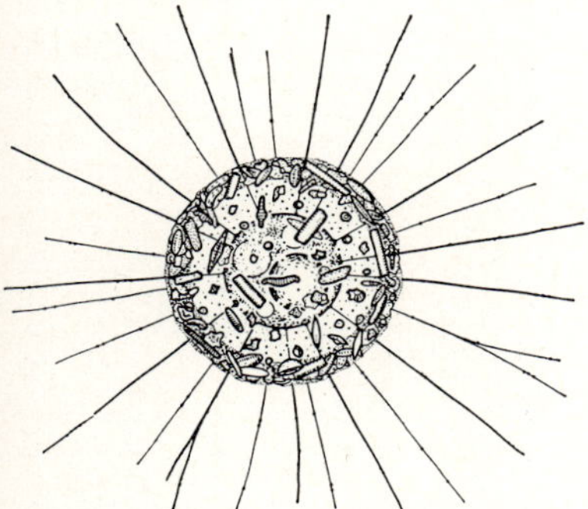

6

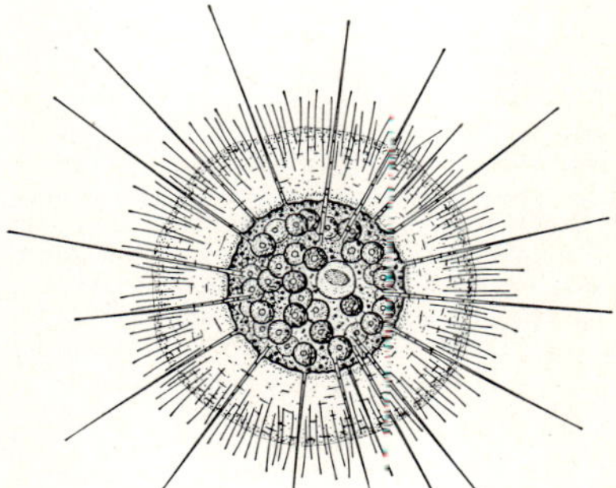

7

Sonnentierchen

1 Acanthocystis mimetica, Grünes Nadel-Sonnentier. Skelett der ungefähr 13 bekannten *A.*-Arten aus tangentialen Kieselschuppen und radiären Kieselnadeln gebildet. Radiäre Nadeln von *A. mimetica* am lebenden Tier nicht erkennbar, treten erst hervor, wenn Tiere unter dem Deckglas eintrocknen. Hülle aus dicht aneinandergereihten tangentialen Kieselschuppen auch am lebenden Tier sehr deutlich zu erkennen. Axopodien sehr lang und fein, mit wenigen Körnchen. Zytoplasma mit einigen grünen Zoochlorellen. **G** Mit Hülle aus ovalen Schüppchen 12–20 µm. **L** Kleine Seen, Teiche, Gräben; im Frühjahr in aufschwimmenden Algenwatten.

2 Acanthocystis aculeata, Nagel-Sonnentier. Tangentiale Kieselschüppchen dick, spitz, umhüllen in mehreren Lagen den Körper. Kieselnadeln kurz, gekrümmt, stachelartig zugespitzt; sitzen mit platter, breiter Basis („Nägel") in der nicht schleimigen Hülle. Pseudopodien dünn und lang. Zytoplasma mit exzentrischem Kern und nur einer kontraktilen Vakuole. **G** Kieselnadeln um 12 µm lang, Körper 35–40 µm im Durchmesser. **L** Seen, Tümpel, Teiche.

3 Acanthocystis radiosa, Nadel-Sonnentier. Körper von einer Schicht durchsichtigen Zytoplasmas umhüllt. An der Peripherie dieser Hülle liegen die tangentialen Kieselschüppchen als dünne und ovale Plättchen. Radiäre Kieselnadeln beginnen mit breiter Basalplatte, enden gegabelt. Zarte Pseudopodien mit sehr lebhafter Körnchenströmung. Im Zytoplasma weiße, rundliche Körner sowie kugelige, symbiontische Grünalgen. **B** Breites Lappen-Pseudopodium durchbricht Hülle zur Nahrungsaufnahme und Defäkation. **G** Durchmesser 15 µm. **L** Alle Gewässertypen; meist häufig.

4 Acanthocystis turfacea, Schönes Nadel-Sonnentier. Schuppen der Außenhülle sehr zart. Radiäre Kieselnadeln in zwei Formen: lange Nadeln mit winziger Endgabel und kurze, die am Ende in eine breite Gabel auslaufen. Beide Typen basal zu Schuppen verbreitert. Axopodien lang und kräftig. Zytoplasma grünlich, meist ohne pulsierende Vakuole. **G** Mit Hülle 50–60 µm. **L** Sümpfe, Gräben, Pfützen. l. **A** Radiäre Nadeln ohne Endgabeln: *A. spinifera*. Seen, Sümpfe, Torfmoose.

5 Pompholyxophrys punicea, Perlen-Sonnentier. Tiere kugelig mit 5–10 µm dicker Hüllschicht aus Bläschen, „hohlen Perlen", die in drei Schichten nicht sehr regelmäßig angeordnet sind. Durchmesser der „Perlen" 2–4 µm. Axopodien sehr fein, fast ohne Körnchen. Körper farblos oder rötlich, mit gefärbten Körnchen und grünen oder braunen Nahrungsteilchen. **G** Ohne Hülle 25–35 µm. **L** Teiche und Sümpfe. **A_1** „Perlen" winzig (0,6 µm), in 5 bis 8 Schichten: *P. exigua*. Seeufer, Sümpfe. **A_2** Perlen eiförmig, um 3 µm: *P. ovuligera;* Sümpfe.

6 Raphidiophrys pallida, Blasses Spindel-Sonnentier. Schleimhülle reicht weit an den Axopodien hinauf. In ihr liegen ziemlich große, bis 20 µm lange, sichelförmige Kieselnadeln (in Wirklichkeit elliptische, etwas schüsselförmig gebogene Schüppchen). Pseudopodien lang, mit Körnchen. Kern groß, liegt exzentrisch. **G** Durchmesser um 55 µm. **L** Ruhige Gewässer, auf Algen und Wasserpflanzen. **A_1** In der Schleimhülle kurze und lange Nadeln: *R. symmetrica*. **A_2** Drei Typen verschieden langer Nadeln: *R. ambigua*. Beide Arten in Seen und Teichen.

7 Raphidiophrys viridis, Grünes Spindel-Sonnentier. Jeweils mehrere Tiere leben in zäher Schleimhülle als Kolonie und sind durch kurze Plasmabrücken verbunden. Hülle mit Kieselsäurenadeln reicht mehr oder minder weit die Axopodien hinauf. Axopodien kräftig, sehr lang, von den Einzelindividuen nicht allseitig ausgebildet. Zytoplasma mit symbiontischen Grünalgen. **G** Kolonien bis 200 µm, Einzeltiere um 30 µm. **L** Seichte Kleingewässer. **A** Kolonien sehr locker, Plasmabrücken langgezogen, ohne grüne Symbionten: *R. elegans*.

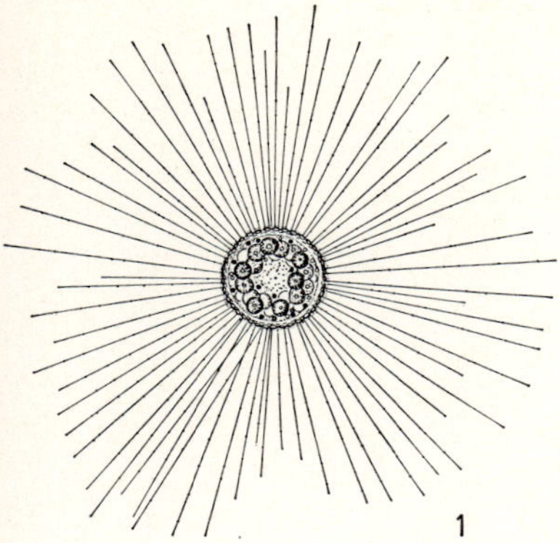

1

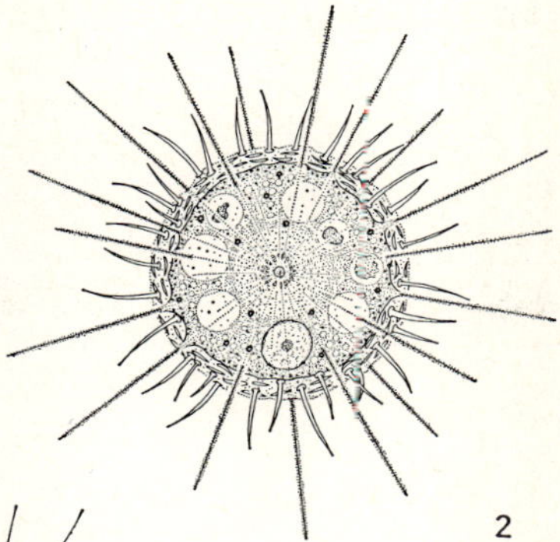

2

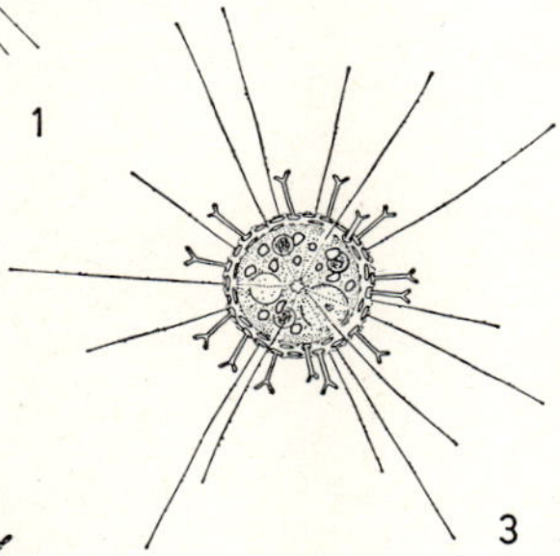

3

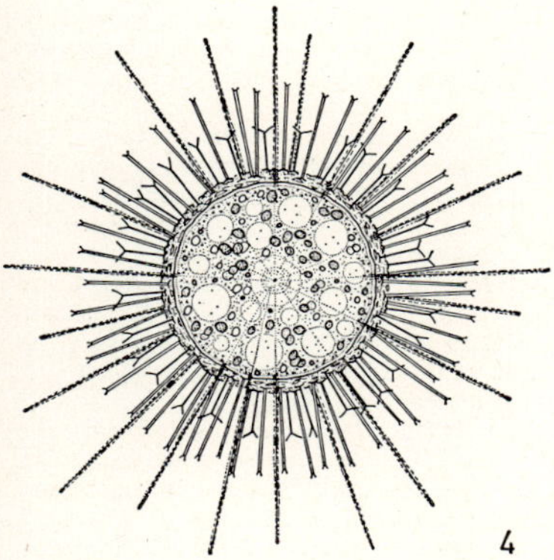

4

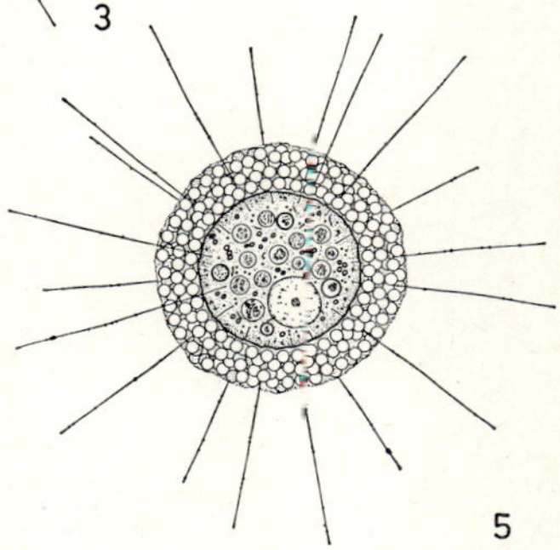

5

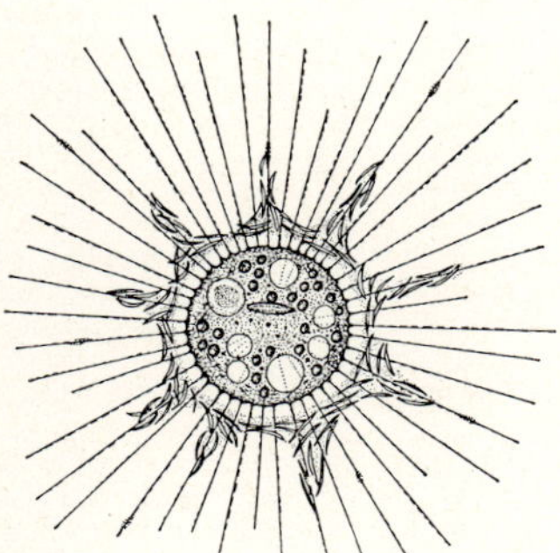

6

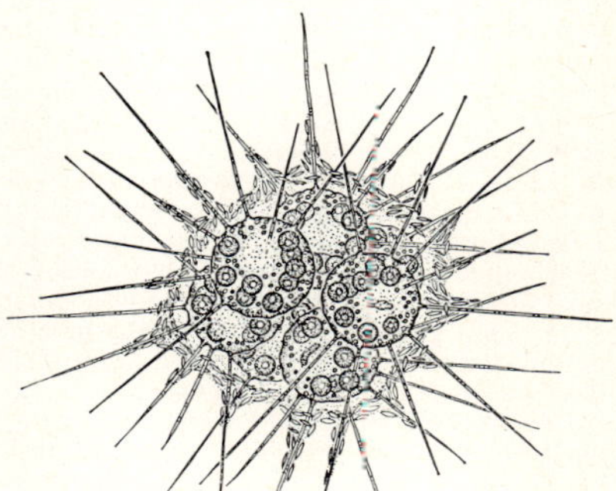

7

Sonnentierchen

1 Raphidocystis infestans, Buckel-Sonnentier. Tiere von dünner, farbloser Plasmahülle umgeben. In der Hülle tangentiale Kieselstäbchen, die nur am eintrocknenden Tier sichtbar werden. Außenschicht buckelig. Axopodien dünn, sehr lang. Entoplasmatisches „Mark“ und Zellkern liegen exzentrisch. Leben von größeren Wimpertieren, auf denen sie sich ektoparasitisch ansiedeln und tellerförmig ausbreiten; Wirte sterben langsam ab. **G** 20–40 µm. **L** Bodensatz sauberer Gewässer.

2 Raphidocystis tubifera, Posaunen-Sonnentier. In dicht anliegender Hüllschicht tangential gelagerte, elliptische Kieselschüppchen, die etwas aufgebogen sind und daher am Rande des Tieres sichelförmig erscheinen. Über die Hüllschicht hinaus ragen zierliche „Kieselposaunen“. Axopodien sehr blaß, kaum erkennbar. In der ektoplasmatischen Rindenschicht mehrere große pulsierende Vakuolen. **G** Durchmesser um 20 µm. **L** Sümpfe, Teiche.

3 Pinaciophora fluviatilis, Fluß-Sonnentier. Hülle aus runden Kieselplättchen, deren jedes von 19 winzigen Poren durchbrochen wird. Schuppen der Hülle überdecken sich etwas. Axopodien sehr zart, ohne Körnchen. Zur Nahrungsaufnahme durchbrechen „Hilfspseudopodien“ die Hülle. Plasma rötlich, Mark- und Rindenschicht kaum unterschieden. **G** Durchmesser 45–50 µm. **L** Teiche, als einzige Sonnentier-Art auch Fließgewässer (zum Beispiel Rhein).

4 Myriophrys paradoxa, Wimper-Sonnentier. Körper in zytoplasmatischer Hüllschicht, die winzige Schüppchen enthält. Tiere sehr auffällig durch dichte Hülle lebhaft schlagender, ziemlich langer Wimpern. Axopodien nicht sehr lang, einziehbar. Markschicht exzentrisch gelegen, stark vakuolisiert. **G** Durchmesser um 40 µm. **L** Sumpfige Stellen der Gewässer.

5 Clathrulina elegans, Kugelkäfig-Sonnentier. Schale eine farblose oder schwach bräunliche, dünnwandige Kieselsäurekugel, die von zahlreichen ziemlich großen, runden oder vieleckigen Öffnungen durchbrochen wird. Plasmaleib im Inneren der Kugel; von ihm aus ziehen die an der Basis breiten, dann rasch verschmälerten, achsenfadenlosen Pseudopodien durch die Öffnungen. Tiere sitzen mit 100–350 µm langen, 3–4 µm dicken Stielen (speziellen Axopodien) an der Unterlage fest. **B** Fortpflanzung durch Teilung innerhalb der Schale. Ein Tochtertier schlüpft als zweigeißeliger Schwärmer aus der Hülle, das zweite verbleibt an seinem Platz. **G** Schale 60–90 µm. **L** An Wasserlinsen oder auf dem Bodensatz in Teichen, Gräben usw. **A** Schale um 30 µm, Stiel sehr lang und dünn: *Cl. cienkowskii.*

6 Hedriocystis pellucida, Durchsichtiges Kapsel-Sonnentier. Kapsel aus Gerüsteiweißen, mehr oder minder vieleckig, dünn, farblos. Ecken der Hülle abgerundet, von je einem sehr kleinen Loch durchbohrt, durch das ein Pseudopodium austritt. Plasmakörper rundlich, füllt die Schale nicht aus. Pseudopodien blaß, wenig gekörnelt, ständig hin- und herbewegt. Plasma farblos mit pulsierenden Vakuolen, Kern zentral. Auf Detritusteilchen mit kurzem Stiel befestigt. **G** 20–25 µm. **L** Sümpfe, Moorgewässer.

7 Hedriocystis reticulata, Kapsel-Sonnentier. Kapsel aus Gerüsteiweiß, zart, farblos oder blaßgelb, rundlich, nicht biegsam. Regelmäßige Felderung der Kapsel durch verdickte Leisten. Poren, durch die die blassen Pseudopodien ziehen, im Zentrum der Felder. Plasmaleib kugelig, füllt Kapsel weitgehend aus. Stiel 70 µm lang, 1,5 µm dick. Eine sehr lebhaft arbeitende pulsierende Vakuole. **G** Schale um 25 µm, Körper um 15–20 µm. **L** Sümpfe, Hoch- und Flachmoore. In der Kapsel encystierte Tiere häufig in Torfmullaufgüssen.

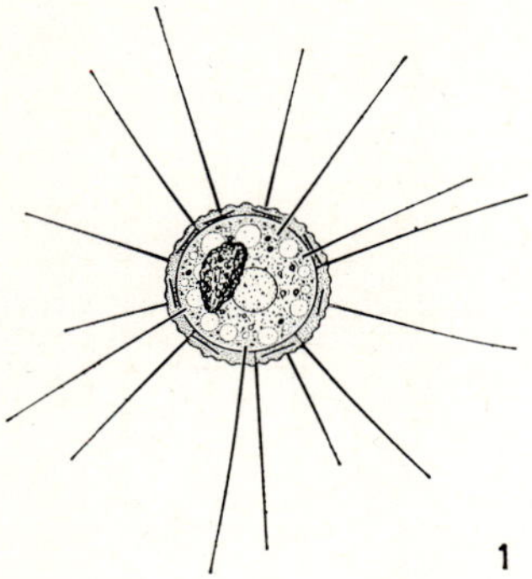
1

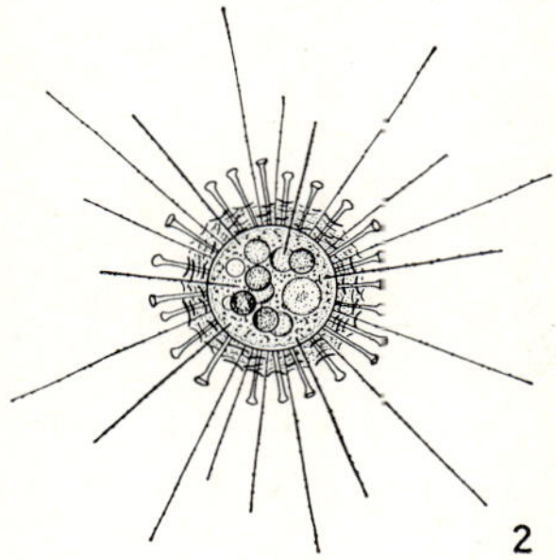
2

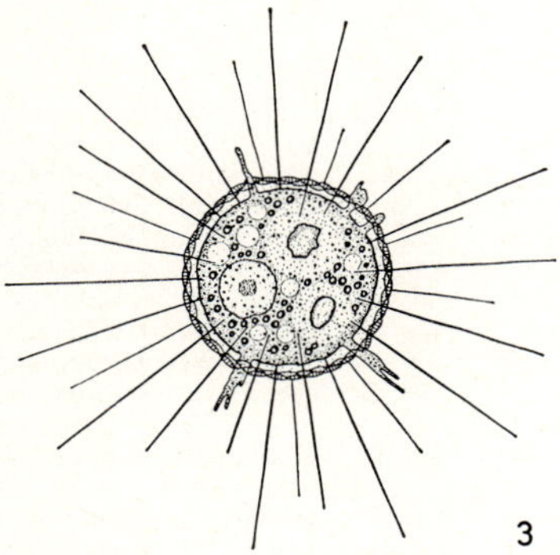
3

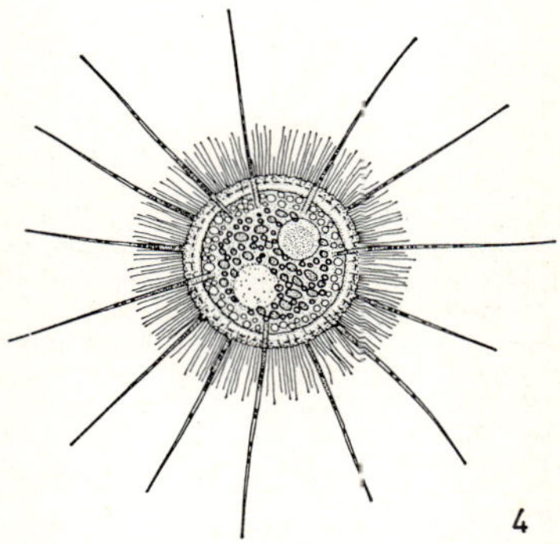
4

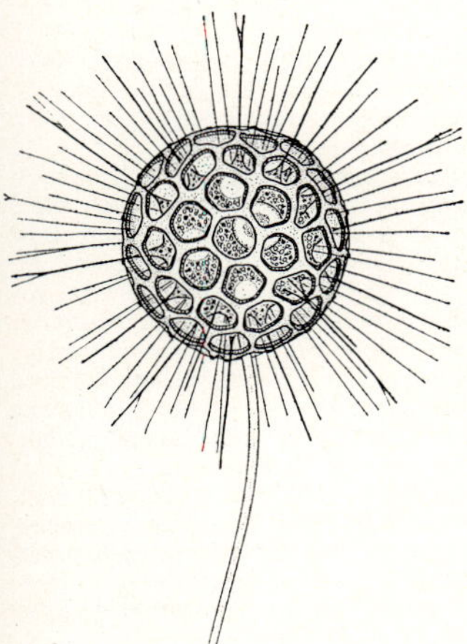
5

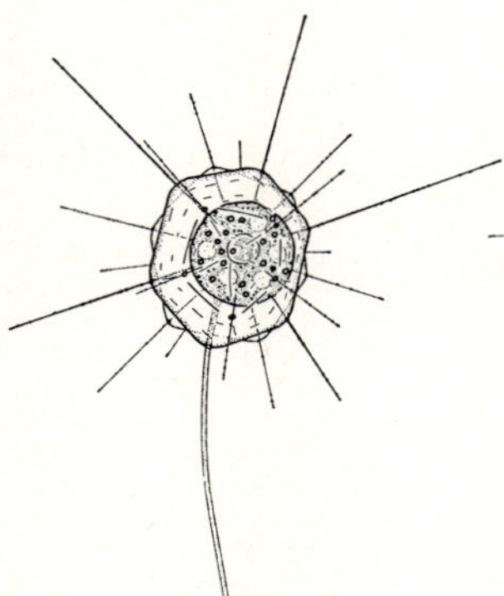
6

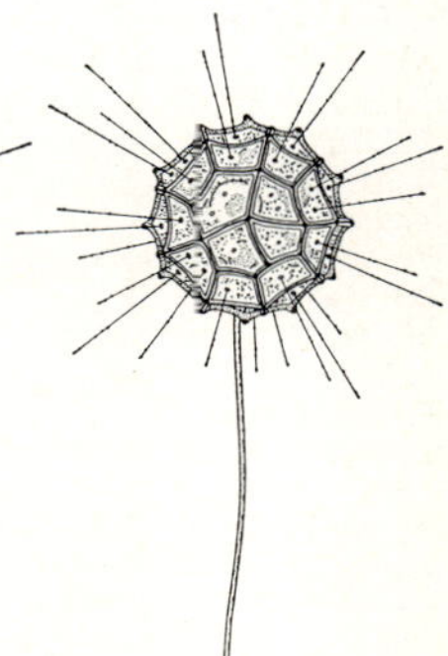
7

Wimpertierchen

1 Holophrya gargamellae, Grüner Ur-Ciliat. Tiere vollständig bewimpert. Vorderende grubenartig eingebuchtet (Mundöffnung). Frißt ausschließlich einzellige und koloniebildende Grünalgen. Im großwabigen Ektoplasma kräftige Trichocysten. Großkern groß, rund, zentral gelegen. **G** Um 80 µm. **L** Planktisch an der Oberfläche klarer, stehender Gewässer; oft in größeren Mengen.

2 Holophrya nigricans, „Schwarze Stachelbeere". Eiförmig bis fast kugelig. Pellikula hexagonal gefeldert; in jedem Feld entspringt eine Wimper. Zellmund weit, rund; Schlund trichterartig, durch zarte Stäbchen ausgesteift. Großkern ellipsoidisch, kontraktile Vakuole am hinteren Pol. **G** 110–180 µm. **L** Süßwasserteiche; vor allem in der kälteren Jahreszeit.

3 Urotricha farcta, Schnelltierchen. Mund warzenartig vorgestülpt, mit einem Stiftchenkranz. Am hinteren Pol eine körperlange Schwanzwimper. Bewegung: kreisend, rotierend, schnell schwimmend, sprunghaft zur Seite schnellend. **G** 20–30 µm. **L** Stehende Gewässer mit faulenden Pflanzen, stark verunreinigte Flußstaue. III.

4 Urotricha saprophila, Faulwasser-Schnelltierchen. Vorderende steht schräg zur Längsachse. Hinterende mit 5 Schwanzwimpern. Stiftchen um den Mund sehr niedrig. Bewegung: In auffälligen Zickzacklinien schnell rotierend. **G** Um 45 µm. **L** Durch Jauche verunreinigte Teiche.

5 Urotricha obliqua, Rautenförmiges Schnelltierchen. Durch Körperumriß leicht erkennbar. Deutliche Stiftchen um den Mund. Um den Mund lange Wimpern, übrige Wimpern kurz, 6 Schwanzborsten auf dem sonst wimperfreien Hinterende. **G** 60–90 µm. **L** Gewässer mit Faulschlamm; verbreitet, aber nie häufig.

6 Plagiocampa rouxi, Klappentierchen. Mund liegt am Vorderpol und zieht mit kleinem Spalt zur Bauchseite. Rechter Mundrand lippenartig ausgezogen; hier 8 flache Wimpergebilde. Diese Klappeneinrichtung drückt kleine Algen in den seichten Schlund. 1 Schwanzwimper. **G** 50 bis 70 µm. **L** Gräben mit Süß- und Brackwasser.

7 Pseudoprorodon niveus, Spalten-Wimpertier. Sehr groß, seitlich abgeflacht, Eingangsschlitz des Mundes gegen Bauchseite geneigt. Seitliche Schlundbegrenzungen plattenartig mit langen Trichocysten (können beim Angriff auf Beutetiere ausgeschleudert werden). Links vom rückenseitigen Ende des Mundes beginnen 3 Reihen stärkerer Cilien, die bis zum Hinterende ziehen (Dorsalbürste). Frißt Wimpertiere und Kleinkrebse. Großkern lang, gekrümmt. Ektoplasma erscheint spaltig. **G** 250–400 µm. **L** Stehende und langsam fließende Gewässer zwischen Wasserpflanzen. I.

8 Pseudoprorodon sulcatus, Furchenciliat. Dorsalbürste (s. Nr. 7) beginnt links des Mundes, zieht in tief ausgeprägter Furche schräg bis über die Mitte der Rückenseite hinaus. Schlundplatte klein, oval, mit kurzen derben Trichocysten. Großkern langgezogen. Räuberisch. **G** 80 bis 90 µm. **L** Saubere Gewässer zwischen Wasserpflanzen; zeitweise häufig.

9 Prorodon viridis, Grüne Zahnwalze. Mundöffnung mit flachem Mundfeld, darin versenkt Stäbchen, die eine Reuse bilden. Ektoplasma glänzt, Entoplasma mit Zoochlorellen. Am Hinterende ein Büschel zarter, langer Steuerwimpern. Großkern kurz eiförmig. Frißt Schwefelbakterien und Kleinalgen. **G** 120–160 µm. **L** Gewässerzonen mit Faulschlamm; vor allem im Winter zahlreich.

10 Prorodon teres, Längliche Zahnwalze. Schwimmt in weiten Kreisen unter rascher Drehung um die Längsachse. Wimpern weitgehend einheitlich. Dicke Schlundwandung von ungefähr 50 Doppelstäbchen gestützt. Pellikula eng gestreift. Großkern elliptisch. Frißt Bakterien, Stärkekörner, Papierfasern, Fetttröpfchen (in Schlachthofabwässern), Grünalgen, kleine Fadenwürmer. **G** 80–200 µm. **L** Stehende Gewässer, Pfützen, in Salinen und Brackwasser bis 2,5% Salzgehalt; verbreitet und oft zahlreich. III.

11 Placus luciae, Furcheninfusor. Kleines, mit borstenartigen Organellen besetztes Grübchen an einer Einbuchtung der Bauchlinie. Von hier eine Membran aus lose verklebten Wimpern zum polaren, trichocystenumstellten Mund. Pellikula starr, glänzend, durch schwach spiralige Furchen gegliedert. Am Grund der 16–18 Furchen Trichocysten, Wimpern entspringen an den Rändern. Frißt Flagellaten und Wimpertiere. **G** 35–70, meist um 50 µm. **L** Nährstoffreiche Gewässer; sehr verbreitet in Süß- und Brackwasser.

12 Lagynophrya rostrata, Spitzmaultierchen. Rückenpartie gewölbt, Bauchseite gestreckt. Schlund endet oben in einem trichocystenbewehrten Zapfen. Körper gestreift. Wimpern kurz, dichtstehend. Tiere zucken ständig vor und zurück. **G** 70–90 µm. **L** Tümpel mit faulendem Wasser.

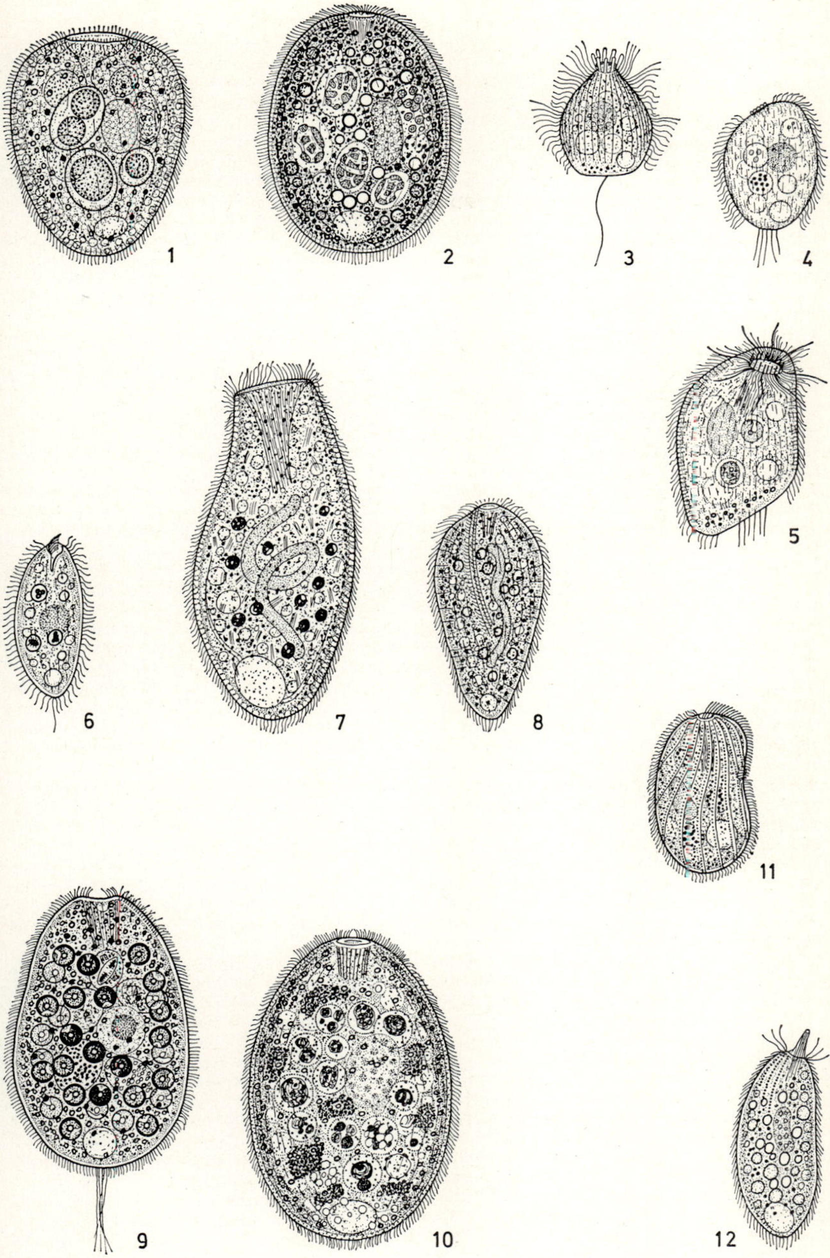
1
2
3
4
5
6
7
8
11
9
10
12

Wimpertierchen

1 Lacrymaria olor, Tränentierchen. Schwanenhalstierchen. In Kopf, sehr dehnbaren und beweglichen Hals und Rumpf gegliedert. Schwimmt rasch mit eingezogenem Halsteil (Hauptbewegungsorganell ist der Kopf); festliegende Tiere tasten mit gestrecktem Hals nach Beute. Lebt räuberisch, frißt Infusorien. **G** Gestreckt bis 1200 µm lang, kontrahiert kaum 100 µm. **L** Nährstoffreiche Gewässer.

2 Lacrymaria elegans *(Lagynus elegans),* Anmutiges Tränentierchen. Halsteil quergeringelt, Köpfchen ein weit dehnbarer Kegelstumpf. Mundapparat mit 2 Ringen aus Reusenstäbchen. Frißt Blaualgen und Bakterien, die gegen den ausgebreiteten Mundkegel gedrückt und rasch hinabgewürgt werden. **G** 70–200 µm. **L** Faulschlamm von Stauseen, toten Flußarmen, Flußstauen. Beschränkt auf Schwefelwasserstoff enthaltende Gewässer. IV.

3 Enchelys vermicularis, Aaltierchen. Meist hinten weit, vorne eng geringelt. Lange, biegsame Wimpern stehen in den Ringfurchen. Auf der vorderen Körperhälfte kurze, schwach geknöpfte Tentakelchen. Kriecht langsam, schwimmt holperig. Hinterkörper dunkel gefärbt. Frißt Bakterien und Flagellaten. **G** 25–45 µm. **L** Frischer Abwasserschlamm, verschlammte Abwasserkanäle, verjauchtes Wasser. IV.

4 Hexotricha caudata, Kreuzschnabel-Tierchen. Zugespitztes, dicht bewimpertes Vorderende nach der Seite abgebogen. Hinterende mit Schwanzwimper. Entoplasma dicht mit grünlichleuchtenden Körnchen erfüllt. Kriecht langsam zwischen Schlammflocken. **G** 25–30 µm. **L** Schlamm polysaprober Gewässer, selten im freien Wasser. IV.

5 Pithothorax processus, Glanzinfusor. Pellikula glänzend, starr, mit scharfkantigen Rippen, die am Hinterende in einen Kragen auslaufen, in dem die Schwanzwimper sitzt. Strudelnde Wimpern am scharf abgesetzten Vorderende. Frißt Kleinalgen und Schwefelbakterien. **G** 30 µm. **L** Mäßig und stark verschmutzte Gewässer; verbreitet.

6 Trachelophyllum sigmoides, Schlieftierchen. Im Umriß asymmetrisch, von dicker, trüber Gallerthülle umschlossen. Schlundrohr ragt schief in den Halsteil hinein. Frißt kleinere Wimpertiere und Flagellaten. Tiere schleichen langsam und unbeholfen im Schlamm umher (deutscher Name!). **G** 250–400 µm. **L** Organisch verschmutzte Tümpel.

7 Didinium faurei, Nasentierchen. Oval, 8 Wimperkränze, Hinterende bewimpert. Schlund von kurzen Trichocysten ausgesteift. Im Entoplasma Zoochlorellen. Lebt räuberisch, frißt Ciliaten. **G** Um 100 µm. **L** Planktisch nahe der Oberfläche klarer Teiche und Seen; häufig.

8 Didinium balbianii, Balbianis Nasentierchen. Ein einziger Wimperkranz. Kurzer und breiter „Schnabel". Entoplasma farblos. Großkern wurstförmig, gebogen. Schlinger (frißt Ciliaten). **G** 60–100 µm. **L** Kleingewässer. In nährstoffreichen Gewässern kurzfristig Massenentfaltungen.

9 Didinium nasutum, Nasentierchen. Paramecien-Fresser. 2 Wimperkränze. Konischer Rüssel mit unglaublich erweiterungsfähiger Mundöffnung. Großkern plump wurstartig. Bevorzugte Nahrung Pantoffeltiere. Beute wird durch ausgeschleuderte Schlundtrichocysten gelähmt und als Ganzes verschlungen oder mit „Schnabel" ausgesaugt. **G** 80–150 µm. **L** Planktisch in β-mesosaproben Teichen und Seen, Kahmhaut von Pfützen. II.

10 Askenasia volvox, Kreiselblitz. Um den Mund ein vorderer Wimpernkranz, unmittelbar dahinter ein 2. Kranz aus 15 µm langen, starren, leicht schräg nach hinten gehaltenen Zirren. Zwischen den Zirren 40 µm lange, abgespreizte Tastborsten. Tiere schießen blitzartig zur Seite oder nach vorne. **G** Etwa 50 µm. **L** Nährstoffreiche, flache Gewässer zwischen Wasserpflanzen.

11 Actinobolina radians, „Straßenräuber". Lange Wimpern auf niedrigen Spiralrippen, dazwischen Fangtentakel von 100–200 µm. An der Spitze jedes Tentakels eine Trichocyste. Beutetiere, die gegen die Tentakel stoßen, werden gelähmt und festgehalten, an die Mundöffnung herangezogen und verschlungen. Frißt meist Wimpertiere. **G** 65–90 µm. **L** Gewässer, in denen auch Wasserschlauch *(Utricularia)* gedeiht.

12 Vasicola ciliata, Glashaustierchen. Lebt in flaschenförmigem, geringeltem Gehäuse. 4 zarte Schwanzwimpern. Außenrand des Mundfeldes mit 4 Gürteln langer Wimpern, die gegen den Gehäusehals gespreizt werden. Diese Reuse siebt violette Schwefelbakterien aus der von einem Kranz mundwärts gekrümmter Wimpern erzeugten Wasserströmung. **G** Um 100 µm. **L** Stark verschmutzte Gewässer; weit verbreitet.

13 Vasicola lutea, Gelbes Glashaustierchen. Gehäuse ähnlich Nr. 12. Tiere leben oft außerhalb ihrer Gehäuse, schwimmen dann gewandt. 1 Schwanzwimper. Körperwimpern entspringen am Grunde deutlicher Querfurchen. Viele Nahrungsvakuolen mit gelblichem Inhalt. Bakterienfresser. **G** Um 60 µm. **L** Mäßig verschmutzte Kleingewässer, seichte Weggräben; verbreitet.

14 Coleps nolandi, Tonnentierchen. In 4 Gürtel gegliederter Panzer, dessen Hauptplatten von nierenförmigen Fenstern durchbrochen sind. Panzer endet in 3 Hinterdornen. Mund etwas schiefgestellt. Aasfresser. **G** 50–65 µm. **L** Bodensatz der Gewässer; verbreitet.

15 Coleps hirtus, Tonnentierchen. Ähnlich Nr. 14. Am rechten Rand jeder Panzerplatte eine feingezähnelte Hauptleiste; am linken, welligen Plattenrand zwischen den Doppelbögen der Fenster Zähne. Hinterende mit 3 Dornen. Tönnchen rotieren rasch, ändern häufig die Schwimmrichtung. Ciliatenräuber. **G** 55–65 µm. **L** Gewässer mit organischem Detritus; verbreitet. II.

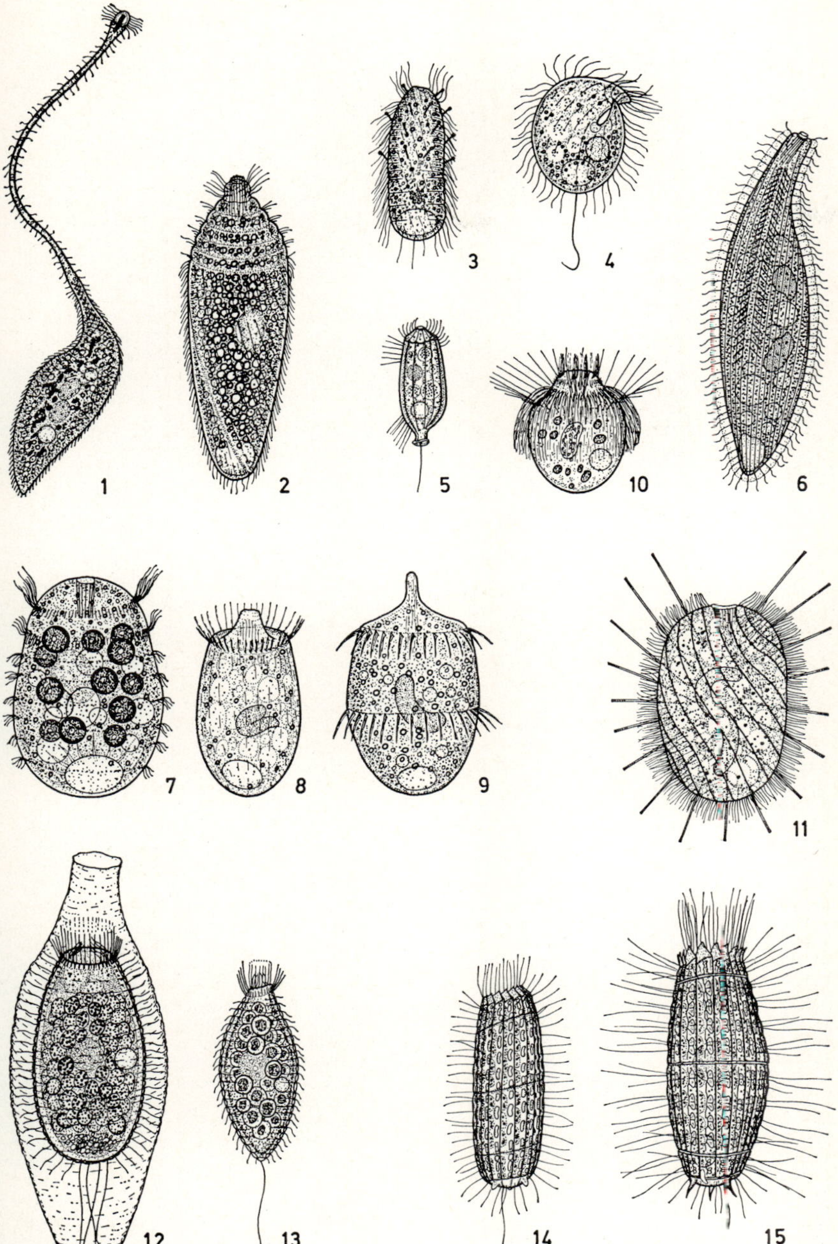
1
2
3
4
5
10
6
7
8
9
11
12
13
14
15

Wimpertierchen

1 Spathidium stammeri, Schwerttierchen. Seitlich abgeflacht, Vorderpol abgestutzt, mit spaltförmigem Mund. Mundwulst mit vielen Nesselkapsel-Trichocysten. Ciliaten-Räuber. **G** 40 bis 300 µm. **L** Teiche, zwischen Wasserlinsen.

2 Spathidium pectinatum, Schwerttierchen. Rückenlinie überragt vorne buckelartig den Anfang des Mundwulstes. Wimpern der hohen, rückenseitig verlaufenden „Dorsalbürste" enden in kleinen Knöpfchen. **G** 70–110 µm. **L** Zwischen faulenden Pflanzenteilen organisch verschmutzter Gewässer; verbreitet.

3 Spathidium opimum *(Sp. spathula),* Schwerttierchen. Schlank, vorne auffällig erweitert, seitlich kaum abgeflacht. Mundwulst mit langen Trichocysten. Dorsalbürste dreireihig, 3 µm hoch. **G** 180–300 µm. **L** Faulschlamm polysaprober Gewässer; verbreitet und häufig.

4 Spathidium faurei, Grünes Schwerttierchen. Grünfärbung durch Zoochlorellen. Mundwulst niedrig, erreicht nur die halbe Länge der eingezogenen Stirnlinie. **G** Um 70 µm. **L** In klaren Gewässern planktisch dicht unter der Wasseroberfläche; ziemlich häufig.

5 Homalozoon vermiculare, Kielwurm. Schlank, langgestreckt, wurmförmig, seitlich abgeflacht. Nur die rechte Seite, die „Kriechsohle", bewimpert. Linke Seite nackt, bildet breiten, bandartigen Wulst, dessen Kante Trichocysten enthält. Nahe der Bauchlinie eine Kette unverbundener Kernteile, rückenseitig eine Reihe von etwa 20 kontraktilen Vakuolen. Tiere kriechen auf der rechten Körperseite. Ciliaten-Räuber. **G** Bis 650 µm. **L** Eutrophe und oligotrophe Gewässer; nicht häufig, aber sehr verbreitet.

6 Penardiella interrupta, Faultierchen. Mundwulst in breiten, durchscheinenden Ektoplasmasaum ausgezogen, der zunächst entlang der Bauchkante verläuft, auf die rechte Körperseite zieht, auf die Bauchfläche zurückkommt, das Hinterende umzieht und bis zur Rückenmitte verläuft. Entoplasma mit Zoochlorellen. Träger Algen- und Ciliatenfresser. **G** 100–120 µm. **L** Auf Faulschlamm und am Grund eutropher Gewässer; verbreitet.

7 Teuthophrys trisulcata, Dreizack. 3 Arme mit Trichocysten um den polaren Mund drücken gelähmte Rädertiere zum Mund hin. Im Entoplasma Zoochlorellen. **G** 170–300 µm. **L** Seen und Teiche, zuweilen Massenentfaltung.

8 Amphileptus claparedei, Glockentier-Fresser. Plump, nach vorne halsartig verjüngt, seitlich komprimiert. Langsam gleitend, zwischen Kolonien von *Carchesium, Vorticella, Opercularia.* Ist ein Glockentier verschlungen, kugeln sich die Tiere ab, encystieren sich und halten eine Verdauungsruhe. **G** 120–150 µm. **L** Stehende und fließende Gewässer; häufig. III.

9 Hemiophrys pleurosigma, Doppelsichelciliat. Abgeflacht, linke Körperseite etwas gewölbt, unbewimpert. Rechte Körperseite bewimpert. Hinterende schwanzartig ausgezogen. Vorderstes Ende des Halses aufgebogen, mit Trichocystengruppen bestückt. Räuberisch. **G** 200 bis 300 µm. **L** Eutrophe Gewässer, zwischen Wasserpflanzen und auf Bodenschlamm; verbreitet.

10 Litonotus lamella, Zuckrüsseltierchen. Linke Körperseite nackt, scharfrandig gegen die flache, rechte Seite abgesetzt. Mundspalt lang, dehnungsfähig, von starken Wimpern umstanden. Rotatorien- und Ciliaten-Räuber. **G** Bis 200 µm. **L** Eutrophe Gewässer und sauerstoffreiche Belebtschlammanlagen; verbreitet.

11 Litonotus fasciola, Zuckrüsseltierchen. Sehr schlank, Mundspalte reicht bis zur Körpermitte. Um den Mund dichte Wimpermähne. Elegante Schwimmer, tasten unablässig mit dem rückenwärts aufgebogenen Halsteil. Räuber. **G** Um 100 µm. **L** Eutrophe Gewässer und Flüsse, zahlreich nur in der α-mesosaproben Zone; häufig und verbreitet. III.

12 Litonotus cygnus, Zuckgänschen. Rumpf und Hals lang dehnbar. Mundspalte von Mähne aus langen Wimpern umrahmt, zieht sich den ganzen Halsteil entlang, mit Trichocysten bewehrt. **G** Kontrahiert bis 200, gestreckt bis 500 µm. **L** Einzelgänger; weit verbreitet, nie häufig.

13 Loxophyllum meleagris, Wallendes Blatt. Außerordentlich biegsam und metabolisch, schmiegt sich fest der Unterlage an (daher in Kahmhäuten suchen!). Um den Körper ein breiter Saum, der bauchseits gewellt und breit, rückenseits schmal und mit warzenartigen Trichocystengruppen bewehrt ist. Links mit Myonemstreifen, rechts mit kurzen Wimpern. Frißt Ciliaten und Rädertiere. Gelähmte Beute wird vom Bauchsaum umhüllt und gegen den Mundschlitz gedrückt. **G** 300–400 µm. **L** Mesosaprobe und oligosaprobe Teiche und Waldtümpel; verbreitet.

14 Dileptus anser, Gänsehalstierchen. Langgestreckt, Rüssel wenig komprimiert, fast so lang wie der Rumpf. Mund an der Basis des Rüssels. Entlang der bauchseitigen Rüsselkante ein Wulst mit mehreren Trichocystenreihen; links und rechts davon 2 Rinnen mit langen, kräftigen Spezialwimpern. Körper auf beiden Seiten fein bewimpert. Schlundmündung weit dehnbar (Infusorien-Räuber!). Schwimmt schlängelnd, steht oft still, tastet mit dem Rüssel die Umgebung ab. **G** 300–400 µm, sogar bis 600 µm lang. **L** Oligotrophe Gewässer; regelmäßig. I.

15 Trachelius ovum, Flaschentierchen. Plumper und kurzer Rüssel; an dessen Basis die runde Mundöffnung, etwas zur gewölbten linken Körperseite verschoben. Entoplasma mit riesigen Vakuolen. Encystiert sich häufig, dreht sich in der Cystenhülle auffällig schnell. **G** 200–400 µm. **L** Eutrophe Gewässer.

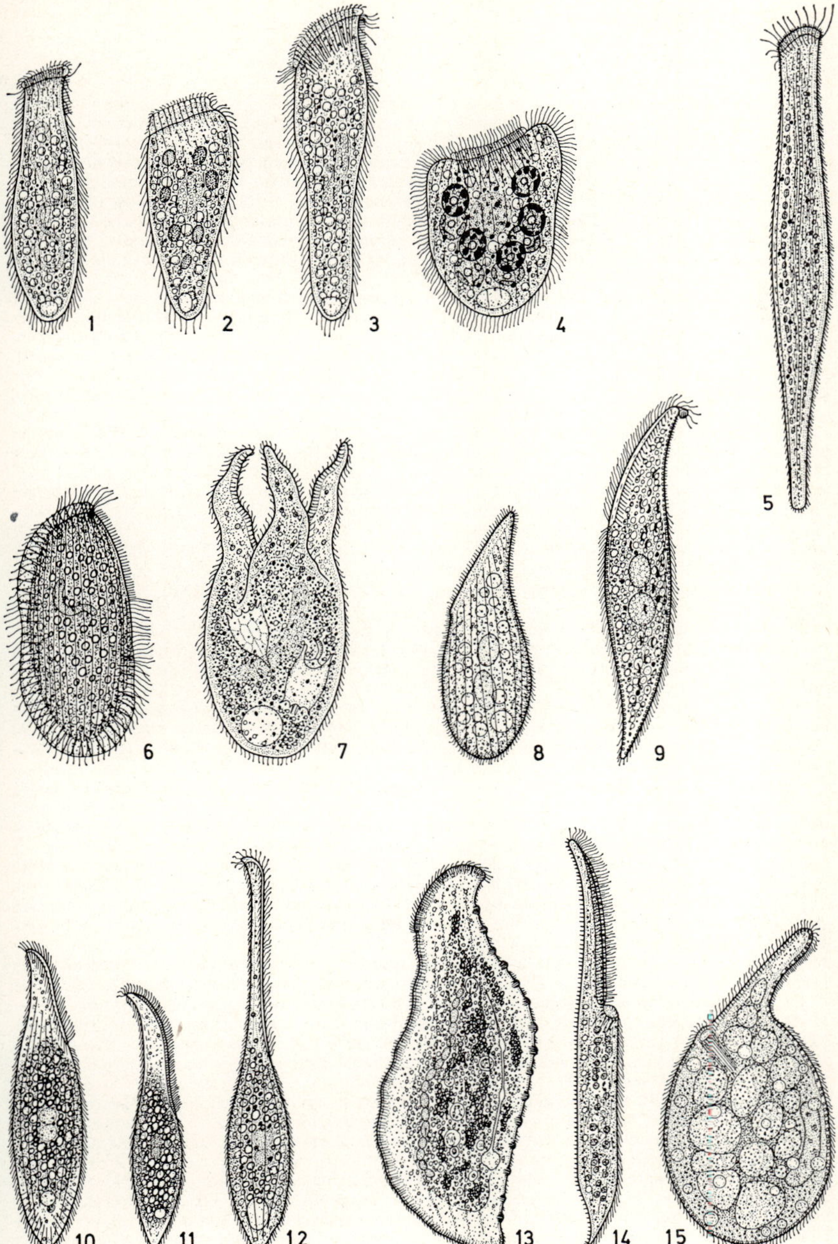
1
2
3
4
5
6
7
8
9
10
11
12
13
14
15

1 Loxodes rostrum, Schnabeltierchen. Stark abgeflacht, Vorderende schnabelförmig gegen Bauchseite gebogen. Mundspalt sichelförmig, am linken Rand der bewimperten, rechten Breitseite. Linke Körperseite flach, ohne Zilien. Bauchkante mit langen, starren, stumpfen Borsten. 5–7 Vakuolen mit je einem gelblichen Kügelchen, wahrscheinlich statische Organelle. Frißt Algen und Schwefelbakterien. **G** 150–250 µm. **L** Auf Faulschlamm; zeitweise häufig.

2 Nassula ornata, Juwelentierchen. Mund auf der Bauchseite, Schlund mit Reuse aus derben Stäben. Körper total bewimpert. Frißt Algen, hauptsächlich Blaualgen, auch fädige Formen, die eingewürgt werden. Inhalt der Nahrungsvakuolen je nach Grad der Verdauung blaugrün, grün, violett, braun, gelb, orange. **G** Um 250 µm. **L** Einzelgänger in eutrophen und schwach polytrophen Gewässern; verbreitet.

3 Nassula gracilis, Reusentierchen. Ähnlich *N. ornata,* aber schlanker, Bauchfläche und linker Seitenrand etwas eingezogen. Schlundreuse sehr schlank. Entoplasma dicht mit blaugrünen Vakuolen erfüllt. **G** 200–240 µm. **L** Quelltümpel, zwischen Algen und Wasserpflanzen. I. **A** Schlank-oval, große gelbbraune, kleine violette Vakuolen, um 250 µm: *N. aurea.* Dunkelrot, frißt ausschließlich Burgunderblut-Algen *(Oscillatoria rubescens).*

4 Chilodonella uncinata, Lippenzähnchen. Eiförmig, mit schwach vorspringendem, nach links gekrümmtem „Schnabel". Bauchseits abgeflacht (Gleitsohle), nur hier bewimpert. Höcker der Rückenseite wimperlos, gegen den Körperrand stark abgeflacht, daher umzieht ein durchscheinender Saum das Tierchen. Frißt Diatomeen und Grünalgen. **G** 50–90 µm. **L** Stehende Gewässer. III.

5 Chilodonella cucullulus. Ähnlich *Ch. uncinata,* aber extrem biegsam. Schlund von Stäbchen gestützt. Frißt Bakterien und Kieselalgen. **G** Um 140 µm. **L** α- und β-mesosaprobe Gewässer; häufig. III.

6 Phascolodon vorticella, Ranzentierchen. Schmale Bauchseite der Länge nach eingewölbt. Vorderpol mit durchscheinendem Kragen. Schlundreuse flachgedrückt. Frißt volvocale Grünalgen *(Eudorina, Pandorina, Gonium).* **G** Um 100 µm. **L** Seen, Teiche, Flüsse, Pfützen; planktisch; verbreitet.

7 Trimyema compressum, Trichterspindel. Pellikula panzerartig. Wimpern ziehen in 4 Schraubenwindungen um den Körper. Weitere Wimpern stehen auf Ektoplasmaleiste, die um den Schlund herumzieht. Frißt Bakterien. **G** 25–50 µm. **L** Verjauchtes Wasser, Stauseen, Abwasserkanäle, frischer Schlamm. IV.

8 Trichospira inversa, Wühltierchen. Körper vorn abgestutzt, hier mündet Mundgrube, die von zweireihigem Wimpernband umzogen wird. Das Band läuft schwach spiralig nach hinten, biegt plötzlich in quere Schraubenreihe um. Frißt Bakterien. **G** 70–100 µm. **L** Polysaprobes Faulwasser; sehr verbreitet.

9 Plagiopyla nasuta, Schnauzeninfusor. Zum bauchseitig gelegenen Mund führt als Hohlkehle eine Peristomrinne, die den rechten Körperrand deutlich einkerbt. Dicht vor dem Einschnitt wölbt sich das Plasma zu einem „Schnäuzchen". Frißt Bakterien und Algen. **G** 80–180 µm. **L** Obere, lockere Schichten des Faulschlammes; verbreitet. IV.

10 Colpoda cucullus, Heutierchen. Bohnen- oder nierenförmig, linke Körperseite vor der Mitte eingekerbt. Kerbe setzt sich auf der Bauchseite in Form eines langgezogenen Trichters ins Innere fort. Boden des Trichters (Vestibulums) dicht bewimpert, strudelt Bakterien gegen den Zellmund. **G** 50–120 µm. **L** Gewässer, in denen Pflanzenteile faulen, Heuaufgüsse; sehr verbreitet und zahlreich. III.

11 Colpoda steini. Ähnlich *C. cucullus.* Linker Rand nur schwach eingedellt. Bodenfeld des kleinen Vestibulums mit langen Zilien. Hinterende mit 2 verlängerten Schwanzzilien. **G** 25 bis 48 µm. **L** Aufgüsse, Moosrasen, nasse Flechten. Eiweißschäume der Schaumzikaden; häufig.

12 Leptopharynx sphagnetorum *(Trichopelma sphagnetorum),* Mooswimpertier. Stark abgeflacht. Pellikula panzerartig, gefurcht, auf beiden Seiten locker bewimpert. **G** 25–40 µm. **L** Häufigstes Wimpertier der Moosrasen; flache Gräben, Zikadenschäume, faulende Pflanzenteile; verbreitet.

13 Microthorax pusillus, Zwerginfusor. Sehr klein, flach, rechte Körperwand als Kiel ausgebildet. Zarter Panzer, bauchseits von 3 teilweise unterbrochenen Furchen durchzogen. Mundgrube am Hinterende. Frißt Bakterien und Flagellaten. **G** 25–35 µm. **L** Faulende Pflanzenteile, Faulschlamm, sehr verbreitet.

14 Spirochona gemmipara, Spiralkragentierchen. Aufsitzer auf Kiemenplatten der Bachflohkrebse *(Gammarus pulex).* Körper vasenförmig. „Kopfteil" weitet sich und bildet die konischen Spiralen des Mundtrichters. Vermehrung durch seitliche Knospen unterhalb des Mundtrichters. **B** Meist zusammen mit dem Suktor *Dendrocometes paradoxus* (S. 260). **G** 80 bis 120 µm.

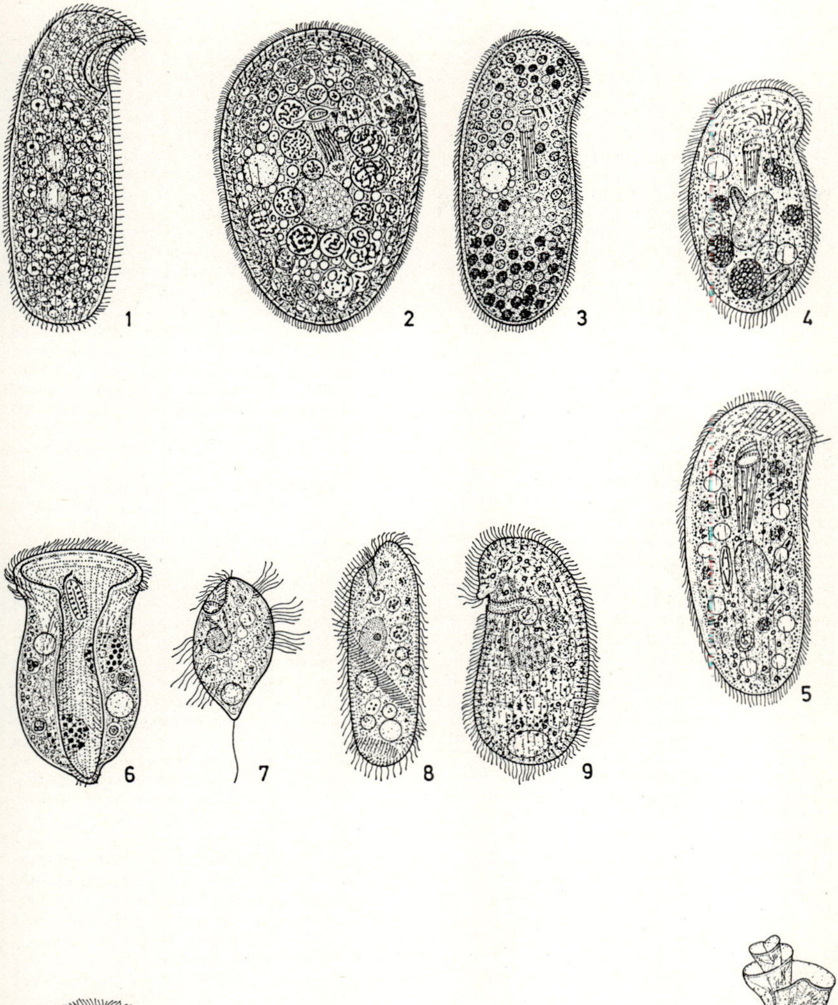
1
2
3
4
5
6
7
8
9
10
11
12
13
14

Wimpertierchen

1 Tetrahymena pyriformis *(Glaucoma pyriformis)*, Birneninfusor. Umriß variiert: birn-, ei-, kürbisförmig. Kontraktile Vakuole am Hinterende. Zilien in Längsreihen, am Vorderende besonders dicht. Am linken Rand des Mundtrichters 3 kurze Membranellenstreifen. Am rechten Mundrand undulierende Membran. Frißt Bakterien, Entoplasma voller Nahrungsvakuolen. Großkern kugelig. **G** 25–90 µm, meist um 40 µm. **L** Weit verbreitet, bevorzugt Faulwasser. IV.

2 Glaucoma scintillans, Schiefmundtierchen. Plump, Bauchseite abgeflacht, Rückenseite stark gewölbt. Am Hinterende Tastborsten. Mundtrichter länglich, etwas nach rechts verschoben, schräg zur Körperachse. Großkern kugelig. **G** 40–75 µm. **L** Polysaprobe Zonen stehender Gewässer (Massenentwicklung). Über dem, nicht im Faulschlamm. IV.

3 Colpidium campylum, Nierentierchen. Rückenseitige Zilienreihen biegen vorne scharf nach rechts. Wimperreihen viel weiter voneinander entfernt als bei *C. colpoda*. Je nach Fundort und Ernährung lang fingerförmig bis fast kugelig. Mundtrichter klein, dreieckig, an den rechten Körperrand verlagert. Frißt Bakterien. Kontraktile Vakuole im hinteren Körperdrittel, dem rechten Rand genähert. **G** 50–70 µm lang. **L** Polysaprobe Gewässer; sehr häufig.

4 Colpidium colpoda, Nierentierchen. Kontraktile Vakuole im Gegensatz zu *C. campylum* in der Mittellinie der Rückenseite. Größe und Gestalt wechselhaft, plump bis schlank-eiförmig, auch zylindrisch. Etwas abgeflacht, dicht bewimpert, rasch in weiten Schraubenlinien schwimmend. Frißt Algen und Bakterien. Mund zur rechten Schmalseite verschoben. **G** 90–150 µm. **L** Massenentwicklung in polysaproben Gewässerzonen, vor allem in zellulosehaltigen Abwässern. IV.

5 Lembadion bullinum, Schaufeltierchen. Umriß oval. Mundgrube übermäßig vergrößert, fast so lang wie der Körper. Am linken Rand der Mundhöhlung eine große Membran aus vielen Zilienreihen. Schwanzwimpern verlängert. Großkern nieren- bis wurstförmig. Frißt Diatomeen, Flagellaten, Ciliaten, Grünalgen. **G** 120–200 µm. **L** Flache Tümpel mit Schwefelbakterien.

6 Urozona bütschlii, Hanteltierchen. Sehr klein. Vorne und hinten breit abgerundet, in der Körpermitte deutlich eingeschnürt. Nur eingezogener Teil bewimpert. Mund liegt im Bereich der Wimpern. Schwanzwimper fast körperlang. Frißt Bakterien. **G** Um 25 µm. **L** Typischer Abwasserciliat, sehr zahlreich in Gewässern mit starker organischer Belastung. IV.

7 Uronema marinum, Schwanzfadentierchen. Lang-oval, Rücken etwas gebogen, Bauchseite gestreckt. Mund auf die rechte Breitseite verschoben, liegt hinter einer vorspringenden, unbewimperten Kopfplatte. Körperseiten erscheinen gewellt. Bakterienfresser. Bewegung: Hastiges Hinundherspringen. **G** 30–50 µm lang. **L** Süßwasserformen zahlreich in verjauchten Gewässern, auf Tropfkörpern im biologischen Rasen. III.

8 Dexiotrichides centralis, Querborstentierchen. Nierenförmig, seitlich abgeflacht, Mund vor der Körpermitte. Auffällige Wimperreihe verläuft quer über der Körpermitte zur rechten Kante der Mundgrube; übrige Wimpern stehen locker, werden während kurzer Bewegungspausen abgespreizt. Bakterienfresser. **G** 30–45 µm. **L** Verjauchte, faulende Gewässer, Kläranlagen. IV.

9 Platynema sociale *(Uronema sociale)*, Kerbentierchen. Körper abgeplattet, endet hinten in querliegender Grube. Mundgrube klein, gegen den rechten Rand der eingewölbten Bauchseite verschoben. Zarte, kurze Wimpern stehen in Furchenreihen, daher erscheint der Körperumriß gekerbt. 1 lange Schwanzwimper. **G** 30–50 µm. **L** Oft zahlreich in Uferzonen verschlammter Gewässer und auf Tropfkörpern. III.

10 Saprophilus putrinus, Stinktierchen. Körper eiförmig, stark abgeflacht. Mundöffnung dem rechten Körperrand genähert, von undulierender Membran umsäumt. Bakterienfresser. Verlängerte Schwanzwimper; Körperwimpern mäßig lang, locker stehend. **G** 35–45 µm lang. **L** Gewässer mit viel faulendem Pflanzenmaterial, Aufgüsse; häufig und verbreitet.

11 Loxocephalus luridus, Schrägkopftierchen. Tiere gerundet, vorne schief abgestutzt, undurchsichtig schwarz, da Entoplasma dicht mit winzigen Körnchen beladen ist. Bewimperung sehr dicht, Zilien in Längs- und Schrägreihen. Mehrere Schwanzwimpern. Mund weit vorne auf der kaum abgeflachten Bauchseite, sehr klein. Gewandte Schwimmer. Bakterienfresser. **G** 150 bis 200 µm. **L** Faulschlamm.

12 Balanonema biceps, Eicheltierchen. Vorder- und Hinterteil zapfenartig verlängert, wimperfrei, auf dem hinteren Zapfen 1 Schwanzborste. Schwimmt sprunghaft, rotierend. Körpermitte frei von Zilien. Lange Wimpern der Körperpole werden während der Ruhepausen abgespreizt. **G** 40–50 µm. **L** Eutrophe und oligotrophe Gewässer; verbreitet, manchmal häufig.

13 Ophryoglena atra, Ostereiciliat. Zylindrisch bis eiförmig, je nach der Menge der einverleibten Nahrung. (Aasfresser, verschlingt Massen toter Rädertiere und Kleinkrebschen.) Im Ektoplasma Trichocysten. Großkern lang, gewunden. Mundorganell sehr erweiterungsfähig, beginnt mit engem Spalt von der Form einer 6. **G** 300–500 µm. **L** Bodensatz von Kleingewässern.

14 Cohnilembus pusillus *(Lembus pusillus)*, Kahntierchen. Vorderende zugespitzt, meist nach rückwärts aufgebogen. Mundfeld gestreckt, reicht etwa bis zur Körpermitte. Im Entoplasma Exkretstäbchen. Bakterienfresser. Wimpern (9 Längsreihen) in Gruben, Pellikula erscheint daher gekerbt. 1 Schwanzwimper. **G** 30–50 µm. **L** Polysaprobe Gewässer, bevorzugt durch Mistjauche verunreinigte Gewässerstellen. IV.

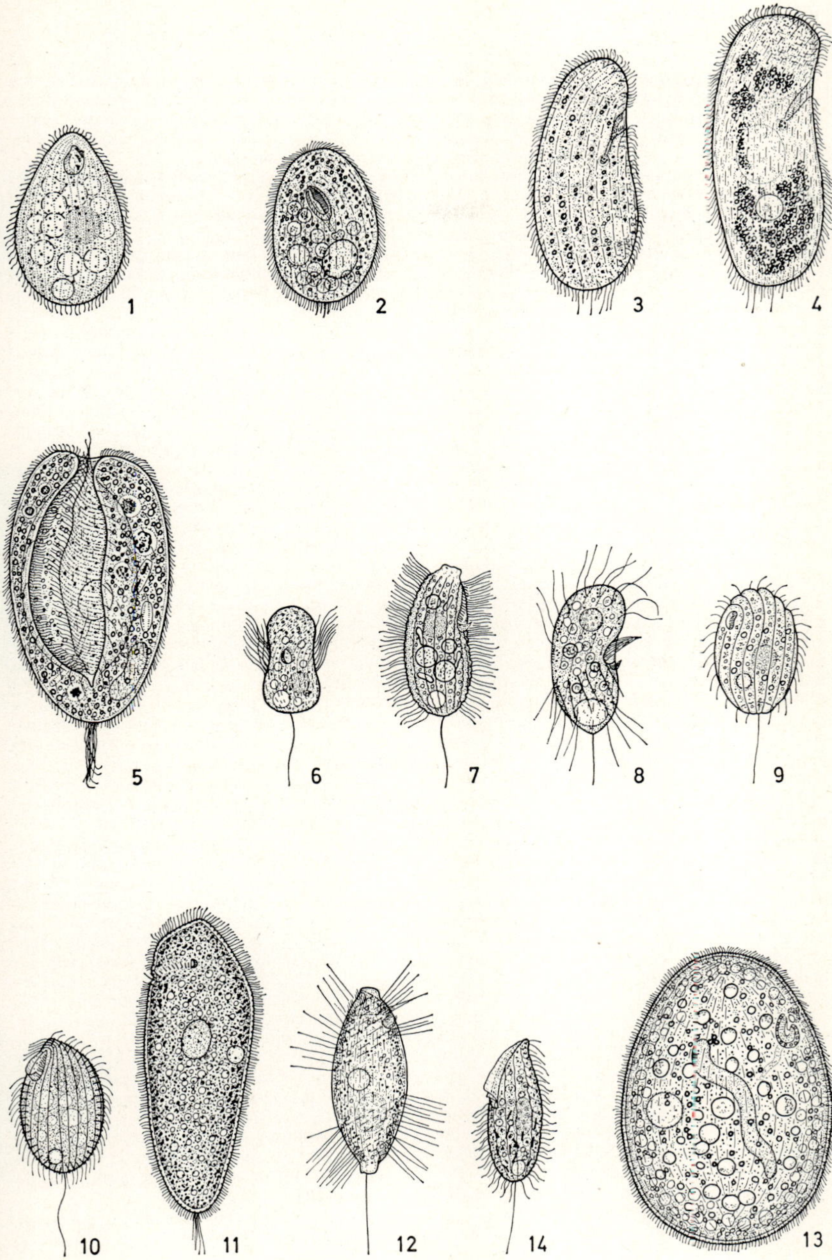
1
2
3
4
5
6
7
8
9
10
11
12
14
13

Wimpertierchen

1, 2 Paramecium trichium *(putrinum)*, Schmutz-Pantoffeltier. Abgeflacht, ungefähr oval bis eiförmig. Pellikula mit kleinen, von Längs- und Querleisten begrenzten Feldern. Schlundtrichter bewimpert. 2 kontraktile Vakuolen ohne Radialkanäle. Im Ektoplasma spindelförmige Trichocysten. Entoplasma oft weitgehend undurchsichtig. Frißt Bakterien, Schwefelbakterien, Flagellaten, kleine Algen. **G** 50–140 µm. **L** Stark verschmutzte Gewässer. IV.

3 Paramecium bursaria, Grünes Pantoffeltier. Lebt mit einzelligen Grünalgen (Zoochlorellen) in Symbiose; diese liegen zum Teil im Rindenplasma fest, zum Teil schwimmen sie im Entoplasma. Schlundtrichter bewimpert. Großkern birnenförmig. 2 pulsierende Vakuolen mit Radialkanälen. **G** 90–150 µm. **L** Stehende, nährstoffreiche Gewässer. II.

4 Paramecium aurelia, Ohren-Pantoffeltier. Schlank, Hinterende ähnelt einem gotischen Spitzbogen. Vom Vorderende bis zum Mundvorraum eine breite, muldenförmige Eindellung. Am Großkern 2 sehr kleine Kleinkerne. 2 kontraktile Vakuolen mit Radialkanälen. **G** 120–180 µm. **L** Gewässer mit faulenden Pflanzenresten, Aufgüsse; verbreitet.

5 Paramecium caudatum, Geschwänztes Pantoffeltier. Schlank, Hinterende läuft stumpf-konisch aus. Mund etwa in der Mitte der Bauchseite. Rechter Rand der Eindellungsrinne scharf ausgeprägt, verläuft parallel zu den Körperseiten nach vorne; linker Rinnenrand geht in zylindrischen Vorderkörper über. Pellikula klein gefeldert. Ektoplasma mit Trichocysten. Bakterienfresser. 2 pulsierende Vakuolen mit Radialkanälen. Hinterende mit verlängerten Steuerzilien. Großkern eiförmig, 1 Kleinkern. Schwimmt torkelnd in Schraubenlinien. **G** (45)–180–300 µm. **L** Nährstoffreiche Gewässer. Massenentwicklungen nur in α-mesosaproben Zonen. III.

6 Urocentrum turbo, Kreiseldose. Vorne kugelig, im Äquator eingeschnürt, hinten quer abgestutzt, bauchseits abgeflacht. Lange Körperwimpern in engen Längs- und Querreihen, vorderer Pol wimpernfrei. Frißt Bakterien. Im Ektoplasma viele Trichocysten. Schwimmt rotierend, pfeilschnell. Verlängerte Schwanzzilien können einen Schleimfaden absondern. Großkern hufeisenförmig. Pulsierende Vakuole endständig mit 8 Zuführungskanälen. **G** 50–80 µm. **L** Nährstoffreiche, verschmutzte Gewässer. Zwischen Wasserpflanzen und Algen. III.

7 Frontonia leucas, Schlitzmundtierchen. Langgezogen, eiförmig, kaum abgeflacht. 2–3 µm breites Band zieht vom Mund über den Vorderpol auf den Rücken. Viele spindelförmige Trichozysten. Vom Mund zieht eine Naht zum Hinterende, an der das Ektoplasma unterbrochen ist und weit aufklaffen kann (Aufnahme großer Nahrungsbrocken!). Pulsierende Vakuole fast zentral, lange Radialkanäle. Frißt Algen, Diatomeen, Rädertiere. **G** 150–600 µm. **L** Im Faulschlamm Stämme mit Zoochlorellen; Normalformen zwischen Detritus.

8 Frontonia acuminata. Breit-eiförmig, etwas abgeplattet. Mund oval, in der vorderen Hälfte der flachen Bauchseite. Trichozysten lang. Am Vorderrand oft braune und schwarze Körnchen. Großkern lang-ellipsoid. Frißt Algen, Diatomeen, Ciliaten. **G** 60–150 µm. **L** Oligotrophe, stehende Gewässer. Zwischen Algen und Wasserpflanzen; sehr verbreitet. I.

9 Cyclidium lanuginosum, Bogentierchen. Tiere nehmen keine Ruhestellung ein, Wimpern nicht spreizbar. Dicht bewimpert. Mundfeld sehr lang, reicht über das letzte Körperviertel hinaus. Am rechten Mundfeldrand eine breite, auffallende Membran. Mundgrube klein. Rückenseite etwas aufgebogen. Kugeliger Großkern mit 1 Kleinkern. Kontraktile Vakuole endständig. **G** 35–40 µm. **L** Stark verunreinigte Gewässer, Tropfkörper, Belebtschlammbecken. III.

10 Cyclidium glaucoma. Vorderende mit unbewimperter Frontalplatte. Körperwimpern in nur etwa 10 Längsreihen. Hinten breit gerundet. Mundfeld reicht zur Körpermitte. Hastige, ruckende Bewegungsweise; während der kurzen Bewegungspausen werden die Zilien abgespreizt und Bakterien eingestrudelt. Schwanzwimper nicht sehr lang. **G** 15–32 µm. **L** Feuchte Moosrasen.

11 Cyclidium citrullus. Hinterende quer abgestutzt, mit Einkerbung, an der die Schwanzwimper ansetzt. Körperwimpern in etwa 15 Längsreihen. Undulierende Membran des rechten Körperrandes zieht über den Äquator hinaus. Von der Mundhöhlung zieht eine Eindellung der Körperoberfläche zum Hinterende, in die die undulierende Membran eingelegt werden kann – im Gegensatz zu *C. glaucoma*. **G** (14)–20–30–(40) µm. **L** Verunreinigte Gewässer. III.

12 Cristigera phoenix, Rinnentierchen. Abgeflacht. Typisch: Mediane, rinnenartige Eindellung vom Hinterrand der Mundhöhlung zum Körperende. Undulierende Membran als breites Segel an beiden Rändern des Mundfeldes. Körperumriß erscheint feingewellt, da Wimpern in kleinen Grübchen stehen. **G** 35–65 µm. **L** Faulschlamm; verbreitet, oft häufig.

13 Pleuronema crassum, Schleiertierchen. Im Umriß unregelmäßig eiförmig, rechter Rand fast gerade. Pole breit gerundet. Seitlich abgeflacht. Ektoplasma starr. Am rechten Rand der Mundfeldrinne eine aus langen Wimpern verklebte Membran. Wimpern stehen sehr dicht, werden während der Bewegungspausen abgespreizt. **G** 70–120 µm. **L** Tümpel.

14 Pleuronema coronatum. Größe und Gestalt sehr wechselnd. Wimpern des letzten Körperabschnittes auffallend verlängert. Mundfeldmembran ähnlich *P. crassum*. **G** 45–140 µm. **L** Zwischen Wasserpflanzen; im Süß- und Meerwasser verbreitet.

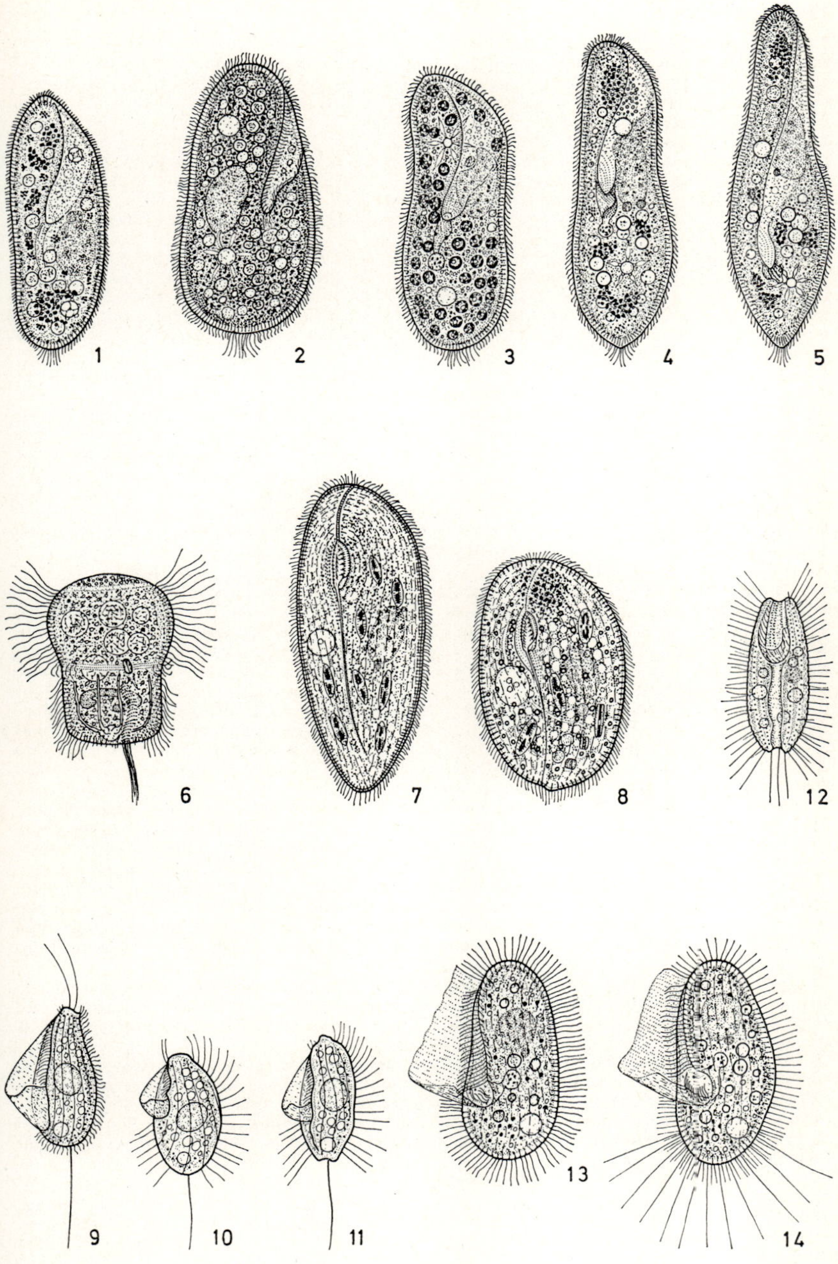
1
2
3
4
5
6
7
8
12
9
10
11
13
14

Wimpertierchen

1 Astylozoon fallax, Borstenschwanz-Glockentier. Ein peritriches Wimpertier, das die seßhafte Lebensweise wieder aufgegeben hat. Die Stielbildungszone bildet keinen Stiel, sondern erzeugt 2 (1 bis mehrere) Borsten, die zum Fortschnellen dienen. Mundfeld beim Schwimmen nach vorne gerichtet. Tiere sind kontraktil. **G** 36–70 µm. **L** Planktisch in Gräben und Teichen, oft in verschmutzten Wegpfützen.

2 Hastatella radians, Stachelkranz-Glockentier. Mit der Mundfeldbewimperung freischwimmendes Glockentier. 2 Kränze plasmatischer Dornen, die beim ausgestreckten Tier schräg nach hinten gerichtet sind. Bei der Kontraktion wird die Bestachelung passiv abgespreizt und dient dann wohl als Schwebehilfe. Tiere quergeringelt. Am Hinterende oft ein gekörnter Schleimfaden. **G** 30–70 µm. **L** Wegpfützen, verschmutzte Flüsse, Tümpel, Brackwasser; planktisch.

3 Epistylis plicatilis, Säulen-Glockentier. Stiel starr, nicht kontraktil. Tiere sehr schlank, 3- bis 4mal länger als breit. Fein quergestreift. Bei der Kontraktion sinkt das Peristomfeld samt Diskus ein, der hintere Teil des Körpers bildet Querfalten und stülpt sich über den Stielansatz. Individuenreiche Kolonien aus kurzen Haupt- und langen Endstielen, bis 3 mm hoch. **G** Vom Stielansatz zum oberen Diskusrand um 100 µm. **L** Im Süßwasser auf verschiedensten Unterlagen; verbreitet und häufig.

4 Epistylis digitalis. Stiele starr, nicht kontraktil. Kolonien aus zahlreichen Individuen, Scheiden der dicken Stiele auffallend und regelmäßig geringelt, der Länge nach gestreift. Tiere schlank-trichterförmig oder fast zylindrisch, sitzen auf unregelmäßig baumartig verzweigten Stielen. Pellikula quergestreift. Zellkern lang bandförmig, liegt in der Längsachse. **G** Ohne Stiel 60–100 µm. **L** Epizoisch auf Ruderfußkrebsen; während der kühlen Jahreszeit oft dichte „Pelze" auf Hüpferlingen bildend.

5 Epistylis rotans, Schwimmendes Säulen-Glockentier. Freischwimmend. Stiele starr, nicht kontraktil. Tiere schlank, trichter- bis glockenförmig; im ausgestreckten Zustand so weit abgekrümmt, daß die Mundfelder nach der Seite und oft leicht nach hinten gerichtet sind. Kolonien schwimmen durch Wimperschlag aller Mundfelder (Peristome). **G** Einzeltiere 70–100 µm. **L** Plankton von Seen und Teichen; häufig.

5 a Campanella umbellaria, Doldenglockentier. Text S. 248 unten.

6 Opercularia articulata, Schirm-Glockentier. Stiel starr, nicht kontraktil. Peristom zeigt bei ausgestrecktem Diskus keinen Randwulst. Diskus überragt deutlich den Peristomrand. Tiere nach oben verengt, nicht trichterförmig. Kolonien können sehr groß werden. Großkern kurz wurstfömig, zentral, fast querliegend. **G** 60–260 µm, Kolonien bis 500 µm hoch. **L** Auf Wasserkäfern und Wasserwanzen.

7 Opercularia confusa. Stiel starr, nicht kontraktil. Stielteile kurz, breit, stellenweise fächerartig, mit Längsstreifen und Längsfurchen. Tiere bauchig, nach oben enger. Kein Peristomwulst. Diskus mit höckerartiger Erhebung. Kleine Kolonien aus 5 bis 6 Individuen. **G** Tiere um 90 µm. **L** Gewässer verschiedener Art, auf Steinen und Pflanzen. **A** Um 35 µm, regelmäßig an den Beinen von Wassermilben: *O. minima.*

8 Opercularia coarctata. Stiele starr, nicht kontraktil, dünn, glatt. Kolonien individuenarm. Pellikula glatt. Diskus kurz bewimpert, auf halsartigem Plasmateil über den Peristomsaum hinausgehoben, schief gestellt. Kein Peristomwulst. **G** 45–50 µm. **L** Belebtschlammbecken, Tropfkörper, langsam fließende, verschmutzte Gewässer, an Detritusteilchen festgeheftet. III.

9 Pyxidiella collare, Wassermilben-Glockentier. Stiel starr, nicht kontraktil, bis körperlang. Bildet keine Kolonien. Körper unsymmetrisch-vasenförmig, hinter dem Peristom halsartig eingezogen. Peristomsaum gekerbt. Diskus kuppenartig aufgewölbt, ragt wenig über den Peristomsaum hinaus. Pellikula sehr fein quergeringelt. **G** Um 90 µm. **L** Regelmäßig und zahlreich an der Bauchseite von Wassermilben.

10 Opercularia hebes, Wasserassel-Glockentier. Stiele starr, kurz, plump. Tiere einzeln oder in kleinen Grüppchen, dann auf gemeinsamem Stiel. Körper bauchig; Endteil zylindrisch, mit deutlicher Längsstreifung. Bei kontrahierten Tieren Ektoplasma des Hinterkörpers gefaltet. **G** Um 100 µm. **L** Zahlreich auf den Beinen von Wasserasseln.

11 Carchesium pectinatum, Glockenbäumchen. Individuenreiche, sehr zierliche, planktisch lebende Kolonien. Stiele kontrahieren sich zu Spiralen. Alle Individuen der Kolonie ziehen sich stets synchron zusammen. Kolonien schwimmen mit dem unteren Ende des Stieles voran. Nebenstiele werden am Ende des Hauptstiels nach einer Seite hin gebildet. Tiere trichterförmig, Pellikula mit kleinen, ringförmig angeordneten Bläschen. **G** 40–70 µm. **L** Seen und Teiche; sehr verbreitet.

12 Carchesium polypinum. Stiele kontrahieren sich in Spiralen. Individuen schlank glockenförmig, meist etwas überhängend. Pellikula fein quergestreift. Peristomsaum kräftig. Bakterienfresser. Hauptstiele schwach gekerbt, über 1 mm lang. Einzelne Individuen können sich unabhängig von anderen zusammenziehen. **G** 45–140 µm. **L** Stark verunreinigte Gewässer. Bildet schimmelartige Überzüge an Schlammflocken und festen Gegenständen. III.

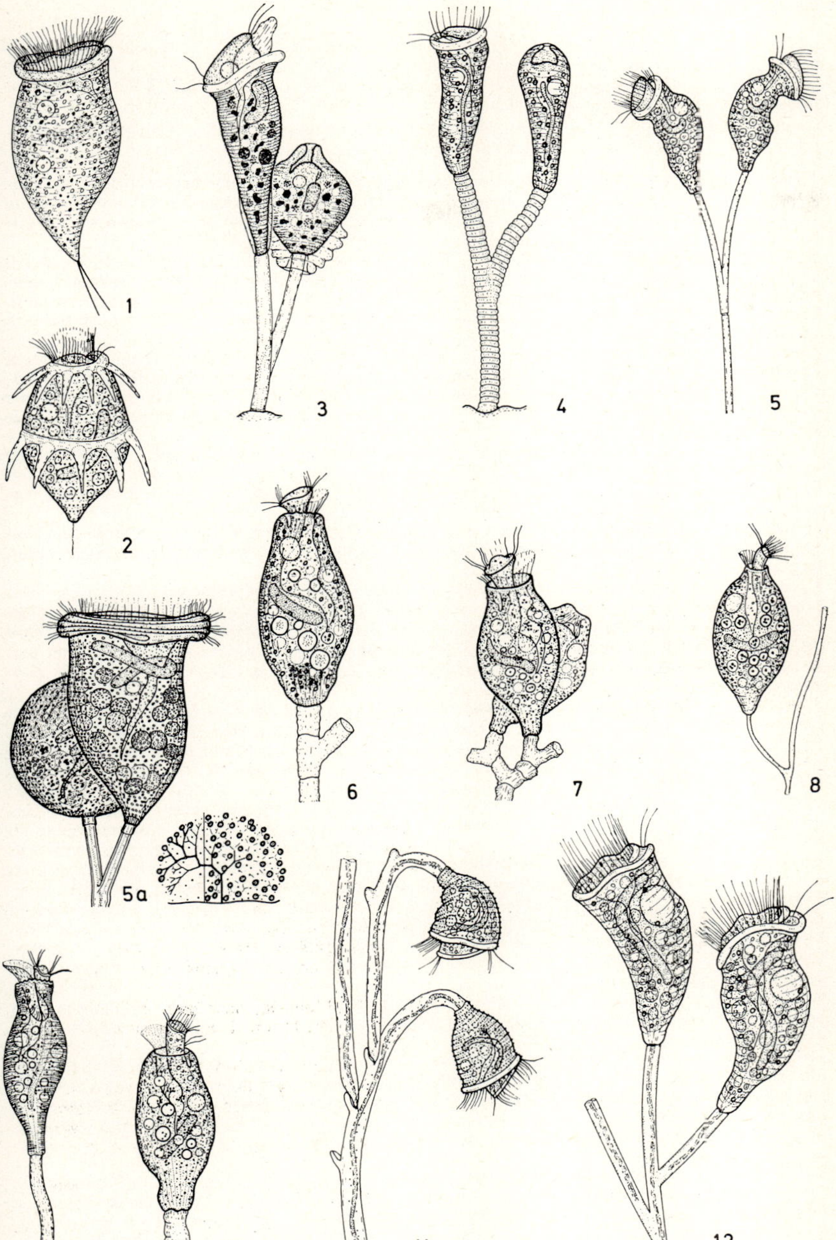
1
2
3
4
5
5a
6
7
8
9
10
11
12

Wimpertierchen

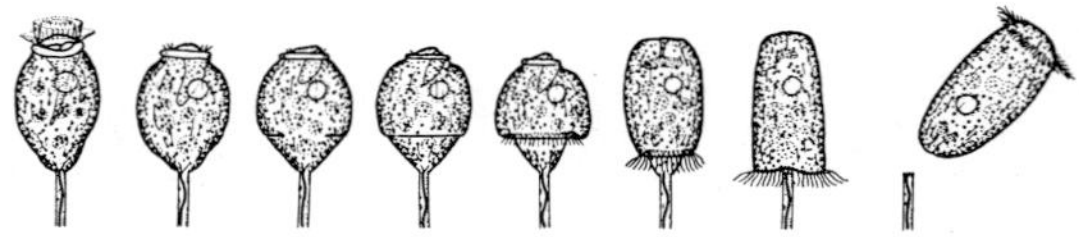

Skizze: Kopulationsbereite, abgerissene oder mit ihrer Umgebung „unzufriedene" Glockentierchen bilden verblüffend rasch Schwärmerstadien aus. Die Schwärmer schwimmen, mit den Hinterenden voran, schnell rotierend umher. Siehe auch S. 75.

1 Vorticella campanula, Glockentierchen. Tiere glockenförmig; Querdurchmesser der Peristomscheibe entspricht $\frac{3}{4}$ bis $1\frac{1}{4}$ der Körperhöhe. Nicht koloniebildend. Stiel auffallend dick (8 bis 12 µm), kontrahiert sich in Spiralen. Bakterienfresser. **G** Tiere 50–150 µm, Stiele bis 700 µm lang. **L** Wenig verschmutzte Gewässer, an Wasserpflanzen und Tieren festgeheftet. II.
2 Vorticella convallaria, „Maiglöckchen". Tiere schlank-glockenförmig, hinter dem Peristomsaum etwas eingezogen. Stiel dünn, oft mit kleinen Sekretkörnchen. Nicht koloniebildend, aber meist in kolonieartigen Gruppen zusammenlebend. Bakterienfresser. **G** (50)–80–(95) µm lang. **L** Als grau-weiße Überzüge auf Steinen und anderen Gegenständen in stärker verschmutzten Gewässern. III.
3 Vorticella similis *(V. nebulifera* var. *similis),* Reinwasser-Glockentier. Zahlreiche, stark lichtbrechende Körnchen im Stiel. Im Entoplasma ausgeprägt spindelförmige Nahrungsvakuolen. Peristomsaum derb, weit über den Körperrand hinausragend. Stiel 6- bis 7mal länger als der Körper. Meist einzeln lebend. **G** 40–90 µm. **L** In sehr sauberen Seen und Flüssen an Wasserpflanzen festgeheftet. I.
4 Vorticella microstoma, Kleinmäuliges Glockentier. Vasenförmig. Stiel dünn, etwa 6mal so lang wie der Körper. Entoplasma gelblich mit kugeligen Nahrungsvakuolen. **G** 35–90, meist um 55 µm. **L** Verjauchte Gewässer, Gewässer mit faulenden Pflanzenteilen, Abwasserkanäle, verschlammte Flüsse, Kläranlagen; verbreitet und häufig. IV.
5 Vorticella monilata, Perlen-Glockentier. Pellikula mit rundlichen Körnchen. Stiel 2- bis 3mal so lang wie der Körper. Peristomsaum breit. **G** 50–80 µm. **L** Auf Wasserpflanzen in sauberen Bächen und Seen.
6 Zoothamnium arbuscula, Strauchtierchen. Kolonien werden mehrere Millimeter hoch. Bei Störungen zuckt die ganze Kolonie zu einer Kugel zusammen. Stiele kontrahieren sich zickzackförmig, nicht korkenzieherartig. 2 Formen von Individuen: Kleine „Mikrozooide" (Hauptteil der Kolonie); bis 5mal größere „Makrozooide" mit reduziertem Peristom, die sich ablösen und neue Kolonien gründen können. **G** Normale Individuen 40–60 µm, Makrozooide 250 µm. **L** In sehr sauberen Gewässern an Wasserpflanzen.
7 Zoothamnium ramosissimum, Verästeltes Strauchtierchen. Stiele kontrahieren sich in weiten Schraubenlinien oder zickzackförmig; unterster Teil der Kolonie zieht sich nicht zusammen. Randwulst kräftig, durch scharfe Furche in oberen und unteren Ring geteilt. **G** 50–75 µm. **L** In nährstoffreichen Gewässern auf Algen, Wasserpflanzen, Wasserasseln, Insektenlarven.
8 Ophrydium versatile, Grünes Gallertkugeltierchen. Meist grüngefärbt durch viele symbiontische Zoochlorellen. Hunderte von Individuen leben im Randgebiet eines sich ständig vergrößernden, bis faustgroßen Gallertklumpens. Gallertgehäuse der Einzeltiere verschmelzen im Inneren, an der Peripherie bleiben die Gehäuse getrennt. Stiele sehr lang, gabelig verzweigt, bis zum Zentrum des Klumpens reichend. Algen- und Bakterienfresser. **G** Individuen 400 bis 500 µm. **L** Sehr saubere, stehende Gewässer, oft an Wasserpflanzen angeheftet; verbreitet. I.
9 Platycola coelochila, Wärmflaschentierchen. Gehäuse breit, beutelförmig, mit der unteren Breitseite an der Unterlage festgeheftet. Dünnwandiger Halsteil des Gehäuses stets farblos, hinterer Gehäuseteil und Kittmasse meist sehr dunkel gefärbt. Meist 2 Individuen in einem Gehäuse. **G** Tiere 100–150 µm. **L** An Wasserpflanzen in Seen und Teichen, bevorzugt an Wasserlinsenwurzeln.
10 Cothurnia vaga, Pokaltierchen. Gehäuse auf kurzem Stielchen, nach oben zylindrisch oder schwach verjüngt. Peristom der Tiere gut entwickelt. **G** Um 85 µm. **L** Epizoisch auf *Cyclops*-Arten (Hüpferlingen).
11 Cothurnia annulata, Beringtes Pokaltierchen. Gehäusestiel durchdringt Boden des Gehäuses als röhrenförmiges Gebilde; so entsteht ein inneres Stielchen, auf dem das Tier sitzt. Gehäuse amphorenförmig. Tiere ragen nur wenig über Gehäusemündung hinaus. Deutliche Querstreifung der Pellikula in der Mitte durch ringförmigen Wulst unterbrochen. **G** 75–85 µm. **L** An Wasserpflanzen in nährstoffreichen Gewässern; häufig und verbreitet.

Zu S. 246, **5 a, Campanella umbellaria.** Stiele straff, hohl, nicht kontraktil. Kontrahierte Tiere kugelig, undurchsichtig. Wimperdoppelreihen machen vier bis sechs Umgänge (erkennbar bei geöffnetem Peristom). Pellikula fein gestreift. Hufeisenkern liegt vorne quer. **G** 200–250 µm. **L** Halbkugelige, weißliche Kolonien in Kleinteichen, Altwässern, belasteten Flüssen. **B** Stiele dichotom verzweigt; Hauptstiele lang, Endstiele nurmehr um 100 µm.

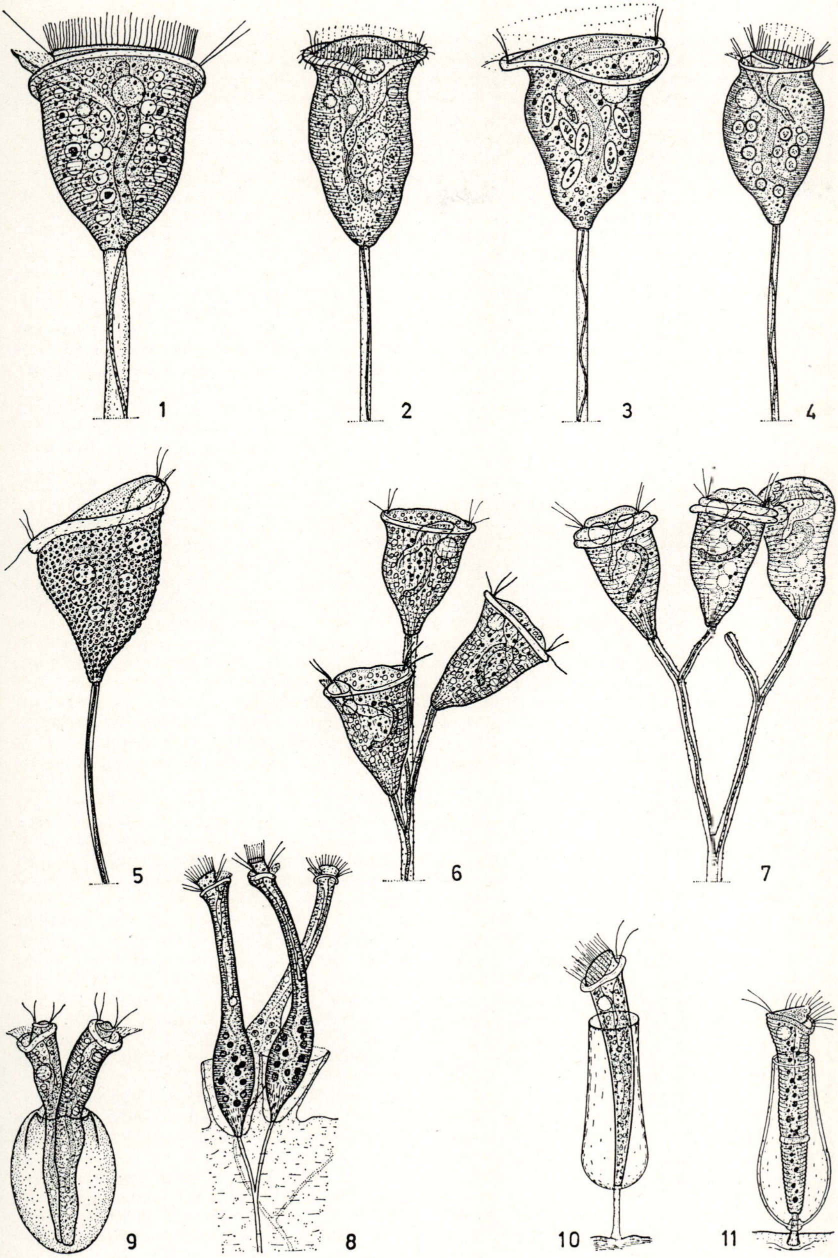
1
2
3
4
5
6
7
9
8
10
11

Wimpertierchen

1 **Vaginicola subcrystallina,** Vasentierchen. Tier haftet mit dem Hinterende am Grund des Gehäuses ohne Bildung eines inneren Stieles. Gehäuse farblos, ungestielt, an der Unterlage festsitzend; beherbergt meist 2 Individuen, die gestreckt weit über die Mündung hinausragen. Kräftiger, überragender Peristomsaum. Diskus schräg herausgehoben. **G** 280–335 µm lang. **L** An Wasserpflanzen, in Tümpeln und Teichen.

2 **Vaginicola terricola,** Landbewohnendes Vasentierchen. Mündung des leicht schiefen Gehäuses seitlich eingekerbt und umgeschlagen. Tier plump, ragt zu einem Drittel aus dem Gehäuse hervor. **G** Gehäuse um 55, Tier um 70 µm. **L** Feuchte Moospolster; sehr verbreitet.

3 **Thuricola folliculata** *(Cothurnia crystallina),* Falltürinfusor. Gehäuse mit einzigartigem, kompliziertem Verschlußmechanismus: Im vorderen Drittel befindet sich im Inneren des Gehäuses eine Klappe, die sich über dem Tier schließt, wenn sich dieses kontrahiert. Leere Gehäuse immer geöffnet. Tiere ragen zur Hälfte aus dem Gehäuse heraus. Im Entoplasma fast stets Zoochlorellen. Frißt Algen und Bakterien. **G** Gehäuse 160–200 µm. **L** Zwischen Wasserpflanzen sehr sauberer Gewässer, auch in Mooren. Typische Reinwasserform. I.

4 **Pyxicola operculigera,** Gestieltes Büchsentierchen. Gehäuse auf langen, dünnen Stielen, geringelt oder glatt. Am Vorderende des Tieres seitlich ein pseudochitiniger Deckel, der das Gehäuse bei Kontraktion des Tieres verschließt. Jungen und schlecht ernährten Tieren fehlt dieses Organell. **G** Tiere 60 µm, Gehäuse 40 µm, Stiele bis 80 µm lang. **L** Im Brackwasser zahlreich auf Wasserpflanzen und Kolonien von *Cordylophora.*

5 **Lagenophrys stammeri,** Krugtierchen. Gehäuse mit einer Breitseite festgeheftet, in Aufsicht kreisrund, von der Seite dreieckig. Öffnung eng, mit einem Verschlußapparat versehen. Bei Streckung des Tieres tritt nur der Diskus hervor. Tiere füllen Gehäuse nicht ganz aus, sind seitlich am Gehäuse festgewachsen. **G** Gehäuse 80–90 µm. **L** Epizoisch auf Muschelkrebsen.

6 **Urceolaria mitra,** Kreiseltierchen. Körperform wird ständig verändert. Vorne breites Peristomfeld, hinten („Unterseite") ein kunstvoller Apparat aus Zilien, Membranellen und zahnartigen Elementen, der als Haftscheibe und Bewegungsorganell zugleich dient. Bakterienfresser. Freischwimmende Tiere bewegen sich kreiselnd. **G** 80–140 µm lang. **L** Als Kommensalen auf Planarien, meist auf *Polycelis*-Arten. Können für höchstens 6 Stunden ohne Wirt leben.

7 **Trichodina pediculus,** Polypenlaus. Körper kurz-zylindrisch, oft im Äquator eingeschnürt. Wimperspirale lang. Großkern wurstförmig, quer inmitten des Körpers. Hintere (untere) Haft- und Laufscheibe ähnlich wie bei voriger Art, Einzelelemente des beweglichen Haftringes jedoch komplizierter. **G** 25–55 µm hoch, 35–60 µm Durchmesser. **L** Auf Süßwasserpolypen. Tiere kreiseln und schweben wie Luftkissenboote, ohne genesselt zu werden, auf den Wirten. Tiere, die neuen Wirt suchen, frei im Plankton. **A** Als Parasit auf Fischen: *T. domerguei.*

8 **Steinella uncinata,** Strudelwurmparasit. Gewebe- und Darmparasit von Planarien. Werden Planarien durch Deckglasdruck zerquetscht, schwimmen die Parasiten lebhaft, mit stürmischen Bewegungen. Kein Mund. Am Vorderende in saugnapfähnlicher Vertiefung 2 chitinige Haken. **G** Um 200 µm lang. **A** Ohne Haken, wurmartig, bis 700 µm: *Sieboldiellina planariarum.* **L** Beide Arten in tricladen Planarien.

9 **Metopus laminarius,** Bandtierchen. Gleichmäßig bewimpert. Sehr gewandt und formveränderlich. Vorderster Körperabschnitt zu einer durchscheinenden, verdrehten Platte komprimiert, die an der Spitze umschlägt und sich bauchwärts einkrümmt. Adorale Membranellenzone zieht schräg von vorne links nach hinten rechts zum kurzen, engen Mundtrichter. Ektoplasma dick, Entoplasma mit violetten Nahrungsvakuolen (frißt Rhodobakterien). **G** 200–260 µm. **L** Tümpel mit Faulschlamm; sehr verbreitet, stellenweise häufig.

10 **Metopus es,** Helmtierchen. Größe und Gestalt sehr veränderlich. Körper schwach S-förmig gekrümmt, Vorderende liegt dachartig verschoben über dem Mundfeld. Kurz und dicht bewimpert, längere Zilien am vorderen Rand des Mundfeldes und am Hinterende. Vorne eine Ansammlung schwarzer Körnchen. Schwimmt langsam und träge in Spiralen. **G** 120–160 µm. **L** Bodenschlamm organisch stark belasteter Gewässer; häufig. IV.

11 **Metopus contortus** *(M. spiralis).* Vorne breit gerundet, hinten abgestutzt, Gestalt stark wechselnd. Vorderteil stark verdreht, adorale Membranellenzone beschreibt volle Spiralwindung und endet hinten, quer verlaufend, in einer hohlkehlartigen Rinne des Hinterkörpers. Rotiert träge schaukelnd. **G** 80–150 µm. **L** Wie *M. es.* IV.

12 **Bryometopus pseudochilodon,** Moosrasentierchen. Form abgeflacht. Adorale Membranellenzone beginnt mit Einkerbung des linken Seitenrandes, zieht schräg über Vorderhälfte der Bauchseite, endet in kleinem Mundtrichter. Bewegung langsam gleitend. Bakterienfresser. **G** 40–60 µm. **L** Überall in Moospolstern; sehr verbreitet.

13 **Tropidoatractus acuminatus,** Gedrehter Schlangenciliat. Schlank, Ektoplasma starr, panzerartig, durch 7 Spiralleisten gekielt, tief gefurcht. Hinten durchscheinende, steife Schwanzspitze, vorne plattenförmig, verbogen. Nahrungsvakuolen mit Purpurbakterien. Schwimmt sehr gemächlich, langsam rotierend. **G** 120–180 µm. **L** Kleine Hochmoorgewässer, Tümpel mit Faulschlamm; verbreitet, nie häufig.

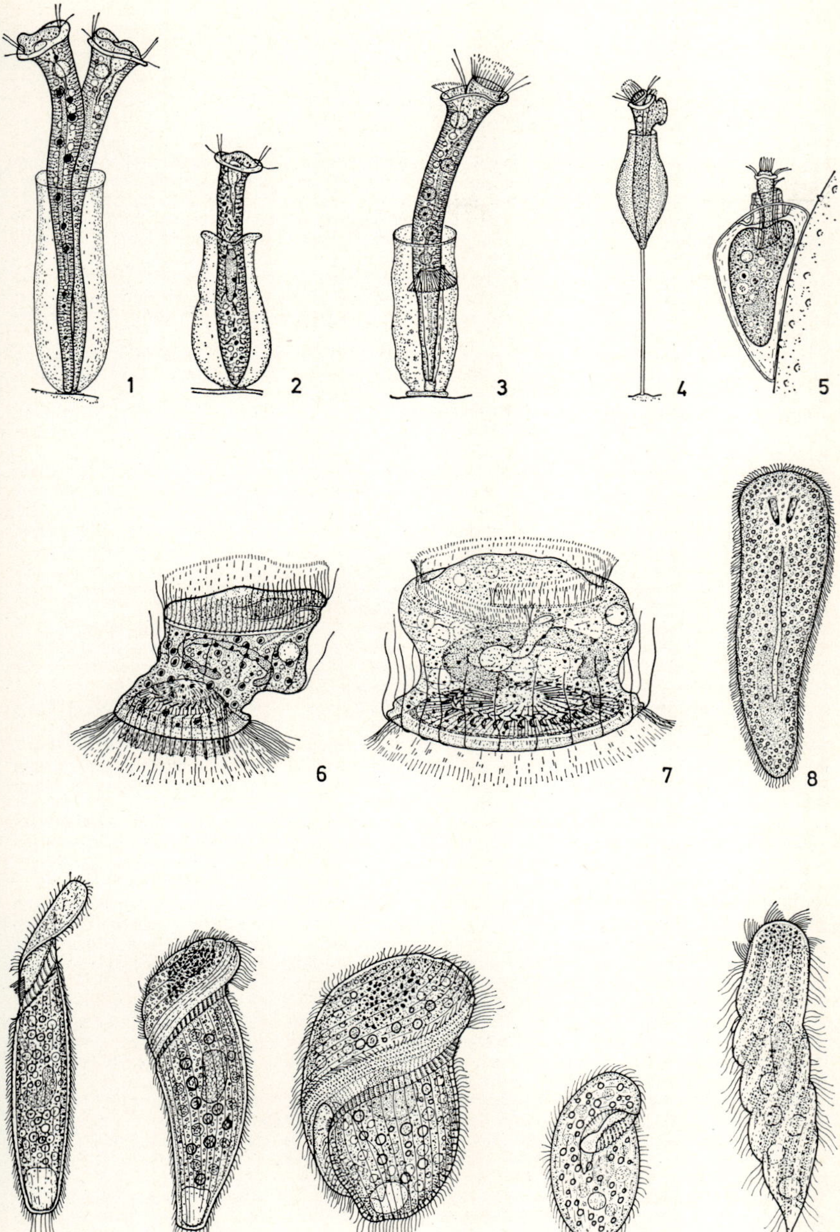
1
2
3
4
5
6
7
8
9
10
11
12
13

Wimpertierchen

1 Caenomorpha medusula, Schlammschraube. Vorderkörper glocken- oder pilzförmig, Hinterkörper zylindrisch, in einen langen Stachel ausgezogen. Körperbewimperung auf 4 Felder reduziert: Eine breite, 8reihige Zilienzone umzieht außen den Glockenrand; 2 Reihen langer Zirren schlagen im vorderen Bereich der Glockenkuppel; das 3. Feld umfaßt dichtstehende, nach hinten schlagende Wimpern, die spiralig um die Basis des Schwanzstachels stehen; Glockenrand überwölbt adorale Membranellenzone. Tiere schrauben sich rasch durch Schlamm und freies Wasser. Fressen Schwefelbakterien. **G** 100–150 μm. **L** Bodensatz kleiner Tümpel, Faulschlamm von Stauseen; polysaprob; häufig. IV.

2 Caenomorpha lauterborni, Zweistacheliges Schraubentierchen. Form und Bewimperung ähnlich *C. medusula.* Außer dem geraden, körperlangen Schwanzstachel am Hinterkörper ein schief zur Längsachse gestellter Nebenstachel. **G** 60–70 μm. **L** Faulschlamm von Flüssen, Tümpeln, Teichen; sehr verbreitet.

3 Spirostomum teres, Sumpfwurm. Siehe auch *S. ambiguum.* Peristomrinne reicht höchstens bis zur Mitte des Körpers. Körper 10–12mal so lang wie breit, wurmförmig. Frißt Bakterien. **G** 150–400 μm lang. **L** Faulschlamm kleinerer Gewässer; sehr verbreitet.

4 Spirostomum minus, Sumpfwurm. Großkern perlschnurartig. Peristomrinne zieht nicht ganz bis zur Körpermitte. Körper schlank, fadenartig, mehr als 20mal länger als breit. **G** 500–800 μm lang. **L** Bodensatz eutropher und stark verschmutzter Gewässer; sehr verbreitet.

5 Spirostomum ambiguum, Riesensumpfwurm. Großkern perlschnurartig. Peristomrinne zieht meist bis zum letzten Körperdrittel. Tiere plump, seitlich etwas abgeflacht. Zwischen Wimperreihen starke Myoneme („Muskelfädchen"), daher Körper sehr biegsam und verdrehbar. Pulsierende Vakuole am Hinterende, auffallend groß. Frißt Bakterien und Algen. Tiere schleichen gemächlich, aber gewandt unter langsamer Drehung um die Längsachse. Verwechslungsgefahr mit äußerlich ähnlichen Strudelwürmern! Im Gegensatz zu diesen kann *Spirostomum* vor- und rückwärtsschwimmen! **G** 1–4,5 mm lang. **L** Am Grund α-mesosaprober Gewässer oft massenhaft. An faulenden Blättern teilweise in dichten Rasen. III.

6 Pseudoblepharisma tenue, Zweifarbiges Lidtierchen. Tiere drehrund, länglich, manchmal in der Mitte etwas erweitert, nicht kontrahierbar. Schwimmen träge. Entoplasma durchsichtig, charakteristisch gefärbt: Vordere Körperhälfte enthält in großer Zahl Nahrungsvakuolen, die mit Rhodobakterien erfüllt sind, erscheint daher rosafarben. Hinterkörper farblos. Im Entoplasma stets einige Zoochlorellen. **G** 100–200 μm. **L** Tümpel mit Faulschlamm; Einzelgänger, weit verbreitet.

7 Blepharisma undulans, Großes Lidtierchen. Seitlich abgeflacht, Peristom zieht in einer Rinne vom Vorderpol nach hinten und endet vor der Körpermitte. Vor dem Mundtrichter am rechten Rand der Peristomrinne eine lange, hohe, sehr auffällige, zweilamellige undulierende Membran. Frißt Bakterien und Flagellaten. Bei sehr günstigem Nahrungsangebot wachsen Riesentiere heran, die Pantoffeltiere, Artgenossen und Rädertiere verschlingen. Pigmentkörnchen unter der Pellikula verleihen dem Tier eine prächtig rote Farbe. Kontraktile Vakuole und Zellafter endständig. **G** 150–300 μm. **L** Sehr saubere, sauerstoffreiche Gewässer; verbreitet. (Nicht selten in Aquarienfiltern.)

8 Blepharisma lateritium, Rotes Lidtierchen. Eiförmig, hinten breit abgerundet, vorne schlank zugespitzt. Vorderer Körperteil seitlich stark abgeflacht. Peristomrinne reicht bis fast ans Hinterende. Undulierende Membran vor dem Mund niedrig, ¼ bis ⅓ so lang wie adorale Zone. Tiere zinnoberrot bis gelblichrot. **G** 130–200 μm. **L** Seen und Teiche, zwischen Wasserpflanzen und Detritus. Häufig in Aufgüssen und Aquarienfiltern.

9 Blepharisma steini, Lidtierchen. Kräftig rotgefärbt. Adorale Zone reicht bis zur Körpermitte. Vorderende scharf geschnäbelt. Mundtrichter quergerichtet, Rand der Peristomrinne biegt vor dem Mund weit nach rechts ab. Undulierende Membran kurz, niedrig, schwer erkennbar. Bakterienfresser. Lebhaft, stark formveränderlich. **G** 150–200 μm. **L** Tümpel, nasse Torfmoosrasen; verbreitet.

10 Condylostoma vorticella, Beulentierchen. Breit-eiförmig, vorne quer abgestutzt. Adorale Membranellenzone umzieht Vorderpol, läuft dann auf der Bauchseite nicht ganz bis zur Körpermitte. Zwischen adoraler Zone und der großen undulierenden Membran ein breites, unbewimpertes Peristomfeld. Großkern 6- bis 10gliedrig. Allesfresser. **G** 100–200 μm. **L** Plankton klarer und sauberer Tümpel.

11 Bursaria truncatella, Beuteltierchen. Sehr groß. Tiefes, sackartiges Peristom vom Vorderende bis fast zum Hinterende. Peristomtrichter geschlitzt, außer den adoralen Membranellen unbewimpert, mit breiten Stützlamellen. Frißt Algen, Ciliaten, Rädertiere. Sehr viele kleine pulsierende Vakuolen (400–600). **G** 500–1000 μm. **L** Alle Gewässertypen.

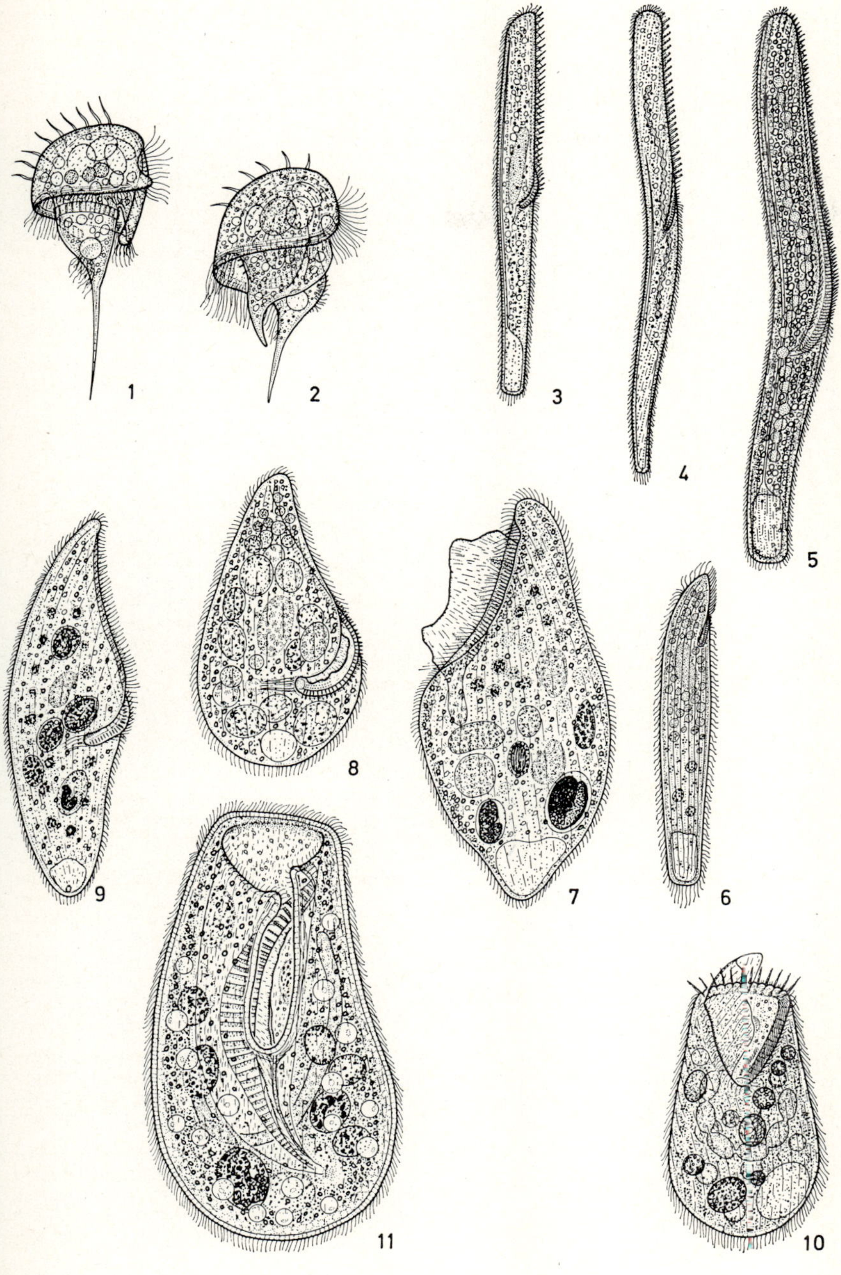
1
2
3
4
5
6
7
8
9
10
11

Wimpertierchen

1 Climacostomum virens, Flaches Trompetentier. Oval, abgeflacht, nicht kontraktil. Rechter Rand des Peristomfeldes ohne Membran. Schwimmt lebhaft, gleitet und rotiert. **G** 100–300 µm. **L** Zwischen Wasserpflanzen nährstoffreicher Gewässer; verbreitet, oft häufig.

2 Stentor coeruleus, Blaues Trompetentier. Blaugrün gefärbt. Zellkern perlschnurartig. Charakteristisch für alle *Stentor*-Arten: Adorale Membranellenzone umzieht das frontal gelagerte Peristomfeld in fast geschlossenem Kreis. Äußerst kontraktil. Kontrahierte, fast kugelige Tiere nehmen während der Streckphase Wasser durch die Mundhöhle auf: Die mit Wasser gefüllten Vakuolen verteilen sich im Körper, ganz ausgestreckte, trompetenförmige Tiere sind viermal voluminöser als zusammengezogene. Pigment (Stentorin) an Pigmentkörnchen gebunden. Festsitzende Tiere scheiden oft lockere Gallerthülle aus. **G** Ausgestreckt 1–2 mm lang. **L** Organisch verschmutzte, stehende und langsam fließende Gewässer; oft massenhaft. III.

3 Stentor polymorphus, Grünes Trompetentier. Im Entoplasma grüne Zoochlorellen. Kann sich wie alle *S.*-Arten mit dem Hinterende an der Unterlage festheften. Kein Gehäuse. **G** Gestreckt 1–2 mm lang. **L** Nährstoffreiche Gewässer, oft zahlreich an Wasserpflanzen. II.

4 Stentor roeseli, Graues Trompetentier. Kern langgestreckt, ungegliedert, bandförmig. Gallertiges Wohngehäuse. **G** 0,5–1 mm. **L** Nährstoffreiche Gewässer im Detritus und an untergetauchten Gegenständen; oft sehr zahlreich. **A** Zellkern perlschnurartig, 2–3 mm lang: *S. mülleri.*

5 Stentor igneus, Rotes Trompetentier. Zart bis deutlich rosa. Kern kugelig oder eiförmig. **G** Zwischen 200 und 400 µm. **L** Sehr saubere bis mäßig verschmutzte Gewässer, planktisch oder an Wasserpflanzen; verbreitet.

6 Folliculina boltoni, Ohrentierchen. Lebt ständig in blaugrünem, dünnem, pseudochitinigem, flaschenförmigem, kurzhalsigem Gehäuse. Gehäuse mit flacher Breitseite festgekittet. Am Grunde des Halses zweiklappiger Membranverschluß (schwer sichtbar). Peristomfeld in 2 Flügel ausgezogen, linker Flügel größer als das rechte „Ohr". Frißt Bakterien, Flagellaten, kleine Algen. **G** Gehäuse um 200 µm. **L** Kalte, beschattete Gewässer auf Pflanzen, vor allem Quellmoos (*Fontinalis*).

7 Strombidium viride, Rütteltierchen. Eiförmig, durch Zoochlorellen grün, in 3 Abschnitte gegliedert. Hinterer Teil von panzerartiger Pellikula umhüllt; mittlerer Körperwulst mit Bündeln langer Trichocysten; Vorderabschnitt weich, etwas kontraktil, mit adoraler Membranellenzone. Frißt Grün- und Kieselalgen. Zittert zeitweise lange auf einem Fleck, schießt plötzlich rasch weg. **G** 40–80 µm. **L** Gräben und Tümpel, zwischen Wasserpflanzen.

8 Halteria grandinella, Springtierchen. Kugelig bis plump-spindelförmig. Peristomfeld unbewimpert; adorale Zone mit großen, sichelartigen Bewegungsmembranellen. Am Körperäquator 7 schräggestellte Grübchen, aus denen je 3 lange, abspreizbare Borsten entspringen. Rotiert langsam, vollführt kurze Sprünge nach rückwärts und seitwärts. **G** 20–40 µm. **L** Stehende Gewässer zwischen Wasserpflanzen, Moosrasen. II.

9 Halteria cirrifera, Springtierchen. Ähnlich voriger Art. Aus Äquatorgrübchen entspringen je 2 sehr dünne vordere Borsten und 1 auffallend breite, nach hinten gerichtete Membranelle. Frißt Algen. Ruht meist bewegungslos, schießt plötzlich in weiten Sprüngen nach vorne. **G** 25–50 µm. **L** Stehende, reine Gewässer; planktisch. I.

10 Strombilidium gyrans, Schleimfadentierchen. Körper fast nackt, rübenförmig, hinten quer abgestutzt. Adorale Zone umschließt vorderen Pol kranzartig. 5–7 Spiralrippen mit kurzen Borsten. Pendelt an einem vom Hinterende abgeschiedenen Schleimfaden hin und her. **G** 40 bis 70 µm. **L** Sehr saubere, sauerstoffreiche, stehende, flachere Gewässer; sehr verbreitet. I.

11 Strombidinopsis gyrans, Taumeltierchen. Zylindrisch, eiförmig oder fast kugelig. Körperzilien in Längsreihen als kurze, sehr zarte Borsten. Frontales Mundfeld mit geschlossenem Membranellenkranz. Frißt Grün- und Kieselalgen. Äußerst zarte Gehäuse, die bei geringster Erschütterung verlassen werden; Bewegung dann taumelnd. **G** 50–80 µm. **L** Gräben, Tümpel, Teiche. I.

12 Tintinnidium fluviatile, Klöppelglöckchen. Festes, zylindrisches Gehäuse aus pseudochitiniger Masse, außen dicht mit Fremdkörpern überkrustet. Tier haftet im Gehäuse mit sehr kontraktiler, stielartiger Verlängerung des Hinterkörpers an der Seitenwand. Frißt kleine Algen und Diatomeen. **G** Gehäuse 100–300 µm lang. **L** In jedem größeren Gewässer, planktisch; verbreitet.

13 Tintinnopsis lacustris (*Codonella cratera*), Urnentierchen. Gehäuse hinten zugespitzt oder abgerundet, am Halsteil oft aufgelagerte Ringwülste. Dem Gehäuse aufgelagerte Schollen sind Exkretkörper. Körperbewimperung auf ein dichtes Wimperfeld hinter dem Peristomsaum reduziert. Dem Mündungsring liegt lockerer Kranz langer Tastzilien auf; zurückgezogene Tiere strecken Tastorganelle über den Gehäuserand hinaus. **G** Gehäuse 40–140 µm. **L** Plankton stehender Gewässer; sehr häufig.

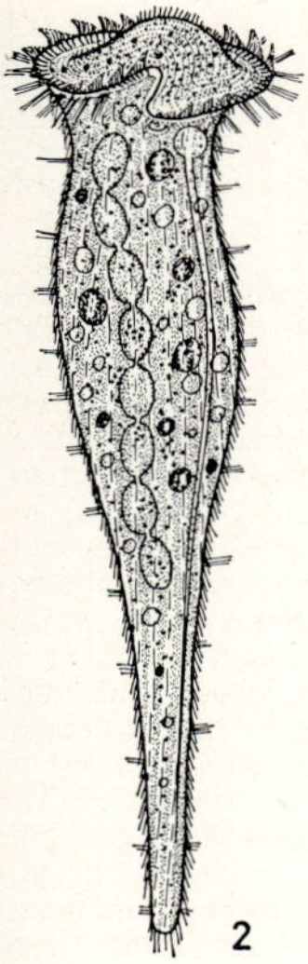

2

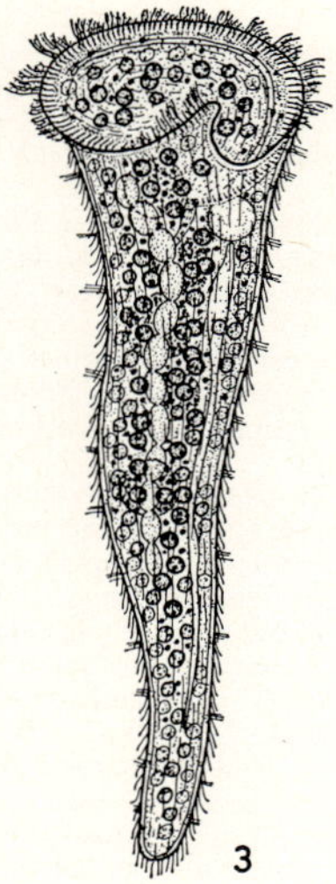

3

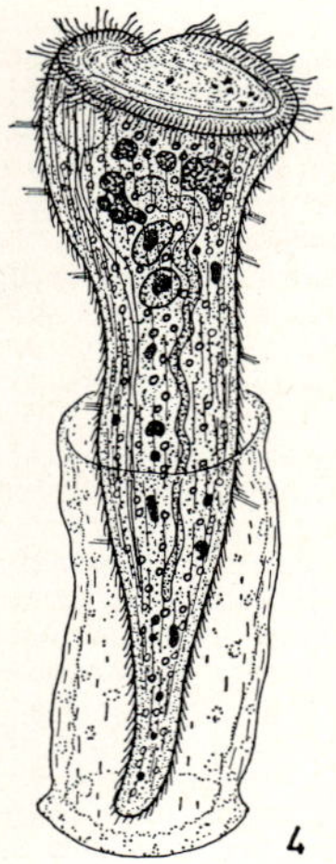

4

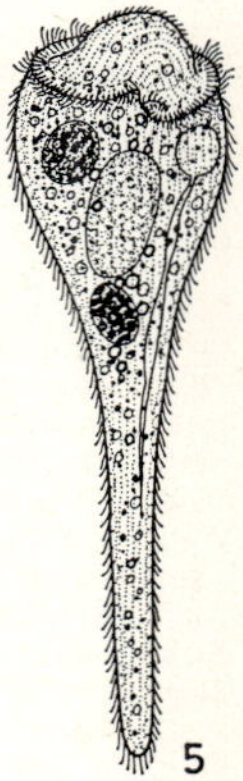

5

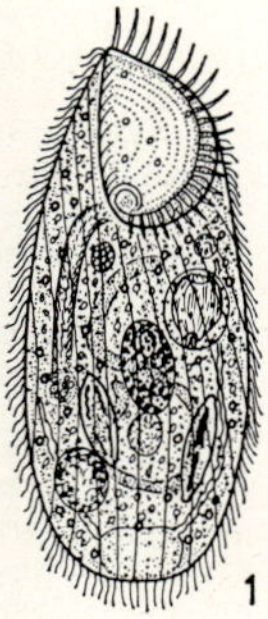

1

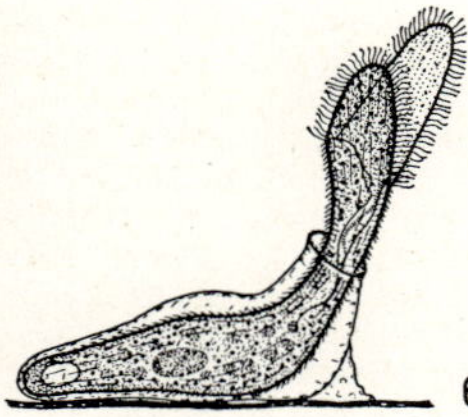

6

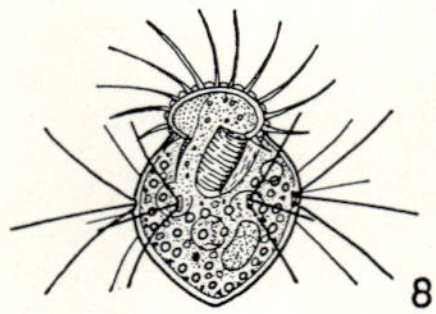

8

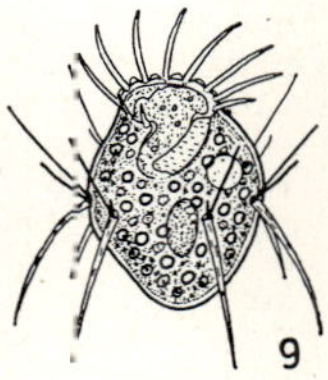

9

7

10

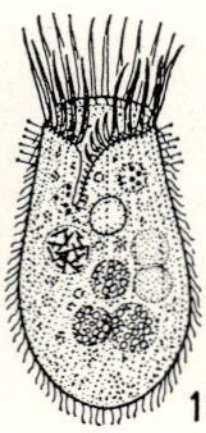

11

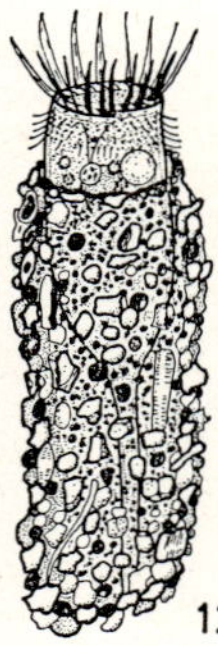

12

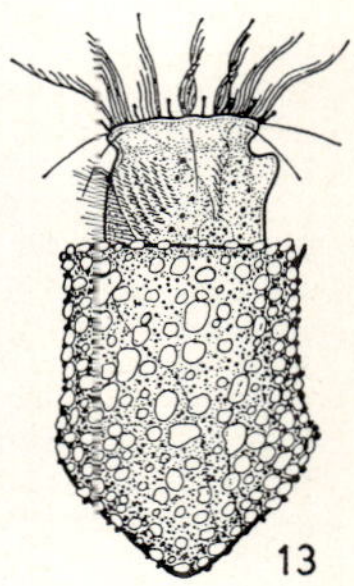

13

Wimpertierchen

1 Strongylidium crassum, Grünes Röhrentierchen. Biegsam, etwas kontraktil. Rand- und Bauchzirren in spiraligen Reihen. 6 griffelartige Zirren auf dem Stirnfeld. Hinterende mit 3 langen, starren Schwanzzirren. Mit Zoochlorellen. Schwimmt schwach schlängelnd. Lebt in langem Gallertröhrchen, das bei jeder Störung verlassen wird. **G** 120–180 µm. **L** Saubere Seen und Teiche, zwischen Wasserpflanzen. Regelmäßig.

2 Urostyla weissei, Schlankes Vielfußtierchen. Körper am linken Rand deutlich eingebogen. Peristom reicht nicht über Körpermitte hinaus. Bauchseite mit 3 bis 5 Frontalzirren, 8 Transversalzirren, 5 Längsreihen von Bauchzirren, 2 Reihen Randzirren. **G** Um 300 µm. **L** Stehende, verschmutzte Gewässer; oft massenhaft. III.

3 Urostyla grandis, Großes Vielfußtierchen. Breit-oval, sehr formveränderlich. Bauchseite mit 11–12 Zirrenlängsreihen. 10–20 Transversalzirren stehen, vom Hinterrand entfernt, in einer schrägen Reihe. Allesfresser. **G** 300–400 µm. **L** Saubere, sauerstoffreiche Gewässer, zwischen Wasserpflanzen.

4 Urostyla viridis, Grünes Vielfußtierchen. Schlank, wenig biegsam, nicht kontraktil. Stets mit Zoochlorellen. Frißt Rhodobakterien. Bauchzirren in 6, Randzirren in 2 Längsreihen. 6 Frontal-, 5 Transversalzirren. **G** 100–200 µm. **L** Faulschlamm von Tümpeln; sehr verbreitet.

5 Kerona polyporum, Nierenförmige Polypenlaus. Nierenförmig. Tiere huschen rastlos auf Rumpf und Tentakeln von Süßwasserpolypen umher. Fressen Nahrungsüberbleibsel und entladene Nesselkapseln der Hydren. Auffällig die vielen (etwa 25) Frontalzirren und die sehr dicht aufeinanderfolgenden Strudelmembranellen der adoralen Zone. **G** 130–200 µm. **L** Kommensalen auf Süßwasserpolypen; nie jedoch auf *Chlorohydra*.

6 Keronopsis spectabilis, Gefräßiges Beintierchen. Kontraktil, sehr gefräßig. Peristom erreicht 1/3 der Körperlänge. Adorale Zone von ektoplasmatischer, geschnäbelter Lippe überdeckt. 2 Reihen Bauchzirren ziehen bis zum Vorderende. Etwa 20 Transversalzirren ziehen in steilem Bogen nach vorne. **G** 250–350 µm. **L** Über Faulschlamm in Gewässern mit Wasserlinsen und Wasserschlauch. **A** Schlanker, karmin- bis zinnoberrot, sehr metabol, Detritus-Wühler: *K. rubra*. In Meerwasseraquarien und deren Filtern oft massenhaft.

7 Holosticha navicularum, Griffel-Schiffchen. Langgestreckt, sehr flach, glasartig durchsichtig. Frißt Diatomeen; deren Schalen schwimmen in den Nahrungsvakuolen. 2 Reihen lange, dünne, sehr locker stehende Bauchzirren. Frontal nur 4 oder 5 griffelartige Zirren. Transversalzirren weit vom Hinterrand entfernt. **G** Um 200 µm. **L** Auf abgefallenen Blättern in Tümpeln.

8 Balladyna fusiformis, Spindelförmiges Stelzentierchen. Nach hinten fast spitzig zulaufend. Linke Randzirrenreihe verläuft auf der Bauchseite, rechte Reihe auf der Rückenseite. Bauchzirren in einer Linie. Transversalzirren in längsgerichteter Furche der Bauchfläche. Hohe Borsten der Rückenseite ragen meist seitlich hervor. **G** 60–75 µm. **L** Sehr saubere, sauerstoffreiche Gewässer; verbreitet.

9 Oxytricha fallax, Borstentierchen. Eiförmig, flach, kontraktil, sehr formveränderlich. Bauchseite flach, Rückenseite gewölbt. Peristom reicht bis zur Körpermitte. 8 Frontal-, 5 Bauch- und 5 Transversalzirren. **G** 140–160 µm. **L** Verunreinigte fließende und stehende Gewässer; regelmäßig, oft zahlreich. III.

10 Oxytricha saprobia, Borstentierchen. Lang-oval, auf der Höhe des Schlundes am breitesten, sehr geschmeidig. Frontalmembranellen der adoralen Zone als Schwimmorgan mächtig entwickelt. Transversalzirren lang, stark, überragen Hinterrand des Körpers. Übrige Körperzirren zart und lang. Frißt Flagellaten und Bakterien. **G** Um 100 µm. **L** Tümpel und Gräben, häufig in faulenden Grashalmen; verbreitet.

11 Oxytricha pellionella, Borstentierchen. Gestalt und Größe sehr wechselnd; sehr lebhaft. 8 Frontal- und 5 Bauchzirren. Transversalzirren kräftig, überragen Hinterrand des Körpers. Hohe Dorsalborsten in 3 Längsreihen auf dem gewölbten Rücken. **G** 65–85 µm. **L** Gewässer aller Art, weitverbreitet, oft Einzelgänger.

12 Tachysoma furcata, Schnelles Spießtierchen. Schlank, dem Vorderpol zu stark abgeflacht. Letzte Randzirren stehen als Gabeln nach hinten. Peristommembranellen stark entwickelt. Tiere hängen sich zeitweilig mit hinteren Randzirren fest; strudeln Rhodobakterien und kleine Algen ein. **G** 60–90 µm. **L** Typische Faulschlammform; nie massenhaft.

13 Urosoma cienkowskii, Langschwanz. Hinteres Drittel etwas eingezogen, in einen Schwanz auslaufend. Schwanz variiert stark, im Extremfall fast fadenförmig. Tiere schlängeln rasch über Detritusteilchen. Vielfach mit symbiontischen, spindelförmigen Algen. 8 Bauchzirren. **G** 150–300 µm. **L** Teiche, Seen, sumpfige Lachen, stets auf der Oberfläche des Bodensatzes; verbreitet.

14 Histriculus erethisticus *(Histrio erethisticus),* Gaukeltierchen. Körper fast starr. Die beiden Randzirrenreihen stoßen am Hinterende aneinander. Keine Schwanzzirren. Lange Transversalzirren meist starr nach hinten gestreckt. Schwimmt ruhig vorwärts, „schreckt“ zwischendurch zurück. **G** Um 150 µm. **L** Nährstoffreiche Seen und Teiche zwischen Wasserlinsen und Algen; verbreitet, häufig.

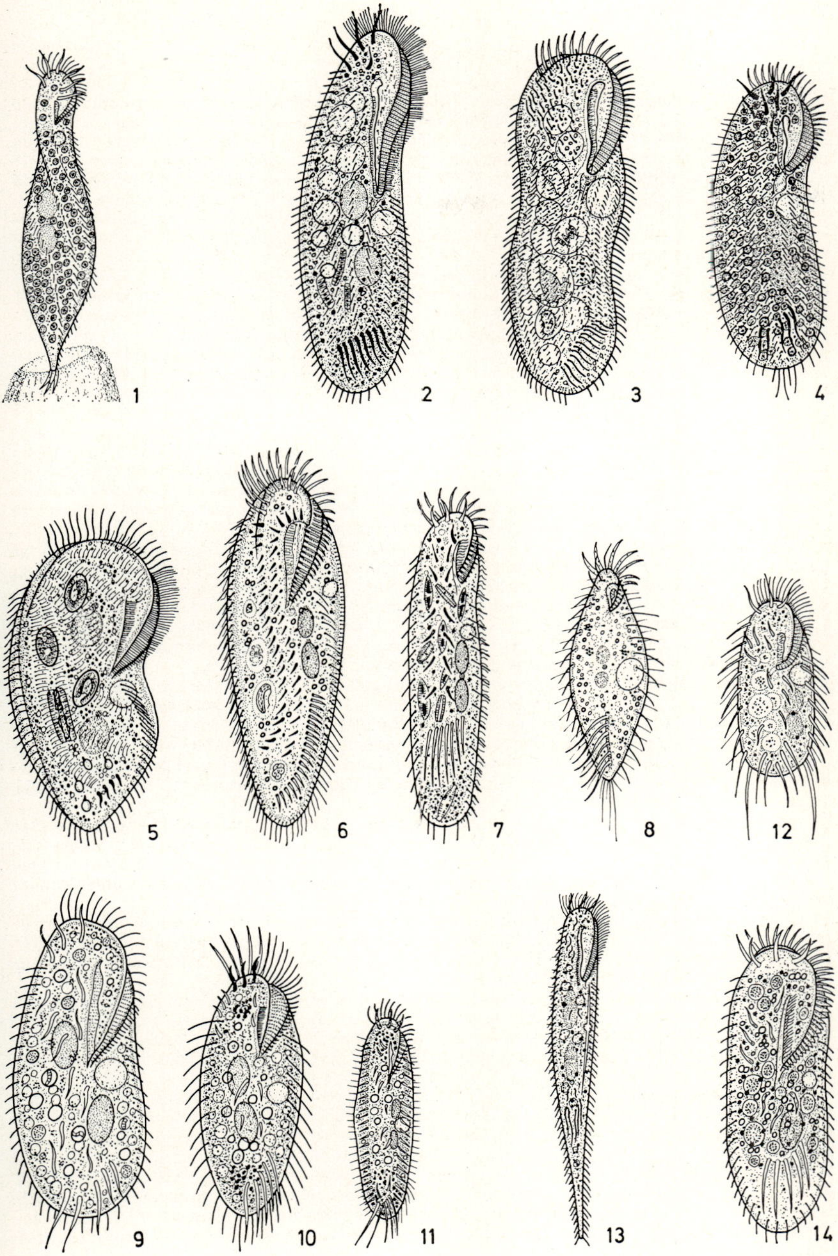
1
2
3
4
5
6
7
8
12
9
10
11
13
14

1 Stylonychia pustulata, Waffentierchen. Körper breit-kahnförmig, weitgehend starr. Beide Randzirrenreihen schließen nicht zusammen; in der Lücke 3 verlängerte Schwanzborsten. 5 Transversalzirren überragen Hinterrand kaum. Borsten der Rückenreihen kurz. Peristom mächtig entwickelt. **G** Um 150 µm. **L** Saubere bis mäßig verschmutzte Gewässer; verbreitet.

2 Stylonychia mytilus, Waffentierchen. Peristomteil springt weit nach links vor. Größe und Gestalt stark wechselnd. Sehr gefräßig: Verschlingt Algen, Diatomeen, kleinere Ciliaten. 3 lange Schwanzzirren fasern am Ende in Einzelzilien auf. 2 rechte Transversalzirren überragen das Hinterende etwas, nicht die 3 Zirren der linken Gruppe. **G** 100–300 µm. **L** Alle Gewässertypen, in Sumpfwasser häufig.

3 Euplotes patella, Lauftierchen. Tiere laufen meist hastig und stoßweise, ab und zu schwimmen sie rotierend. Peristomfeld am linken Rand von einer panzerartigen Platte überdeckt. Bauchseite flach, Rückenseite wenig gewölbt. 5–7 rückenseitige Rippen, oft auffallend, manchmal kaum erkennbar. 9 Frontalzirren, 5 Transversalzirren. 2 rechte Schwanzzirren an den Enden aufgespalten, 2 linke Schwanzzirren nicht aufgespalten. Zellmund öffnet sich in geräumigen entoplasmatischen Sack, in dem die Verdauung beginnt; Nahrungsvakuolen treten nicht auf. **G** 80–150 µm. **L** In Teichen zwischen Wasserpflanzen, im Faulschlamm verbreitet und häufig (hier meist mit Zoochlorellen).

4 Euplotes charon *(affinis),* Lauftierchen. Breit-oval, durchsichtig. Ausbildung der rückenseitigen Rippen schwankt stark. Peristomfeld und Membranellenzone erstrecken sich bis zur Basis der Transversalzirren. **G** 70–90 µm. **L** Stehende und langsam fließende Gewässer, oft zahlreich. II.

5 Euplotes muscicola, Lauftierchen. Rückenseite hoch aufgewölbt, mit 6 scharf konturierten Rippen. Tiere sehr beweglich; fast rundlich. 9 Frontalzirren, 5 Transversalzirren, 4 Schwanzzirren. **G** 40–70 µm. **L** Moosrasen; sehr verbreitet und sehr zahlreich.

6 Aspidisca lynceus, Schildkrötentierchen. Ektoplasma zart, panzerartig starr. Rückenfläche glatt, rippen- und dornenlos, wenig gewölbt. Linker Körperrand läuft in stumpfe Ecke aus. 7 Frontal-, 5 Transversalzirren. Schwimmt in Kreisen oder läuft und klettert auf den Zirren. **G** 30–50 µm. **L** Im Schlamm α-mesosaprober Gewässer; verbreitet, stellenweise häufig. III.

7 Aspidisca costata, Rippentierchen. Eiförmig bis rundlich, trüb-gelblich. Rücken stark gewölbt, mit 6 Rippen. Flink und wendig. **G** 25–40 µm. **L** Zwischen Wasserpflanzen und auf weitgehend mineralisiertem Grundschlamm; sehr verbreitet, oft häufig. II.

8 Pelodinium reniforme, Zackeninfusor. Seitlich abgeflacht, Umriß schlank bis nahezu kreisförmig. Rücken gekielt. Panzerplatten der zarten, glänzenden Pellikula laufen auf beiden Breitseiten hinten in einem Zahn aus. Rückenkiel und Bauchseite enden je in einem weiteren Zahn. Rechte Panzerseite hinten mit 4 Zilien-Längsreihen, linke Seite außerdem mit vorderer Zilienreihe. Auffälliges, 5reihiges Wimperband beginnt auf rechter Breitseite, führt über Bauchseite ein kurzes Stück nach links hinüber. Frißt Schwefelbakterien. **G** 40–50 µm. **L** Obere Schichten des Faulschlammes; Einzelgänger. IV.

9 Epalxella striata *(Epalxis striata),* Panzertierchen. Rückenseite gekielt. Panzerplatten der Breitseiten enden hinten ohne Zahn. Bewimperung ähnlich wie bei voriger Art, Zilien der rechten Seite noch stärker reduziert. Vor der Mundgrube links 2 Dornen. Frißt Schwefelbakterien. **G** 25–35 µm. **L** Typischer Faulschlammbewohner, ist an das Auftreten von Schwefelwasserstoff gebunden. IV.

10 Epalxella mirabilis, Panzertierchen. Rückenkiel endet vorne in kleinem, spitzigem Schnabel. Panzerplatten der linken Seite laufen in kräftige Zacken aus. Winzige Endzacken der rechten Seite kaum erkennbar. Frißt Schwefelbakterien. **G** 38–45 µm. **L** Schwach verjauchte Gewässer und Gruben, im Faulschlamm selten.

11 Epalxella exigua, Panzertierchen. Rückenkiel geht vorne gerundet in die Bauchlinie über. Große, nach links und unten offene Peristomgrube weit nach hinten verlagert. Eine Gruppe verklebter Wimpern steht auf dem bauchseitigen Mittelzacken der linken Seite. Zilien dieses Steuerorgans viel länger als der Körper. **G** 20–30 µm. **L** Obere Faulschlammschichten; verbreitet.

12 Saprodinium dentatum, Kronentierchen. Sehr flach, durchscheinend, vorne mit langem, dünnem Zahn. Frontales, fünfreihiges Wimperband von 2 Randleisten eingefaßt. Zacken der beiden Körperbreitseiten mit aufgesetzten Dornen. Bakterienfresser. **G** 50–80 µm. **L** Obere Schichten des Faulschlamms, an Schwefelwasserstoff gebunden; stets einzeln, verbreitet. IV.

13 Discomorpha pectinata, Stachelscheibchen. Seltsamste Ciliaten-Art. Rückenkiel läuft in einen nach links abgekrümmten Zahn aus. Panzer bildet auf der rechten Körperseite 2 lange Dornen aus. Langes Wimperband auf hohem Wulst zieht über beide Breitseiten. Frißt Schwefelbakterien, ist an Schwefelwasserstoff gebunden. **G** 70–90 µm. **L** Faulschlamm; verbreitet, zeitweise häufig. IV.

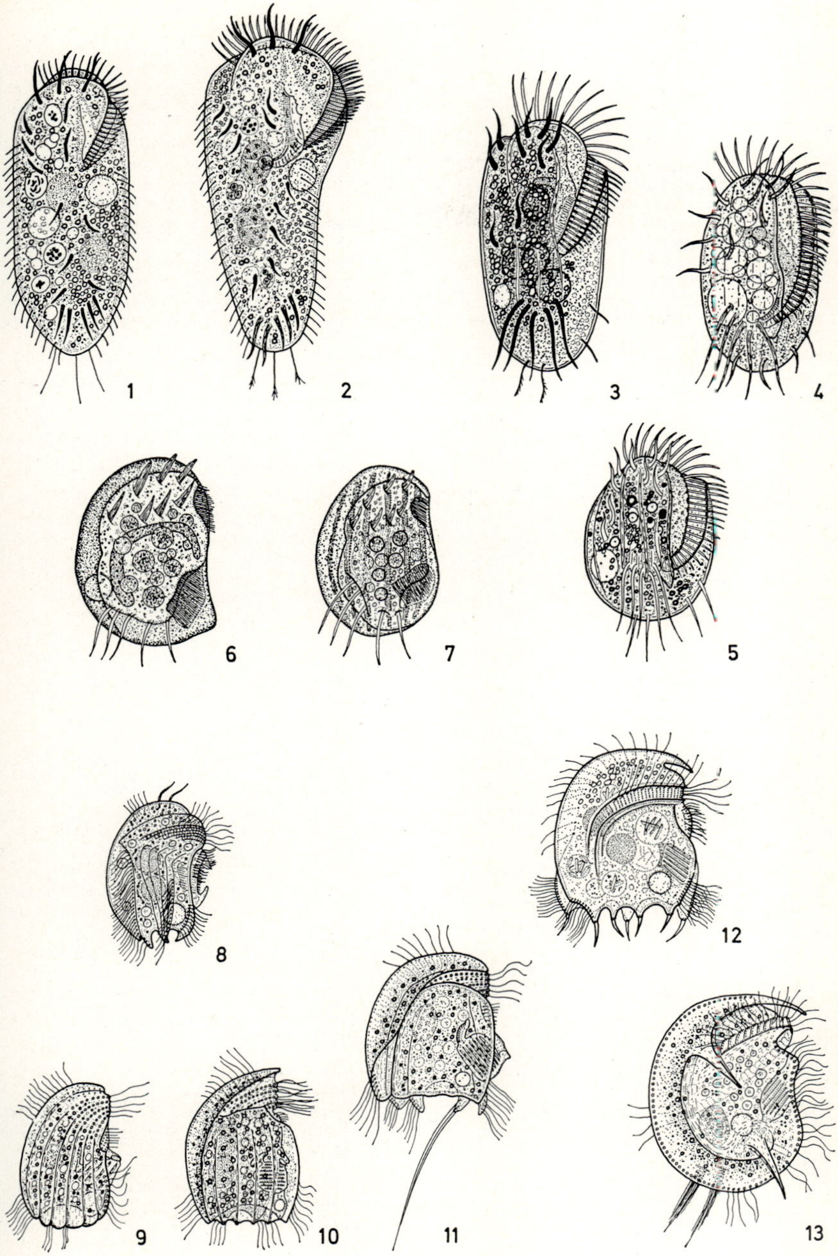
1
2
3
4
6
7
5
8
12
11
9
10
13

Sauginfusorien

1 Acineta tuberosa, Großes Sauginfusor. Gehäuse eine flache Tasche, weich, mit solidem Stiel; Mündungsspalt erweitert sich an beiden Enden. Durch die Erweiterungen werden die kontraktilen, geknöpften Tentakel ausgestreckt (zwei Tentakelbüschel auf Kuppeln des Zellkörpers). **G** Bis 300 µm. **L** β-mesosaprobe Seen und Teiche. Auch marin.

2 Discophrya buckei, Zungen-Sauginfusor. Zellkörper von einem abgeflachten Gehäuse mit schlitzförmiger Mündung umschlossen. Gebäude dünn- oder dickwandig, variabel in der Form, verjüngt sich am Grunde in einen kurzen Stielabschnitt. Zwei Bündel geknöpfter Tentakel ragen aus dem Gehäusespalt hervor. Je nach Form zwischen 1 und 8 kontraktile Vakuolen. **G** 65—450 µm. **L** Auf Wasserpflanzen, Unterlagen, Wasserwanzen, Schnecken, Wasserspinnen, Kolbenwasserkäfern. Häufig.

3 Tokophrya infusionum, Aufguß-Sauginfusor. Tiere umgekehrt pyramidenförmig. auf kurzen, quer- und längsgestreiften Stielchen sitzend. Tentakel entspringen der Frontseite, sind zu 1—4 Tentakelbündeln zusammengefaßt. 1 kontraktile Vakuole, durch bleibende Kanäle mit der Zelloberfläche verbunden. **G** Um 60 µm lang. **L** Häufig in Aufgüssen, in Kahmhäuten, vor Stauwehren, in verschmutzten Flüssen.

4 Tokophrya cyclopum, Hüpferling-Sauginfusor. Kugelig oder eiförmig. An der Vorderseite geknöpfte Tentakel, zu 2—5 in Bündeln zusammengefaßt. Stielchen gestreift, kurz. **G** Um 50 µm lang. **L** Auf Ruderfußkrebsen (*Cyclops*- und *Diaptomus*-Arten).

5 Tokophrya lemnarum, Wasserlinsen-Sauginfusor. Körper kugelig, langgestielt. Tentakel von je einem feinen Kanal durchzogen, bleiben auf vordere Hälfte des Körpers beschränkt. 2 Tentakelgruppen. **G** Um 70 µm im Durchmesser. **L** An Wurzeln von Wasserlinsen (*Lemna*) angeheftet.

6 Tokophrya carchesii, Glockentier-Sauginfusor. Körper birnenförmig, bildet kurzen Stiel mit kleiner Haftscheibe aus. Vorderende mit nur wenigen (höchstens 12) biegsamen Tentakeln. Tentakel erreichen die vierfache Körperlänge; führen suchende Bewegungen aus. **G** 25—50 µm lang. **L** Fast ausschließlich an den Stielen von *Carchesium polypinum* (s. S. 246) festgeheftet.

7 Dendrosoma radians, Bäumchen-Sauginfusor. Zellkörper stark verzweigt, bräunlich gefärbt, auf den knopfartig angeschwollenen Endabschnitten dichte Tentakelbüschel. Im äußeren Plasma sehr viele pulsierende Vakuolen. Großkern bandförmig, stark verästelt. **G** Tiere 1—2,5 mm hoch. **L** An Wasserpflanzen.

8 Staurophrya elegans, Schwebe-Sauginfusor. Körper farblos, etwas beweglich, mit 6 halbkugeligen Ausbuchtungen. Jeder der 6 Fortsätze trägt ein Büschel gerader, nicht geknöpfter Saugtentakeln, die weitgehend starr erscheinen. Großkern kugelig. 1 oder 2 kontraktile Vakuolen. **G** 50—100 µm. **L** Mesosaprobe und oligosaprobe Seen; ausschließlich planktisch.

9 Dendrocometes paradoxus, Kiemenblatt-Sauginfusor. Körper halbkugelig, läuft in 3 oder 4 reichverzweigte Tentakelarme aus. An den Endzinken der Tentakelarme je 1 winziges Endstück, das im Gegensatz zu den ziemlich starren Armen beweglich ist und eingezogen werden kann. Arme von zahlreichen Tentakelkanälen (entsprechend der Zahl der Endzinken) durchzogen. Eine dünne Platte befestigt die ebene Grundfläche der Tiere auf der Unterlage. **G** Um 100 µm. **L** Auf den Kiemenblättchen von Bachflohkrebsen (*Gammarus pulex*), zusammen mit *Spirochona* (s. S. 240); sehr häufig.

10 Stylocometes digitatus, Finger-Sauginfusor. Stiel sehr kurz. Auf oberer Kalotte des Körpers in mehreren unregelmäßigen Kränzen die etwas zugespitzten, unverzweigten Tentakelfinger. Großkern gelappt. **G** Um 100 µm. **L** Auf Kiemenplatten der Wasserassel (*Asellus aquaticus*) und auf Gallertkugeln von *Ophrydium versatile* (s. S. 248).

11 Sphaerophrya sol, Kugel-Sauginfusor. Kugelig, stets ohne Stiel. Zahlreiche Tentakel stehen nach allen Richtungen ab und enden in kleinen, kugeligen Auftreibungen (kein Sonnentier!). Tentakel einziehbar, $^1/_3$—$^1/_4$ so lang wie der Körperdurchmesser. **G** Um 100 µm. **L** Freilebend auf Faulschlamm; endoparasitisch in hypotrichen Ciliaten, in Paramecien, Stentoren, *Nassula*-Arten.

12 Podophrya fixa, Stiel-Sauginfusor. Tentakel des Körpers strahlen nach allen Richtungen; die längsten erreichen den Durchmesser des kugeligen Körpers. Länge des Stiels sehr variabel. **G** 10—30, selten bis 50 µm. **L** α-mesosaprobe Gewässer an Algen und Detritusflocken. III.

13 Discophrya collini, Birnen-Sauginfusor. Körper im Umriß oval, eiförmig oder birnenförmig. Stiele unterschiedlich lang. 30—60 geknöpfte Tentakel. Fängt Wimpertiere aller Art und saugt sie aus, mit Ausnahme von *Euplotes* und *Vorticella*. **G** 40—50 µm. **L** Sumpfige und moorige Gewässer.

14 Metacineta mystacina, Spalten-Sauginfusor. Gehäuse keulenförmig, basaler Teil zu einem langen und hohlen Stiel ausgezogen. Gehäuse nicht (wie bei *Acineta*-Arten) komprimiert. 6 Schlitze im vorderen Teil der Hülle lassen die Tentakel durchtreten, die in 6 Reihen vom Körper ausgehen. **G** Gehäuse 60—700 µm hoch. **L** Alle Gewässertypen, auf Algen; verbreitet; lebt auch im Meer.

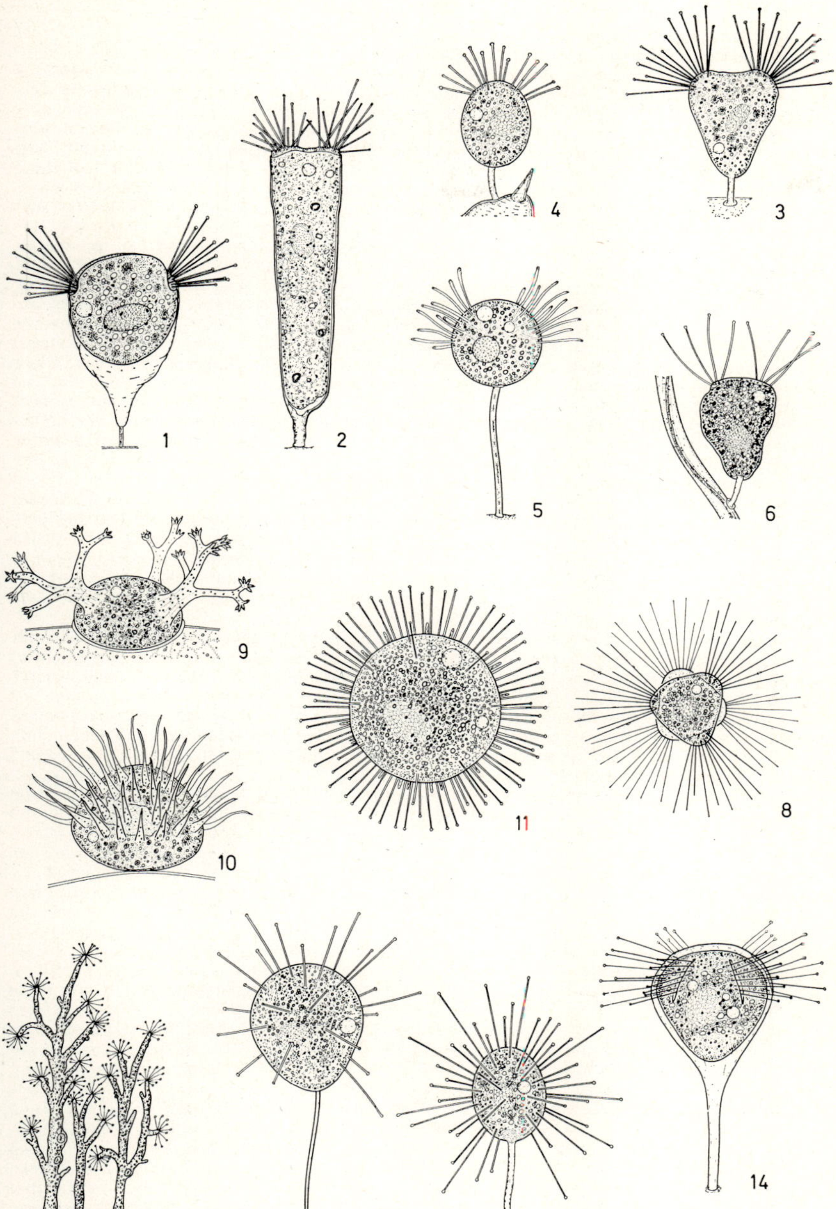
1
2
3
4
5
6
7
8
9
10
11
12
13
14

Schwämme

1 und 2 Süßwasserschwämme der Unterfamilie Spongillinae
3–6 Süßwasserschwämme der Unterfamilie Meyeninae.
Im Süßwasser 6 Schwamm-Arten, die keine typischen Formen aufweisen: Je nach Unterlage, Strömung, Wasserhärte, Nahrung entstehen Krusten, Beläge, Klumpen, geweihartig verzweigte Körper. Zur Artbestimmung ist die mikroskopische Untersuchung der Kieselnadeln des Weichkörpers und der Kiesel-Hüllelemente der Vermehrungskörper und Überwinterungsorgane erforderlich. Frische oder konservierte Gemmulae (Überwinterungsorgane) und Schwammstückchen werden auf einem Objektträger zerzupft und untersucht. Zur Isolierung der Kieselelemente wird in Eau de Javelle, 10% Kalilauge oder verdünnter Salzsäure mazeriert. Anschließend mit destilliertem Wasser auswaschen, trocknen lassen, in Caedax eindecken. Als Parasiten in Süßwasserschwämmen häufig die Larven des Insekts *Sisyra*. Bei den Abbildungen der Kieselnadeln jeweils von links nach rechts: Hüllelemente der Gemmulae, Mikroskleren, Makroskleren.

1 Spongilla lacustris, Geweihschwamm. Grasgrün, gelblich, weiß-grau oder braun; schleimig, meist sehr weich. In ruhigem Wasser krustenförmige Basis mit geweihartigen oder buschförmigen Auswüchsen; in Fließgewässern Fortsätze niedrig oder fehlend. Skelettnadeln gerade oder leicht gebogen, glatt, enthalten in zentralem Achsenkanal einen Achsenfaden aus Spongin (Gerüsteiweiß); sind aus abwechselnden Lagen von Spongin und Kieselsäure gebaut. Diese „Makroskleren" stets büschel- und strangweise durch Spongin zusammengehalten. Frei im Weichkörper liegen die „Fleischnadeln" (Mikroskleren), die mit feinen Dörnchen besetzt sind. Gemmulae im ganzen Schwamm verstreut, nackt oder mit Luftkammerschicht, einem Hauptporus und bis zu 6 Nebenporen. Nadeln auf den Gemmulae meist bedornt. **G** Makroskleren 200–350 µm, Mikroskleren 70–130 µm, Belagsnadeln der Gemmulae 80–130 µm lang. **L** Stehende und fließende Gewässer; häufigster Süßwasserschwamm.

2 Spongilla fragilis, Bruchschwamm. Weißlich, grau-braun, fleischrot, selten grünlich. Weich. Sehr verschieden dicke Krusten mit ebener Oberfläche, selten mit Fortsätzen. Makroskleren glatt, gerade oder leicht gebogen. Mikroskleren fehlen. Gemmulae mit je einem langen Porusrohr, entstehen an der Basis des Schwammes. Jeweils mehrere Gemmulae in gemeinsamer, dicker Luftkammerschicht; in dieser stark bedornte Gemmulae-Nadeln. **G** Krusten 2–4 cm dick, Makroskleren 180–250 µm, Gemmulaenadeln 70–140 µm lang. **L** Auf Schilf, Steinen, Armleuchteralgen; nicht häufig.

3 Trochospongilla horrida, Krustenschwamm. Weißlich, gelb, bräunlich. Sehr feste Konsistenz, da reichlich Sponginsubstanz. Wächst in Form von Krusten und Klumpen. Makroskleren scharf zugespitzt, dicht bedornt (je länger die Nadeln, um so größer die Dornen). Mikroskleren fehlen. Gemmulae weißlich, in der Schwammbasis angehäuft, einzeln oder gruppenweise von großzelligen Luftkammerschichten umgeben. An der Basis der Luftkammerschichten die charakteristischen Amphidisken („Kieselsäure-Garnrollen"); deren Scheiben wellig, Ränder glatt. **G** Krusten 1 cm dick, Makroskleren 75–240 µm lang, Amphidisken um 12 µm. **L** Stehende und fließende Gewässer, nicht häufig.

4 Ephydatia mülleri, Blasenzellenschwamm. Hellgrün, gelblich, bräunlich oder (im Bodensee) fleischrot. Konsistenz fest. Krusten und Klumpen, nur selten verästelt. Makroskleren mit kleinen Dörnchen und Höckern, nur die Spitzen glatt (glatte Makroskleren selten). Mikroskleren fehlen. Gemmulae im ganzen Schwammkörper zerstreut; in den Luftkammerschichten der „Brutknospen" 1–3 Lagen von Amphidisken; deren Endscheiben mit 6–12 Zähnen. **B** Typisch sind Gewebszellen mit je 1 großen Vakuole (Blasenzellen); bei Zusatz von Jod färbt sich Vakuoleninhalt blau. **G** Nadeln 160–325 µm lang, Amphidisken 20–36 µm. **L** Stehende und fließende Gewässer; nicht häufig.

5 Ephydatia fluviatilis, Klumpenschwamm. Grün, weißlich, gelblich, lachsfarben, braun. Weich. Krusten oder klumpige Massen; Oberfläche durch Täler, Rippen, Buckel, kurze Fortsätze, Lamellen gegliedert. Makroskleren glatt. Mikroskleren fehlen. Gemmulae gelblich. Dicke Hülle der Brutknospen aus innerer Kutikula, einer Schicht aus Amphidisken mit eingeschalteten Luftkammern und aus äußerer Kutikula. Amphidisken: Schaft glatt oder leicht bedornt, Scheiben durch Einschnitte in gezähnelte Lappen gegliedert. **G** Nadeln 180–550 µm lang, Scheiben der Amphidisken 10–20 µm Durchmesser. **L** Stehende und fließende Gewässer, auch Brackwasser; häufig.

6 Heteromeyenia baleyi, Smaragdschwamm. Grünlich oder gelblich. Weich. Auf Wurzeln und Stengeln in Form zarter, verästelter Stöckchen oder dünner Krusten mit Buckeln. Makroskleren schwach bedornt, seltener glatt. Mikroskleren dicht mit einfachen Dornen, geknöpften Fortsätzen oder gezähnelten Dornen besetzt. Gemmulae mit langen Amphidisken (Endscheiben gelappt) und kurzen Amphidisken (Endscheiben gezähnelt). Große Amphidisken ragen über die äußere Kutikula der Gemmulae hinaus. Am Ende der Porusrohre je 1 zerzipfelte Scheibe. **G** Makroskleren 200–300 µm, Mikroskleren 55–95 µm, Amphidisken 54–80 µm bzw. 20–50 µm lang. **L** Stehende Gewässer; selten.

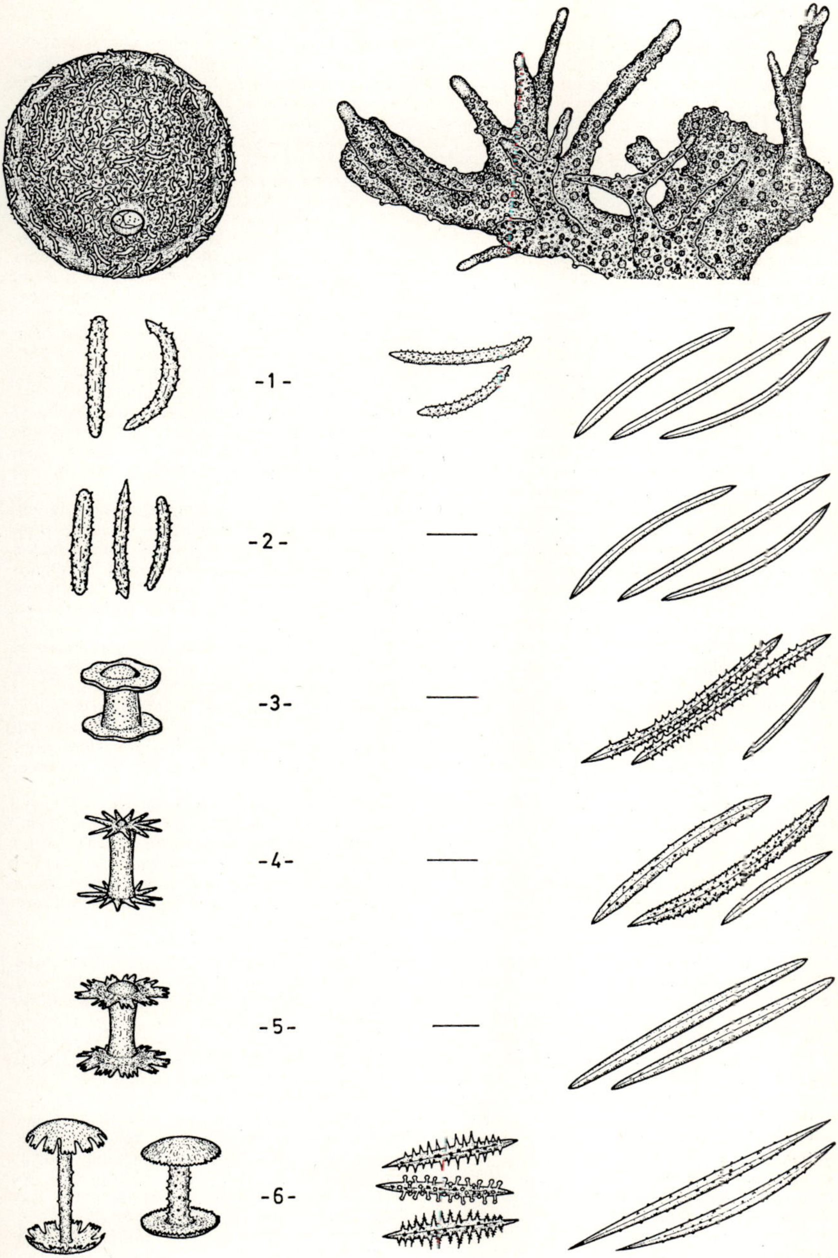
-1-
-2-
-3-
-4-
-5-
-6-

Nesseltiere

1 Nemopsis bachei, Amerikanische Brackwassermeduse. Glocke halbkugelig. Kurzer Magenstiel in Glockenhöhle. Um die Mundöffnung zerfranste Magententakeln. Vom Zentralmagen aus ziehen 4 Radiärkanäle zum Schirmrand, die von geschlängelten Magentaschen begleitet werden. An den Magentaschen gelblich-grüne, milchig-trübe Keimdrüsen (getrenntgeschlechtlich!). Fangtentakel sehr dehnbar, zahlreich, stehen in Gruppen, entspringen Anschwellungen des Schirmrandes. Frißt Kleinkrebse, Wurmlarven, Jungfische. **G** Höhe der Schirmgallerte bis 10 mm. **L** Elbmündung. 1949 erstmals in der Elbe.

2 Craspedacusta sowerbyi, Süßwassermeduse. Junge Tiere glockenförmig, etwa 1 mm hoch, mit 8 Tentakeln. Später flacht sich die Glocke ab, erreicht einen Durchmesser bis 20 mm, bildet um 600 Tentakel aus. Magenstiel vierkantig, Mundöffnung zwischen 4 Lippen. Zentralmagen in unmittelbarer Verbindung mit den Radiärkanälen. Unter den Radiärkanälen sitzen die kugeligen Keimdrüsen, die in die Glockenhöhle hineinhängen. Schirmsegel zunächst waagrecht, später senkrecht nach unten hängend. Frißt Kleinkrebse, Rädertiere, Protozoen. **B** Ruht häufig umgekehrt, Schirm nach unten, am Grunde der Gewässer. **L** Warmwasser-Aquarien, Baggerseen, Flüsse (Rhein, Main, Neckar, Elbe, Saale, Weser, Ems).

3 Microhydra ryderi *(Craspedacusta sowerbyi),* Zwergpolyp. Polypenform zu voriger Art. Nesselkapseln (nur Glutinanten) als winzige, glashelle Vorwölbungen am Vorderende. Mundöffnung vierstrahlig. Unterer Körperteil in hornartiger Hülle (Periderm). Tiere in der Regel durch Überkrustung mit Steinchen und Algen getarnt oder im Schlamm steckend. Ungeschlechtliche Vermehrung durch Knospung, Querteilung oder Abschnürung wurstartiger „Frusteln“ (Dauerstadien). Zur geschlechtlichen Fortpflanzung knospt an der Seitenwand des Polypen eine Meduse: *C. sowerbyi.* Frißt Kleinkrebse, kleine Würmchen, Rädertiere. **G** 0,5–2 mm lang. **L** Wie *Craspedacusta sowerbyi.* **A** *Protohydra leuckarti.* Penetranten über ganzen Körper verstreut. 0,7–1,5 mm. Brackwasser.

4 und 5 Hydra attenuata, Grauer Süßwasserpolyp. **H. vulgaris,** Gemeiner Süßwasserpolyp. **H. circumcincta** *(H. stellata),* Lichtscheuer Süßwasserpolyp. **H. oxycnida,** Plumper Süßwasserpolyp. Diese 4 Arten können nur durch die Form ihrer Nesselkapseln unterschieden werden. In der äußeren Schicht (Ektoderm) 4 Typen von Nesselkapseln (Bild 5, von links nach rechts): Penetranten (Durchschlagskapseln) mit Stilett und hohlem Faden; giftig. Streptoline Glutinanten, stereoline Glutinanten (Klebkapseln) und Volventen (Wickelkapseln). Stereoline Glutinanten und Volventen bei allen Arten gleich, Penetranten und streptoline Glutinanten verschieden. Zur Untersuchung der Kapseln wird ein Tier vorsichtig unter dem Deckglas zerquetscht. Teilweise explodierte Nesselkapseln in der Tentakelregion am besten zu sehen (Vergr. 300–500). Bei allen 4 Arten: Körper ohne scharf abgesetzten Stiel, 4 bis 12 Tentakel.

H. attenuata (5 a). Penetranten breit birnförmig, Streptoline mit 4 queren, auffälligen Fadenwindungen (stark lichtbrechend). Hoden und kugelige, kurz bestachelte Eier entstehen auf verschiedenen Tieren. Ungeschlechtliche Vermehrung bei allen *H.*-Arten durch Knospung. Frißt Wasserflöhe, Hüpferlinge, Mückenlarven usw. **G** Bis 2 cm. **L** Alle Gewässer, nicht in starker Strömung; sehr häufig.

H. vulgaris (5 b). Penetranten breit birnförmig, streptoline Glutinanten zylindrisch, mit durchschnittlich 3 lockeren, schrägen Windungen des queren Anfangsteils des Nesselfadens. Zwitter. Geschlechtsreife Tiere im Freien nur im Frühjahr. Zunächst bilden sich im oberen Körperteil mehrere Hoden, später in der Körpermitte jeweils 1 Ei von 1,5 mm Durchmesser. Knospen bei ungeschlechtlicher Vermehrung lösen sich gleichzeitig vom Muttertier, es entstehen keine Stöckchen. Weißlich bis schwärzlich oder rötlich gefärbt. **G** Bis 2 cm lang. **L** Alle Gewässer; nirgends zahlreich.

H. circumcincta (H. stellata) (5 c). Penetranten breit birnförmig, streptoline Glutinanten an einer Seite stark eingedellt, die 4 Anfangsschlingen ein wenig schief (5 c). Zwitter. **G** Bis 1,5 cm lang. **L** Versteckt im Schlamm und unter Steinen ruhiger Gewässer; verbreitet, nicht häufig.

H. oxycnida (5 d). Penetranten groß, doppelt so lang wie breit; streptoline Glutinanten zylindrisch, mit 4 queren Fadenschlingen. Getrenntgeschlechtlich. **G** Bis 2,5 cm lang. **L** Nur in Norddeutschland; selten.

6 Hydra oligactis *(Pelmatohydra oligactis),* Brauner Süßwasserpolyp. Körper läuft in abgesetzten, meist hellen und durchsichtigen Stiel aus. Durchschnittlich 6 fadenartige, sehr lange (bis 25 cm) Tentakel. Getrenntgeschlechtlich. **G** Bis 3 cm lang. **L** Sucht gut beleuchtete Stellen auf. Seen und Teiche; häufig. **A** *H. braueri.* Zwitter. Große Glutinanten mit quer- und schräggewundenen Fadenschlingen. Norddeutschland (selten; Eiszeitrelikt).

7 Hydra viridis *(Chlorohydra viridissima),* Grüne Hydra. Satt hellgrün durch symbiontische, einzellige Algen. Ein Teil der Symbionten wird von der Hydra verdaut. 6–12 Tentakel um den Mund kürzer als der Körper. Zwitter. **G** 10–15 mm lang. **L** Klare, stehende, kühle Gewässer (Waldteiche) zwischen Wasserpflanzen; verbreitet.

8 Cordylophora caspia *(C. lacustris),* Brackwasserpolyp. Koloniebildende Meeresform, die über das Brackwasser in das Süßwasser eindringt. **L** Nord- und Ostseeküste; Binnenhäfen.

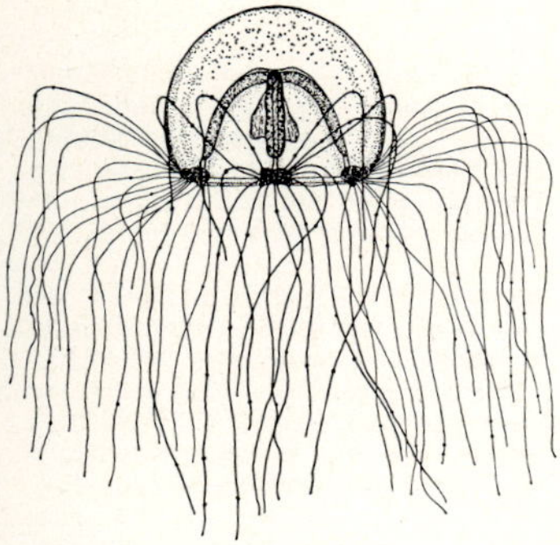

1

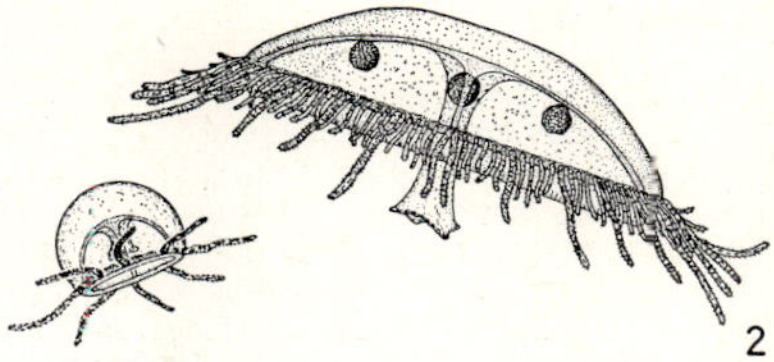

2

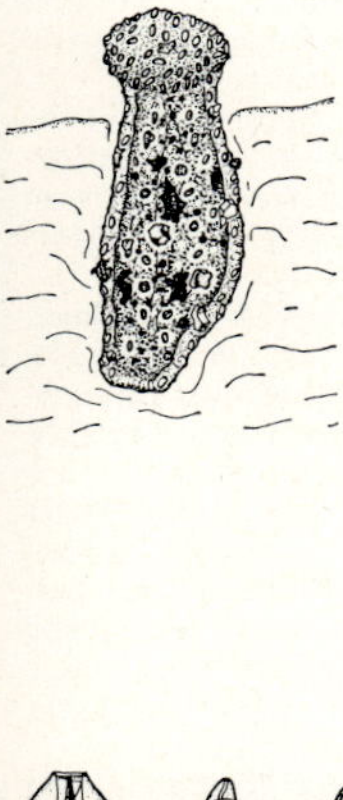

3

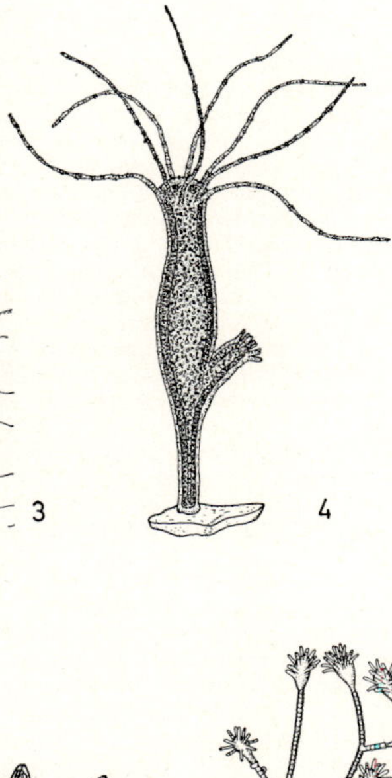

4

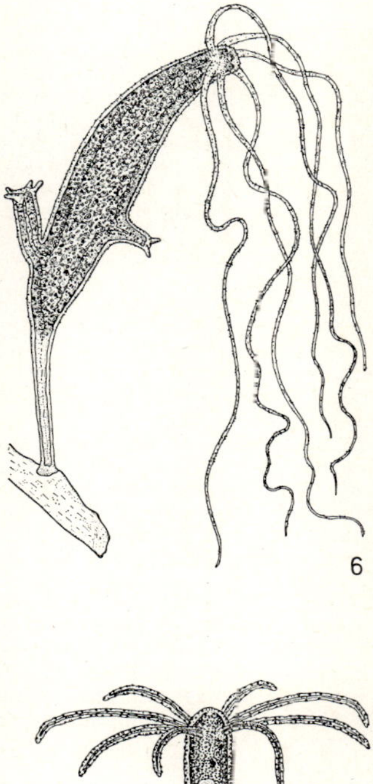

6

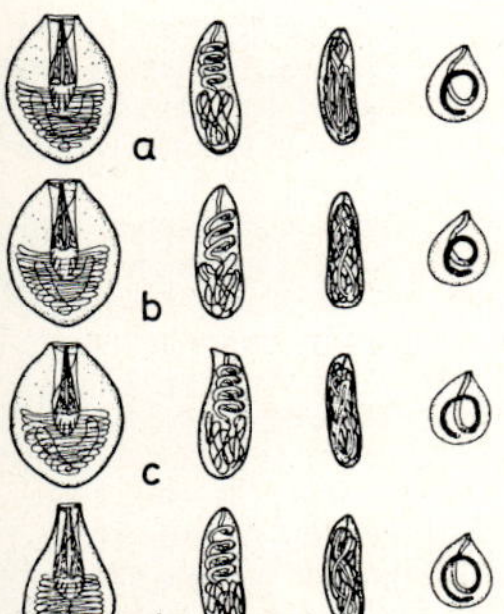

5

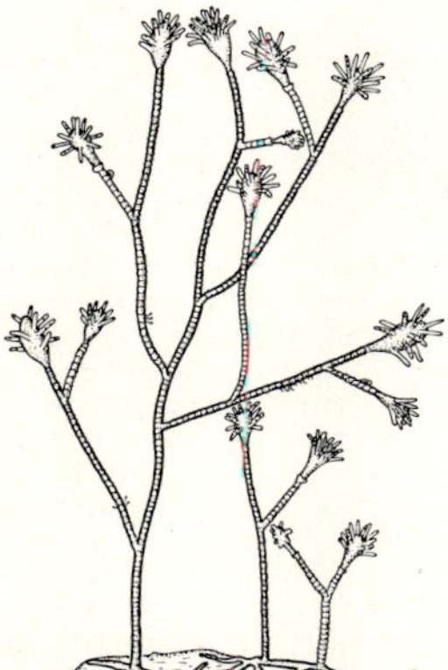

8

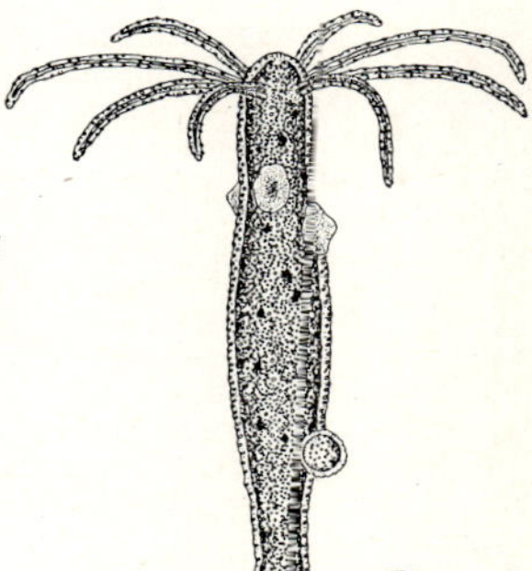

7

Strudelwürmer

1 Catenula lemnae, Fadenstrudelwurm. Drehrund, weißlich, fadenartig. Kopflappen und Rumpf durch mit langen Zilien besetzte Ringfurche abgegrenzt. Keine Augen. Im Gehirn stark lichtbrechende Statocyste mit Kalkkörper als Statolith. Mund auf der Bauchseite des Vorderkörpers, Darm kurz, mit langen Zilien. Ungeschlechtliche Vermehrung durch Querteilung Tochtertiere (Zooide) regenerieren alle fehlenden Teile. Zwittrig. **G** Einzeltier um 1 mm, Ketten aus 2 bis (selten) 8 Zooiden bis 5 mm lang. **L** Seen, Teiche, Moorgewässer, Regentümpel; plötzlich in großen Mengen, rasch wieder verschwindend.

2 Stenostomum leucops, Wimpergruben-Strudelwurm. Vorderende mit 2 Wimpergrübchen. Vor ihnen verjüngt sich der Körper kegelförmig, hinter ihnen läuft er allmählich in ein stumpfes Schwänzchen aus. Lange Tastgeißeln am Schwanzende. Weißlich, unpigmentiert. Darm lang, mit braunen Drüsenpaketen belegt. Ungeschlechtliche Vermehrung durch Querteilungen. Schlinger, die riesige Brocken bewältigen. **G** Um 1 mm, Ketten 3–5 mm lang. **L** Stehende und fließende Gewässer, Aquarien; häufig. Oft vegetative Massenvermehrung. **B** Häufigstes Klein-Turbellar in allen Gewässertypen, außer in IV. Fast immer ein oder drei Querteilungszonen.

3 Stenostomum unicolor, Einfarbiger Wimpergruben-Strudelwurm. Durchsichtig, schlank, bläulich oder grünlich. Vor den Wimpergrübchen ein rüsselartiger Kopflappen. Auffällige Linsenorgane (Augen?) in der Nervenmasse des Gehirns. In den Zellen der Haut sehr feine Stäbchen (Rhabditen). Ungeschlechtliche Vermehrung durch Querteilung. **G** Ketten bis 4 mm lang. **L** Seen, Pfützen, feuchter Bodensatz ausgetrockneter Tümpel. **B** Im Gewebe der *S.*-Arten oft ein parasitischer Ciliat: *Holophrya virginia.* Ubiquist. Vermehrt sich nur vegetativ durch Querteilungen. **A** Weitere *Stenostomum*-Arten in Quellen, Bächen, Moosen, Feinsanden.

3 a Rhynchoscolex simplex, Grund-Strudelwurm. Langsame Tiere, die sich auf einem Objektträger zu engen Spiralen winden. Rüssel lang, farblos und durchscheinend. Körper undurchsichtig; im Darmepithel Zellen, die Exkrete dauernd speichern und auffällig regelmäßig angeordnet sind. Stenostomide mit Generationswechsel; Larven transparent. Lebt räuberisch, saugt Blut von Tubificiden. Bei eingerollten Tieren liegt der Schwanz immer im Zentrum, die Bauchseite nach außen; die Tiere liegen auf einer Körperseite. **G** 5–7 mm lang. **L** In Bächen, Flüssen, auch Seen häufige Form des „Hyporheals", des Lückensystems zwischen Sandpartikeln und Geröllen im Grenzbereich von Fließ- und Grundwasser.

4 Macrostomum rostratum, Schlitzmaul-Strudelwurm. Vorderende quer abgestutzt, Hinterende spatelförmig. Mundöffnung hinter den beiden Augen als bewimperter Längsschlitz. Darm mit Ausbuchtungen. Aus dem Wimperfeld der Epidermis ragen einzelne Tastgeißeln weit heraus. Ungeschlechtliche Vermehrung nie beobachtet. **G** Bis 2 mm lang. **L** Fließgewässer, Seen, Teiche.

5 Microstomum lineare, Ketten-Strudelwurm. Einzeltiere oval, gelblich, bräunlich oder rosa. Augen liegen in der Hautschicht. Schlund fast halb so lang wie das ganze Tier, von Drüsenpaketen umgeben. Darm von Wimpern ausgekleidet. Kann riesige Nahrungsbrocken bewältigen. Ungeschlechtliche Vermehrung durch Querteilung, es entstehen lange Tierketten (bis 18 Zooide). **G** Einzeltiere bis 1,8, Ketten bis 8 mm lang. **L** Ubiquist. In Fließgewässern nur im Schlamm. Sehr häufige Art. **B** Die Augen sind durch rote Pigmentgruppen auffällig. Im Herbst treten Geschlechtstiere auf. Massenvermehrung in eutrophierten, krautreichen Zonen.

6 Dalyellia viridis, Grüner Strudelwurm. Vorne abgerundet, hinten zugespitzt. Saftig grün durch symbiontische Zoochlorellen. Vor dem tonnenförmigen Schlund 2 nierenförmige Augen. **G** Bis 5 mm lang. **L** Auf Wasserpflanzen in stehenden Gewässern und Wiesentümpeln. **B** Tiere manchmal ohne Symbionten *(Chlorella viridis).* Bis zu 50 Eier werden gespeichert, ehe die Tiere zugrundegehen. Durch „Aufräumen der Landschaft" selten gewordene Frühjahrsform.

7 Gieysztoria cuspidata, Brauner Strudelwurm. Ähnlich voriger Art, aber wesentlich kleiner und ohne Zoochlorellen. Durch Pigmente gelblich-grau bis braun-schwarz gefärbt. **G** Um 1 mm lang. **L** Tümpel, Teiche, Seen. Sommerform; verbreitet. **B** Im Gegensatz zu *Dalyellia* wird jedes Ei einzeln abgelegt. Darm oft grün. **A** Sehr ähnliche weitere Arten (20) können nur anhand des Penis-Kutikularapparates bestimmt werden.

8 Microdalyellia armigera, Rötlicher Strudelwurm. Schwimmt rasch an der Oberfläche; alte Tiere mit Eiern halten sich am Grund auf. Gelblich oder rötlich gefärbt. **G** Um 1 mm lang. **L** Stehende und langsam fließende Gewässer. **B** Eier werden einzeln abgelegt. Ubiquist, toleriert sogar Abwasser. Massenvermehrung in nährstoffreichen Tümpeln möglich. **A** 20 weitere Arten!

9 Castrella truncata, Doppelaugen-Strudelwurm. Körper platt, vorne quer abgestutzt, durch Pigmenteinlagerungen schmutzig-bräunlich gefärbt. 2 Augen aus je 2 kugeligen Teilen und einer bogenförmigen Verbindung. Breites Quermaul, tonnenförmiger Schlund. **G** Um 1 mm lang. **L** Stehende und fließende, kalte und warme Gewässer, hauptsächlich an der Oberfläche; sehr verbreitet. **B** Neigt einerseits zu Massenvermehrung, kommt an vielen Stellen dagegen oft lange Zeit überhaupt nicht vor. Charakteristika gegenüber *Dalyellia, Gieysztoria* und *Microdalyellia:* Pigmentierung (bis schwärzlich), Augen, Kopfform u. a.

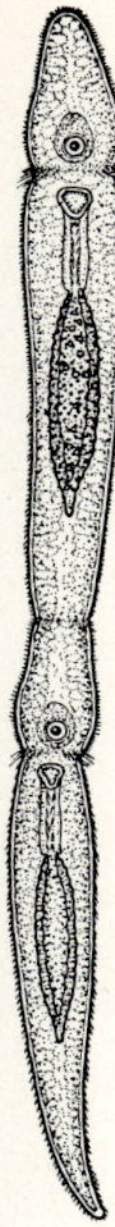
1

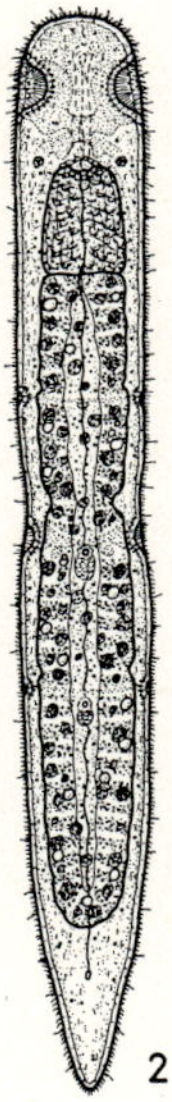
2

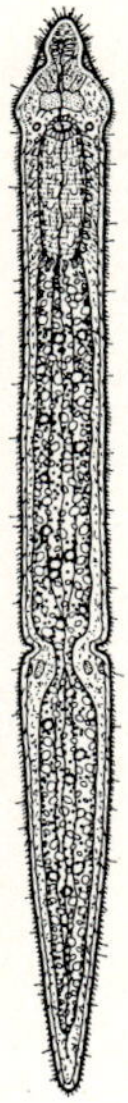
3

3 a

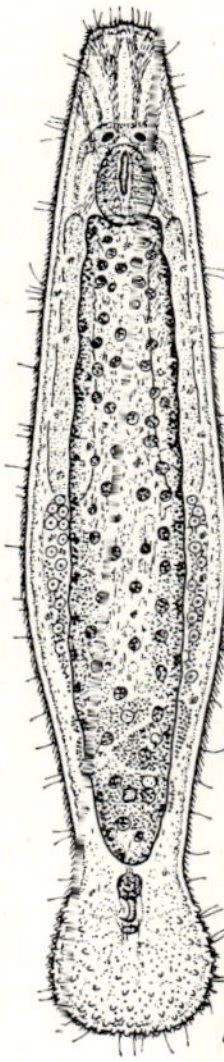
4

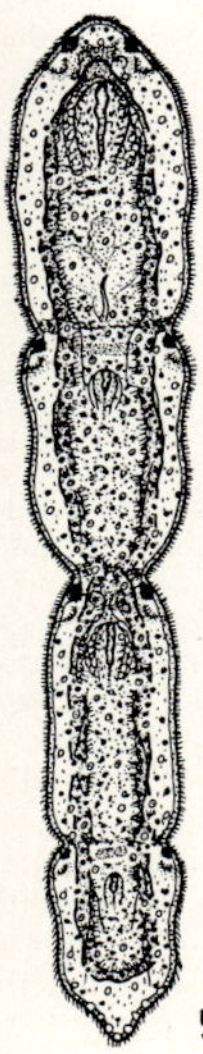
5

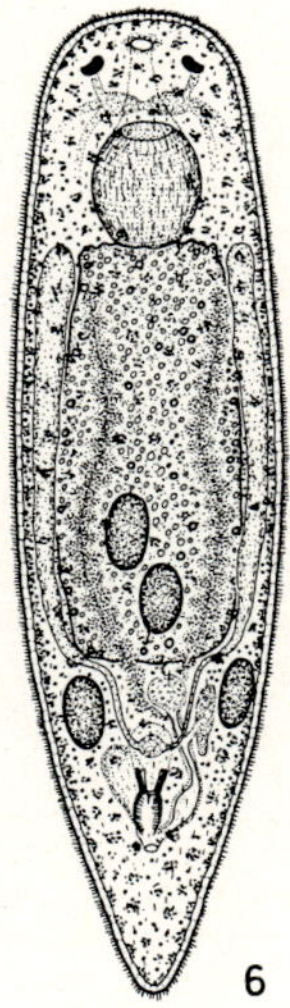
6

7

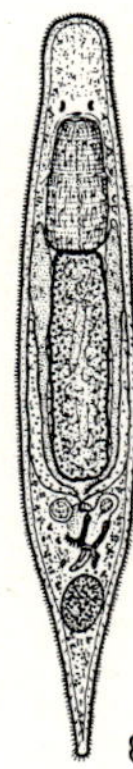
8

9

Strudelwürmer

1 Strongylostoma radiatum, Köpfchen-Strudelwurm. Schlank; Vorderende abgeplattet, durch seichte Einbuchtungen vom Körper abgesetzt. Augen schwarz oder karminrot. Kopf farblos, mit gut erkennbaren, ausstrahlenden Nerven und „Stäbchenstraßen". Schlund senkrecht zur Bauchfläche gestellt. Darm weit, mit gespeicherten Öltröpfchen, die den Tieren eine zarte Rotfärbung verleihen. **G** 0,9–1,5 mm lang. **L** Seen und Teiche, Sommerform. Kriecht lebhaft im Bodenschlamm, kann auch ausgezeichnet schwimmen, zeitweilig im Plankton.

2 Tetracelis marmorosa, Vieraugen-Strudelwurm. Drehrund, plump; Vorderende kann als Zapfen vorgestreckt werden. Braun, rot, gelb, weißlich oder blaugrau. Hinteres Augenpaar im Gehirn, vorderes sitzt den oberen vorderen Hirnnerven auf. Darm weit, erfüllt fast den ganzen nicht von den Geschlechtsorganen beanspruchten Raum. Schlund senkrecht gestellt, nach vorne verlagert. **G** Um 2 mm lang. **L** Stehende Gewässer; Einzelgänger. Nur in kalten Gewässern. Gebirgsform.

3 Typhloplana viridata, Blinder Strudelwurm. Augen und Giftstäbchen der Haut fehlen. Im Bindegewebe symbiontische Zoochlorellen, Tiere daher satt grün. (Symbiontenfreie, weiße Exemplare kommen vor.) Schlund senkrecht gestellt. **G** Um 1 mm lang. **L** Seen und Moore, zwischen Pflanzen; Sommerform. Tiere aus tiefen Schichten ungefärbt. **B** Jungtiere entwickeln sich und schlüpfen im Mutterleib.

4 Rhynchomesostoma rostratum, Rüssel-Strudelwurm. Vorderende zu fernrohrartig einstülpbarem Tastapparat umgebildet. Rotbrauner oder dunkelorangebrauner Farbstoff in der Gewebeflüssigkeit gelöst, Körper glasartig durchsichtig. Augen mit großen Linsen. Schlund auffallend klein; Darm speichert gelbrote Öltröpfchen. **G** Um 3 mm lang. **L** Kalte, moorige Seen und Sümpfe des Hochgebirges; massenhaft; wärmere Tieflandgewässer nur im zeitigen Frühjahr.

5 Phaenocora unipunctata, Stäbchen-Strudelwurm. Bauchfläche flach, Rücken gewölbt. In der Schlundgegend Trauben von Rhabdoiddrüsen, aus denen laufend Stäbchen nach vorne abgeschoben werden; die Giftstäbchen wandern auf auffälligen „Stäbchenstraßen" zum Vorderende. Schlund schräg nach hinten geneigt, Mund ein Längsschlitz mit saumartigen Lippen. Farblos, selten durch Zoochlorellen grün; im Kopf braune oder rötliche Pigmente. Über dem dunklen Darm liegen die auffallend weißen Dotterstöcke. **G** Bis 5 mm lang. **L** Das ganze Jahr in ausdauernden und zeitweise austrocknenden Gewässern; auch in Bächen und Flüssen. Toleriert Abwasser. **B** Meist zwei große rote Augen. Lichtscheue Tiere, die im Schlamm wühlen und an Tubificiden saugen. **A** Ähnlich acht weitere Arten.

6 Olisthanella truncula, Schlamm-Strudelwurm. Vorne quer abgestutzt, hinten in ein mit Tastgeißeln besetztes Schwänzchen auslaufend. Augen groß. Darm weit, erfüllt fast den ganzen rosa bis gelblich gefärbten Körper. Mund und Schlund hinter der Körpermitte. **G** Um 3(–5) mm lang. **L** Im Schlamm von Pfützen, Tümpeln, Wassergräben, Seen. **B** In Quellen und Bächen als Zwergform.

6 a Castrada armata, Haken-Strudelwurm. Ohne Augen. Ohne Zoochlorellen. Schlund in Körpermitte. Haut gelblich; gelbe Öltropfen und oft dunkle Pigmente in Darm und Bindegewebe. Geschlechtsöffnung hinter dem Mund; Hoden neben und vor dem Schlund; Dotterstöcke lang. Je ein Haken und eine Gruppe kleiner Stacheln in den beiden Blindsäcken des Kopulationsorgans. **G** 0,8–1,2 mm lang. **L** In der Krautzone stehender Gewässer als Sommerform weit verbreitet und häufig. Nie im Schlamm. **A** 30–40 gleich aussehende Arten nur an den Kopulationsorganen auseinanderzuhalten.

7 Mesostoma tetragonum, Flossen-Strudelwurm. Äußerst durchsichtig, rötlich-gelb. Körper vierkantig, vorn und hinten zugespitzt, seitlich zu lamellenartigen Flossensäumen ausgezogen. In den Kanten der Lamellen besonders reichlich Stäbchen angehäuft. Darm schmal; Schlund senkrecht gestellt, ungefähr in Körpermitte. Hoden aus 3 Paar Büscheln fingerartiger Läppchen. In den beiden Uteri sammeln sich Dauereier an. **G** Um 10 mm lang. **L** Klare Teiche und Altwässer mit reicher Vegetation. Schwer zu finden (auf Wasserpflanzen suchen!).

8 Mesostoma ehrenbergi, Glas-Strudelwurm. Körper durchsichtig, Darminhalt gelbbraun, Dauereier (perlschnurartig in den Schenkeln der dehnbaren Uteri) rot. Rhabditen als weiße Linie des Randsaumes. Körper platt. Schlund liegt in einer Tasche, in die 2 mächtige Speicheldrüsen sowie die Endstämme des Exkretionssystems münden. Darm schmal, stabförmig. Fängt mit Schleimfäden Wasserflöhe, Rädertiere und kleine Würmchen. **G** Bis 15 mm lang, 4 mm breit. **L** Klare Seen und Teiche, meist an Wasserpflanzen angeschmiegt (Schilf absuchen!).

9 Mesostoma lingua, Zungen-Strudelwurm. Lanzettlich, vorne stark verschmälert, hinten in stumpfe Spitze auslaufend. Körperpole abgeplattet, Mittelteil drehrund bis vierkantig. Schmutzig-gelb. Schlund senkrecht gestellt. Weiter Darmsack erstreckt sich vom Gehirn bis in die Basis der Schwanzspitze. **G** Bis 9 mm lang. **L** Seen, Tümpel mit Lehmgrund, Pfützen; im Bodensatz und Schlamm überall verbreitet; nicht an Wasserpflanzen!

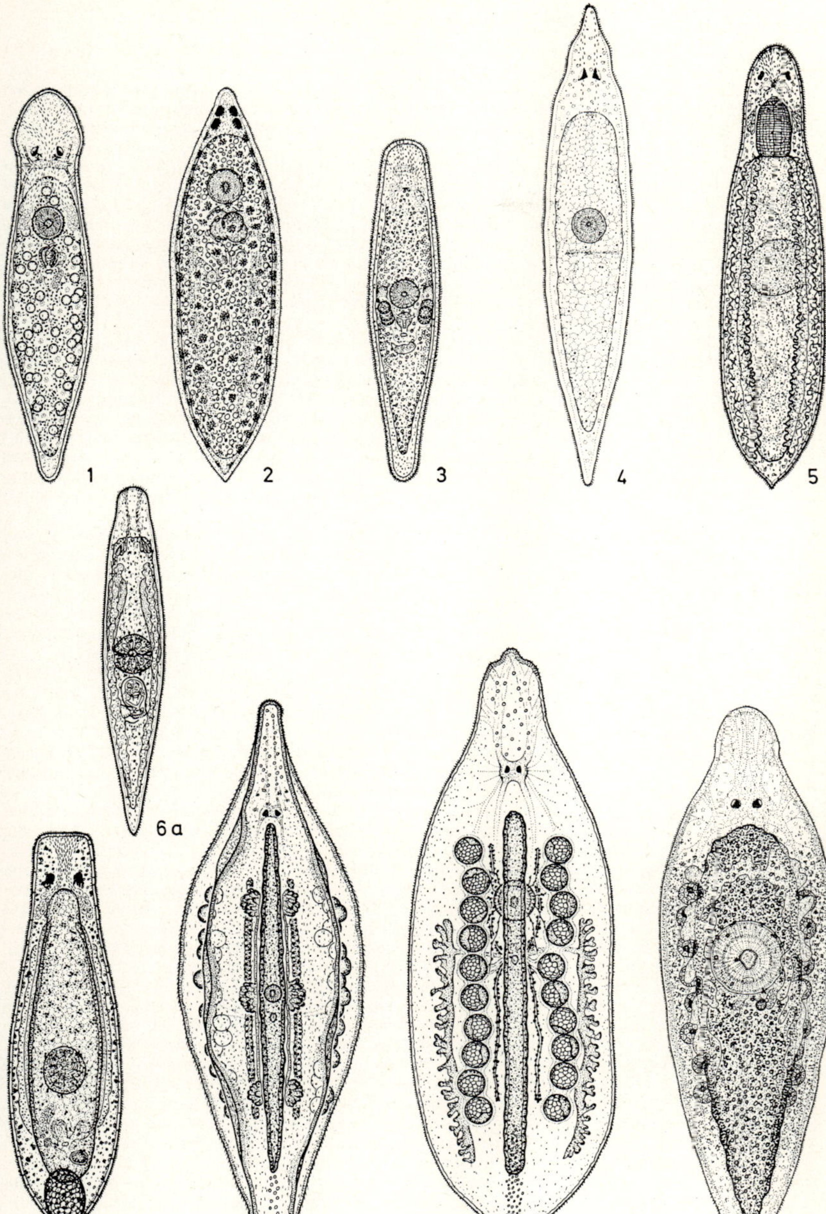
1
2
3
4
5
6a
6
7
8
9

Strudelwürmer – Schnurwürmer

1 Bothromesostoma personatum, Schwarzer Strudelwurm. Vorderende spitzbogenförmig; größte Breite – fast 1/4 der Körperlänge – wird vor der Mitte erreicht; Hinterende in feine Spitze auslaufend. Bauch flach, Rücken etwas gewölbt. Seitenränder lamellenartig (nur bei kontrahierten Tieren sichtbar). Meist völlig undurchsichtig. **G** Bis 7 mm lang. **L** Zwischen Pflanzen in Gräben, Tümpeln, Seen; tagsüber oft an der Unterseite von Seerosenblättern, nachts bauchoben unter der Wasseroberfläche gleitend.

2 Opistomum pallidum, Kaltwasser-Strudelwurm. Langgestreckt, drehrund, vorne abgerundet, hinten stumpf zugespitzt. Keine Augen, keine Giftstäbchen. Mund im letzten Drittel des Körpers. Merkwürdiger Saugrüssel: Schlund liegt als langer, muskulöser Zylinder nach hinten gerichtet, seine Spitze ist deutlich angeschwollen. Im Uterus haben bis 3 Eier Platz. Werden im Winter oder Frühjahr mehr Eier gebildet, zerreißt der Uterus, die Eier entwickeln sich dann im Körpergewebe. Farblos durchscheinend. **B** Sehr lichtscheu; Begattungen finden nur nachts statt. **G** Bis 4 mm lang, 0,8 mm breit. **L** Schlamm kühler Pfützen und flacher Tümpel (Wälder, Gebirge). Dauereier des Sommers müssen vor der Weiterentwicklung einige Zeit trocken liegen.

3 Gyratrix hermaphroditus, Stilett-Strudelwurm. Überaus lebhaft und schnell. Kann sich fadenartig strecken und zu kugeligem Klumpen zusammenziehen. Beim Schwimmen keulenförmig. Farblos, durchscheinend. Am Vorderende ein Rüssel, der nicht mit dem Darm in Verbindung steht. Hinter dem Rüssel 2 Augen. Schlund etwas vor der Körpermitte. Begattungsapparat kompliziert und eigenartig gebaut, da die chitinösen Stücke des männlichen Kopulationsapparates als Giftspritze zur Bewältigung der Beute verwendet werden: Ein hohles, scharf zugespitztes Stilett erhält Giftsekret aus speziellen einzelligen Drüsenbüscheln; ein kurzes Rohr mit Stiel führt und dirigiert das Stilett. Das Stilett dringt durch die männliche Geschlechtsöffnung am Hinterende nach außen. **G** Um 1–1,5 mm lang. **L** Gewässer aller Art, auch in Flüssen. Tiere aus Brunnen und aus großen Tiefen von Seen ohne Augen.

4 Prorhynchus stagnalis, Schlangen-Strudelwurm. Sehr beweglich, schnell. Körper schmal, langgestreckt, weiß. Am Schwanzende Klebzellen zum Festheften. Augenlos. Ohne Rhabditen, statt ihrer auffallend viele Schleimdrüsen. Mund am Vorderende, mit männlicher Geschlechtsöffnung kombiniert. Langgezogener, sehr muskulöser Kopulationskanal endet mit umscheidetem Stilett. Langer Pharynx kann durch den Mund vorgestreckt werden. Ausgesprochenes Raubtier, das Strudelwürmer, Kleinkrebse und kleine Ringelwürmer erbeutet. **G** Bis 6 mm lang. **L** Grundschlamm stehender und fließender Gewässer, auch im Winter nicht selten.

4 a Geocentrophora sphyrocephala, Fächer-Strudelwurm. Kopfplatte breit, mit zwei Wimpergrübchen. Augen auf dem Gehirn. Faltiger Schlundsaum kann vor dem Mund trichterartig ausgebreitet werden. Darm gekerbt. Bewegungen zuckend. **G** Erwachsen 1,5–4 mm lang. **L** Moore, Quellen, Bäche, Moose, am Fuß nasser Bäume. Bevorzugt kühle Bereiche.

5 Plagiostomum lemani, Gemusterter Strudelwurm. Überaus träger Schlammbewohner. Bauch abgeflacht, Rücken stark gewölbt. Unter der Haut des Rückens ein grobmaschiges, braunes bis schwarzes Pigmentnetz. Mund auf der Bauchseite dicht hinter dem Vorderpol. Kurze Tasche führt zum riesigen Schlund; kleine Speiseröhre; eiförmiger, gelb bis rötlich gefärbter Darm. Setzt gestielte Eikokons ab, aus denen je 9 bis 11 weißliche Jungtiere schlüpfen. **G** Um 10, maximal 15 mm lang. **L** Seen, große Teiche, Fließgewässer.

6 Bothrioplana semperi, Gruben-Strudelwurm. Keine Augen, Hautdrüsen und Pigmente. Am leicht abgesetzten Kopf Sinnesorgane unbekannter Bedeutung: 4 Wimpergruben. Stäbchen der Haut am Vorderende sehr dichtliegend, weiter hinten in kleinen Paketen emporragend; Haut erscheint dadurch stachelig. Darm durch Muskelzüge regelmäßig eingeschnürt; bildet einen Ring um den Schlund. Schlund lang, kann weit ausgestülpt werden. Fortpflanzung nur parthenogenetisch. **G** Um 3 mm lang. **L** Brunnen, Quellen, im Schlamm unter Steinen.

6 a Otomesostoma auditivum, „Seemäuschen". Rücken gewölbt, Seiten und Hinterende als Flossensäume abgeplattet. Tiere gleiten rasch. Hell graubraun bis gelbbraun. Zwischen den Augen kugelige Statocyste. Mund an Hinterseite der Schlundtasche. **G** 3–4 mm lang. **L** Bei niederen Temperaturen im Schlamm sauberer, tiefer Seen; Tubificiden-Räuber.

7 Prostoma graecense *(Stichostemma graecense)*, Süßwasser-Schnurwurm. Kein Strudelwurm! Der bei uns einzige Süßwasservertreter der Schnurwürmer (Nemertini). Bewimperte und sehr drüsenreiche Haut sondert eine Schleimhülle ab, die beim Kriechen mitgeschleppt wird. Rötlich-gelb, auch gefleckt. 6 Augen (milchweiße Jungtiere nur 4 Augenflecken). Darm gebuchtet, endet mit einem After. Jungtieren fehlen die kurzen Darmblindsäcke. An den Körperseiten je eine Reihe von Geschlechtsdrüsen, die Eier und Spermien ausbilden. Über dem Darmkanal ein sehr langer, in Ruhe gewundener Rüssel in einer Rüsselscheide. Wird der Rüssel ausgestoßen, erscheint an seinem Vorderende ein ballonartiger Abschnitt mit Stilett. Hintere Rüsselpartie sondert ein Gift ab, das über das Stilett in die Beute gepreßt wird. **G** Bis 15 mm lang. **L** Verborgen in sauberen bis mäßig verschmutzten Fließgewässern, zwischen überrieselten Moosen. Massenentfaltung zuweilen in Aquarien.

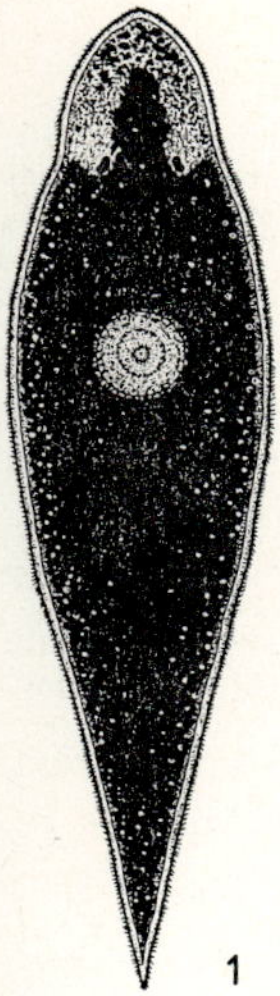

1

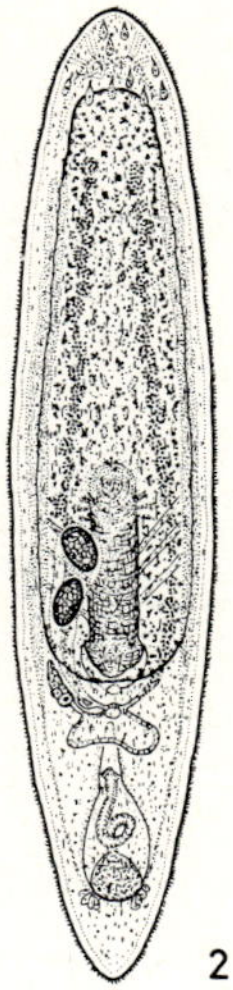

2

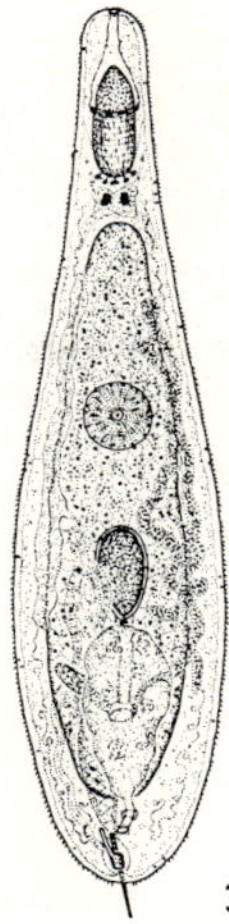

3

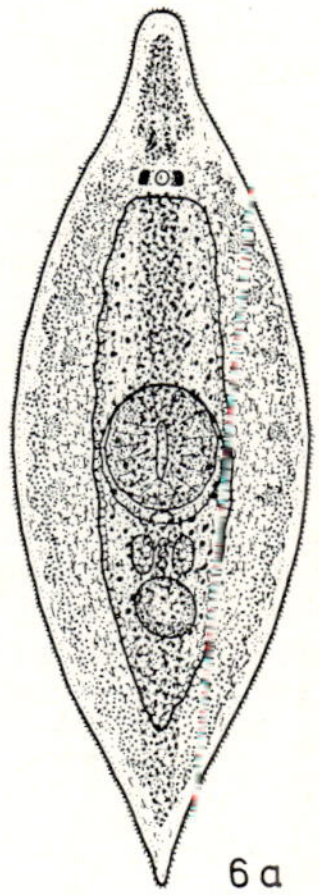

6 a

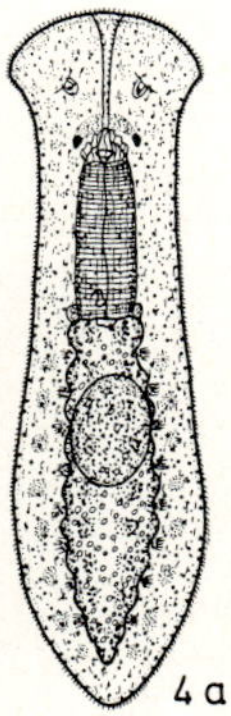

4 a

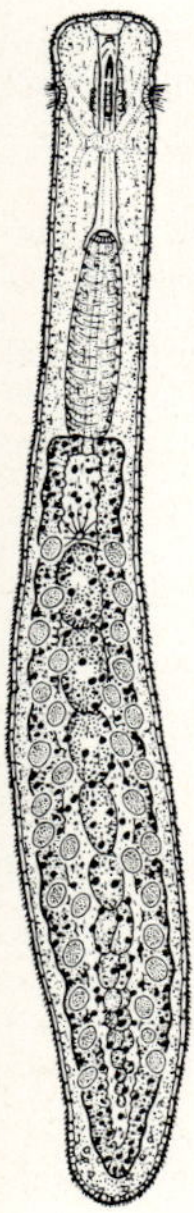

4

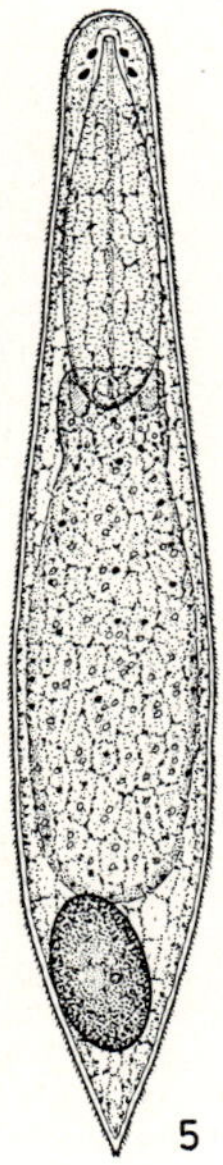

5

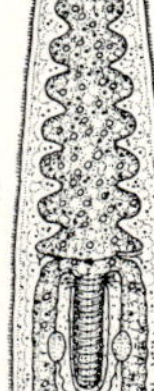

6

7

Rädertiere

Familie Habrotrochidae, Pillen-Rädertiere. Kauapparat arbeitet mahlend und kauend (ramat). Hinter dem Kauapparat ein kurzes Rohr mit Wimpern, in dem Nahrungspartikel in eine Vakuole geleitet werden. Gefüllte Vakuolen reißen sich los und wandern als dunkle „Pillen" (Nahrungsvakuolen) durch die lumenlose Plasmamasse des Magens. Augen fehlen.

1 a Habrotrocha (Callidina) constricta. Baut kein Gehäuse. Kutikula mit winzigen Höckern und Poren. Beide Wimperscheiben liegen eng zusammen, Räderorgan schmäler als der Hals. Schlundrohr sehr lang. **G** 160–360 μm. **L** Moose, im Erdreich, in Blatt- und Nadelstreu, zwischen Wasserpflanzen.

1 b Habrotrocha lata. Kurz, breit, stark abgeflacht. Baut kein Gehäuse. Kutikula glatt. **G** Um 200 μm. **L** Zwischen Moosen und Blattstreu, zwischen Wasserpflanzen; verbreitet.

1 c Habrotrocha angusticollis. Fuß sehr klein. Hals mit 4 Wülsten. Schlundrohr sehr lang. Baut zunächst farbloses, dann grau-grün oder braun werdendes Gehäuse aus Sekret. **G** 250 bis 280 μm. **L** In Mooren zwischen Moosen, auf Quellmoos *(Fontinalis)*.

Familie Adinetidae, Spanner-Rädertiere. Kauapparat arbeitet mahlend und kauend (ramat). Räderorgan eine bauchwärts gestellte Wimperscheibe; wird beim Kriechen nicht eingezogen. Rüssel zweilappig. Schnelle, unruhig zuckende Gleitbewegungen.

2 a Adineta barbata. Rüssel beidseits mit langen Sinnesborsten. Glashell, farblos oder rötlich. Sehr lebhaft. **G** Bis 400 μm. **L** Zwischen Torfmoos, in Moosen auf Dächern und Bäumen.

2 b Adineta vaga var. minor. Rüssel schwach beborstet. Scheinsegmentierung des Rumpfes allmählich zum Fuß hin verschmälert. **G** 250–500 μm. **L** Torfmoose, zwischen Wasserpflanzen; verbreitet.

2 c Adineta gracilis. Rüssel unbeborstet. Kutikula glatt. Schlank. Farblos. **G** 200–300 μm. **L** In Ufersanden und feuchten Moospolstern. **A** Bis 500 μm, Kutikula mit kleinen Höckern; *A. tuberculosa*.

Familie Philodinidae. Der Kauapparat arbeitet mahlend und kauend (ramat).

3 Mniobia (Callidina) magna, Moos-Rädertier. Fuß sehr kurz, 3–4gliedrig; Fußende als kleine Haftscheibe ohne Zehen ausgebildet. Keine Augen. Rötlich. Kutikula durch Höckerchen punktiert. **G** 400–750 μm. **L** Kriecht sehr langsam zwischen Wasserpflanzen, in Moospolstern und Flechtenlagern.

4 Gattung Rotaria, Teleskop-Rädertiere. 2 Augenflecke im Rüssel *vor* dem Dorsaltaster; Rüssel vorstreckbar; Fuß 5–6gliedrig, 3 Zehen. Schlank. Lebendgebärend.

4 a Rotaria rotatoria *(Rotifer vulgaris)*. Kutikula glatt, Dorsaltaster kurz, Rumpf allmählich in den Fuß übergehend. Undurchsichtig-weißlich. **G** 230–1100 μm. **L** Wasseransammlungen aller Art, Belebtschlamm von Kläranlagen; häufig.

4 b Rotaria rotatoria citrina. Kutikula punktiert. Durch grünliche Körnchen gefärbt. Dorsaltaster kurz. **G** 600–1100 μm. **L** Uferform in Teichen und Tümpeln; verbreitet.

4 c Rotaria tardigrada. Kopf und Fuß farblos, Rumpfkutikula dunkelbraun, stark gefaltet, klebrig, mit Detritus überkrustet. Rüssel breit. **G** 360–700 μm. **L** Moore, Tümpel; verbreiteter Einzelgänger.

4 d Rotaria macroceros. Kutikula glatt, durchsichtig. Rüssel kurz. Dorsaltaster sehr lang und beweglich, beim Schwimmen nach vorne gerichtet. **G** 250–300 μm. **L** Moorgräben, Teiche; ganze Gesellschaften in gemeinsamen, lockeren Detritusnestern.

4 e Rotaria neptunia. Kriechfuß sehr dünn und lang; Fußglieder ähnlich ausziehbarer Radioantenne. Weißlich-durchscheinend. **G** Bis 1,6 mm lang. **L** Schlammige Seen, Tümpel, Flüsse; weit verbreitet. IV.

5 Gattung Philodina, Rüsselrädchen. 2 Augenflecke *hinter* dem Dorsaltaster auf dem Gehirn. Rumpfkutikula dünn, glatt; 4 Zehen, eierlegend.

5 a Philodina roseola. Rötlich. Auf beiden Wimperscheiben je 1 Sinnesborste. Fuß aus 5 Scheinsegmenten. Magen eine gleichmäßige Plasmamasse mit zentralem, bewimpertem Rohr. **G** 320–540 μm. **L** Teiche und Moose, verbreitet. **A** Um 360 μm, farblos: *P. acuticornis.*

5 b Philodina citrina. Rumpf mit Längsfalten, Kutikula punktiert, gelbgrün; Kopf und Fuß weiß. **G** 300–500 μm. **L** Zwischen Wasserpflanzen, in Blaualgen-Watten.

5 c Philodina megalotrocha. Farblos, sackförmig. Dorsaltaster lang. Wimperscheiben sehr groß. **G** 120–270 μm. **L** Tümpel, Seen; Uferform. Aquarienfilter.

6 Gattung Dissotrocha, Leder-Rüsselrädchen. 2 Augenflecke *hinter* dem Dorsaltaster. Rumpfkutikula derb, lederartig; 4 Zehen; lebendgebärend.

6 a Dissotrocha (Philodina) aculeata. Weißgrau oder braun. Räderorgan relativ klein. Kutikula dick, längsgefaltet, bildet auf dem Rumpfrücken 2 bis über 20 Stacheln. **G** 350–500 μm. **L** Seen, Teiche, Moore; Einzelgänger, weit verbreitet.

6 b Dissotrocha aculeata macrostyla. Rückenseite stachellos. Körper weißlich, klebrig, oft mit anhängenden Detritusteilchen. Kutikula glatt, mit braunen Stäbchen besetzt oder mit Sekretwülsten. **G** 360–480 μm. **L** Moorgewässer, in Ufersanden.

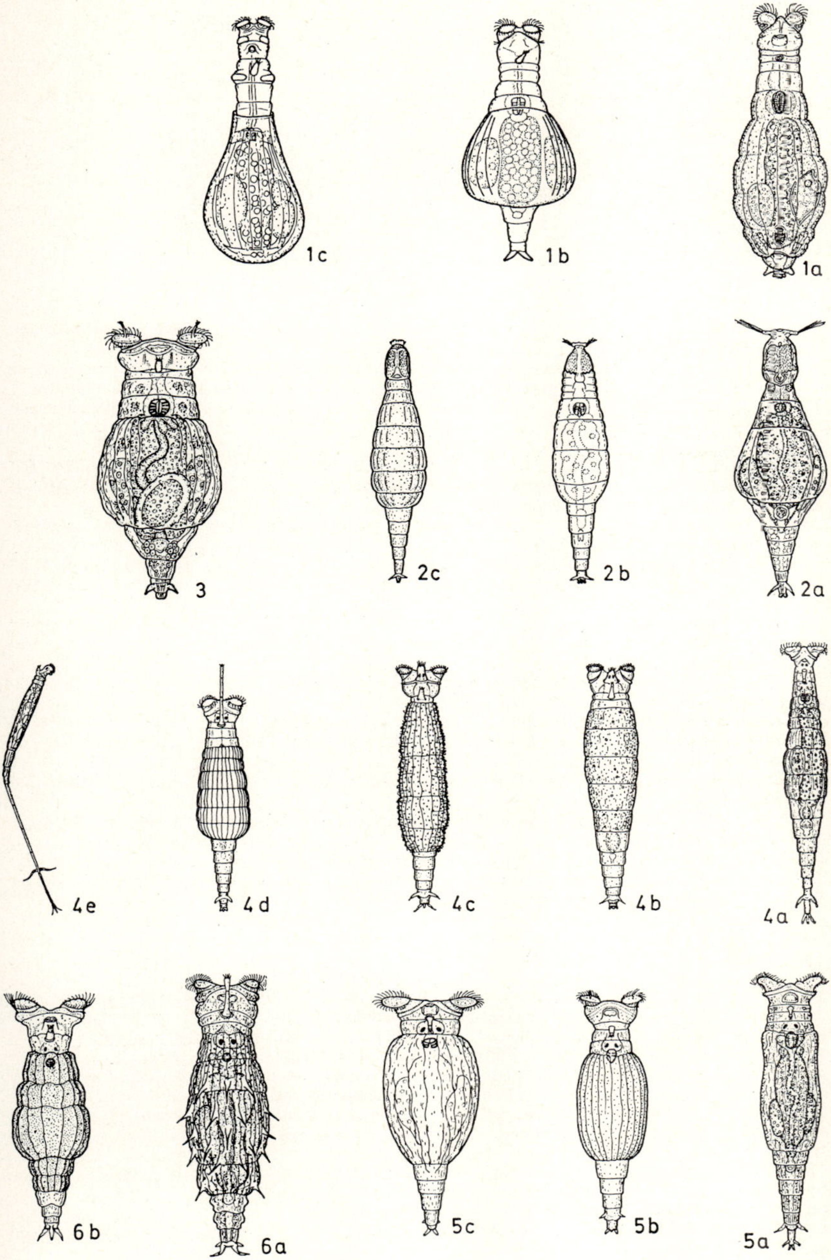
1c
1b
1a
3
2c
2b
2a
4e
4d
4c
4b
4a
6b
6a
5c
5b
5a

Rädertiere

Familie Brachionidae. Kauapparat arbeitet greifend, mahlend, hämmernd, herabziehend und verschluckend: malleat. Tiere mit Mundtrichter.

1 Gattung Epiphanes, Glas-Rädertiere. Kutikula weich, Rumpf ungepanzert, ohne Absatz in Fuß übergehend. Zehen gleich groß. 2 Augen. Räderorgan mit Membranellenreihen. Eierlegend.

1 a Epiphanes (Hydatina) senta. Frißt Flagellaten. **G** 400–500 µm. **L** Tümpel; zuweilen massenhaft in Pfützen um Misthaufen.

1 b Epiphanes (Notops) brachionus. G 450–600 µm. **L** Moore, Tümpel; Einzelgänger.

2 Rhinoglena frontalis *(Rhinops vitrea),* Nasen-Rädertier. Kutikula nicht gepanzert. Am Vorderende bewimperter und beweglicher Rüssel mit 2 roten Augen. Eierlegend. **G** 270–400 µm. **L** Kalte Gewässer aller Art, im Frühjahrsplankton zuweilen häufig.

3 Cyrtonia tuba, Trompeten-Rädertier. S-förmig gekrümmt (Seitenansicht), Rückenpartie aufgewölbt. Zehen so lang wie der Fuß. 1 rotes Auge. **G** 250–360 µm. **L** Kleingewässer; Einzelgänger.

4 Microcodides chlaena, Runzel-Rädertier. Rumpf kegelförmig, mit schräg verlaufenden Kutikularfalten. Vor dem Dorsaltaster 1 Zahn. Zehe mit Dorn. **G** 170–250 µm. **L** Moorgewässer, Tümpel; Einzelgänger.

5 Gattung Brachionus, Wappen-Rädertiere. Kutikula bildet einen Rumpfpanzer. Fuß geringelt, nicht gegliedert. Panzervorderrand mit Dornen. Im Fuß Klebdrüsen. Am Hinterrand des Gehirns 1 rotes Auge.

5 a Brachionus angularis. G Panzer 90–200 µm. **L** Planktisch in Gräben, Flüssen, Seen, Tümpeln; oft massenhaft, mit Frühjahrs- und Herbstmaximum; Detritusfresser.

5 b Brachionus angularis bidens. G Panzer 100–225 µm. **L** wie 5 a.

5 c Brachionus calyciflorus pala. G Panzer 250–400 µm. **L** Gräben, Teiche; seltener in Seen und Flüssen; weit verbreitet, oft häufig.

5 d, 5 e Brachionus calyciflorus amphiceros *(B. dorcas spinosa).* **G** Panzer 250–400 µm. **L** Kleinere Gewässer; oft häufig.

5 f Brachionus diversicornis. Hinterdornen ungleich lang. **G** Panzer 200–565 µm. **L** Seen, Teiche; vereinzelt.

5 g Brachionus diversicornis homoceras. Ähnlich 5 f, beide Hinterdornen jedoch gleich.

5 h Brachionus urceolaris *(B. urceus).* **G** Panzer 185–280 µm. **L** Gewässer aller Art, oft an Pflanzen angeheftet; Maximum April bis Mai. II.

5 i Brachionus rubens. G Panzer 155–280 µm. **L** Teiche und Tümpel, an Wasserflöhen angeheftet, Transportwirte oft dicht besiedelt.

5 k Brachionus quadridentatus rhenanus. G Panzer um 200 µm. **L** Tümpel, Teiche, Fließgewässer; verbreitete Sommerform.

5 l Brachionus quadridentatus entzi. G Panzer um 270 µm. **L** Teiche und Tümpel; Sommerform.

5 m Brachionus quadridentatus *(B. bakeri, B. capsuliflorus).* **G** Panzer 160–415 µm. **L** Gewässer aller Art, Uferregion und freies Wasser; Maximum Mai und September.

5 n Brachionus leydigi quadratus. G Panzer 210–300 µm. **L** Tümpel, Teiche, Seen.

5 o Brachionus leydigi tridentatus. G Panzer 200–270 µm. **L** Fluß- und Teichplankton.

5 p Brachionus leydigi rotundatus. G Panzer 165–290 µm. **L** Waldtümpel, Teiche.

5 q Brachionus leydigi. G Panzer 220–340 µm. **L** Quellen, kleinere Gewässer; nicht häufig.

6 Gattung Platyias, Schild-Rädertiere. Panzer – ohne Dornen – ungefähr quadratisch, Fuß 3gliedrig.

6 a Platyias (Noteus) quadricornis. G Panzer 175–360 µm. **L** Kleinere Gewässer, zwischen Pflanzen und faulenden Algen in Bodennähe; Einzelgänger, verbreitet.

6 b Platyias patulus. G Panzer 165–265 µm. **L** Wie 6 a.

6 c Platyias polyacanthus. G Panzer 220–300 µm. **L** Kleingewässer und Moore, extremer Einzelgänger; verbreitet.

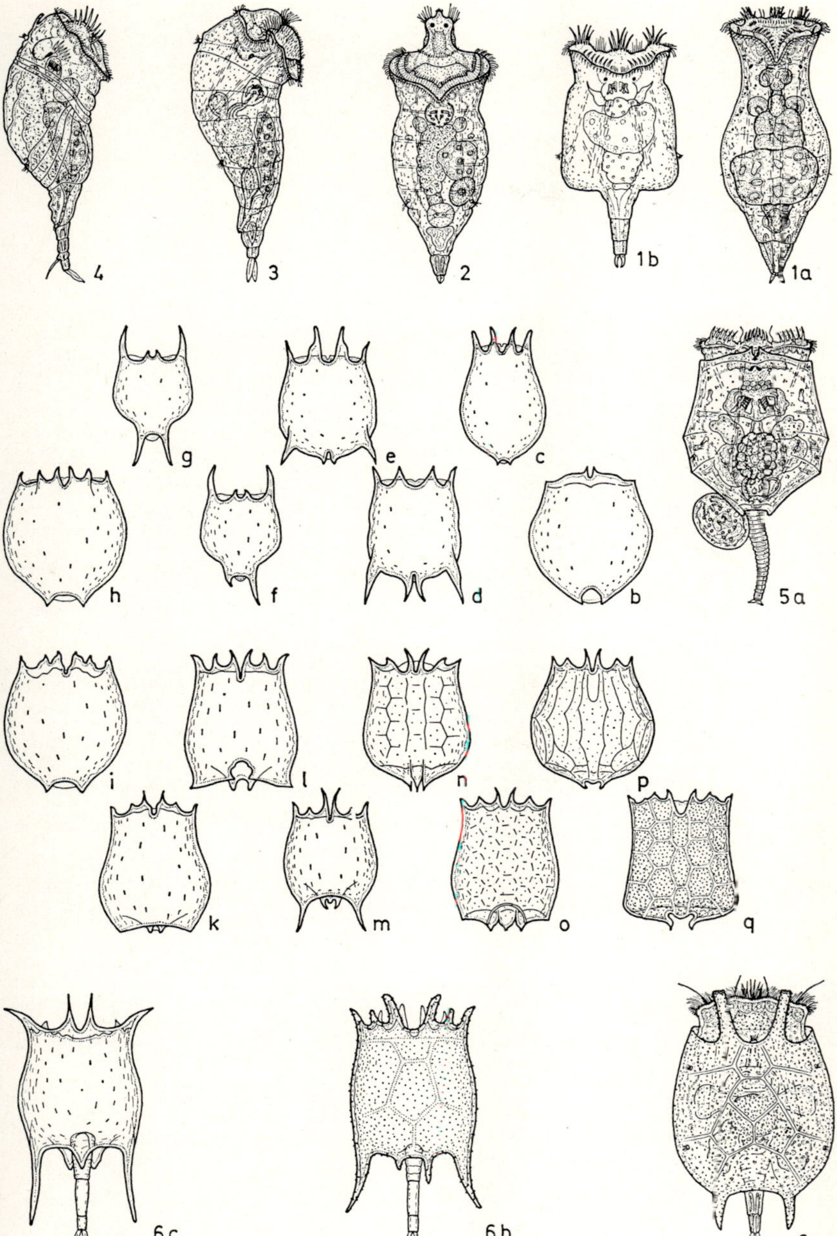
4
3
2
1b
1a
g
e
c
5a
h
f
d
b
i
l
n
p
k
m
o
q
6c
6b
6a

Rädertiere

1 Gattung Keratella, Facetten-Rädertiere. Fußlos mit gefeldertem, rückenseitig gewölbtem, bauchseitig abgeflachtem oder leicht nach innen eingezogenem Panzer. 1 roter Augenfleck.

1 a Keratella (Anuraea) cochlearis. Frühjahrsformen mit langen Hinterdornen, im Sommer kurzdornige, selbst dornenlose Formen. Im Herbst wieder Langdorn-Formen. **G** 80–320 µm. **L** Seen, Tümpel, Teiche; verbreitet, oft häufig.

1 b Keratella quadrata. Hinterdornen je nach Formengruppe im Winter oder im Sommer am längsten. Frißt Detritus und Phytoplankton. **G** Panzer 200–250 µm. **L** Stehende Gewässer aller Art; verbreitet. **A** *K. quadrata klementi:* Panzerseiten zum Teil in zusätzliche Spitzen ausgezogen.

1 c Keratella serrulata. **G** Panzer 190–300 µm. **L** Talsperren, Moorgewässer.

1 d Keratella ticinensis. **G** Panzer um 150–200 µm. **L** Plankton kleinerer Gewässer.

2 Gattung Notholca, Furchenpanzer-Rädertiere. Fußlos. Panzer glatt, abgeflacht, vorne bedornt, mit Längsstreifen oder Längsfalten.

2 a Notholca acuminata. **G** 135–300 µm. **L** Stehende Gewässer; verbreitet, im Winter stellenweise häufig.

2 b Notholca labis. **G** Panzer 120–160 µm. **L** Während des Winters als Uferform in Gewässern aller Art.

2 c Notholca squamula. **G** Panzer 120–180 µm. **L** Seen- und Teichplankton.

2 d Notholca striata. **G** Panzer 160–250 µm. **L** Salzhaltige Gewässer, Strandtümpel, Meer.

3 Argonotholca (Notholca) foliacea, Stachelblatt-Rädertier. Fußlos, mit blattartigem Schildpanzer. Panzer auf dem Rücken mit einem Mittelgrat. Hinterende in spitzen Fortsatz ausgezogen. **G** Panzer 140–180 µm lang. **L** Seen und Teiche; verbreitet; am häufigsten im Winter.

4 Gattung Kellicottia, Einhorn-Rädertiere. Fußlos. Panzer glatt, Vorderrand in 6 sehr unterschiedliche Dornen ausgezogen, Hinterende zu langem Dorn umgestaltet.

4 a Kellicottia (Notholca) longispina. **G** Gesamtlänge 450–860 µm. **L** Plankton von Seen; oft massenhaft. I.

4 b Kellicottia bostoniensis. **G** Um 360 µm lang. **L** Nordamerikanische Art, die sich zur Zeit im Gebiet der Unterelbe einbürgert.

5 Anuraeopsis fissa, Spalt-Rädertier. Fußlos. Panzer ohne Vorderranddornen. Rücken- und Bauchpanzerplatte durch dehnbare Kutikularmembran miteinander verbunden. Roter Augenfleck auffällig groß. Rückenpanzer hoch gewölbt, Bauchpanzer eben. Muttertier trägt Eier am Kloakenspalt befestigt. **G** 80–120 µm lang. **L** Sommerplankton von Tümpeln und Teichen.

6 Gattung Euchlanis, Fußborsten-Rädertiere. Groß, durchsichtig, lebhaft. Rückenpanzer breiter als die abgeflachte Platte des Bauchpanzers. Vorletztes Fußglied mit langen, steifen Tastborsten. Auge mit Kristallkegel als Linse.

6 a Euchlanis dilatata. **G** Panzer 200–270 µm, Zehen 50–75 µm lang. **L** Im Plankton und in den Uferregionen oft zahlreich.

6 b Euchlanis triquetra. Rückenpanzer scharf in der Mittellinie gekielt. **G** Gesamtlänge 425 bis 800 µm, Zehen 90–150 µm lang. **L** Stehende Gewässer aller Art; verbreitete Uferform.

7 Eudactylota (Scaridium) eudactylota, Finger-Rädertier. Birnförmig, glasartig durchsichtig, Springfuß mit sehr langen, spreizbaren Zehen. Auf dem Gehirn ein roter, großer Augenfleck. **G** Mit Zehen 550–760 µm lang. **L** Moorgewässer, Tümpel; meist Einzelgänger.

8 Gattung Lophocharis, Mähnen-Rädertiere. Panzer einheitlich, dickwandig; Rückenkiel glatt oder durch kleine Buckelchen gemustert; Fußzehen laufen allmählich in dünne Spitzen aus; augenlos.

8 a Lophocharis (Oxysterna, Metopidia) oxysternon. **G** Panzer um 120 µm lang. **L** Pflanzengewirr der Uferregionen; verbreitet.

8 b Lophocharis salpina. **G** Panzer um 130 µm lang. **L** Auf dem Grund oder zwischen Pflanzen in Gewässern aller Art; Einzelgänger.

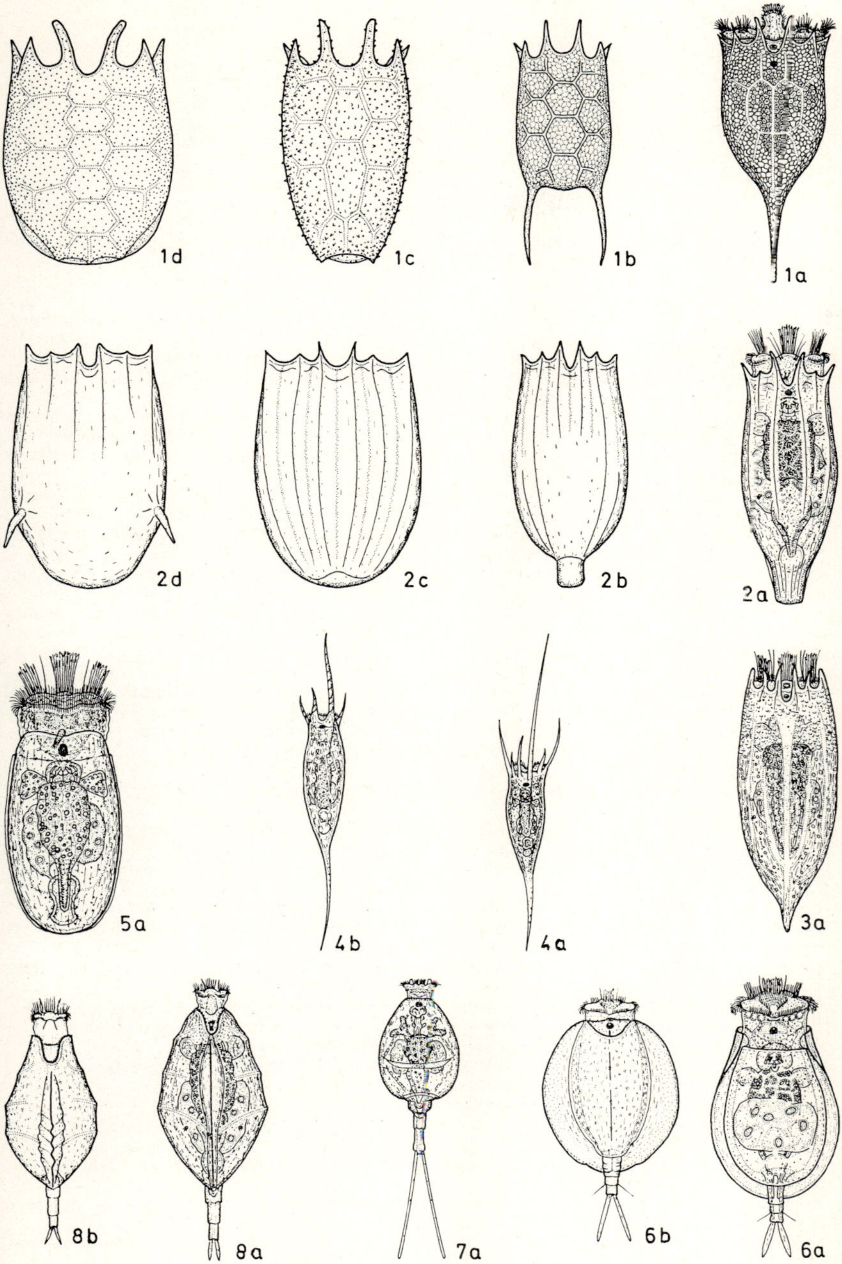
1d
1c
1b
1a
2d
2c
2b
2a
5a
4b
4a
3a
8b
8a
7a
6b
6a

1 Gattung Mytilina, Muschel-Rädertiere. Panzer mit 2 Rückenfirsten und 1 Furche zwischen den beiden Kielen. Fuß kurz, bis auf die Zehen einziehbar.
1 a Mytilina mucronata. G Panzer 200–250 µm lang. **L** Krautregionen stehender Gewässer, geht bis in Faulschlammzonen.
1 b Mytilina ventralis brevispina. G Panzer 175–215 µm lang. **L** Wasserbecken, Gräben, Moorgewässer; verbreitet.
1 c Mytilina videns. G Panzer 130–150 µm lang. **L** Bodenschlamm von Moorgewässern.
1 d Mytilina bicarinata. G Panzer 125–175 µm. Unter dem Gehirn ein großer roter Augenfleck. **L** Kleinere Gewässer; Einzelgänger.
2 Macrochaetus collinsi, Stachelschwein-Rädertier. Kopf, Rumpf, Fuß gepanzert. Panzerränder fein gezähnelt. Rücken mit langen Kutikularstacheln. 1 rotes Auge. 10 lange Rückendornen. Bewegungen langsam. **G** Gesamtlänge 230 µm. **L** Uferregion kleinerer Gewässer; extremer Einzelgänger. **A** Panzerrücken mit 14 Dornen: *M. subquadratus.*
3 Gattung Trichotria, Knickfuß-Rädertiere. Kopf, Rumpf, Fuß dick und scharfkantig gepanzert. Kopf einziehbar, durch Platten geschützt. Fuß abgebogen, mit 2 langen Zehen. Auge rot.
3 a Trichotria pocillum. G Zehenlänge 80–150 µm, Panzer 110–140 µm lang. Letztes Fußglied mit Fortsatz zwischen den Zehen. **L** Gewässer aller Art zwischen Wasserpflanzen.
3 b Trichotria tetractis. Fuß ohne Zwischenzehenfortsatz. **G** Panzer um 120, Zehen bis 160 µm lang. **L** Am häufigsten in Mooren; in Tümpeln und Teichen Bewohner der Uferregion.
4 Lepadella patella, Mützen-Rädertier. Kleine, einziehbare Kopfhaube. Räderorgan breiter als die Haube, ebenfalls in den Rumpfpanzer zurückziehbar. Panzer dorso-ventral abgeflacht. Rückenpanzer stärker gewölbt, Bauchpanzer flach. Fußöffnung im Panzer groß. **G** Panzer 90 bis 110 µm lang. **L** Gewässer aller Art; verbreitet.
5 Gattung Colurella, Narrenkappen-Rädertiere. Mit hakenartigem, zurückziehbarem Kopfschild. Panzer seitlich zusammengedrückt, muschelschalenartig. 2 Augen mit Linsen.
5 a Colurella uncinata. G Panzer 80–100 µm lang. **L** Gewässer aller Art, verbreitet.
5 b Colurella uncinata bicuspidata. Ränder des Panzers klaffen am Bauch weit auseinander. **G** Panzer 60–100 µm lang. **L** Überall verbreitet.
5 c Colurella obtusa. G Panzer um 100 µm lang. **L** Uferregionen stehender Gewässer; verbreitet.
6 Gattung Squatinella, Hauben-Rädertiere. Räderorgan von breiter Haube überdacht. Kopfschild und Räderorgan nicht einziehbar. 2 seitliche Augenflecke.
6 a Squatinella (Stephanops) rostrum. G Panzer 150–220 µm lang. **L** Uferregionen nährstoffreicher Gewässer; verbreitet.
6 b, 6 c Squatinella mutica tridentata. G Panzer 100–225 µm lang. **L** Moorgräben, Teiche.
6 d Squatinella longispinata. Sehr langer, leicht gekrümmter Rückenstachel (96–180 µm). **G** Panzer 120–160 µm lang. **L** Teiche, Moore, Moospolster.
Familie Lecanidae. Kauapparat arbeitet greifend, mahlend und verschluckend (malleat). Mund nicht eingesenkt.
7 Gattung Lecane, Zipfelpanzer-Rädertiere. 2 Plattenpanzer, ausgezipfelt; Fuß kurz, breit, nur 1 freies Fußglied, entspringt an der Bauchseite des Panzers; 1 oder 2 Zehen. Heften sich häufig mit den Zehen fest und schwingen um den Anheftungspunkt.
7 a Lecane luna *(Monostyla, Distyla, Cathypna).* **G** Panzer 180–220 µm lang. **L** Seen, Teiche, Tümpel, Gräben; verbreitet, oft häufig.
7 b Lecane flexilis. G 85–140 µm Gesamtlänge. **L** Wie 7 a, aber seltener.
7 c Lecane cornuta. G Panzer 120–200 µm lang. **L** Zwischen Algenwatten, Wasserpflanzen und Detritus; verbreitet, lokal häufig.
7 d Lecane lunaris. Panzerumriß oval, Zehen verwachsen. **G** Panzer 160–180 µm, Zehen 66 bis 72 µm lang. **L** Wie 7 c. II.
7 e Lecane acus. Zehen verwachsen. **G** Panzer um 180 µm, Zehen 64–80 µm lang. **L** Moorgewässer, zwischen Torfmoos; häufig.
7 f Lecane quadridentata. Zehen verwachsen. **G** Panzer 130–170 µm lang. **L** Wärmere Gewässer; verbreitet.

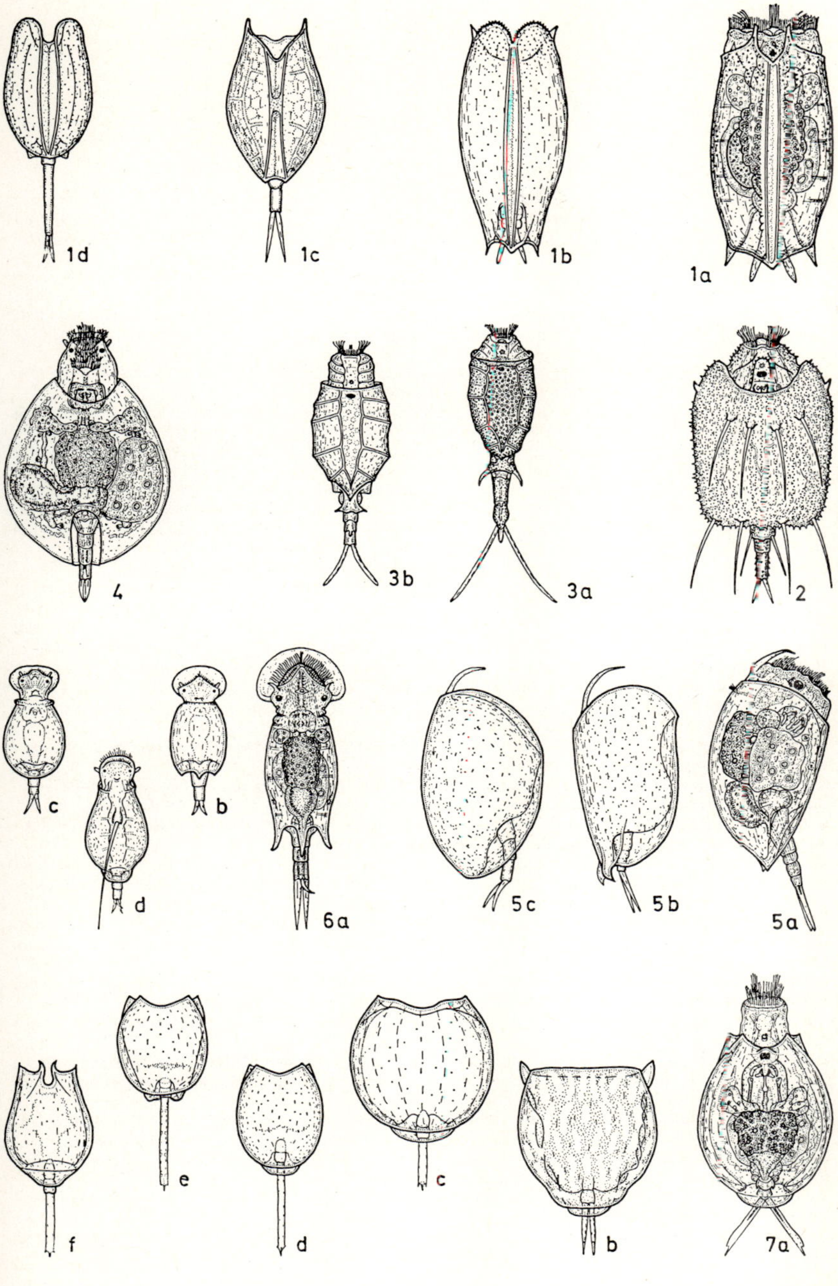
1d
1c
1b
1a
4
3b
3a
2
c
b
d
6a
5c
5b
5a
e
c
f
d
b
7a

1 Gattung Proales, Schmarotzer-Rädertiere. Weichhäutig, wurmähnlich. Sammelgattung wenig einheitlicher Arten. Fuß nur schwach ausgebildet. Räderorgan eine bauchwärts verlagerte, schräge, bewimperte Fläche.

1 a Proales wernecki. Spindelförmig, roter Augenfleck mit Linse auf dem Gehirn. Jungtiere leben frei, dringen dann in Fäden der Grünalge *Vaucheria* (s. S. 146) ein. Fressen Zellinhalt der Alge. *Vaucheria* bildet als Reaktion ausgezipfelte Gallen, in denen die Muttertiere absterben und aus denen die Jungtiere herausdrängen. **G** 140 µm. **L** Gewässer mit *Vaucheria*-Fäden.

1 b Proales daphnicola. „Putzer-Rädertier" auf Wasserflöhen (Symbiose!). Frißt Glockentiere, Pilze, Grünalgen, Flagellaten. **G** 275–400 µm. **L** Gewässer mit Wasserflöhen.

1 c Proales parasita. Magen grün. Am Gehirn halbkugeliges, rot pigmentiertes Bläschen. **G** 140–160 µm. **L** Parasitisch in den Kugelkolonien von *Ophrydium, Uroglena, Volvox.*

1 d Proales decipiens. Glasig, träge. Rotes Linsenauge nach rechts verschoben. **G** 120 bis 270 µm. **L** Verkrautete Gewässer.

2 Tetrasiphon hydrocora, Antennen-Rädertier. Rücken- und Seitentaster auf langen Tentakeln. Schwanzanhang klein. Auge rot. Auf den Seitentastern je eine stachelartige Sinnesmembranelle. Bewegungen bedächtig. Glasig. Frißt Zieralgen. Ältere Tiere in Gallerthülle. **G** 590 bis 1000 µm. **L** In den blaßgrünen Polstern des Kleinen Wasserschlauches *(Utricularia minor).*

Familie Lindidae. Kauapparat arbeitet saugend, ohne Kolbeneinrichtungen (cardat).

3 Gattung Lindia, Blaualgenfresser. Tiere wurmförmig, Kutikula weich; Fuß zweigliedrig, kurz; Zehen sehr klein; Gehirn mit Augenfleck.

3 a Lindia torulosa. Stirn mit breitem Kopflappen. Ältere Tiere orangerot oder gelblich. An beiden Seiten des Kopfes dünne, gestielte Wimperohren. Auge rot. Bewegungen bedächtig. Kauapparat zum Verschlingen und Abkneifen langer Blaualgenfäden hochspezialisiert. **G** 250 bis 600 µm. **L** Treibende Filze der Blaualge *Oscillatoria.*

3 b Lindia pallida. Wimperohren langgestielt. **G** 250–360 µm. **L** Im Spätsommer in Torfmoos; frißt *Oscillatoria*- und *Chroococcus*-Arten.

3 c Lindia truncata. Orangerot bis braun. **G** 280–500 µm. **L** Polster von *Gloeotrichia*- und *Rivularia*-Arten.

3 d Lindia tecusa. Keine Wimperohren. **G** 1000–1500 µm. **L** Algenwatten des Brackwassers.

Familie Notommatidae. Kauapparat arbeitet als Saugpumpe und beißend (virgat).

4 Gattung Notommata, Wimperohren-Rädertiere. Körper weichhäutig, segmentiert; am Kopf zwei selten ausgestreckte Wimperohren; Fuß zweigliedrig; Hirndrüsen groß und auffällig.

4 a Notommata aurita. Wimperohren werden beim Schwimmen vorgestreckt. Hirndrüsen schwarz durch bakterienähnliche Stäbchen. Frißt Faden- und Zieralgen. **G** 250–350 µm lang. **L** Tümpel, Teiche, Seen; Kriech-Schwimmer im Pflanzendickicht.

4 b Notommata tripus. Auf dem Schwanz ein 16–22 µm langer Sporn. Schwimmt rotierend. **G** 170–220 µm. **L** Zwischen Wasserpflanzen (weidet die auf den Blättern wachsenden Algen ab); Einzelgänger.

4 c Notommata cyrtopus. Hirndrüsen mit undurchsichtigen Körperchen. **G** 150–230 µm lang. **L** Zwischen Wasserpflanzen in Fließgewässern.

4 d Notommata groenlandica. Körperflüssigkeit älterer Tiere rötlich. Am Stirnrand nierenförmiger Kristall. **G** 180–240 µm. **L** Torfgewässer; manchmal häufig.

4 e Notommata copeus. Wimperohren sehr lang. Am Gehirn rubinrotes Auge. Hirndrüse zum Teil mit schwarz-grünen Einschlüssen. Oft gelbliche Gallertausscheidungen. **G** 600–1000 µm. **L** Wie 4 a.

4 f Notommata allantois. Über dem Fuß ein glasiges Schwanzplättchen. Kauapparat asymmetrisch. Auge hellrot. **G** 400–550 µm. Zehen 42–54 µm lang. **L** Moorgewässer, Torfmoose.

4 g Notommata contorta. Wimperorgan reicht weit nach hinten. Tiere winden und verwinden sich fortwährend. **G** 220–250 µm, Zehen 8 µm lang. **L** Teiche.

4 h Notommata pseudocerberus. **G** 500–600 µm, Zehen 30–35 µm lang. **L** Fließgewässer; als Vegetarier zwischen Wasserpflanzen.

4 i Notommata cerberus. Über dem 1. Fußglied ein gekerbter, zweiteiliger Schwanzanhang. **G** 300–600 µm, Zehen 15–33 µm lang. **L** Kleingewässer, Teiche, Seen, Moore.

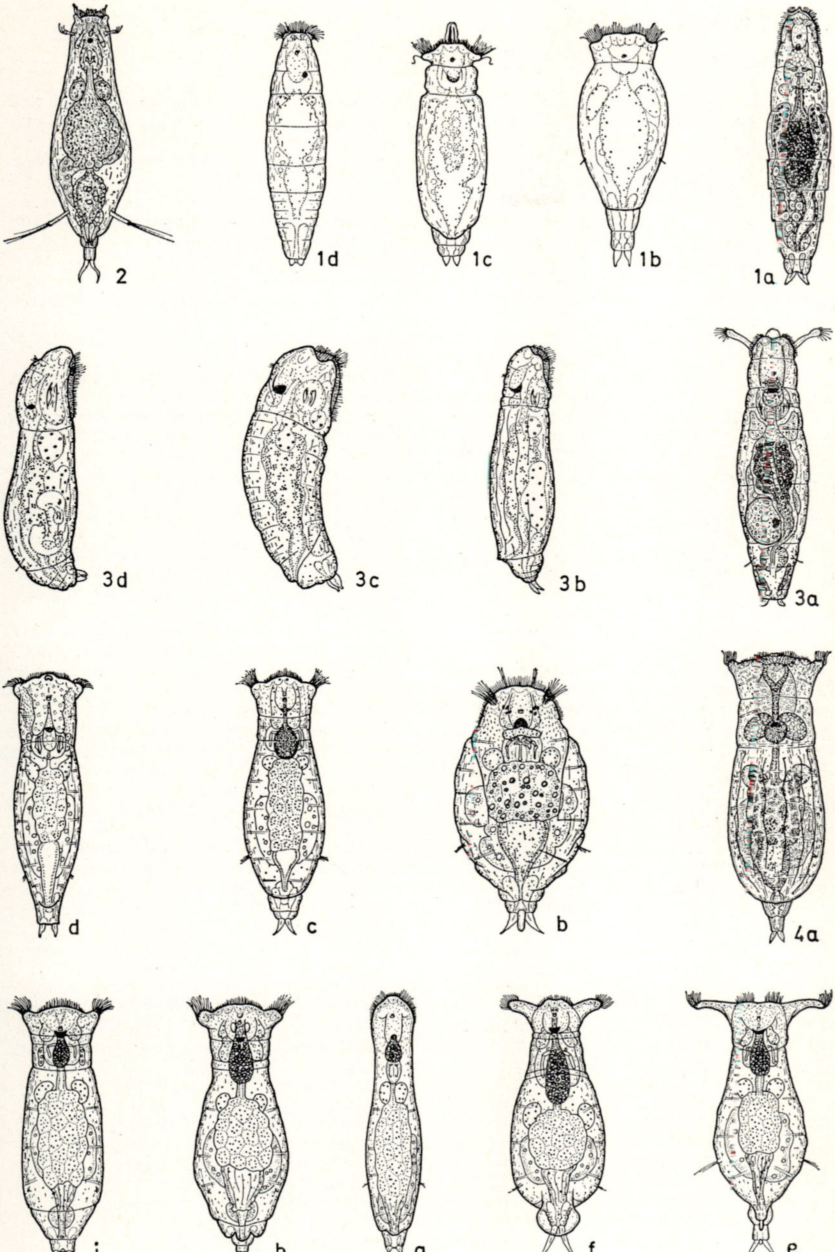
2
1d
1c
1b
1a
3d
3c
3b
3a
d
c
b
4a
i
h
g
f
e

1 Gattung Cephalodella *(Furcularia, Diglena, Diaschiza),* Zangen-Rädertiere. Panzer aus 4–5 Platten, die durch Längsspalten (als Scharniere) getrennt sind. Zehen länger als der weiche Fuß. Räderorgan schräggestellt. Um den Mund Büschel starrer Wimpern. Räuber.

1 a Cephalodella gibba. G 250–450 µm, Zehen 70–150 µm lang. **L** Gewässer aller Art; zwischen Wasserpflanzen und über dem Schlamm.

1 b Cephalodella forficula. Zehen mit Dornen bestückt. 2 rote Stirnaugen mit gemeinsamer Linse. Baut mit den Zehen lange, lockere, braune Röhren aus Schlammteilchen. **G** 300–375 µm, Zehen 66–90 µm lang. **L** Auf dem Grund stehender und fließender Gewässer.

1 c Cephalodella catellina. Fuß und Zehen auf die Bauchseite verlagert, stehen rechtwinkelig vom Körper ab. 2 rote Stirnaugen. **G** 80–140 µm, Zehen um 10 µm lang. **L** Wie 1 a.

1 d Cephalodella sterea. 2 rote Augen in gemeinsamer Kapsel. **G** 180–250 µm, Zehen um 40 µm lang. **L** Wie 1 a.

1 e Cephalodella forficata. Wimperfeld des Räderorgans stark vorgewölbt. Keine Augen. **G** 150 bis 220 µm, Zehen 36–53 µm lang. **L** Wie 1 a.

1 f Cephalodella hoodi. Auge am Hinterrand des Gehirns, Körper breit. **G** 140–200 µm, Zehen 32–47 µm lang. **L** Wie 1 a, mit Ausnahme von Moorgewässern; lokal häufig.

1 g Cephalodella auriculata. Kopf von oben gesehen breit, dreieckig mit halbrunden „Ohren" des Räderorgans. Oft schwingen die Tiere an langen Sekretfäden der Fußkittdrüsen. **G** 80–160 µm, Zehen um 25 µm lang. **L** Wie 1 a.

2 Taphrocampa selenura, Raupen-Rädertier. Rumpf durch Eindellungen und Wülste quergeringelt. Fuß und Zehen kurz. Kauer asymmetrisch. Auge rot. Träge. Kutikula klebrig, meist mit Schlammteilchen überkrustet. **G** 220–290 µm, Zehen 25–33 µm lang. **L** Stehende Gewässer, auch Moore; Einzelgänger.

3 Pleurotrocha (Proales) petromyzon, Aas-Rädertier. Körper weich, Fuß ¼ der Gesamtlänge, Gehirn mit Auge, ohne Hirndrüsen. Frißt tote Wasserflöhe bis auf die Schalen aus. **G** Normaltiere 220–280 µm, gut genährte Riesenformen 450–480 µm lang. **L** Auf Wasserflöhen, Wasserasseln, an Glockentier-Kolonien; im Schlamm verschmutzter Flüsse oft Riesenexemplare.

4 Itura (Eosphora) aurita, Zoochlorellen-Rädertier. Magenwand grün gefärbt, nach vorne 2 grüne Magenblindsäcke, mit Wimperohren, Zehen kurz. In den beiden Magenblindsäcken Zoochlorellen. **G** 180–210 µm lang. **L** Teiche, Tümpel, Gräben.

5 Enteroplea (Triphylus) lacustris, Blinddarm-Rädertier. Glasig; Kutikula dünn; Körper breit; am Magen mehrere Blindsäcke. **G** 500–600 µm lang. **L** Gewässer aller Art; Einzelgänger.

6 Scaridium longicaudum, Springfuß-Rädertier. Letztes Fußglied so lang wie die Zehen; quergestreifte Muskeln durchziehen den Springfuß; Tiere schlagen mit dem Fuß Haken. Blind (rote Platte auf dem Kaumagen täuscht Auge vor). **G** 360–425 µm lang. **L** Flache, sommerwarme Gewässer.

7 Gattung Monommata, Einaugen-Rädertiere. Beide Zehen ungleich lang; Körper kürzer als die Zehen; ungepanzert; mit Springfuß.

7 a Monommata longiseta. Linke Zehe kleiner als die rechte. Kutikula weich, am Rumpf mit zarten Längsfalten. Gehirnauge groß, rot. **G** Gesamtlänge 200–250 µm. **L** Moore, verkrautete Kleingewässer. **A** Gleichlange Zehen: *M. aequalis.*

7 b Monommata grandis. Beiderseits des Darmes je eine rotgefärbte Blase unbekannter Funktion. **G** Gesamtlänge 350–530 µm. **L** Wie 7 a.

Familie Trichocercidae. Kauapparat arbeitet als Saugpumpe und beißend (virgat); Kauer asymmetrisch.

8 Gattung Trichocerca, Rattenschwanz-Rädertiere. Tiere asymmetrisch verdreht (schwimmen in Schraubenlinien). Schräg über dem Rücken ein von Kielen begrenztes Streifenfeld. Zehen gleich lang oder linke Zehe lang und rechte Zehe rückgebildet.

8 a Trichocerca (Rattulus, Diurella) longiseta. G 300–550 µm. **L** Flache Gewässer zwischen Pflanzen, Frühjahr und Herbst.

8 b Trichocerca iernis. G 260–300 µm. **L** Zwischen Wasserpflanzen; Einzelgänger.

8 c Trichocerca tigris. G 225–300 µm. **L** Seen, Flüsse, Teiche.

8 d Trichocerca cylindrica. G 430–640 µm. **L** Plankton flacherer Gewässer; Sommer und Herbst.

8 e Trichocerca capucina. G Um 425 µm. **L** Flache Gewässer.

8 f Trichocerca bicristata. G Um 550 µm. **L** Tümpel und Teiche; Frühjahr und Herbst.

8 g Trichocerca rattus. G 280–420 µm. **L** Teiche, Moore, Bäche; Einzelgänger.

8 h Trichocerca pusilla. G 110–180 µm. **L** Plankton von Teichen, Seen, Moorgewässern.

8 i Trichocerca brachyura. G Um 190 µm lang. **L** Stehende Gewässer, Frühjahr und Spätherbst.

8 k Trichocerca porcellus. G 160–245 µm lang. **L** Teiche, Seen, Flüsse; oft häufig in den Uferregionen.

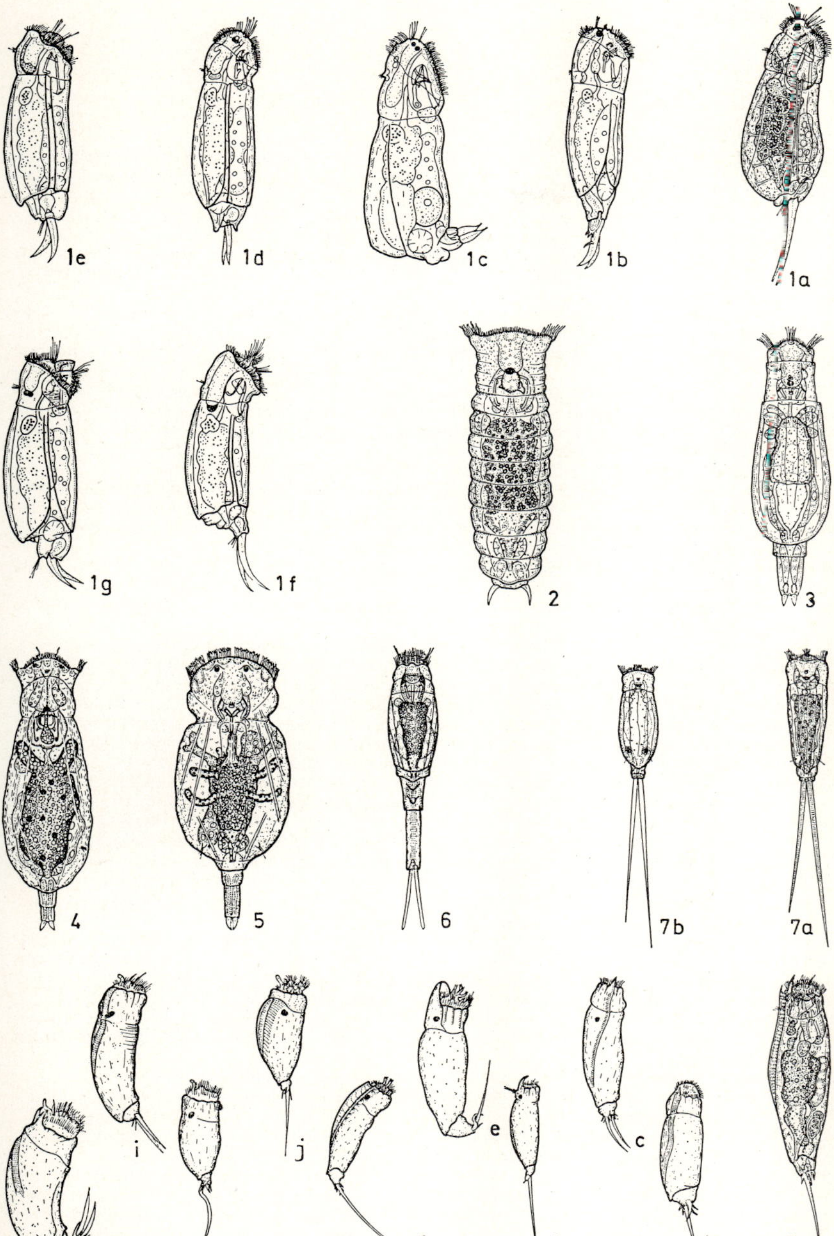
1e
1d
1c
1b
1a
1g
1f
2
3
4
5
6
7b
7a
i
j
e
c
k
h
f
d
b
8a

Rädertiere

1 Elosa woralli, Schiefaugen-Rädertier. Fußlos; einfacher Wimperkranz; ein Augenfleck links am Gehirn, zweites Auge rechts auf dem Stirnzapfen. Rückenseite mit 2 Längsfalten. **G** Um 85 µm. **L** Saure Torfmoosgewässer, Torfmoose; häufig.

Familie Gastropodidae. Kauapparat als Saugpumpe (virgat).

2 Gastropus stylifer, Saugrädertier. Seitlich abgeflacht; Bauchfuß geringelt; Kauapparat mit langem, steifem Kutikularrohr. Bunte Öltropfen in der Magenwand. Panzer durchsichtig, mit gewellter Öffnung. Fuß mit 1 Zehe. Eier blau. **G** 100 bis 240 µm. **L** Seen, Teiche; planktisch.

3 Gattung Ascomorpha, Blindsack-Rädertiere. Fußlos; ohne After; Magen grün.

3 a Ascomorpha saltans. 1 Tentakel auf der Krone. Magenblindsäcke mit Zoochlorellen. 1 zentraler Defäkationsspeicher. **G** Bis 140 µm. **L** Seen, Teiche; planktisch.

3 b Ascomorpha ecaudis. 4 periphere Defäkationsspeicher. Krone mit Wimpermembranellen. **G** 130–200 µm. **L** Wie 3 a.

4 Ascomorpha (Chromogaster) ovalis, Winker-Rädertier. Fußlos; ohne Darm und After; Magen braun. Umklammert gepanzerte Dinoflagellaten mit hakenförmigem Taster, bohrt sie mit den spitzen Kiefern an und saugt sie durch Pumpbewegungen des Kauapparates aus. **G** 100–200 µm. **L** Saubere Seen und Teiche; planktisch.

Familie Dicranophoridae. Kauapparat als zangenartiges Greifwerkzeug (forcipat).

5 Gattung Dicranophorus, Wolf-Rädertiere. Räuber. Kauer vorstoßbare Greifzangen. Am Stirnrand 2 Augenflecke.

5 a Dicranophorus (Diglena) grandis. Schlank-zylindrisch, Fuß kurz, Zehen abgeplattet. **G** 200 bis 450 µm. **L** Uferregionen; Einzelgänger.

5 b Dicranophorus forcipatus. Zehen gegliedert. Wimperorgan zieht tief auf die Bauchseite herab. **G** 200–420 µm. **L** Wie 5 a.

5 c Dicranophorus caudatus. Magenblindsäcke mit Zoochlorellen. **G** 180–310 µm. **L** Stehende und fließende Gewässer; oft zahlreich.

6 Gattung Encentrum, Marderrädertiere. Räuber. Kauer vorstoßbare Greifzangen. Zehen kurz.

6 a Encentrum felis. Stirnrand als Haube vorgezogen. Magenwand mit blaugrünen Symbionten. **G** Um 135 µm. **L** Am Boden flacher, verkrauteter Gewässer.

6 b Encentrum mustela. Keine Zoochlorellen. Gefräßiger Protozoenjäger. **G** 175–320 µm. **L** Stehende und fließende Gewässer, feuchter Boden, Laub- und Nadelstreu; im Winter häufig.

6 c Encentrum saundersiae. Kutikula mit tiefen Querfalten und anhaftenden Detritusteilchen. Magenwand mit Zoochlorellen. **G** 165–350 µm. **L** Schlamm von Gewässern aller Art.

Familie Asplanchnidae. Kauapparat als Greifwerkzeug, Schlundausstülpung als Saugpumpe.

7 Gattung Asplanchna, Sack-Rädertiere. Sehr große, blasig aufgetriebene Allesfresser, meist vollkommen durchsichtig. Mächtige Kauerzangen werden zum Ergreifen der Beute nach außen geschwenkt. Fuß, Darm, After fehlen; unverdaute Nahrung wird erbrochen. 2 kleine rote Augen.

7 a Asplanchna priodonta. Kugeliger Eierstock. **G** 420–1500 µm. **L** Planktisch in Seen, Teichen, Kleingewässern; oft massenhaft.

7 b Asplanchna brightwelli. Eierstock bandförmig, Innenseiten der Kauerzangen mit je 1 Zahn. Magendrüsen kugelig. **G** 500–1500 µm. **L** Planktisch in Teichen; im Sommer verbreitet.

7 c, 7 d Asplanchna sieboldi *(amphora)*. Eierstock bandförmig. Zangen mit Innenzahn. Magendrüsen gelappt. Beiderseits mehr als 40 Wimperflammen. **G** 500–2500 µm. **L** Planktisch in sauberen Gewässern; verbreitete Sommerform, zuweilen häufig.

7 e Asplanchna girodi. Zangen ohne Innenzahn. Varietät von 7 b.

8 Asplanchnopus multiceps, Löwen-Rädertier. Ähnlich den Sack-Rädertieren, jedoch bauchseitig als Fuß ein kleiner Kegel mit 2 Zehen. Kutikula hinter dem rötlich-gelben Kopfrand leicht geringelt. **G** 660–1000 µm. **L** Wasserbecken; selten.

Familie Synchaetidae. Kauapparat zugleich beißend und saugend, mit Saugkolben.

9 Gattung Polyarthra, Schwertborsten-Rädertiere. Planktisch. Fußlos. 4 Bündel von je 3 Rumpfflossen. 1 dunkelrotes Gehirnauge.

9 a Polyarthra vulgaris *(P. trigla)*. Flossen 18–28 µm breit. 2 schmale Bauchstacheln. **G** 100 bis 145 µm. **L** Plankton größerer Gewässer; im Sommer am häufigsten.

9 b Polyarthra major. Flossen um 25 µm breit. **G** 135–180 µm. **L** Gewässer aller Art; häufig.

9 c Polyarthra euryptera. Flossen bis 60 µm breit. **G** 120–160 µm. **L** Seen und Teiche; Sommer.

9 d Polyarthra remata. Flossen 8 µm breit. **G** Körper 80–120 µm. **L** Seen und Teiche; verbreitet.

9 e Polyarthra dolichoptera. Flossen nicht breiter als 14 µm. 2 Bauchstacheln. **G** Körper 110 bis 145 µm. **L** Seen; während der kälteren Jahreszeit.

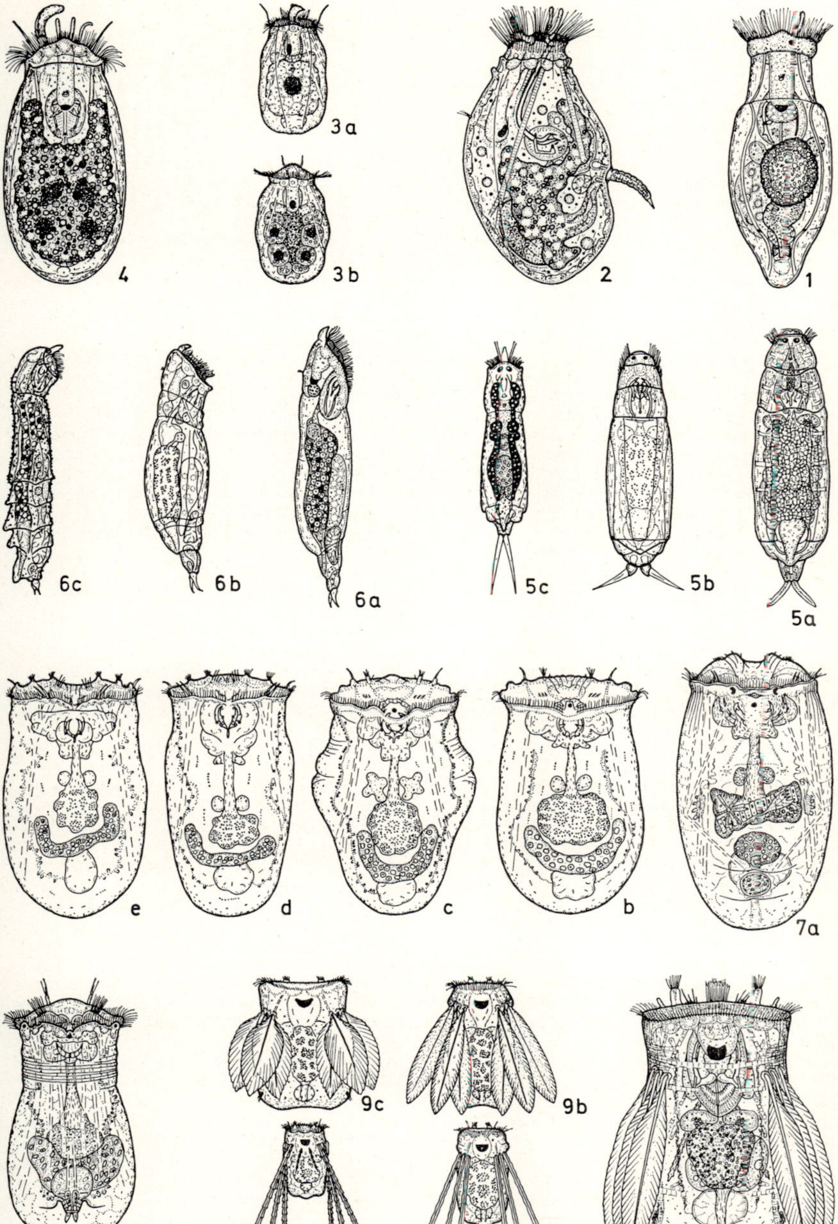
4
3a
3b
2
1
6c
6b
6a
5c
5b
5a
e
d
c
b
7a
8
9c
9b
9e
9d
9a

Rädertiere

1 Gattung Synchaeta, Drachen-Rädertiere. Tiere kegel- bis glockenförmig. Kopfteil vorgewölbt. Räderorgan mit seitlichen Wimperohren und 4 langen, steifen Sinnesmembranellen. Kauapparat sehr groß. 1 Gehirnauge.
1 a Synchaeta pectinata. Am Kopf 2 bewimperte Taster. **G** 340–510 µm. **L** Gewässer aller Art, planktisch; von Herbst bis Frühjahr oft häufig.
1 b Synchaeta oblonga. 2 rote Augenflecke, von isolierten Pigmentkörnchen umgeben. **G** 225 bis 250 µm. **L** Wie 1 a.
1 c Synchaeta tremula kitina. Seitentaster am Ende des taillierten Körpers. **G** um 135 µm. **L** Seen und Teiche; Einzelgänger.
1 d Synchaeta tremula. Seitentaster am Ende des taillierten Körpers. **G** 180–290 µm. **L** Planktisch in Ufernähe von Seen und Teichen; Winter und Frühjahr am häufigsten.
1 e Synchaeta lakowitziana. Körper unterhalb der Wimperohren tief eingeschnürt. **G** Bis 300 µm. **L** Plankton von Seen; ausgeprägte Kaltwasserform.
1 f Synchaeta stylata. Körper in der Mitte am breitesten. **G** 200–313 µm. **L** Seen- und Teichplankton; Sommerform.
1 g Synchaeta longipes. Fuß zylindrisch, lang und dünn. Bläulich-glasig, Kauapparat orangegelb. **G** 165–205 µm. **L** Seen und Teiche; flinke, räuberische Sommerform.
1 h Synchaeta grandis. Langgestreckter Körper in der Mitte eingezogen. **G** 410–600 µm. **L** Plankton von Seen und Moorteichen.
2 Ploesoma hudsoni, Schaum-Rädertier. Panzer erscheint schaumig; 2 fingerartige Taster als Sinnesorgane der Krone. Magenwand mit glänzenden Öltröpfchen. **G** 285–612 µm. **L** Seenplankton; teilweise zahlreich.
3 Microcodon clavus, Nagel-Rädertier. Wimperscheibe groß, herzförmig, um Mundöffnung 2 Bögen von Membranellen. Gehirn purpurfarbig. Tier glasig, schwach-violett. Kauapparat rot, stark reduziert. Schwingt oft an Klebfaden im Kreise. Einzige Art der Familie Microcodonidae. **G** 170–205 µm. **L** Verkrautete Gewässer, an Wasserlinsen.
Familie Testudinellidae. Kauapparat arbeitet mahlend und kauend (ramat).
4 Gattung Testudinella, Schildkröten-Rädertiere. Panzer abgeflacht. Beweglicher Steuerfuß mit eingesenktem Wimperbüschel am Ende. 2 Augen. Längsmuskulatur quergestreift.
4 a Testudinella patina *(Pterodina patina)*. Panzer im Umriß fast kreisförmig, glasig, gekörnelt. **G** Panzer 120–200 µm. **L** Kleinere Gewässer auf Bodenschlamm.
4 b Testudinella reflexa. Panzer oval, auf dem Rücken gekörnelt, Bauchpanzer vorne tief eingekerbt. **G** Panzer 115–156 µm. **L** Am Rand von Gewässern; kälteliebender Einzelgänger.
4 c Testudinella parva. Panzer birnenförmig. **G** Panzer 100–120 µm. **L** Zwischen Wasserpflanzen und Algen; Einzelgänger.
4 d Testudinella mucronata. Vorderende des Rückenpanzers läuft in breite Spitze aus. **G** Panzer um 140 µm. **L** Wie 4 c.
5 Gattung Pompholyx, Schielaugen-Rädertiere. Panzer vorne quer abgestutzt. Kittdrüsen des reduzierten Fußes scheiden Sekretstiel aus, an dem Sommereier haften. 2 dunkle Linsenaugen.
5 a Pompholyx sulcata. Panzer nicht abgeplattet, durch Längsfurchen 4teilig. **G** 110–126 µm. **L** Seen und Teiche, planktisch; meist Einzelgänger.
5 b Pompholyx complanata. Panzer abgeplattet. **G** 70–90 µm. **L** In Teichen Sommerform, in Seen ausdauernd; nicht häufig.
6 Gattung Hexarthra, Borstenfächer-Rädertiere. Rumpf mit 6 unterschiedlich langen Ruderanhängen mit fächerförmig gestellten Fiederborsten. 2 Linsenaugen.
6 a Hexarthra (Pedalia) mira. Hinterende mit 2 bewimperten Fortsätzen (Kaudalanhänge). **G** 160–210 µm, Riesenexemplare bis 400 µm. **L** Seen und Teiche, planktisch; Sommer, Herbst.
6 b Hexarthra fennica. Keine Kaudalanhänge. **G** 100–300 µm. **L** Brackwasserform, in Aquarien.
7 Gattung Filinia, Springborsten-Rädertiere. Ungepanzert; fußlos; mit 3 abspreizbaren Sprungborsten. Bewegungen gleitend und schnellend. 2 rote Linsenaugen. Räderorgan ein randständiger Wimpernkranz.
7 a Filinia longiseta longiseta. Alle Borsten bedornt, Seitenborsten 2–4mal länger als der Körper. **G** Körper 130–250 µm. **L** Planktisch in Seen, Teichen, Moorgewässern; verbreitet, oft zahlreich.
7 b Filinia longiseta passa. Borsten dornenlos. Die Hinterborste erreicht nie die doppelte Körperlänge. **G** Körper 180–200 µm. **L** Teich- und Tümpelplankton.
7 c Filinia longiseta limnetica. Borsten bedornt und extrem lang (500 µm!).**G** Körper 150–200 µm. **L** Größere Gewässer.
7 d Filinia cornuta brachiata. Borsten nicht so lang wie der Körper. **G** 94–190 µm. **L** Tümpel und Teiche.
7 e Filinia cornuta. Hinterborste endständig. **G** Körper 80–120 µm. **L** Seen und Teiche; Einzelgänger.

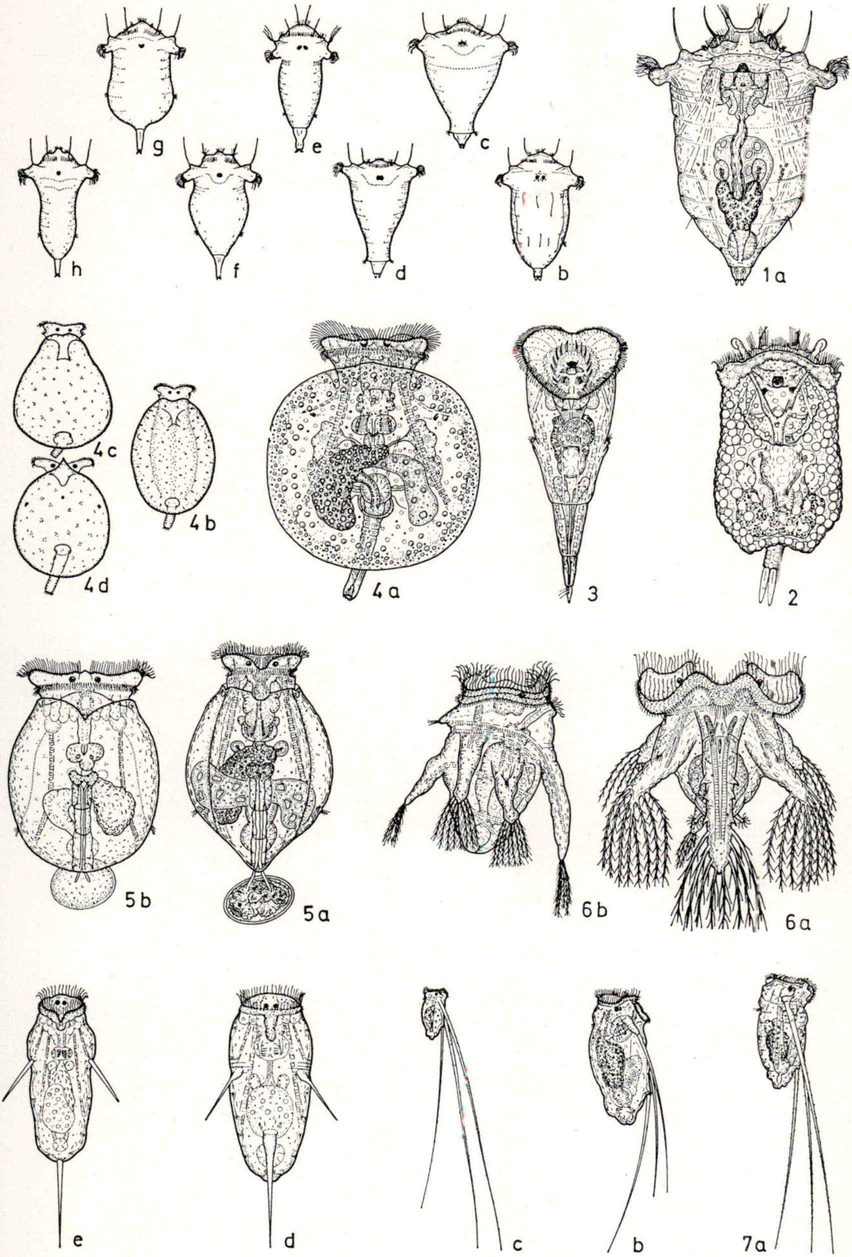
g
e
c
h
f
d
b
1a
4c
4b
4d
4a
3
2
5b
5a
6b
6a
e
d
c
b
7a

Rädertiere

Familien Flosculariidae und Conochilidae. Kauapparat arbeitet mahlend, kauend, hämmernd und greifend (malleoramat).

1 Gattung Ptygura, Segel-Rädertiere. Umriß der Wimperkrone ungefähr kreisförmig, breiter als der Rumpf. Tiere meist einzeln in Gallertgehäusen.

1 a Ptygura crystallina. Gallerttonnen unregelmäßig, bräunlich, mit Detritus besetzt. Kittmassen werden von zwei Fußdrüsen wie Ringe aufeinandergelegt und verquellen zu einer Einheit. Lange äußere Wimpern der Krone strudeln Nahrung herbei, kürzere innere transportieren sie zum Mund. Bauchtaster kurz. **G** 200–500 µm. **L** Tümpel und Teiche, an Wasserpflanzen.

1 b Ptygura brachiata. Gehäuse glasig, regelmäßig. Bauchtaster lang. **G** 450–1020 µm. **L** An untergetaucht lebenden Torfmoosen.

1 c Ptygura pilula longipes. Gehäuse dunkelgelb, Bauchtaster lang. **G** Um 1400 µm. **L** Kleinere Gewässer, Moore.

1 d Ptygura stygis. Gehäuse braun. Bauchtaster niedrige Warzen. **G** Um 650 µm. **L** Seen und Teiche.

1 e Ptygura velata. Gehäuse als niedriger Wall. **G** 250–460 µm. **L** Hochmoore; im Spätherbst.

1 f Ptygura melicerta. Gehäuse als niedriger Wall. Fuß sehr lang und dehnbar. **G** 150–370 µm. **L** An Wasserpflanzen.

1 g Ptygura longicornis. Gehäuse aus Detritus, ältere Tonnen undurchsichtig. Bauchtaster lang. **G** Um 400 µm. **L** Tümpel, Hochmoore.

1 h Ptygura pilula. Gehäuse durch eirunde Kotballen verstärkt. **G** Um 1300 µm. **L** Seen und Moore; oft häufig.

2 Lacinularia flosculosa *(L. socialis)*, Herz-Rädertier. Umriß der Wimperkrone herzförmig. Gallerthülle umgibt ganzen Fuß. Meist in kugeligen Kolonien. Gallerte gelblich. Kolonien festsitzend oder freischwimmend. **G** 1500–2000 µm. **L** Stehende und fließende Gewässer; Sommer und Herbst.

3 Sinantherina socialis, Höcker-Rädertier. Umriß der Wimperkrone herzförmig. Nur Fußenden stecken in der kleinen Gallerthülle. Eier auf einer Papille hinter dem After befestigt. Am Hals 4 dunkel gefärbte Warzen. Koloniebildend; frei oder angeheftet. **G** 1000–2000 µm. **L** Altwässer, an Hornkraut und Tausendblatt.

4 Beauchampia crucigera *(Cephalosiphon limnias)*, Schlauchkopf-Rädertier. Umriß der Wimperkrone kreis- bis nierenförmig. Dorsaltaster auffällig lang. Gehäuse undurchsichtig braungrau, meist gebogen. **G** 436–700 µm. **L** An Wassermoos, Wasserschlauch, Hornkraut, unter Seerosenblättern; stellenweise.

5 Gattung Limnias, Kronenlappen-Rädertiere. Krone zweilappig. Fuß sehr lang. Meist einzeln lebend.

5 a Limnias ceratophylli. Gehäuse undurchsichtig, hellbraun, mit Detritus verstärkt. **G** 800 bis 1000 µm. **L** Auf Wasserpflanzen.

5 b Limnias melicerta *(L. annulatus)*. Fuß sehr lang. Gehäuse aus aufeinandergeklebten Ringen. **G** Um 1000 µm. **L** Unterseite von Seerosenblättern.

6 Gattung Floscularia, Blumen-Rädertiere. Wimperkrone in 4 Lappen gegliedert.

6 a Floscularia (Melicerta) ringens. Gehäuse aus „Pillen", die das Tier aus herangestrudelten Detritusteilchen formt. „Pillen" walzenartig. **G** 1300–1600 µm. **L** Unterseite von Seerosenblättern; manchmal häufig.

6 b Floscularia conifera. „Pillen" länglich, an den Enden zugespitzt, goldgelb. **G** 2000 µm. **L** Auf Wasserpflanzen; Einzelgänger.

6 c Floscularia pedunculata. „Pillen" kugelrund, dunkelbraun, 14 µm Durchmesser. **G** Um 750 µm. **L** An Wasserschlauch *(Utricularia)*; selten.

6 d Floscularia janus. Gallertgehäuse mit großen Kotballen locker belegt. **G** Um 1600 µm. **L** An Wasserpflanzen; verbreiteter Einzelgänger.

6 e Floscularia melicerta. Gehäuse gallertig, nie mit Pillen belegt, mit Fremdteilchen inkrustiert. **G** 700–1600 µm. **L** Wie 6 d.

7 Conochilus (Conochiloides) natans, Walzenschwimmer. Bauchtaster unter der Wimperkrone. Kauapparat orange. Gallerthülle glasig, reicht bis zu den Tastern. Einzeln. Tiere schwimmen mit dem Fuß voran, ohne sich dabei zu drehen (Ausnahme unter den Rädertieren). **G** 285–510 µm. **L** Teich- und Seenplankton.

8 a Conochilus hippocrepis *(C. volvox)*, Kugel-Rädertier. Ventraltaster auf der Krone innerhalb des hufeisenförmigen Räderorgans, vor der Munderhebung, getrennt. Tiere in freischwimmenden Kolonien. 60–100 Individuen bilden eine Kolonie. **G** Einzeltier 500–800 µm. **L** Saubere Seen und Teiche im Gürtel zwischen freiem Wasser und Uferzone.

8 b Conochilus unicornis, Kugel-Rädertier. Ventraltaster zusammengewachsen, mit 2 Borstenbüscheln. 2–25 Individuen bilden eine Kolonie. **G** Einzeltier bis 380 µm. **L** Seen- und Teichplankton; im Sommer zuweilen massenhaft.

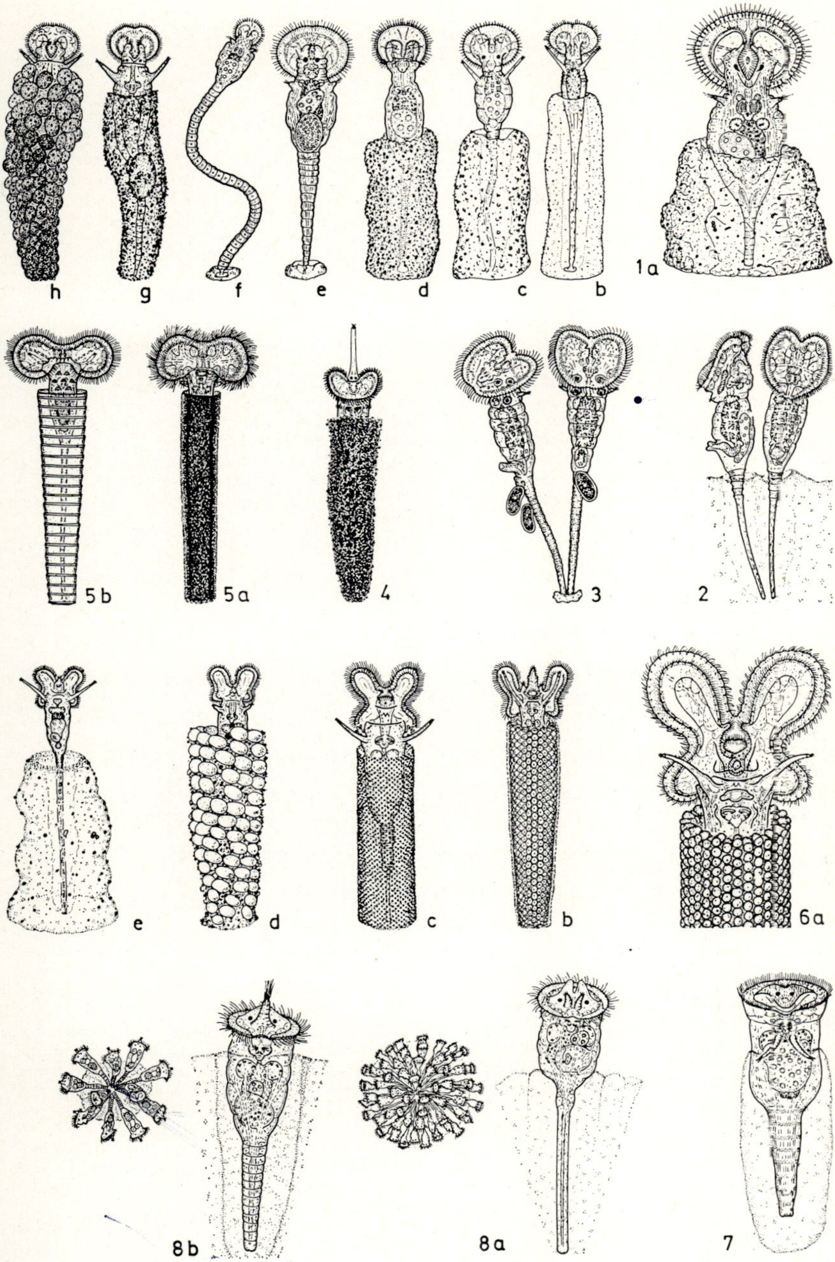
h
g
f
e
d
c
b
1a
5b
5a
4
3
2
e
d
c
b
6a
8b
8a
7

Familie Collothecidae. Kauapparat klein, seine Teile stampfen die Nahrung vom Kropf (Mastaxhöhle) in den Magen (uncinat).

1 Gattung Collotheca, Reusen-Rädertiere. Krone mit 1–7 Lappen. Auf den Lappen Fächer langer Wimperborsten, die die Beutetiere blitzschnell in den Fangtrichter hineinschleudern. Mundrohr zu weitem Trichter umgewandelt, an dessen Grund durch einen Querwulst ein Vestibulum („Vorhalle“) abgegliedert ist. Meist seßhaft in Gallerttonnen.

1 a Collotheca ornata cornuta. Kronenrand mit 5 Zipfeln, auf dem Rückenzipfel ein langer Fortsatz. **G** 240–650 µm. **L** Seen und Tümpel; weit verbreitet, Frühjahr bis Herbst, oft häufig.

1 b Collotheca ornata. Kronenrand mit 5 Zipfeln, Rückenzipfel am größten. Zwischen den Zipfeln keine Wimpern. **G** 400–850 µm. **L** An Wasserpflanzen.

1 c Collotheca coronetta. Kronenrand mit 5 langen, geknöpften Zipfeln. Zwischen den Zipfeln kurze Wimpern. **G** 675–1020 µm. **L** Wie 1 b.

1 d Collotheca heptabrachiata. Kronenrand mit 7 Zipfeln; 6 davon nach außen, Rückenzipfel nach innen gebogen. **G** 500–850 µm. **L** Seen, Teiche, Altwässer.

1 e Collotheca campanulata. Krone 5lappig; der größte Lappen (Rückenlappen) am Ende abgerundet. Ganzer Kronenrand bewimpert. **G** 560–1400 µm. **L** An Wasserpflanzen, in Seen, Teichen, Altwässern; häufig.

1 f Collotheca campanulata longicaudata. Krone 5lappig, großer Rückenlappen am Ende zugespitzt. **G** 725–1020 µm. **L** Altwässer, Moortümpel.

1 g, 1 h Collotheca ambigua *(algicola).* Krone 5lappig, die beiden Seitenlappen weniger ausgeprägt. Oft erscheinen die Seitenlappen lediglich als Randverdickungen. Gehäusebau unterbleibt manchmal. **G** 200–850 µm. **L** In Tümpeln, Altwässern und Mooren auf Pflanzen, Schlamm und Blaualgen.

1 i Collotheca trilobata. Krone 3lappig; „Rückenzunge“ überragt die beiden „Bauchzungen“. Krone vollständig in 2 Kränzen bewimpert. **G** 1400–1700 µm. **L** Sümpfe, Moorgewässer; ziemlich selten.

1 k Collotheca calva. Krone schmal, 2lappig. **G** 390–520 µm. **L** Nährstoffreiche Gewässer, Bäche, Torflachen; an Wasserpflanzen.

1 l Collotheca mutabilis. Freischwimmend im Plankton. Krone zweilappig. **G** 190–580 µm. **L** Seen und Teiche; Sommerform.

1 m Collotheca pelagica. Freischwimmend im Plankton, schwimmt mit dem Fuß voran. Kronenrand glatt, ohne Lappen, mit Reusenwimpern und Schwimmwimpern besetzt. **G** 300–500 µm. **L** Seen, Teiche, Moorgewässer.

2 Stephanoceros fimbriatus, Fransenkrone. Kronenrand in 5 bewimperte, lange Arme ausgezogen. Fangtrichter und Kauapparat wie bei den Reusen-Rädertieren. An jedem Fangarm 19 Paare langer Wimperbüschel, die alle nach außen weisen; kürzere Borsten nach innen gerichtet. Lange Außenwimpern schleudern Beute in die Reuse, kreuzen sich dann und bilden zusammen mit den Innenwimpern einen unentrinnbaren Käfig. Gefangen werden Flagellaten, Algen, Wimpertiere, Rädertiere. Lebensdauer 10–14 Tage. Gallertgehäuse sehr zart, wird erst durch Detritusauflagerungen sichtbar. **G** 1000–1500 µm. **L** Nährstoffreiche Gewässer; an Tausendblatt, Wasserlinsen, Seerosen, Laichkräutern.

3 Cupelopagis (Apsilus) vorax, Drehfuß-Rädertier. Krone ohne Wimpern, so daß ein großer, glattrandiger, einschlagbarer Fangtrichter entsteht. Kauapparat wie bei *Collotheca.* Fuß kurz. Rumpf der Weibchen blasig aufgetrieben. Fuß bauchwärts verlagert und zu einer Haftscheibe umgewandelt. Muskulatur mächtig entwickelt. Mit dem Trichter fangen die Tiere massenhaft Algen, Fadenwürmer und Protozoen. Bevor der Trichter zusammenklappt, wird der Mundsaum umgeschlagen. **G** 600–1000 µm. **L** Sitzt waagerecht an Seerosenblättern und *Elodea* (Wasserpest).

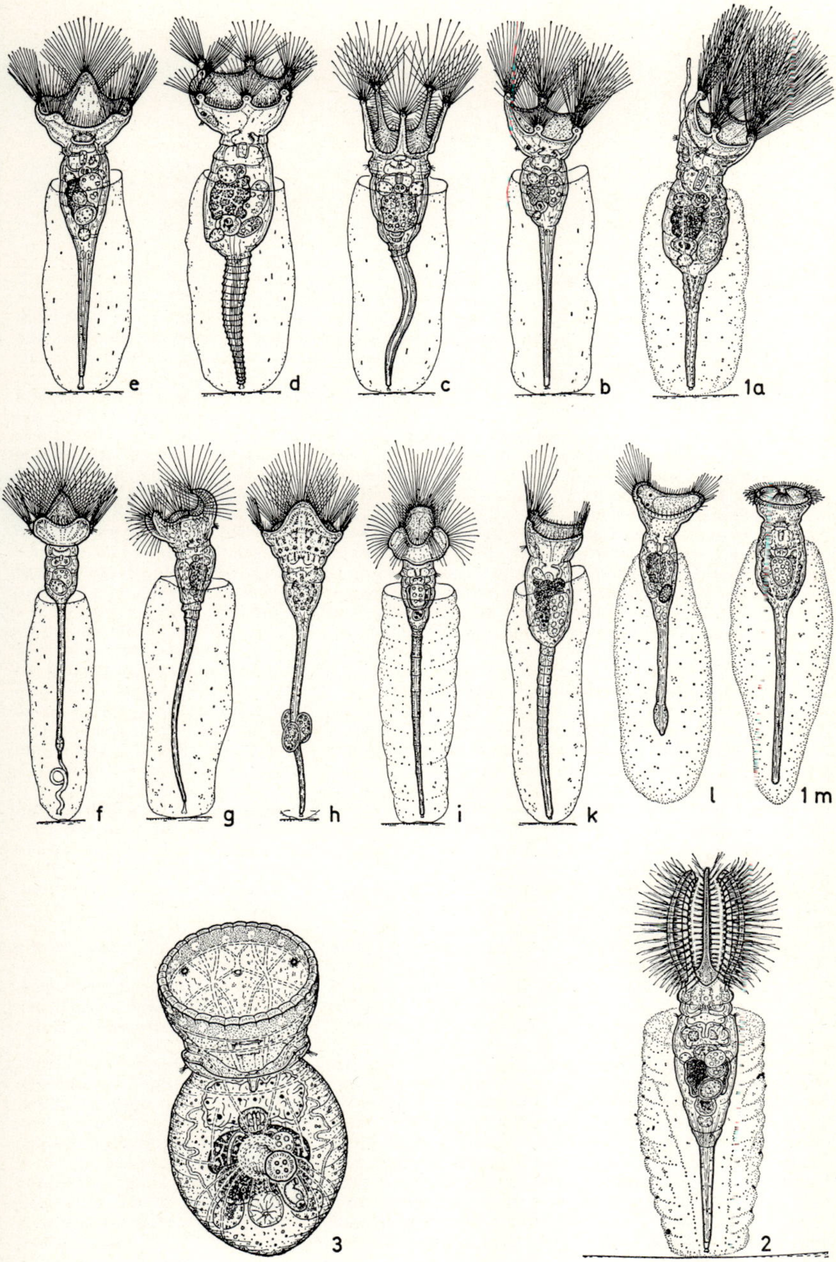
e
d
c
b
1a
f
g
h
i
k
l
1m
3
2

Bauchhärlinge

1 Chaetonotus schultzei, Borstentierchen. Kopf und Hals gleichmäßig breit; Hals geht nach hinten allmählich in den dicken Rumpf über. Am Kopf 4 Tasthaarbüschel und 2 grünliche, stark lichtbrechende Körperchen (Augen?). Stacheln des Rückens und der Seiten mit je 2 kräftigen Nebenspitzen. Stacheln des Hinterkörpers doppelt so lang wie die vorderen. Zwischen den Wimperbändern der Bauchseite sehr kleine Stacheln. **G** 360–400 µm lang. **L** Flache Wasserlachen, Teiche, Seen, Moortümpel.
2 Chaetonotus chuni, Sohlentierchen. Körper breit. Auf dem Rücken kräftige, große Stacheln mit Nebenstacheln; dem Schwanzende zu werden die Stacheln kürzer, ebenso nehmen sie nach den Seiten hin an Länge ab. Alle Stacheln auf ovalen, sich dachziegelartig überdeckenden Schuppen. Enden der Schwanzgabelzinken sehr deutlich verbreitert. Zwischen den beiden Wimperbändern der Bauchseite kurze Stacheln. Vor dem Hinterende 2 Tastborsten. **G** 205–240 µm lang. **L** Teiche, zwischen Wasserpflanzen; Torfmoostümpel; Warmwasserform, die nur von Mai bis Oktober zu finden ist.
3 Chaetonotus laroides, Geistertierchen. Alle Stacheln ohne Nebenspitzen. Auf dem mittleren und hinteren Körperdrittel große Stacheln in 7 Längsreihen. Stacheln des Kopfes und des Halses 4 mal kürzer; scharfe Grenze zwischen ihnen und den langen Stacheln. Rückenseitiger Stachelbesatz reicht nur bis zur Basis der Zehen. Kleintierfresser. **G** 186–200 µm lang. **L** Seen, Teiche, Tümpel; zwischen Wasserpflanzen sehr weit verbreitet und häufig.
4 Chaetonotus maximus, Flaschentierchen. Kopf deutlich 5lappig, plötzlich in den Hals verschmälert. Rücken und Seiten bis zur Bauchseite hin mit runden, einfachen, am Hinterrand hufeisenförmiger Schuppen entspringenden Stacheln bedeckt. Hintere Stacheln doppelt so lang wie die vorderen. **G** 115–225 µm lang. **L** Am Grund von Gewässern (in Seen auch in größeren Tiefen), im Ufersand, in Mooren; zwischen Pflanzen. Weitverbreitet. $\mathbf{A}_1$ Doppelt so groß (390–425 µm), Hals vom Kopf wenig abgesetzt, Bestachelung sehr ähnlich: *Ch. simrothi.* $\mathbf{A}_2$ Kopf sehr schmal, nicht vom Hals abgesetzt, Bestachelung wie oben: *Ch. linguaeformis* (330–370 µm). $\mathbf{A}_3$ Schlank, Kopf, Hals und Rumpf fast gleich breit, 490–540 µm: *Polymerurus serraticaudus.* Größte Art des Süßwassers.
5 Chaetonotus hystrix, Stachelschweinchen. Gedrungen. Kopf länglich-oval, schmäler als der Rumpf. Rücken mit 9 Längsreihen dreikantiger, mit Nebenspitzen versehener Stacheln. 3lappige Stachelschuppen decken sich nicht. Seitenstacheln kleiner als Rückenstacheln, Bauchseite außerhalb der Wimperbänder fein bestachelt. Detritusfresser und Jäger. **G** 90–130 µm lang. **L** Auf Wasserpflanzen in Tümpeln, Teichen, Sümpfen; in Moospolstern an Gewässerrändern. **A** Schuppenstacheln länger, senkrecht vom Körper abstehend: *Ch. murrayi.* 160 µm lang, in feuchtem Moos am Ufer stehender Gewässer.
6 Chaetonotus macrochaetus, Langstacheltierchen. Ähnelt *Ch. laroides,* doch beginnen die langen Stacheln erst hinter der Körpermitte. Von 26 großen Stacheln stehen 4 in der Mittellinie, in den Reihen links und rechts davon 4, 3 und 4. Rückenstacheln mit je 1 Nebenspitze. Stacheln auf pflugscharförmigen Schuppen. **G** 77–135 µm lang. **L** In kleineren Gewässern zwischen Wasserpflanzen weit verbreitet; Moorgräben zwischen Torfmoosen und anderen Moosen.
7 Heterolepidoderma ocellatum, Augenhärling. Am Kopf zwei lichtbrechende Körperchen (Augen?). Schwanzgabel mit Endgliedern. Rücken von sehr kleinen, spitzigen Schüppchen bedeckt (erscheinen als feine, kurze Linien). **G** 85–160 µm lang, Kopf 23 µm breit. **L** Teiche, Seen, Moortümpel. Auf Faulschlamm, in Algenpolstern, sogar in faulenden Kulturen. Alle Lebensräume, in denen Gastrotrichen überhaupt existieren können. Weit verbreitet. **B** Einzige Gastrotrichen-Art, die sowohl im Süßwasser als auch im Meer vorkommt (Kieler Bucht).
8 Lepidoderma squamatum, Schuppentierchen. Kopf schwach 5lappig, geht allmählich in den Hals über, so breit wie der Rumpf. Der ganze Körper von glatten Schuppen ohne Borsten oder Kiele bedeckt. Hinterränder der Schuppen etwas aufgekrümmt. Am Kopf jederseits 3 Tasthaarbüschel. **G** 120–220 µm lang. **L** Zwischen Wasserpflanzen und am Grund; in Tümpeln, Teichen, Seen; weit verbreitet.

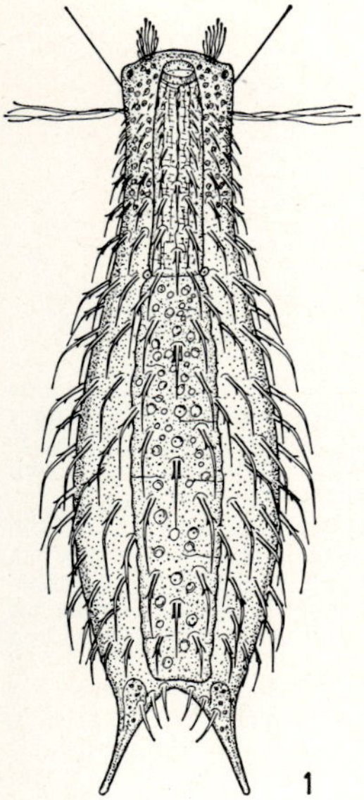
1

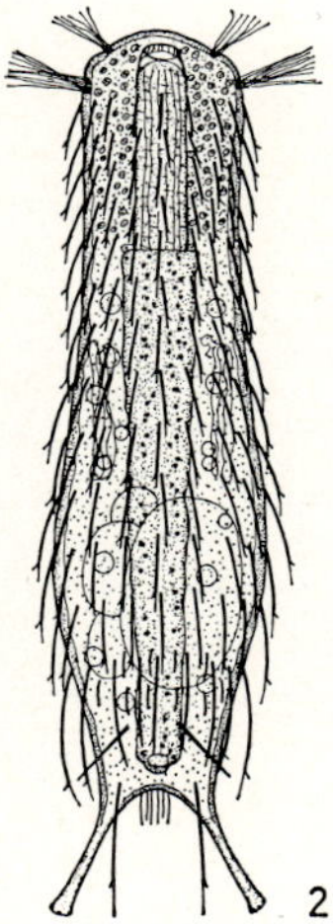
2

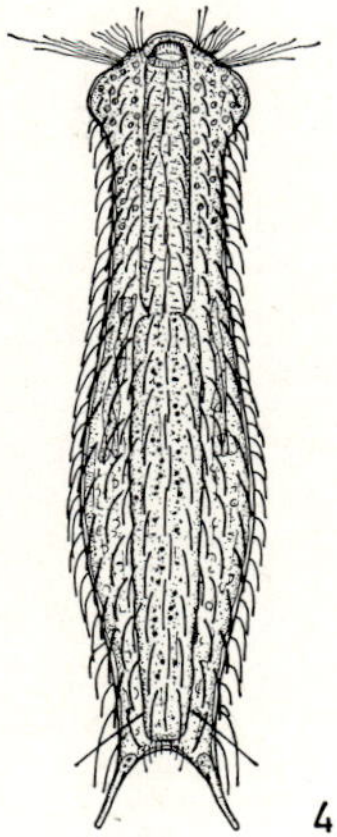
4

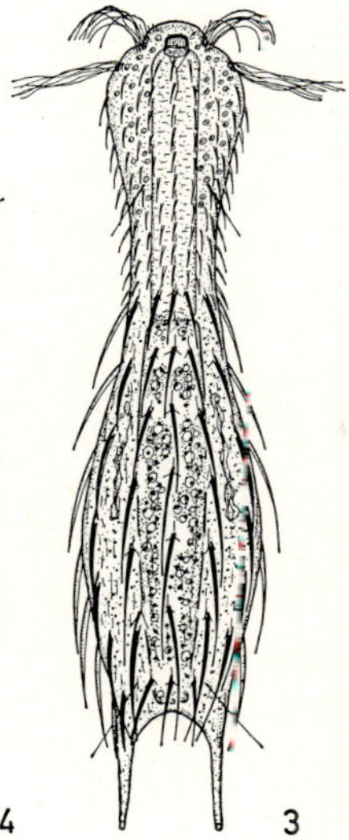
3

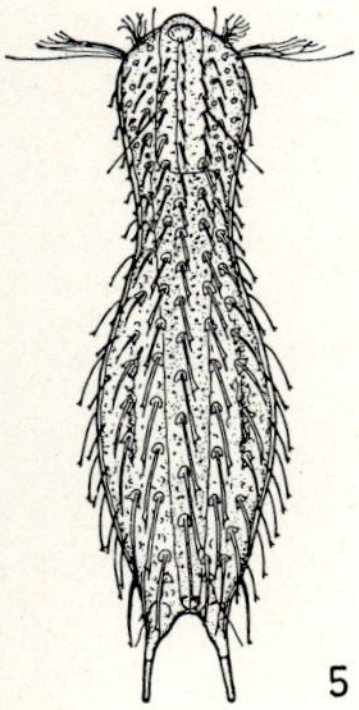
5

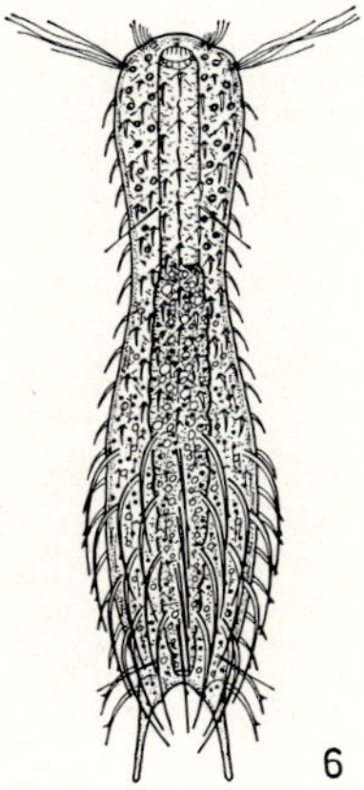
6

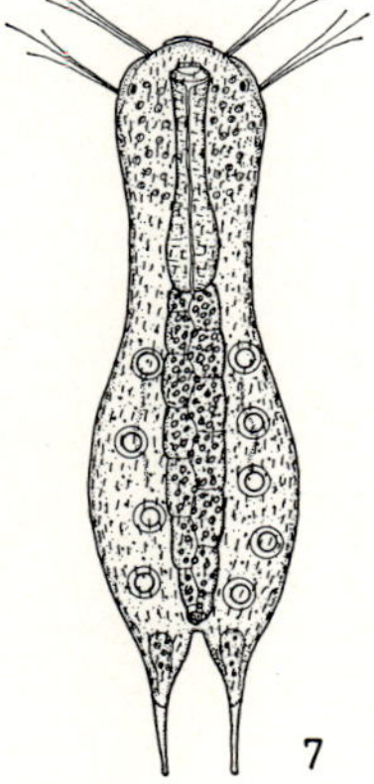
7

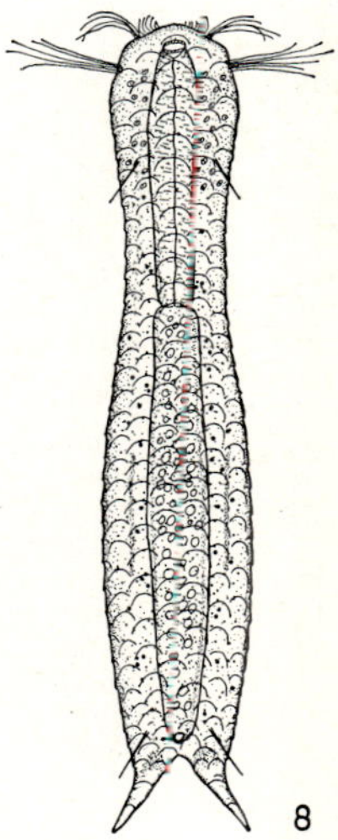
8

1 Ichthydium podura, Zehenfischchen. Gedrungen, ohne Schuppen und Stacheln. Epidermis von dünner, schmiegsamer Kutikula bedeckt, die in Falten gelegt werden kann. Am Mund 2 nach vorne gerichtete Tasthaare, daneben kleinere Haare, weiter hinten 2 seitliche, ausgedehnte Tastgeißel-Büschel. Auf dem Rücken 4 Tasthaare in 2 Paaren. **G** 75 µm lang. **L** Zwischen Wasserpflanzen in Teichen, auf Faulschlamm, in Torfgewässern; weit verbreitet.

2 Ichthydium forcipatum, Zangenfischchen. Schlanker als vorige Art. Kopf und Hals gleich breit, Rumpf hinten abgestutzt. Haut nackt. Auf der Rückenseite auf 2 Höckerpaaren die am Ende keulig verdickten Tastborsten. Schwanzgabel gekrümmt, mit zangenartigen Zinken, die an der Basis je einen nach innen gerichteten Zahn tragen. Wimperbänder des Bauches mit auffallend langen Wimpern. **G** 106–130 µm lang, Schwanzgabel 30 µm lang. **L** Moortümpel und Torfmoospolster.

3 Polymerurus rhomboides, Kreiseltierchen. Lang und schmal. Extrem lange Haftröhrchen der *Polymerurus*-Arten sind durch ringförmige Einschnürungen und Verdickungen in etwa 20 Glieder aufgeteilt; Zehen daher frei beweglich und biegsam. Schuppen decken sich etwas, hintere Spitze jeder Schuppe borstenartig nach oben geknickt. Seiten- und Hinterränder der Stirnplatte ragen frei vor und bilden eine Art Kopfhaube. Sehr lebhaft. Gelblich gefärbt. **G** Gesamtlänge um 300 µm, Körper 200–230 µm lang. **L** Faulschlamm und Wasserlinsentümpel; nicht selten.

4 Neogossea antennigera, Fühlertierchen. Am Kopf 2 Tentakel und 3 Paare Tastgeißelbüschel. Körper mit sehr kurzen Stacheln und feinen Härchen bedeckt. Über dem Gehirn 2 grünliche Massen unbekannter Bedeutung. Am Hinterende längere Tastborsten. **G** 150–225 µm lang. **L** In Teichen auf Faulschlamm, in Moorgewässern; Warmwasser- (Sommer-)Form.

5 Dasydytes ornatus, Borstentaucher. Kopf vom Hals deutlich abgesetzt, trägt an den Seiten je 3 Wimperbüschel, die um die Kopfunterseite herumziehen. Vorne auf dem Kopf 1 unpaares Tasthaar. Seitenstacheln leicht geknickt, am Ende gabelspitzig, an der Knickstelle 1 Nebenzahn; können abgespreizt werden. Kopf mit kleiner Stirnplatte. Haftröhrchen („Zehen") fehlen. Detritusfresser. **G** Körper ohne Endstacheln 175–205 µm lang. **L** Am Grunde von Teichen und Wiesengräben auf Faulschlamm. **A** Beiderseits nur 3 Gruppen nicht geknickter Seitenstacheln, ohne Schwanzborsten um 135 µm lang: *D. dubius;* lebt im selben Biotop wie *D. ornatus.*

6 Haltidytes saltitans *(Dasydytes saltitans),* Springtierchen. Kopf von 2 Ringen schwingender Wimpern umstellt. Die längeren, nach hinten gerichteten Wimpern reichen bis zum Ende des Halses. 4 oder 6 mächtige Borsten entspringen jederseits ohne Schuppen am Anfang des Rumpfes, laufen schräg über den Rücken und überkreuzen sich. Auf der Bauchseite entspringen 2 gebogene und 2 gerade Borsten, die das Körperende weit überragen. Schwimmt und springt schnell. Frißt vor allem Diatomeen. **G** Um 85 µm lang. **L** Am Grunde seichter Wald- und Wasserlinsentümpel unter Fallaub.

7 Haltidytes festinans *(Dasydytes festinans),* Tanztierchen. Die Abbildung zeigt ein Tier von der Bauchseite. Auf der Unterseite des Kopfes 2 Reihen beweglicher Tastgeißeln. Am Übergang von Hals und Rumpf jederseits 3 lange Borsten, dahinter je eine Vierergruppe abstehender Borsten. 2 sehr kräftige, etwas S-förmige Stacheln entspringen mit breiter Basis auf der Bauchseite und überkreuzen sich. Tiere bewegen sich außerordentlich rasch und können durch ruckweises Spreizen der Stacheln springen. **G** Ohne Stacheln 120 µm lang. **L** Flache Gewässerstellen auf Faulschlamm und im Detritus; unter Fallaub und Steinen.

8 Stylochaeta fusiformis, Zapfentierchen. Kopf breit, dreilappig; Hals deutlich abgesetzt. An den unteren Seitenkanten des Rumpfes entspringen lange Stacheln, die abgespreizt werden können. Vorderste Stachelgruppe umfaßt jederseits 3, die nächste 4 und die dritte 2 Stacheln (mit jeweils 2 Nebenzähnchen). Haftröhrchen (die das abrupte Festkleben der Tiere auf dem Substrat gestatten) stehen jeweils zu dreien auf der Spitze von 2 beweglichen Zäpfchen am Hinterende. **G** Gesamtlänge 150–165 µm. **L** Zwischen Algen und Detritus, im Faulschlamm von Tümpeln, Wasserlinsenteichen, Torfmooren. **A** Ohne Seitenstacheln; 2 bauchseitige Stacheln überragen das Körperende; in Moortümpeln zwischen Torfmoos: *S. stylifera.*

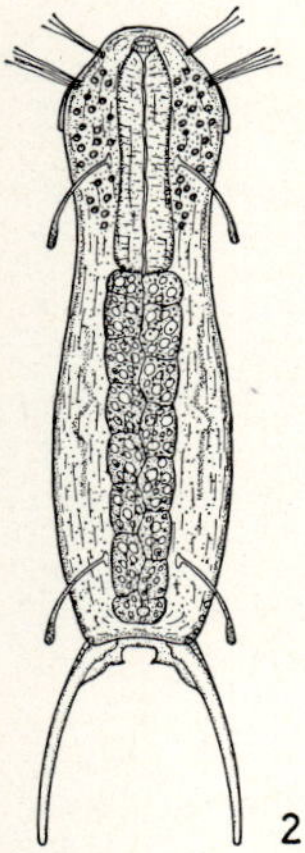
2

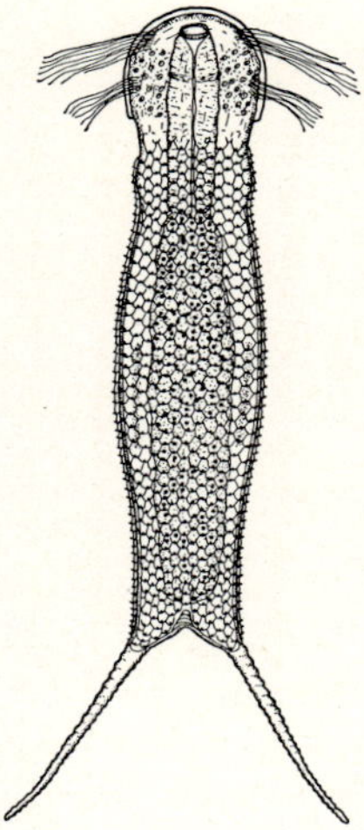
3

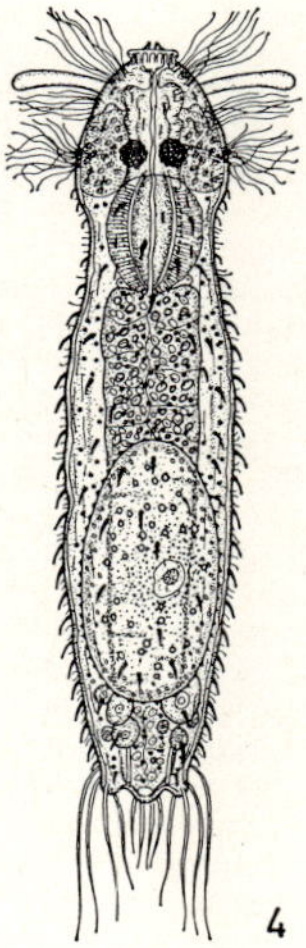
4

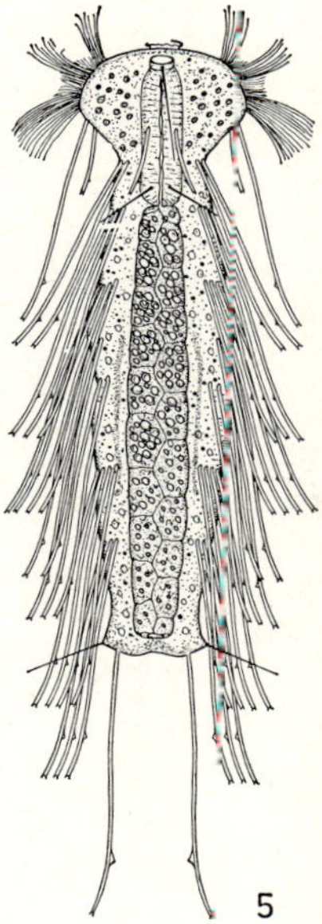
5

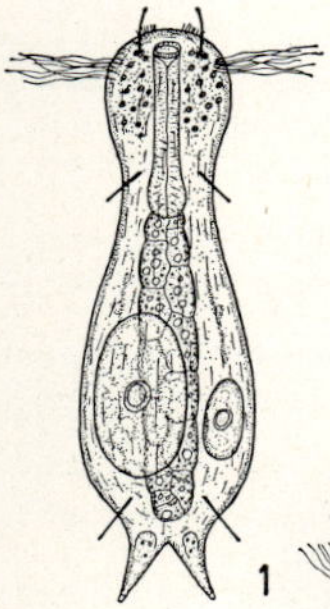
1

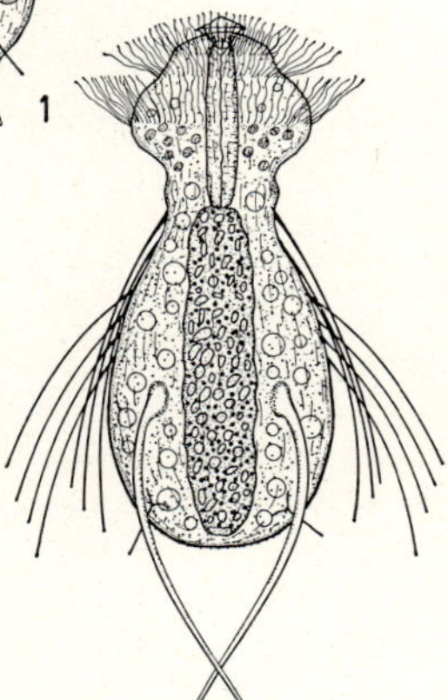
7

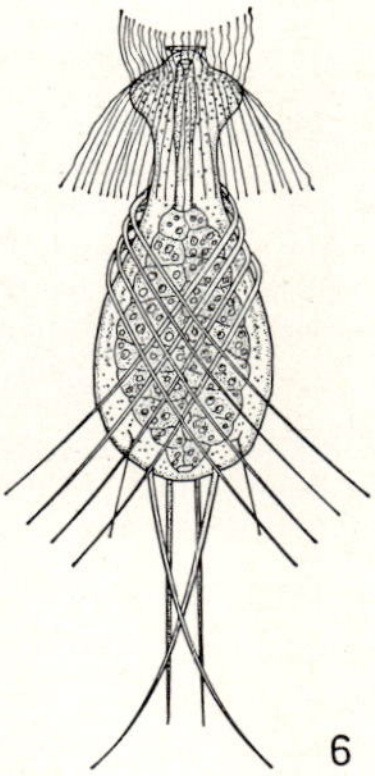
6

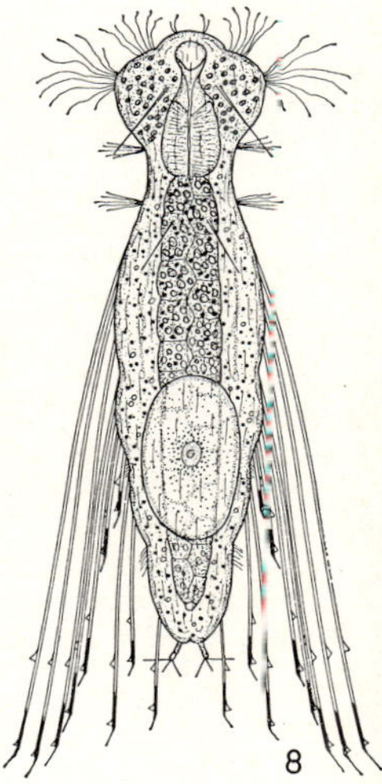
8

Fadenwürmer

1 Pelodera chitwoodi *(Rhabditis limicola)*, Stabälchen. Mundhöhle ein Rohr, an dessen Basis 3 Zähnchen stehen. Plump. Schwanz der Weibchen verlängert-konisch, der der Männchen mit 20 Papillen bestückt. **G** 1–2 mm. **L** Verschmutzte Flüsse.

2 Bunonema reticulatum, Kronenälchen. Unsymmetrisch. Kutikula bildet links 5 Kriechleisten, rechts 24–42 Warzengruppen; rechts netzartig gemustert. **G** 220–360 μm. **L** Moosrasen, Humus, Torfmoose; sehr häufig. **A** 18–22 Warzenpaare: *B. richtersi.*

3 Diplogaster rivalis, Flußälchen. Speiseröhre mit muskulösem Endbulbus und weiterer Anschwellung zwischen Kopf und Darmanfang. Schwanz haarfein zugespitzt. **G** Weibchen 1,4–2 mm. **L** Faulschlamm; sehr häufig.

4 Diplogasteritus nudicapitatus, Doppelbauchälchen. Speiseröhre mit 2 muskulösen Anschwellungen. Kutikula längs- und quergestreift. Schwanz sehr lang, fadenförmig. **G** Weibchen 0,6 bis 1,2 mm, Männchen kleiner. **L** Schlamm der Gewässer; sehr häufig.

5 Eudiplogaster striatus, Streifenälchen. Kutikula längsgestreift und quergeringelt. In die Mundhöhle springen 1 große Zahnkralle, 1 pyramidenförmiges Zähnchen und 1 gezackte Kutikularplatte vor. Schwanzpartie extrem lang ausgezogen. **G** Weibchen 1–1,5 mm. **L** Detritus der Gewässer; sehr häufig.

6 Panagrolaimus rigidus *(Rhabditis aquatica)*, Wasserälchen. Kutikula sehr zart, quergestreift. Schwanz der Weibchen relativ kurz und konisch, Schwanzspitze der Männchen kurz abgesetzt. **G** 0,7–1,3 mm. **L** Faulschlamm von Gewässern aller Art; häufig.

7 Aphelenchoides parietinus, Spießwurm. Kopf kappenartig abgesetzt, mit 6 Lippen. Mundstachel vorstoßbar. **G** Weibchen 430–900 μm. **L** In Erde, am Grund von Gewässern; sehr häufig.

8 Plectus parvus, Ringel-Fadenwurm. Plump. Kutikula sehr fein geringelt, Kopf abgerundet, mit 4 kurzen Borsten. **G** 300–700 μm. **L** In Erde und Gewässern aller Art; sehr häufig.

9 Plectus cirratus. Kutikula deutlich geringelt. 4 kräftige Kopfborsten. **G** 0,9–1,5 mm. **L** In Erde und Gewässern aller Art; sehr häufig.

10 Anaplectus (Plectus) granulosus. Kutikula deutlich geringelt. Längs der Seitenlinien etwa 300 einzellige Drüsen. 4 Kopfborsten. Mundhöhle zunächst kugelig erweitert, dann langgestreckt, röhrenförmig, nach hinten wenig verengt. Bestachelte Eier. **G** 0,8–2 mm. **L** In Gewässern aller Art und in Erde sehr häufig.

11 Monhystera stagnalis, Borsten-Fadenwurm. Plump. Kutikula glatt mit einigen schwachen Körperborsten. Mundhöhle schüsselartig, nicht kutikularisiert. Am Kopf 10 Borsten. Über der zylindrischen Speiseröhre 2 karminrote Augenflecke mit Linsen. **G** 0,7–1,4 mm. **L** Gewässer aller Art; häufig.

12 Monhystera filiformis. Kopf quer abgestutzt, nicht abgesetzt. Kopfborsten kurz. Mundhöhle winzig. Schwanz fadenartig ausgezogen. **G** 0,3–0,8 mm. **L** In Gewässern und im Erdboden; sehr häufig.

13 Monhystera similis. Kutikula glatt, mit locker verstreuten Körperborsten. Kopfborsten zart, sehr klein. Darm tief dunkel, fast schwarz. Schwanz mit Spinndrüsen. **G** 0,3–0,9 mm. **L** Am Grunde verschiedenster Gewässer; häufig.

14 Chromadorina bioculata, Augen-Fadenwurm. Kutikula sehr schwach geringelt, Ringel mit zarten Punkten. Körperborsten in 4 Reihen. Pigmentkörnchen der Augenflecken rot. Sauerstoffbedürftige Art. **G** 0,5–0,8 mm. **L** Seen und Teiche; häufig.

15 Punctodora ratzeburgensis. Kutikula geringelt, gekörnt. Mundhöhle becherförmig. Bräunliche Augenflecken über der Speiseröhre. Diatomeenfresser. **G** 0,6–0,9 mm. **L** Seen und Teiche.

16 Chromadorita leuckarti. Kutikula punktiert, geringelt. Längste Körperborsten dicht hinter dem Kopf. 4 Kopfborsten. **G** 0,8–1,2 mm. **L** Flüsse und Seen; häufig.

17 Ethmolaimus pratensis, Siebwurm. Kutikula geringelt, punktiert. Körperborsten kurz. Spitze des konischen Schwanzes zwiebelartig abgesetzt. **G** 0,4–1,1 mm. **L** In Gewässern und in Erde.

18 Tobrilus gracilis, Kristallwurm. Kutikula zart längsgestreift. Zwischen den Gewebezellen des Körpers sehr viele Kriställchen. Becherförmige Mundhöhle kann vorgestreckt werden. **G** Weibchen 1,8–3,3 mm. **L** Nur in Gewässern; sehr häufig. Leitform der sauerstoffarmen norddeutschen Seen.

19 Dorylaimus stagnalis, Lanzenwurm. Kutikula sehr zart punktiert. Auf Rücken und Bauch in Längsreihen winzige Papillen. Mundhöhle mit hohlem, vorne schräg abgestutztem, offenem, vorschiebbarem Stachel. Saugt Algenzellen aus. **G** 2,5–5,5 mm. **L** Gewässer aller Art; oft massenhaft in Aquarienfiltern.

20 Paradorylaimus (Dorylaimus) filiformis. Lippen miteinander verschmolzen, vom Körper deutlich abgesetzt. Hohlstachel wird von einfachem Kutikularring geführt (bei *D. stagnalis* von 2 Ringen). Schwanz haarfein ausgezogen. **G** 1,9–3,5 mm. **L** Gewässer und feuchtes Erdreich; sehr häufig.

21 Paractinolaimus (Actinolaimus) macrolaimus, Hohlzahnwurm. Wände der Mundhöhle kräftig kutikularisiert, mit 4 breiten Zähnen. Hohler Stachel läuft in rückenseitigem Führungsring. Schwanzende zylindrisch ausgezogen. Bohrt Algen, Zellen höherer Wasserpflanzen und Kleintiere an und saugt sie aus. **G** 2–4,5 mm. **L** Gewässer aller Art; sehr häufig.

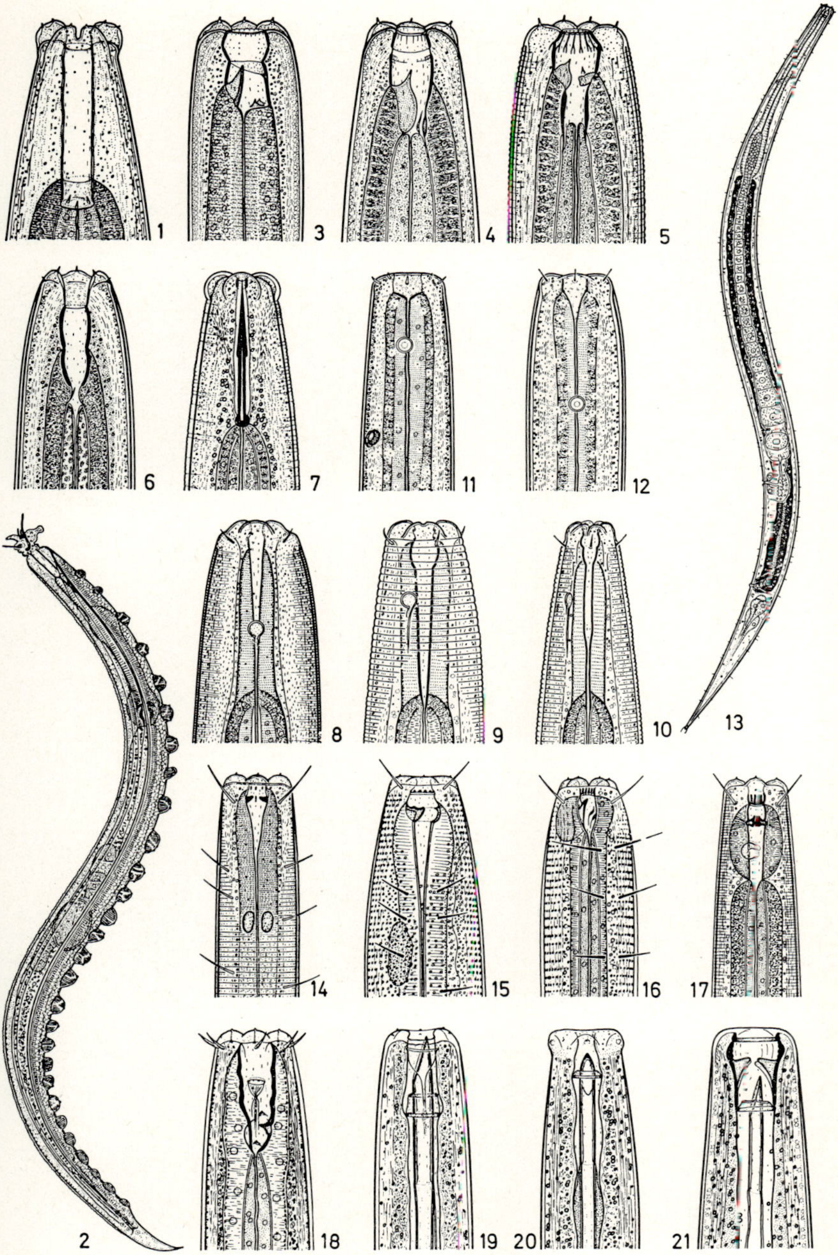
1
3
4
5
6
7
11
12
13
2
8
9
10
14
15
16
17
18
19
20
21

Gliederwürmer

1 Aeolosoma variegatum, Öltropfenwürmchen. Durchsichtig. Kopflappen bauchseitig dicht bewimpert. Dissepimente (Scheidewände zwischen den Ringeln) unvollständig. Vermehrung vorwiegend ungeschlechtlich (Tierketten mit Sprossungszonen). In vielen Hautzellen gelbe, gelbgrüne oder blaugrüne Vakuolen; dicht neben jeder Vakuole 1 öliges Sekrettröpfchen. Rückenseitige Borstenfächer mit je 3–4 unterschiedlich langen Haarborsten. **G** 1,5–4 mm. **L** Teiche, Tümpel, Aquarien; Einzelgänger. **A_1** Öltropfen orange- bis karminrot, 3–5 lange und 3–5 kürzere Haarborsten in jedem Borstenfächer: *Ae. hemprichi.* Überall häufige Ubiquisten; in eutrophierten Gewässern oft massenhaft. In feuchtem Sand. **A_2** Öltropfen farblos; Teilungszone hinter den 9. oder 10. Borstenbündeln; fließende Gewässer: *Ae. hyalinum.* **A_3** Sekrete farblos; Teilungszone hinter den 5. oder 6. Borstenbündeln: *Ae. niveum.*

2 Chaetogaster diastrophus, Bauchborstenwürmchen. Rückenseitige Borstenbündel fehlen. Bauchseitige Gabelborsten – 4–7 je Bündel – fehlen am 3., 4. und 5. der 10–16 Segmente. **G** Einzeltiere 1–2 mm, Tierketten bis 5 mm. **L** Auf Wasserpflanzen, im Bodensatz, selbst im Plankton von Gewässern aller Art (in kalten Bächen). **A_1** Sehr durchsichtig, räuberisch, im Darm meist Rädertiere und Wasserflöhe, bis 25 mm: *Ch. diaphanus.* **A_2** Bis 7 mm: *Ch. cristallinus.* **A_3** Auf den Tentakeln der Schlammschnecke *Lymnaea stagnalis*: *Ch. lymnaei.*

3 Pristina longiseta, Schnauzenwürmchen. Rückenseitige Borstenbündel beginnen bei allen *P.*-Arten im 2. Segment (bei den übrigen Naididen erst im 4. bis 6. Segment). Haarborsten am 3. Segment stark verlängert. Kopflappen in beweglichen, mit Tastbörstchen ausgerüsteten Tentakel ausgezogen. Darm erweitert sich im 7. oder 8. Segment zu magenartigem Sack. **G** Einzeltiere 2–6 mm. **L** Gewässer aller Art, an Pflanzen; am häufigsten in Moorgebieten.

4 Aulophorus furcatus, Hülsenwürmchen. Rötlich-gelb. Baut sich aus Schleim ein durchsichtiges Röhrchen, in dem es träge auf Beute lauert. Atmungsorgan (6zipfeliger Kiemennapf mit 2 langen Tastfadenanhängen) ragt über offenes Hinterende der Röhre hinaus. Rückenseitige Borstenbündel beginnen im 5. Segment. **G** Tierketten 6–12 mm. **L** An Wasserpflanzen, im Schlamm; besonders in Torfmooren.

5 Dero obtusa, Kiemenwürmchen. Schleimröhrenbauer wie vorige Art, Röhren jedoch mit Detritus inkrustiert. Tiere „laufen" in ihren Röhren auf den gegabelten Borsten der Bauchborstenbündel. Kiemenapparat am Hinterende mit 3 Paaren Blutkiemen (a). **G** Einzeltiere 6 bis 12, Ketten bis 17 mm. **L** Teiche, Fließgewässer, Torfmoore; Einzelgänger; nicht selten. **A_1** Blutkiemen kurz (b): *D. nivea.* **A_2** 4 Paare Blutkiemen (c): *D. digitata.*

6 Vejdovskyella comata, Langhaarwürmchen. Schwimmt nie, kriecht schwerfällig. Farblos, durchsichtig. Rücken-Borstenbündel beginnen im 5. Segment, jedes umfaßt 4–8 um 350 µm lange, einseitig gezähnelte Sägeborsten und 1–6 um 50 µm lange Nadelborsten. Vermehrung meist durch Kettenbildung und Abschnürung von Tochtersprossen. **G** Einzeltiere um 4 mm, Ketten bis 8 mm. **L** Moorige Gewässer; im Schlamm stehender Gewässer.

7 Ripistes parasita, Leimrutenwürmchen. Lebt in durchscheinenden, detritusüberkrusteten Röhrchen, meist in Gruppen. Kopflappen rüsselförmig. Segmente VI–VIII mit je 1 Paar rückenseitiger Borstenfächer. Deren Borsten werden lebhaft bewegt, sind durch Schleimhüllen klebrig und dienen dem Fang von Algen und Detritusteilchen. **G** Einzeltiere 2–4,5 mm. **L** Auf Pflanzen in der Uferzone größerer, sauberer Gewässer; nicht häufig.

8 Stylaria lacustris, Teichschlange. Durchsichtig. Schwimmt elegant. Langer, äußerst beweglicher Tastrüssel. Am Darm hinter den Dissepimenten jeweils schwarze Pigmentringe. **G** Einzeltiere 3–10 mm, Ketten 5–18 mm. **L** Stehende Gewässer und Krautzonen von Flüssen; an Wasserpflanzen, im Schlamm, an Pfählen; am häufigsten in Teichen mit Wasserlinsen. II.

9 Slavina appendiculata, Schmutzwürmchen. Sehr träge. Haut bildet in jedem Segment 2 Ringe (Hauptring und Nebenring) von rückziehbaren Sinnespapillen aus, zwischen denen ein detritusüberkrusteter Schleimfilm das ganze Tier mit Ausnahme von Kopf und Hinterende überzieht. Daher fast undurchsichtig. **G** Tierketten 4–20 mm, Sprossungszone zwischen 19. und 25. Segment. **L** Moorige Gewässer; weit verbreitet. **A** Hautpapillen nicht zurückziehbar: *Ophidonais serpentina.*

10 Nais elinguis, Wassernymphe. Hellbraun. Ausgezeichneter Schwimmer. 2 Augen. Fast gerade Nadelborsten der Rückenbündel enden mit 2 parallel zueinander verlaufenden Gabelspitzen. Frißt Algen. **G** Einzeltiere 2–8 mm, Ketten bis 10 mm. Zwischen 12. und 21. Segment liegt die Sprossungszone. **L** Eutrophierte Gewässer, vor allem Flüsse; weitverbreitet und häufig. **A** Acht weitere, sehr ähnliche Arten oft mit *N. elinguis* zusammen. Unterscheidungsmerkmale: Borsten.

11 Lumbricillus lineatus, Wasserenchyträe. 22–38 Segmente, gelblich bis braunrot. Ohne Augen. Blut gelblich, in jedem Segment 4 Borstenbündel mit 3–8, meist 4, schwach S-förmig geschwungenen Borsten. Vermehrung nie ungeschlechtlich. **G** 10–20 mm. **L** Uferzone von Gewässern aller Art, auch Brackwassertümpel. **A** Weißliche, im Boden lebende Verwandte dieser Art werden von Aquarianern als Futtertiere benützt: *Enchytraeus albidus* und *E. buchholzi.*

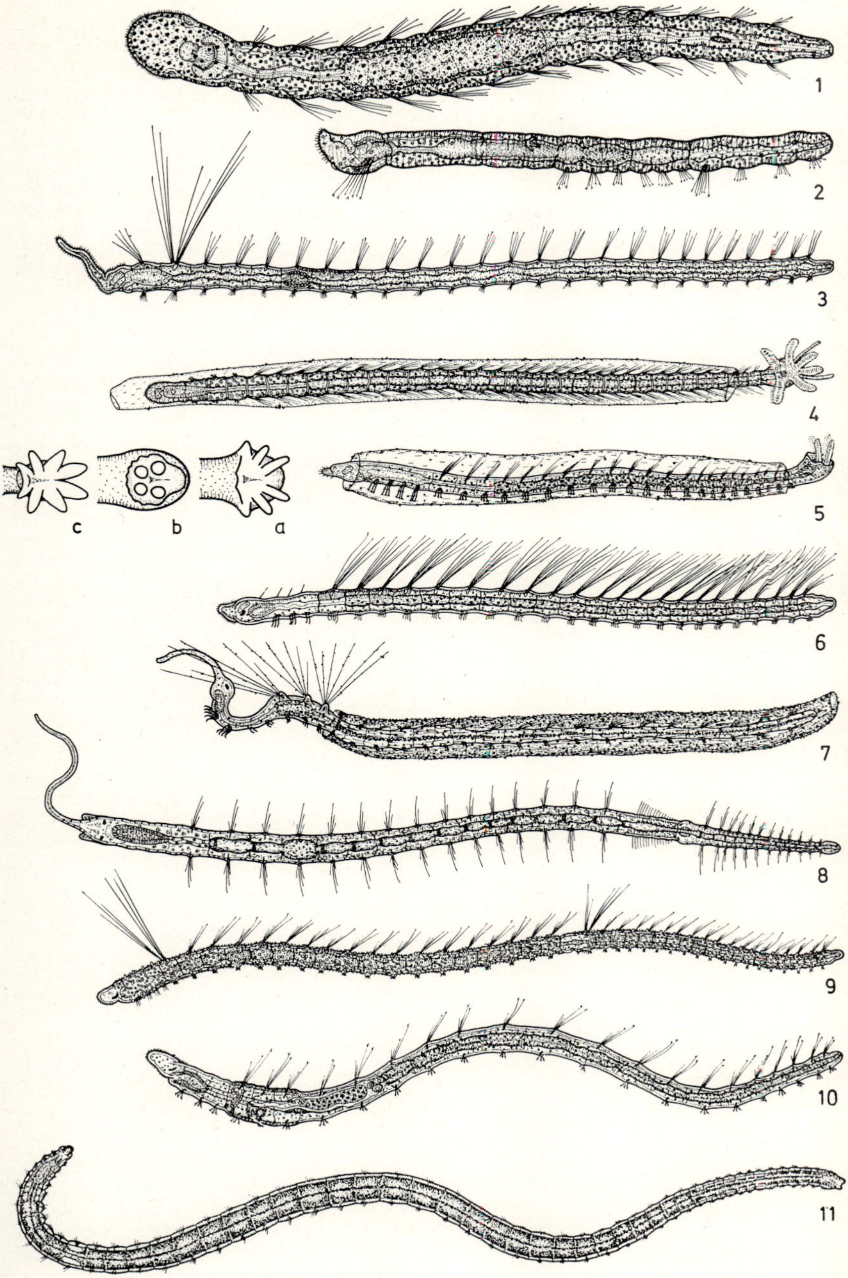
1
2
3
4
5
c
b
a
6
7
8
9
10
11

Familie Tubificidae, Röhrenwürmer. Gattungen und Arten nur nach dem Bau der männlichen Ausführapparate und der Struktur der rückenseitigen Hakenborsten zu bestimmen (Bild 1–8). Samentrichter, Samenleiter, Prostata (grob punktiert), Atrium und Penis sind leicht zu beobachten, wenn geschlechtsreife Tiere mit der Bauchseite nach oben etwas gepreßt werden.

1 Tubifex tubifex, Schlammröhrenwurm. Durch hämoglobinhaltiges Blut rötlich gefärbt. Rückenblutgefäß dick und geschlängelt. Rücken-Borstenbündel am Vorderkörper mit 1–4 feingefiederten Haarborsten und 3–5 gekämmten, gleichzinkigen Gabelborsten. Geschlechtsorgane in Segmenten 10 bis 12: Eierstöcke, lange Schläuche der Samenleiter, Prostatadrüsen, 2 muskulöse Atrien, 2 Penisse mit topfförmigen, chitinösen, braunen Penisröhren. Eiersack rückenseitig, weißlich. Tiere bauen Schlammröhren, aus denen sie den hinteren Körperabschnitt hervorstrecken; wellenförmige Bewegungen fächeln frisches Wasser heran. **G** 25–85 mm. **L** Schlamm und Sandboden stehender und fließender, verschmutzter Gewässer; Abwasserkanäle. IV.

2 Psammoryctides barbatus *(Tubifex barbatus),* Sandröhrenwurm. Rosarot, etwa 90 Segmente. Rückenborstenbündel mit Haarborsten und (2. bis 10. Segment) mit breiten Fächerborsten. **G** 30–50 mm. **L** Nährstoffreiche Flüsse und Teiche; häufig.

3 Rhyacodrilus coccineus. Hellrot. 60–110 Segmente. Rückenborstenbündel mit Haarborsten und gleichzinkig gegabelten, gekämmten Hakenborsten. Atrien birnförmig, dicht von Drüsenzellen umhüllt. **G** 16–35 mm. **L** Sandige Bereiche von Flüssen; häufig.

4 Potamothrix (Euilyodrilus) hammoniensis. Orangerot oder fleischfarben. Vorderteil etwas verdickt. Rückenborstenbündel des Vorderkörpers mit Haarborsten und 3–5 Kammborsten. Samenleiter und Prostata fast rudimentär, Atrium sehr lang. Penis ohne starre Penisröhre oder Penialborsten. **G** 15–40 mm. **L** Flüsse, Teiche, Seen; häufig.

5 Aulodrilus pluriseta. Blaß-rosarot. 65–85 Segmente. Rückenborstenbündel mit 6 oder 7 leicht abbrechenden Haarborsten und 8–10 Hakenborsten (Zähne ungleich). **G** 10–17 mm. **L** Teiche, Seen, Flüsse; verbreitet, stellenweise häufig. Leitform im sandigen Schlamm von Bachunterläufen.

6 Peloscolex ferox, Papillenwurm. Grau. Haut bis auf den Gürtel mit Papillen dicht besetzt. Ungefähr 50 Segmente. Rückenborstenbündel des Vorderkörpers mit durchschnittlich 7 Haarborsten und 5 gekämmten Hakenborsten. **G** 15–40 mm. **L** In Seen weit häufiger als in Flüssen.

7 Limnodrilus hoffmeisteri, Roter Schlammwurm. Lebhaft rot bis braunrot, letztes Körperdrittel gelblich. 55–95 Segmente. Dorsale Rückenborstenbündel ohne Haarborsten, mit 4–8 Hakenborsten. Atrium langgezogen birnförmig; Penisröhre 600 μm lang, schwach geschweift, 10mal so lang wie dick. **G** 20–50 mm. **L** Wie Tubifex, oft mit diesem zusammen; ausgedehnte Kolonien in Schlamm und Sand. **B** Penisröhre s. Skizze. **A** *L. claparedeanus:* Penisröhre 1,2 mm lang – s. Skizze 7 a.

8 Limnodrilus udekemianus, Gelber Schlammwurm. Vorne rosa gefärbt, hinten mit gelbbraunen Querbinden aus Pigmentflecken. Ungefähr 160 Segmente. Rückenborstenbündel ohne Haarborsten, mit 5–8 Hakenborsten, deren oberer Zahn viel länger und meist auch kräftiger als der untere, stumpfe Zinken entwickelt ist. Penisröhre kurz. **G** 30–40 mm. **L** Flüsse, seltener Teiche und Seen mit sauberem Wasser; verbreitet und häufig. Sehr häufig in Klärschlamm. **B** Penisröhre um 250 μm lang – s. Skizze 8.

9 Lumbriculus variegatus, Glanzwurm. Rot bis braun, grünlich irisierend. Gräbt, ohne Röhren zu bauen, den Vorderkörper oft im Schlamm ein. Hinterende bleibt dabei (im Gegensatz zu *Tubifex)* unbeweglich. 140–200 Segmente. In jedem Segment 8 Gabelborsten in 2 bauchseitigen und 2 rückenseitigen Paaren. Schnellt sich bei Störungen peitschend durch das Wasser. Vermehrung vorwiegend ungeschlechtlich durch Selbstzerstückelung (Autotomie). **G** 40 bis 80 mm lang, 1–1,5 mm dick. **L** Schattige Waldtümpel zwischen faulendem Laub. Oft zusammen mit Tubifex. **A** *Stylodrilus heringianus:* am 10. Segment zwei schlanke, nicht einziehbare Penisse; in Bächen, Flüssen, Teichen, Seen.

10 Eiseniella tetraedra, Wasser-Regenwurm. Braun, selten gelb oder schwärzlich. 90 Segmente. In jedem Segment 8 Borsten in zwei bauchseitigen und zwei rückenseitigen Paaren. Mittel- und Hinterkörper ausgeprägt vierkantig. **G** 30–50 mm lang, 2–4 mm dick. **L** Amphibisch: einerseits am Ufer von Gewässern, andererseits in Moosen und feuchter Erde. **A** Fleischrot oder blutrot: *Allolobophora*-Arten.

11 Branchiobdella astaci, Kiemenegel. Kein Egel (Hirudinea), sondern Oligochaet, der an den Kiemen des Flußkrebses schmarotzt. Bei Massenbefall verbreiten sich die Würmer über den gesamten Krebspanzer. Beißen mit den beiden Kieferzähnen Löcher in die Kiemen oder die dünne Kutikula der Zwischensegmenthäute; leben vom Blut, das aus den Löchern sickert. Hinterende mit Saugnapf, der aus 3 Segmenten entsteht, 4 Segmente sind mit dem Kopflappen verwachsen, 8 Körpersegmente. Eikokons gestielt. **G** 8–12 mm. **L** Kokons und Würmer fast auf jedem Flußkrebs zu finden.

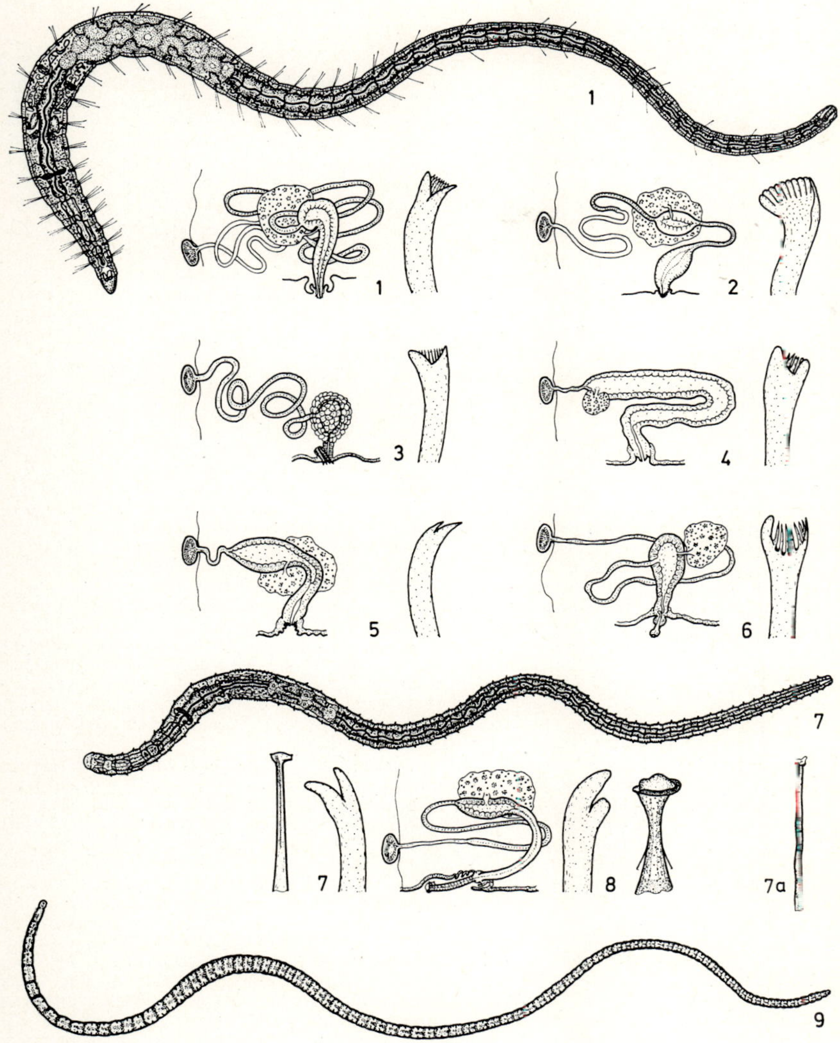
1
1
2
3
4
5
6
7
7
8
7a
9
10
11

Blattfußkrebse

1 Lynceus brachyurus, Dickbauchkrebs. Fast kugelig. Schalen hellbraun, durch Kalkeinlagerungen versteift. Kopf gekielt, mit langem, spitzem Rostrum; beweglich, kann etwas aus den Schalen vorgestreckt werden. 1. Antenne stabförmig, Äste der 2. vielgliedrig mit Schwimmborsten. 2 Komplexaugen, nicht in der Mitte miteinander verschmolzen; unter ihnen ein Naupliusauge. Herz langgestreckt. Weibchen mit 12 Blattfußpaaren mit langen, stark beborsteten „Gliedern" und Kiemenanhängen. Schwimmt torkelnd, meist mit dem Rücken nach unten. **G** Weibchen höchstens 4 mm. **L** Kleine, seichte Gewässer, Überschwemmungsstreifen; Februar bis Mai; selten.

2 Sida crystallina, Kristall-Wasserfloh. Kopf groß, vom Körper deutlich abgesetzt, Komplexauge mit vielen großen Kristallkegeln. Am Hinterrand des Kopfes ein hufeisenförmiges Haftorgan. 1. Antenne stäbchenförmig; sehr kräftiges Basisglied der 2. Antenne mit dreigliedrigem Außenast (mit 10 Ruderborsten) und zweigliedrigem Innenast (mit 5 Schwimmborsten). 6 Blattfußpaare. Glasartig durchsichtig. Setzt sich mit großem Haftorgan an Pflanzen fest. **G** Gehört zu den größten Wasserflöhen; Weibchen 3–4 mm lang. **L** Uferform in Seen und Teichen mit klarem Wasser. Schlüpft bereits bei 6–7° C; bis November.

3 Diaphanosoma brachyurum, Spring-Wasserfloh. Kopf schmal, von der Rumpfschale scharf abgesetzt, ohne Schnabel und Haftorgan. Komplexauge mit vielen Kristallinsen, kein Naupliusauge. 1. Antenne abstehend, beim Weibchen klein. 2. Antenne enorm groß und muskulös (Ausleger, die ein Absinken verhindern). 6 Beinpaare. Männchen (Herbst) tragen hinter dem 6. Beinpaar lange, stiefelförmige Kopulationsorgane. **G** Weibchen um 1 mm. **L** Im Plankton und am Ufer größerer, nährstoffreicher Teiche und Seen; in Moor- und Heideseen. Häufig.

4 Holopedium gibberum, Gallerthüllen-Wasserfloh. Schale hoch gewölbt, äußerst zart, bedeckt Beine nur unvollkommen. Weite Gallertglocke um das Tier aus alten, bei den Häutungen abgehobenen Häuten (Exuvien), die gallertig verquellen. Kopf, Auge, 1. Antennen klein. Innenast der 2. Antenne bei den Weibchen unterdrückt; zweigliedriger Außenast mit nur 3 Ruderborsten. 6 Paar Blattbeine. **G** Weibchen 1,5–2 mm. **L** Nordeuropäische Art. Saure Moorgewässer, Gewässer auf Urgestein oder Sandboden; weit verbreitet, nicht häufig. I.

5 Daphnia magna (*Ctenodaphnia magna*), Großer Wasserfloh. Rückenleiste der Schale durch Dörnchenreihen markiert. Seitliche Kopfkiele setzen sich als bestachelte Leisten über die halbe Länge der Rumpfschale fort. Länge des Schwanzstachels sehr verschieden. Schalen deutlich gefeldert. Dorsaler Rand des Hinterleibs direkt vor dem After auffallend eingebuchtet. 1. Antennen ragen unter dem kurzen Rostrum weit hervor; 2. Antennen mit je 9 Fieder-Ruderborsten. Darm mit 2 „Leberhörnchen". **G** Weibchen bis 6 mm, Männchen um 2 mm. **L** Wärmeliebende Tümpelform; in sehr nährstoffreichen Gewässern massenhaft. **B** Daphnien fressen u. a. Bakterien. Lebensdauer von Daphnien 14–182 Tage.

6 Daphnia pulex pulex, Gemeiner Wasserfloh. Kopfpanzer nach hinten in einen Zipfel ausgezogen, der sich zwischen die Schalenteile schiebt. Naupliusauge vorhanden. Breite und kräftige Form. Schalen meist in einen vierkantigen Schalenstachel ausgezogen. „Riechstäbchen" der 1. Antenne erreichen die Rostrumspitze nicht. 2. Antennen mit je 9 gefiederten Schwimmborsten. Auge groß, aus 22 Einzelaugen. Vorderdarm mit 2 grünlichen, gebogenen Leberhörnchen. Meist wenig durchsichtig, grünlich, gelblich oder rötlich. Männchen mit langen 1. Antennen und einem auffälligen Haken am 1. Beinpaar. **G** Weibchen 3–4 mm, Männchen 1–1,5 mm. **L** Kleine, seichte Tümpel und Teiche; in größeren Gewässern nur Uferzone. Sehr häufig, oft massenhaft. Endkrallen des Postabdomens (Afterkrallen) mit zwei Kämmen aus Borsten.

7 Daphnia longispina, Langdorn-Wasserfloh. Kopfpanzer nach hinten in einen Zipfel ausgezogen. Naupliusauge vorhanden. Spitze des Rostrums überragt Fühlbörstchen der 1. Antenne. Gelblich bis glasartig durchsichtig, Fettkörper oft lebhaft blau oder zinnoberrot gefärbt. **G** Bis 2,5 mm lang. **L** Kleinteiche (derbe, gelbliche Formen); Weiher und große Seen (zarte und durchscheinende Rassen). **B** Bildet eine unübersehbare Zahl von Rassen (jedes Gewässer hat seine ihm eigentümliche Rasse). Hinzu kommen jahreszeitlich bedingte Gestaltsveränderungen, die Länge und Richtung des Schwanzstachels, Helmbildungen und Schalenform betreffen. Endkrallen des Postabdomens (Afterkrallen) mit einer Reihe sehr zarter Börstchen.

8 Daphnia cucullata, Helm-Wasserfloh. Zipfel des Kopfpanzers nach hinten ausgezogen. Kopf helmförmig. Naupliusauge fehlt. Rostrum kurz, abgerundet, Fühlbörstchen der 1. Antennen erreichen Rostrumspitze. Sehr durchsichtig, seitlich stark zusammengedrückt. Freiwasserbewohner; in großen Seen wesentlicher Bestandteil des tierischen Planktons. **G** 1–2 mm. **L** Seen; als Zwergform in Weihern.

9 Daphnia cristata, Spitzkopf-Wasserfloh. Kopfpanzer nach hinten in einen Zipfel ausgezogen. Naupliusauge fehlt. Rostrum lang, spitz, Fühlbörstchen der 1. Antennen weit hinter der Rostrumspitze. Glasartig durchsichtig. Kopf sehr veränderlich. Schwanzstachel stets lang und dünn. Seitlich stark abgeflacht. Facettenauge klein. **G** Weibchen bis 1,5 mm lang. **L** Nordische Art; östlich der Weichsel.

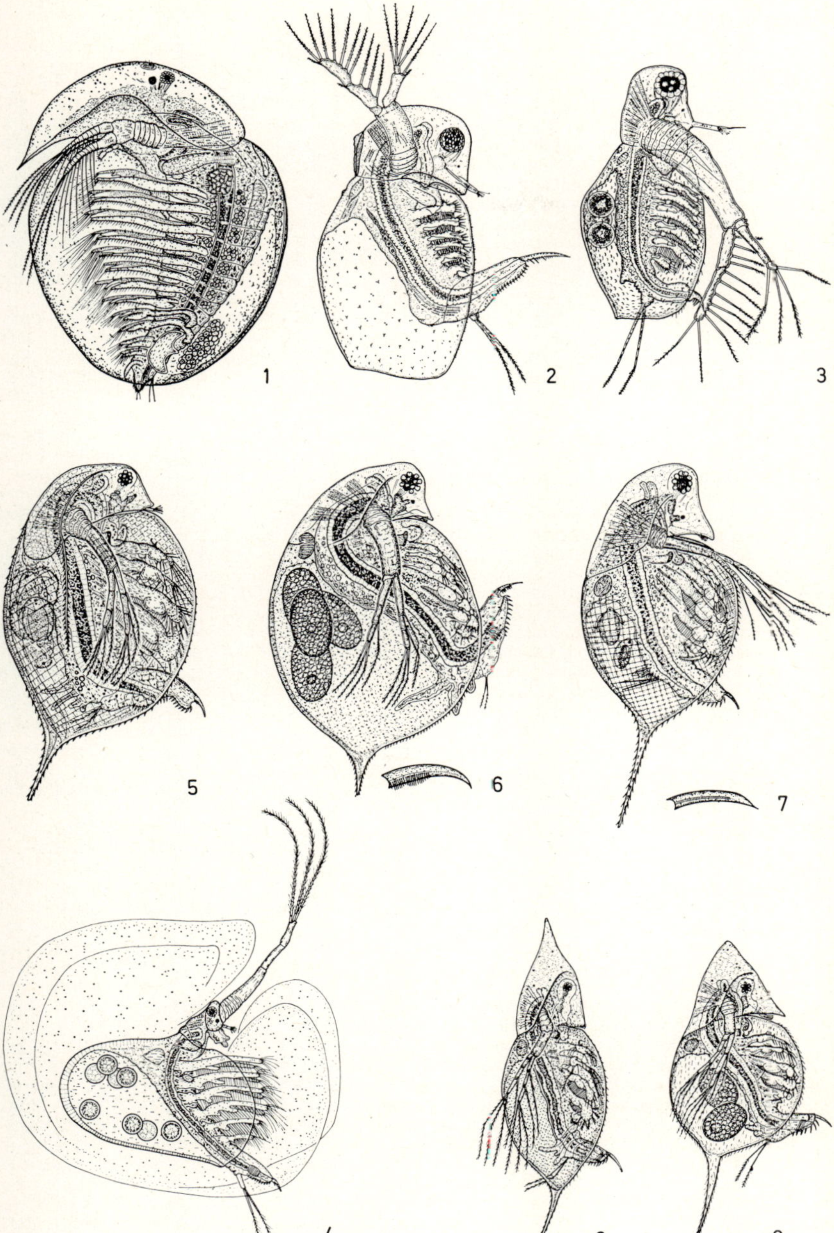
1
2
3
5
6
7
4
8
9

Blattfußkrebse

1 Scapholeberis mucronata, Kahnfahrer. Unterrand der Schale gerade, nach hinten in einen Zipfel ausgezogen, vorne mit kleinem Höcker. Hell- bis dunkelbraun. Großes Komplexauge, punktförmiges Naupliusauge. Auffälliges Stirnhorn kann fehlen. 1. Antennen klein, unbeweglich. 2. Antennen mit 9 schwach befiederten Ruderborsten. (Tiere hüpfen damit nicht, sie „schwirren".) **G** Weibchen um 1 mm lang. **L** Kleingewässer, Uferzone von Seen; häufig. **B** Tiere hängen oft mit dem Rücken nach unten am Oberflächenhäutchen des Wassers und schwimmen in Kreisen daran entlang. **A** Naupliusauge langgestreckt, Stirnhorn fehlt, seltener: *S. aurita.*

2 Simocephalus vetulus, Plattkopf-Wasserfloh. Kopf winzig, oben mit einer kleinen Einbuchtung von der Schale abgesetzt. Weibchen dunkelgrün bis braun. Schalen mit sehr langen Feldern quergestreift, fein punktiert. 1. Antennen beim lebenden Tier von den Schalenklappen bedeckt. 2. Antennen mit 9 Borsten, äußerste Ruderborste kaum befiedert, am Ende in ein Häkchen umgebogen. Furca-Krallen ohne Nebenkämme an der Basis. Naupliusauge langgezogen. **G** Weibchen bis 3 mm lang. **L** Uferzonen aller Gewässer; häufig. **A** Furca-Krallen mit basalen Dornenkämmen, Augenfleck punktförmig: *S. exspinosus.* Gemeine Süßwasserform.

3 Ceriodaphnia reticulata, Netz-Wasserfloh. 1. Antenne beim Weibchen klein, kaum beweglich. Schalenoberrand gewölbt, vor dem kurzen Endstachel etwas eingebuchtet. Unterränder fein bedornt. Vieleckige Felderung der Schalen auffallend. Zwischen Kopf und Rumpf am Rücken ein tiefer Einschnitt. Kopf abwärts gebogen, gerundet, ohne Schnabel und Kielbildungen. Großes Komplexauge, kleines Naupliusauge. 2. Antenne mit 9 Schwimmborsten. **G** Weibchen bis 1,5 mm. **L** Nahrungsreiche Teiche und Kleingewässer; Uferform; verbreitet und häufig.

4 Ceriodaphnia quadrangula, Waben-Wasserfloh. 1. Antennen der Weibchen klein und kaum beweglich. Furca-Krallen über ihre ganze Länge zwar mit Strichelzeichnung, an der Basis aber ohne Nebenkamm. Sonst ganz ähnlich wie C. reticulata. Schalen unterschiedlich gefeldert, nicht bestachelt. Fast glasartig durchsichtig oder bräunlich. **G** Weibchen 0,5–1,4 mm lang. **L** Charakteristischer Plankter größerer Gewässer. **A** Zwischen Auge und 1. Antenne eine meist bestachelte Vorwölbung: *C. pulchella.* 700–900 µm. Durchsichtig.

5 Moina brachiata *(M. rectirostris)*, Tümpel-Wasserfloh. 1. Antennen lang und sehr beweglich. Kopf ohne Rostrum, mit kleiner Eindellung im oberen Teil. Naupliusauge fehlt, Komplexauge groß, äußerst beweglich. Dorsaler Rand der sehr feingefelderten Schalen je nach Zahl der Embryonen im Brutraum mehr oder weniger aufgewölbt. Furca-Krallen mit einem basalen Nebenkamm. Schalenunterränder in ganzer Länge mit Borsten besetzt. Meist farblos und durchsichtig. **G** Weibchen bis 1,6 mm lang. **L** Gutgedüngte Kleingewässer.

6 Bosmina longirostris, Weiher-Rüsselkrebs. Furca-Krallen auf einem kurzen Fortsatz des Hinterkörpers (Krallenträger). Dieser Fortsatz sowie Basis der Endkrallen mit einer Reihe schlanker Stacheln. Körper mit rundem Buckel, seitlich zusammengedrückt, Kopf rundlich, Rostrum abgerundet. Hintere, untere Schalenecke endet in unterschiedlich langem Zipfel, davor eine lange Borste. Fühlbörstchen der 1. Antenne weit von der Spitze entfernt unter einem dreieckigen Schildchen. Viele Querringe aus feinen Stacheln auf dem „Rüssel" (der 1. Antenne) täuschen Gliederung vor. Naupliusauge fehlt. 5 Paar Blattfüße. **G** Weibchen 250 bis 700 µm. **L** In Teichen häufig, in Seen in Ufernähe, im Pelagial, in der Tiefe.

7 Bosmina (Eubosmina) coregoni, See-Rüsselkrebs. Krallenträger und Basis der Endklauen mit einer Reihe kräftiger Dornen, daran anschließend eine Reihe feinster Härchen (Strichelung der Furca-Krallen). Typische Formen ohne hinteren Schalenzipfel. 1. Antenne oft riesig. **G** Weibchen 0,4–1,2 mm. **L** Planktisch in großen Teichen und Seen Norddeutschlands und des Voralpengebiets; häufig. **A** Mit Schalenstachel, Schalenform rundlich: *B. coregoni kessleri.*

8 Iliocryptus sordidus, Schlammkrebschen. Kopf im Verhältnis zur Schale sehr klein, am Hinterkopf eine deutliche Einsenkung. Schalenoberrand kurz und schwach gekielt. Sehr hoher Schalenhinterrand und Unterrand über die ganze Länge mit langen, grobgefiederten Borsten besetzt. Dunkelrot. Schalen meist mit Schmutzpartikeln bedeckt. Alte Schalen werden bei Häutungen nicht abgeworfen. Beide Augen klein. Rostrum kurz, stumpf. 1. Antennen lang, mehrfach gekerbt. **G** Weibchen bis 1 mm. **L** Schlammbewohner; verbreitet.

9 Macrothrix laticornis, Sägekrebschen. Kopf groß, in kurzes Rostrum ausgezogen, trägt am Hinterrand kleines Scheitelorgan (Haftorgan). Schalenoberrand gekielt, sägeartig gezähnt. Schalenunterränder mit Paaren ungefiederter Borsten. Schalenklappen grünlich, unregelmäßig grob gefeldert. 1. Antennen lang, beweglich, dem Ende zu verbreitert; unter ihrer Ansatzstelle das kleine Naupliusauge. Außenast der 2. Antenne kürzer als Innenast. **G** Weibchen bis 650 µm. **L** Am Grunde ausdauernder Gewässer, bevorzugt Schlammböden; verbreitet.

10 Acantholeberis curvirostris, Moorkrebschen. Schalenoberrand nur leicht gewölbt, ohne Kiel und Zähnchen. Deutlich ein oberer, hinterer Schalenwinkel. Borsten am Hinterrand teilweise sehr lang. Zwischen Kopf- und Rumpfschale ein ausgeprägter Einschnitt. Grünlich bis gelblich. 1. Antennen dem Ende zu schwach verbreitert und leicht gebogen. 2. Antennen mit je 8 Ruderborsten. Furca-Krallen kräftig, am Grunde mit 2 Basaldornen. **G** Weibchen bis 2 mm lang. **L** In Hochmoortümpeln in großer Zahl. Charakterkrebs stark saurer Gewässer.

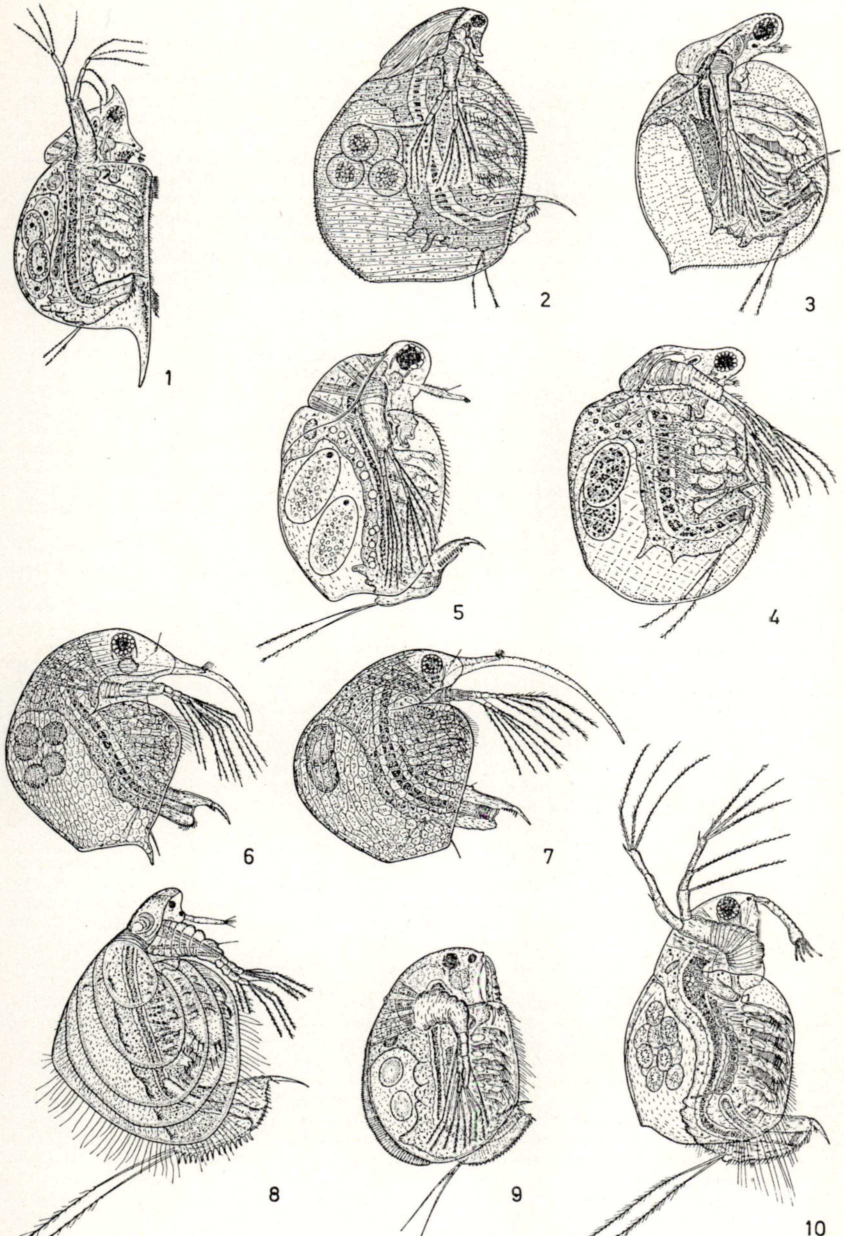
1
2
3
5
4
6
7
8
9
10

Blattfußkrebse

1 Eurycercus lamellatus, Breitschwanzkrebschen. Kopf groß und hoch, Rostrum gebogen und abgestumpft. Rückenrand der Schale gekielt, hochgewölbt; Unterränder mit Borsten besetzt, leicht eingebuchtet. Kaum durchsichtig, gelb mit grünem Schimmer. 1. Antennen groß, überragen Rostrumspitze. Auf dem dorsalen Rand des Hinterleibes über 100 Zähnchen. Schwimmt sehr schnell. **G** Weibchen um 4 mm. **L** Zwischen Wasserpflanzen in ausdauernden Gewässern aller Art; sehr häufig, ab und zu massenhaft.

2 Camptocercus rectirostris, Stemmschwanzkrebschen. Kopf mit hohem Kiel, Augen dadurch weit vom oberen Kopfrand entfernt. Komplexauge klein, mit deutlichen Kristallinsen, wenig größer als Naupliusauge Rostrum überragt 1. Antenne. Darm bildet eine Schlinge, trägt im Hinterrumpf langen Blinddarm. Hinterleib lang, schmal, mit je 15–17 kräftigen, gefiederten Stacheln auf dem dorsalen Rand links und rechts der Afterfurche. **G** Weibchen bis 1,4 mm lang. **L** Häufig am Ufer von Teichen und Seen, auch Kleingewässer. **B** Schwerfällige Schwimmer, kriechen meist im Schlamm. Auffällig langer Hinterleib wird dabei als Sprungstab verwendet.

3 Acroperus harpae, Sichelkrebschen. Kopf ähnlich der vorigen Art, Hinterleib dagegen wesentlich kürzer. Schalen farblos bis dunkelgelb, Körper seitlich stark abgeflacht. Schalen mit gebogenen Längsstreifen. 1. Antennen kurz. Augen klein. Darm mit Schlinge und ausgedehntem Blinddarm. **G** Weibchen um 1 mm. **L** Uferzonen aller ausdauernden Gewässer; häufig.

4 Alona quadrangularis, Gelbes Rippenkrebschen. Hinterkörper am Ende abgerundet. Körper seitlich stark abgeflacht, Schalenhinterrand nur wenig niedriger als größte Höhe der Schalen (vgl. dagegen *Alonella*). Schalen intensiv gelb gefärbt, längsgestreift. Größte Höhe der Schalen am Beginn der Schalenhinterränder. Darm mit Blindsack und Schlinge. Dorsaler Rand des Hinterkörpers mit 15–18 dreieckigen Dornen. 5 Blattfußpaare. **G** Weibchen bis 700 µm. **L** Ausdauernde Gewässer; häufig. **A** Größte Schalenhöhe in der Mitte der Tiere, 6 Blattfußpaare (letztes rudimentär), bräunlich oder rötlich: *A. affinis*. Sehr häufig in Weihern und Seen.

5 Alona rectangula, Braunes Rippenkrebschen. Innenast der 2. Antenne mit 4 Schwimmborsten (5 bei *A. quadrangularis!*). Schalen längsgestreift, bräunlich bis gelblich. Oberer Rand des Hinterkörpers mit 7–9 Gruppen breiter Stacheln; hinterster Stachel jeder Gruppe jeweils der längste. **G** Weibchen um 450 µm lang. **L** Uferform in allen Gewässern; häufig, fehlt in stark sauren Moorseen.

6 Alona costata, Rippenkrebschen. Hinterkörper am Ende dorsal über die Basis der Furca-Krallen hinaus vorgezogen. Dorsaler Rand des Hinterkörpers mit 10–13 Stacheln, darunter (an den Seiten des Hinterkörpers) Büschel zarter Borsten. Schalen seitlich abgeflacht, gelblich, gestreift. 2. Antenne mit Schwimmborsten. **G** Weibchen bis 600 µm lang. **L** Ufer größerer Gewässer Tümpel, Gräben; häufig.

7 Disparalona rostrata, Krummschnabelkrebschen. Seitlich abgeflacht, Schalen parallel zum oberen Schalenrand gestreift. Hinterer unterer Schalenwinkel meist mit kleinem Zahn. Schalen gehen ohne Absatz in den Kopf über. Kopfschild läuft in langes, rüsselförmiges, nach hinten umgebogenes Rostrum aus. Komplexauge etwa so groß oder etwas kleiner als Naupliusauge. **G** Weibchen um 500 µm. **L** Größere Gewässer; häufig, über Sand.

8 Leydigia acanthocercoides, Klumpfußkrebschen. Rostrum schräg nach vorne gerichtet, kurz, stumpf. Naupliusauge größer als Komplexauge. Hinterrand der Schalen nur wenig niedriger als ihre größte Höhe. Bauchränder der Schalen eng mit gefiederten Borsten besetzt. Durchsichtig, gelblich oder rot. 5 Paar Blattfüße, davon – einmalig unter den Wasserflöhen – das letzte Paar am größten. Hinterkörper sehr hoch, dorsal mit mehreren Borstenbüscheln. Furca-Krallen ohne Basaldorn **G** Weibchen bis 1 mm lang. **L** Bodenschlamm größerer Gewässer, auch in der Tiefe. **A** Furcakrallen mit kleinem Basaldorn: *L. quadrangularis (leydigii)*. Häufiger als *L. acanthocercoides*.

9 Graptoleberis testudinaria, Schildkrötenkrebschen. Kopfschild breit schaufelförmig, in Seitenansicht flach. Bauchränder der halbkugeligen Schalen mit Borsten besetzt. Untere hintere Schalenecke mit 1–3 Zähnchen. Schalen grau bis gelblich, grob gefeldert. Darm ohne Blinddarm. Kriecht am Boden, schwimmt sehr schlecht. **G** Weibchen bis 700 µm. **L** Alle ausdauernden Gewässer; verbreitet und häufig, nie massenhaft.

10 Alonella exigua, Graues Zwergkrebschen. Hinterrand der Schale niedrig, gegen den Rückenrand durch eine Ecke abgesetzt. Hinterer unterer Schalenwinkel mit einigen Zacken. Bauchränder der Schalen mit Fiederborsten besetzt. Schalen gefeldert, braun, grau, grünlich. Kein Blinddarm. **G** Weibchen um 400 µm. **L** Stehende Gewässer aller Art zwischen Pflanzen; Uferform. **A** Schale außer der Felderung mit sehr feinen Längsrillen: *A. excisa*; verbreitet.

11 Alonella nana, Gestreiftes Zwergkrebschen. Weißlich bis grau, charakteristisch gestreift: Streifenreihen laufen von oben hinten nach vorne unten in Bögen über die Schale und den Kopf hinweg. **G** Weibchen um 250 µm. **L** Ufer kleinerer Gewässer; häufig. Fehlt in vielen Seen, ist in anderen aber häufig.

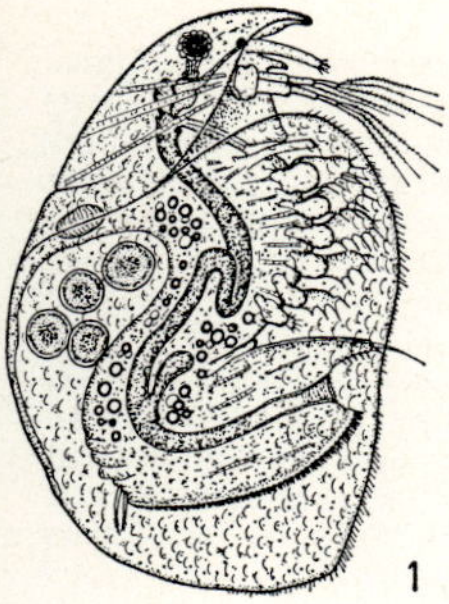

1

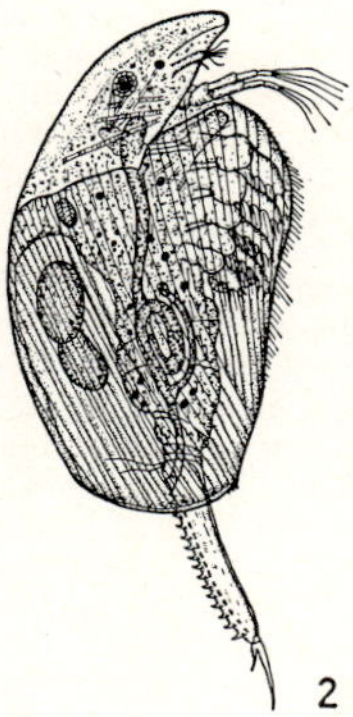

2

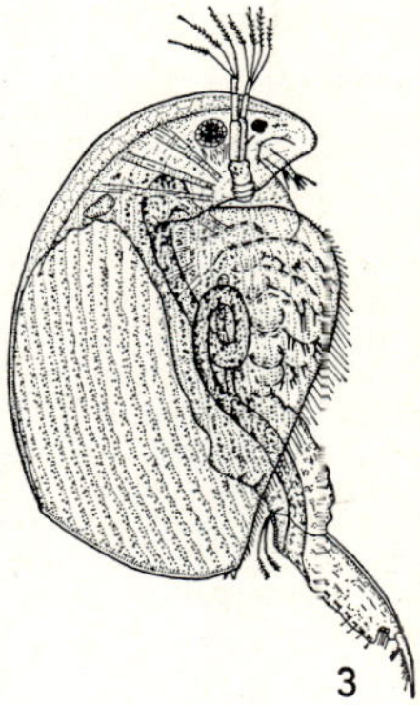

3

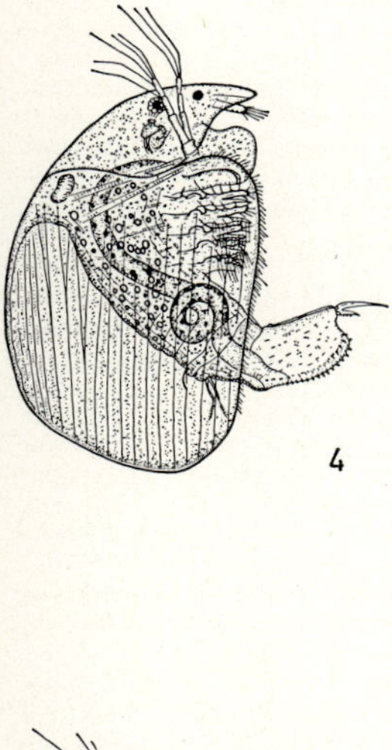

4

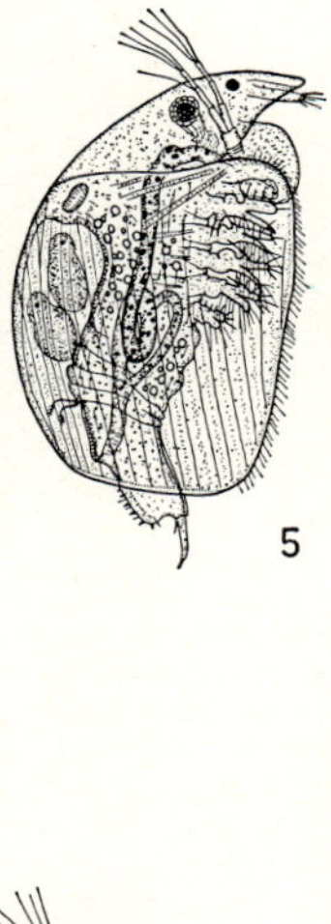

5

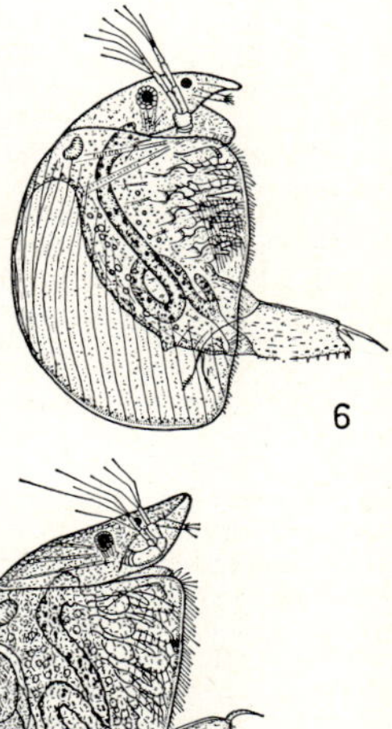

6

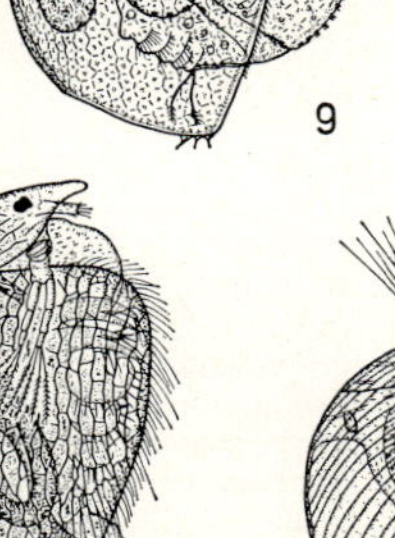

9

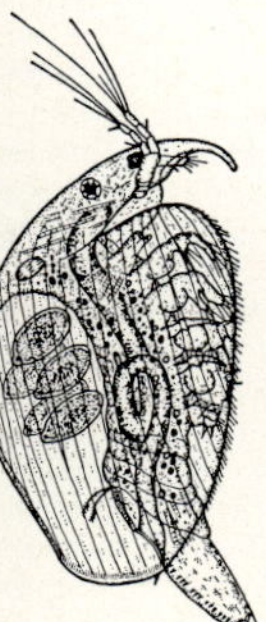

7

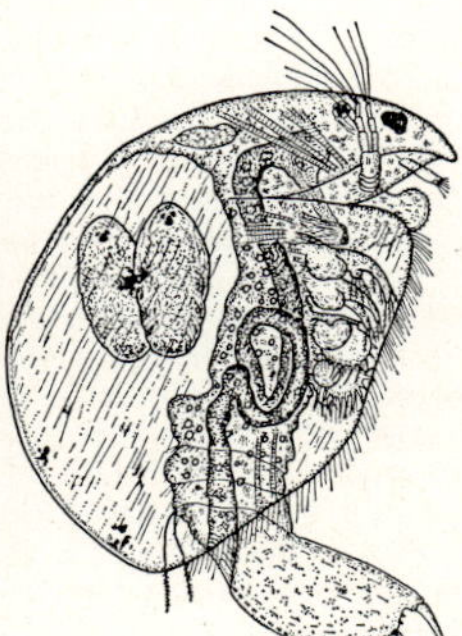

8

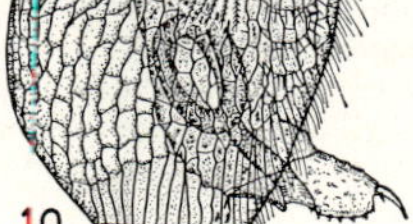

10

11

Blattfußkrebse

1 Peracantha truncata, Stachelkrebschen. Rostrum lang und spitz, Kopf niedrig. Hinterränder der seitlich kaum abgeflachten Schalen über die ganze Länge grob gesägt. Unterränder der Schalen vorne mit gebogenen Zacken, dahinter mit gefiederten Borsten. Schalen sehr deutlich längsgestreift, gelblich bis gelbbraun. 1. Antennen kurz und dick, erreichen Rostrumspitze nicht. 2. Antennen mit 8 Schwimmborsten (3 am Außenast, 5 am Innenast). Naupliusauge viel kleiner als Komplexauge. Darm ohne Blinddarm. Endkrallen des relativ schmächtigen Hinterkörpers mit 2 basalen Dornen. **G** Weibchen um 650 µm lang. **L** Zwischen Uferpflanzen in Seen und Tümpeln, in Gräben und Sümpfen, meidet saure Gewässer; häufig.

2 Pleuroxus uncinatus, Uferkrebschen. Kopf niedrig, Rostrum lang und spitz, bei den Weibchen Vorderende häufig etwas aufgebogen. Unterer hinterer Schalenwinkel mit 2–4 Zacken. Schalen graugrün bis gelblich, deutlich gefeldert, meist mit Schlammpartikeln überkrustet. 1. Antennen erreichen Rostrumspitze nicht. Darm mit hinterem Blindsack. Hinterkörper kurz; sein Dorsalrand gerade oder konvex mit 2 Reihen grober Dornen. **G** Weibchen um 600 µm lang. **L** Uferbereich ausdauernder Gewässer; sehr häufig. **A_1** Dorsalrand des Hinterkörpers konkav: *P. laevis.* **A_2** Schalen meist gestreift, Dorsalrand des Hinterkörpers konvex, mit Gruppen feiner und schlanker Borsten, Rostrum zeigt nach hinten: *P. aduncus.* **A_3** Hinterkörper wie bei *P. uncinatus,* Rostrum gerade, nicht aufgebogen: *P. trigonellus.*

3 Pseudochydorus globosus, Kugelkrebschen. Körper seitlich wenig zusammengedrückt, im Umriß fast kreisrund. Kopf groß, durch deutliche Linie von der konzentrisch gestreiften Schale abgesetzt. Rostrum spitz und lang. Schalen dunkelgelb mit braunem Fleck. Bauchränder der Schalen hinten nach innen eingebogen und mit kammartigen Borstenreihen besetzt. **G** Weibchen bis 900 µm lang. **L** Zwischen Pflanzen in Weihern und nährstoffreichen Seen; häufig. **A** Sehr ähnlich, Unterränder der Schalen mit breitem Zackenzipfel: *Anchistropus emarginatus.* Parasitiert auf Süßwasserpolypen.

4 Chydorus sphaericus, Linsenkrebschen. Schalen im Umriß variabel, oval oder fast kreisrund; abgerundete Hinterecken treten immer hervor. Grau, grünlich oder bräunlich. Schalen meist gefeldert (glatte, punktierte oder mit Grübchen besetzte kommen vor). **G** Weibchen 300 bis 500 µm. **L** Uferform in allen Gewässern; sehr häufig. **B** Kletterspezialist: hält sich mit Schalenklappen und Stacheln der Vorderbeine an Algenfäden und Blättchen fest oder läuft darauf entlang. 2. Beinpaar (mit Stachelrechen) harkt dabei den Bewuchs ab.

5 Monospilus dispar, Gänsekrebschen. Schalen in Seitenansicht fast kreisrund, konzentrisch gefeldert, am Rücken mit flachen Vertiefungen. Nach den Häutungen bleiben die alten Schalen auf den neuen liegen. Kleiner Kopf von der Schale abgesetzt, lebhaft beweglich. Nur 1 großes Naupliusauge, Komplexauge fehlt. **G** Weibchen um 500 µm. **L** Größere Gewässer auf sandigem und schlammigem Boden. Ausgeprägte Bodenform. Zerstreut.

6 Polyphemus pediculus, Raubwasserfloh. Körper gestreckt; Schale überdeckt den Körper nicht, hängt ihm nur als „Rucksack" an und dient als Brutraum. Durchsichtig, bläulich oder rötlich schimmernd. Kopf groß, mit halbkugeligem Komplexauge mit ungefähr 150 Linsen. Augenfleck fehlt. Räuberisch. Beine ohne Kiemenanhänge; dem Gasaustausch dient das „Kopfschild", eine sattelartige Platte sehr dünnen Chitins. **G** Weibchen 1–2 mm lang. **L** Uferzonen kleinerer und größerer Gewässer, auch Moorseen; häufig. **B** Erfaßt Beute mit den bestachelten Raubbeinen und zerreißt sie mit den hakenartigen Mandibeln. Zahl der Eier im Brutraum bis zu 50. Eier schwimmen in einer Nährflüssigkeit, einem „Fruchtwasser", das von Zellen der Rückenhaut des Körpers ausgeschieden wird.

7 Bythotrephes longimanus, Langschwanzkrebschen. Vollkommen durchsichtig und farblos. Sehr auffällig der lange gegliederte Hinterleib und der Schwanzstiel. Bei Häutungen bleibt die alte Kutikula des Schwanzstachels mit den Furca-Krallen über der neuen Kutikula erhalten. Bei älteren Tieren erscheinen daher Furca-Krallen in dreifacher Zahl. 2 winzige Börstchen am Ende der Tiere entsprechen den „Fiederborsten" (Setae natatores) der übrigen Wasserflöhe. Der ganze Schwanzstachel ist daher als Träger dieser Setae anzusehen. Augen groß, braun. Frißt Ruderfußkrebse und Wasserflöhe. **G** Weibchen ohne Stachel 2–3, mit Stachel bis 10 mm lang. **L** Nur im Seenplankton. Norddeutschland (auch flache Seen) und tiefe Seen des Alpengebiets und Alpenvorlandes.

8 Leptodora kindtii, Glaskrebs. Glasartig durchsichtig. Schwimmt ruckartig durch langsame Bewegungen der 2. Antennen. 1. Antennen kurz, in Form kleiner Keulchen; bei den Männchen sehr lang. 6 Beinpaare, erstes am kräftigsten entwickelt. Atmung mittels dünnwandigem Kopfschild, außerdem Darmatmung. Komplexauge mit 200–300 Linsenkeilen. Hinter dem Auge das optische Ganglion und das Gehirn deutlich erkennbar. Darmkanal mit auffallend langer Speiseröhre und ganz kurzem Magen. Endsegment des Körpers mit 2 Furca-Krallen. Brutraum sackförmig, hinten offen. **G** Weibchen 10 mm lang. Männchen kleiner. **L** Planktisch im freien Wasser von Seen und größeren Teichen, unabhängig von der Gewässertiefe. **B** Fadenalgen im Wasser bringen die Tiere rasch zum Absterben: Beine und Antennen verhängen sich im Fadengewirr.

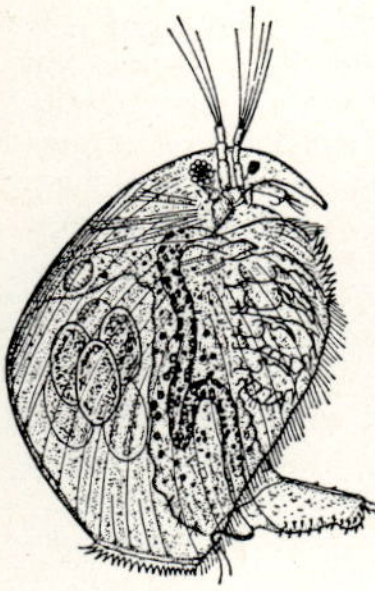

1

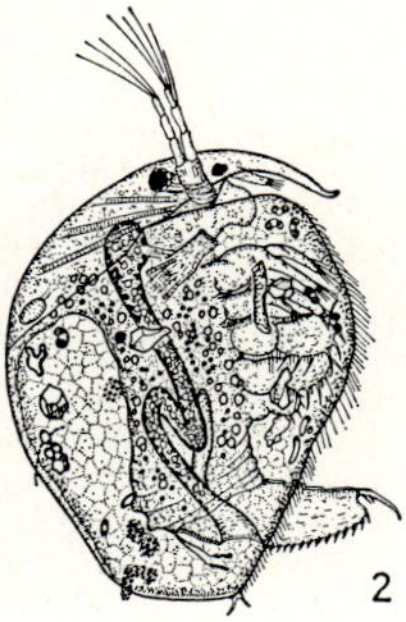

2

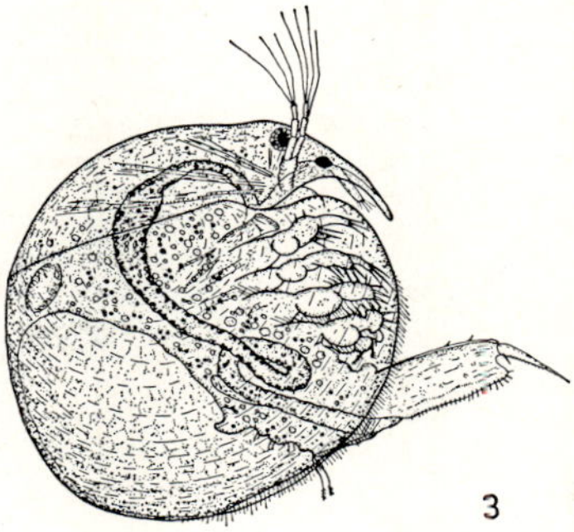

3

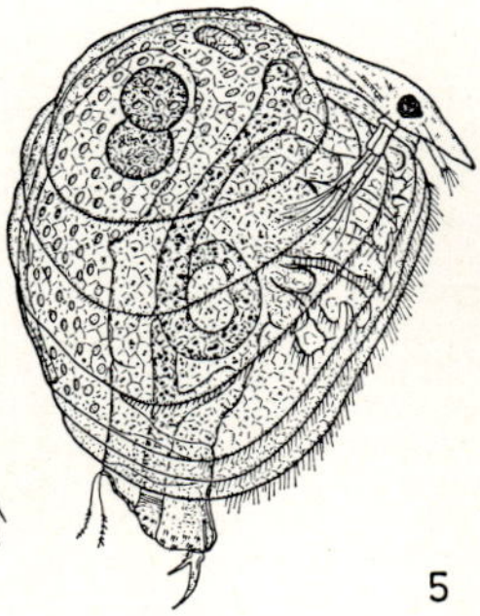

5

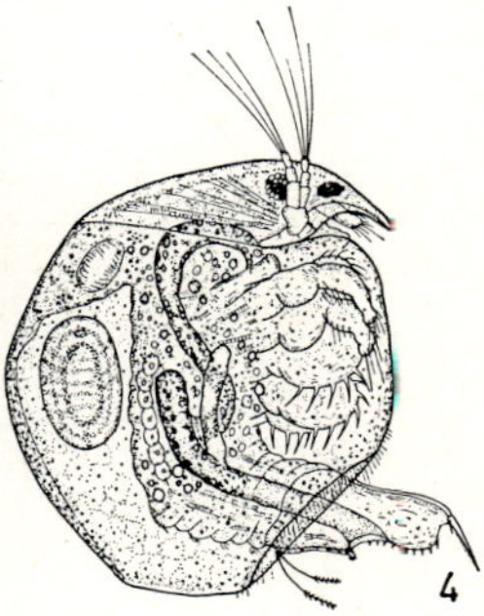

4

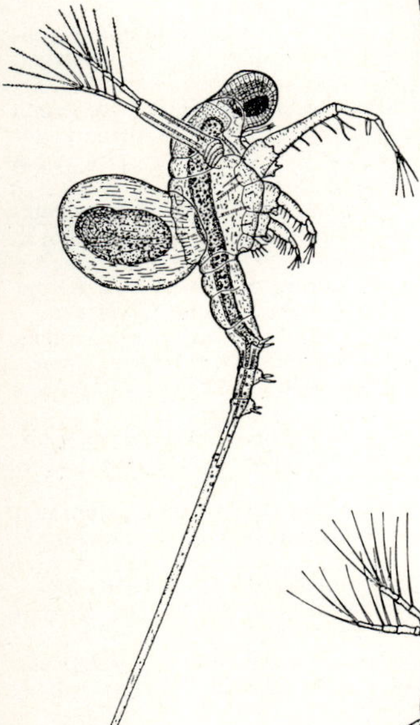

7

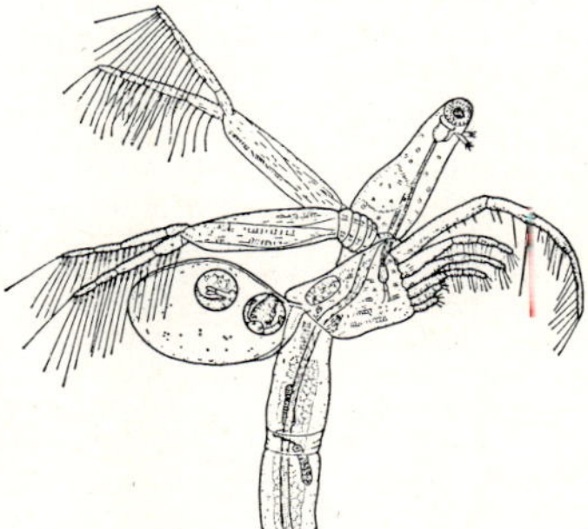

8

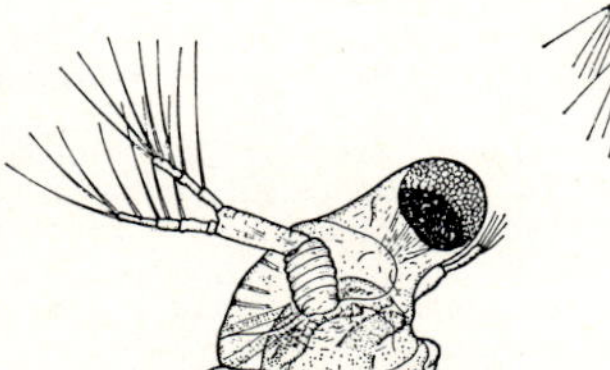

6

Ruderfußkrebse

1 Diaptomus castor, Roter Schwebekrebs. 1. Antenne 25gliedrig. Ölkugeln im Fettkörper auffallend rot, blau, orange oder braun. Letztes Thorakalsegment beiderseits mit 2 auffälligen Zipfeln. **G** Bis 3,5 mm. **L** Tümpel, Gräben, Wasserlöcher, austrocknende Kleingewässer; häufig.

2 Eudiaptomus gracilis, Farbloser Schwebekrebs. 1. Antenne 25gliedrig. Meist farblos. Letztes Thorakalsegment mit seitlichen Flügeln. **G** Bis 1,5 mm. **L** Planktisch in Seen, Weihern, Teichen; häufig. Rechte Antenne der Diaptomiden-Männchen ist in ein Greiforgan umgewandelt. Zahlreiche Sinnesborsten und 1 auffälliges Kniegelenk. Weibchen werden damit gepackt.

3 Eudiaptomus graciloides, Kleiner Schwebekrebs. 1. Antenne 25gliedrig. Farblos, selten zartblau oder gelb. Hintere Ecken des letzten Thorakalsegmentes abgerundet, je mit 2 Spitzen bewehrt. **G** Um 1,3 mm. **L** Planktisch in nährstoffreichen Gewässern; häufig.

4 Eudiaptomus vulgaris, Gemeiner Schwebekrebs. 1. Antenne 25gliedrig. Farblos, rötlich oder bräunlich. Äußere Spitzen des letzten Thorakalsegmentes zeigen nach hinten und außen. **G** Bis 2,5 mm. **L** Planktisch in Weihern, Teichen, Kleingewässern, auch austrocknende Gewässer.

5 Eurytemora velox, Flügelkrebs. 1. Antenne 24gliedrig. Farblos, Beine und Mundwerkzeuge an der Basis zuweilen tief blau. **G** Bis 2,2 mm. **L** Planktisch in norddeutschen Seen.

6 Heterocope borealis, Bodensee-Schwebekrebs. 1. Antenne 25gliedrig. Farblos, rötlich, bläulich oder olivgrün. Furca-Äste mit 3 großen Borsten und 1 kleinen, ungefiederten Borste. **G** Bis 5 mm. **L** Planktisch in den großen Seen des Alpenvorlandes. Stirbt aus!

7 Heterocope appendiculata, Plankton-Schwebekrebs. 1. Antenne 25gliedrig. Farblos oder grünlich-blau. Furca-Äste mit nur 3 Borsten. **G** Um 2 mm. **L** Nährstoffreiche Seen Norddeutschlands.

8 Macrocyclops fuscus, Dunkler Riesenhüpferling. 1. Antenne 17gliedrig. Dunkelgrün oder braunrot. Furca-Äste an den Innenrändern stark behaart. **G** Bis 4 mm. **L** Gewässer aller Art.

9 Macrocyclops albidus, Weißer Riesenhüpferling. 1. Antenne 17gliedrig. Farblos, höchstens Furca dunkel gefärbt. Die beiden Eierballen werden stark abgespreizt getragen. Innenränder der Furca-Äste kahl. Räuber. **G** Um 2,5 mm. **L** Seeufer, Weiher, Teiche; häufig.

10 Eucyclops macrurus, Langschwanzhüpferling. 1. Antenne 12gliedrig. Kaum gefärbt. Furca-Äste etwa 10mal so lang wie breit, ihre Außenränder mit kurzer Dörnchenreihe. Frißt Pflanzen, zum Beispiel planktische Grünalgen. **G** Bis 1,4 mm. **L** Gewässer aller Art.

11 Eucyclops serrulatus, Sägeschwanzhüpferling. 1. Antenne 12gliedrig. Strohgelb, gelbbraun oder rostrot. Eiballen blau-schwarz, abstehend. Furca-Äste leicht gekrümmt, ihre Außenränder mit je 1 langen Reihe kleiner Zähnchen. **G** Weibchen bis 1,4 mm. **L** Alle Gewässertypen, selbst Grundwasser, nicht im Seenplankton; wohl der häufigste Ruderfußkrebs.

12 Paracyclops fimbriatus, Weißer Schlammhüpferling. 1. Antenne 8gliedrig. Schneeweiß. Bodenform, schlechter Schwimmer. **G** Um 1 mm. **L** Alle Gewässertypen; häufig.

13 Ectocyclops phaleratus, Farbiger Schlammhüpferling. 1. Antenne 10gliedrig. Rotbraun bis braun, Antennen und Furca blau. Eierballen liegen dem Hinterleib eng an. Furca-Äste auf der Rückenseite mit mehreren Reihen feiner Börstchen. **G** Bis 1,2 mm. **L** Boden aller Gewässer.

14 Cyclops strenuus, Gemeiner Hüpferling. 1. Antenne 17-, selten 16- oder 18gliedrig. Farblos oder gelblich bis grünlich. Große Eisäckchen dem Hinterleib ziemlich dicht anliegend. Innenränder der gekielten Furca-Äste behaart; Endborsten kurz. **G** Weibchen bis 3,5 mm. **L** In großen Gewässern Freiwasserform, in kleineren Uferform.

15 Megacyclops viridis, Grüner Hüpferling. 1. Antenne 17gliedrig. Auf den Tieren oft massenhaft Grünalgen. Eisäckchen groß, abstehend. Furca-Äste ohne Kiel, Innenränder behaart. Räuber. **G** 1,5–2,5 mm. **L** Gewässer aller Art, in Seen Uferform; verbreitet.

16 Diacyclops bicuspidatus, Gelber Hüpferling. 1. Antenne 17gliedrig. Gelblich bis gelbbraun. Längliche Eiballen stehen stark ab. Furca-Äste schlank, in Basisnähe mit einigen feinen Dörnchen. **G** Um 1,4 mm. **L** Gewässer aller Art.

17 Cryptocyclops bicolor, Zwerghüpferling. 1. Antenne 11gliedrig. Farblos. Eisäckchen anliegend. Furca-Äste gleichmäßig breit, an der Innenkante unbehaart. **G** Bis 800 µm. **L** Ausdauernde Gewässer aller Art, in Seen Uferform; häufig.

18 Mesocyclops leuckarti, Teichhüpferling. 1. Antenne 17gliedrig. Meist farblos. Große, abstehende Eisäckchen. „Außenrandborsten" etwa in der Mitte der Furca-Äste. **G** Um 1,3 mm. **L** Schwebeform in Teichen, Baggerseen, Weihern; in Seen zuweilen wichtige Planktonart.

19 Thermocyclops oithonoides, Seehüpferling. 1. Antenne 17gliedrig. Fast durchscheinend, ungefärbt. **G** Bis 900 µm. **L** Typische Form des Seenplanktons.

20 Canthocamptus staphylinus, Blauer Raupenhüpferling. 1. Antenne 8gliedrig. Meist stahlblau. Analplatte mit vielen kräftigen Dornen. Borstenreihe am Hinterrand des vorletzten Hinterleibssegmentes in der Mitte unterbrochen. **G** Bis 900 µm. **L** Seichte Tümpel; sehr häufig.

21 Attheyella crassa, Raupenhüpferling. 1. Antenne 8gliedrig. Gelblich, rötlich oder farblos. Außenränder der Furca-Äste stark geschwungen, mit je einem halbkugeligen Chitinzapfen. **G** Um 650 µm. **L** Gewässer aller Art; häufig.

22 Bryocamptus minutus, Mooswurm. 1. Antenne 8gliedrig. Ungefärbt, Ölkugeln gelblich oder rötlich. Analdeckel mit 7–10 zweispitzigen Dornen. **G** Bis 800 µm. **L** Gewässer, Moose.

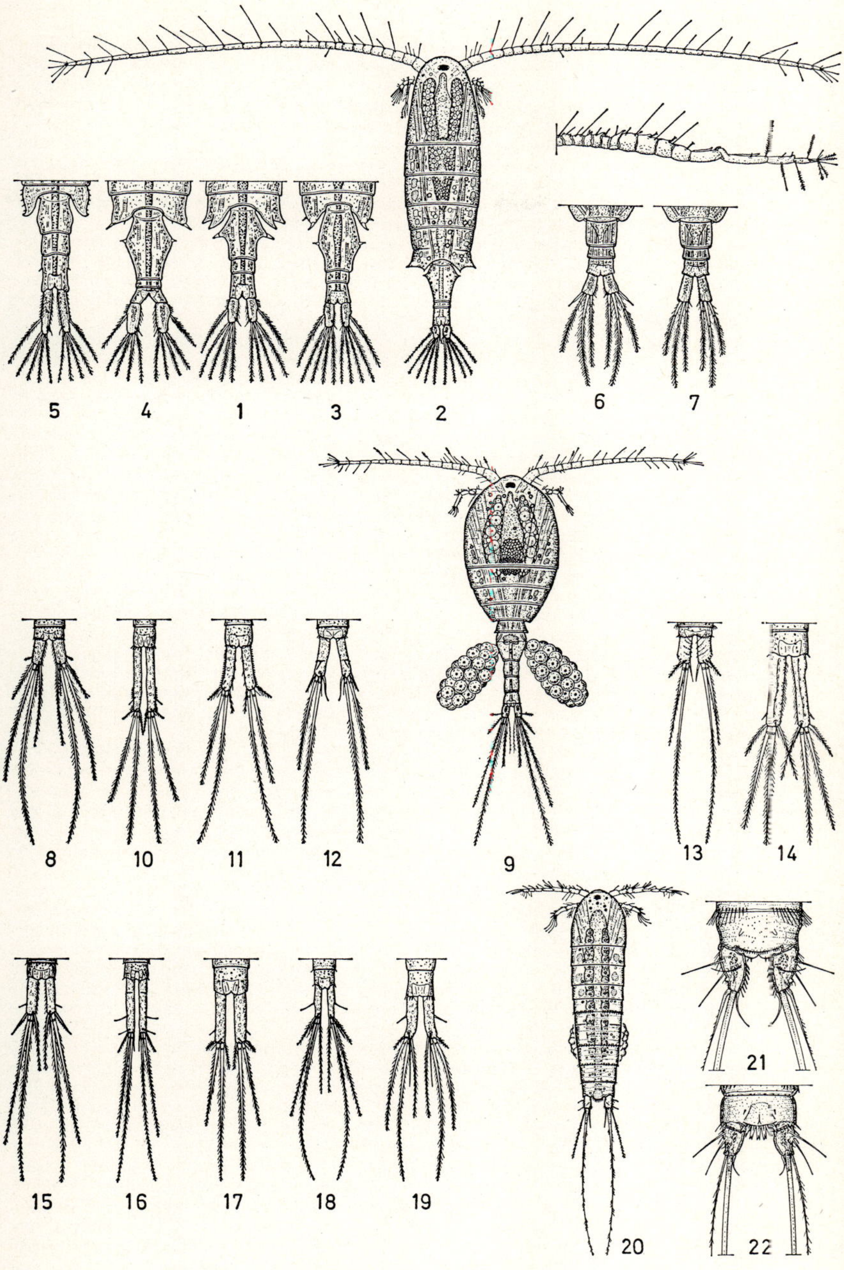
5
4
1
3
2
6
7
8
10
11
12
9
13
14
15
16
17
18
19
20
21
22

Muschelkrebse

1 Ilyocypris gibba, Höcker-Muschelkrebs. Schale stark verkalkt, hart, mit seitlichen Grübchen, Rinnen und rundlichen Höckern. Weißlich-grau. Schwimmborsten der 2. Antennen lang und befiedert, Borsten der 1. Antenne sehr lang, dünn. 3. und 4. Glied des 1. Beinpaares verschmolzen. Furca-Äste schwach gebogen, 1 Borste steht jeweils von den 3 übrigen Endklauen ab. **G** Bis 1 mm lang. **L** Kleingewässer aller Art; nicht in fließendem Wasser; sehr verbreitet.

2 Candona candida, Perlmutt-Muschelkrebs. Schalen reinweiß, porzellanartig, an der Luft perlmuttartig schimmernd. 2. Antenne 5gliedrig, ohne Schwimmborsten. Furca gebogen, mit 2 Endklauen, von diesen entfernt eine 3. Borste. Endglied des Putzfußes mit 3 gekrümmten Borsten. **G** Bis 1,2 mm lang. **L** Sumpfige Gewässer, flache Wassergräben; überall häufig. **B** Skelettieren mit ihren kräftigen Beißmandibeln ins Wasser gefallene Blätter.

3 Cyclocypris laevis, Runder Muschelkrebs. Schalen dunkelbraun, bei Jungtieren mit abstehenden kurzen Borsten besetzt. In Aufsicht sehr breit eiförmig. Linke Schalenhälfte umgreift die rechte. Augen gut entwickelt. 1. und 2. Antennen kräftig, beide mit langen Schwimmborsten. Letztes Glied des Putzfußes ungewöhnlich lang, mit 3 sehr verschieden langen und geformten Borsten. **G** 0,5 mm lang. **L** Alle Gewässertypen; sehr häufig.

4 Cypria ophthalmica, Augen-Muschelkrebs. Schalen dunkelbraun bis hellbraun, glatt. Vorder- und Hinterränder der Schalenhälften mit breitem, durchsichtigem Saum. Bauchrand der Schalen fast gerade. Beide Antennenpaare mit langen Schwimmborsten. Putzfuß mit 2 gleichlangen und 1 erheblich größeren Endklaue. **G** Bis 0,7 mm lang. **L** Alle Gewässertypen. Gedeiht am besten in schlammigen, vegetationslosen Kleinteichen. Häufig.

5 Notodromas monacha, Rückenschwimmer-Muschelkrebs. Schalen ungefähr 5eckig, schiefergrau mit weißen bis gelben Flecken und Streifen. Am unteren hinteren Schalenwinkel eine scharfe Spitze (fehlt den Männchen). Augenbecher getrennt (Aufsicht!). Beide Äste der Furca miteinander verklebt. **G** Bis 1,2 mm lang. **L** Gewässer aller Art; sehr häufig. (Sommerform.) **B** Kann sich mit Haaren der ventralen Schalenseite an der Unterseite einer ruhigen Wasseroberfläche aufhängen; filtriert die Kahmhaut.

6 Cypris pubera, Grüner Muschelkrebs. Meist dunkelgrün, zuweilen ins Bräunliche spielend, immer dicht beborstet. Längs des Vorderrandes der etwa dreieckigen Schalen 9 Zähnchen. Hintere, untere Schalenecke grob gezähnelt. Beide Antennenpaare mit Schwimmborsten, kräftiger Putzfuß mit kleiner Hakenborste und kurzer gerader Borste auf dem gedrungenen Endglied. **G** bis 2,6 mm lang. **L** Seen, Tümpel, Wiesengräben; häufig.

7 Heterocypris incongruens, Schmutzig-gelber Muschelkrebs. Schalen schmutzig-gelb, hellgelb oder rostbraun. Sehr locker beborstet. In Seitenansicht etwa nierenförmig. Linke Hälfte des glatten Panzers überragt etwas die rechte. Vorderrand der rechten Schalen dicht mit Zähnchen und Höckerchen besetzt. Äste der Schwanzgabel schlank, gerade. Frißt Algenfäden und Zieralgen. **G** Bis 1,6 mm lang. **L** Kleine Gräben und Tümpel; überall häufig.

8 Eucypris virens, Gelbfleck-Muschelkrebs. Schalen schmutzig graugrün, heller oder dunkler mit kurzen Borsten. Vorderende stärker zugespitzt als Hinterende. Charakteristisch: Gelblicher Farbfleck hinter dem Auge. Endklauen der Furca sehr unterschiedlich lang, kaum gebogen, Vorsprünge am 3. und 4. Glied des Putzfußes bilden zusammen eine winzige Schere. **G** Bis 2 mm lang. **L** Überall häufig. **B** 2 Formen: Kriechende Bachform (*acuminata*-Form) mit kurzen Schwimmborsten der 2. Antenne und typische Teichform, bei der die Schwimmborsten weit über die Antennenspitzen hinausreichen. Ausgesprochene Frühjahrsform.

9 Cypricercus affinis ***(Eucypris affinis, Cypris reticulata),*** Frühlings-Muschelkrebs. Schalen glatt, mit zahlreichen feinen Härchen. Hell- bis grünlich-gelb, unter dem Auge ein großer, grauschwarzer Fleck mit verwaschenen Rändern. Schalen der Jungtiere deutlich netzartig gefeldert. Beide Antennenpaare mit langen Schwimmborsten. Putzfuß am Ende mit kleiner Schere. **G** Bis 1,2 mm lang. **L** Alle Gewässertypen; nur im April und Mai, dann oft massenhaft. **A** Schalen rauh, mit zahlreichen kleinen Wärzchen und braunvioletter Binde vom Rücken bis zu den Schließmuskel-Ansätzen, bis 1,5 mm: *C. fuscatus;* im Frühjahr in flachen Gräben und Pfützen häufig.

10 Herpetocypris reptans, Schlangen-Muschelkrebs. Schalen undurchsichtig, glänzend, gelb- bis olivgrün, mit dunkelgrünen Flecken und blasseren Streifen. Hälften des langgestreckten Panzers sehr ungleich; linker Schalenteil überragt den rechten vorne und hinten beträchtlich. Schwimmborsten der 2. Antenne meist rückgebildet. Endklauen der Furca grob gesägt. **G** Bis 2,6 mm lang. **L** Alle Gewässertypen; verbreitet. **A** 2–7 mm lang, Endklauen der Furca nicht gezähnt: *H. strigata;* Wiesentümpel und Pfützen, im Frühjahr.

11 Cypridopsis vidua, Zebra-Muschelkrebs. Schalen hellgelb bis hellgrün. Auffällig: 3 oder 4 dunkle Striemen, die als Binden senkrecht vom Rücken zur Schalenmitte ziehen; 1 dunkler Fleck am Hinterrand. Schwimmborsten beider Antennenpaare gut entwickelt. Furca verkümmert, besteht nur aus einem Stamm und einer längeren Geißel. **G** Bis 0,7 mm lang. **L** Gewässer aller Art; verbreitet (am häufigsten als Sommerform in nicht austrocknenden Teichen). **B** Gesundheitspolizei: Frißt Tierleichen, Diatomeen, organische Zerfallsstoffe.

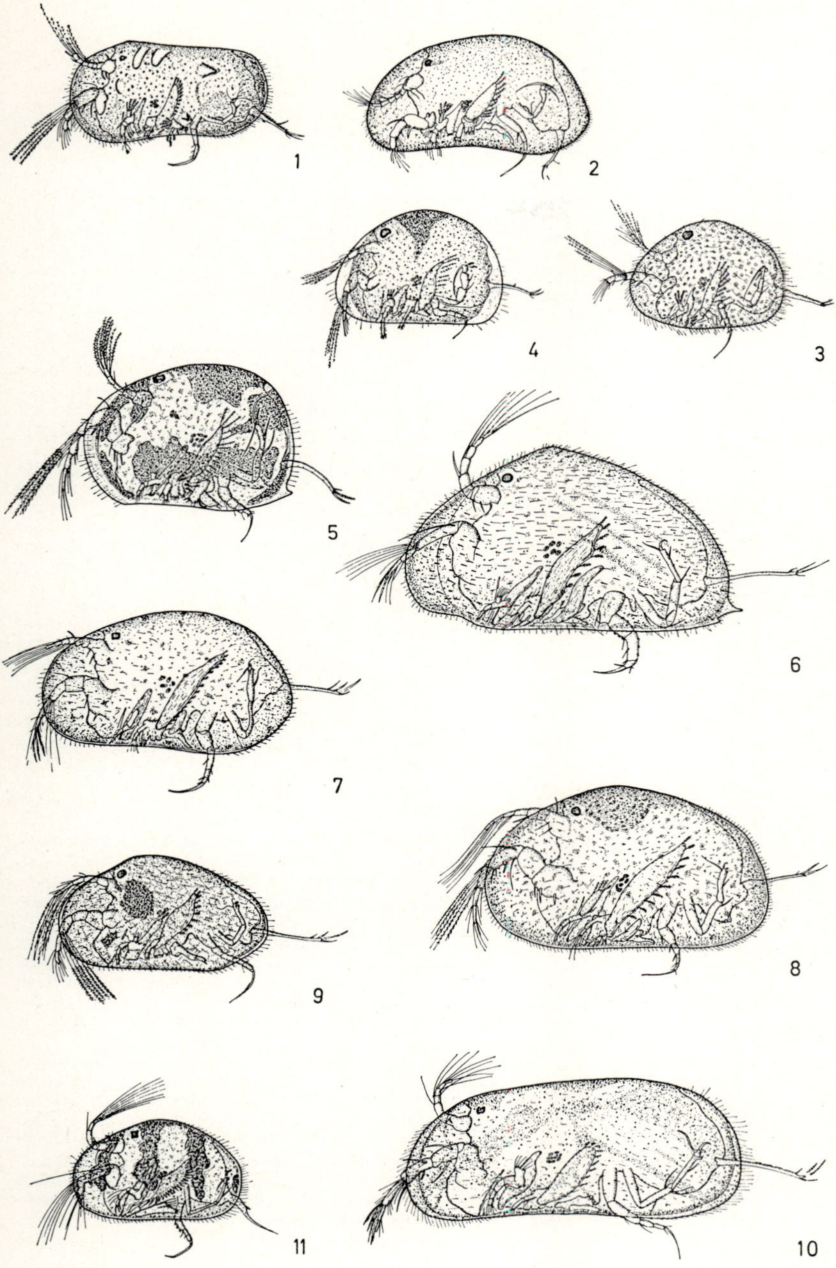

1 Limnochares aquatica, Sackmilbe. Blutrot, beide Augenpaare auf einer langgestreckten Chitinleiste in der Körpermittellinie. Gestalt wechselt, da dicht gekörnelte Haut sehr weich; Tiere sinken außerhalb des Wassers zusammen und sterben rasch. Palpen kurz, dünn, wenig über die Mundscheibe des kräftigen Rüssels hinausreichend. Nichtschwimmer; Beine ohne Schwimmhaare, mit gefiederten und einfachen Borsten. **G** Erwachsene Weibchen bis 4 mm. **L** Am Grund von Weihern und auf Wurzeln von Wasserpflanzen. **B** 6beinige Larven (schwimmfähig) setzen sich auf Wasserinsekten (Teichläufer und Wasserreiter) fest. Parasitische 1. Entwicklungsstadien hängen als rote Birnchen zu 10 bis 20 an ihren Wirten.

2 Eylais extendens, Brillenmilbe. Rot. Chitinkapseln der Doppelaugen durch kurze, hinten weit eingebuchtete Chitinbrücke miteinander verbunden. Palpen dicht beborstet. Mundscheibe kreisrund. Körper eiförmig, niedergedrückt. Gewandte Schwimmer. Hinteres Beinpaar wird gespreizt nachgeschleppt; dient als Steuer, nicht zum Schwimmen. Larven schmarotzen auf Wasserkäfern. **G** Männchen 3, Weibchen 4 mm. **L** Pflanzenbedeckte Kleinteiche; hier häufigste der 15 heimischen *E.*-Arten.

3 Hydrachna globosa *(Diplohydrachna globosa),* Kugelmilbe. Blutrot. Haut weich, erscheint dicht gekörnelt, rundum mit 15–20 µm hohen Chitinspitzen besetzt. Dicht hinter den Augenkapseln 2 Rückenplatten von „Afrika"- bzw. „Südamerika"-Form. Maxillarorgan mit langem Rüssel, an dessen Spitze die Mundöffnung. Palpen klein. Beine kurz, am vorderen Beinpaar keine Schwimmhaare. Larven schmarotzen an Wasserinsekten (rote Säcke an den Gelenkhäuten) und überwintern auf ihren Wirten. **G** Weibchen um 2,5 mm. **L** Stehende Gewässer; häufigste der 20 heimischen *H.*-Arten.

4 Panisus michaeli, Fleckenmilbe. Leuchtend rot, Körper weichhäutig. Augen weit voneinander entfernt. Vorletztes Palpenglied bildet Fortsatz, der mit dem 5. Glied eine kleine Schere ergibt. Rückenseite mit Längsreihen ausgefranster Chitinschilder. Beinglieder mit kräftigen Dornen. **G** 1,4–1,6 mm. **L** Quellen, in Schlamm und Moosen; Herbst und Winter zahlreich. **A** Chitinplatten viel kleiner, vorderste ringförmig, Palpenglieder mit auffälligen Poren, 1–1,3 mm: *Thyas rivalis.*

5 Hydrodroma despiciens *(Diplodontus despiciens),* Gelbfußmilbe. Körper rot, Beine gelb. Im Umriß fast kreisrund. Haut mit nach hinten gerichteten Zapfen dicht besetzt. Jeweils das vordere Auge der beiden Augenpaare auf der Bauchseite. Palpen kurz; Ende des 4. Gliedes in gebogenen Fortsatz ausgezogen, der mit dem Endglied eine schmale Schere bildet. Lebhafter Schwimmer. Larven parasitieren auf Büschelmücken. **G** 2 mm. **L** Uferform in stehenden Gewässern, auch großen Seen; sehr häufig.

6 Hydryphantes ruber, Sattelmilbe. Rot. Zwischen den umkapselten Doppelaugen Rückendecke zu trapezförmigem, hinten ausgezipfeltem Plättchen verdickt. Auf dem Rücken 4 Paar „Haarknöpfe". Palpen kurz und dünn. Schwimmt mit weitabgestreckten Beinen. **G** 2 mm. **L** Stehende, zeitweilig austrocknende Gewässer; im Sommer im erstarrenden Schlammboden unter Laub und Steinen; häufigste von 15 *H.*-Arten.

7 Sperchon glandulosus *(Porosperchon glandulosus),*Quellenmilbe. Braunrot bis ockergelb, innere Organe schimmern grünlich durch. Haut weich, papillös. Beine ohne Schwimmhaare. Um die Hautdrüsenmündungen auf dem Rücken stark verhärtete und erhabene Chitinschilder. Larven parasitieren auf Zuckmücken. **G** 0,8–1,2 mm. **L** Quellen, an Moosen, Steinen, im Detritus. Häufig. **A** Braunrot, stark chitinisierte Teile purpurrot: *Sperchon brevirostris;* in Quellen häufig.

8 Frontipoda musculus *(Oxus musculus),* Muschelkrebs-Milbe. Dunkelgrün, rot oder braun. Körper hochaufgewölbt, seitlich so stark zusammengedrückt, daß die Tiere bei der Betrachtung stets auf die Seite kippen. Beine am Stirnende nicht hintereinander, sondern übereinander eingelenkt. Hinterbeine mit je einer Schwertborste anstatt Krallen. Palpen kurz, viel dünner als die Beine. Untereinander verschmolzene Epimerenplatten hüllen als Panzer den Körper bis auf eine Rückenfurche ein. **G** 1 mm. **L** Stehende Gewässer; weitverbreiteter Einzelgänger.

9 Lebertia insignis, Hüpfmilbe. Gelblichrot oder rot. Haut glatt, ungepanzert. Hinterbeine länger als der Körper (beim Männchen nur körperlang), mit wirkungsvollen Schwimmhaarreihen ausgestattet. Auf der Beugeseite des 2. Palpengliedes eine dicke, rechtwinklig abstehende Borste. **G** 1,1–1,5 mm. **L** Stehende Gewässer; überall verbreitet, in Seen stellenweise häufig.

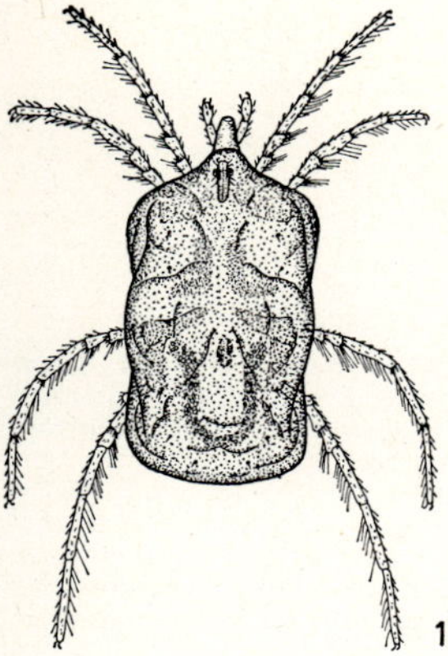

1

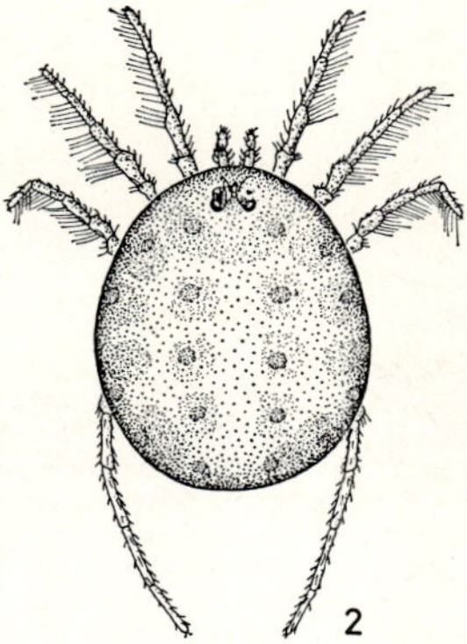

2

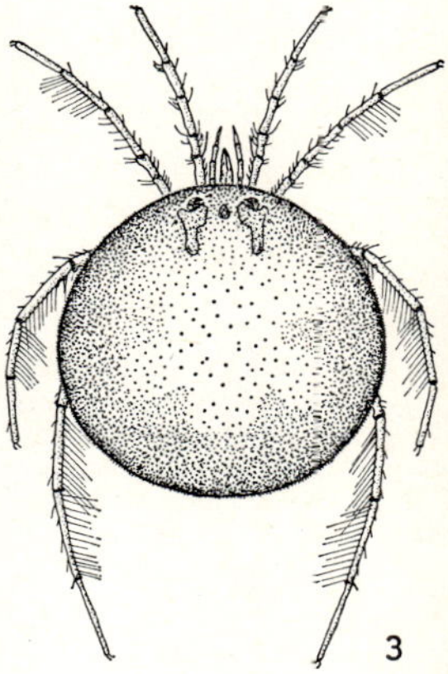

3

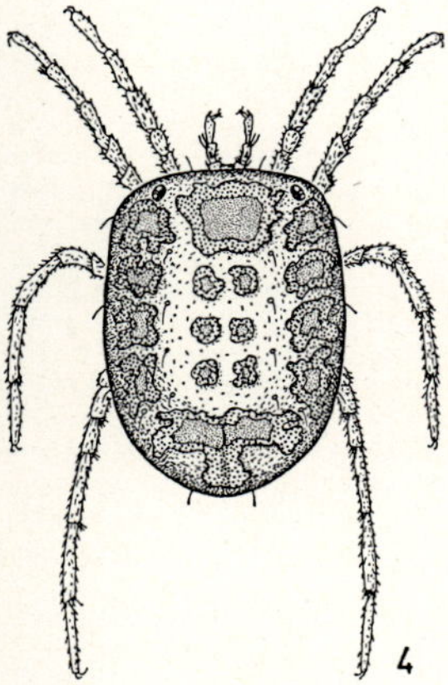

4

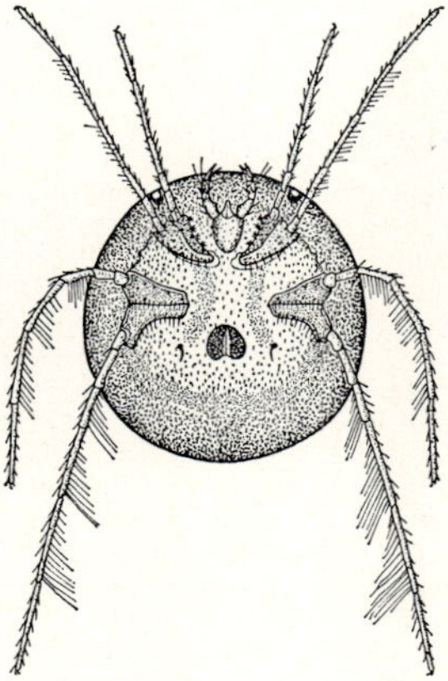

5

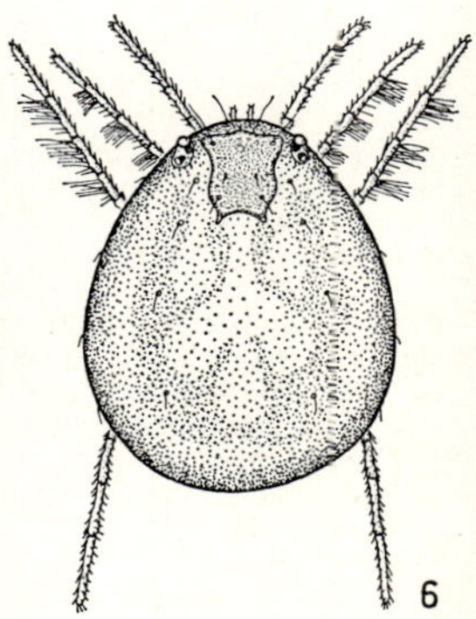

6

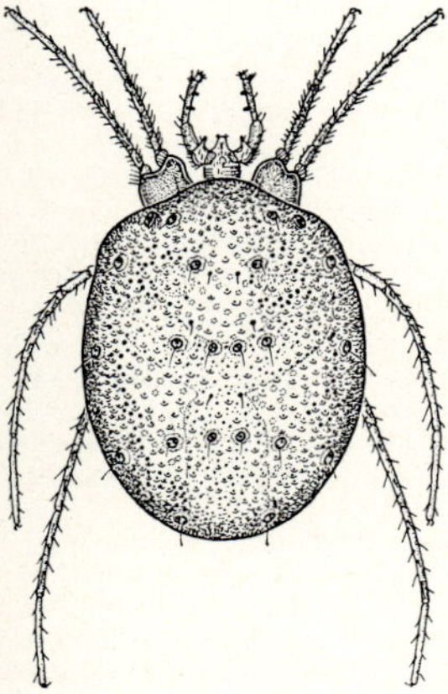

7

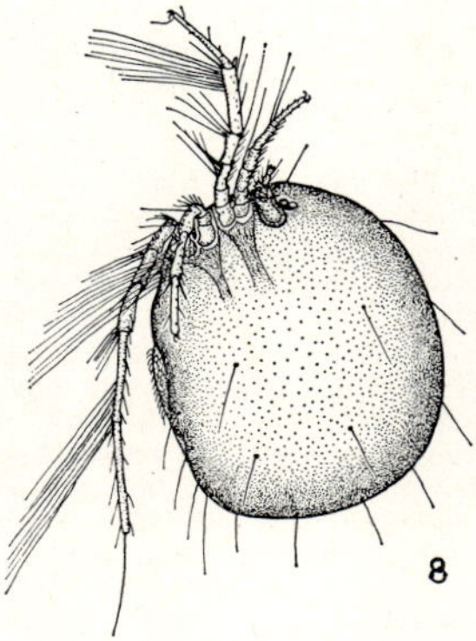

8

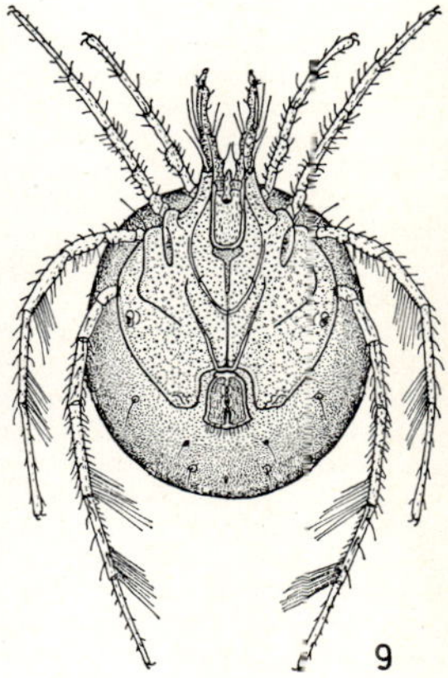

9

Süßwassermilben

1 Lebertia lineata, Runenmilbe. Gelb oder braun. Umriß oval, Stirnende eingebuchtet. ⅔ der Bauchfläche gepanzert. Lederige Rückenhaut charakteristisch skulpturiert: Zwischen den Augen netzartig verbundene Riefen, sonst Längsrunzeln und kleine Längsleisten. Nichtschwimmer. **G** Männchen 0,8 mm, Weibchen 1 mm. **L** Quellen, Oberläufe von Bächen; häufig.

2 a Limnesia undulata, Grüne Teichmilbe. Gelblich-weiß, grünlich oder grau. Weichhäutig. Palpen dreimal dicker als Extremitäten und von mehr als halber Körperlänge. Auf der Beugeseite des 2. Palpengliedes ein spitzenwärts gerichteter, hohler Chitinkegel, an dessen Ende ein Chitinstift eingesenkt ist. Auf der Außenkante des 2. Palpengliedes etwa 10 Borsten. *L.*-Arten sind Milbenräuber, die die Beutemilben mit den weit vorgestreckten Palpen ergreifen. **G** Weibchen um 2 mm. **L** Stehende Gewässer, überall verbreitet.

2 b Limnesia fulgida, Rote Teichmilbe. Dunkelrot, Beine und Palpen dunkelgrau-blau. Weichhäutig. Palpen mächtig verdickt. Innenseite des 2. Palpengliedes mit nach vorne gerichtetem Chitinkegel und eingesenktem Taststift. Dem Kegel gegenüber, an der Außenseite des 2. Palpengliedes, 4 Borsten. **G** 1,5–2 mm. **L** Stehende Gewässer; verbreitet; oft häufig.

2 c Limnesia maculata, Hellrote Teichmilbe. Ziegelrot. Weichhäutig. Palpen viel dicker als die Beine. Chitinkegel auf der Beugeseite des 2. Palpengliedes mit kleinem Taststift, nach hinten, dem Körper zu, gerichtet. Außenkante des 2. Palpengliedes mit mehreren, unterschiedlich langen Borsten. Palpen relativ kurz, ¼ körperlang. **G** Männchen um 1,5 mm, Weibchen um 2 mm. **L** Stehende Gewässer; häufig.

3 Hygrobates longipalpis, Igelmilbe. Gelb mit braun-schwarzer Fleckung. Augen rot. Am Ende des 2. Palpengliedes ein stumpfer, mit Chitinzähnchen besetzter Zapfen. 2. und 3. Palpenglied viel dicker als die Vorderbeine. 3. Palpenglied auf der Beugeseite mit Chitinspitzen. Beine stark beborstet, keine Schwimmhaare (Tiere kriechen und klettern). **G** Bis 2,5 mm. **L** Stehende und fließende Gewässer; verbreitet, zeitweilig häufig.

4 Hygrobates fluviatilis *(naicus).* Gelblich. Haut netzartig gefeldert. Palpen wie bei voriger Art, jedoch kaum kräftiger als Vorderbeine. Hüpfplattengebiet überdeckt nur vorderes Drittel der Bauchfläche. 4. Epimerenpaar (in den Umrissen verschoben viereckig) ist so gestellt, daß die beiden spitzwinkligen Ecken einander gegenüberstehen. Genitalorgan 6näpfig. **G** Um 1,5 mm. **L** Fließende Gewässer; verbreitet, stellenweise häufig.

5 Atractides (Megopus) ovalis, Sichelfußmilbe. Gelblich-weiß, Körperrand durchscheinend. Weichhäutig. 4. Palpenglied der Weibchen normal, der Männchen auffällig angeschwollen. Charakteristisch: Endglieder der beiden langen und dicken Vorderbeine gebogen, verbreiterte vorletzte Glieder am Ende mit je 2 steifen Schwertborsten. **G** Männchen 0,5 mm, Weibchen bis 0,8 mm. **L** Stehende und fließende Gewässer; verbreitet, jedoch selten häufig.

6 Unionicola crassipes *(Atax crassipes),* Muschelmilbe. Wasserhell bis gelblich oder grünlich; im schwarzbraunen Rückenfleck scheinen die Exkretionsorgane als hellgelbe, T-förmige Figur durch. Weichhäutig. Auf der Beugeseite des 4. Palpengliedes 3 Chitinzapfen. Bei den meisten Arten der Gattung leben alle Entwicklungsstadien, Larven, Nymphen und Erwachsene, zwischen den Kiemen von Flußmuscheln und auf den Mänteln von Schlammuscheln. *U. crassipes* dagegen durchläuft die Entwicklung bis zum Erwachsenenstadium im Gewebe von Süßwasserschwämmen. Erwachsene sind echte Planktonorganismen. **G** Um 1 mm. **L** Saubere Teiche und Seen.

7 Neumania vernalis, Glasmilbe. Durchscheinend gelblich, selten bläulich. Palpen klein, viel dünner als Vorderbeine. Auf dem 4. Palpenglied 3 kurze Haarhöcker. 1. und 2. Epimeren ziehen mit langen Chitinausläufern bis zu den 4. Epimeren. Hinterrand der 4. Epimeren mit hakenförmigem Fortsatz. 2 vordere Beinpaare mit paarweise auf kleinen Höckern stehenden Schwertborsten; hintere Beinpaare mit Schwimmhaaren. **G** Um 1,2 mm. **L** Stehende Gewässer; verbreitetste und häufigste von 10 heimischen *N.*-Arten.

8 Pionopsis (Acercopsis) lutescens, Hüftzahnmilbe. Blaßgelb bis grünlich-grau. Weichhäutig. Epimerengebiet bei den Weibchen klein, nimmt bei den Männchen fast die gesamte Bauchseite ein. Charakteristisch für die Gattung: die beiden 4. Epimerenplatten sind an ihren Hinterrändern in spitze Ecken ausgezogen. Palpen klein. **G** Männchen 0,6, Weibchen bis 2 mm. **L** Stehende Gewässer; sehr verbreitet, Männchen selten. **A** Dunkel-rotbraun, auf dem Rücken ein dreieckiger, leuchtend roter Fleck: *Tiphys ornatus (Acercus ornatus);* Frühjahrsform.

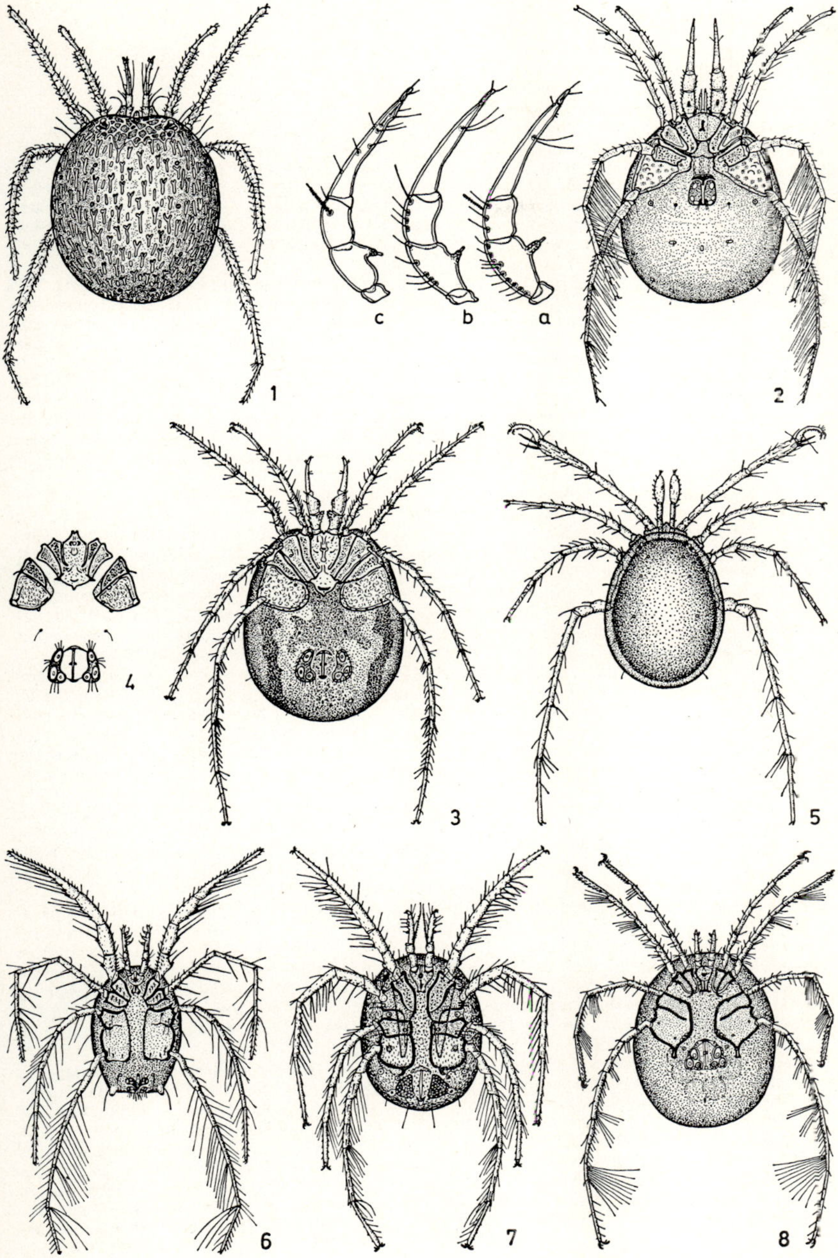
1
c
b
a
2
4
3
5
6
7
8

Süßwassermilben

1 Gattung Piona, Schwimm-Milben. Weichhäutig. 4. Glied der relativ kurzen Palpe bildet auf der Beugeseite einige kräftige Haarhöcker aus. Hüftplatten bei den Männchen nahe zusammengerückt, bilden bei den Weibchen 4 Gruppen. 4. Epimeren bei beiden Geschlechtern mit je einem eckigen Vorsprung am Hinterrand. Alle Beine mit Schwimmhaarreihen (gute Schwimmer). Männchen: Endglied des 3. Beines fungiert als Samenüberträger und ist verkürzt; 4. Glied des Hinterbeins zu einem sichelförmigen Greiforgan umgestaltet. Larven: Freischwimmend, 6beinig, gehen direkt in das Nymphenstadium über, ohne parasitäres Stadium.

1 a Piona nodata. Rot. Im Umriß eiförmig. Genitalnäpfe der Weibchen auf einer abgeknickten Chitinleiste links und rechts des Geschlechtsspaltes. Auf jeder Leiste 8–13 Näpfe. Bei den Männchen beiderseits der eckig-ovalen Samentasche (= Geschlechtsöffnung) je 8–12 Genitalnäpfe. **G** Männchen 0,8 mm, Weibchen 1,3–2 mm. **L** Stehende Gewässer; vor allem im Frühjahr oft sehr häufig.

1 b Piona variabilis. Grünlich, in der Augengegend ein lichter Hof. Stirnende abgestutzt. Von den 4 Genitalnapfgruppen der Weibchen tragen die beiden vorderen Gruppen je einen, die beiden hinteren je 8–12 Näpfe. Männchen: Genitalplatten nicht in Verbindung mit den 4. Epimeren; links und rechts des Mittelfelds und der kleinen Geschlechtsöffnung je 8–12 Näpfe. **G** Männchen 0,6, Weibchen 1,2 mm. **L** Stehende Gewässer, stellenweise sehr zahlreich.

1 c Piona pusilla *(rotunda)*. Gelblich-weiß; innere Organe schimmern braun durch. Grundglieder der Palpen dicker als Vorderbeine. Hüftplatten der Männchen überdecken ²/₃ der Bauchfläche. Hakenförmige Chitinplatten des weiblichen Genitalorgans mit 12–20 Näpfen und 6 oder 7 vorderen Borsten. Genitalorgan der Männchen verbindet sich teilweise mit den Hüftplatten und trägt 24–40 Näpfe. **G** Männchen 0,8, Weibchen 1,1 mm. **L** Seen und andere stehende Gewässer.

1 d Piona coccinea *(P. longicornis)*. Lebhaft rot oder gelblich-grau. Palpen länger als die Hälfte der Körperlänge. Genitalplatten der Weibchen ungefähr dreieckig, mit je 2 größeren und zahlreichen kleinen Näpfen. Genitalorgan der Männchen mit tiefer Samentasche; Näpfe wie bei den Weibchen angeordnet. **G** Männchen 2, Weibchen 2–3 mm. **L** Stehende Gewässer.

1 e Piona conglobata. Gelblich, bräunlich oder grünblau; Fußenden braun. Hinter den Augen der Männchen ein aneinandergerücktes Chitinplattenpaar. Weibchen ohne Genitalplatten, Näpfe liegen zerstreut in der Bauchhaut. Männchen: Genitalöffnung klein, mit dem Genitalorgan ist der Exkretionsporus verwachsen. Beiderseits etwa 15 unterschiedlich große Genitalnäpfe. **G** Männchen 0,5, Weibchen 1 mm. **L** Stehende Gewässer; meist häufigste *P.*-Art.

2 Arrenurus globator, Panzermilbe. Gelblich-grün bis blaugrün. Unter der weichen Oberhaut ein poriger, spröder Bauch- und Rückenpanzer. Beide Panzerteile durch glatte Chitinfurche auf dem Rücken getrennt. Palpen kurz, zangenförmig. Beine mit Schwimmhaaren. Frißt Muschelkrebse. Geschlechter sehr verschieden. Weibchen eiförmig, die gebogenen, vielnäpfigen Genitalplatten fassen ein kreisrundes Mittelfeld ein. Männchen mit Sporn am 4. Glied des Hinterbeines; hinterer Körperfortsatz lang und grifförmig. **G** Um 0,8 mm. **L** Stehende, warme, verkrautete Gewässer; häufigste der etwa 50 *A.*-Arten.

3 Arrenurus cuspidator, Breitschwanz-Panzermilbe. Grün. Geschlechter sehr verschieden. Weibchen am Körperhinterrand mit schwach vortretenden Seitenecken; das nahe an das Epimerengebiet herangerückte Genitalorgan aus eifömigem Mittelfeld und abgewinkelten Napfplatten. Körperanhang der Männchen mit Platteneckfortsätzen und einer Rückengrube. **G** Um 1 mm. **L** Stehende Gewässer; im Hochsommer stellenweise häufig.

4 Brachypoda versicolor, Kurzfußmilbe. Grünlich-blau, mit weißlichen Flecken am Rückenrand und bräunlichen Streifen auf der Mitte des Rückens. Körper niedergedrückt, bis auf eine rund umlaufende Seitenfurche gepanzert. Stirnrand fast geradlinig. 4. Palpenglied aufgetrieben. Beine kurz, schmächtig, beide hintere Beinpaare mit wenigen Schwimmborsten. Hüftplattengebiet bei den Weibchen fast über die ganze Bauchfläche, bei den Männchen nur über die vordere Bauchhälfte. Genitalnäpfe oval, jederseits im Dreieck angeordnet, bei den Weibchen am Hinterrand des Körpers, bei den Männchen dicht hinter dem Epimerengebiet. **G** Um 0,5 mm. **L** Stehende Gewässer, häufig.

5 Porolohmannella violacea, Zangenmilbe. Rotviolett bis lila. Eine Süßwasserform der Meeresmilben (Halacaridae). Nichtschwimmer. Langes, nach oben aufgebogenes Rostrum, das zusammen mit den beiden dünnen Palpen einen zangenartigen Wühlapparat bildet. Beine weit seitlich eingelenkt. **G** Um 0,7 mm. **L** Moortümpel, zwischen Torf- und Quellmoosen.

6 Hydrozetes lacustris *(Notaspis lacustris; Acarus confervae)*, Wasser-Hornmilbe. Dunkelrotbraun. Augen rot, in hellem, ovalem Feld. Keine Süßwassermilbe, sondern im Süßwasser lebende Hornmilbe (Oribatei). Beine enden jeweils mit großer Kralle (Tier klettert), Palpen winzig klein, meist unter dem Vorderkörper versteckt. Am dorsalen Übergang des Vorderkörpers in den Hinterkörper 2 kolbenförmige „Stigmalborsten". Rückenfläche von zarter Sekrethaut bedeckt. **G** Um 0,5 mm. **L** Stehende Gewässer auf Algen und Moosen; verbreitet. Häufig in Aquarienfiltern und triefend nassen Moosen.

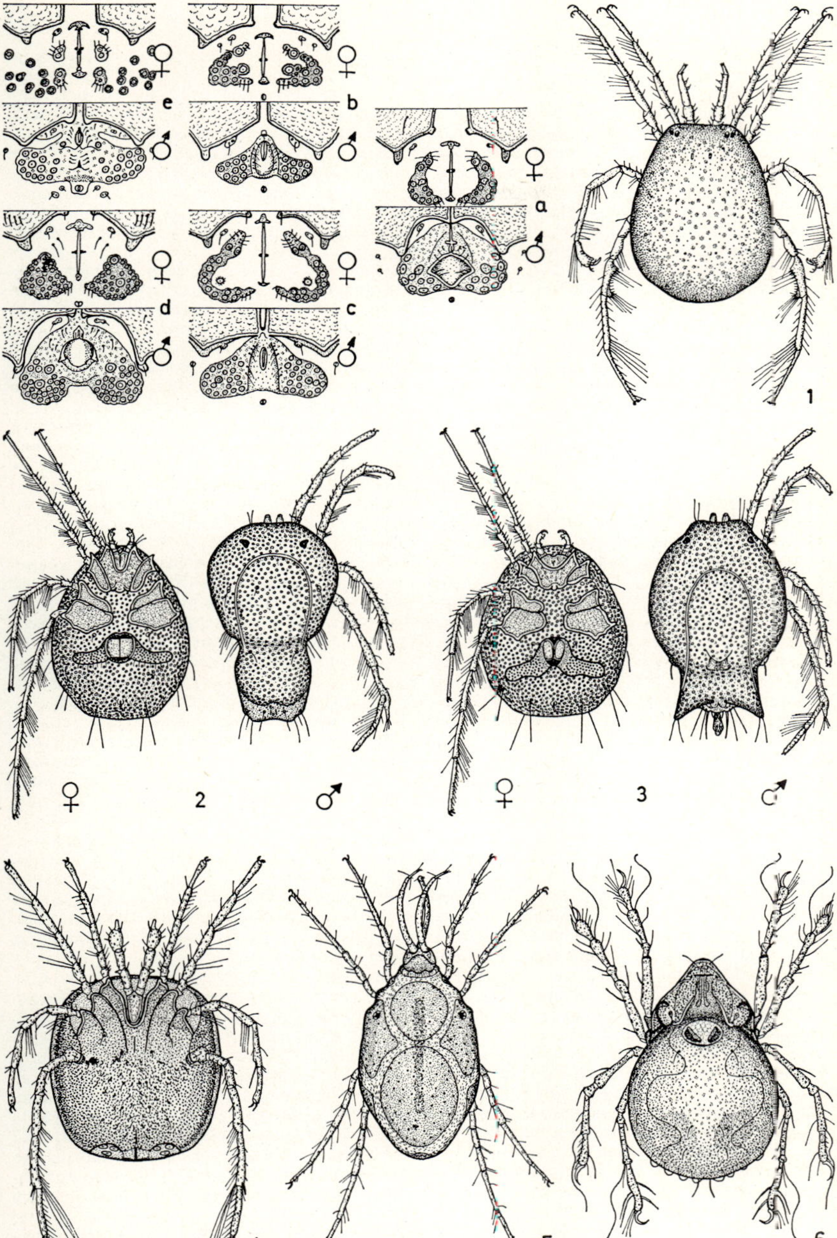
♀
e
♂
♀
b
♂
♀
a
♂
♀
d
♂
♀
c
♂
1
♀
2
♂
♀
3
♂
4
5
6

Moostierchen

1 Paludicella articulata, Haar-Moostierchen. Kolonien haarfein, bräunlich, stark verzweigt; wachsen teils auf der Unterlage angepreßt, teils ragen abgespreizte Äste frei ins Wasser. Cystide spindelförmig, Mündung der Zooide auf kleiner, viereckiger Erhebung. Cystide stets durch Septen voneinander getrennt. Cystidwände teils mit Kalkpartikeln. Tentakelkränze rund, mit 16–18 Tentakeln. **G** Einzeltiere 250–450 μm lang. **L** Saubere Gewässer bis 20 m Tiefe.
2 Fredericella sultana, Röhren-Moostierchen. Kolonie-Ästchen geweihartig verzweigt, dem Substrat aufliegend, freistehend oder herabhängend. Benachbarte Äste nie miteinander verklebt, daher kein rasenartiger Wuchs. Cystidröhren durch Fremdkörper versteift (Exkrementpartikel, Diatomeenschalen, Zieralgen werden bei der Bildung in die noch weiche, chitinartige Umhüllung eingelagert). Ältere Cystide mit ausgeprägten Kielbildungen. Tentakelkronen fast rund mit 16–27 Tentakeln; schwache Einbuchtung deutet Hufeisenform an. **G** Einzeltiere um 1 mm. **L** Gedeiht am besten in flachen, langsam fließenden Gewässern. In Seen bis 100 m Tiefe.
3 Plumatella fruticosa, Buschiges Moostierchen. Kolonien auf flächigen Unterlagen weit ausgebreitet, bilden dann frei hängende Äste. Bei Platzmangel buschige Wuchsform. Cystidketten und -äste niemals verklebt. Graubraun bis gelbbraun. Mutterzooide bilden oft mehrere, übereinanderliegende Tochterzooide. Häufig Septen zwischen den Zooiden. Kielbildungen entlang den Cystiden sehr variabel. Hufeisenform des Tentakelkranzes (mit 30–50 Tentakeln) weniger ausgeprägt als bei anderen *P.*-Arten. **G** Einzeltiere um 2 mm. **L** Bevorzugt stilles, beschattetes Wasser; auch Fließgewässer; meist in der Nähe der Wasseroberfläche. Nie häufig.
4 Plumatella emarginata, Gekieltes Moostierchen. Kolonien offen verzweigt oder rasenartig oder kompakt, knollig. Cystide meist gekielt, sehr dicht mit winzigen Sandkörnchen inkrustiert, teilweise miteinander verklebt, an den Mündungen ausgekerbt. Alle diese Merkmale können fehlen, zur sicheren Diagnose daher Statoblasten nötig. Flottoblasten: Bis doppelt so lang wie breit, Seitenränder verlaufen mehr oder minder parallel, Schwimmring greift dorsal weit auf die Kapsel über. Sessoblasten: An der Unterlage festgekittet, breit-oval, rudimentärer Schwimmring ohne erkennbare Kammerung. Polypide gedrungen, mit 30–50 Tentakeln. Tentakelkranz ausgeprägt hufeisenförmig. **G** Einzeltiere um 2 mm. **L** Nicht verschmutzte Gewässer.
5 Plumatella repens, Kriechendes Moostierchen. Wuchsform der Kolonien verschieden; je nach Platzverhältnissen auf der Unterlage kriechend, offen verzweigt, gedrängt rasenartig, schwammartig. Schwammartige Kolonien sehr unregelmäßig, einzelne Lappen und Äste aus der Kolonie hervorragend (Gegensatz zur nächsten Art!). Cystide durchscheinend bis dunkel, hartgallertig bis chitinisiert. Tentakelkränze mit 40–70 Tentakeln. Flottoblasten werden massenhaft erzeugt: Kurz-oval bis rundlich, gleichmäßig breit, nicht weit auf die Kapsel übergreifende Schwimmringe (ca. 330×250 μm). **G** Einzeltiere 1–5 mm. **L** Planktonreiche schattige Gewässer; häufig.
6 Plumatella fungosa, Klumpen-Moostierchen. Zooide wachsen dicht gedrängt als Krusten, Spindeln, Mäntel oder Knollen um die Unterlage herum. Cystide stehen oft senkrecht zum Substrat, sind lückenlos aneinandergefügt, ergeben im Schnitt parallel zur Kolonie-Oberfläche ein wabenartiges Muster. Mündungskegel der Cystide liegen dicht nebeneinander. Cystide rotbraun bis tiefbraun, in einzelnen Teilen der Kolonien durchscheinend und hell. Polypide wie bei *P. repens,* Flottoblasten etwas größer (420×320 μm). **G** Einzeltiere 1–4 mm; Kolonien bis 20 cm lang, und bis 1 kg schwer. **L** Ruhige, nahrungsreiche Gewässer; häufig.
7 Hyalinella punctata, Glas-Moostierchen. Kolonien nur wenig verzweigt, aus dicken, zylindrischen Röhren, überall dem Substrat fest anliegend. Cystide hartgallertig, nirgends chitinisiert. Keine Scheidewände zwischen den Zooiden, alle Polypide hängen zusammen. Auf den Gallertröhren in regelmäßigen Abständen (1 mm) warzenartige, oft auffällig geringelte Cystidmündungen. Parallel wachsende Röhren verkleben miteinander. 40–60 Tentakel. **G** Polypide um 1 mm. **L** Uferzone von Teichen, bevorzugt Steinplatten als Unterlage; nie häufig.
8 Lophopus crystallinus, Lappen-Moostierchen. Kolonien 5–40 mm groß, sackförmig, gelappt. Gallerte steif, völlig durchscheinend, höchstens in den basalen Partien inkrustiert; Farbe der Kolonien hängt allein vom Darminhalt der Polypide ab. 10–20 Individuen bilden eine Kolonie. Cystide bis auf den Mündungskegel reduziert; die großen Polypide ragen meist aus der Gallerte hervor. Polypide mit etwa 60 Tentakeln. **G** Polypide um 2 mm. **L** Kalte Gewässer; nie häufig.
9 Cristatella mucedo, Gallert-Moostierchen. Kolonien schneckenlaich- bis bandartig, besitzen eine gewisse Beweglichkeit und können sich teilen. Keine eigentliche Kutikula vorhanden, dünnflüssiges Sekret besonderer Zellen im Ektoderm gleitet laufend zur Basis. Scheidewände zwischen Polypiden zu senkrechten Bändern reduziert. Polypide groß, ragen weit aus den Mündungen hervor, ziehen sich auf Reize hin nur für wenige Sekunden zurück. Tentakelkrone mit 80–90 Tentakeln. Flottoblasten rund, mit 12–20 Ankerdornfortsätzen auf der oberen Kapselhälfte, mit 20–40 auf der unteren. **G** Polypide um 2 mm, Kolonien um 6 mm breit und bis 15 cm lang. **L** Teiche, Altwässer, Moore; geht bis 2 m Tiefe; nicht selten.
2 a–9 a: Flottoblasten (obere Reihe) und Sessoblasten (untere Reihe) der unter 2–9 beschriebenen Moostierchen.

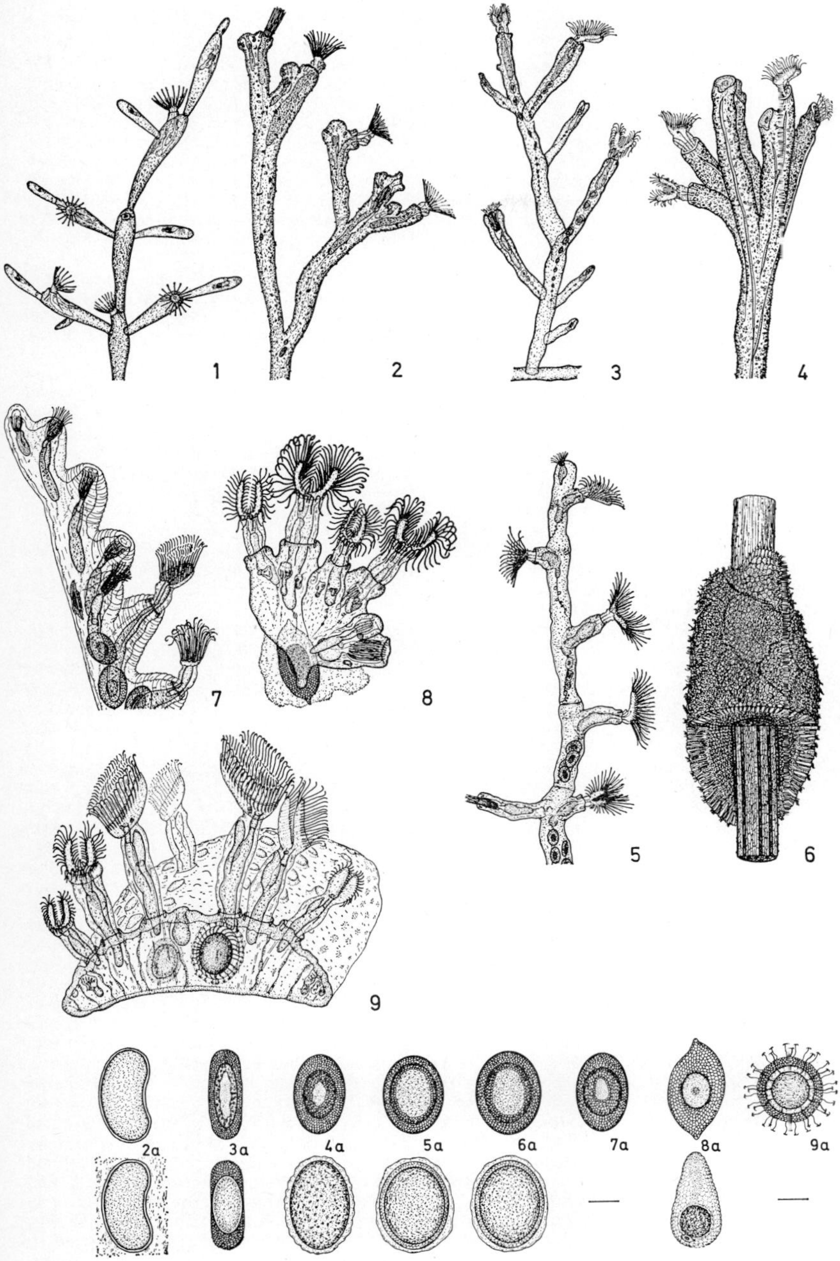
1
2
3
4
7
8
5
6
9
2a
3a
4a
5a
6a
7a
8a
9a

In Wasserproben vorkommende, sonst nicht erwähnte kleine Objekte

1 *Planctomyces bekefii;* Kolonien von Bakterien mit vererzten Sternarmen, bis 30 µm. **2** *Elakatothrix gelatinosa;* planktische tetrasporale Grünalge. **3** *Raphidonema;* festsitzende Alge, Ordnung Ulotrichales. **4** *Compsopogon aeruginosus,* Bartalge; blaugrüne Rotalge in Warmwasseraquarien. **5** *Micromyces zygogonii;* Pilz in den Zellen von *Mougeotia* und *Spirogyra.* **6** *Ancylistis closterii;* Pilz, der *Closterium* befällt. **7** *Helicosporium;* „Moorschnecke", aufgerolltes Konidium eines Pilzes. **8** Kiefernpollen. **9** Torfmoosblättchen *(Sphagnum),* Ausschnitt. **10** *Rhipidodendron splendidum;* Zooflagellat, Röhrenbauer, in Mooren. **11** *Acanthamoeba (Hartmanella) castellanii;* bakterienfressende Amöbe. Kann Kindern beim Baden in Stauseen und Schwimmbädern gefährlich werden: Kriecht über Nase und Siebbein in das Großhirn, vermehrt sich; erzeugt tödliche Entzündungen des Gehirns und der Hirnhäute.

Eier: **12** vom Süßwasserpolypen *Hydra.* **13** vom Großen Leberegel. **14** vom Kleinen Leberegel. **15** vom Rinderbandwurm. **16** vom Madenwurm. **17** vom Peitschenwurm. **18** vom Magenwurm. **19** vom Kälberspulwurm *Neoascaris vitulorum.* **20** vom Spulwurm *Ascaris lumbricoides.* **21** Dauerei des Rädertiers *Keratella.* **22** Planktisches Ei des Rädertiers *Synchaeta.* **23** Ei der Schmetterlingsmücke *Psychoda.*

Laichschnüre und Laichballen: **24** und **25** von Chironomiden (Zuckmücken). **26** von *Corethra* (Büschelmücke). **27** von *Hydropsyche* (Köcherfliege), in Bächen. **28** von *Lymnaea* (Schlammschnecke). **29** Teichnapfschnecke *Acroloxus lacustris;* bis 6 mm; **30** Wimperlarve (Miracidium) eines Wasservogel-Saugwurms. **31** *Trichobilharzia szidati,* Gabelschwanzlarve eines Verwandten des Pärchenegels; Larven entwickeln sich in der Wasserschnecke *Radix ovata;* bohren sich beim Baden in die Haut und verursachen stark juckende Pusteln (Bade-Dermatitis); Mensch ist Fehlwirt, eigentliche Wirte des Parasiten sind Enten. **32** Nauplius-Larve eines Ruderfußkrebses mit 3 Gliedmaßenpaaren. **33** Freischwimmende Segellarve (Veliger) der Wandermuschel *Dreissena polymorpha.*

Urinsekten (auf der Wasseroberfläche): **34** *Podura aquatica,* Schwarzer Wasserspringer; blauschwarz, 1,5 mm. **35** *Isotoma viridis,* Gleichringler; grün bis violett mit dunklen Zeichnungen, 3 mm. **36** *Folsomia fimetaria;* weiß und blind, 1,4 mm. **37** *Sminthurides aquaticus,* Kugelspringer; gelbbraun, 1 mm.

Im Wasser lebende Insektenlarven: **38** Eintagsfliege *Cloeon.* **39** *Psychoda,* Schmetterlingsmücke; gefräßige Larven in Tropfkörpern und Siphons; äußerst wichtig zur Erhaltung des biologischen Gleichgewichtes in Tropfkörpern. **40** *Liponeura,* Lidmücke; in schnellfließenden Bächen; mit Bauchsaugnäpfen. **41** *Culex,* Stechmücke; 8. Segment des Hinterleibes mit Atemrohr. **42** *Anopheles,* Fiebermücke. **43** *Mochlonyx,* eine Büschelmücke; Larven räuberisch, relativ undurchsichtig, Luftsäcke langgestreckt, nur im April und Mai. **44** *Dixa,* Tastermücke; Larven U-förmig gebogen, am Ufersaum und auf überrieselten Felsen. **45** *Chaoborus (Corethra) plumicornis,* Büschelmücke; die „Glasstäbchen"-Larven sind bis auf die 4 Tracheenblasen und die beiden schwarzen Augen völlig durchsichtig; räuberische Schweber; Antennen zu Fangwerkzeugen umgebildet. **46–49** Chironomiden-(Zuckmücken-)Larven; 1000 Arten in Mitteleuropa; wichtige Fischnahrung; am 1. Brustsegment 2 Fußstummel, am Körperende 2 Nachschieber; die meisten Arten leben in Gespinströhren aus dem Sekret der beiden mächtigen Speicheldrüsen; Kerne der Speicheldrüsen mit Riesenchromosomen! **46** *Tanypus;* Antennen zurückziehbar, jederseits nur 1 Augenfleck; räuberisch, fressen Larven anderer Chironomiden. **47** *Lauterbornia coracina;* Antennen auf einem Sockel, typische Form oligotropher Seen. **48** *Chironomus plumosus;* lange Blutkiemenfäden. **49** *Chironomus anthracinus (C. liebeli-bathophilus);* Blutkiemen kurz; beide *Ch.*-Arten Charakterformen eutropher Seen. **50** *Simulium,* Kriebelmücke; sitzen in fließenden Gewässern mit dem Hinterende auf Steinen und Pflanzen, Filtrierer. **51** Ceratopogoniden-Larve, Gnitzenlarve; gut schwimmende Raubtiere.

Verschiedenes: **52** Schraubentrachee eines Leitbündels. **53** Trachee eines Insektes. **54** Wattefaser. **55** Hornzähnchen einer Kaulquappe. **56** Federast mit Hakenstrahlen und Bogenstrahlen einer Vogelfeder. **57** Mäusehaar **58** Menschenhaar. **59** Fetttröpfchen. **60** Luftblase.

Zu S. 210: Pilzflora zerfallender Blätter. Ins Wasser gefallene Blätter von Landpflanzen werden von einer charakteristischen Pilzflora besiedelt. Die Konidienträger stehen von den Blattoberflächen senkrecht in das Wasser ab. In schwarzverfärbten Blättern am Grund der Gewässer leben andere Pilze, sie bilden Sporen nur, wenn ihr Substrat austrocknet. **a** *Piricularia aquatica;* **b** *P. submersa;* **c** *Flagellospora curvula;* **d** *F. penicillioides;* **e** *Anguillospora longissima;* **f** *Lunulospora curvula* **g** *Heliscus aquaticus;* **h** *H. longibrachiatus;* **i** *Margaritispora aquatica;* **k** *Alatospora acuminata;* **l** *Tetracladium marchalianum;* **m** *T. setigerum;* **n** *Triscelophorus monosporus;* **o** *Clavariopsis aquatica;* **p** *Lemonniera aquatica;* **q** *Articulospora tetracladia;* **r** *Tetrachaetum elegans;* **s** *Tricladium angulatum;* **t** *T. splendens;* **u** *T. gracile;* **v** *Varicosporium elodeae;* **w** *Articulospora inflata;* **x** *Dendrospora erecta.*

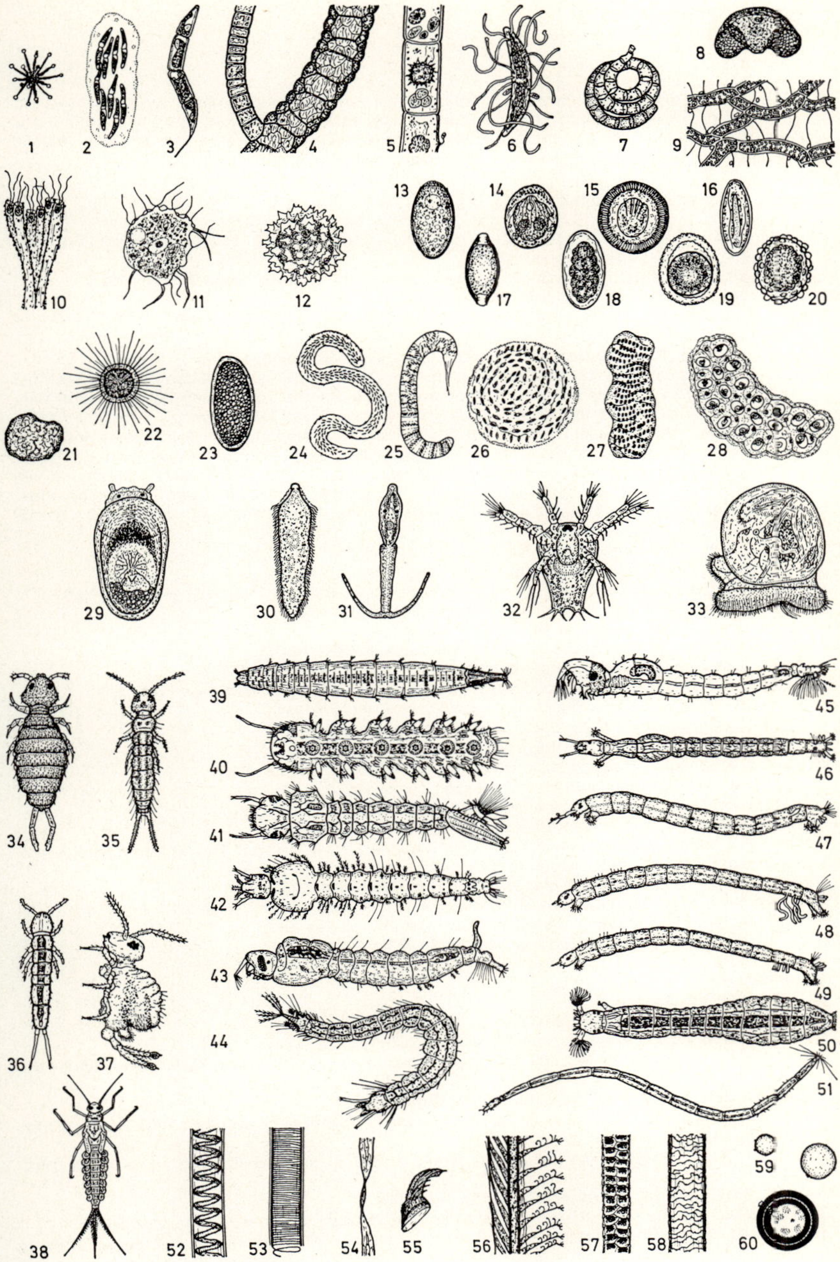
1
2
3
4
5
6
7
8
9
10
11
12
13
14
15
16
17
18
19
20
21
22
23
24
25
26
27
28
29
30
31
32
33
34
35
36
37
38
39
40
41
42
43
44
45
46
47
48
49
50
51
52
53
54
55
56
57
58
59
60

Literaturhinweise

Hier sind auch Werke aufgeführt, die im Handel nicht mehr erhältlich sind, die aber aus größeren wissenschaftlichen Bibliotheken entliehen werden können. Zur allgemeinen Einführung in die Biologie empfehlen wir die modernen, gut ausgestatteten und preiswerten Schulbücher für den Gebrauch an Gymnasien (Mittel- und Oberstufe).

Standardwerke und Handbücher

Chadefaud, M. et L. Emberger: Traité de Botanique Systématique. Tome I – Chadefaud: Les végétaux non vasculaires. Paris 1960

Christensen, T.: Botanik. Systematisk Botanik. Band II, Nr. 2. Alger. Kopenhagen 1962

Dogiel, V. A.: General Protozoology. Oxford 1965

Doflein, F. und E. Reichenow: Lehrbuch der Protozoenkunde. Jena 1949–1953

Fott, B.: Algenkunde. Jena 1971

Fritsch, F. E.: Structure and Reproduction of the Algae, 2. Cambridge 1945

Grassé, P. P. (Hrsg.): Traité de Zoologie. Tome I/1: Phylogénie. Protozoaires: Généralités. Flagellés. Tome I/2: Protozoaires: Rhizopodes, Actinopodes, Sporozoaires, Cnidosporidies. Tome IV/1: Plathelminthes, Mésozoaires, Acanthocéphales. Némertiens. Tome IV/2: Némathelminthes (Nématodes). Tome IV/3: Némathelminthes (Nématodes, Gordiacés), Rotifères, Gastrotriches, Kinorhynques. Tome V/1: Annélides, Myzostomides, Sipunculiens, Echiuriens, Priapuliens, Endoproctes, Phoronidiens. Tome V/2: Bryozoaires, Brachiopodes, Chétognathes, Pogonophores, Mollusques (Généralités, Aplacophores, Polyplacophores, Monoplacophores, Bivalves). Tome VI: Onychophores, Tardigrades, Arthropodes, Trilobitomorphes, Chélicérates. Paris 1949–1968

Grell, K. G.: Protozoologie. Berlin und Heidelberg 1968

Grell, K. G.: Protozoology. Berlin und Heidelberg 1973

Grzimek, B.: Grzimeks Tierleben, Band I Niedere Tiere, Band II Insekten. München 1979

Hadorn, E. und R. Wehner: Allgemeine Zoologie. Stuttgart 1978

Illies, J.: Limnofauna Europaea. 1978

Kästner, A.: Lehrbuch der Speziellen Zoologie. Jena und Stuttgart

Kudo, R. R.: Protozoology. Springfield 1966

Liebmann, H.: Handbuch der Frischwasser- und Abwasserbiologie. München 1962

McElroy, W.: Biochemie und Physiologie der Zelle. Stuttgart 1964

Metzner, H.: Die Zelle, Struktur und Funktion. Stuttgart 1972

Oltmanns, F.: Morphologie und Biologie der Algen 1 und 2. Jena 1922

Pitelka, D. R.: Electron-Microscopic Structure of Protozoa. London 1963

Rheinheimer, G.: Mikrobiologie der Gewässer. Jena 1975

Round, F. E.: Biologie der Algen, Eine Einführung. Stuttgart 1975

Ruttner, F.: Grundriß der Limnologie. Berlin 1962

Schmidt, A.: Atlas der Diatomaceenkunde. Berlin 1874 (Seit 1911 von F. Hustedt herausgegeben)

Strasburger, E.: Lehrbuch der Botanik für Hochschulen. Stuttgart 1978

Wartenberg, A.: Systematik der niederen Pflanzen. Stuttgart 1979

Wesenberg-Lund, C.: Biologie der Süßwassertiere. Wirbellose Tiere. Wien 1939, Lehre 1967

Wesenberg-Lund, C.: Biologie der Süßwasserinsekten. Berlin 1943

Wurmbach, H.: Lehrbuch der Zoologie. Stuttgart 1971

Bestimmungswerke

Arndt, W.: Porifera. Tierwelt Deutschlands. Jena 1928

Bittner, E.: Blaualgen (Cyanophyceen). Stuttgart 1972

Bourrelly, P.: Recherches sur les Chrysophycées. Rev. Algologique Mém. Hors-Série No. 1 : 1–412, 1957

Brauer, A.: Süßwasserfauna Deutschlands. Stuttgart 1961

Breed, R. S., E. G. D. Murray and N. R. Smith: Bergey's manual of determinative Bacteriology. Baltimore 1957

Brinkhurst, R. O.: A guide for the identification of British aquatic Oligochaeta. Freshw. Biol Ass. Sci. Publ. 1971

Brohmer, P.: Fauna von Deutschland. Heidelberg 1979

Cooke, W. B.: A Laboratory guide to fungi in polluted waters. Publ. Health Service 1963

Decloitre, L.: Fauna thécamoebienne d'Europe. Mscr. auf Mikrofilmen: Centre National de la Recherche Scientifique, Service de Documentation. 15 Quai Anatole, Paris 8ème

Donner, J.: Rädertiere (Rotatorien). Stuttgart 1973
Elster, H.-J. und W. Ohle (Hrsg.): Das Zooplankton der Binnengewässer. Die Binnengewässer. Stuttgart 1972
Engelhardt, W.: Was lebt in Tümpel, Bach und Weiher? Stuttgart 1980
Fott, B.: Das Phytoplankton des Süßwassers: Chlorophyceae (Grünalgen), Ordnung: Tetrasporales. Die Binnengewässer. Stuttgart 1972
Füller, H.: Coelenterata – Hohltiere. – Exkursionsfauna. Berlin 1961
Gams, H.: Kleine Kryptogamenflora. Süßwasser- und Luftalgen. Stuttgart 1971
Geitler, L.: Cyanophyceae. Rabenhorst's Kryptogamenflora. Leipzig 1932
Geitler, L.: Cyanophyceae. Süßwasserflora (Hrsg. Pascher). Jena 1925
Grospietsch, Th.: Wechseltierchen (Rhizopoden). Stuttgart 1972
Harnisch, O.: Wurzelfüßer, Rhizopoda. Tierwelt Mitteleuropas. Leipzig 1963
Henke, G.: Die Strudelwürmer des Süßwassers. Wittenberg-Lutherstadt 1962
Herbst, H. V.: Blattfußkrebse (Phyllopoden: Echte Blattfüßer und Wasserflöhe). Stuttgart 1976
Hoc, S.: Die Moostiere der deutschen Süß-, Brack- und Küstengewässer. Wittenberg-Lutherstadt 1963
Hoek, C. v. d.: Revision of the European species of Cladophora. Leiden 1963
Huber-Pestalozzi, G.: Chrysophyceen, farblose Flagellaten, Heterokonten. Die Binnengewässer. Stuttgart 1941
Huber-Pestalozzi, G.: Diatomeen. Die Binnengewässer. Stuttgart 1941
Huber-Pestalozzi, G.: Cryptophyceen, Chloromonadinen, Peridineen. Die Binnengewässer. Stuttgart 1950
Huber-Pestalozzi, G.: Euglenophyceen. Die Binnengewässer. Stuttgart 1955
Huber-Pestalozzi, G.: Chlorophyceen: Volvocales Die Binnengewässer. Stuttgart 1961
Hustedt, F.: Baciliariophyta (Diatomeae). Süßwasserflora (Hrsg. Pascher). Jena 1930
Hustedt, F.: Kieselalgen (Diatomeen). Stuttgart 1969
Kahl, A.: Wimpertiere oder Ciliata (Infusoria). Tierwelt Deutschlands. Jena 1930–1935
Kalbe, L.: Kieselalgen in Binnengewässern. Wittenberg-Lutherstadt 1973
Kiefer, F.: Ruderfußkrebse (Copepoden). Stuttgart 1973
Klie, W.: Ostracoda. Muschelkrebse. Tierwelt Deutschlands. Jena 1938
Klotter, H.-E.: Grünalgen (Chlorophyceen). Stuttgart 1975
Kolkwitz, R. und W. Krieger: Zygnemales. Rabenhorst's Kryptogamenflora. Leipzig 1941–1944
Komarek, J.: Taxonomische Revision der planktischen Blaualgen der Tschechoslowakei. Komareck und Ettl: Algologische Studien. Prag 1958
Kramm, E.: Die Algen I. Wittenberg-Lutherstadt 1957
Kramm, E.: Die Algen II. Kieselalgen, Braun- und Rotalgen. Wittenberg-Lutherstadt 1963
Krieger, H.: Desmidiales. Rabenhorst's Kryptogamenflora. Leipzig 1935–1939
Krieger, H. und J. Gerloff: Die Gattung Cosmarium. Weinheim 1962–1964
Lemmermann, E., J. Brunnthaler und A. Pascher: Chlorophyceae II: Tetrasporales, Protococcales, einzellige Gattungen unsicherer Stellung. Süßwasserflora (Hrsg. Pascher). Jena 1915
Lemmermann, E.: Farblose Flagellaten: Pantostomatinae, Protomastiginae, Distomatinae. Süßwasserflora. Jena 1914
Luther, A. und Karling: Die Turbellarien Ostfennoskandiens. Soc. Fauna Flora Fennica: Fauna Fennica 7, 1960–11, 1961–12, 1962–16, 1963–17, 1963
Marcus, E.: Tardigrada. Tierwelt Deutschlands. Jena 1928
Matthes, D. und F. Wenzel: Wimpertiere (Ciliaten). Stuttgart 1978
Mauch, E.: Bestimmungsliteratur für Wasserorganismen im mitteleuropäischen Gebiet. Stuttgart 1966
Mauch, E.: Leitformen der Saprobität für die biologische Gewässeranalyse. 21 (1) bis 21 (5). Courier Forsch.-Inst. Senckenberg. Frankfurt 1976
Menner, E.: Unsere Süßwasserpolypen. Wittenberg-Lutherstadt 1954
Meyl, H.: Die freilebenden Erd- und Süßwassernematoden. Tierwelt Mitteleuropas. Leipzig 1963
Meyl, A. H.: Fadenwürmer (Nematoden). Stuttgart 1961
Müller, H. und E. Saake: Mikroorganismen limnischer Ökosysteme. Dortmund 1979
Nilsson, S.: Freshwater Hyphomycetes. Symp. Bot. Ups. 1964
Pascher, A.: Heterokontae. Rabenhorst's Kryptogamenflora. Leipzig 1937–1939
Pascher, A.: Heterokontae, Phaeophyceae. Süßwasserflora. Jena 1925
Pascher, A.: Die Süßwasserflora Deutschlands, Österreichs und der Schweiz. Jena 1913–1932
Penard, E.: Etudes sur les infusoires tentaculifères. Mém. Soc. Phys et d'Hist. Nat. Genève 1917–1923
Pennak, R. W.: Fresh-Water Invertebrates of the United States. New York 1953
Pringsheim, E. G.: Contribution towards a monograph of the genus Euglena. Nova Acta Leopoldina N. F. 1956
Printz, H.: Chaetophorales. Hydrobiologia, Den Haag 1964

Printz, H.: Chlorophyceae (nebst Conjugatae, Heterokontae und Charophyta). Die natürlichen Pflanzenfamilien. Berlin 1927
Rainer, H.: Sonnentierchen. Heliozoa. Die Tierwelt Deutschlands. Jena 1968
Rieth, A.: Jochalgen (Konjugaten). Stuttgart 1961
Schiller, A. J.: Rhodophyta (Rhodophyceen). Süßwasserflora. Jena 1925
Steinecke, F.: Das Plankton des Süßwassers. Heidelberg 1977
Steinmann, P. und E. Bresslau: Die Strudelwürmer (Turbellaria). Monogr. einh. Tiere. Leipzig 1913
Stresemann, E.: Exkursionsfauna von Deutschland. Wirbellose I. Berlin
Taubeneck, U.: Die Bakterien. Wittenberg-Lutherstadt 1954
Viets, K.: Die Milben des Süßwassers und des Meeres. 1. Teil: Bibliographie. Jena 1955. 2./3. Teil: Katalog und Nomenklatur. Jena 1956
Viets, K.: Wassermilben oder Hydracarina. Tierwelt Deutschlands. Jena 1936
Voigt, M.: Gastrotricha. Tierwelt Mitteleuropas. Leipzig 1958
Voigt, M.: Rotatoria. Die Rädertiere Mitteleuropas. Berlin 1957
Vollmer, C.: Kiemenfuß, Hüpferling und Muschelkrebs. Wittenberg-Lutherstadt 1952
Wiebach, F.: Bryozoa. Die Tierwelt Mitteleuropas. Leipzig 1958

Einführende Werke einschließlich Einführungen in die Mikrotechnik

Dawid, W.: Experimentelle Mikrobiologie. Heidelberg 1975
Deckart, M.: Freizeit mit dem Mikroskop. Wiesbaden 1972
Dietle, H.: Das Mikroskop in der Schule, Stuttgart 1974
Ehringhaus, A. und L. Trapp: Das Mikroskop. Stuttgart 1967
Mackinnon, D. and R. Hawes: An Introduction to the Study of Protozoa. Oxford 1961
Möllring, F. K.: Mikroskopieren von Anfang an. Aalen 1968. Oder durch Carl Zeiss, Oberkochen
Stehli, G.: Mikroskopie für Jedermann. Stuttgart
Zbären, D. und J.: Mikroskopieren. Stuttgart und Bern 1978

Biologische und mikroskopische Technik

Adam, H. und G. Czihak: Arbeitsmethoden der makroskopischen und mikroskopischen Anatomie. Stuttgart 1964
Ausgewählte Methoden der Wasseruntersuchung. Band I: Chemische, physikalisch-chemische, physikalische und elektrochemische Methoden. Jena 1971. Band II: Biologische, mikrobiologische und toxikologische Methoden. Jena 1970. Herausgegeben vom Institut für Wasserwirtschaft Berlin
Gander, R.: Rezepte zur Mikrophotographie für Mediziner und Biologen. München 1968
Geisler, R.: Wasserkunde für die aquaristische Praxis. Stuttgart 1964
Gerlach, D.: Botanische Mikrotechnik. Stuttgart 1977
Hückstedt, G.: Aquarienchemie. Stuttgart 1978
Kükenthal, W., E. Matthes und M. Renner: Leitfaden für das Zoologische Praktikum. Stuttgart 1978
Mayer, M.: Kultur und Präparation der Protozoen. Stuttgart 1971
Merck, Darmstadt: Die Untersuchung von Wasser. Eine Auswahl chemischer Methoden für die Praxis.
Pringsheim, E. G.: Algenreinkulturen, ihre Herstellung und Erhaltung. Jena 1954
Pringsheim, E. G.: Farblose Algen. Ein Beitrag zur Evolutionsforschung. Stuttgart 1963
Romeis, B.: Mikroskopische Technik. München 1968
Ruthmann, A.: Methoden der Zellforschung, Stuttgart 1966
Schmidt, E.: Ökosystem See. Biologische Arbeitsbücher 12. Heidelberg 1978
Schömmer, F.: Kryptogamen-Praktikum. Stuttgart 1949
Schwoerbel, J.: Methoden der Hydrobiologie. Stuttgart 1980
Schwoerbel, J.: Einführung in die Limnologie. Stuttgart 1984
Steiner, G.: Das Zoologische Laboratorium. Stuttgart 1963
Wetzel, A.: Technische Hydrobiologie. Trink-, Brauch-, Abwasser. Leipzig 1969

Zeitschriften

Archiv für Hydrobiologie mit Supplementen. Herausgegeben von H.-J. Elster und W. Ohle. Stuttgart, seit 1906
Archiv für Protistenkunde. Herausgegeben von B. Fott, K.-G. Grell und A. Rieth. Jena, seit 1902
Ergebnisse der Limnologie. Herausgegeben von H.-J. Elster und W. Ohle. Stuttgart, seit 1964
Journal of Protozoology. Utica, New York
Mikrokosmos. Herausgegeben von D. Krauter. Stuttgart, seit 1907
Münchner Beiträge zur Abwasser-, Fischerei- und Flußbiologie. München, seit 1953

Referierende Zeitschriften, Berichte

Berichte über die wissenschaftliche Biologie. Literaturangaben mit Kurzreferaten. Zoologie und Botanik. Springer, Heidelberg

Biological Abstracts. Weitgefaßtes Sammelwerk. Literaturangaben mit Kurzzusammenfassungen der Ergebnisse. Zoologie und Botanik

Fortschritte der Botanik. Erscheinen jährlich. Einige Sachgebiete werden jeweils zusammenhängend dargestellt unter Angabe der neuesten Literatur. Springer, Berlin

Fortschritte der Zoologie. Erscheinen jährlich. Einige Sachgebiete werden jeweils zusammenhängend dargestellt unter Angabe der neuesten Literatur. Fischer, Stuttgart

Zoological Record. Erscheint jährlich, ist in 20 Sektionen gegliedert. The Zoological Society of London.

Erläuterung von Fachausdrücken

adoral: zum Munde hinführend.

aerob: sauerstoffbedürftig.

Akineten: Unregelmäßig große, dickwandige Gebilde, die bei manchen fädigen Algen entstehen und der Überwinterung dienen.

anaerob: Bei Abwesenheit von Sauerstoff lebens- und vermehrungsfähig.

Anisogameten: Gameten, bei denen sich die Geschlechter durch die Größe unterscheiden, bei sonst gleicher Form. Die weiblichen Gameten sind größer als die männlichen.

Antheridium: Organ, in dem männliche Geschlechtszellen gebildet werden.

Aplanosporen: Unbewegliche Sporen, die im Inneren einer Mutterzelle (Sporangium) entstehen und anders aussehen als die Mutterzellen.

Autosporen: Unbewegliche Sporen, die im Inneren einer Mutterzelle (Sporangium) entstehen, sich in der Gestalt von der Mutterzelle nicht unterscheiden, aber kleiner sind.

autotroph: autotroph nennt man Organismen, die aus anorganischen Stoffen (CO_2, Nährsalzen, Wasser) organische Substanzen aufbauen können. Photoautotrophe Organismen – die meisten Pflanzen – benützen hierzu das Licht als Energiequelle; chemoautotrophe nützen die Energie, die sie aus chemischen Umsetzungen gewinnen.

Axopodien: lange, feine Pseudopodien, die durch einen „Achsenfaden" verfestigt sind.

Cilien: Wimpern.

Coenobium: Zellkolonie.

Cystid: s. Zystid.

Cytostom: s. Zytostom.

Detritus: zerfallende Reste von Tieren und Pflanzen.

dorsal: rückenseitig.

Ektoplasma: äußere, meist dünne, durchscheinende Plasmaschicht bei Einzellern.

Entoplasma: innere, oft körnchenreiche Plasmaschicht bei Einzellern.

Enzym: Enzyme sind Biokatalysatoren, die von lebenden Zellen gebildet werden, aber auch außerhalb der Zellen wirken. Ein bestimmtes Enzym spaltet oder synthetisiert eine bestimmte Verbindung.

epiphytisch: auf Pflanzen festgewachsen lebend.

epizoisch: auf Tieren festgewachsen lebend.

eutroph: „nährstoffreich", s. S. 40.

Filopodien: fadenförmige Pseudopodien.

Furca: Schwanzgabel.

Gamet: Sexuelle Keimzelle, die mit einer anderen Zelle kopulieren kann.

Heterocysten: Auffallende, farblose oder gelbliche Zellen, meist mit verdickter Zellwand, die bei fadenförmigen Blaualgen zwischen den vegetativen Zellen auftreten.

heterotroph: heterotroph nennt man Organismen, die auf organische Nahrung angewiesen sind, sei es, daß sie organische Substanzen fressen (phagotroph) oder sie in gelöster Form aufnehmen.

Hyphe: Pilzfaden.

Isogameten: Gameten, die äußerlich nicht zu unterscheiden sind, also z. B. auch gleich groß sind. Sexuell meist dennoch in plus- und minus-Gameten differenziert.

Kommensale: Organismus, der in anderen Lebewesen lebt, ohne den Wirt zu schädigen.

Konidien: ungeschlechtlich entstehende Pilzsporen, die an besonderen Trägern entstehen und von außen her einzeln abgeschnürt werden.

Kutikula: von der Oberhaut ausgeschiedenes Häutchen.

Litoral: Uferregion der Gewässer.

Lobopodien: lappenförmige Pseudopodien.

Mandibeln: Zu Mundwerkzeugen umgewandeltes Gliedmaßenpaar bei Gliederfüßern. Irreführend als „Oberkiefer" bezeichnet.

Maxillen: Zu Mundwerkzeugen umgewandelte Gliedmaßenpaare bei Gliederfüßern. Irreführend als „Unterkiefer" bezeichnet. Stehen hinter den Mandibeln.

Membranellen: zwei oder drei Wimperreihen, die zusammenarbeiten und wie ein Paddel schlagen.

mesosaprob: s. S 30/31.

metabol: hier: formveränderlich.

Mycel: Verband aus Pilzfäden.

Nahrungsvakuole: Flüssigkeitserfülltes Bläschen, das im Cytoplasma schwimmt und in dem Nahrungsteilchen eingeschlossen sind. Bei Einzellern, die geformte Nahrung aufnehmen.

oligosaprob: s. S. 40.

oligotroph: „nährstoffarm"; s. S. 41.

Oogamie: Eibefruchtung. Der weibliche Gamet ist groß und unbeweglich, der männliche klein und aktiv beweglich.

Oogonium: Organ, in dem eine oder mehrere Eizellen entstehen.

Palmella-Stadium: bewegungsloses Stadium bei vielen Flagellaten.

Parthenogenese: „Jungfernzeugung". Entwicklung unbefruchteter Eier.

Pellikula: Körperhülle bei vielen Einzellern; ein verhärteter Teil des Protoplasten, keine Zellwand.

Photosynthese: Aufbau von organischer Substanz (Glukose) unter Verwendung von Licht als Energiequelle.

Plankton: Die im Wasser frei schwebenden Lebewesen, deren Eigenbewegung (sofern vorhanden) hauptsächlich zur Erhaltung des Schwebezustandes dient.

Polypid: Weichkörper eines Einzeltieres bei Moostierchen.

polysaprob: s. S. 30/31.

Pseudopodien: „Scheinfüßchen". Vorübergehend gebildete Plasmafortsätze, die der Fortbewegung dienen.

Pseudoraphe: raphenähnlicher Spalt auf der Schale mancher Diatomeen, der die Schale jedoch nicht bis zum Protoplasten durchbricht.

Pulsierende Vakuole: Organell bei Einzellern, das in die Zelle eingedrungenes Wasser und flüssige Ausscheidungsprodukte aus der Zelle hinauspumpt. Erscheint meist als Bläschen, das sich in mehr oder minder langen Zeitabständen zusammenzieht.

Pyrenoid: In den Chloroplasten von Algen als Bläschen oder Körnchen erscheinendes Gebilde, um das herum sich bei der Photosynthese Stärkekörnchen ansammeln (Stärkeherd).

Raphe: bei Diatomeen ein schmaler Spalt entlang der Längsachse der Schale.

Rhizoid: zu einem Haftorgan umgewandelte Zelle oder Teil einer Zelle.

Rhizopodien: verzweigte und über Querbrücken vernetzte Pseudopodien.

Rostrum: „Rüssel"; „Schnabel" der Wasserflöhe.

Saprophyt: Fäulnisbewohner; Pflanzen, die von organischen Substanzen leben, ohne Parasiten zu sein, z. B. die meisten Pilze und Bakterien.

Schwärmsporen, Schwärmer: bewegliche, der Vermehrung dienende Zellen bei Algen. Meist synonym zu Zoosporen gebraucht.

Spermatozoid: bewegliche männliche Samenzelle bei Pflanzen.

Sporangium: Behälter, in dem Sporen gebildet werden. Im einfachsten Fall eine einzige Zelle.

Spore: Eine Zelle, die zum Zweck der Vermehrung gebildet wird, sich von vegetativen Zellen in der Gestalt unterscheidet, aber nicht der sexuellen Fortpflanzung dient.

Thallus: „Lager". Zellverband ohne Gliederung in Organe.

Trichom: Zellfaden (bei Algen).

Undulierende Membran: Häutchen aus einer Reihe sehr eng stehender, mehr oder minder dauerhaft verklebter Wimpern.

ventral: bauchseitig.

Vestibulum: (bei Wimpertieren) Mundgrube.

Wasserblüte: Massenentfaltung eines mikroskopisch kleinen Lebewesens im Wasser; oft mit Wasserverfärbung verbunden.

Zilien: s. Cilien.

Zirren: Komplexe aus zahlreichen Wimpern, die fest miteinander verbunden sind und als einheitliches Organell wirken.

Zoochlorellen: einzellige Grünalgen, die symbiontisch im Plasma von Tieren leben.

Zooid: Einzeltier bei Moostierchen.

Zoospore: Durch Geißeln aktiv bewegliche Spore.

Zygote: befruchtete Keimzelle, Produkt der Gametenverschmelzung.

Zystid: „Wohnröhre" der Einzeltiere bei Moostierchen.

Zytostom: „Zellmund".

Register

Schwarzweißfotos

1 Blaualge *Nostoc.* Vergr. ca. 800fach. Aufn. D. Mollenhauer
2 Becherbäumchen *Dinobryon,* eine koloniebildende, planktische Goldalge. Vergr. ca. 1100fach. Aufn. H. Schneider
3 Kieselalge *Epithemia.* Vergr. ca. 700fach. Aufn. F. Siedel
4 Koloniebildende Kieselalge. Die Zellen sitzen auf Gallertstielchen. Aufn. H. Dräger
5 Farbloser Augenflagellat *Peranema.* Vergr. ca. 1000fach. Aufn. E. Grave
6 Volvocale Grünalge *Eudorina.* Vergr. ca. 650fach. Aufn. H. Schneider
7 Kokkale Grünalge *Pediastrum duplex.* Vergr. ca. 800fach. Aufn. H. Streble
8 Desmidiacee (Zieralge) *Xanthidium;* abnorme, gehemmte Teilung. Aufn. H. Streble
9 Desmidiacee (Zieralge) *Micrasterias.* Aufn. H. Schneider
10 Aufeinander folgende Stadien der Zellteilung bei der Zieralge *Micrasterias thomasiana* var. *notata.* B abgestoßene Bildungsmembran zwischen den Mittellappen der beiden Zellen; G Gallertschicht; K Zellkerne; S Septum; V vakuolenähnliches Bläschen; W Ringwulst. Erste und letzte Aufnahme ca. 500fach, übrige Aufnahmen ca. 250fach vergrößert. Aufn. R. Lenzenweger
11 Elektronenmikroskopische Aufnahme eines medianen Ultradünnschnitts einer Zelle der Jochfadenalge *Zygnema* spec. C Zytoplasma; Cb Zytoplasma-Wandbelag; Chr Chloroplast (lamelliert); ER Membranen des endoplasmatischen Retikulums; f Chloroplasten-Fortsätze; g Doppellamellenpakete (Grana); G Gerbstoffbläschen; Go Golgi-Apparate; L lipoidische Einschlußkörper (Fetttropfen?); M Chondriosomen (= Mitochondrien); N Zellkern mit begrenzender Kernmembran; Py Pyrenoid; S Stärkeschollen; T Tonoplast; Va Zellsaftraum (Vakuole); W_1 innere Wandschicht; W_2 äußere Wandschicht. Vergr. primär 2500fach, sekundär 3200fach. Aufn. J. Wygasch
12 Schalenamöbe *Arcella* mit Diatomeen und kleinen Grünalgen als Nahrungseinschlüsse. Vergr. ca. 800fach. Aufn. K. Löfflath
13 *Paramecium* (Pantoffeltier) mit ausgeschleuderten Trichozysten. Vergr. ca. 600fach. Aufn. E. Grave
14 Gehäusebauendes Wimpertier *Thuricola folliculata.* Aufn. M. Deckart
15 Wimpertier *Euplotes* in Teilung. Aufn. W. Lueken und M. Sieger
16 Sauginfusor *Tokophrya.* Vergr. ca. 1100fach. Aufn. H. Schneider
17 Sauginfusor *Dendrocometes paradoxus* auf den Kiemen eines Bachflohkrebses. Phasenkontrast. Aufn. W. Peters
18 Rädertier *Rotaria* mit Embryo. Phasenkontrast. Aufn. H. Streble
19 Rädertier *Ptygura velata.* Vergr. ca. 750fach. Aufn. W. Koste
20 Bärtier *Hypsibius dujardini* bohrt eine Alge an. Vergr. ca. 400fach. Aufn D. Ammermann und C. Bosse
21 Rädertier *Collotheca.* Vergr. ca. 180fach. Aufn. F. Bode
22 Rädertier *Brachionus* mit Eiern. Vergr. ca. 450fach. Aufn. H. Schneider
23 Wasserfloh *Acroperus harpae.* Vergr. ca. 350fach. Aufn. H. Schneider
24 Schnitt durch eine Kolonie des Moostierchens *Plumatella fungosa.* Vergr. 36fach. Aufn. H. Streble
25 „Der Ball im Springbrunnen": Eine *Volvox* (Wimperkugel) hat sich in den Wasserwirbeln verfangen, die von den Tentakeln eines Moostierchens erzeugt werden; sie wird hin- und hergeschleudert, ohne aus den Strudeln herauszufinden. Aufn. M. Deckart

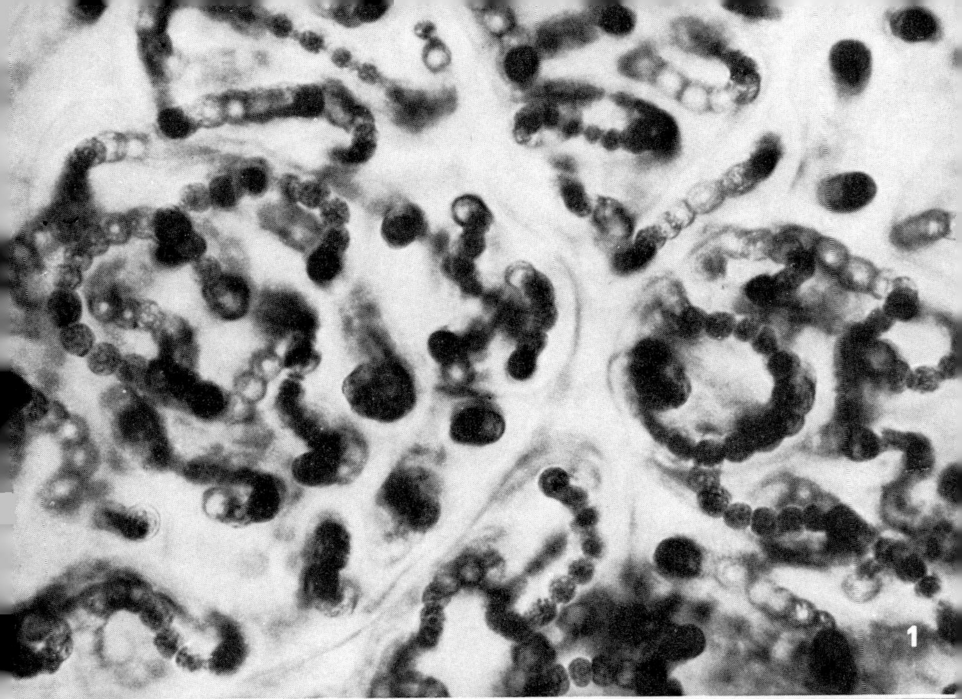

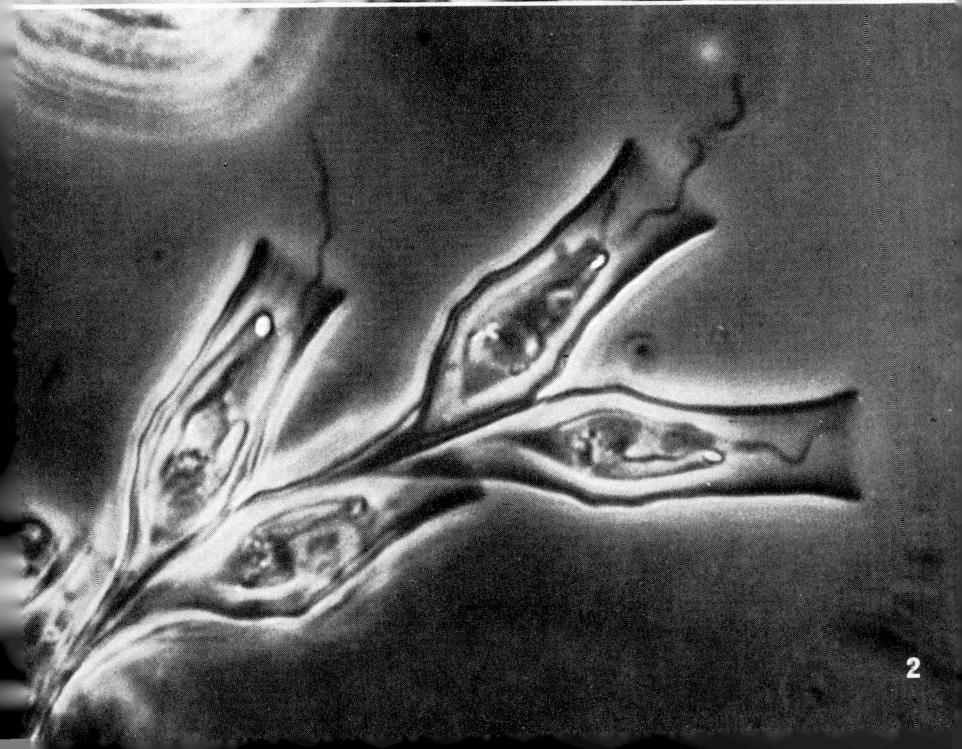

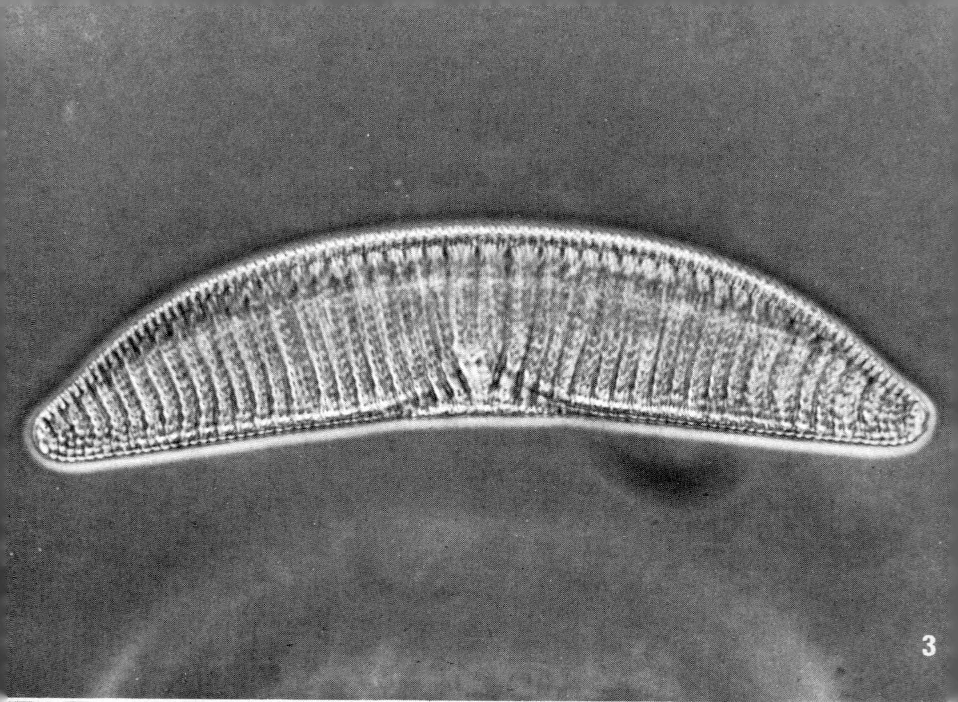
3

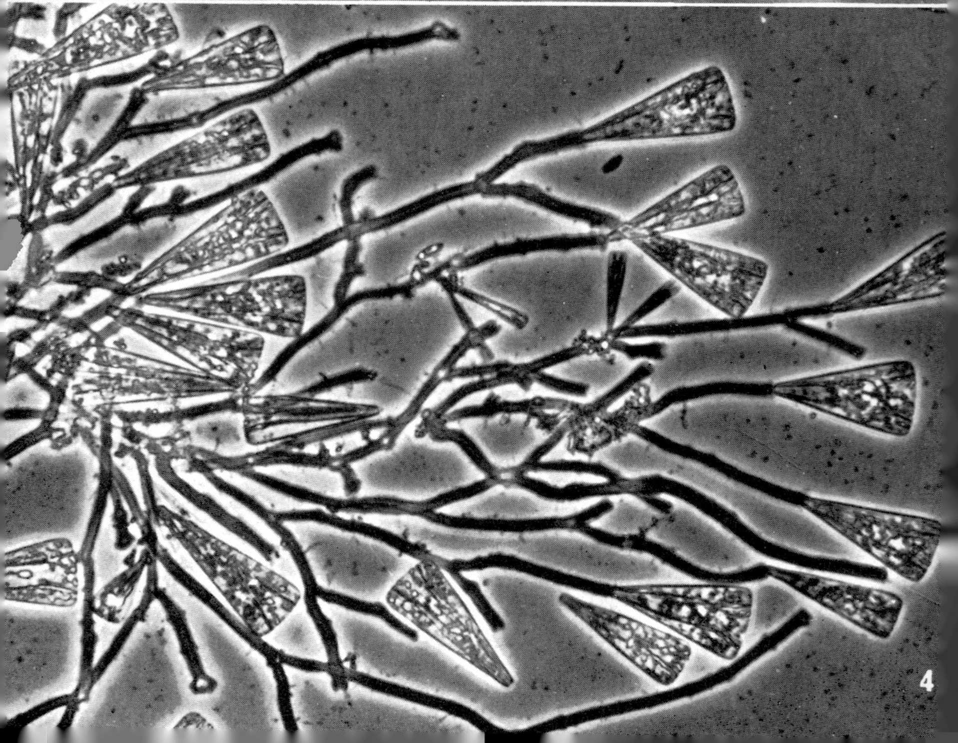
4

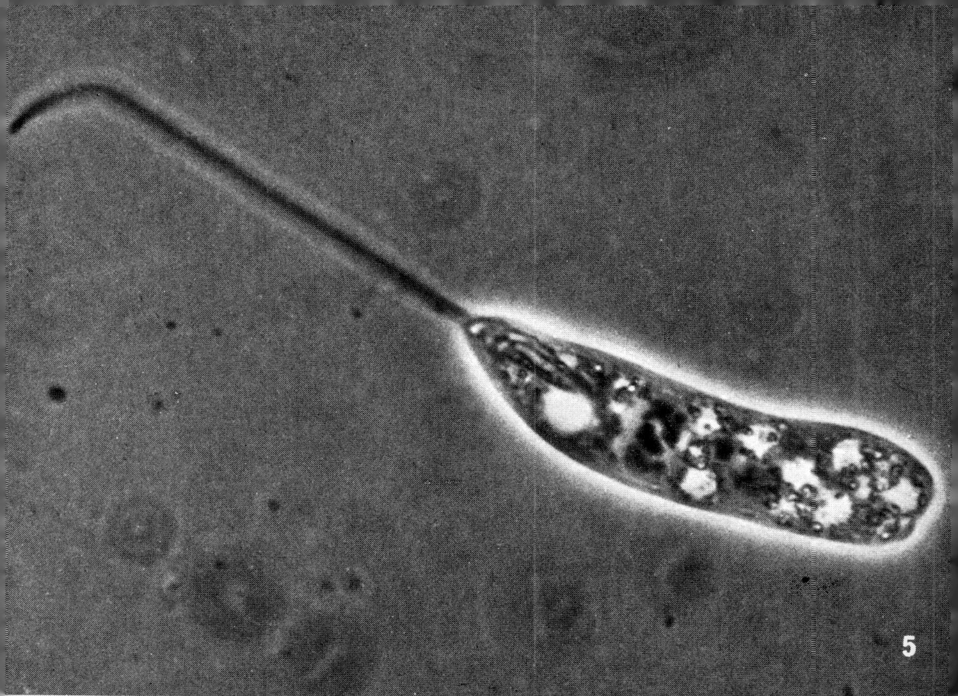

5

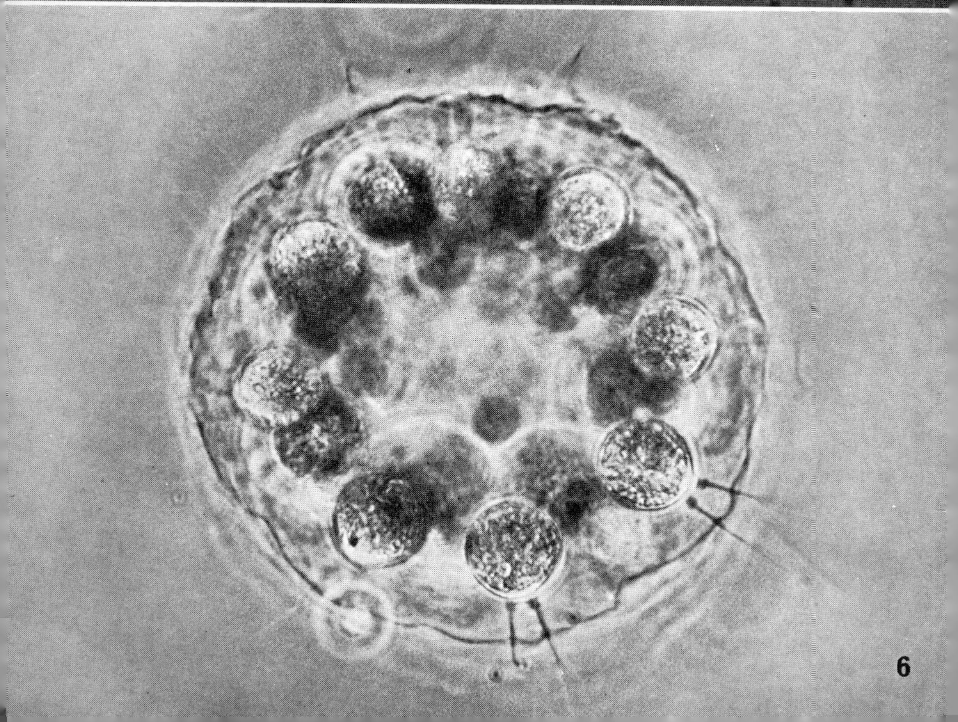

6

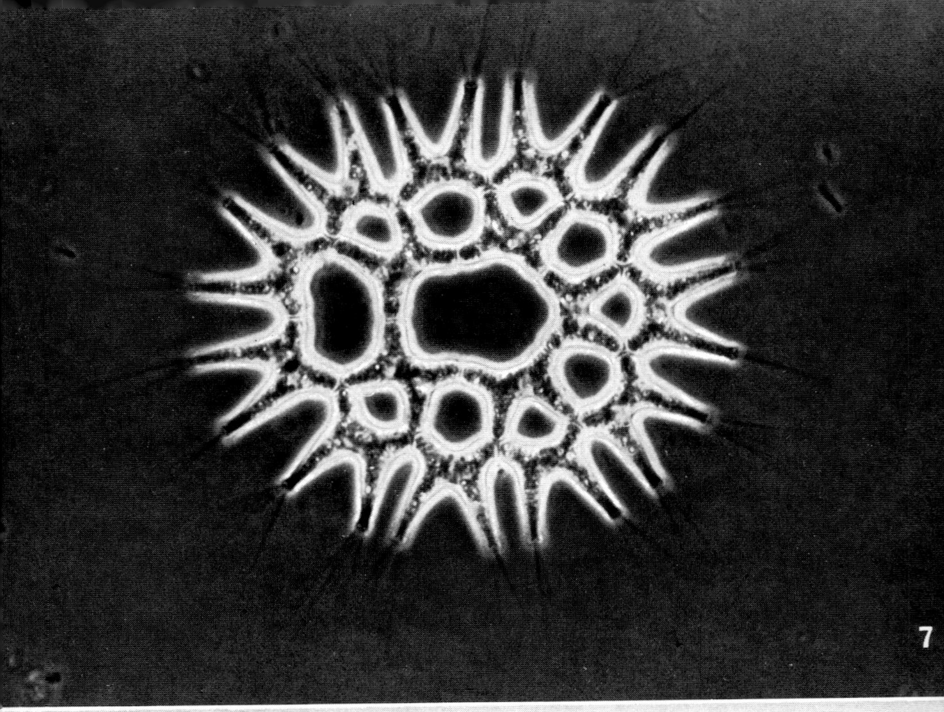

7

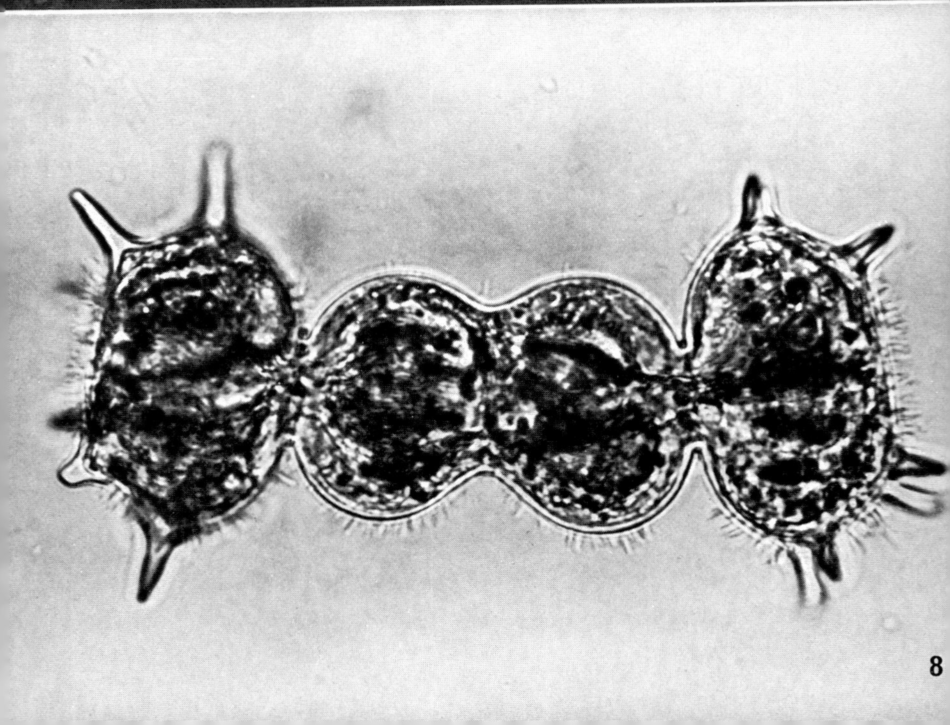

8

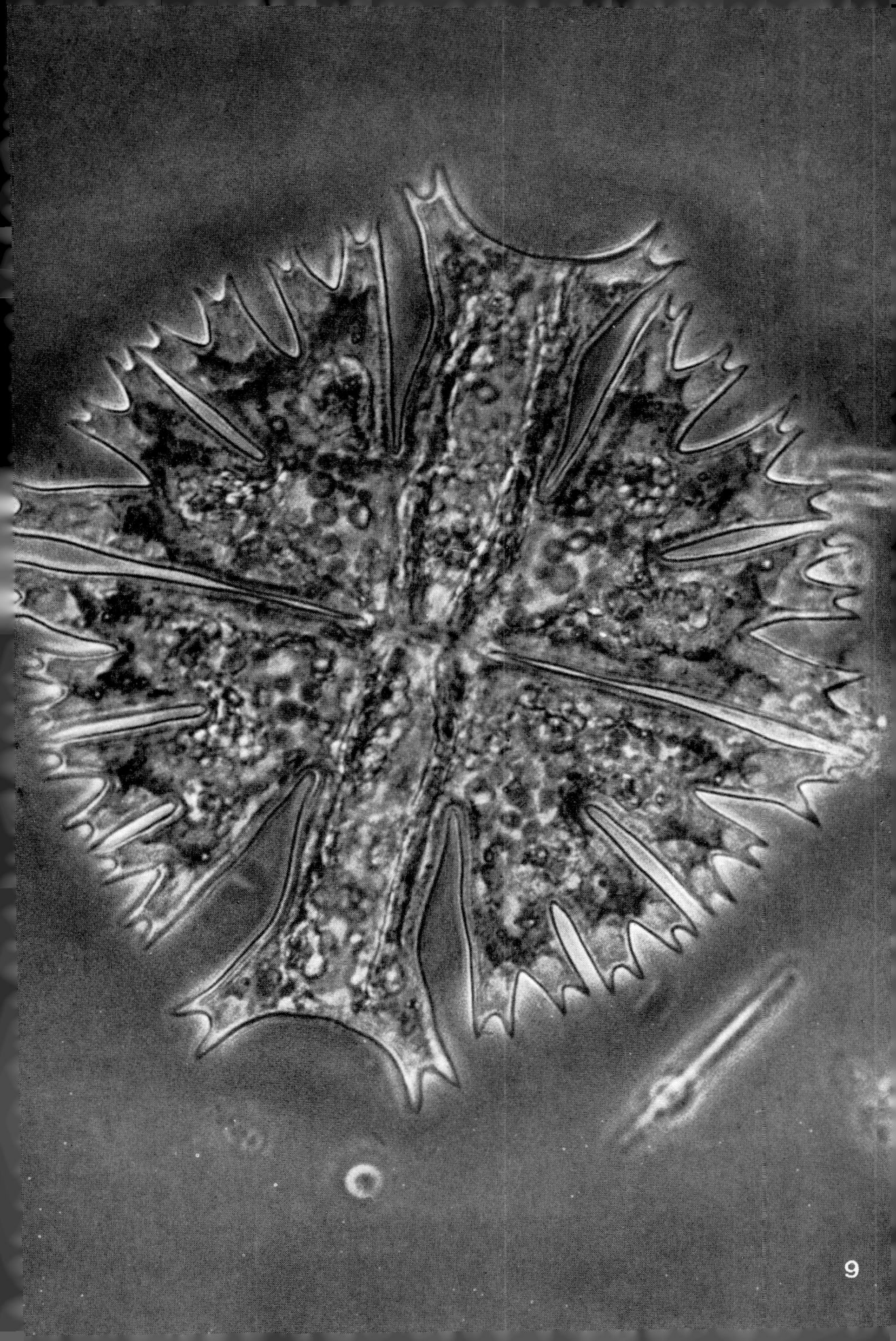
9

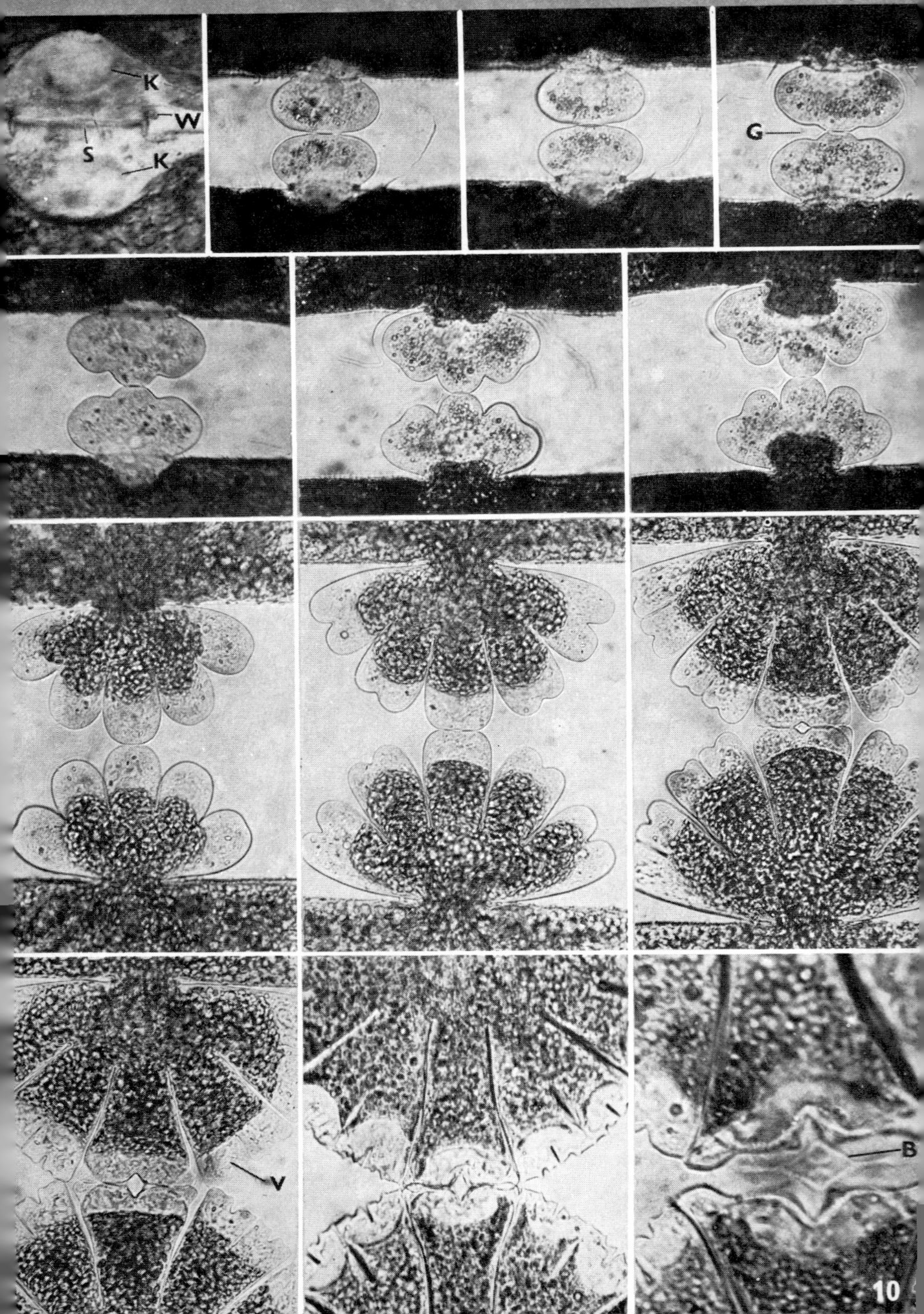
K
W
S
K
G
V
B
10

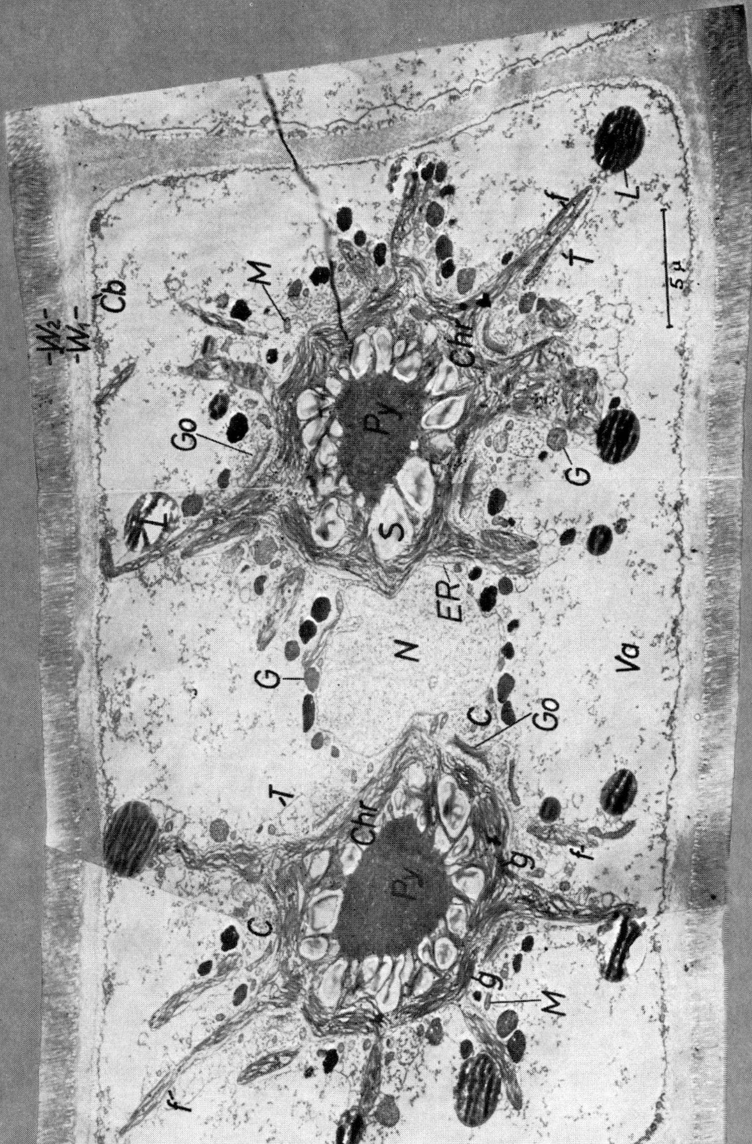
W2
W1
Cb
M
Go
Py
Chr
G
S
ER
N
Va
C
T
L
f
g
5 µ

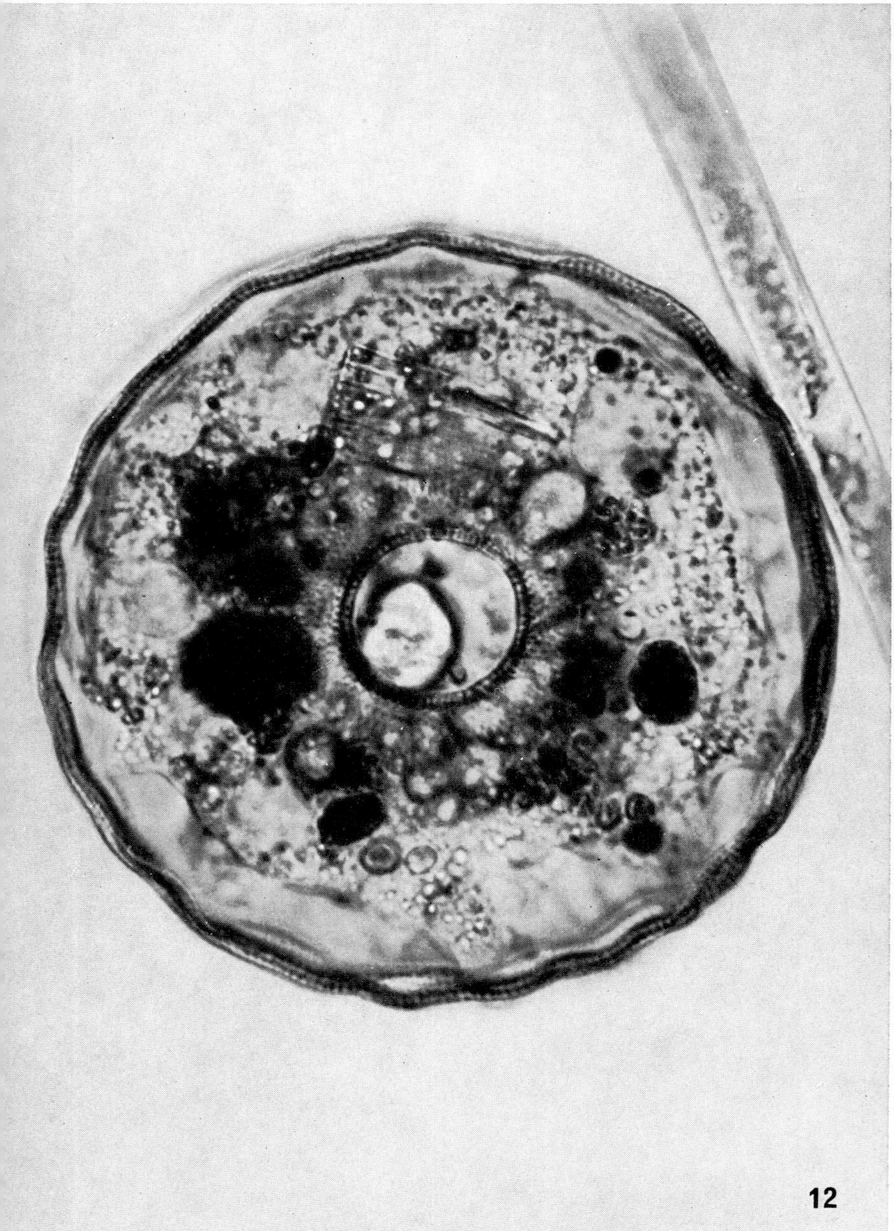

12

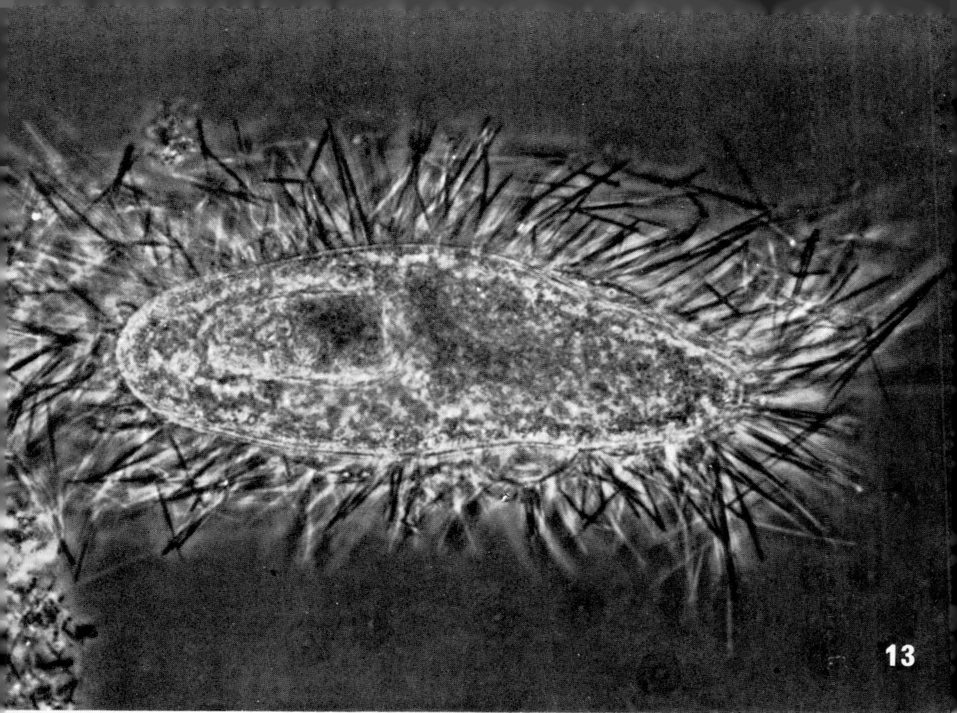

13

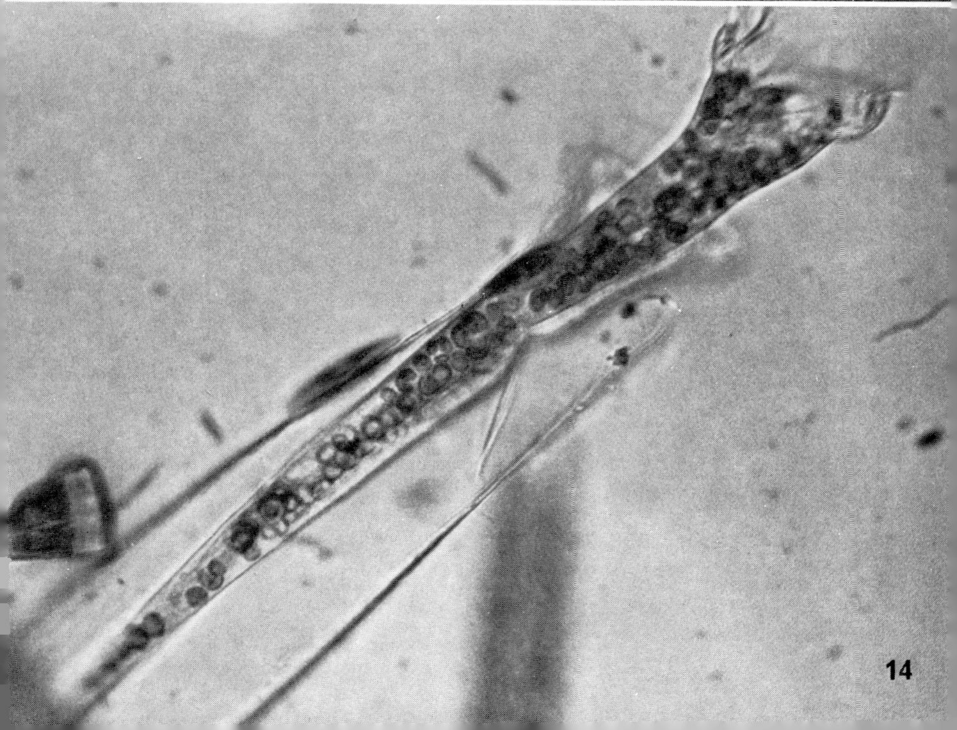

14

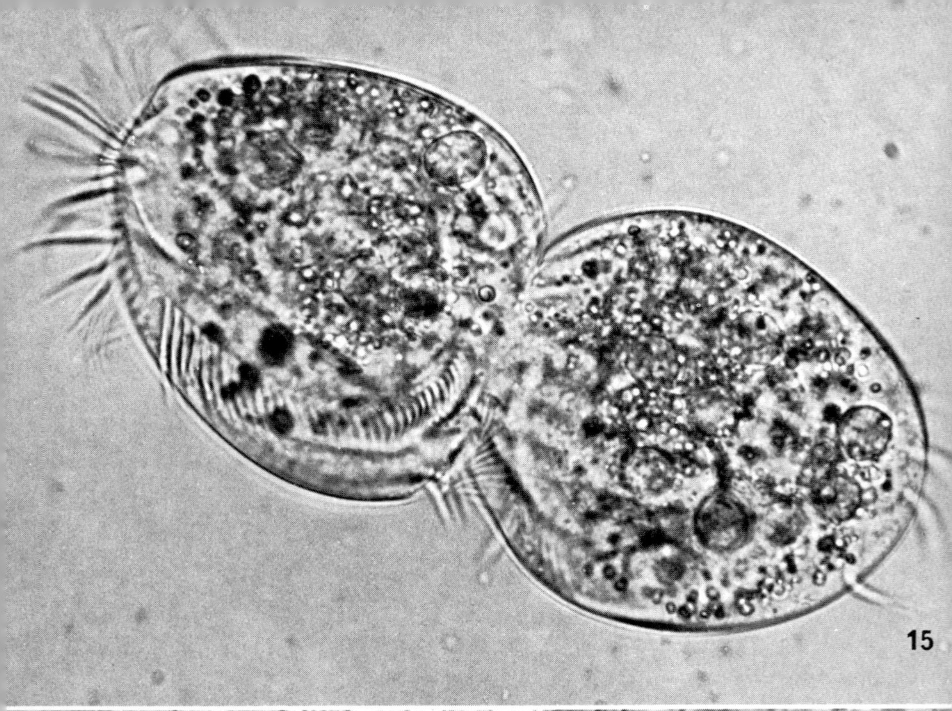
15

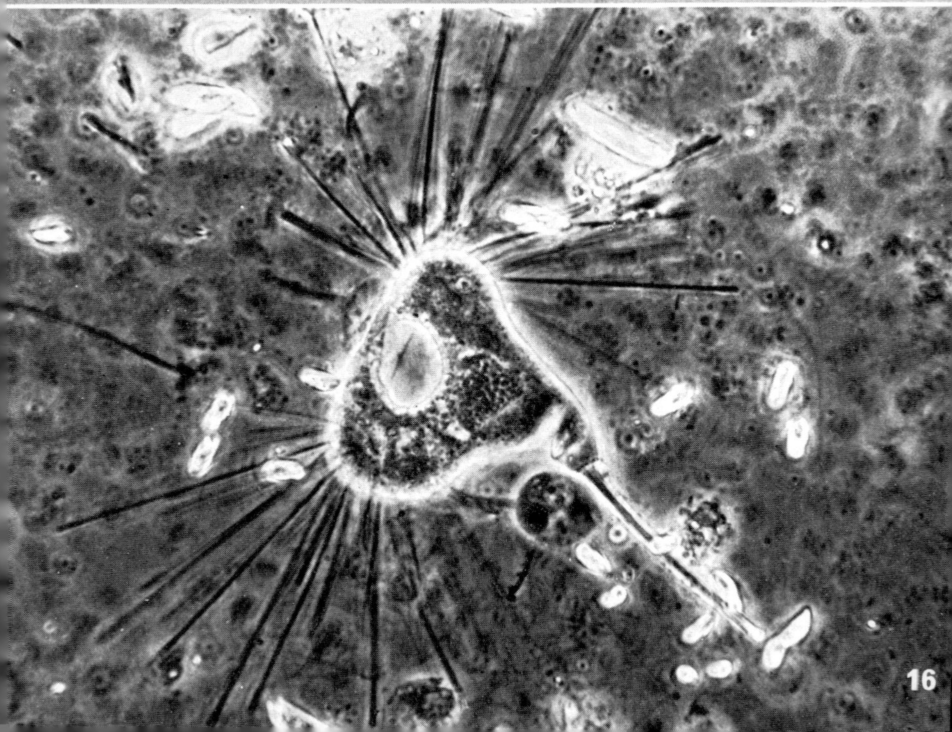
16

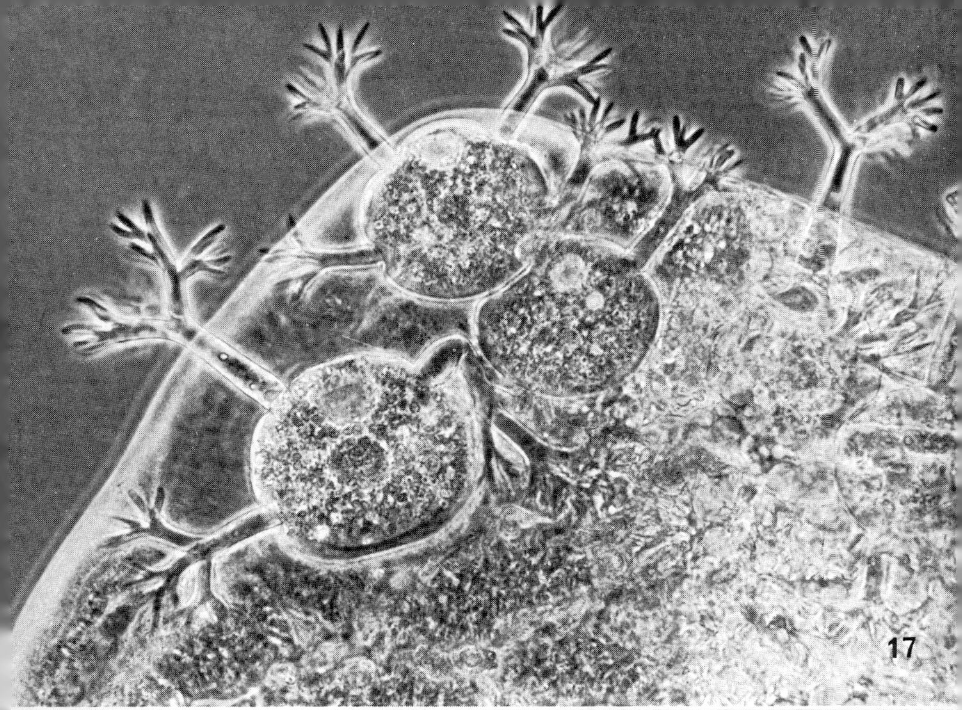
17

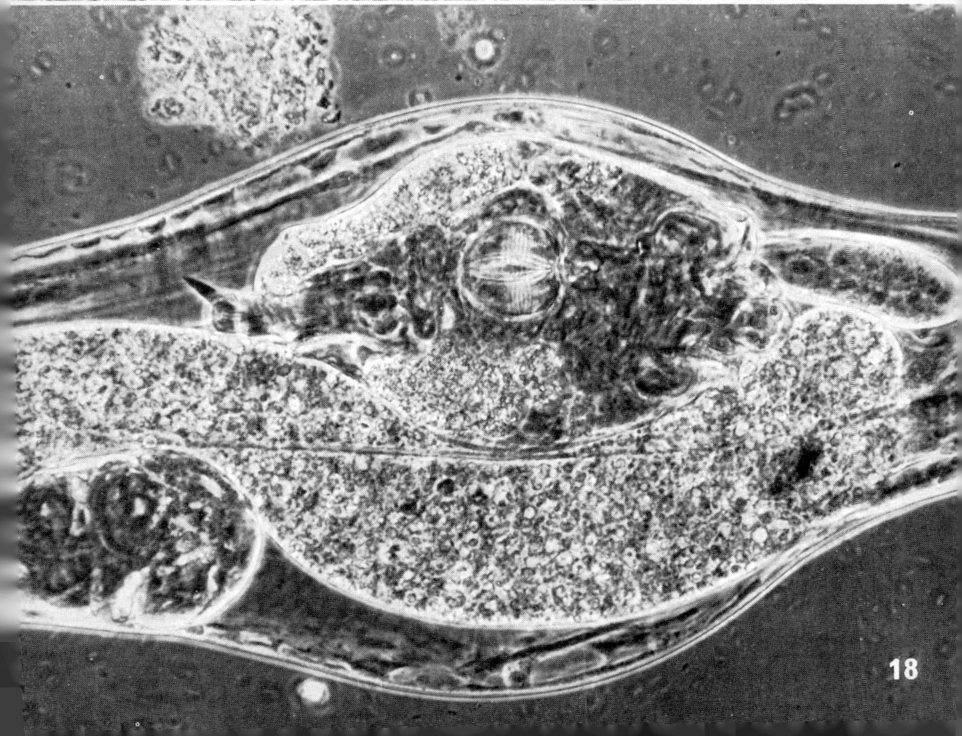
18

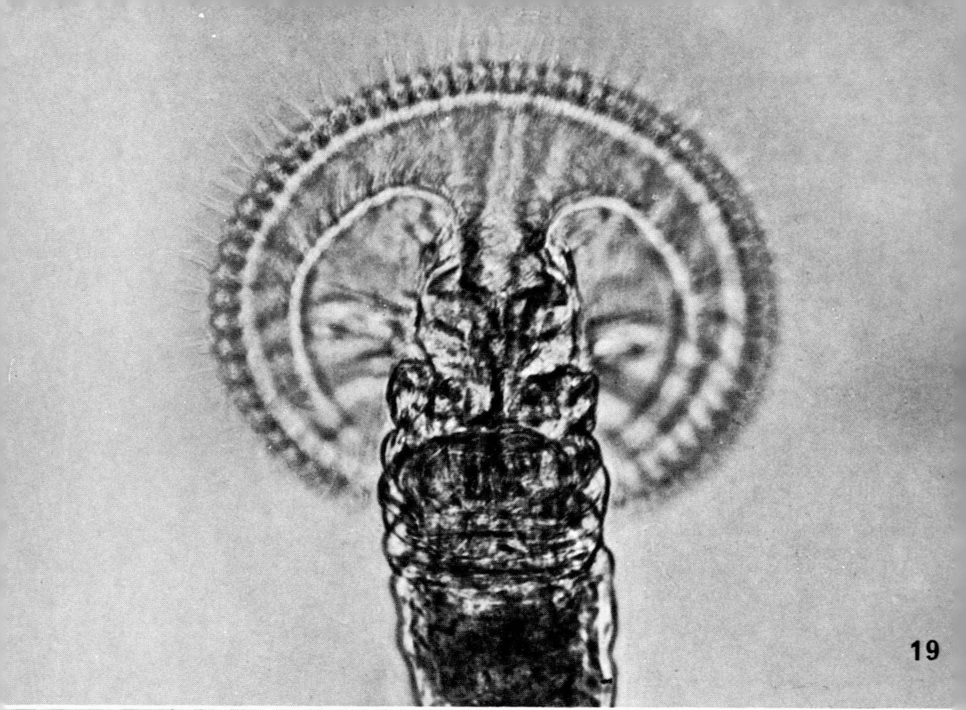

19

20

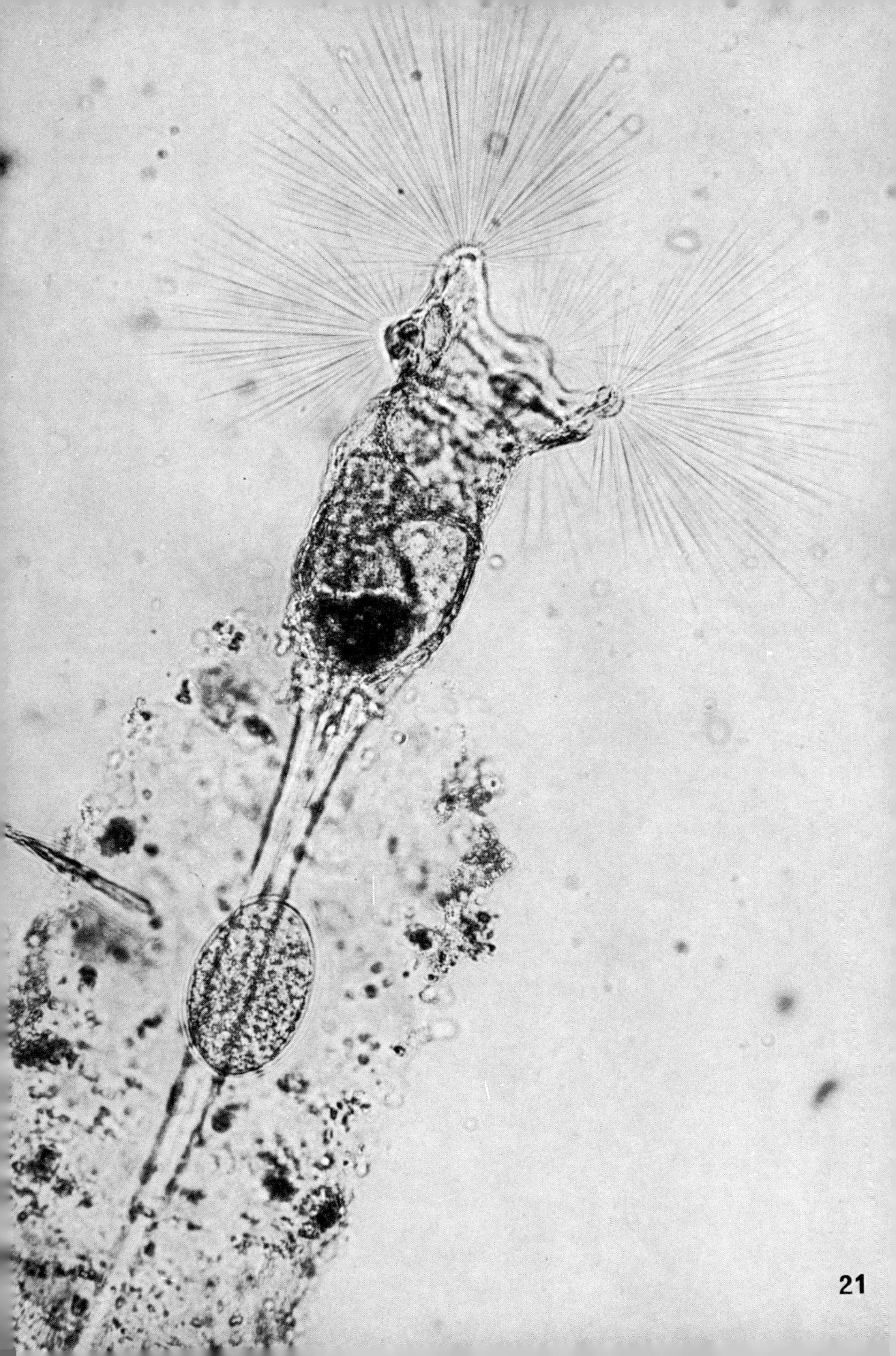

21

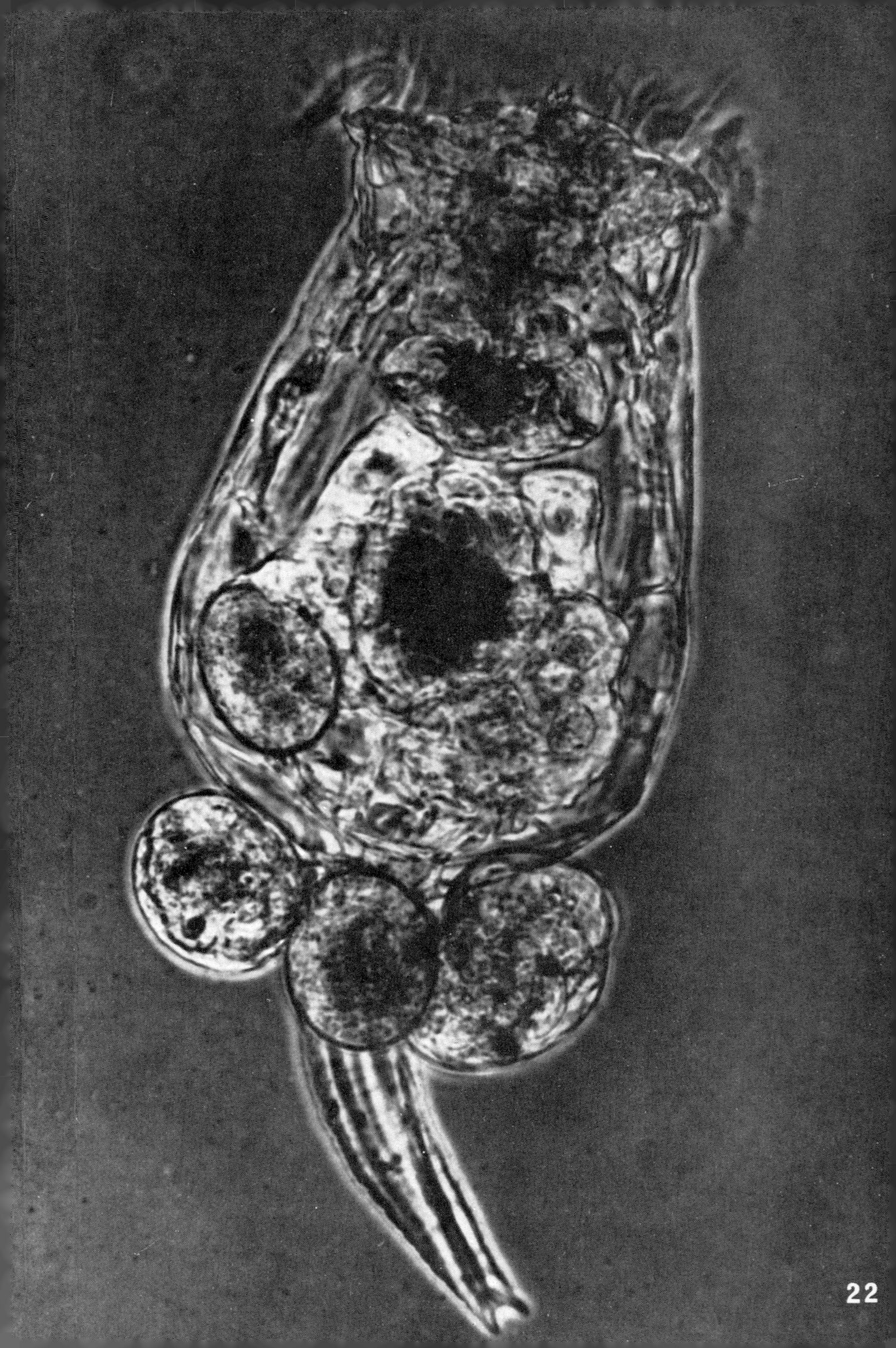

22

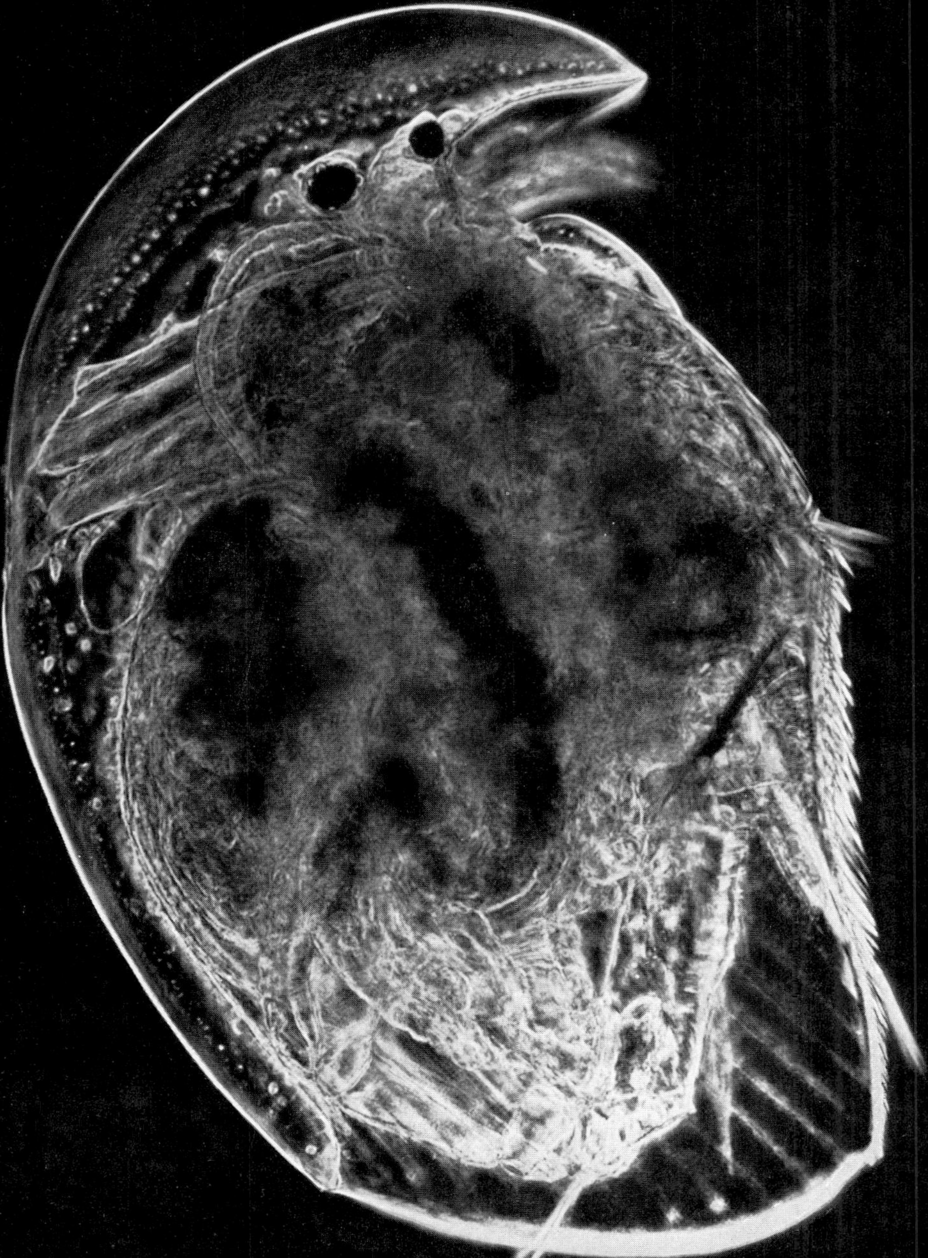

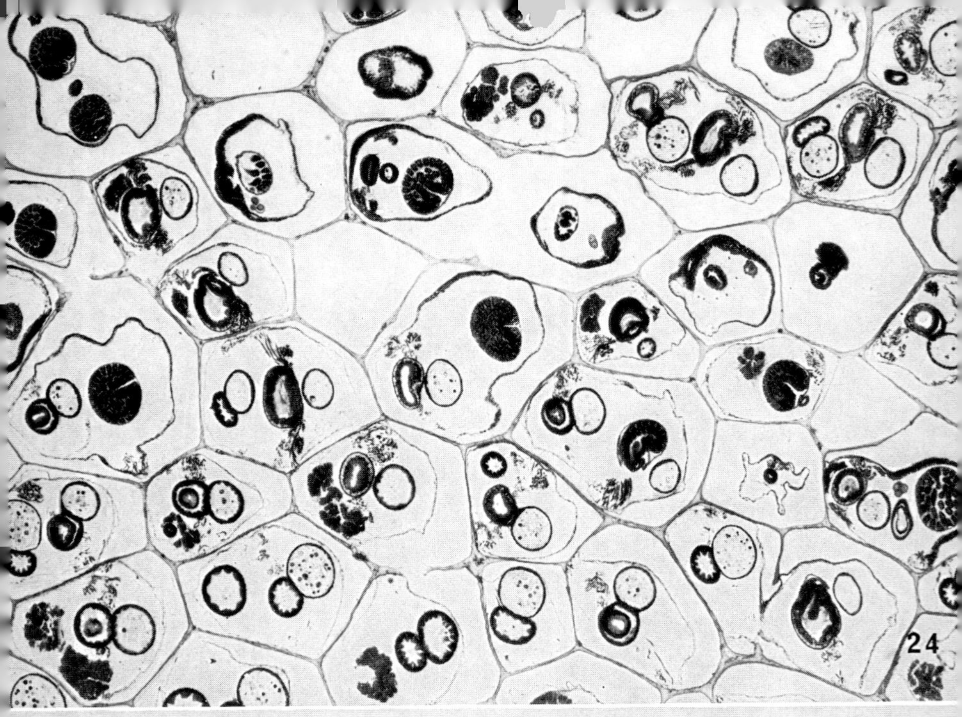

24

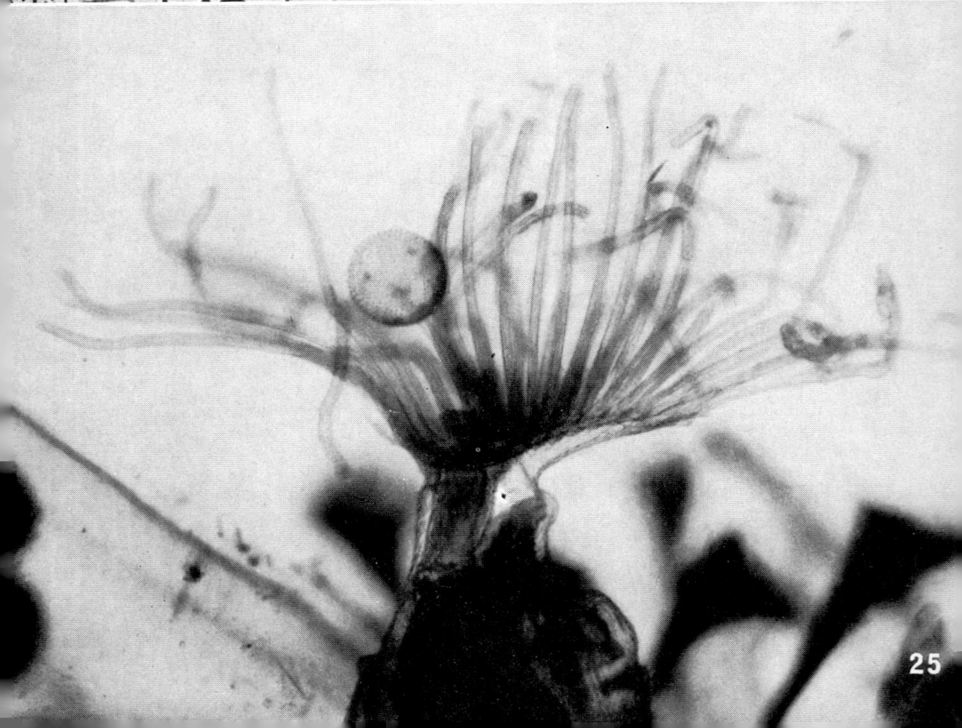

25

Farbfotos

1 Augenflagellat *Phacus pleuronectes.* Siehe Seite 150. Aufn. H. Schneider
2 Kieselalge *Fragilaria crotonensis.* Siehe Seite 134. Aufn. H. Schneider
3 Kieselalge *Gomphonema* spec. Siehe Seite 140. Aufn. H. Schneider
4 Grünalge *Eudorina elegans.* Bildung von Tochterkolonien. Siehe Seite 158. Aufn. H. Schneider
5 Grünalge *Volvox aureus.* Siehe Seite 158. Aufn. H. Schneider
6 Grünalge *Golenkinia radiata.* Siehe Seite 168. Aufn. M. Kaufmann
7 Grünalge *Pediastrum boryanum.* Siehe Seite 164. Aufn. H. Schneider
8 Grünalge *Hydrodictyon reticulatum.* Siehe Seite 166. Aufn. H. Schneider
9 Grünalge *Closterium moniliferum.* Siehe Seite 194. Aufn. H. Schneider
10 Grünalge *Zygnema* spec. Siehe Seite 206. Aufn. H. Schneider
11 Amöbe *Chaos diffluens.* Siehe Seite 218. Aufn. H. Schneider
12 Schalenamöbe *Arcella gibbosa.* Siehe Seite 222. Aufn. H. Schneider
13 Sonnentier *Actinosphaerium eichhorni viride.* Siehe Seite 228. Aufn. H. Schneider
14 Sonnentier *Raphidiophrys pallida.* Siehe S. 230. Aufn. H. Schneider
15 Wimpertier *Paramecium caudatum.* Siehe Seite 244. Aufn. H. Schneider
16 Wimpertier *Paramecium bursaria.* Siehe Seite 244. Aufn. M. Kaufmann
17 Wimpertier *Carchesium polypinum.* Siehe S. 246. Aufn. H. Schneider
18 Wimpertier *Euplotes patella.* Siehe Seite 258. Aufn. H. Schneider
19 Süßwasserschwamm *Ephydatia fluviatilis.* Siehe Seite 262. Aufn. H .Schneider
20 Süßwasserpolyp *Hydra viridis (Chlorohydra viridissima).* Siehe Seite 264. Aufn. D. Krauter
21 Bauchhärling *Chaetonotus* spec. Siehe Seite 292. Aufn. H. Schneider
22 Rädertier *Synchaeta* spec. Siehe Seite 286. Aufn. H. Schneider
23 Rädertier *Filina longiseta.* Siehe Seite 286. Aufn. H. Schneider
24 Rädertier *Asplanchna priodonta.* Siehe Seite 284. Aufn. M. Kaufmann
25 Rädertier *Stephanoceros fimbriatus.* Siehe Seite 290. Aufn. H. Schneider
26 Blattfußkrebs *Bosmina longirostris.* Siehe Seite 304. Aufn. M. Kaufmann
27 Naupliuslarve eines Ruderfußkrebses. Siehe Seite 94 und Seite 322, Nr. 32. Aufn. M. Kaufmann

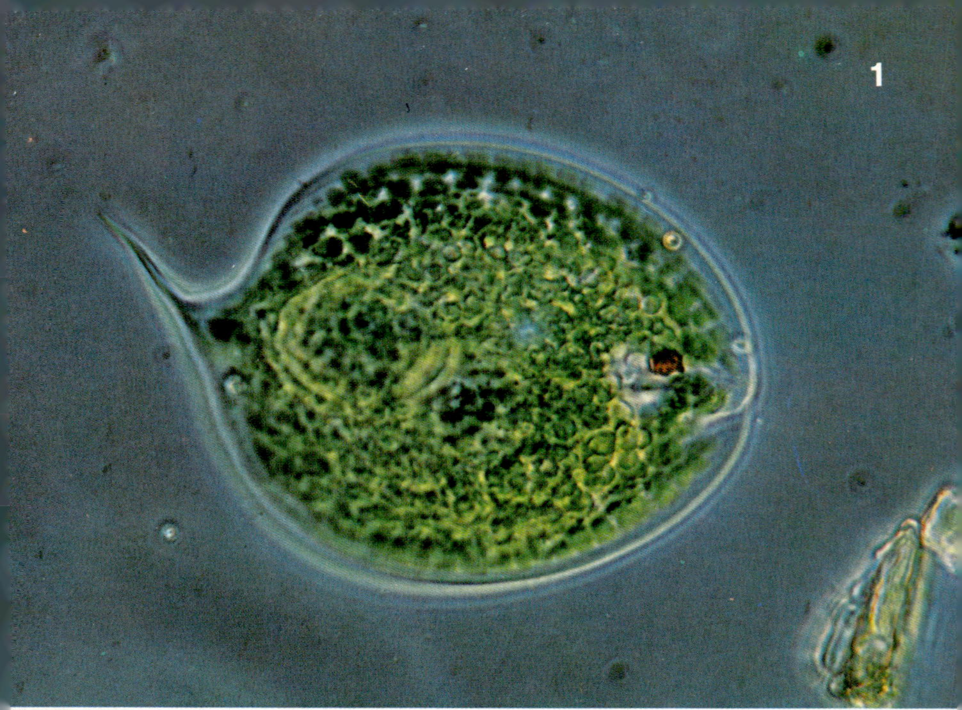
1

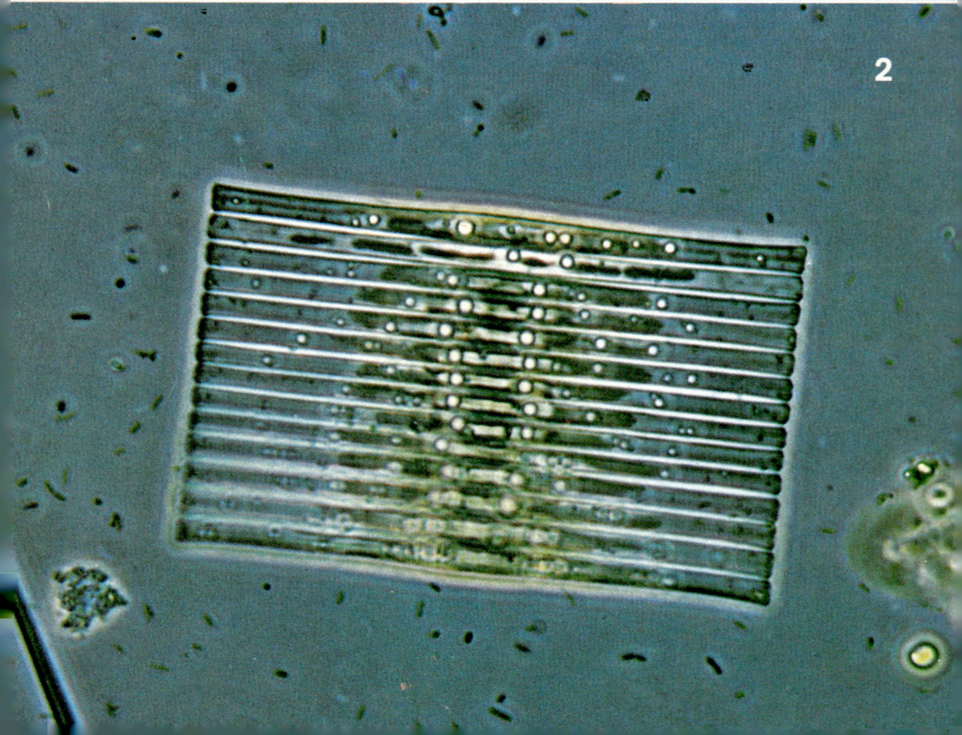
2

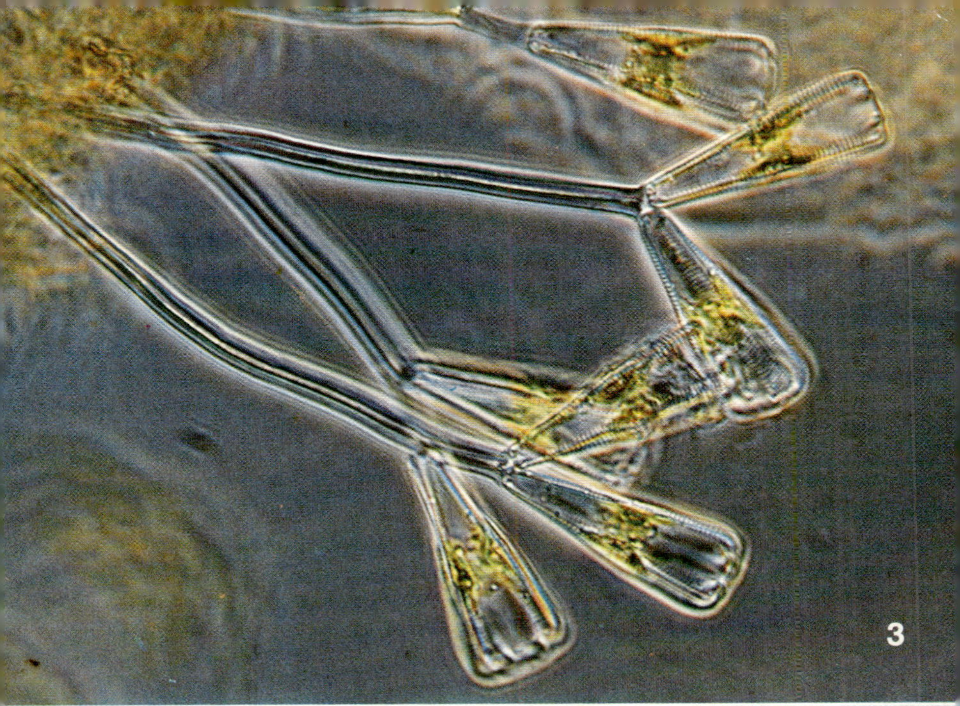

3

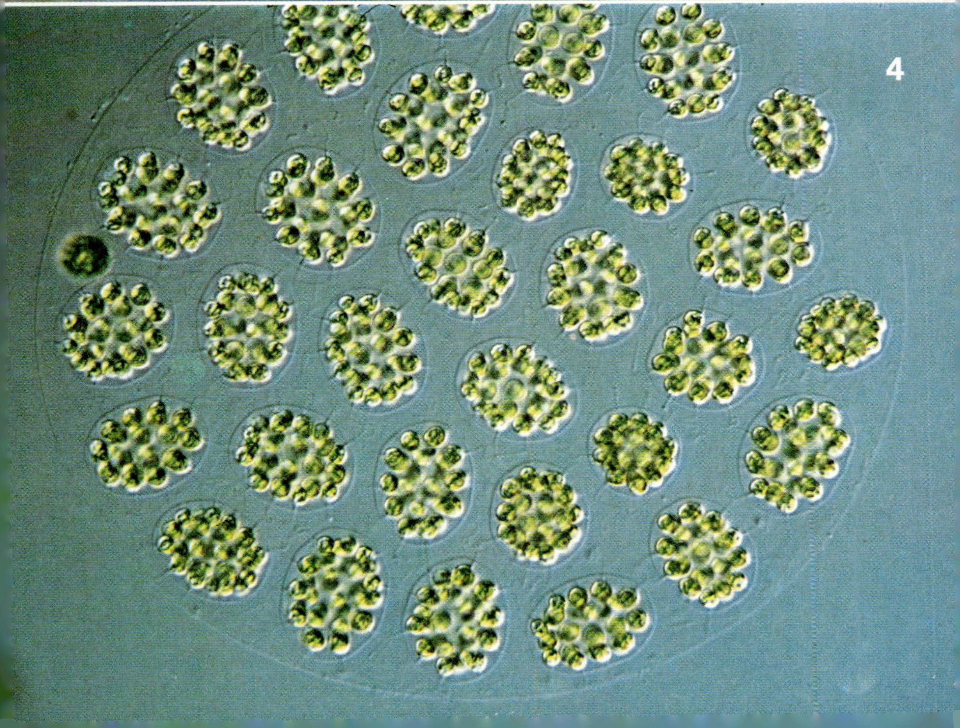

4

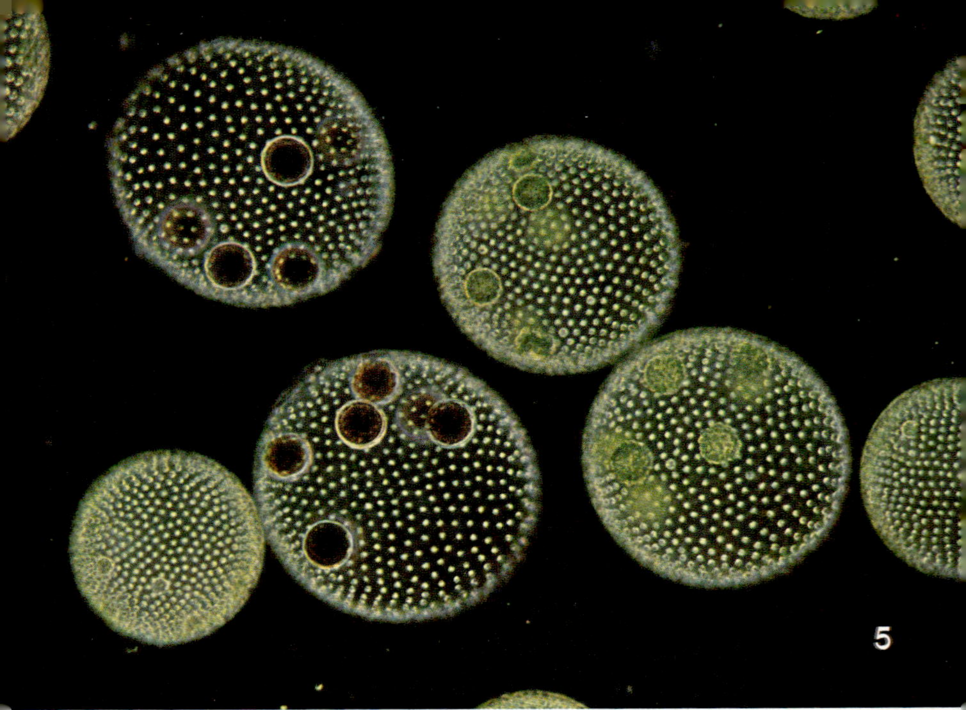
5

6

7

8

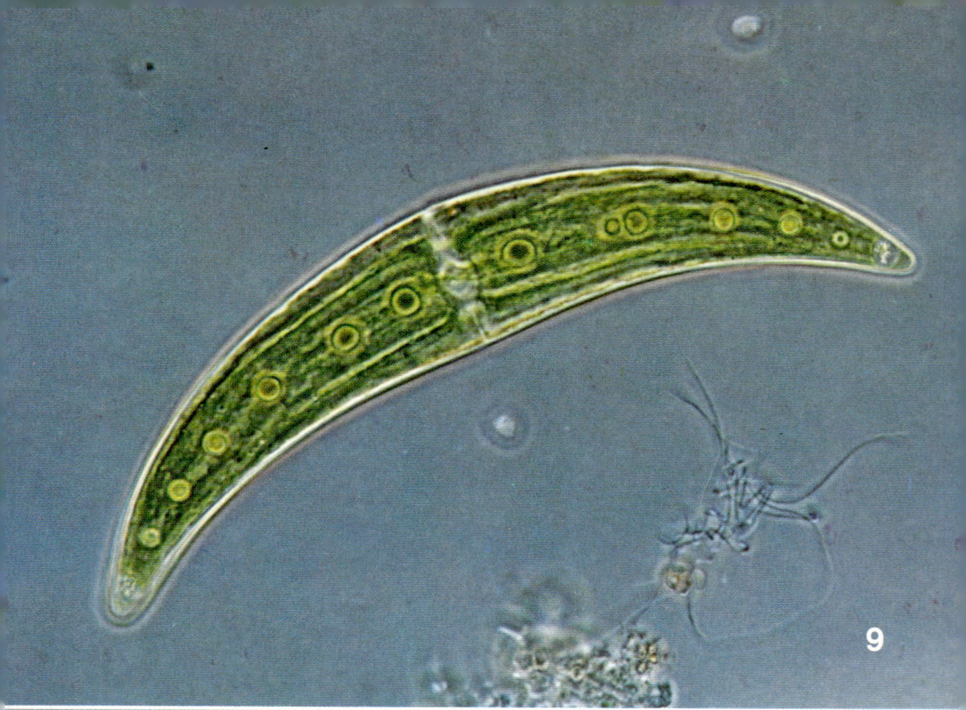
9

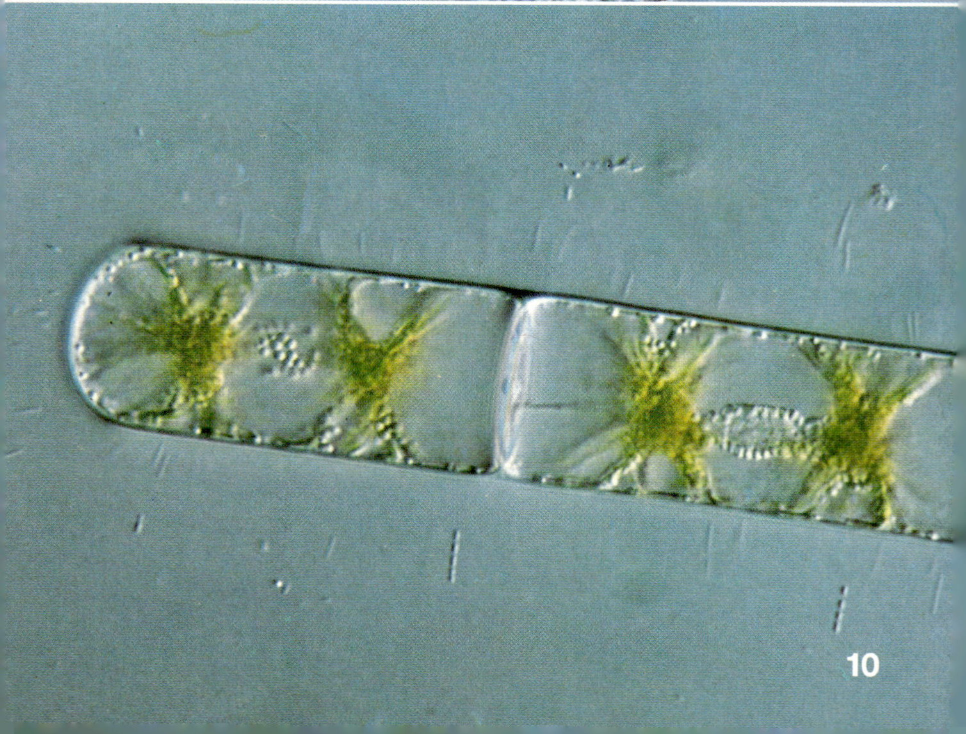
10

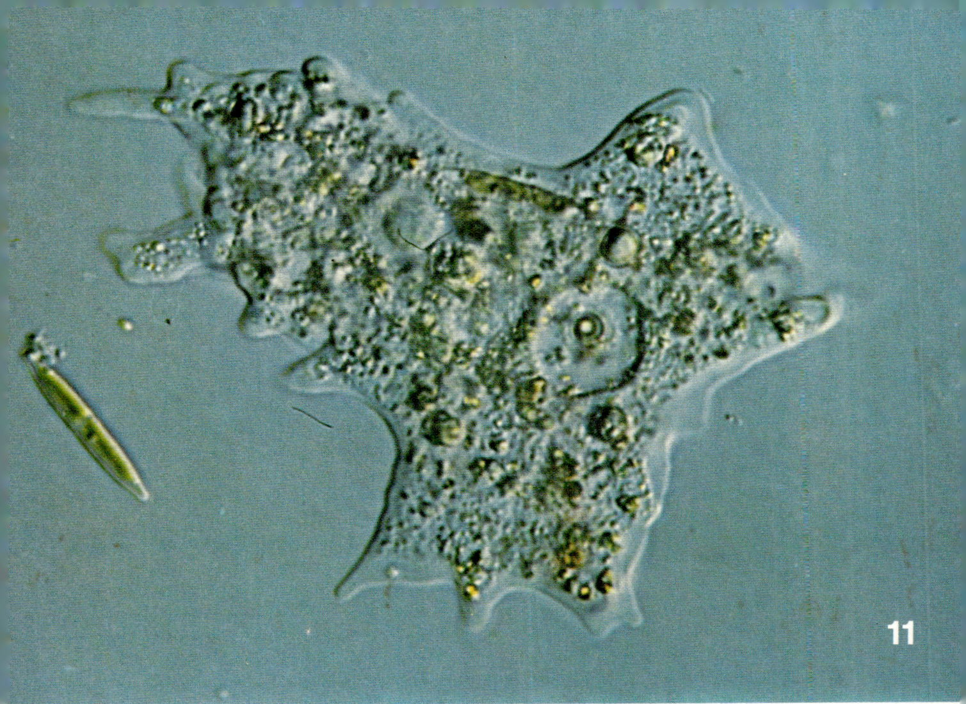
11

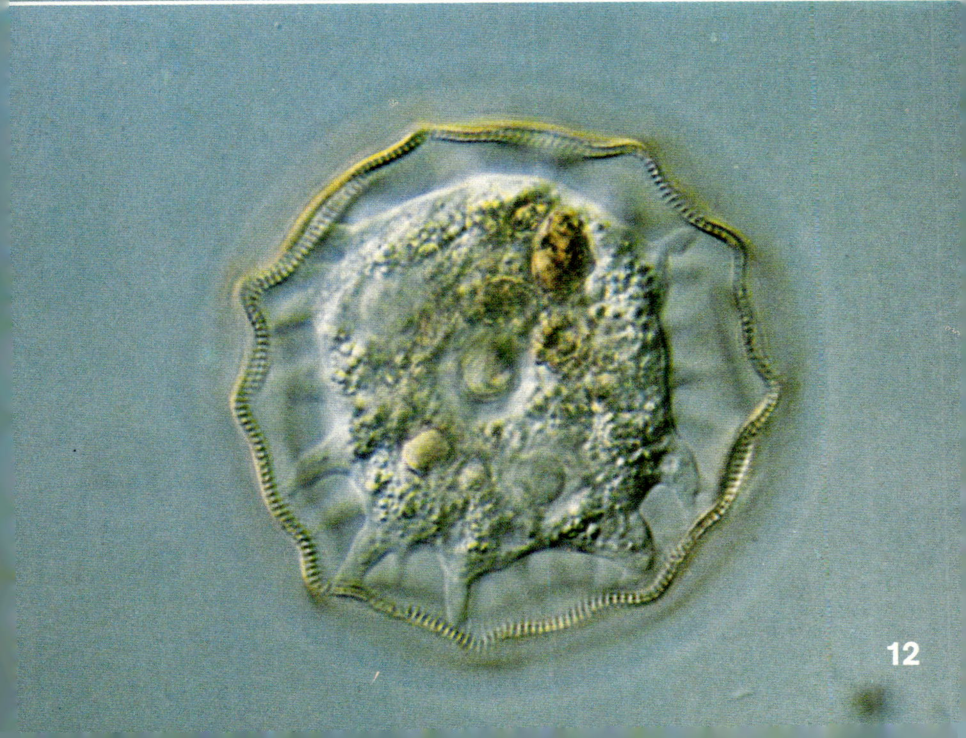
12

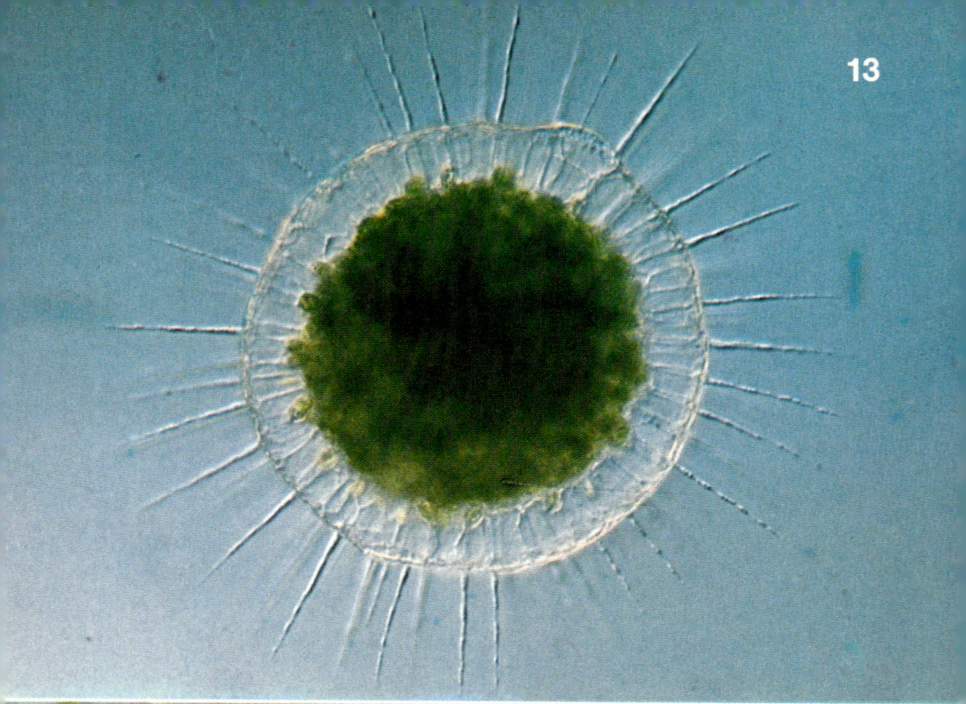

13

14

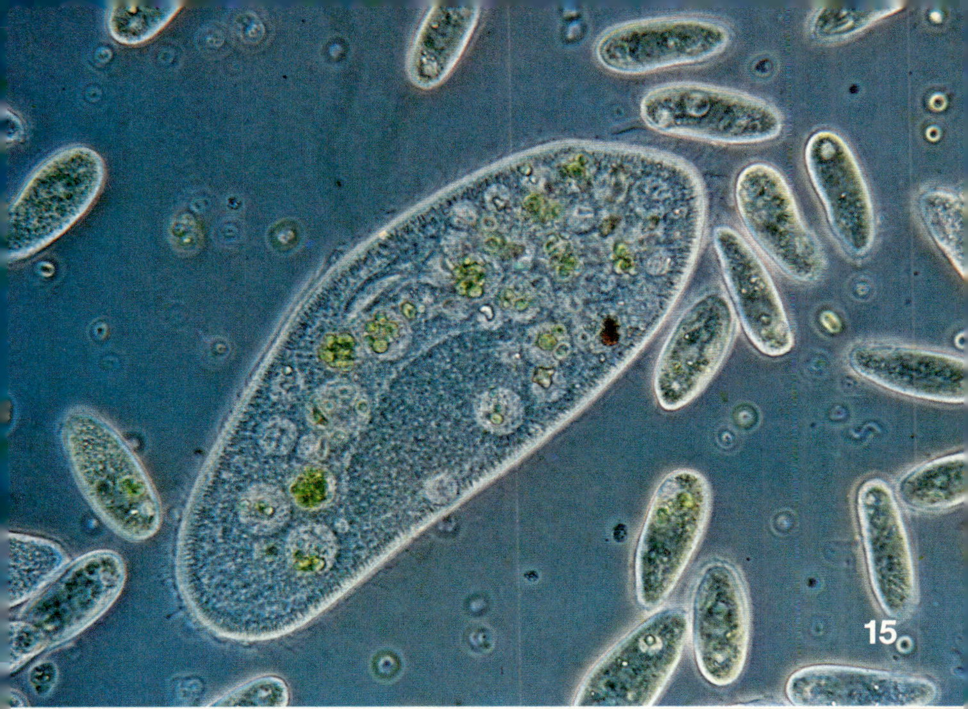
15

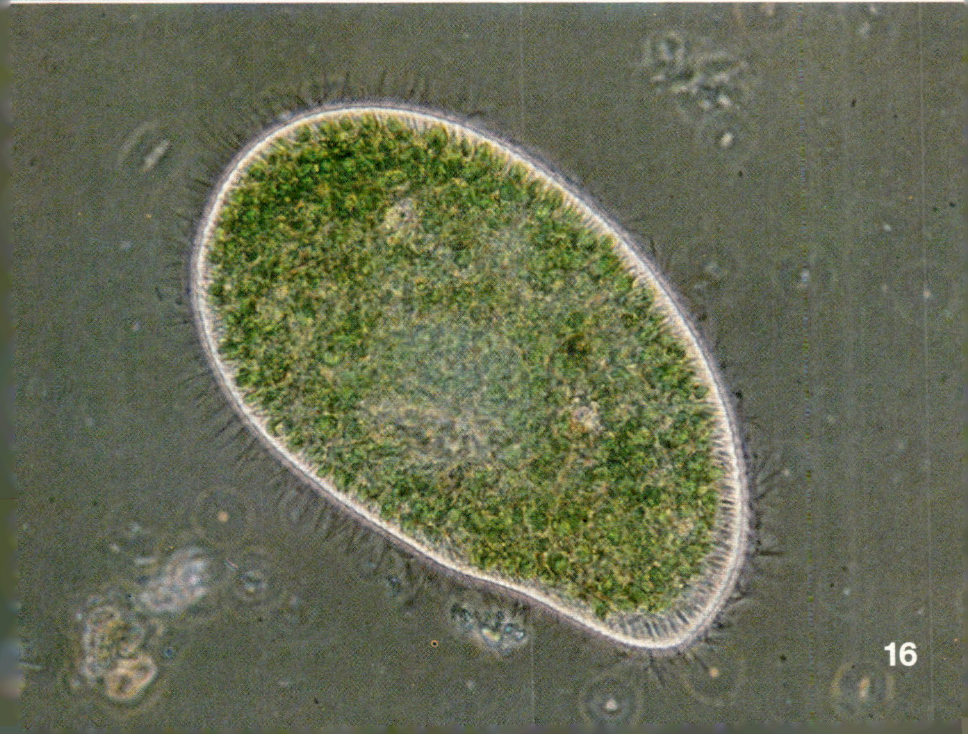
16

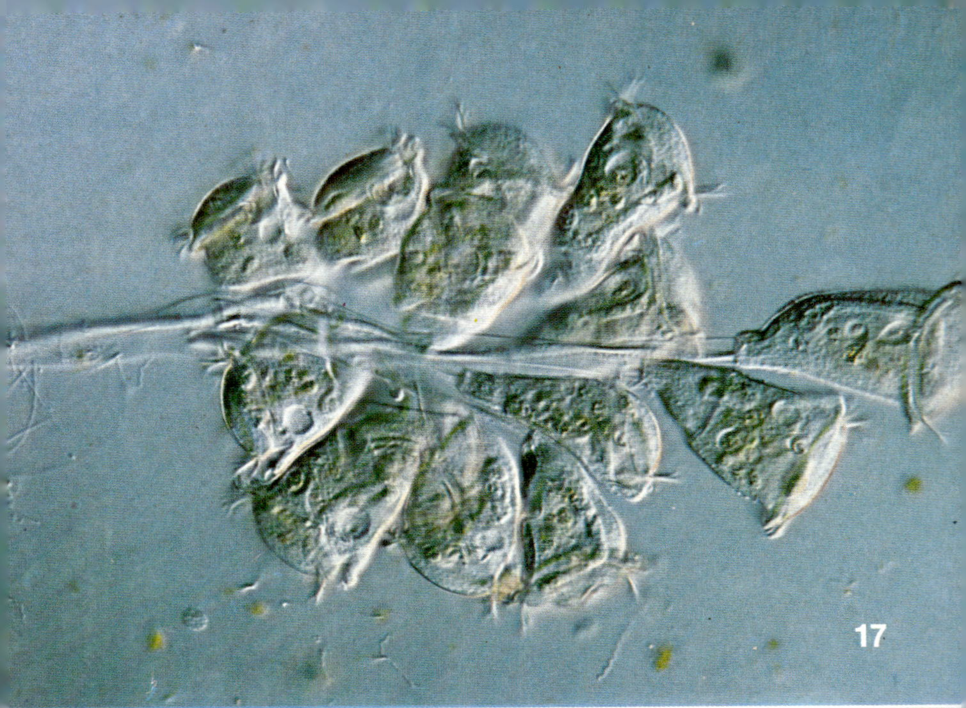

17

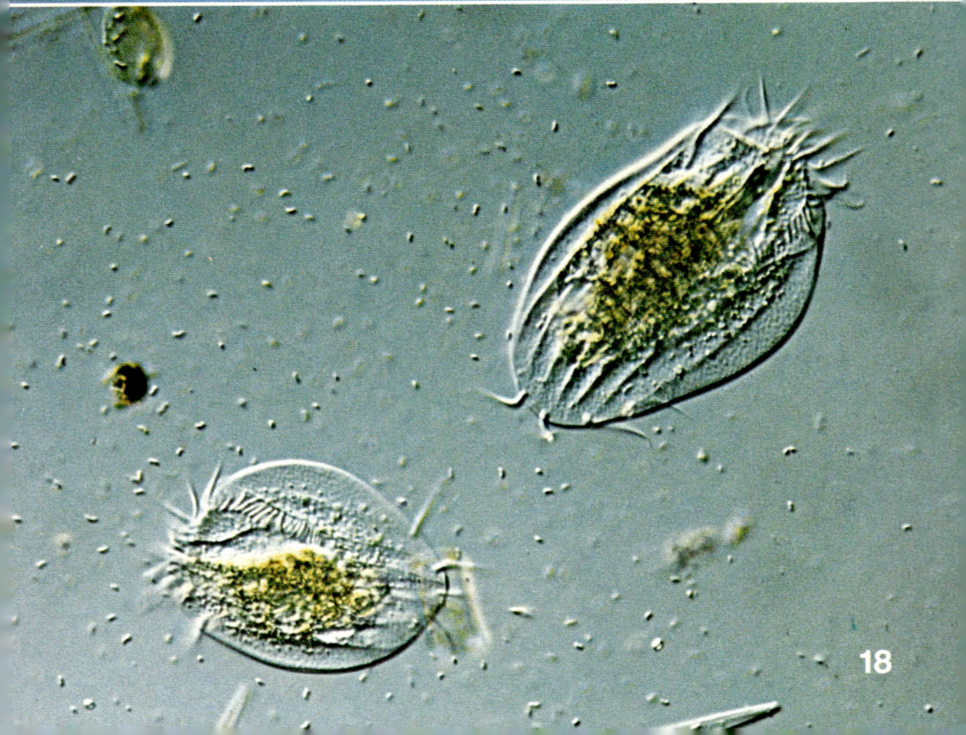

18

19

20

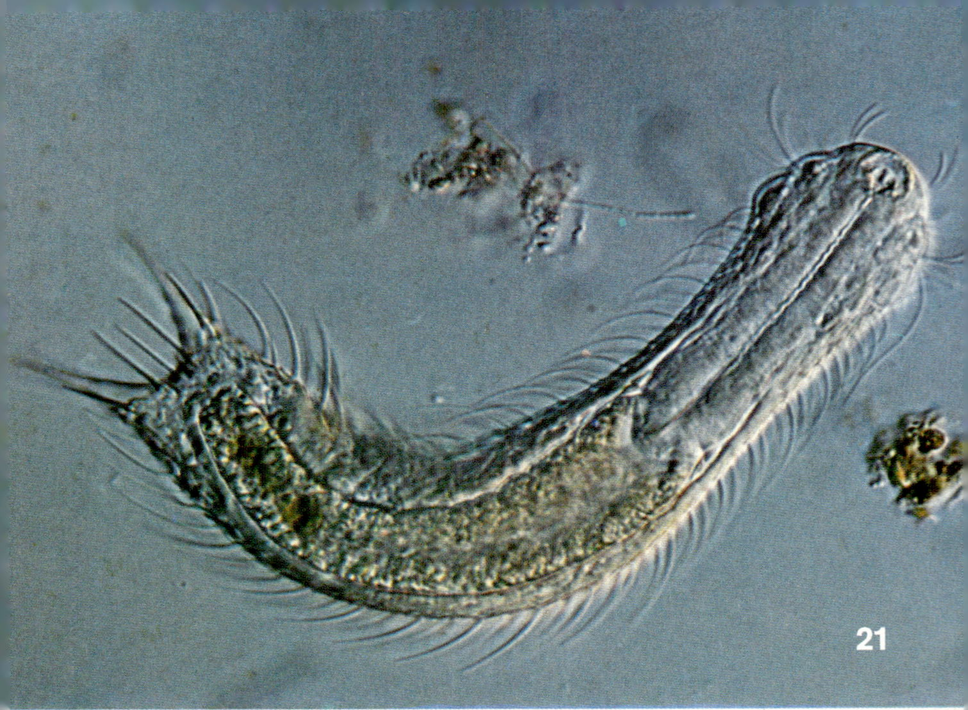

21

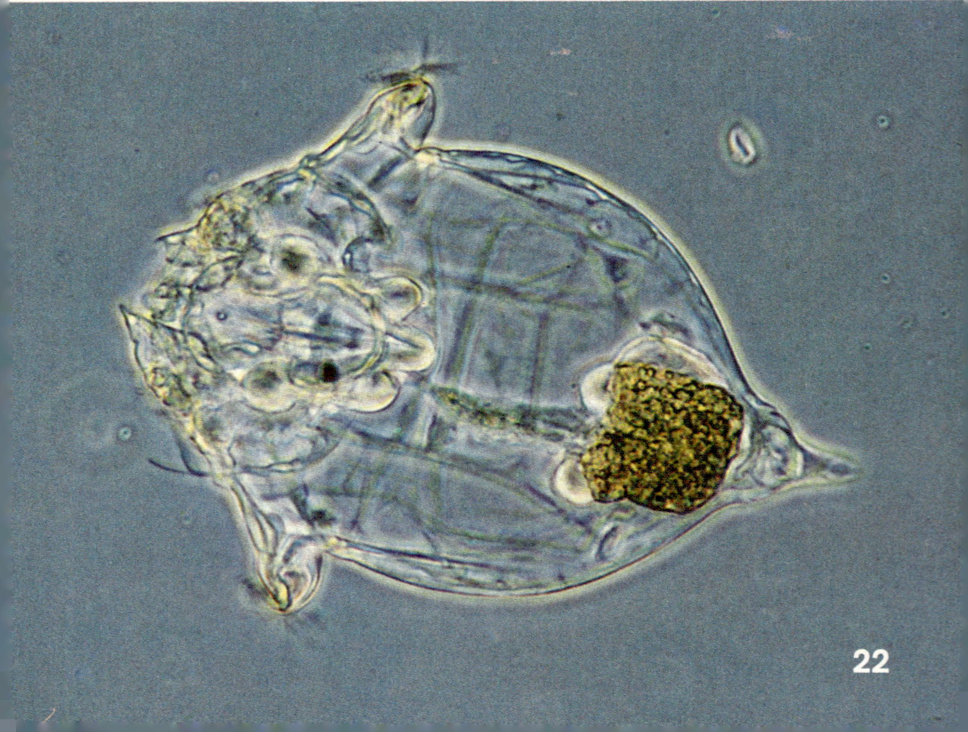

22

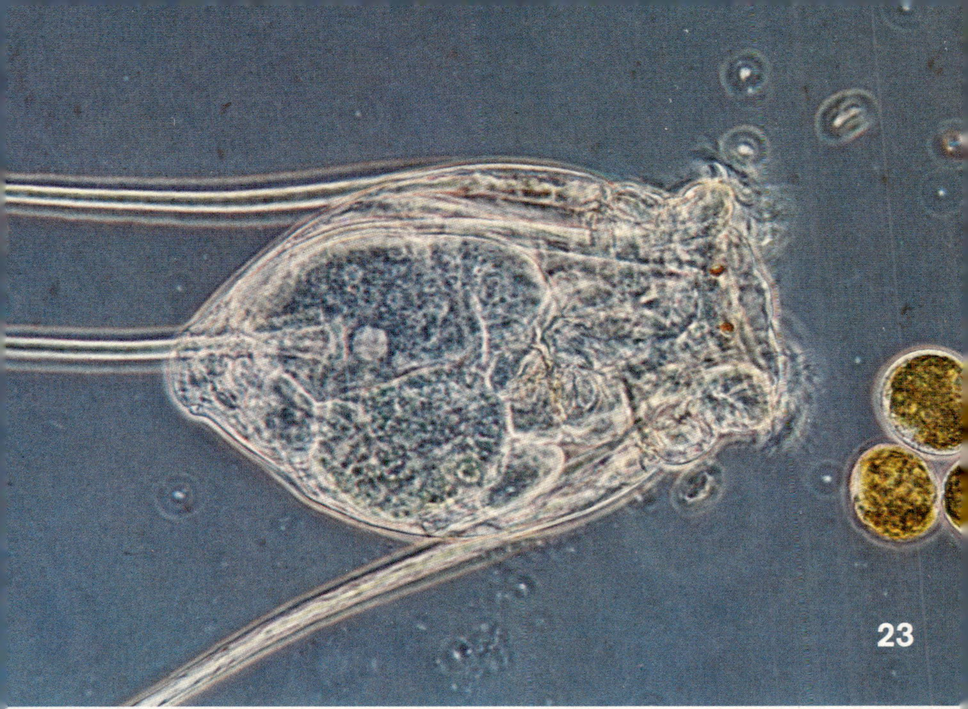
23

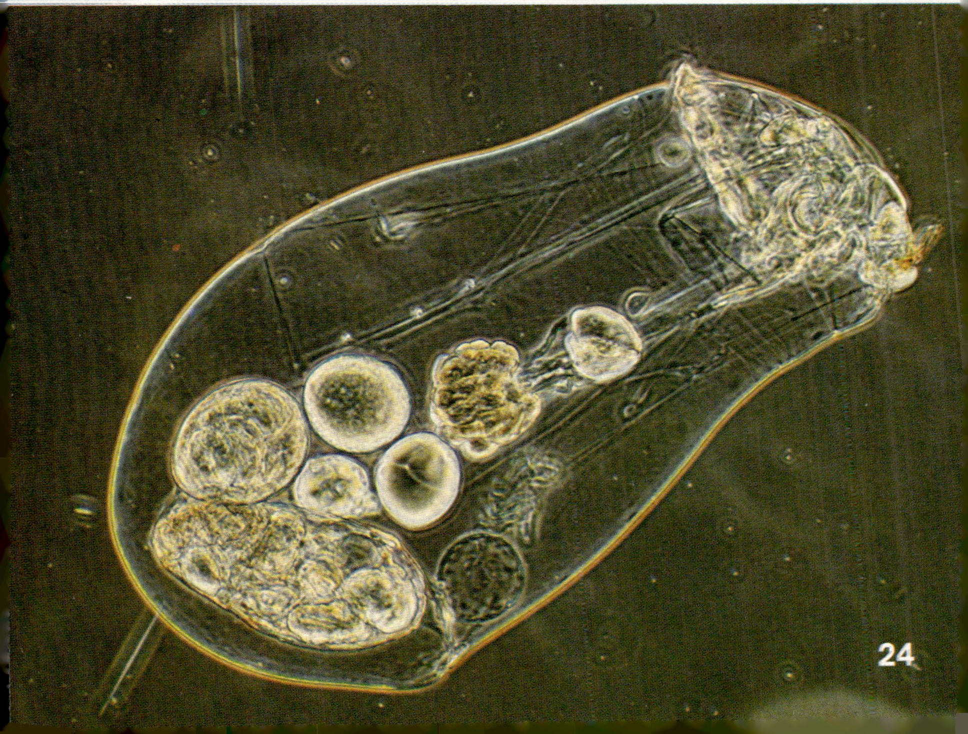
24

25

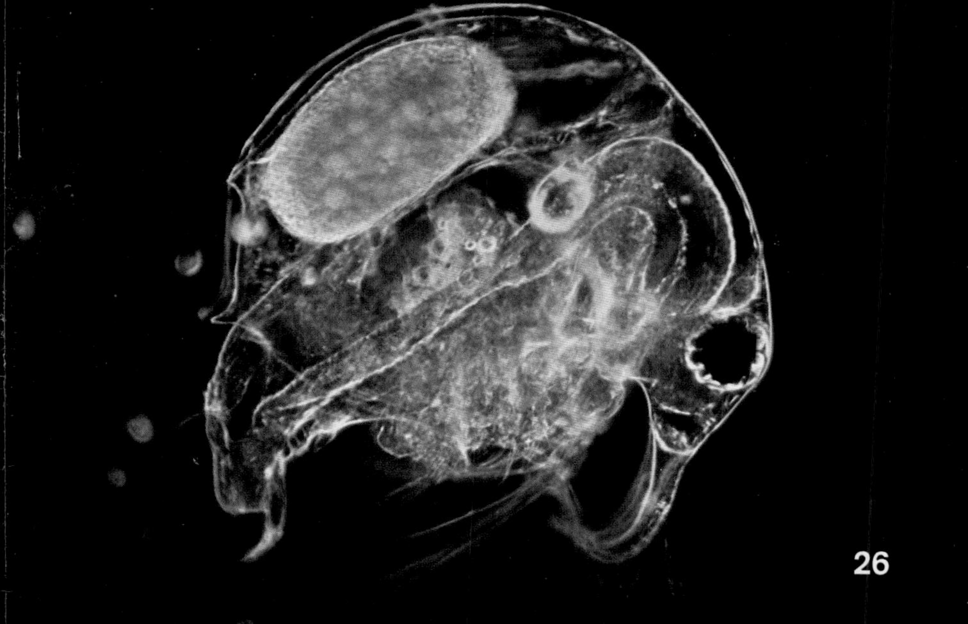
26

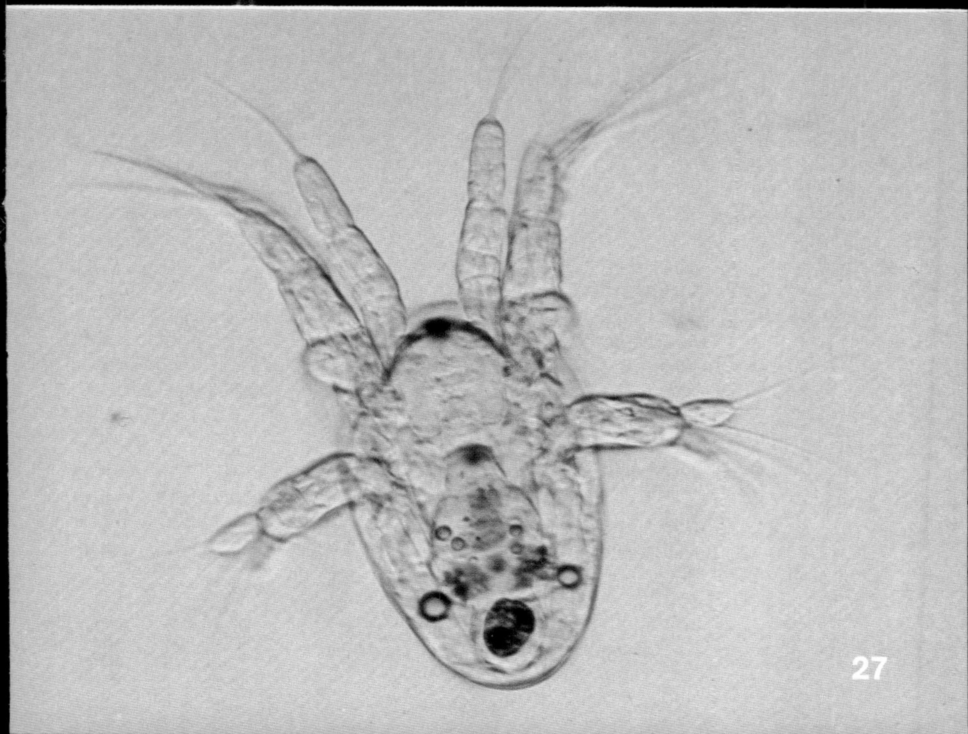
27

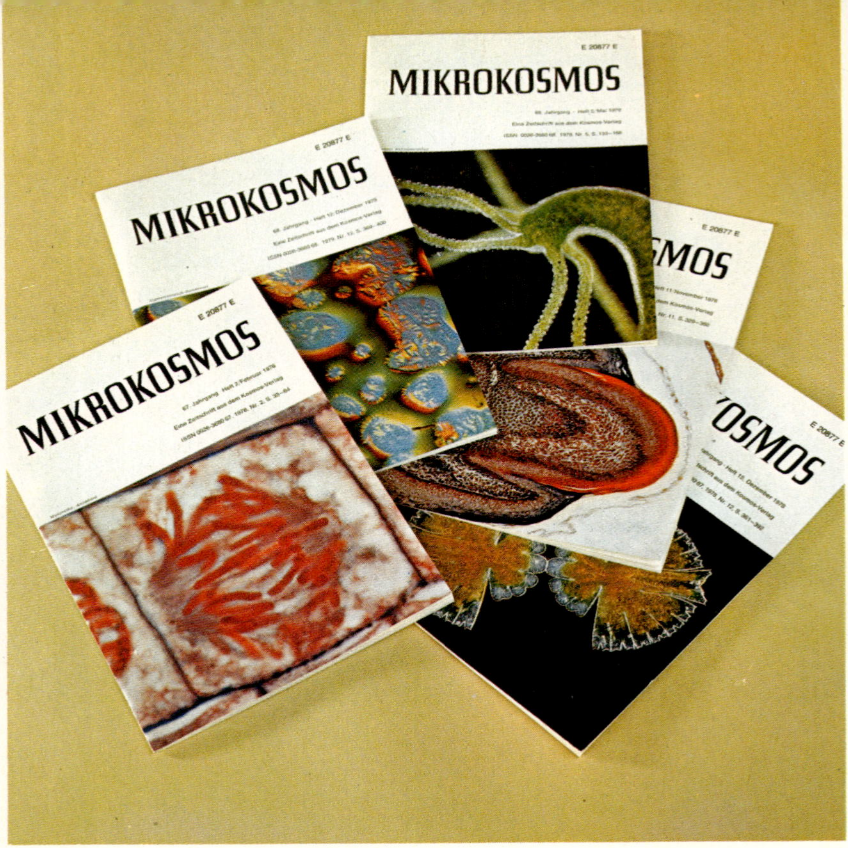
MIKROKOSMOS
MIKROKOSMOS
MIKROKOSMOS

48.-/24.- [50%] Kosmos